Cholesterin – Zur Physiologie, Pathophysiologie und Klinik

Springer
Berlin
Heidelberg
New York
Barcelona
Budapest
Hongkong
London
Mailand
Paris
Santa Clara
Singapur
Tokio

Hans-Jürgen Holtmeier

CHOLESTERIN

Zur Physiologie, Pathophysiologie und Klinik

Mit 72 Abbildungen
und 105 Tabellen

Springer

Prof. Dr. med. H.-J. Holtmeier

Prof. (Innere Medizin) der Universität Freiburg i. Br.
ehem. Prof. und Leiter der Abteilung Ernährungsphysiologie
der Universität Hohenheim (Stuttgart)
Facharzt für Innere Medizin

70839 Gerlingen

ISBN-13: 978-3-540-60671-0 e-ISBN-13: 978-3-642-61104-9
DOI: 10.1007/978-3-642-61104-9

Die Deutsche Bibliothek - CIP-Einheitsaufnahme
Holtmeier, Hans-Jürgen: Cholesterin - zur Physiologie, Pathophysiologie und Klinik: Mit 105 Tabellen/Hans-Jürgen Holtmeier - Berlin, Heidelberg, New York: Springer, 1996
ISBN-13: 978-3-540-60671-0

Umschlaggestaltung: Springer-Verlag, Design & Production
Satz: K + V Fotosatz, Beerfelden

27/3135 SPIN 10513843 - Gedruckt auf säurefreiem Papier

Vorwort

Anläßlich der *Verleihung des Nobelpreises* 1985 an Michael Brown und *Joseph Goldstein* wurde im Nobel-Vortrag gesagt:

> *Cholesterin ist das am höchsten ausgezeichnete kleine Molekül in der Biologie. Dreizehn Nobelpreise wurden an Forscher vergeben, die einen großen Teil ihres Lebenswerks dem Cholesterin gewidmet haben. Seit es 1784 zum erstenmal aus Gallensteinen isoliert wurde, übt Cholesterin eine fast hypnotische Faszination auf Forscher unterschiedlichster naturwissenschaftlicher und medizinischer Disziplinen aus ...*

Jeder, der sich mit dieser Materie befaßt hat, wird diesen Satz bestätigen können. Die vorliegende Schrift will kein umfassendes Lehrbuch über Cholesterin sein, ein Stoff der in zahlreiche Wissenschaftsgebiete, beginnend von der Biochemie über die Physiologie und Pathophysiologie bis hin in die medizinische Klinik hineinreicht. Bei der Beschreibung der biochemischen, physiologischen und klinischen Aspekte sollen nur die wesentlichen, für das Verständnis der Zusammenhänge wichtigen Forschungsergebnisse berücksichtigt werden. Die Tatsache, daß sich die Forschung über Cholesterin auf so viele Wissenschaftsgebiete ausdehnt, macht es dem praktizierenden Arzt so schwierig, die vielfältige Bedeutung von Cholesterin richtig einzuschätzen. Möge diese Schrift dazu beitragen, solche Umstände etwas aufzuhellen.

Cholesterin ist kein „Schadstoff", wie dies heute viele Menschen zu glauben scheinen, sondern eine der wichtigsten Substanzen im Stoffwechsel von Mensch und Tier. Der Marburger Pathologe *Beneke* hat ihn bereits 1866 als die *Ursubstanz allen menschlichen und tierischen Lebens* bezeichnet. Ich möchte mit der vorliegenden Schrift versuchen, einige Irrtümer abzubauen, die sich in den letzten Jahren verbreitet und vielen Menschen eine geradezu panische Angst vor dem Tod an Herzkranzgefäßversagen und vor dem „Giftstoff" Cholesterin eingejagt haben. In der Tat ist die Angst ungerechtfertigt, denn die tödlichen Herzinfarkte sind in Deutschland drastisch rückläufig. Die Sterbefälle gingen bei den 45–50jährigen Männern von 1972–1994 um *61,5%* zurück. Das Statistische Bundesamt[1] Wiesbaden signalisierte die allgemeine Wende am

[1] s. Abb. 11.1

8. Mai 1978 mit den Worten:

„1977 erstmals weniger Herzinfarkttote“

Ich möchte zugleich dem Wunsch nachkommen, meine fachliche Meinung als langjähriges Mitglied der Sachverständigenkommission der Transparenzkommission am ehemaligen Bundesgesundheitsamt in Berlin (in Fragen für Fettstoffwechselstörungen) in Anlehnung an meinen dort 1992 gehaltenen Vortrag in ausführlicher Buchform festzuhalten.

Dieses Buch, hinter dem über 20 Jahre wissenschaftliche Arbeit steckt, stimmt in einigen Punkten nicht mit der derzeitigen *Ansicht* über die *Rolle* des Cholesterins im Stoffwechsel und für Krankheiten überein. Ich möchte einen Satz zitieren, den der verstorbene Petr Skrabanek 1994 einem seiner Aufsätze voraussgeschickt hat:

> *Fast all unser Wissen verdanken wir nicht denjenigen, die zugestimmt haben, sondern denjenigen, die anderer Meinung waren.*
>
> (Charles Caleb Colton)

Möge das Buch freundlich von der Umwelt aufgenommen werden und seinen Weg gehen.

Norderney, 1996 H.-J. Holtmeier

Inhaltsverzeichnis

Einführung

Zur Biochemie und Physiologie

1. *Cholesterin* wird als *„Ursubstanz allen menschlichen und tierischen Lebens"* bezeichnet, ist ein *Steroid*, Ausgangssubstanz für die Steroidhormone (Aldosteron, Cortison, Testosteron, Östrogene usw.), Bestandteil von Zellmembranen, Vitamin D, der Schutzschicht der Haut usw., wird endogen aus *Acetyl CoA* in fast jeder körpereigenen Zelle gebildet und durch Lipoproteine transportiert. VLDL enthält ca. 19%, LDL ca. 45% und HDL ca. 18% Cholesterin. Es werden die Stoffwechselwege besprochen. Für die Erforschung des Cholesterins wurden bis heute *13 Nobelpreise* vergeben (s. S. 16).
2. Kann *Cholesterin*, welches in nahezu jeder einzelnen Zelle gebildet wird, überhaupt Ursache der Atherosklerose sein? Dieser Verdacht konnte bis heute von niemandem bestätigt werden.
3. In der *Leber* entstehen aus Cholesterin *Gallensäuren* und *Cholesterin*, die in den Darm ausgeschüttet und teilweise rückretiniert werden (enterohepatischer Kreislauf). Täglich *geht unter den Bedingungen einer cholesterinfreien Kost mehr Cholesterin verloren* (ca. 620 mg) *als mit der Nahrung zugeführt wird* (i. D. werden ca. 350–450 mg/Tag zugeführt). Über die Galle werden in Abhängigkeit von der Ernährungsform (fettreich usw.) ca. 500–1 500 mg Cholesterin in den Darm ausgeschüttet. Bei einer absolut *cholesterinfreien Kost* gehen täglich mindestens ca. 500 mg mit dem Stuhlgang (als Koprostanol) und ca. 50 mg als Cholesterinester mit Abschilferungen über die Haut (und Talgdrüsen) verloren. Man spricht auch vom Cholesterinumsatz. Ein geringer Anteil an Verlusten entfällt auf die Bildung von Steroidhormonen u. a. (s. S. 35).
4. Über Galle und Darm kann der Organismus jederzeit *überschüssiges Cholesterin* eliminieren (s. S. 35) solange die endogenen Transportmittel funktionieren.
5. Der *Cholesterinumsatz* beträgt beim Gesunden unter einer *cholesterinfreien Kost* ca. 692 mg/Tag. Circa 572 mg gehen mit dem Stuhlgang (als Koprostanol) verloren (Seite 128). Die Rückretention im enterohepatischen Kreislauf beträgt ca. 120–125 mg/Tag. Sie wird vom Schlüsselenzym *HMG-CoA-Reduktase* gesteuert. Es besteht beim Gesunden

ein ausgeglichenes Gleichgewicht zwischen Rückretention und Neusynthese in der Leber. Bei einigen Tierspezies können andere physiologische Verhältnisse bestehen. Weder eine *cholesterinfreie Diät* noch eine *Cholesterinbelastung* durch die Ernährung beeinflussen direkt den Blutcholesterinspiegel des gesunden Menschen (s. S. 133 – 144).

6. *Belastungen mit Nahrungscholesterin.* Bereits Gotthard Schettler, Heidelberg, schrieb aufgrund von Belastungsuntersuchungen mit Cholesterin im Handbuch der Inneren Medizin (Springer, Berlin Göttingen Heidelberg, 1955, 4te Auflg., Bd. VII/2) *„Die Zulage von 650 mg Cholesterin läßt... das Blutcholesterin praktisch unverändert"* (S. 690). Er schreibt: *Wir kommen „zu folgenden Schlüssen: 1.) Der Cholesteringehalt der Nahrung ist für das Blutcholesterin ohne praktische Bedeutung"* (S. 691).

   Der Stoffwechselweg des Cholesterins, der Einfluß von Enzymen, ausgehend von der Mevalonsäure einschließlich des Abbauweges zu den Isoprenoiden (Mevalonsäureweg) wird besprochen.

7. Der Körper kann nur sog. *„freies"* (kein verestertes) *Cholesterin* aus dem Darm retinieren. *Gallecholesterin* enthält ca. *96% „freies" Cholesterin,* Nahrungscholesterin auch verestertes. Da Nahrungscholesterin die natürlich *Säurebarriere* (HCl) im Magen passieren muß und Oxidationsprodukte einer Reduktion durch Wasserstoffionen unterliegen, ist die orale Aufnahme von *oxidierten Sterolen* (und die Bildung von „schädlichem" *oxidiertem LDL-Cholesterin)* physiologisch nicht vorstellbar. Es gelang tierexperimentell durch *intravenöse Injektion* von oxidierten Sterolen beim Kaninchen oxidiertes LDL-Cholesterin zu bilden. Theorien über eine Lipoproteininfiltration in die Gefäßintima als Ursache der Atherosklerose entstammen größtenteils experimentellen Studien oder Beobachtungen bei der familiären Hypercholesterinämie und sind auf die Entstehung der gewöhnlichen Atherosklerose nicht sicher übertragbar. Verschiedene Theorien werden erläutert.

Zur Pathologie

Atherosklerose oder Arteriosklerose ist ein Sammelbegriff für verschiedene arterielle Gefäßschäden. Venen sind äußerst selten befallen (z. B. Phlebosklerose). Athero- bzw. Arteriosklerose stellen einen Symptomkomplex als Antwort auf verschiedene Schäden dar (Doerr 1985). Es gibt kein allgemeines Bild der Arteriosklerose. Sie wird bereits in der ältesten Medizinliteratur erwähnt. Lopstein prägte 1833 das Wort „Arteriosklerose". Es besteht ein Wortstreit über Bezeichnungen wie Atherosklerose und Arteriosklerose.

A Die Atherosklerose hat „multifaktorielle Ursachen“ (s. S. 47 ff.):

- Chemische und mechanische Schäden (z. B. Nikotinabusus, Druckschäden durch körperliche Arbeit, Hypertonie usw.)
- Alterungsprozesse
- Konstitutionelle und genetische Gründe
- Stoffwechselschäden (z. B. Diabetes mellitus usw.)
- Psychosomatische Risikoeinflüsse (Ausschüttung von Adrenalin, Noradrenalin usw.)
- Gefäßschäden durch anhaltende schwere körperliche Arbeit
- Infektionskrankheiten (z. B. mit toxischen Gefäßschäden durch Toxine, bei septischen Infekten usw.), Syphilis usw.
- Antigen-Antikörper-Komplexe usw.

Zu den *klassischen Risikofaktoren* für die Athero- bzw. Arteriosklerose zählen:

- *Nikotinabusus*
- *Diabetes mellitus*
- *Hypertonie*

(Übergewicht nur in Zusammenhang mit einer der genannten Krankheiten), Hypercholesterinaemie s. S. 55 ff.

B Die Atherosklerose hat verschiedene „Erscheinungsbilder“ (s. S. 47 ff.)

1. *Die „gewöhnliche“ Athero- bzw. Arteriosklerose*
   (Endzustand Atherom, Cholesteringehalt ca. 5% (Abb. 3.6) usw.)
2. *Sonderformen von arteriellen Gefäßschäden*
   Von der *„gewöhnlichen Atherosklerose* scharf zu trennen sind gewisse Formen von Atherosklerose, welche ein in vieler Beziehung eigentümliches Verhalten zeigen“ (Herxheimer 1919 u. a.).

   Beispiele:

   a. *Die Elektrolytkardiopathie* (führt experimentelle zu einem myokardinfarktähnlichen Zustand durch Zufuhr von Vitamin D^3 und Kalzium bei Mangelzufuhr an Magnesium. Man sollte sie nicht als gewöhnliche Atherosklerose bezeichnen.
   b. *Die familiäre Hypercholesterinämie* führt zu eine spezifischen Störung im Cholesterinstoffwechsel. Die Gefäßschäden gleichen nicht dem Bild der „gewöhnlichen“ Atherosklerose. Die Trennung des Bildes der Gefäßveränderungen der „essentiellen“ Hypercholesterin-

ämie von der „gewöhnlichen" Atherosklerose wird seit jeher von namhaften Lipologen und Pathologen (Thannhauser 1950; Stehbens 1994 u. a.) gefordert. Man sollte die Gefäßwandveränderungen besser als *„Cholesterinsteatose"* (vgl. Anitschkow 1913) und nicht als Atherosklerose bezeichnen. Nach Stehbens 1994 ist die „familiäre Hypercholesterinämie" eine „allgemeine Störung des Fettstoffwechsels". Die Lipidhypothese hat nach Stehbens 1994 nichts mit der Atherosklerosegenese zu tun (S. 174).

Bei der *familiären Hypercholesterinämie* (z. B. infolge eines Mangels oder Fehlen von LDL-Rezeptoren) kommt es im Gefäßsystem zu hochgradigen Cholesterinablagerungen, bei den homozygoten Typen bereits vor der Geburt. Die Patienten versterben in jungen Jahren. Der Vorgang erinnert an die mit Cholesterin gefütterten Kaninchen. Sie sind Pflanzenfresser, welche das in tierischen Produkten vorkommende Cholesterin nicht verstoffwechseln können und hochgradige Ablagerungen von Cholesterinkristallen auf der Intima der Aorta zeigen. Ihr Serumcholesterinspiegel (normal um 40 mg%) muß auf ca. 1500 mg% (!) angehoben werden.

Die gewöhnliche Atherosklerose zeigt in der Regel ein anderes pathohistologisches Bild als die familiären Hypercholesterinämie. Viele derzeit diskutierte Vorstellungen über die Entstehung der menschlichen Athero- bzw. Koronarsklerose (z. B. über die Schädlichkeit von oxidiertem LDL-Cholesterin, die Rolle der Schaumzellen usw.) sind (unverständlicherweise) nur aus Studien an der familiäre Hypercholsterinämie gewonnen worden oder gehen aus Tierexperimenten hervor, die nicht auf den Menschen übertragbar sind (s. S. 58).

Die *Atherosklerose* (auch die Koronarsklerose) ist auch von *genetischen Anlagen* abhängig. Viele alte Menschen haben langlebige Vorfahren. Neben bekannten Risikofaktoren wie Nikotinabusus usw. spielen *Risikokrankheiten* für die Koronarsklerose wie *Hypertonie* und *Diabetes mellitus* (ebenfalls genbedingt) eine wichtige Rolle. Es fällt auf, daß der *Diabetes mellitus extrem selten* in Japan (1,0%), Indonesien (1,5%) oder bei den *Eskimos* (1,9%) usw. auftritt, dies bei Völkern, bei denen zugleich selten tödliche Myokardinfarkte vorkommen. Der Verdacht liegt näher, das seltene Vorkommen von Myokardinfarkten bei den Eskimos auf mangelhafte Erbanlagen an Diabetes mellitus zurückzuführen, als auf den Verzehr an 3-Omega-Fettsäuren. Die Zusammenhänge werden besprochen (s. S. 289).

Zur Ernährungsphysiologie

1. *Nahrungscholesterin ist „nicht essentiell"*. Sogenannte *„essentielle" Stoffe* (wie Vitamine, Mineralien, Spurenelmente, Linolsäure, „essentielle" Aminosäuren) kann der Organismus *nicht selbst synthetisieren.* Sie müssen mit der Nahrung geliefert werden, sonst erkrankt der Mensch. *„Nicht essentielle" Stoffe* wie Cholesterin synthetisiert der Körper selbst. *Er benötigt diese Stoffe nicht von Außen.* Da der Mensch ein Allesesser ist, erhält er eher „zufällig" über tierische Nahrungsmittel (nur diese enthalten Cholesterin z. B. in den Membranen aber keine Pflanzen) Nahrungscholesterin. Jeder strenge Vegetarier kann ohne Nahrungscholesterin leben. Nahrungscholesterin kann sich beim Gesunden anteilig bis zu ca. 20% unter das *insgesamt* im enterohepatischen Kreislauf rückretinierte sog. „freie" Cholesterin, welches aus der Gallenblase stammt, mischen. Die *HMG-CoA-Reduktase* steuert einer übermäßigen Cholesterinrückretention im Körper entgegen. *Belastungsversuche* mit Cholesterin (s. Schettler 1955) zeigten erwartungsgemäß *keinen Einfluß* auf den Blutcholesterinspiegel. Nahrungscholesterin ist eben „nicht essentiell". Die Rolle von Ernährungsfaktoren werden besprochen (s. S. 133 ff.).
2. Der Verdacht, daß zwischen *Cholesterinstoffwechselstörungen* (Folge einer zu cholesterinreichen und fehlerhaften Ernährung) und dem *Rückgang der Sterbefälle* an *„cardiovaskulären"* (CVD) bzw. *„koronaren" Herzkrankheiten* (KHK) ein Zusammenhang bestehen könne, entstammt Publikationen aus den 60er Jahren in den *USA*. Beide genannten „Diagnosen" erfassen in keinster Weise nur die Myokardinfarktsterblichkeit (die in den genannten Sammelstatistiken nur einen Bruchteil der Sterbefälle ausmacht). Der akute Myokardinfarkt wird in der ICD-Systematik erst seit 1968 geführt (S. 241 ff.).
3. Der Rückgang der Sterbefälle wurde in den 60er Jahren u. a. überwiegend aufgrund der Auswertung von 2 absolut ungeeigneten *Sammelgruppen* der ICD-Statistik beschrieben. Es waren dies die sog. „cardiovascular disease" und die *„ischaemic heart disease"*. Unter den *„cardiovaskular disease"* (ICD 390–459) sind über 200 Krankheiten unterschiedlichster Ursache (neben Myokardinfarkt insbesondere Gehirnblutungen, Hirngefäßkrankheiten und -blutungen, zerebrale Ischämie, rheumatische und pulmonale Herzkrankheiten, Krankheiten der Arterien (auch der Niere), Gangrän, Krampfadern, Rechts- und Linksinsuffiziens des Herzens, Herzmuskelkrankheiten, Ödemleiden, maligner und benigner Bluthochdruck, Lungenembolie, Veitstanz u. a.) zusammengefaßt, die zum Herz- und Kreislauftod (gelegentlich auch zum tödlichen Herzinfarkt) geführt haben. Eine *Sammelgruppe* bilden bis

zur 9ten/Rev. 1979 auch die *„ischaemic heard disease"* (ICD 410–414), auch als „coronardisease" (KHK) bezeichnet (s. S. 226). In dieser Sammelgruppe nehmen bis zu 70% andere tödliche Ursachenkrankheiten als der Myokardinfarkt (ICD 410) den Platz ein, dies vor allem in den höheren Altersklassen (vgl. Tabelle 12.2a–c). Das Studium der früheren wissenschaftlichen Publikationen läßt den Rückschluß zu, daß eine fehlerhafte Beziehung zwischen dem Rückgang an Sterbefällen in den genannten ICD-Gruppen und der Ernährung (z. B. Cholesterin) hergestellt wurde (vgl. Kannel 1986), die sich nicht auf das Herzinfarktgeschehen übertragen läßt.

Der Rückgang der Sterbefälle an den „cardiovascular diseases" und „ischaemic heart diseases" Krankheiten, dessen überwiegender Anteil keine tödlichen Myokardinfarkte sind, beruht in erster Linie auf den großen *Therapieerfolgen der Medizin* seit Ende der 50er Jahre (durch moderne Antibiotika, Herzmittel, Antihypertonika, Diuretika, β-Blocker, Ca-Antagonisten usw.), die u. a. auch zu einem Rückgang an Sterbefällen an Risikokrankheiten für die Athero- bzw. Koronarsklerose, wie *Hypertonie* (bis zu *74%*) usw., geführt haben. Allein der *Nikotinabusus* ist bei Männern als Risikofaktor in den USA um ca. 28% rückläufig. Ein Zusammenhang mit Cholesterinstoffwechselstörungen usw. ist nicht erkennbar. Aus heutiger Sicht ist es unverständlich, wie derartige Fehlberechnungen überhaupt zustande kommen konnten. Allein die erfolgreiche Bekämpfung der Bluthochdruckkrankheit und der Rückgang im Nikotinabusus könnten im wesentlichen zugleich auch mit den Rückgang der Herzinfarktsterblichkeit erklären.

4. In Deutschland verschwanden in den *schlechten Ernährungszeiten* in 2 *Weltkriegen* (1914–1918 und 1939–1945) und in der Hungerzeit danach, weitgehend alle „Wohlstandskrankheiten" wie Hypertonie, Diabetes mellitus, Gicht und andere Krankheiten mehr. Zugleich gingen auch die Todesfälle an Herzinfarkt zurück. Infolge verminderter Aktivität der HMG-CoA-Reduktase (sie reduziert sich unter Hungerzuständen) *senkte sich* auch der *Blutcholesterinspiegel* i. D. bei Erwachsenen auf Werte etwa um 175 mg% z. B. um 1947, der schlimmsten Hungerzeit in Deutschland (s. S. 145, 315). Auch der Ruhegrundumsatz senkte sich unter Hunger um ca. 33%, ebenso andere Stoffwechselparameter. Es gab für die Zivilbevölkerung in der Heimat so gut wie keinen Alkohol, kein Nikotin, keine Automobile mehr. Die Menschen mußten sich körperlich bewegen, sich wieder zwangsweise *„gesund" ernähren* und wurden normal- und teilweise sogar untergewichtig. Die *Vielzahl der Risikokrankheiten und -faktoren verschwand und damit zugleich auch der Koronartod.* An der Front dagegen erlitten junge Piloten, die stark rauchten, öfter einen tödlichen Herzinfarkt, denn dort gab es genü-

gend Zigaretten usw. Mit der gebesserten Ernährungs- und Lebensweise kehrten nach der Währungsumstellung 1948 wieder langsam die alten „Wohlstandskrankheiten" zurück.

Die Ursachen für den Rückgang an Myokardsterblichkeit waren und sind stets *multifaktorieller Art* und dürfen nicht allein auf eine einzelne Ursache wie z. B. „Cholesterin" bezogen werden.

Zur Normalverteilung von Cholesterin

1. *Normalverteilungen* lassen sich nur nach statistischen Erhebungen an Gesunden (z. B. Verteilung nach der *Gauß-Glockenkurve*) feststellen, aber dürfen auf keinen Fall aus Krankheitszuständen ermittelt werden, die *einmal mit erhöhtem einmal mit erniedrigtem Blutcholesterinspiegel* einhergehen. Blutcholesterinwerte können indirekt z. B. beim Herzinfarktanfall durch Streßzustand mit Todesangst erhöht sein oder erniedrigt durch Krebs- und Infektionskrankheiten. Der *Blutcholesterinspiegel* steigt mit dem Alter an. Er liegt (Medianwert) im Alter von 10–20 Jahren um 175 mg%, von 50–69 Jahren bei Männern um 245 mg% und Frauen um 260 mg%. Das *HDL-Cholesterin* liegt bei Männern um 30–65 mg%, bei Frauen um 35–85 mg%, das *LDL-Cholesterin* (Männer und Frauen) um 80–210 mg%. Es gibt in der Medizin *keine Grenzwerte* (z. B. 200 mg%) sondern *nur Normalbereiche.* Manipulationen an der Normalverteilung können Gesunde willkürlich zu behandlungsbedürftigen „Kranken" werden lassen (s. S. 154, 175).
2. Das *Blutcholesterin* kann auf indirektem Wege *symptomatisch* (z. B. über Infektionskrankheiten, Krebs, Sport, Linolsäurezufuhr, eine kohlenhydratreiche Kost usw.) *erniedrigt* sein *oder* (durch die Antibabypille, das Geschlecht, Leber- und verschiedene andere Krankheiten) aber auch durch Streß (bis zu 60 mg%) *ansteigen.* Ausgenommen bei genetischen Defekten (z. B. familiärer Hypercholesterinämie oder Krebs, Infektionskrankheiten usw.) schwanken die Serumwerte in der Regel innerhalb des Normalbereiches (s. S. 154, 156–162).
3. Streßreaktionen können das Blutcholesterin bis zu 60 mg% steigern (s. S. 151) und z. B. beim akuten Myokardinfarkt auftreten. Bei höherem Blutcholesterinspiegel treten tödliche *Myokardinfarkte* gewöhnlich *nicht gehäuft* auf. Nach der Framingham-Studie lagen 10% der tödlichen Infarkte in den USA bei 114–193, 59% um 244 und 31% um 259–290 mg%. Bei über 290 mg% waren die Sterbefälle äußerst selten (s. S. 172).

Zur Pathophysiologie und Klinik

1. Eine Reihe *erbbedingter Stoffwechselstörungen* von Cholesterin, Triglyceriden und verwandten Substanzen können z. B. als Folge eines *Enzymdefektes* (z. B. die Mevalonazidurie) oder von *LDL-Rezeptorenmangelzuständen* (z. B. die familiäre Hypercholesterinämie) auftreten. Sie dürfen nicht verallgemeinert werden. Die Krankheitsbilder werden geschildert. Einflüsse auf den Serumspiegel werden untersucht (s. S. 83 ff.).
2. Die *Mevalonsäure* nimmt eine Zentralstellung ein. Sie ist der Biosynthese von Cholesterin „vorgeschaltet“ und ist wesentlich mitbestimmend. Ein genbedingter Mevalonatkinasemangel kann im Kindesalter zur *Mevalonazidurie* führen. Sie vermittelt zugleich Hinweise auf Wirkung und Nebenwirkungen von CSE-Hemmstoffen (Simvastatin, Lovastatin, Pravastatin) und Einwirkungen auf den Cholesterinstoffwechsel. Die Bestimmung der *Mevalonsäureausscheidung im Urin* ermöglicht die sichere Erfassung einer Hypercholesterinämie. Störungen in der Mevalonsäuresynthese können zu Störungen der *Isoprenoide* (Zelldifferenzierung, Wachstum, Proteinglykolisierung usw.) und der Biosynthese von *Cholesterin* und ihren Endprodukten (Membrane, Steroidhormone usw.) führen. Männer müssen unter der Therapie mit sexueller Impotenz rechnen. Diese Wirkung ist auch bei Anwendung bestimmter Lipidsenker vorhanden, welche primär die HMG-CoA-Reduktase und damit die Mevalonsäuresynthese beeinträchtigen, aber nicht an der Cholesterinbiosynthese selber angreifen. Ein Lipidsenker vom Typ des Simvastatin, Pravastatin, Lovastatin greift die „oberhalb“ der Mevalonsäure befindliche HMG-CoA-Reduktase an (Abb. 1.5) und hemmt dadurch nicht nur die Cholesterinsynthese und ihre Nachfolgeprodukte sondern auch Produkte der Isoprenoidreihe (s. S. 18). Die Stoffwechselwege werden erläutert (s. S. 97).
3. *Sterbefälle an Myokardinfarkt* gehen seit 1977/1979 *in Deutschland* (ehem. BRD) *drastisch zurück* (in einigen Altersgruppen bis zu *58,8%*), *obwohl gleichzeitig der Blutcholesterinspiegel* nach standartisierten statistischen Erhebungen (mit höchst möglicher *„Ausschöpfungsrate“*) in Deutschland (ehm. BRD) von ca. 1980–1989 *anstieg.* Die Sterbefälle an Myokardinfarkt gingen bei den 45- bis 50jährigen Männern von 1972–1994 sogar um *61,5%* zurück, bei den 50- bis 55jährigen von 1975–1994 um *59,1%*. Aufgrund der erfolgreichen Medizin etc. gehen insgesamt alle Sterbefälle zurück, insbesondere auch Risikofaktoren und -krankheiten wie *Nikotinabusus, Hypertonie*, die primär zu den wichtigsten klassischen Verursachern der Athero- bzw. Koronarsklerose zählen.

4. Nicht vergessen werden darf der *Rückgang an langanhaltender körperlicher Schwerstarbeit* nach dem 2. Weltkrieg. Heute gibt es nur noch *0,7% an Schwerstarbeitern.* Nach dem 1. Weltkrieg widmeten Lehrbücher der Pathologie der Schwerstarbeit eine gewichtige Rolle als Risikofaktor für das Auftreten der Atherosklerose (Strümpel 1922). Die rückläufige Koronarsterblichkeit (z. B. in Deutschland) scheint unzweifelhaft auf dem Rückgang an den aufgezeigten Risikofaktoren und Momenten zu liegen. Es lassen sich (ausgenommen vom Sonderfall der genetisch bedingten familiären Hypercholesterinämie, die nicht zur gewöhnlichen Atherosklerose führt) zwischen der Ursache der Myokardinfarktsterblichkeit und dem Cholesterinstoffwechsel keine wissenschaftlich gesicherten Zusammenhänge nachweisen.
5. Es wird die Rolle des Cholesterins bei *Krebs- und Infektionskrankheiten* besprochen (S. 117), die mit einem z. T. sehr niedrigen Serumspiegel einhergehen. Um die Jahrhundertwende (1910) wurde Cholesterin als *„Chemotherapeutikum"* (*„Lipochol"*, Bayerwerke Leverkusen) in der Medizin bei Infektionskrankheiten intravenös injiziert (s. S. 82). Es wurden davon 2–3000 mg täglich injiziert.

Zur Ernährung

Es werden kurz die Prinzipien der *gesunden Ernährung* besprochen. Sie ist gemeinsam mit einer insgesamt gesunden Lebensweise dafür Voraussetzung, ein hohes Alter in Gesundheit zu erreichen. Der wichtigste Satz lautet: *Maßhalten in allen Dingen des Lebens. Ich darf alles essen, aber alles in Maßen.* Falsche Ernährung kann Krankheitsanlagen aktivieren.

Für Gesunde lauten die Nährwertrelationen ca. 57,7% Kohlenhydrate, 12,3% Eiweiß und 30% Fett, bemessen auf ca. 2600 kcal/Tag. Man kann nur den Bedarf decken oder Mangel beseitigen, nicht mehr. Es gibt keine spezifischen Nahrungsmittel, mit denen man sich vor Krankheiten schützen kann. Infolge fortschrittlicher Medizin sind in den hochzivilisierten Industrienationen überwiegend *Krankheiten verblieben*, denen ein *Gendefekt* zugrunde liegt, von denen viele derzeit noch nicht befriedigend behandelbar sind. Der gesunde Mensch kann sich durch Zuckerzufuhr keine Zuckerkrankheit, durch erhöhte Kochsalzzufuhr keine Hypertonie, durch Fleischgenuß keine Gicht usw. anessen, wenn kein Gendefekt für diese Krankheit besteht. *Mit den „richtigen" Genen kann man „uralt" werden.* Nur eine gemischte kalorisch ausgeglichene Kost mit allen „essentiellen" Stoffen, ist eine gesunde Ernährung. Nahrungscholesterin spielt bei Gesunden keine Rolle. Im Krankheitsfall gelten spezifische Diätregeln (s. S. 327).

Zu den Interventionsstudien

Es wird auf verschiedene *Interventionsstudien* verwiesen. Die im November 1994 publizierte *„Scandinavian-Surival-Simvastatin-Study" (4 S.)* stellt (S. 1388) fest, daß es *„in keiner vorausgegangenen unifaktoriellen Studie"* (bisher gelungen sei) *„mit einer lipidsenkenden Therapie eine Verminderung der Gesamt- und auch nur der Koronarmortalität zu bewirken"*.

Zur Simvastatin- (1994) und Pravastatinstudie (1995)

Im November 1995 ist die Arbeit über den *HMG-CoA-Reduktase-Hemmer, Pravastatin*, von Shepherd et al. unter dem Titel *„Prevention of Coronary Heart Disease with Pravastatin in men with Hypercholesterolemia"* erschienen. Angriffspunkt von *Lovastatin, Pravastatin, Simvastatin* sind etwa die gleichen. Sie hemmen die HMG-CoA-Reduktase „oberhalb" der Mevalonsäure (S. 18). Die Therapieerfolge werden auf Änderungen im Cholesterinstoffwechsel zurückgeführt. Wichtige Endstufen hinter der Mevalonsäure, die durch HMG-CoA-Reduktase-Hemmstoffe beeinflußt werden (S. 98 ff.) (Isoprenoide oder Aldosteron, Cortison (Abb. 1.5, 1.9c, Tabelle 4.4) wurden nicht bestimmt. Dies wäre wichtig gewesen, da sich im Krankengut der *Pravastatinstudie* Patienten mit *gefährlichen primären Risikofaktoren* für die Koronarsklerose befanden, wie *16% Hypertoniker, 44% Raucher* und in der *Simvastatinstudie 26% Hypertoniker* und *24% Raucher* usw. Nikotinabusus erzeugt eine langanhaltende gesteigerte Katecholaminausschüttung (Risikofaktor für die Atherosklerose, S. 47), die über die Änderung der Cortisonsekretion mittels CSE-Hemmern beeinflußbar ist (Abb. 1.9c). Die verminderte *Aldosteronproduktion unter CSE-Hemmern* kann den Bluthochdruck senken und die Hypertonie als Risikofaktor (S. 300) entschärfen. Es ist erwiesen (S. 97 ff.), daß die HMG-CoA-Reduktase-Hemmer zahlreiche Endprodukte beeinträchtigen (Abb. 1.5). Ähnliche Wirkungen wie unter CSE-Hemmstoffen treten durch Störungen der *Mevalonatkinase* unmittelbar „hinter" der Mevalonsäure bei der *Mevalonazidurie* (Abb. 1.5) auf. Ein *Hauptleitsymptom* dieser Krankheit ist die *„Hypotonie"* (Tabelle 4.5, S. 99). Es werden zahlreiche Endstufen der Isoprenoide und des Cholesterins unter der Mevalonazidurie verändert (Tabelle 4.4, S. 99). Die Studien über Pravastatin und Simvastatin beweisen nicht, daß die Änderung unmittelbar dem Cholesterin zuzuschreiben ist.

1 Biochemie und Physiologie des Cholesterinstoffwechsels

Das Steranringsystem

Das *Steranringsystem* (Abb. 1.1) ist der Grundstoff, den alle Steroide und Sterine wie Cholesterin, Ergosterin, D-Vitamin sowie die Gallensäuren, Nebennierenrinden- und Sexualhormonen enthalten.

Die sich aus dem Steran-Ring bildenden Stoffe werden unterteilt in die:

Die Steroide

Steroide enthalten alle das *Steranringsystem* (Abb. 1.3). Zu den Steroiden und ihren Abkömmlingen gehören nach Buddecke 1989, Fischbach 1967, Lang 1979, Stryer 1990 u. a. Autoren zahlreiche Stoffe (Tabelle 1.1) mit wichtigen physiologischen Aufgaben:

- *Sterine* (Cholesterin, Ergosterin)
- *D-Vitamine*
- *Gallensäuren*
- *Nebennierenrindenhormone*
- *Keimdrüsenhormone* (Sexualhormone wie Androgene, Östrogene)
- *Digitalisstoffe* (Herzglykoside)
- Krötengifte
- Saponine

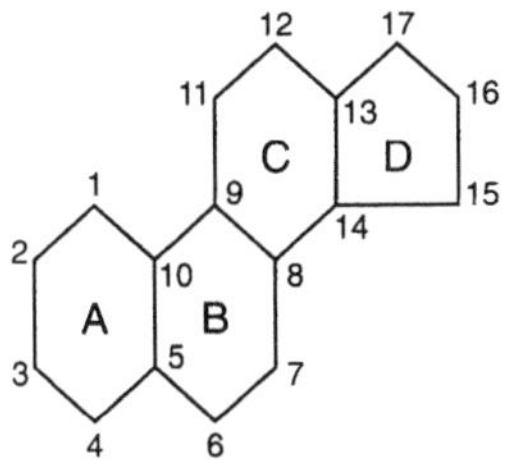

Abb. 1.1. Steran-Ringsystem: 3 Sechsringe; 1 Fünfring; gesättigt oder alicyclisch, das heißt keine Doppelbindungen

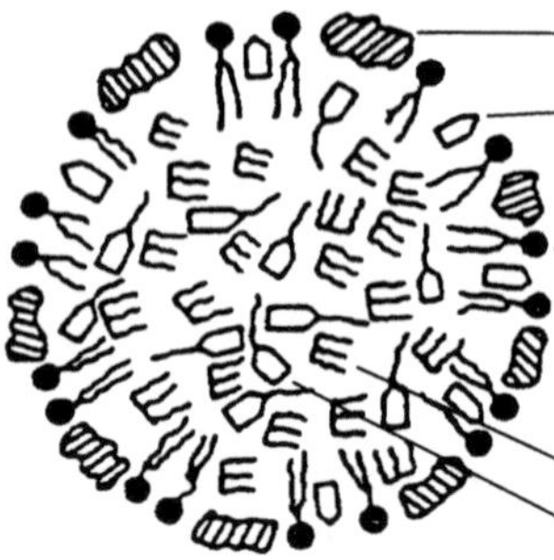

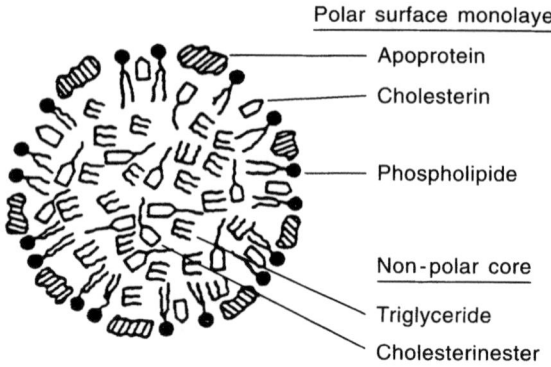

Abb. 1.2. Modell eines Lipoproteinmoleküls mit Cholesterin, Phospholipiden und Apoprotein. (Nach Patsch 1994)

Tabelle 1.1. Einteilung der Steroide. (Aus Fischbach 1967)

Steroide	
C_{28}-Steroide =	Ergosterin, d.h. Provitamin D_2 (verzweigte Seitenkette mit 9 C-Atomen)
C_{27}-Steroide =	Cholesterin und Provitamin D_3 (verzweigte Seitenkette mit 8 C-Atomen)
C_{24}-Steroide =	Gallensäuren (verzweigte Seitenkette mit 5 C-Atomen)
Steroidhormone	
C_{21}-Steroide =	Nebennierenrinden-Hormone (Corticosteroide) und Progesteron (Seitenkette mit 2 C-Atomen)
C_{19}-Steroide =	Androgene mit Testosteron (keine Seitenkette)
C_{18}-Steroide =	Östrogene und Abkömmlinge (keine Seitenkette)

Die einzelnen Steroide lassen sich nach Buddecke 1989, Fischbach 1967, Lang 1979, Stryer 1990 u.a. Autoren nach ihren unterschiedlichen chemischen Gruppen, Seitenketten, Doppelbindungen usw. im Steranringsystem untergliedern in:

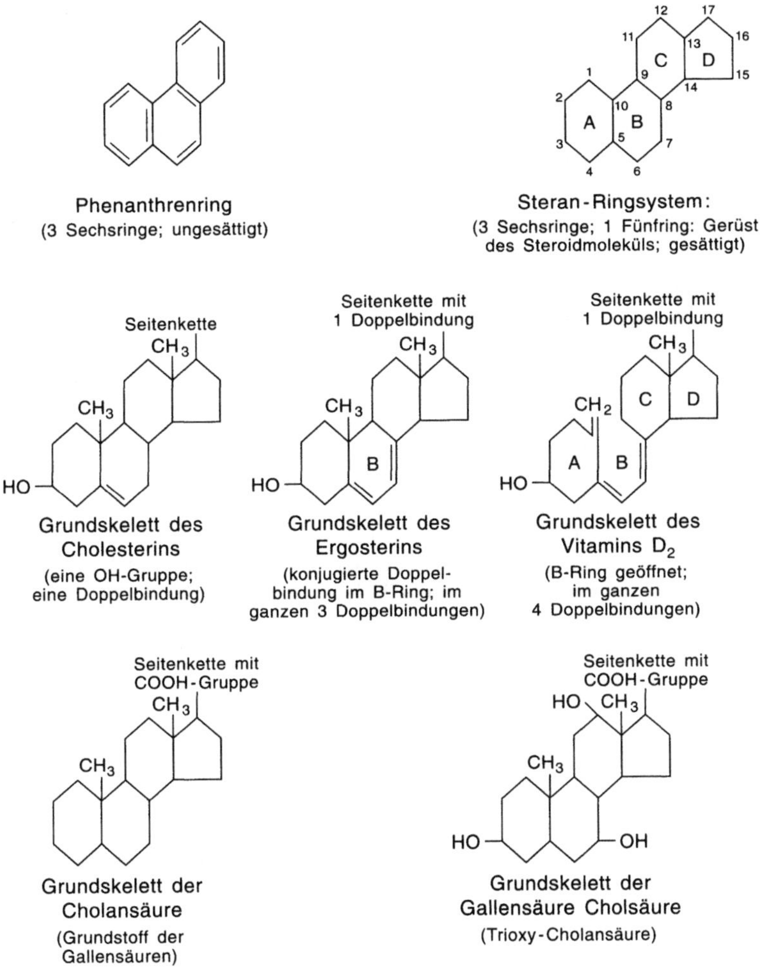
Phenanthrenring
(3 Sechsringe; ungesättigt)
12 17 11 16 13 C D 1 9 15 14 2 10 8 A B 3 5 7 4 6
Steran-Ringsystem:
(3 Sechsringe; 1 Fünfring: Gerüst des Steroidmoleküls; gesättigt)
Seitenkette
CH3
CH3
HO
Grundskelett des Cholesterins
(eine OH-Gruppe; eine Doppelbindung)
Seitenkette mit 1 Doppelbindung
CH3
CH3
B
HO
Grundskelett des Ergosterins
(konjugierte Doppelbindung im B-Ring; im ganzen 3 Doppelbindungen)
Seitenkette mit 1 Doppelbindung
CH3
CH2
C D
A B
HO
Grundskelett des Vitamins D2
(B-Ring geöffnet; im ganzen 4 Doppelbindungen)
Seitenkette mit COOH-Gruppe
CH3
CH3
Grundskelett der Cholansäure
(Grundstoff der Gallensäuren)
Seitenkette mit COOH-Gruppe
HO CH3
CH3
HO
OH
Grundskelett der Gallensäure Cholsäure
(Trioxy-Cholansäure)

Abb. 1.3. Das Steran-Ringsystem. (Nach Fischbach 1962)

Die Sterine

Sterine enthalten das *Steran-Ringsystem* (Abb. 1.1, 1.3). *Cholesterin* und *Ergosterin* sind (Buddecke 1989, Fischbach 1967, Lang 1979, Stryer 1990 u. a.) die biologisch wichtigsten Sterine. Es sind zyklische, ungesättigte und einwertige Alkohole. Das Cholestan ist der Stammkohlenwasserstoff der Sterine und kommt auch in der Natur vor.

Man unterscheidet:

- *Tierische Sterine* (Zoosterine)
- *Pflanzliche Sterine* (Phytosterine): Sitosterin; Stigmasterin
- *Pilzsterine* (Mycosterine)
- *Cholesterin*; Koprosterin
- *Ergosterin*

Die *Phytosterine* sind nach Buddecke 1989, Fischbach 1967, Lang 1979, Stryer 1990 u. a. Autoren bei höheren Pflanzen verbreitet. Die *Pilzsterine* kommen bei niederen Pflanzen z. B. bei Hefe, Mutterkorn und verschiedenen Pilzen vor. Von den Phytosterinen leiten sich die Digitalisstoffe und die Saponine ab. Sie kommen nur in Pflanzen vor. Ergosterin bildet den Übergang zwischen pflanzlichen und tierischen Sterinen und kommt in minimalen Mengen zusammen mit Cholesterin in tierischen Geweben vor.

Cholesterin (Cholesterol)

Cholesterin kommt nur in *tierischen* Bestandteilen und nicht in Pflanzen vor. Eine sogenannte cholesterinfreie Diät ist deshalb automatisch eine kohlenhydratreiche, vegetabil ausgerichtete Ernährungsform, die auf die Zufuhr von tierischen Produkten (z. B. Fleisch und Fleischprodukte, Milch und Milchprodukte, Innereien, Butter usw.) verzichten muß. Cholesterin ist, wie alle Sterine, ein zyklischer, ungesättigter Alkohol.

Ergosterin

Ergosterin gehört nach Buddecke 1989, Fischbach 1967, Lang 1979, Stryer u. a. Autoren zu den Pilzsterinen und enthält als Sterin ebenfalls den Steranring. Es ist wie die anderen Sterine ebenfalls ein zyklischer, ungesättigter Alkohol. Ergosterin ist das Provitamin D_2 (Abb. 1.4), welches durch UV-Bestrahlung über das Zwischenprodukt Praecalciferol in Vitamin D_2 übergeht.

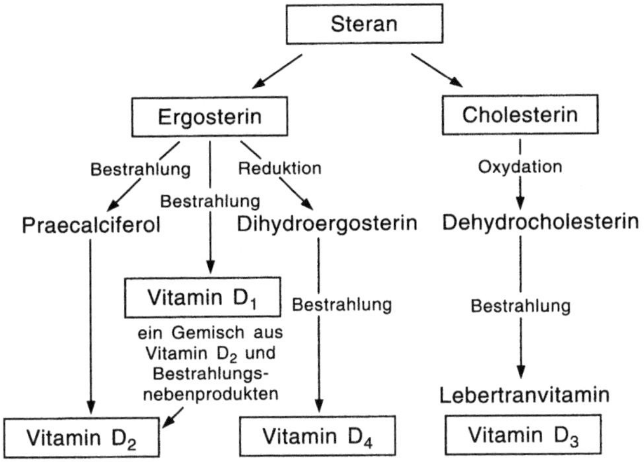

Abb. 1.4. Aufbau der D-Vitamine (schematisch). (Nach Fischbach 1967)

Gallensäuren

Sie enthalten nach Buddecke 1989, Fischbach 1967, Lang 1979, Stryer 1990 u. a. Autoren wie alle Steroide den Steranring (Tabelle 1.2) und sind Hydroxylderivate der Cholansäure. Die Gallensäuren werden zu einem hohen Prozentsatz im Rahmen des enterohepatischen Kreislaufs retiniert.

In der Galle kommen die einfachen Gallensäuren nach Buddecke 1989, Fischbach 1967 u. a. Autoren nicht vor, sondern sind mit Glycocoll (Glycin) oder taurinsäureamidartig gebunden und treten als *gepaarte oder konjugierte Gallensäuren* auf. Sie sind wie das Cholesterin sehr oberflächenaktiv und begünstigen die Emulgierung der Fette in wäßrigem Milieu und erleichtern dadurch ihre Verdauung.

Tabelle 1.2. Die Gallensäuren

Cholsäure	= Trihydroxy-Cholansäure
Desoxycholsäure	= Dihydroxy-Cholansäure
Lithocholsäure	= Monohydroxy-Cholansäure

Nebennierenrinden- und Keimdrüsenhormone

(Sexualhormone) enthalten ebenfalls den Steranring (Abb. 1.1), ohne das wir auf diese Substanzen hier weiter eingehen möchten. Wir erwähnten bereits, daß alle die zuvor genannten Substanzen (Gallensäuren, Steroid- und Sexualhormone, Vitamin D usw.) aus Cholesterin im Organismus gebildet werden können, dem somit eine zentral wichtige physiologische Bedeutung im Stoffwechsel zukommt. Der Stoffwechselweg geht u.a. aus den Abb. 1.9a–c hervor. Der Marburger Pathologe Beneke bezeichnete *Cholesterin* 1866 nicht zu Unrecht als die *„Ursubstanz allen menschlichen und tierischen Lebens"*.

Zur Entdeckung von Cholesterin

Nach Neuhausen 1977 soll M. Poulletier de La Salles 1769 ein „Fettwachs", beschrieben haben. Andere Autoren bezeichneten Conradi 1775 als Entdecker des Cholesterins bzw. Green, der 1789 einen Beitrag über die „Zerlegung eines Gallensteins" publizierte und dabei ein Wachs feststellte. Erst Chevreul konnte 1816 die Substanz in menschlicher und tierischer Galle nachweisen. Ihm käme die eigentliche Entdeckerarbeit zu. Chevreul gab dem Fettwachs 1816 den Doppelnamen: „Je nommerai cholesterine, de χολή, bile, et στερεός, solide, la substance cristallisée des calculs biliaires humains . . .".

Aus ihm entwickelte sich die Bezeichnung Choleste- a -rin bzw. Cholesterin. Man erklärte sich die Wortbildung aus *„Chol"* = *Galle* und *„Sterin"* = *Wachs*, obwohl diese Erklärung historisch (s. oben, Chevreul) nicht ganz richtig ist. Die chemische Identifizierung der Substanz gelang Windaus, der hierfür 1928 den Nobelpreis erhielt. Bis heute wurden 13 Nobelpreise für die Erforschung dieses Moleküls vergeben.

Nobelpreise erhielten (zitiert nach Hoffmann 1994): 1928 H.O. Wieland, 1928 A.O.R. Windaus, 1939 L. Ruzicka, 1947 R. Robinson, 1950 O.P.H. Diels (jeweils für die Klärung der Strukturen des Cholesterins). 1964 K. Bloch und Fl. Lynen (für die Aufklärung der Biosynthese des Cholesterins). 1965 R.B. Woodward gemeinsam mit D.H.R. Barton und O. Hassel (für die stereochemische Synthese des Cholesterins). 1975 J.W. Cornforth (für die räumliche Orientierung der Wasserstoffatome). 1986 M.S. Brown and J.L. Goldstein (für die Klärung der Biosynthese auf enzymatischer und molekularer Ebene sowie den Nachweis des LDL-Rezeptors). Die Ehrungen für die Erforschung des Moleküls Cholesterin weisen bereits darauf hin, daß dieses kein Schadstoff, sondern eine der wichtigsten Substanzen im Leben von Mensch und Tier ist.

Zur Biosynthese des Cholesterins

Cholesterin besteht aus 27 Kohlenstoff-Atomen, die das *Acetyl-CoA* liefert. Circa 18 Acetyl-CoA-Einheiten werden zur Bildung von einem Molekül Cholesterin benötigt. *30 Enzyme* sind an dieser *Synthese beteiligt.* Eine Störung im Enzymstoffwechsel kann Krankheiten auslösen. Bei der *Mevalonazidurie,* einer neu erkannten Erbkrankheit, tritt eine Störung der Cholesterinsynthese und wahrscheinlich auch der nicht steroidalen Isoprenoide auf. Die *Mevalonsäure* nimmt eine zentrale Stellung ein. Man spricht auch vom *„Mevalonsäurestoffwechselweg"* (Abb. 1.5). Der ersten Stufe auf dem Wege zur Cholesterinsynthese bildet die Mevalonsäure, die auch im Urin bestimmt werden kann und genaue Anhaltspunkte über die Cholesterinbiosynthese im Körper vermittelt.

Bei einer vermehrten endogenen Cholesterinsynthese steigert sich die Aktivität der *Mevalonatkinase* um ein Vielfaches. Ein Überschuß an exogenem Cholesterin bewirkt nach Hoffmann 1994 eine Aktivitätsminderung der Mevalonatkinase um ca. 50%. Fasten bewirkt fast keine Aktivitätsminderung. Nach Hoffmann 1994 bewirkt ein Überschuß an Cholesterin bzw. Fasten eine Minderung der *HMG-CoA-Reduktase* (Abb. 1.5) bis zu 90%. Unter schlechten Ernährungsbedingungen z. B. in Kriegen und Krisenzeiten spielt sich infolge einer verminderten Enzymaktivität der HMG-CoA-Reduktase der Serumcholesterinspiegel auf einem niedrigeren Niveau neu ein (Tabelle 7.7). Näheres über die Hemmung der HMG-CoA-Reduktase s. S. 19.

Die Cholesterinsynthese wird über mehrere Enzyme reguliert, wobei die *Mevalonatkinase* und die *HMG-CoA-Reduktase* (3-Hydroxy-3-Methyl-Glutaryl-Coenzym A-Reduktase) eine *Schlüsselfunktion* (Abb. 1.5) einnehmen. *Squalen* bildet die letzte Stufe in der Biosynthese des Cholesterins. Bei der Regulation der Biosynthese des Cholesterins handelt es sich um komplizierte Stoffwechselabläufe. Näheres kann den Arbeiten von Brown und Goldstein 1980, 1984, 1986 und Goldstein and Brown 1990 u. a. Autoren entnommen werden.

Die Versorgung der menschlichen Zellen mit Cholesterin geschieht über die zelleigene *Biosynthese* und über die Versorgung mit *LDL-Rezeptoren* aus dem Plasma. Cholesterin wird jedoch nur zu einem *kleinen Teil* über die LDL-Rezeptoren aus dem Plasma (Brown und Goldstein 1984) aufgenommen und an seinen Zielort gebracht. Es wird überwiegend in den *menschlichen Zellen* selbst synthetisiert. Dieser Vorgang ist für den Menschen der *bedeutsamere Biosyntheseweg* (Brown und Goldstein 1984, 1986, Dietschy 1984, Dietschy et al. 1984). Fast jede Körperzelle kann Cholesterin synthetisieren, so daß man mit *Recht fragen muß,* ob ein *solcher Stoff* per se überhaupt *alleinige Ursache der Atherosklerose sein*

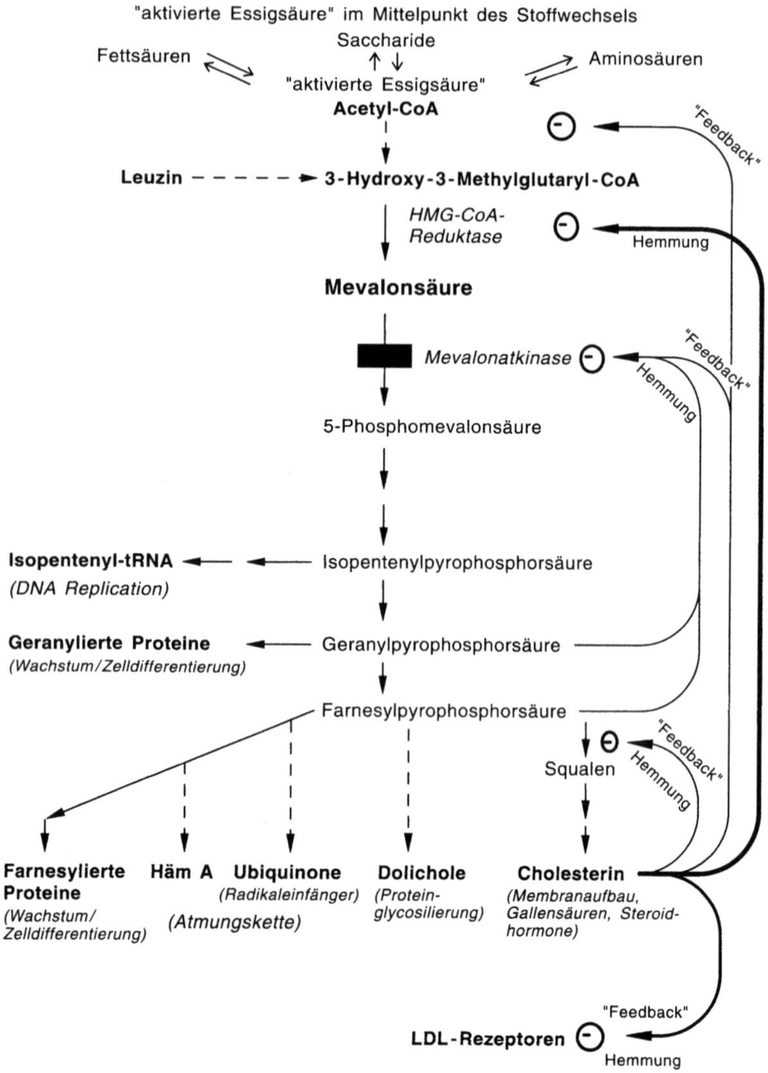

Abb. 1.5. Zeigt den Weg der *Biosynthese* von der „aktivierten Essigsäure" bzw. dem Acetyl-CoA über die Mevalonsäure bis zum Cholesterin und den nichtsteroidalen Isoprenoiden. Bei der Mevalonazidurie besteht der Enzymdefekt „hinter" der Mevalonsäure bei der *Mevalonatkinase* (schwarzes Feld). Die CSE-Hemmstoffe greifen das „davor" gelegene Enzym *HMG-CoA-Reduktase* an. Die Rückkopplungsmechanismen sind durch Striche und Pfeile seitlich markiert, die bedeutendsten durch intensivere Strichzeichnung. (Nach Brown und Goldstein 1983; Hoffmann 1994)

kann. Der Stoffwechselweg ist noch nicht in allen Punkten geklärt. Es gibt erhebliche Unterschiede (Dietschy 1984) im Vergleich zu verschiedenen Tierspezies (S. 58). Die Abläufe sind erstaunlich konstant reguliert.

Zur Rolle der HMG-CoA-Reduktase

Abbildung 1.5 zeigt, daß eine mehrfache *Rückkopplung* (z.B. Hemmung der HMG-CoA-Reduktase durch Endprodukte) der Stoffwechselwege existiert, wobei der *intrazelluläre Cholesterinpool* für die Regulation den Ausschlag gibt. So kann gegebenenfalls die HMG-CoA-Reduktase durch die exogene Cholesterinzufuhr über die Retention im *enterohepatischen Kreislauf* von sog. freiem Cholesterin (nur dieses wird retiniert und kein verestertes) gehemmt werden. Es besteht ein Gleichgewicht zwischen der Hemmung bzw. Aktivierung der HMG-CoA-Reduktase, die enzymatisch die Minderung oder Produktion von Cholesterin steuert (Abb. 1.8). einerseits und der exogenen Aufnahme von Cholesterin andererseits. Dieser Steuerungsvorgang ist zum Verständnis der auf das Blutcholesterin ausbleibenden Wirkung einer überschüssigen Cholesterinzufuhr mit der Nahrung bedeutsam (S. 133). Nach Stryer 1990 hängt das Ausmaß der Synthese von Cholesterin in der Leber u.a. von der Cholesterinmenge ab, die in der Nahrung enthalten ist: *„Das Nahrungscholesterin hemmt die Synthese der HMG-CoA-Reduktase in der Leber und führt zu einer Inaktivierung bereits vorhandener Enzymmoleküle"*. Dieses Enzym steuert (Abb. 1.5) die *„Mevalonatsynthese und damit die Schrittmacherreaktion der Cholesterinbiosynthese"*, wodurch ein ausgewogenes Verhältnis zwischen Neusynthese in der Leber und der Nahrungszufuhr an Cholesterin (Lang 1979) erhalten bleibt. Die exogene Cholesterinzufuhr erfolgt jedoch nur über den enterohepatischen Kreislauf. Dort mischt sich sog. *„freies" Cholesterin*, welches aus der Galle stammt, mit dem *„freien" Cholesterin* aus der Nahrung (nicht verestertes, S. 133), von dem sich eine beschränkte Menge (bis zu ca. 20%) unter das insgesamt rückretinierte Cholesterin mischen kann. Die Gesamtretention von freiem Cholesterin bleibt jedoch beschränkt und wird von der HMG-CoA-Reduktase gesteuert.

Die Aktivität der HMG-CoA-Reduktase wird auch eingeschränkt, wenn eine Zunahme von intrazellulärem Cholesterin auf dem LDL-Rezeptorweg stattfindet. Hierdurch kann die Biosynthese absinken. Andererseits kann der Bedarf der Zellen an Cholesterin durch eine Aktivierung der HMG-CoA-Reduktase gesteigert werden, wodurch es zu einer vermehrten Produktion von Mevalonsäure kommt, die beim Menschen (meßbar) nachweisbar ist.

Bei der erblich bedingten *familiären Hypercholesterinämie*, insbesondere den homozygoten Formen, kommt es infolge des Fehlens von LDL-Rezeptoren einerseits zu einer vermehrten Biosynthese in den Zellen (schon bei der Geburt besteht eine massive Überschwemmung der Organe mit Cholesterin) und andererseits zu einer verminderten Plasmaclearance für das Cholesterin.

Unerschöpfliche Reserven für die endogene Cholesterinsynthese

Weil intrazellulär ausreichend Cholesterin synthetisiert wird, bedarf es keiner Cholesterinnahrungszufuhr mehr. Daß alleine die endogene Synthese ausschlaggebend ist, geht auch daraus hervor, daß täglich *mehr Cholesterin* in Form von Koprosterin über den Stuhlgang *verloren geht* (S. 35), als mit der Nahrung zugeführt wird. Außerdem steuert bzw. hemmt gegenenfalls die HMG-CoA-Reduktase jede überschüssige Nahrungscholesterinzufuhr.

Der Körper baut Cholesterin aus *Essigsäure* bzw. *Acetat* auf, das gebunden an das Coenzym A als *„aktive Essigsäure"* (aktives Acetat) in Reaktion tritt. Nach Stryer 1990 besteht kein Zweifel, daß Cholesterin aus Acetyl-Coenzym A synthetisiert wird (Abb. 1.5). Er erwähnt, daß radioaktiv markiertes Acetat an Ratten verfüttert wurde, bei denen man die Isotopenmarkierung in dem von den Tieren synthetisierten Cholesterin wiederfand. Die *„aktive Essigsäure"* entsteht beim Gesunden als *Stoffwechselendprodukt beim Abbau der Kohlenhydrate, Fette und Eiweiße* (*Abb. 1.6*) und steht somit als Ausgangsprodukt für die Cholesterinsynthese jederzeit unerschöpflich zur Verfügung. Abbildungen 1.5 und 1.6 zeigen dies grob schematisch. Beim stoffwechselgesunden Menschen entsteht durch Abbau und Umwandlung der Kohlenhydrate, Fette und Eiweißstoffe ein gemeinsames Zwischenprodukt, die „aktivierte Essigsäure" oder auch „aktives Acetat" genannt (Abb. 1.7). Dieses ist eine Verbindung des von Lipmann (zitiert in Fischbach 1962) gefundenen Coenzyms A (CoA) mit einem Essigsäurerest (Acetylgruppe; $COCH_3$). Das aktive Acetat ist nichts anderes als ein acetyliertes Coenzym-A. Die Aktivierung der Essigsäure erfolgt durch die Bildung dieses Esters. Acetyl-CoA ist für die Citronen- und Fettsäuresynthese und als Ausgangsprodukt für die Synthese von Sterinen (und damit auch von Cholesterin), Porphyrinen, Carotinoiden usw. erforderlich (Abb. 1.6).

Die in Deutschland zugeführten Nahrungscholesterinmengen um 350–450 mg/Tag spielen im Hinblick auf die geschilderte endogene Syn-

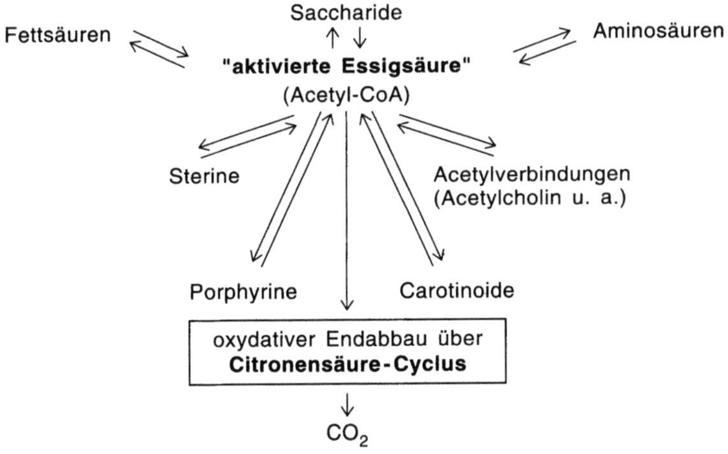

Abb. 1.6. „Aktivierte Essigsäure" (Acetyl-CoA) im Mittelpunkt des Stoffwechsels, in dem es u. a. auch Ausgangspunkt für die Bildung der Sterine und vom Cholesterin ist. (Nach Fischbach 1967)

theseleistung eine völlig untergeordnete Rolle. Deshalb kann beim Stoffwechselgesunden der Nahrungsentzug von Cholesterin auch keinen direkten Einfluß auf die endogene Synthese und den Blutcholesterinspiegel nehmen. Dieser Vorgang wird primär über den endogenen Cholesterin-Pool, die Aktivierung der HMG-CoA-Reduktase und ihre Rückkopplung (Abb. 1.8) zum endogenen Pool gesteuert, wodurch sich ein ausgeglichener Zustand zwischen der Neusynthese und der exogenen Aufnahme von Cholesterin einstellt. Unter Krankheitsbedingungen kann dies anders sein.

Man kann sich vorstellen, welche schwerwiegende Störungen im Cholesterinstoffwechselsystem (Zellbildung, Hormonsynthesen (Androgene, Östrogene, Gestagene, Mineralo- und Glukokortikoide, Bildung von Vitamin D, Gallensäuren usw.) auftreten könnten, wenn die Synthese dieser Substanzen aus Cholesterin nur von der exogenen Nahrungszufuhr abhängen würde. Kein strenger Vegetarier könnte überleben, weil seine Ernährung ausschließlich über eine Pflanzenkost erfolgt, in der kein Nahrungscholesterin vorkommt. Nahrungscholesterin ist für den Menschen *nicht essentiell* (S. 133). Es ist ein reiner Zufall (aber keine Notwendigkeit), daß der Mensch als „Allesesser" von pflanzlichen und tierischen Produkten Cholesterin mit der Nahrung über den tierischen Anteil erhält, weil dieser u. a. auch cholesterinhaltige Membranen enthält.

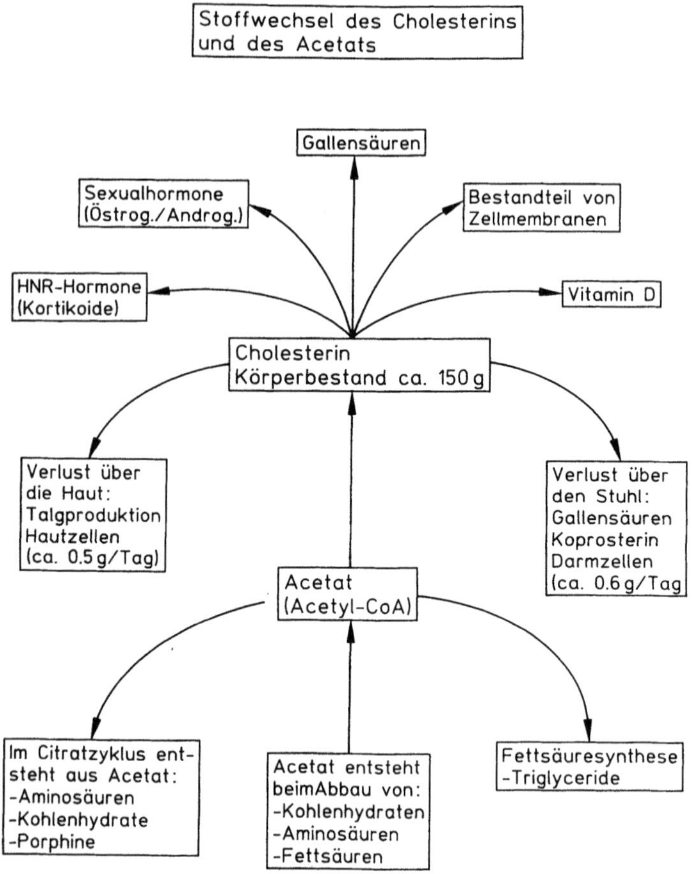

Abb. 1.7. Stoffwechsel des Cholesterins und des Acetats

Während Beneke noch vor 100 Jahren mit seinem Wort: *„Cholesterin ist die Ursubstanz allen menschlichen Lebens"* *berühmt wurde,* würde man heute dieses Lob wahrscheinlich der *„Mevalonsäure"* zukommen lassen, die eine Schlüsselstellung einnimmt und deren Biosynthese von der *HMG-CoA-Reduktase* gesteuert wird. Aus der Mevalonsäure entstehen eine Vielzahl von Stoffwechselzwischen- und Endprodukte (Abb. 1.5).

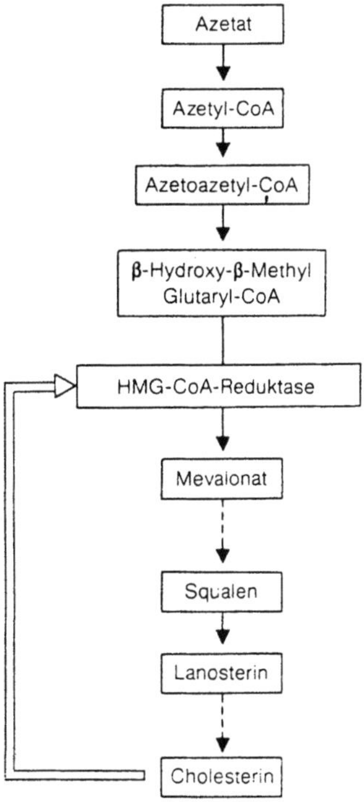

Abb. 1.8. Der Biosyntheseweg vom Acetat zum Cholesterin. Es existiert ein Rückkopplungsmechanismus zwischen der HMG-CoA-Reduktase und dem intrazellulärem Cholesterinpool, der u.a. wirksam wird, sobald exogenes Cholesterin auftritt. Durch Minderung der HMG-CoA-Reduktase Aktivität wird vermindert Cholesterin gebildet und dadurch beim Stoffwechselgesunden ein Gleichgewicht zwischen exogenem und intrazellulärem Cholesterin hergestellt (vgl. Abb. 1.9a). (Nach Kasper 1987)

Die nichtsteroidalen Isoprenoide

Neben dem Cholesterin werden aus der *Mevalonsäure* noch eine Reihe von nichtsteroidalen *Isoprenoiden* (Abb. 1.5) synthetisiert, denen eine große Bedeutung im Stoffwechsel zukommt. Ein solcher Stoff ist *Dolichol*, welches an der Proteinglykosidierung beteiligt ist (James und Kandutsch 1979, Carson und Lennarz 1981). *Ubichinon* ist ein wichtiger Radikalfänger, der die Lipidperoxidation im LDL (Low Density Lipoprotein) und die Bildung von oxidiertem Cholesterin zu hindern vermag, denen man in der Entstehung bestimmter Atheroskleroseformen eine wichtige Rolle zuspricht (Steinberg et al. 1989, Gey et al. 1991, Lehr et al. 1991). Nach neueren Erkenntnissen spielen Isoprenoide bei der DNA-Synthese, der Zelldifferenzierung und dem Zellwachstum eine wichtige Rolle (Quesney-Huneeus et al. 1979). Die Isoprenylierung von Proteinen scheint ein verbreitetes biologisches Prinzip zu sein (Hoffmann 1994).

Isoprenoide (Isopenoid-Lipide). Viele in der Natur vorkommende Stoffe lassen sich nach der Isopren-Hypothese (Ruzicka, Lynen u. a.) von dem Kohlenwasserstoff *Isopren* (= *β*-Methylbutadien) ableiten, so daß dem Isopren im Aufbau lebenswichtiger Stoffe eine zentrale Stellung zukommt. Zu diesen Stoffen, die unter dem Sammelnamen *Isoprenoide* oder *Terpene* zusammengefaßt werden, gehören vor allem: *Sterine* (Cholesterin), Vorstufen der D-Vitamine, *Steroidhormone* und *Carotinoide* (s. dort).

Isopren
(β-Methylbutadien)

$$CH_2 = \underset{\displaystyle CH_3}{\overset{|}{C}} - CH = CH_2$$

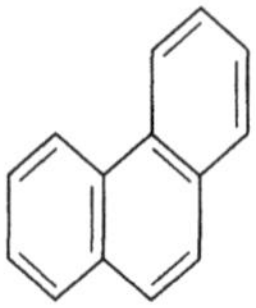

Bedeutung von Cholesterin im Organismus

Cholesterin ist die *Ausgangssubstanz* für eine große Zahl *physiologisch wichtiger Stoffe*, wie der Bildung von Zellmembranen, Zellkernen, Zellen der Immunabwehr des Menschen, von NNR (Nebennierenrinde)-Steroiden (Glukokortikoiden, Mineralkortikoiden), Sexualhormonen (Androgenen, Gestagenen, Östrogenen), Aldosteron, Cortisol, von Vitamin D_3 (7-Dehydrocholesterin), Gallensäuren usw. (Abb. 1.9a–c). Cholesterin ist nach Lang 1979 die *Ausgangssubstanz* für die Bildung von *Vitamin* D_3 (Abb. 1.4). 7-Dehydrocholesterin ist für Menschen und höhere Säugetiere das eigentliche Provitamin D. Es kommt in der Haut vor (Fischbach 1962), wo es unter UV-Lichtbestrahlung mit der Sonne in das wirksame Vitamin D_3 umgewandelt wird. Dieses ist identisch mit dem Vitamin D im Heilbutt- und Thunfischleberöl.

Cholesterin wird in großen Mengen mit den Gallensäften (Tabelle 1.2) in den Darm ausgeschieden oder geht über die Haut verloren, wo es wichtiger Bestandteil der Schutzschicht (Cholesterinester) ist. Im *Nervensystem* kommt es häufiger als in anderen Bereichen vor. Das menschliche Gehirn besteht zu 10% seiner Trockenmasse (Hoffmann 1994) aus Cholesterin, weshalb vermutet wird, daß die Hemmung der Cholesterinsynthese möglicherweise einen ungünstigen Effekt auf das ZNS ausüben könnte. In anderen Geweben liegt der Gehalt unter 1%. Cholesterin kommt in allen

Körperflüssigkeiten und Zellen vor und wird in nahezu jeder Zelle gebildet. Es steuert die Durchlässigkeit der Zellmembranen (Lang 1979) und ist mit an der Regulation des Stoffaustausches beteiligt. Es schützt den Zellkern vor dem Eindringen von Toxinen, Bakterien und nach neueren Kenntnissen auch vor AIDS- und Krebsviren. Um die Jahrhundertwende (1910) wurde es als „Chemotherapeutikum" intravenös als Medikament gespritzt (S. 82). Eine Destabilisierung des Cholesterinanteiles der Membranen trägt die Gefahr der „Lochbildung" in den Membranen und der Durchlässigkeit für Toxine u. a. Stoffe in sich (Bhakdi 1984). Mit anderen Lipiden nimmt es am Aufbau von Zellstrukturen teil. Die Tabellen 1.3 – 1.6 zeigen auszugsweise einige Körperbereiche, in denen Cholesterin vorkommt.

Alle *Stoffwechselvorgänge*, einschließlich der endogenen Retention im enterohepatischen Kreislauf von Cholesterin und von Gallensäuren aus dem Darm, laufen jederzeit ungestört im Organismus auch *ohne jede Nahrungszufuhr an Cholesterin* ab. Alleine über die Haut (um 50 – 100 mg/Tag), die Gallensäuren- (um 750 mg/Tag) und die Cholesterinausschüttung (500 – 1500 mg/Tag) mit der Galle in den Darm weden, auch ohne Nahrungszufuhr, täglich zusammengerechnet mehr Cholesterin endogen gebildet und umgesetzt, als dieses üblicherweise über die Nahrung (um 350 – 450 mg/Tag) zugeführt wird.

Eine der Hauptbildungsstätten von Cholesterin ist die *Leber*. Ist diese geschädigt, kann gegebenenfalls die Cholesterinsynthese gestört sein und vermehrt (Fischbach 1963) auf Gebärmutter, Niere, Haut, Aortenwand usw. übergehen. Daneben wird Cholesterin bekanntlich in der Darmmukosa, den Nebennieren und Gonaden gebildet.

Folgende Substanzen entstehen aus Cholesterin:

- Zellmembran (anteilig),
- *Gallensäuren*,
- *Steroidhormone* der Nebennierenrinde (NNR): Kortikoide,
- Weibliche und männliche *Sexualhormone*: Östrogene, Androgene,
- *Vitamin D* (Provitamin = 7-Dehydrocholesterin),
- Sekret der *Talgdrüsen* (cholesterinhaltig!),
- Sebum (abgeschilferte Haut, anteilig) u. a.

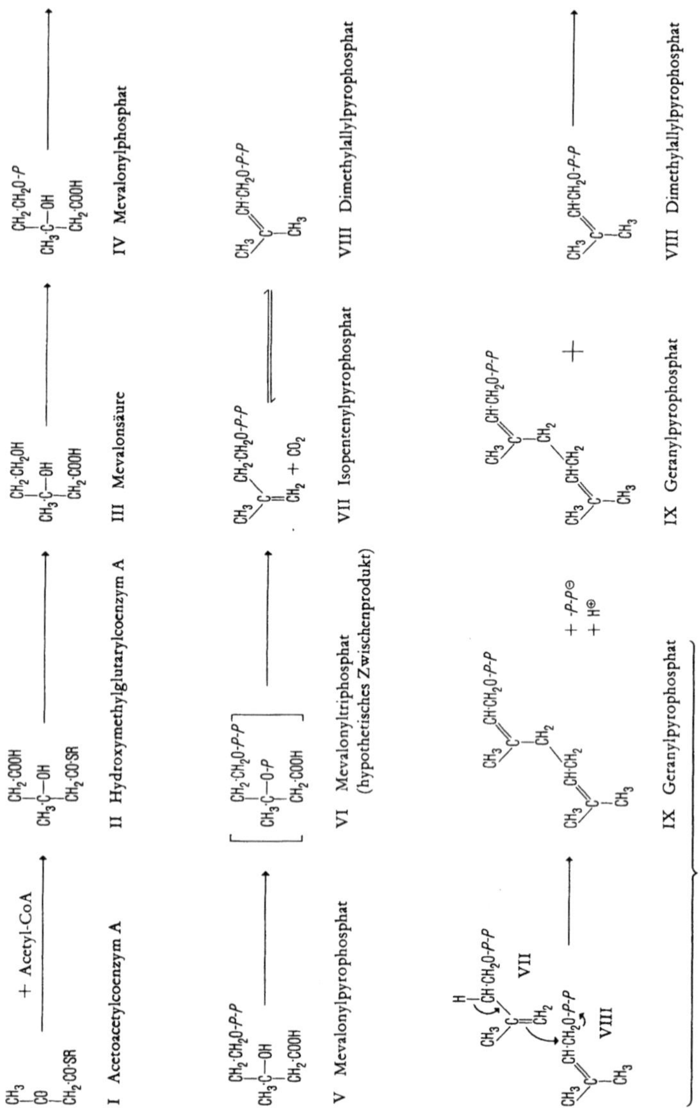

Wahrscheinlicher Kondensationsmechanismus von Isopentenylpyrophosphat mit Dimethylallylpyrophosphat

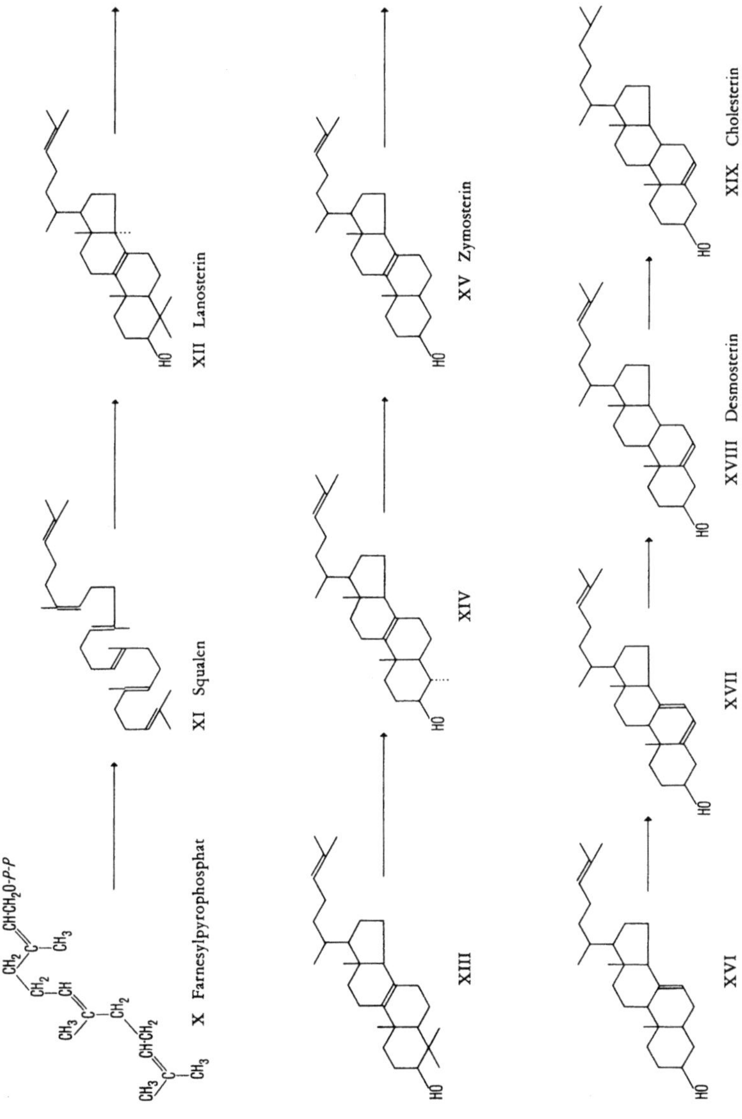

Abb. 1.9a. Die Biosynthese des Cholesterins

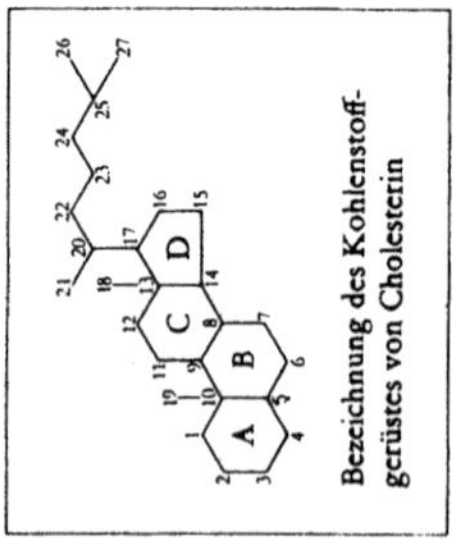
Bezeichnung des Kohlenstoffgerüstes von Cholesterin
A
B
C
D

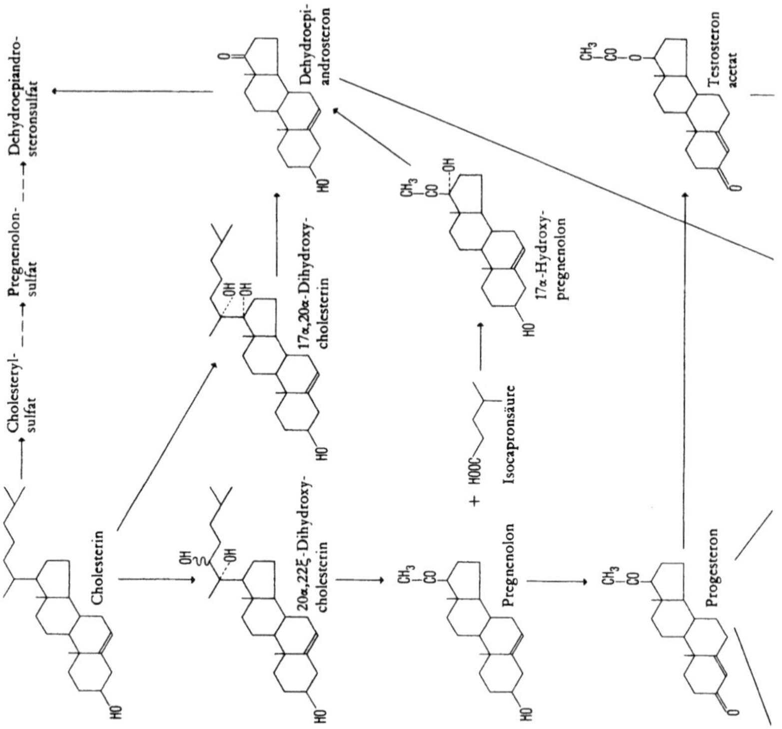
Cholesteryl-sulfat
Pregnenolon-sulfat
Dehydroepiandrosteronsulfat
Cholesterin
20α,22ξ-Dihydroxy-cholesterin
17α,20α-Dihydroxy-cholesterin
Dehydroepi-androsteron
Pregnenolon
+ HOOC
Isocapronsäure
17α-Hydroxy-pregnenolon
Progesteron
Testosteron acetat

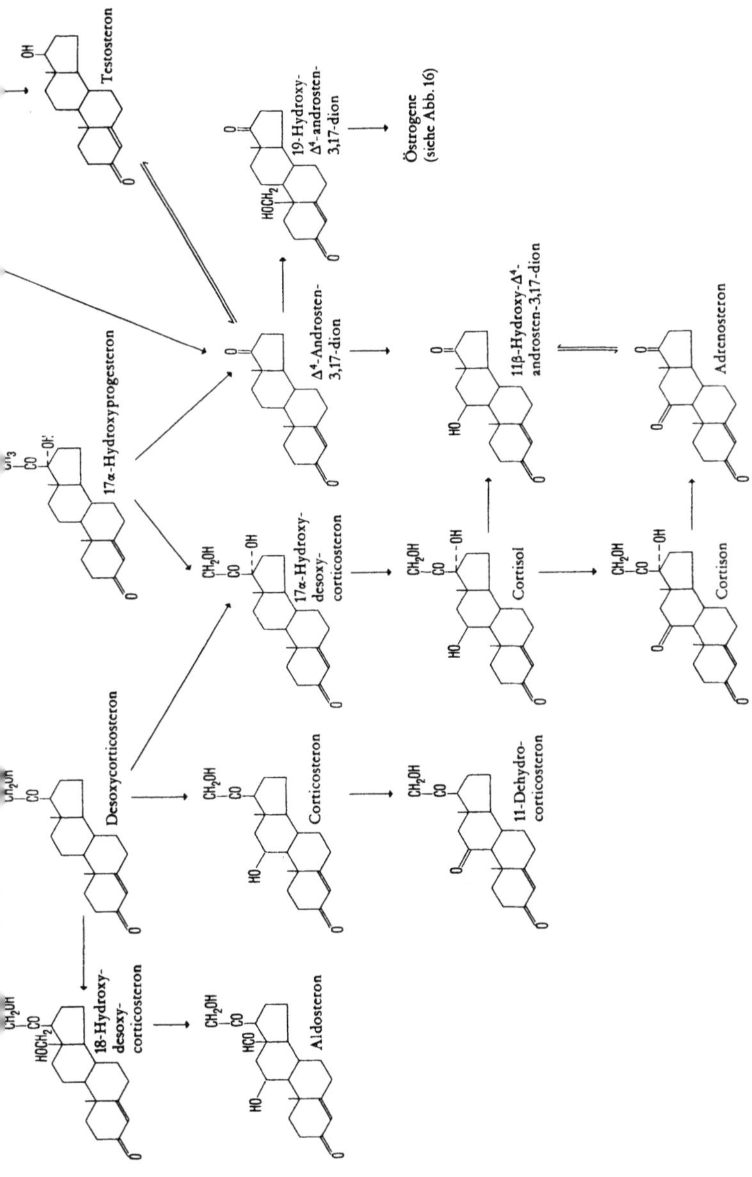

Abb. 1.9b. Die Biosynthese der Nebennierensteroide und Androgene

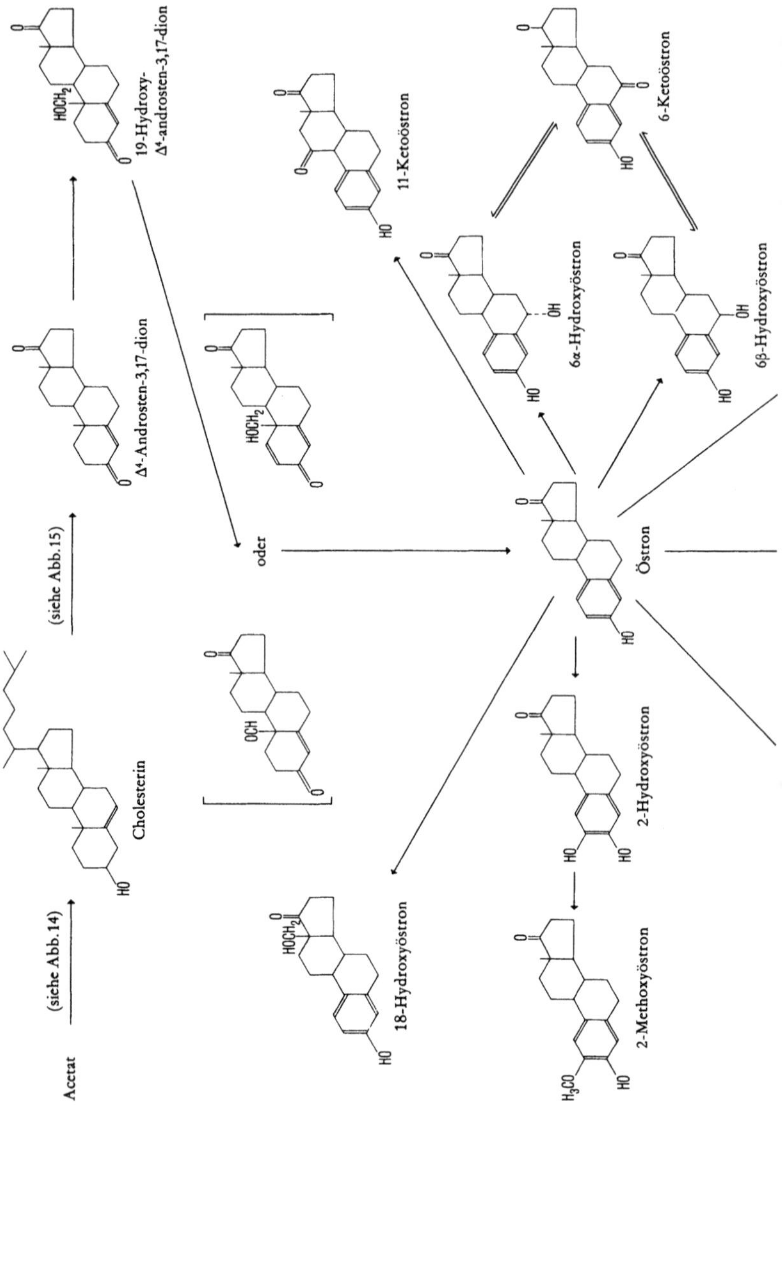
Acetat
(siehe Abb. 14)
Cholesterin
(siehe Abb. 15)
Δ4-Androsten-3,17-dion
19-Hydroxy-Δ4-androsten-3,17-dion
oder
Östron
11-Ketoöstron
6α-Hydroxyöstron
6β-Hydroxyöstron
6-Ketoöstron
2-Hydroxyöstron
2-Methoxyöstron
18-Hydroxyöstron

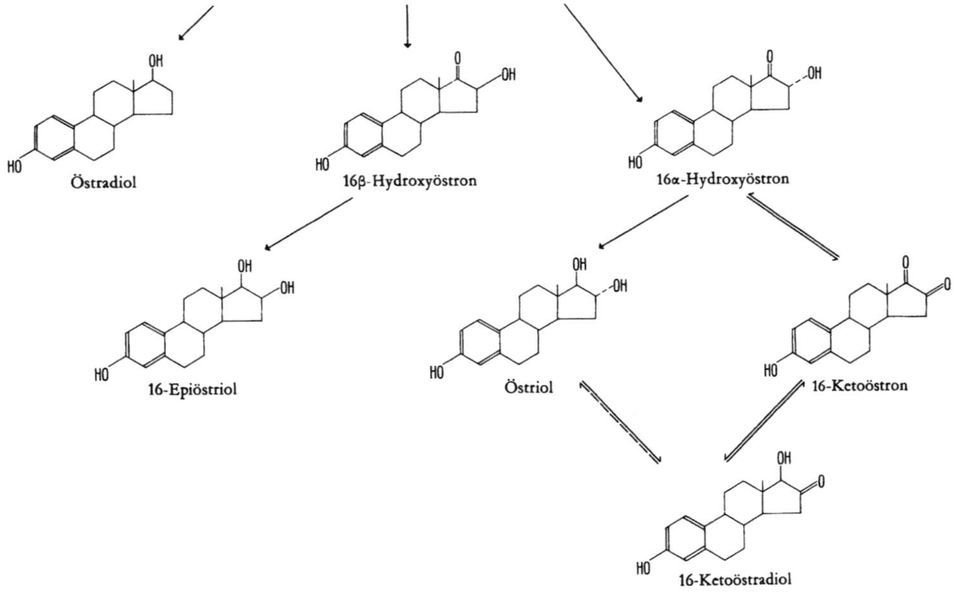

Abb. 1.9c. Die Biosynthese und Metabolismus der Östrogene. (Aus Wissenschaftlichen Tabellen, Geigy 1968)

Tabelle 1.3. Cholesterinbestand des erwachsenen Menschen. (Nach Buddecke 1985)

Organ	Gesamtmenge ca. 150 [g]	g/100 g Frischgewebe
Gehirn	30	2,3
Skelettmuskel	30	0,12
Haut	15	0,3
Blut	10	0,3
Leber	5	0,3
Nebennieren	0,5	5,0
Übrige Gewebe	40 – 60	–

Tabelle 1.4. Cholesteringehalt bei einem 70 kg schweren Mann. (Nach Sabine 1977)

(Organ)system	Gewicht [g]	Cholesterin		
		Konzentration [% Frischgewicht]	Menge [g]	Prozentsatz der Cholesteringesamtmenge im Körper
Gehirn und Nervensystem	1600	2,0	32,0	22
Bindegewebe (einschl. Fettgewebe) und Körperflüssigkeit	12100	0,25	31,3	22
Muskeln	30000	0,1	30,0	21
Haut	4200	0,3 – 0,7	16,0	11
Blut	5400	0,2	10,8	8
Knochenmark	3000	0,25	7,5	5
Leber	1700	0,3	5,1	4
Verdauungstrakt	2500	0,15	3,8	3
Lunge	950	0,2	1,9	1
Nieren	300	0,25 – 0,34	0,9	1
Nebenniere	12	2,6 – 15	1,2	1
Andere Drüsen	100	0,2	0,2	
Herz	350	0,09 – 0,18	0,6	
Milz	200	0,16 – 0,34	0,5	
Blutgefäße	200	0,25	0,5	
Skelett	7000	0,01	0,7	
			143,0	

Tabelle 1.5. Freies und verestertes Cholesterin in verschiedenen Organen. (Nach Sabine 1977)

Organgewebe	Cholesterin		
	[mg/g Frischgewicht]	Frei [%]	Ester [%]
Serum	1,89	30	70
Leber	2,87	82	18
Niere	2,77	90	10
Nebenniere	28,9	17	83
Skelettmuskel	0,98	93	7

Tabelle 1.6. Freies und verestertes Cholesterin in verschiedenen extrazellulären Flüssigkeitsräumen. (Nach Sabine 1977)

Flüssigkeit	Cholesterin		
	[mg/100 ml]	Frei [%]	Verestert [%]
Plasma	150–200	30	70
Lymphe	25		
Liquor cerebrospinalis	0,44	48	52
Gelenkflüssigkeit	7		
Galle	390	96	4
Speichel	2–9		
Urin	0,2		
Sperma	80		
Prostataflüssigkeit	80		
Milch	20	76	24

Verteilung von Cholesterin im Organismus

Tabelle 1.3 zeigt die *Verteilung* von Cholesterin im Körper. Von einer *Gesamtmenge* von ca. *150 g* an Cholesterin entfallen ca. 10 g, das sind ca. 8% (Tabelle 1.4) auf das Vollblut oder ca. *5% auf das Plasma.* Man sollte deshalb mit der Bewertung von Meßergebnissen im Blutserum ebenso zurückhaltend vorgehen, wie man dies grundsätzlich auch bei anderen Elementen tut, die nur geringgradig im Serum, aber hauptsächlich intrazellulär vorkommen, z.B. wie bei Kalium und Magnesium. Die Serumwerte vermögen nur einen sehr geringen Teil der intrazellulären Verhältnisse widerzuspiegeln.

Als Bestandteil der Zellmembranen hat Cholesterin eine wichtige Stabilisatorwirkung. Durch die Erhöhung der Membranviskosität kommt es zu einer Abdichtung der Zellmembran. Die Bedeutung eines ausreichenden Cholesteringehalts der Membran für die Immunabwehr ist noch nicht ausreichend geklärt. Es mehren sich jedoch die Zeichen dafür, daß bei Personen mit niedrigen Cholesterinspiegeln die Infektions- und Krebsrate aufgrund einer verminderten Immunabwehr besonders hoch ist. Eventuell wird die Zellmembran bei einem niedrigen Cholesterinspiegel durchlässiger für Erreger und toxische Stoffe, oder eine adäquate Immunantwort wird durch eine Hemmung der Zellteilungen vereitelt (s. Kap. „Immunologie“). Außerdem finden sich bei Patienten mit niedrigen Cholesterinwerten vermehrt intrakranielle Blutungen (Iso et al. 1989, Yano et al. 1989). Vorstellbar hierbei ist eine erhöhte Gefäßempfindlichkeit aufgrund mangelhafter Membranbildungen.

Mögliche Folgen eines niedrigen Cholesterinspiegels:
- instabile Zellmembranen, erhöhte Durchlässigkeit,
- verminderte Immunabwehr,
- erhöhte Krebs- und Infektionsinzidenz,
- vermehrte Hirnblutungen.

Stoffwechselwege des Cholesterins

Nach Lang 1979 kann Cholesterin beim Gesunden im *Stoffwechsel* verschiedene *Wege einschlagen* (Abb. 1.9a–c):

1. *Dehydrierung zu 7-Dehydrocholesterin in der Leber,* welches in der Haut angereichert und durch UV-Lichtbestrahlung in Vitamin D_3 übergeht,
2. *Abbau zu den Steroidhormonen* und Umwandlung in die verschiedenen Familien der Steroidhormone (Gestagene, Glukokortikoide, Mineralokortikoide, Östrogene usw., Abb. 1.9a–c),
3. *Oxidation zu den Gallensäuren,*
4. *Ausscheidung in den Darm* und Umwandlung durch die Darmbakterien in die Fraktion der „neutralen Sterine“ (*Koprosterin* usw.), die mit dem Kot ausgeschieden werden,
5. Teilweise *Retention* im enterohepatischen Kreislauf,
6. *Ausscheidung durch die Haut* (Sebum, abgeschilferte Zellen, Talgdrüsen) beim Gesunden in Mengen von 50–100 mg/Tag (in pathologischen Fällen mehr).

Cholesterinverluste sind höher als die Zufuhr

Die durchschnittlichen *täglichen Verluste* liegen beim gesunden Erwachsenen nach Silbernagel 1991 bei ca. 618 mg. Sie liegen damit über der durchschnittlichen täglichen Cholesterinnahrungszufuhr in Deutschland (ca. 350–450 mg/Tag). Auftretende Verluste oder ein zusätzlicher Cholesterinbedarf werden durch endogene Neubildung ausgeglichen. Die endogene Biosynthese beträgt nach Dietschy 1982 im Durchschnitt ungefähr 800 mg täglich.

Den *Hauptweg des Abbaus von Cholesterin* stellt nach Lang 1979 die Verstoffwechselung über die *Gallensäuren* in den Darm dar, wo es im Rahmen des enterohepatischen Kreislaufs teilweise resorbiert wird. Einen weiteren Weg bildet die Ausscheidung von Cholesterin in Form von *Gallensäuren* in den Darm, die in der Leber aus Cholesterin gebildet werden. Im Gegensatz zu einigen Tierspezies, werden unter den Standardbedingungen einer cholesterinfreien Kost vom gesunden Menschen ca. 20% des Cholesterins wieder im Rahmen des enterohepatischen Kreislaufes rückresorbiert. Der größte Teil wird nach bakterieller Umwandlung als Koprosterin mit dem Stuhlgang ausgeschieden. Es gehen täglich bei einer cholesterinfreien Ernährung mindestens 500 mg an Cholesterin in Form von Koprosterin verloren, also mehr als üblicherweise mit der Nahrung zugeführt werden. Die Verluste über die Cholesterinmetabolite der Steroidhormone liegen bei ungefähr 50 mg täglich. Die Hautverluste betragen um 50–100 mg/Tag. Bei bestimmten Hautkrankheiten, bei denen größere Hautabschilferungen bestehen, können die Verluste höher liegen.

Unbeschränkte Ausscheidungsmöglichkeit für überschüssiges Cholesterin

Der Körper hat jederzeit die Möglichkeit, *überschüssiges Cholesterin* auf dem Wege über die Bildung von Gallensäuren in der Leber, die dort aus Cholesterin entstehen, über die Gallenblase in den Darm auszuscheiden. Außerdem kann er direkt in der Leber gebildetes Cholesterin (Tabelle 6.2–6.3) über die Galle in den Darm ausschütten und in Form von Koprosterin über den Stuhlgang ausscheiden. So wird überschüssiges intravenös gespritztes Cholesterin über die Galle in den Darm eliminiert.

Der Weg des Cholesterins im Organismus

Im Blut werden die *Lipide* nach Buddecke 1989 in komplexer Bindung an spezifische Proteine als sog. *Lipoproteine* transportiert, die sich in verschiedene Lipoproteinklassen unterteilen lassen (Tabelle 2.1–2.5). Über die Ultrazentrifuge lassen sich aufgrund der unterschiedlichen Dichte die verschiedenen Formen aufschlüsseln. Die Lipoproteine sind u.a. für die Versorgung *aller Organe und Gewebe* mit Fettsäuren und Cholesterin zuständig. Die *Lipoproteinsynthese* erfolgt einerseits in den Mukosazellen des *Intestinaltraktes*, wo Chylomikronen gebildet werden, die zu 85–90% Triglyzeride usw. enthalten (exogener Lipoproteinstoffwechsel), deren Transport über das Lymphgefäßsystem erfolgt und zum anderen in der *Leber* (endogener Lipoproteinstoffwechsel). Im Rahmen der endogenen Lipidsynthese werden nach Buddecke 1989 von der Leber *VLDL* (very low density lipoprotein)-Partikel gebildet, bei deren Abbau *IDL* (intermediäres β-Lipoprotein)-Partikel und das cholesterinreiche *LDL* entstehen. Der größte Teil des LDL wird über *leberspezifische Rezeptoren* aufgenommen und abgebaut. Daher gelingt es, durch die *Implantation einer gesunden Leber*, die ausreichend LDL-Rezeptoren liefert, bei der genetisch bedingten familiären Hypercholesterinämie (homozygote Form), die Krankheit erfolgreich zu bekämpfen (vgl. S. 13). Einen anderen Weg bietet die *Gentherapie*, bei der die genetische Information zur Bildung von LDL-Rezeptoren z.B. mittels Retroviren auf die Empfängerzelle übertragen wird.

Ein Teil des LDL-Cholesterins gelangt in periphere Organe und Gewebe, wo es als Membranbaustein der Zellen, zur Steroidhormonsynthese usw. benötigt wird. *HDL* kann nach Buddecke 1989 bei Kontakt mit peripheren Geweben und Organen *„freies"* zellmembranassoziiertes Cholesterin übernehmen und in Cholesterinester überführen. HDL transportiert freies Cholesterin aus den peripheren Geweben ab, eine Eigenschaft, aus der man auch eine gewisse Schutzwirkung vor der Entstehung atypischer Formen von „atherosklerotischen" Gefäßwandveränderungen, z.B. bei der genetisch bedingten Hyperlipidämie (S. 55), ableitet. Buddecke 1989 betont, daß der Lipid- und Lipoproteingehalt im Serum von Alter, Geschlecht, Rasse, Ernährung, Hormonhaushalt, Bewegung usw. abhängig sind (vgl. S. 169).

Cholesterin ist Bestandteil aller *Membranen* und für die Funktionsfähigkeit und das Wachstum *der Zellen* von großer Bedeutung. Cholesterin und andere Lipide werden in Form von *Lipoproteinen* (Tabelle 2.1–2.5) unterschiedlicher Dichte an ihre Zielorte (Stryer 1990) transportiert. Diese haben nach Stryer 1990 zwei Aufgaben. Sie lösen stark hydrophobe Lipide und enthalten *Signale*, die den Transport bestimmter Lipide an spezifischen Zellen und Gewebe regulieren. Cholesterin und andere Lipide aus dem Darm werden mit großen Chylomikronen zum Fettgewebe und in die Leber transportiert. Im allgemeinen erhalten die Zellen außerhalb des Darms und der Leber ihr Cholesterin, welches für das Wachstum und die Funktionsfähigkeit jeder Zelle benötigt wird, nach Stryer 1990 aus dem

Plasma und auf dem Wege der Neusynthese. Die wichtigsten Cholesterinquellen hierfür sind die Lipoproteine geringer Dichte, das *LDL*, welches mit Cholesterin beladen ist. Das LDL wird an ein spezifisches Rezeptorprotein (Abb. 1.10) auf der Plasmamembran nichthepatischer Zellen gebunden und von der Plasmamembran aufgenommen. *LDL-Rezeptoren* werden bei einem Cholesterinüberangebot in den Zellen nicht neu synthetisiert, wodurch die weitere Aufnahme von Cholesterin über das Plasma-LDL verhindert wird. Der *LDL-Rezeptor* gelangt nach Stryer 1990 in der Regel unversehrt zur Plasmamembran zurück. Er hat eine Lebenszeit von ungefähr einem Tag, in dem er viele LDL-Teilchen in die Zellen transportieren kann. Seine Umlaufzeit beträgt etwa 10 Minuten. Umgekehrt ist es möglich durch einen Mangel an Cholesterin zu einer vermehrten Bildung von LDL-Rezeptoren beizutragen. Den letzteren Mechanismus macht man sich therapeutisch bei einem Mangel an LDL-Rezeptoren z.B. bei der hereditären Hypercholesterinämie zu eigen, um die Bildung von LDL-Rezeptoren anzuregen, die dort aufgrund eines genetischen Defektes mangelhaft angelegt sind. Die Möglichkeit der Implantation einer neuen Leber oder Gentherapie wurde bereits erwähnt.

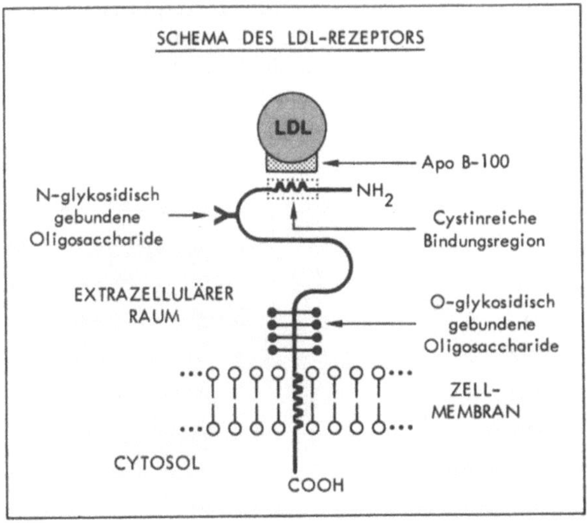

Abb. 1.10. Schema des LDL-Rezeptors. (Aus Buddecke 1989)

Die rezeptorvermittelte Endozytose

Die LDL-Rezeptoren (Abb. 1.10) befinden sich nach Stryer 1990 in spezialisierten Membranbereichen und werden auf dem Wege der *Endozytose* aufgenommen. Die Endozytose ist nach Buddecke 1989 ein *Transportprozeß*, mit dessen Hilfe Zellen extrazelluläre Substanzen aufnehmen, wobei es zur Einstülpung und Abschnürung (Abb. 1.11) eines Teils der Zellmembran kommt, von dem das aufgenommene Material umschlossen wird, wodurch ein endozytotisches Vesikel entsteht. Man unterscheidet zwischen der *„adsorptiven Endozytose"* und der *„Flüssigkeitspinozytose"*. Der Import spezifischer Proteine in eine Zelle erfolgt durch Bindung an Rezeptoren in der Plasmamembran und ihren Einschluß in ein Vesikel. Spezifische Proteine werden durch rezeptorvermittelte Endozytose in die Zellen geschleust. Der Prozeß der rezeptorvermittelten Endozytose ist von großer biologischer Bedeutung. Sie stellt einen Weg dar, *„essentielle" Stoffe in die Zellen zu bringen*, so das Cholesterin, Hormone u. a. Die adsorptive Endozytose ist nach Buddecke 1989 der physiologische Mechanismus, die Aufnahme von Proteinen, Lipoproteinen, Glykoproteinen usw. in die Zelle zu bewirken. Die Endozytose entfernt z. B. Hormone aus dem Kreislauf und führt sie den Zellen zu. Viele membranumhüllte *Viren* und *Toxine* (z. B. Diphterietoxine) nutzen die rezeptorvermittelte Endozytose, um in die Zellen zu gelangen und die Exocytose um wieder herauszukommen. Das *Diphterietoxin* z. B. gelangt durch einen Oberflächenrezeptor in die Zelle.

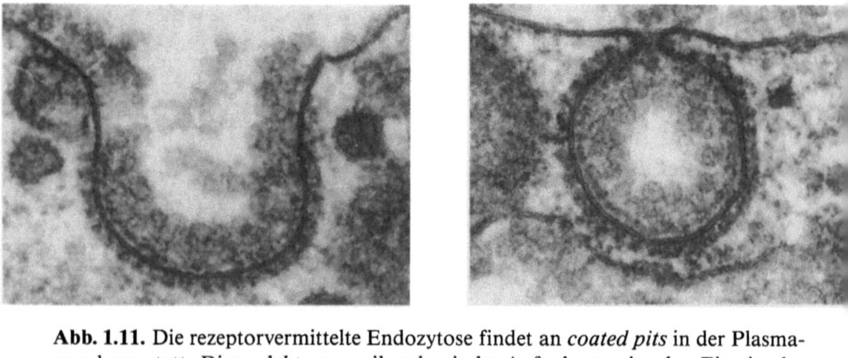

Abb. 1.11. Die rezeptorvermittelte Endozytose findet an *coated pits* in der Plasmamembran statt. Diese elektronenmikroskopische Aufnahme zeigt den Eintritt des Vitellogenins, eines Lipoproteins, in Hühnereizellen. (Mit freundlicher Genehmigung von Dr. M. M. Perry und Dr. A. A. Gilbert, aus Stryer 1970)

2 Lipoproteine

Da in der Öffentlichkeit besonders viel über die Bedeutung der Lipoproteine bei der Pathogenese der Arteriosklerose diskutiert wird, wird an dieser Stelle ausführlich auf die Funktion der Lipoproteine und den Cholesterinstoffwechsel eingegangen. In stark vereinfachter Form werden die Transportmechanismen der Fette ausgeführt. Es ist jedoch zu beachten, daß sehr viele wichtige Details noch unzureichend erforscht sind und deshalb vieles auf Hypothesen beruht.

Bei den Lipoproteinen handelt es sich, wie schon aus dem Namen hervorgeht, um eine Kombination von Eiweiß und Lipiden. Sie bestehen aus einem Transportteil (Hülle), der überwiegend aus Apoproteinen besteht, und aus ihrer Ladung, den wasserunlöslichen Stoffen (Fetten). Die Lipoproteine können mit der Mizellenbildung des Intestinaltraktes verglichen werden. Auch dort sind die wasserunlöslichen Teile nach innen gekehrt und die wasserlöslichen, polaren Anteile (Proteine) nach außen.

Je nach Beladung mit Triglyzeriden und Cholesterin variiert die Größe dieser Vehikel: Je geringer der Triglyzeridanteil ist, um so kleiner wird das Lipoprotein. Gleichzeitig steigt mit dem Kleinerwerden auch die Dichte an (Dichte = Gewicht/Volumen). Aufgrund des Verhältnisses von Proteinen (hohes spezifisches Gewicht) zu Fetten (niedriges spezifisches Gewicht) unterscheidet man zwischen „*v*ery *l*ow *d*ensity *l*ipoproteins" (VLDL), „*l*ow *d*ensity *l*ipoproteins" (LDL) und „*h*igh *d*ensity *l*ipoproteins" (HDL).

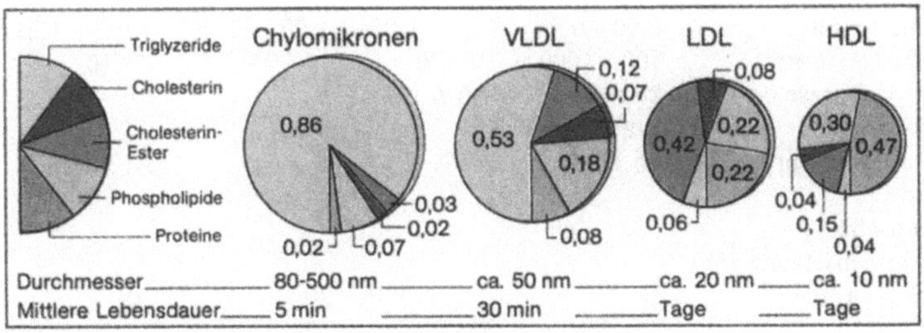

Abb. 2.1. Lipid- und Proteinanteil (g/g) in den Lipoproteinen des Plasmas. (Nach Silbernagel u. Despopoulos 1991, S. 223)

Die Chylomikronen haben aufgrund ihres hohen Triglyzeridanteils das größte Volumen mit der geringsten Dichte (Abb. 2.1).

Die Eiweißbestandteile der Lipoproteine werden Apoproteine genannt. LDL enthält hauptsächlich Apo B, HDL Apo A-1, VLDL Apo B und die Chylomikronen enthalten die Apoproteine A und B (Tabelle 2.1 und 2.2).

Tabellen 2.3 und 2.4 zeigen die Zusammensetzung der Transportvehikel an Triglyzeriden, VLDL, HDL, LDL usw. (vgl. Tabelle 2.5).

Chylomikronen

Die durch die Nahrung aufgenommenen Fettsäuren müssen nach ihrer Synthese in Triglyzeride in Transportvehikel, die Chylomikronen, eingebaut werden, da sonst aufgrund der Wasserunlöslichkeit kein Transport über die Blutbahn möglich ist. Auch andere wasserunlösliche Stoffe, wie das Nahrungscholesterin (nach Veresterung mit freien Fettsäuren) und die fettlöslichen Vitamine, werden in Chylomikronen eingebaut. Der Transportanteil (Hülle) der Chylomikronen wird aus polaren Lipiden (Cholesterin, Phospholipiden) und Proteinen (Apoproteine A und B) in der Mukosazelle des Darmes nach Bedarf synthetisiert. Die Chylomikronen

Tabelle 2.1. Lipoproteine im Blutserum. (Aus Buddecke 1989)

Lipoproteine (L) (Ultrazentrifuge)	Chylomikronen	VLDL (Very low density)	LDL (Low density)	HDL (High density)
Konzentration (mg/dl Serum)	15 ± 5	80 ± 60	340 ± 90	300 ± 80
Dichte (g/ml)	0.90 – 0.94	0.94 – 1.006	1.000 – 1.063	1.063 – 1.210
Größe (∅ in nm)	100 – 1000	30 – 70	15 – 25	7 – 10
Elektrophorese-Fraktion	keine Wanderung	Prä-β	β	α
Hauptapolipoproteintypen	A, B, C, E	B, C, E	B	A, C, D, E
Chemische Zusammensetzung (%)				
Apolipoprotein	1	10	20	50
Triglyceride	85 – 90	50	10	1 – 5
Cholesterin	6	19	45	18
Phospholipide	4	18	23	30

Tabelle 2.2. Eigenschaften und Funktion von Apolipoproteinen (Apo) (Chylom = Chylomikronen). (Aus Buddecke 1989)

Bezeichnung*	Molmasse $\times 10^{-3}$	Vorkommen	Funktion
Apo-A_I	28	HDL, Chylom.	LCAT-Aktivierung, Lipidaufnahme
Apo-A_{II}	17	HDL	Phospholipid-bindung
Apo-B 100	590	LDL, VLDL	Lipoproteinendo-zytose
Apo-B 48	260	Remnants	Ligand für LDL (Apo-B/E)-Rezeptor
Apo-C_I	6.5	Chylom., VLDL, (HDL)	
Apo-C_{II}	8.5	Chylom., VLDL, (HDL)	Aktivierung der Lipoproteinlipase
Apo-C_{III}	8.5	Chylom., VLDL, (HDL)	Steuerung der Lipolyse
Apo-D	20.0	HDL_3	LCAT-Aktivierung
Apo-E	36.5	VLDL, Chylom., (HDL)	Regulation des Cholesterinstoff-wechsels Ligand für Apo-B/E-Rezeptor der Leber

Weitere Apolipoproteine (F, G, A_{IV} und (a)) sind in einer Serumkonzentration von <5 mg/dl oder in variabler Konzentration (a) vorhanden.

Tabelle 2.3. Zusammensetzung der Transportvehikel für Fette [%]. Die Chylomikronen werden in der Dünndarmmukosa gebildet und bleiben nur relativ kurze Zeit (10–60 min) in der Blutbahn. Sie liefern die Triglyzeride für das Muskel- und Fettgewebe; aus dem HDL stammende „Aktivatorproteine“ sind dabei behilflich. Etwa 20% der Triglyzeride sowie das Cholesterin und die meisten Phospholipide werden in der Leber abgebaut

	Triglyzeride	Cholesterin	Phospholipide	Protein
Chylomikronen	85–95	3–5	5–10	1–3
VLDL	60–70	10–15	10–15	10
LDL	5–10	45	20–30	25
HDL	–	20	30	50

Tabelle 2.4. Transportvehikel: VLDL, LDL, HDL. Die (umgewandelten) Nahrungsfette müssen als Energieträger allen Körperzellen zugeführt werden. Transportmittel ist das Blut. HDL wurden früher als α-Lipoproteine, LDL als β-Lipoproteine bezeichnet. Transportvorrichtungen darin sind:

	Partikelgröße [nm]	Dichte [g/ml)
Chylomikronen	1000	unter 96
VLDL: Very Low Density Lipoproteins	50	0.95 – 1.006
LDL: Low Density Lipoproteins	20	1.006 – 1.063
HDL: High Density Lipoproteins	10	bis 1.210

Tabelle 2.5. Zusammensetzung von Lipoproteinen im normalen Plasma des Menschen. (Nach Patsch 1994)

	Surface components			Core lipid	
	Cholester (mol/%)	Phospholipid (mol%)	Apolipoprotein (mol%)	Triglyceride (mol%)	Cholesterinester (mol%)
Chylomicrons	35	63	2	95	5
VLDL	43	55	2	76	24
IDL	38	60	2	78	22
LDL	42	58	0.2	19	81
HDL_2	22	75	2	18	82
HDL_3	23	72	5	16	84

treten nach ihrer Beladung mit den wasserunlöslichen Stoffen (86% Triglyzeride, 5% Cholesterin) in die Darmlymphe über und erreichen schließlich die Blutbahn. Nach einer fettreichen Mahlzeit trübt sich das Plasma innerhalb 1/2 h aufgrund des hohen Chylomikronengehaltes. Bei der Blutpassage geben die Chylomikronen einen Teil ihres Fettanteils (Triglyzeride) an Gefäßendothelien ab. Dieser Prozeß wird durch die Lipoproteinlipasen (LPL) der Epithelien ermöglicht. Insulin und Heparin aktivieren die Lipoproteinlipasen und erreichen dadurch eine Beschleunigung des Lipidabbaus und der Klärung des Plasmas. Der übriggebliebene Chylomikronenrest („chylomicron remnant") ist nun kleiner geworden (Dichte nimmt zu) und wird über Rezeptoren in die Leber aufgenommen, wo er in seine Bestandteile gespalten wird, die für die Neusynthese verschiedener Stoffe zur Verfügung gestellt werden.

VLDL und IDL

Die Leber reguliert über die Neusynthese von Fettsäuren und Cholesterin (und über die Bestandteile der Chylomikronenreste) den Fettstoffwechsel. So wie die Darmmukosa Chylomikronen für den Triglyzeridtransport synthetisiert, so bildet die Leber VLDL-Vehikel, damit die neugebildeten und gespeicherten Fette in die Peripherie transportiert werden können. Dort geben die VLDL-Moleküle 53% Triglyzeride, 20% Cholesterin analog zu den Chylomikronen Triglyzeride an das Endothel der Gefäße ab (Lipoproteinlipasen). Es entsteht ein VLDL-Rest, der als intermediäres β-Lipoprotein (IDL) bezeichnet wird und 2 Wege einschlagen kann. Entweder wird der VLDL-Rest noch im Plasma durch eine Leberlipase in LDL überführt und/oder über spezifische Rezeptoren von der Leber aufgenommen.

LDL

Während die Chylomikronen und das VLDL die Aufgabe haben, die Peripherie mit Triglyzeriden zu versorgen, transportiert das LDL (6% Triglyzeride, 50% Cholesterin) Cholesterin zu verschiedenen Zellen, um dem vielfältigen Bedarf gerecht zu werden (Abb. 2.1). LDL macht *ca. 80% des* gesamten *Plasmacholesterins* aus. Fast alle menschlichen Zellen besitzen sogenannte LDL-Rezeptoren (Brown u. Goldstein 1985), besonders viele finden sich in der Nebennierenrinde und dem Corpus luteum (im Ovar), damit die Steroidhormonsynthese durch genügend große Cholesterinbestände (Vorstufe) gesichert ist. Die meisten LDL-Rezeptoren besitzt jedoch die Leber, die den Hauptanteil der LDL-Moleküle aus dem Plasma eliminiert, sie dann in ihre Bestandteile (Cholesterin) zerlegt und dem Stoffwechsel wieder zur Verfügung stellt bzw. über die Galle ausscheidet. So werden die Apoproteine (Schale des LDL) in Aminosäuren und Cholesterinester in Cholesterin gespalten. Cholesterin wird von der Leber u.a. zur Gallensäure- und Lipoproteinbildung (VLDL) verwendet. Die *Leber* stellt das zentrale Stoffwechselorgan und die *Steuerungszentrale für den Cholesterinstoffwechsel* dar (Normalverteilung vgl. Tabelle 8.4, 8.6, S. 156, 162).

Der Bedarf einer Zelle an Cholesterin wird über die Anzahl der LDL-Rezeptoren geregelt. Ist die Zelle „gesättigt“, so reduziert sich über ein Feedbacksystem die Dichte der LDL-Rezeptoren, damit weniger LDL in die Zelle gelangen kann. Ist mehr LDL vorhanden, als durch die Rezeptoren aufgenommen werden kann, so steigt der LDL-Plasmaspiegel an, während gleichzeitig die LDL-Rezeptordichte abnimmt. Dieses ist besonders bei der erblichen Form der Hypercholesterinämie von Bedeutung, bei der aufgrund von Rezeptordefekten der Cholesterinwert im Blut massiv ansteigt.

Hohe LDL-Spiegel sollen aufgrund des Cholesterin- und Apoprotein B-Gehaltes einen Risikofaktor für die Entstehung bestimmter Arterioskleroseformen darstellen. Es wird angenommen, daß hierbei Cholesterin in die Gewebe und Arterien transportiert wird, wo es liegenbleibt und eine Arteriosklerose hervorruft.[1] Weitere Studien sehen nur in den durch Autooxidation veränderten LDL-Molekülen eine Gefahr für den Menschen (Kap. „Autooxidation und Antioxidanzien“).

Faktoren, die die LDL-Rezeptorendichte in der Leber beeinflussen (Nach Brown u. Goldstein 1985).

Verminderung der LDL-Rezeptoren	*Vermehrung der LDL-Rezeptoren*
– Familiäre Hypercholesterinämie	– Thyroxin
– Erhöhte Cholesterinaufnahme	– Cholesterinentzug
– Hungerzustand (nur Ratten)	– Östrogene
	– Anionenaustauschharze (Colestyramin)
	– HMG-CoA-Reduktasehemmer (Lovastatin Simvastatin, Pravastatin)

HDL

Der Organismus verfügt auch über die Möglichkeit eines Abtransportes des Cholesterins aus der Peripherie. Dieses überwiegend im Darm hergestellte *Transportvehikel* wird als *HDL* (4% Triglyzeride, 20% Cholesterin) bezeichnet und ist in der Lage, aus den Zellen Cholesterin aufzunehmen und indirekt in Form von LDL zur Leber zurückzutransportieren, wo es durch die Bildung von Gallensäuren ausgeschieden werden kann (Glomset 1968). Der Einbau des Cholesterins in das HDL regelt die Lezithin-Cholesterol-azyl-Transferase (LCAT). Das cholesterinhaltige HDL wird über komplizierte Mechanismen in einen VLDL-Rest (IDL) überführt und kann analog zu den bereits beschriebenen Mechanismen entweder direkt in LDL umgewandelt werden oder nach Aufnahme über Rezeptoren der Leber in Form von Gallensäure und reinem Cholesterin durch die Galle

[1] Es wurde bereits auf S. 47 auf die unterschiedlichen Erscheinungsbilder der sog. Atherosklerose („gewöhnliche“ Atherosklerose, Cholesterinsteatose) verwiesen.

ausgeschieden werden (s. oben). (Normalverteilung vgl. Tabelle 8.4, 8.6 und Abb. 8.2).

Dadurch entsteht folgender Kreislauf des Cholesterins: Das LDL-Lipoprotein beliefert die Zellen mit Cholesterin→HDL transportiert überschüssiges Cholesterin wieder aus den Zellen ab→cholesterinbeladenes HDL wandelt sich im Plasma in LDL um→LDL beliefert wieder die Zellen mit Cholesterin, oder wird von der Leber aufgenommen und über die Galle ausgeschieden. Die Leber wiederum kann über die Bildung der VLDL-Lipoproteine zur LDL-Bildung beitragen (über IDL).

Aufgrund dieses Abtransportmechanismus von Cholesterin wird HDL und dem Eiweißbestandteil Apoprotein-A 1 bei bestimmten Formen der Atherosklerose eine verhindernde Eigenschaft nachgesagt (Gordon et al. 1977). Kaltenbach 1989 konnte ebenfalls eine positive Korrelation zwischen niedrigen HDL-Spiegeln und angiographisch nachgewiesener Koronarsklerose aufzeigen (Abb. 3.12). Trotz der schönen Korrelation zwischen hohen HDL-Spiegeln und niedriger Herzinfarktrate ist man bisher den Beweis schuldig geblieben, daß man durch eine Anhebung des HDL-Spiegels auch die Arteriosklerosebildung hemmen könnte (Steinberg 1987).

Die HDL-Konzentration im Blut ist zahlreichen Schwankungen unterlegen, wobei die erbliche Disposition den größten Einfluß hat.

Hoher HDL-Spiegel	*Niedriger HDL-Spiegel*
– Sport, körperliche Anstrengung	– Fettsucht
– mäßiger Alkoholkonsum	– Diabetes mellitus
– Östrogentherapie	– Androgen-Gestagentherapie
– Nikotinsäure	– Nikotinabusus, Rauchen
– Heparin	– chronische Nierenerkrankungen

Aufgaben der Lipoproteine

Chylomikronen:
Transport der Nahrungstriglyzeride aus dem Intestinaltrakt in die Peripherie. Nach Abspaltung der Triglyzeride gelangen die Chylomikronenreste zur Leber.

VLDL:
Transport der Triglyzeride von der Leber in die Peripherie. Nach Abspaltung der Triglyzeride Abbau in IDL.

IDL:
Umwandlung durch Leberlipase in LDL oder Aufnahme des IDL in die Leber über Rezeptoren.

LDL:
Versorgung des Organismus mit Cholesterin.
Aufnahme in die Leber, Ausscheidung über die Galle.

HDL:
Abtransport des Cholesterins aus der Peripherie zur Leber. Vor Aufnahme in die Leber Umwandlung in IDL/LDL.

3 Cholesterin und Athero- bzw. Arteriosklerose

Atherosklerose oder Arteriosklerose ist ein Sammelbegriff für verschiedene arterielle Gefäßschäden. Venen sind äußerst selten befallen (z. B. Phlebosklerose). Athero- bzw. Arteriosklerose stellen einen Symptomkomplex als Antwort auf verschiedene Schäden dar (Doerr 1985). Es gibt kein allgemeines Bild der Arteriosklerose. Sie wird bereits in der ältesten Medizinliteratur erwähnt. Lopstein prägte 1833 das Wort Arteriosklerose. Es besteht ein Wortstreit über Bezeichnungen wie Atherosklerose und Arteriosklerose.

A Die Arteriosklerose hat *multifaktorielle Ursachen:*

- Chemische und mechanische Schäden (z. B. Nikotinabusus, Druckschäden durch körperliche Arbeit, Hypertonie usw.).
- Alterungsprozesse.
- Konstitutionelle und genetische Gründe.
- Stoffwechselschäden (z. B. Diabetes mellitus usw.).
- Psychosomatische Risikoeinflüsse (Ausschüttung Adrenalin, Noradrenalin usw.).
- Gefäßschäden durch anhaltende schwere körperliche Arbeit Infektionskrankheiten (z. B. mit toxischen Gefäßschäden durch Toxine, bei septischen Infekten usw.), Syphilis usw.
- Antigen – Antikörper – Reaktionen.

Zu den *klassischen Risikofaktoren* für die Athero- bzw. Arteriosklerose zählen derzeit:

Nikotinabusus, Diabetes mellitus, Hypertonie (Übergewicht nur in Zusammenhang mit einer anderen Krankheit). Hypercholesterinaemie s. S. 48.

B Die Atherosklerose hat verschiedene Erscheinungsbilder:

1. *„Gewöhnliche" Athero- bzw. Arteriosklerose*
   (Endzustand Atherom, Cholesteringehalt ca. 5%, s. Abb. 3.5, usw.).

2. *Sonderformen*
   Von der *„gewöhnlichen Atherosklerose scharf zu trennen sind gewisse Formen von Atherosklerose, welche ein in vieler Beziehung eigentümliches Verhalten zeigen“ (Herxheimer 1919 et al.).*

Beispiele:
Die Elektrolytkardiopathie führt experimentell zu einem myokardinfarktähnlichen Zustand durch Zufuhr von Vitamin D^3, Kalzium bei Mangelzufuhr an Magnesium. Man sollte sie nicht als gewöhnliche Atherosklerose bezeichnen.

Die familiäre Hypercholesterinämie führt zu einer spezifischen Störung im Cholesterinstoffwechsel. Die Gefäßschäden gleichen nicht dem Bild der „gewöhnlichen“ Atherosklerose. Die Trennung des Bildes der Gefäßveränderungen der „essentiellen“ Hypercholesterinämie von der „gewöhnlichen“ Atherosklerose wird seit jeher von namhaften Lipologen und Pathologen (Thannhauser 1950; Stehbens 1994 et al.) gefordert. Man sollte die Gefäßwandveränderungen besser als *„Cholesterinsteatose“* (Anitschkow 1913) und nicht als Atherosklerose bezeichnen. Nach Stehbens 1994 ist die „familiäre Hypercholesterinämie“ eine „allgemeine Störung des Fettstoffwechsels“. Die Lipidhypothese hat nach Stehbens 1994 nichts mit der Arteriosklerose zu tun.

Erscheinungsbild der „gewöhnlichen“ Atherosklerose und der genetisch bedingten Hypercholesterinämie

Das klinische und pathologisch-histologische Bild der *familiären Hypercholesterinämie* ist in der medizinischen Literatur *lange* vor der Entdeckung des Gendefektes (am Chromosom 19 in den 80er Jahren unseres Jahrhunderts) beschrieben worden. Einer der besten Kenner der Lipidosen, Tannhauser (1950), hat, wie andere Autoren auch, stets darauf verwiesen, daß das Bild der *„gewöhnlichen“ Atherosklerose* nicht mit dem Bild der *familiären Hypercholesterinämie identisch sei.* Wer auf dem Sektionstisch die *massiven Cholesterinablagerungen* auf der *Aorta* (Abb. 3.1 – 3.5) bei einer familiären Hypercholesterinämie sieht, mit der Ausbildung zahlreicher Ulzerationen und dem Befall fast *aller Koronargefäße* und *Gehirngefäße*, wird bei diesem Bild eher an die Ablagerung von Cholesterinkristallen (Abb. 3.8) auf der Aorta bei der experimentellen Kaninchencholesterinsteatose erinnert, eine Bezeichnung die 1912 von Anitschkow geprägt wurde. Schettler (1955) schreibt hierzu:

„Ob die Gefäßveränderungen der essentiellen Hypercholesterinämie mit der „gewöhnlichen“ Atherosklerose identisch sind, ist noch umstritten.

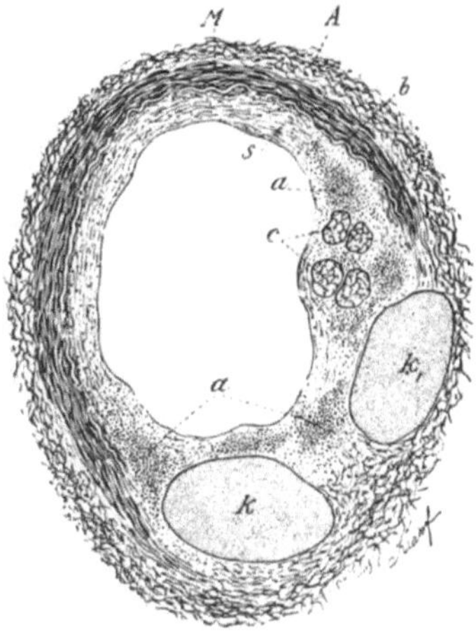

Abb. 3.1a. Atheromatose der Arteria mesenterica. **A** Adventita, **M** Muskularis, nach innen davon die Intima: dieselbe bei **s** fibrillär, bei **a**, **a** kleinzellig-infiltriert, bei **c** Zerfallshöhlen, **k**, **k_1** Kalkeinlagerungen. (Aus Herxheimer 1919)

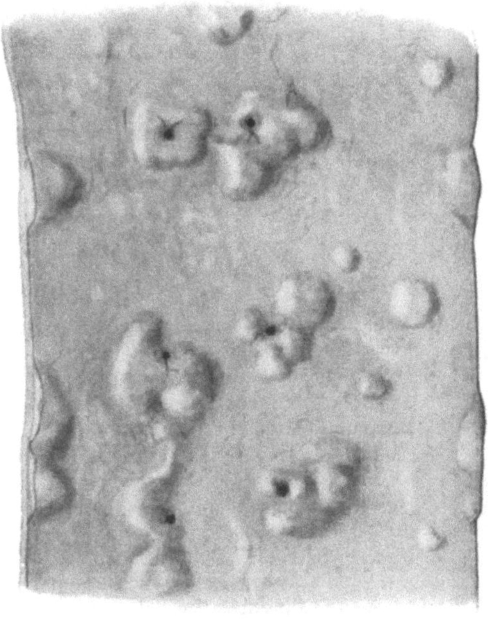

Abb. 3.1b. Arteriosklerose der Aorta: beetartige, unregelmäßige, hauptsächlich um die Abgangsstellen der Arterien angeordnete Verdickungen der Intima. (Aus Hamperl 1950)

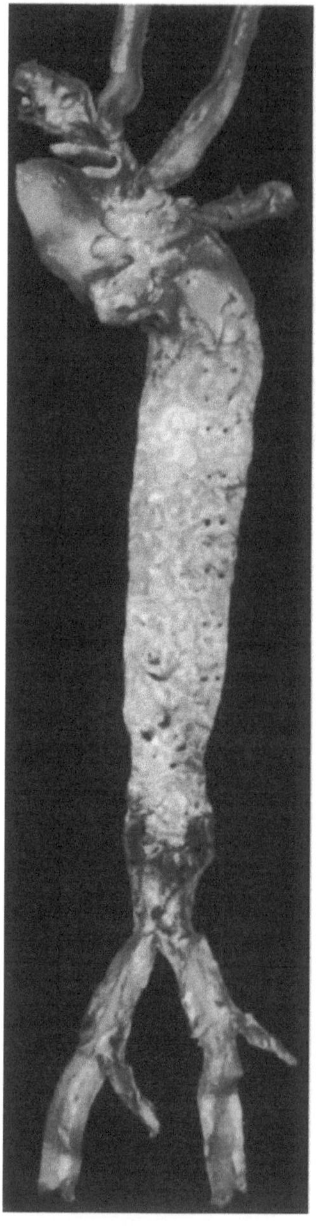

Abb. 3.2. Hauptleiden: Essentielle familiäre hypercholesterinämische Xanthomatose. Hypertonie. Todesursache: Myokardinfarkt. 56jährige Frau mit familiärer Hypercholesterinämie. Aorta und ihre großen Äste mit plattenförmigen arteriosklerotischen Beeten schon in der Aorta ascendens und im Bogen. Dichtstehende konfluierende Beete in der gesamten absteigenden Aorta, in den beiden Arteriae iliacae, in den Schlüsselbein- und Halsschlagadern. Flächenhafte Ulzerationen der distalen Bauchaorta. (Aus Nobbe 1965)

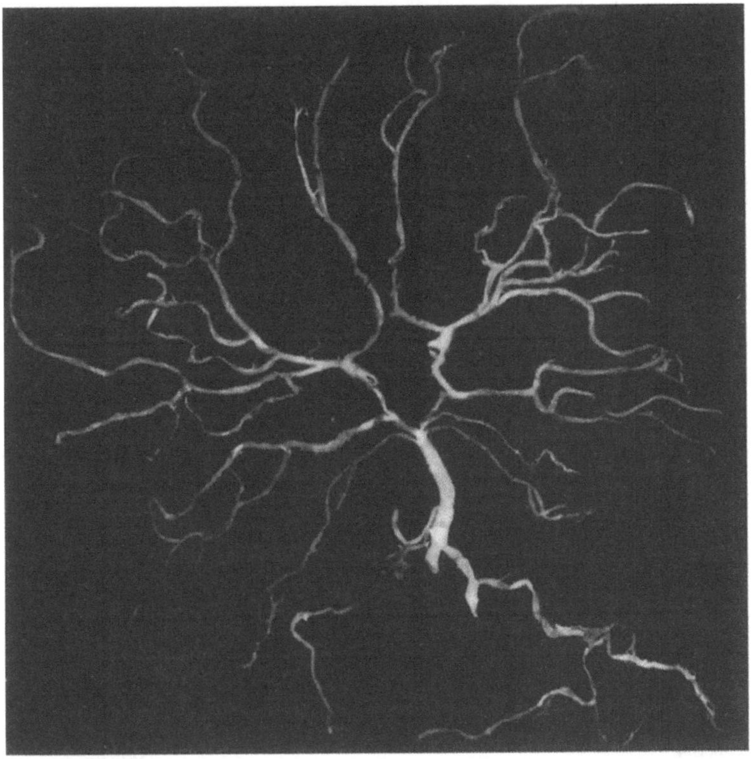

Abb. 3.3. Die vom Gehirn abpräparierten extrazerebralen Hirnarterien mit konfluierenden arteriosklerotischen Beeten der großen Hirnbasisgefäße sowie der beiden Arteriae cerebri mediae. Stenosierende arteriosklerotische Herde in den feinen peripheren Ästen aller Hirnschlagadern. (Aus Nobbe 1965)

Tannhauser trennt beide Formen.“ Ähnliche Aussagen sind Stehbens 1994 zu entnehmen (Seite 55).

Reisert 1968 schreibt: „ An den Koronarien und den großen Gefäßen bilden sich Atherome der Gefäßintima, die sich von denen der Altersarteriosklerose *wesentlich unterscheiden: das Cholesterin liegt in den Zellen, während die Fette bei der üblichen Gefäßatheromatose außerhalb der Zellen, z.T. in Makrophagen, gespeichert liegen.*“ Auch am Endokard und den Herzklappen bilden sich schaumzellartige Xanthome“ (Abb. 3.4, 3.5).

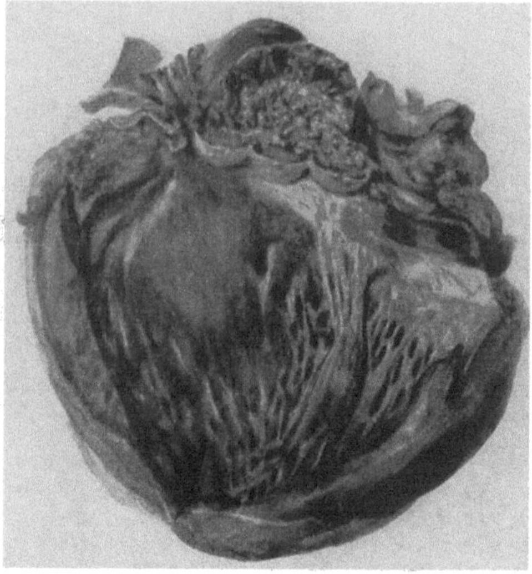

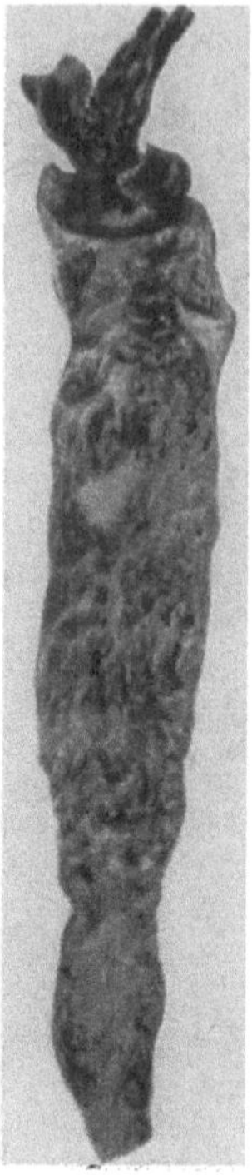

Abb. 3.4

Abb. 3.5

Abb. 3.4. Xanthomatöse Endokardveränderungen. 19jähriges Mädchen (Fall Hess). (Aus Schettler 1955)

Abb. 3.5. Schwere Aortenveränderungen bei essentieller xanthomatöser Hypercholesterinämie. 19jähriges Mädchen (Fall Hess). (Aus Schettler 1955). Dieses Bild gleicht nicht dem Bild der „gewöhnlichen" Arteriosklerose (vgl. Hamperl, S. 49)

„Durch cholesterinarme Kost kann der hohe Serumspiegel nicht beeinflußt werden."

Nobbe hat 1965 in einem publizierten *Sektionsbericht* den Fall einer 56jähringen Frau mit *„essentieller familiärer hypercholesterinämischer Xanthomatose und Hypertonie"* (aufgrund von Anamnese und Alter ein heterozygoter Typ) aus einer betroffenen Sippe publiziert, die einem Herzinfarkt erlegen war und der auszugsweise in Abb. 3.2 und 3.3 wiedergegeben ist. Abbildung 3.4 und 3.5 von Schettler 1955 gleicht diesem Bild weitgehend. Nobbe (1965) berichtet:

> „Die 3 Jahre vor dem Tod klinisch gestellte Diagnose stützte sich auf die damals aufgetretenen Xanthelasmen der Augenlider und die Xanthome der Achillessehnen, vor allem aber die stark erhöhten Werte für das Gesamtcholesterin im Blutserum von 431, 644 und 580 mg%. Die Cholesterinester waren mit 62% und das freie Cholesterin mit 38% beteiligt. Es bestand eine auffallend schwere allgemeine Arteriosklerose, insbesondere der Aorta, der Herzkranz- und Hirnarterien sowie Sehnenxanthome, die in 60% aller Fälle vorhanden sind. Die histologische und histotopographische Auswertung ergab eine periphere Koronarsklerose mit *schwersten Stenosen aller Gefäßabschnitte.* In Aorta und Sehnenxanthomen wurde quantitativ-chemisch eine starke Ablagerung von Cholesterinen nachgewiesen. Stenosierende Herde in den Ästen *aller Hirnschlagadern.* In der Aorta bestehen schwere beetförmige Bindegewebswucherungen der Intima mit Zerstörung der Elastica interna und angrenzenden Media. Untergang der glatten Muskulatur. *Starke Ablagerung von Cholesterinestern in den Beeten.*"

Die Analyse einer gewöhnlichen Atherosklerose, die nach Kragel 1989 nur ca. 5% an Cholesterin ausmacht, ist in Abb. 3.6 dargestellt. Wenn man die

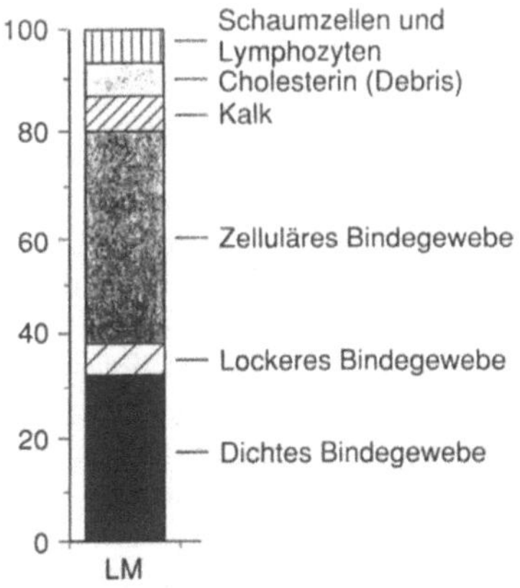

Abb. 3.6. Die quantitative Analyse menschlicher Atherome zeigt, daß diese im Mittel nur zu einem kleinen Teil (ca. 5%) aus Lipidablagerungen (Debris) bestehen. Würde man sämtliches lipidhaltiges Material beseitigen, ergäbe sich im Durchschnitt nur eine Reduktion der atherosklerotischen Einengung um 5%. (Modif. nach: A. H. Kragel, Skanthasundari G. Reddy, J. T. Wittes, W. C. Roberts, Circulation 80 [1989] 1747–1756). (Abb. aus: M. Kaltenbach, Serumcholesterin und Koronarsklerose, Fortschr. d. Med. 20 [1992] 35)

Genese der durch einen genetischen Stoffwechseldefekt herbeigeführten pathologischen Cholesterinbildung und -ablagerung in den Gefäßen berücksichtigt (Holtmeier 1995) und diese mit der gänzlich anderen Entstehungsart der gewöhnlichen Atherosklerose vergleicht, werden einem die unterschiedlichen Erscheinungsformen der Atherosklerosebilder klar (Stehbens 1994, S. 55).

Der *Unterschied* zwischen dem Bild der *gewöhnlichen Atherosklerose* und demjenigen bei der *familiären Hypercholesterinämie* wird in einleuchtender Form auch vom neuseeländischen Pathologen Stehbens 1994 wie folgt dargestellt:

„Die Arteriosklerose ist eine *degenerative Erkrankung der Blutgefäße.* Sie entwickelt sich in jedem von uns ohne Ausnahme. Sie kann bei Schimpansen, Gorillas und Papageien (Anm.: auch bei Elephanten) schwerwiegende Schäden hervorrufen, obwohl diese Tiere vorwiegend Pflanzenfresser sind. Die Erkrankung ist ausgeprägter im Körperkreislauf, wo der *Druck hoch ist* ... (vgl. Hypertonie und Arteriosklerose, S. 298). Sie ist am geringsten in den Venen. Ganz sicher ist eine familiäre Veranlagung ... vorrangig. An Stellen, an denen hämodynamische Kräfte eine Rolle spielen, können besonders häufig Schäden festgestellt werden: an Gabelungen, Biegungen und spindelförmigen Erweiterungen der Gefäße. *Der Befall in einem Gefäß ist sehr ungleichmäßig.* Wenn die Arteriosklerose, wie man immer behauptet, durch das *im Blut zirkulierende Cholesterin* hervorgerufen würde, muß man sich fragen, warum es an der *einen Stelle zur Arteriosklerose führt* und *gleich daneben nicht. Dies legt nicht den Schluß nahe, daß die Arteriosklerose aus dem Blut kommt.* Man kann die Arteriosklerose in einem einfachen Modell replizieren und dabei zeigen, daß der *Blutdruck die entscheidende Rolle spielt* (S. 298). Wenn man bei Versuchstieren den Blutstrom durch einen Shunt bzw. Bypass verändert, dann entsteht dort die Arteriosklerose. Das geht ... *unabhängig davon, wie hoch der Cholesterinspiegel* ist. Es ist nicht plausibel, daß das Cholesterin die Ursache der Arteriosklerose sein soll. Das fortgeschrittene Stadium besteht in einer ausgedehnten Ulzeration. Auf der Oberfläche bilden sich Thromben. Dieser Thrombus zerfällt häufig und seine Teile werden vom Blutstrom mitgerissen, wodurch ... Arterien ... blockiert werden ... bis sich dann das Gefäß verschließt, was ein Absterben des vitalen Gewebes im Herzmuskel oder Gehirn zur Folge hat."

Die familiäre Hypercholesterinämie liefert keine Erklärung für die gewöhnliche Atherosklerose

Stehbens 1990:

„Meines Erachtens ist die Arteriosklerose im wesentlichen eine Erkrankung hämodynamischen Ursprungs, verursacht aufgrund eines lokalen mechanischen Versagens oder einer Schwäche der Gefäßwand. *Das hat primär nichts mit Cholesterin zu tun.* Die familiäre Hypercholesterinämie, die als Beweis der Lipidtheorie ins Feld geführt wird, liefert *keine Erklärung für die spontanen Arteriosklerose.*“

Stehbens 1994:

„Die *familiäre Hypercholesterinämie,* in ihrer homozygoten und heterozygoten Form, *ist eine allgemeine Störung des Fettstoffwechsels,* die sich in einer massiven Ablagerung von Fett in den Blutgefäßen manifestiert. Wie im Falle der mit Cholesterin gefütterten Tiere (vgl. Abb. 3.8) sind die Schäden im wesentlichen *Schaumzellanhäufungen* (Anm.: Sie speichern Cholesterin und Lipoide, Abb. 3.7), die *in alle Schichten der Gefäßwand eindringen.* Es ist noch nie die Bildung eines Aneurysmas in der Aorta beobachtet worden, und Ulzera und Thromben sind sehr selten. Bei der homozygoten Form beruht die Verdickung der Aorteninitima vorwiegend auf einer Anhäufung von *Schaumzellen* in so hohem Maße, daß sie zu einer Verengung der Aorta führt“.

Stehbens 1994:

„Für mich ist es vollkommen unverständlich, daß das Cholesterin die Ursache der Arteriosklerose sein soll .... Ich habe mich als Pathologe ein Leben lang mit der Arteriosklerose befaßt und bin zu dem Schluß gekommen, daß die Lipid-Hypothese nicht nur untauglich, sondern ein Unsinn ist.“

Cholesterin und Atherosklerose

1843 beschrieb Vogel erstmals Cholesterin in atheromatös veränderten Gefäßen.

Im Laufe der Jahre gelang den Pathologen und Histologen, Cholesterin in fast allen Geweben des menschlichen Organismus nachzuweisen, 1863 z. B. in der Tränenflüssigkeit, den Samen, in Schweiß, Speichel, Ovarien und Muttermilch.

1866–1876 gelang es dem Marburger Pathologen Benecke, eine hochgradige Konzentration von Cholesterin im embryonalen Gewebe nachzuweisen.

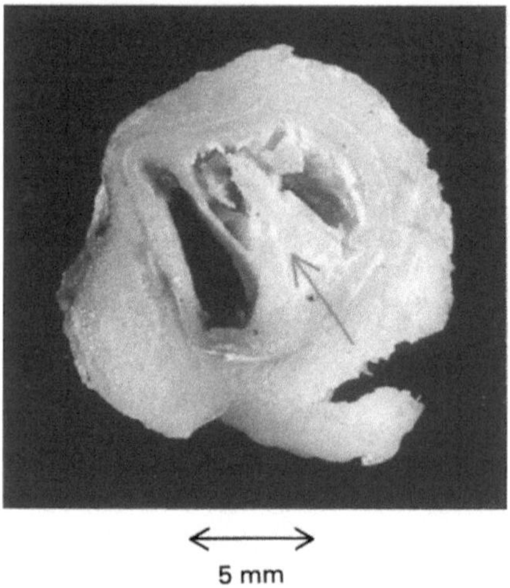

Abb. 3.7a. Verschluß (*Pfeil*), bei familiärer Hypercholesterinämie, der fast das gesamte Lumen des Blutgefäßes betrifft und viel Cholesterin enthält. (Aus Stryer 1990)

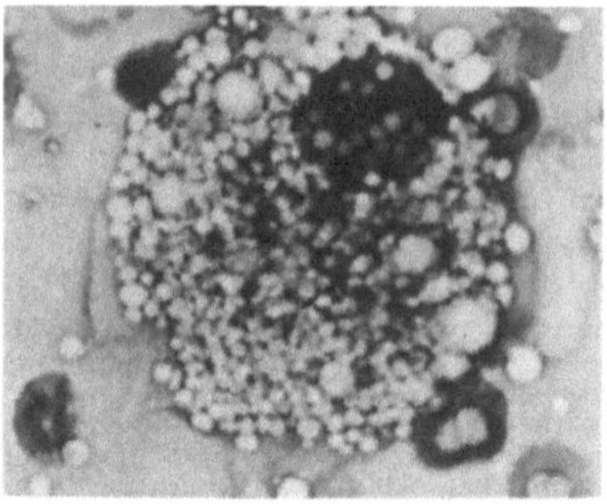

Abb. 3.7b. *Xanthomzellen*: Schaumzellen, Makrophagen; in Xanthomen (s. Abb.), Xanthelasmen, Lipoidspeicherkrankheit und chronischer Gewebeuntergang vorkommende Zellform mit wabigem Plasma u. fein verteilten Fetten bzw. Lipoiden. (Aus Pschyrembel 1989)

Er wies darauf hin, daß Cholesterin Grundsubstanz bei in sich entwickelnden Geweben, in den zelligen Elementarteilchen wäre, bei der Bildung des Zellprotoplasmas, aber auch des Nervengewebes eine bedeutsame Rolle spiele. Nachdem die Wissenschaft zunächst nicht allzuviel mit Cholesterin anfangen konnte und dies als einen exkrementellen Stoff wie die Harnsäure betrachtete, erfand 1862 Flint (USA) die sogenannte „Cholesterinschadstofftheorie“.

1873 bezeichnete Müller Cholesterin als den „sündhaften Stoff“ im menschlichen Organismus und 1863 warnte Salisburg vor der Gefahr der Überschwemmung der Leber und anderer Körperorgane mit Cholesterin durch Genuß von cholesterinreichen Nahrungsmitteln.

1908 behaupteten Dorée, Gardner und Ellis, daß Cholesterin nicht im Organismus gebildet würde, während 1912 Robertson und Burnett die Theorie aufstellten, daß im Körper selbst Cholesterin produziert würde.

Die Behauptung, daß Cholesterin für die Entstehung der Arteriosklerose bedeutsam sei, verdanken wir der sogenannten „Russischen Schule“ 1909 unter Ignatowski, der Kaninchen (S. 62) mit einer cholesterinreichen Ernährung belastete, in dem er diese mit Eiern, Milch und Ochsenfleisch fütterte und dabei der „Arteriosklerose ähnliche“ Veränderungen der Schlagader (Aorta), der Leber und Nebennierenrinde beschrieb.

Ignatowski äußerte die Ansicht, daß das tierische Eiweiß (nicht das Cholesterin) Schuld an diesen Veränderungen wäre.

1910 beschrieb Stuckey bei Fütterung von Eigelb keine Gefäßveränderungen, die jedoch bei Gabe von Eiklar, Boullion, Milch und Hirnverfütterung auftraten.

Besonders bekannt wurden 1913 die Versuche von Anitschkow und Chalatow, welche als die Väter der Theorie der Arterioskleroseentstehung durch Cholesterinfütterung gelten, die bei Zufuhr von Öl keine Gefäßveränderungen sahen, jedoch bei Verabreichung von Cholesterin an Kaninchen und Meerschweinchen in hohen Konzentrationen enorme Cholesterininfiltrationen der inneren Organe beobachtete, der sehr viel später erst arterioskleroseähnliche Gefäßveränderungen folgten.

1924 schrieb Anitschkow, daß die Gefäßarteriosklerose erst dann auftritt, wenn zuvor eine enorme Verfettung der anderen Organe erzielt ist, ein Ablauf, der bei der menschlichen Gefäßarteriosklerose unbekannt ist. Bei Kaninchen benötige man zunächst eine hochgradige, langdauernde Hypercholesterinämie, um Gefäßschädigungen auslösen zu können.

Tierexperimente

Es würde zu weit führen, hier weitere Experimente als die oben genannten aufzulisten. Bis in die heutigen Tage gelten diese Untersuchungen wegweisend für das Verständnis der menschlichen Arteriosklerose, obwohl sie, in dieser Weise als Tierversuche gewonnen, nicht auf den Menschen übertragen werden dürfen, insbesondere darum nicht, weil fast alle Versuche an „Pflanzenfressern" durchgeführt wurden, die normalerweise kein tierisches Eiweiß und kein Cholesterin ohne Vergiftungswirkung in ihrer Ernährung vertragen und verstoffwechseln können. Die Histologen sind sich auch einig, daß die arteriosklerotischen, experimentell gewonnenen Gefäßveränderungen erst in einem Stadium auftreten, wenn schwerste Lipidinfiltrationen in anderen Organsystemen zu beobachten sind, ein Vorgang, der bei der Entstehung der menschlichen Arteriosklerose in dieser Reihenfolge unbekannt ist. Es ist jedoch unbestritten, daß jede menschliche Arteriosklerose (Atherom) später mit der Einlagerung von Cholesterin, Triglyzeriden, Lipiden, Kalzium usw. einhergeht, ohne daß deswegen ein Zusammenhang mit der Nahrungscholesterinzufuhr bestehen muß (Abb. 3.6, S. 53).

Im *Handbuch der Inneren Medizin* und anderen Standardwerken der Medizin geht man davon aus, daß es tierexperimentell gelungen sei, die menschliche Atherosklerose zu reproduzieren. So schreiben Schimert et al. (1960), daß sich nach den Arbeiten von Ignatowski 1909, Anitschkow u. Charlatow 1913 u. a. durch Cholesterinverfütterung am Kaninchen hätte eine *Atherosklerose erzeugen* lassen. Das genauere Studium der Originalarbeiten läßt jedoch daran Zweifel aufkommen, ob es sich hierbei um eine mit der allgemeinen menschlichen Atherosklerose vergleichbare Gefäßwandveränderungen handelt.

Die experimentelle Kaninchenatherosklerose

Kaninchen haben einen *Serumcholesterinspiegel* von nur *46 mg%* ±8 mg% (Tabelle 3.1). Sie reagieren auf orale Cholesterinbelastungen (Tabelle 3.2) bis zu 3000fach empfindlicher als Menschen und resorbieren dieses im Gegensatz zum Menschen (S. 19) im Darm bis zu 90%. Um die experimentell erwünschten Gefäßwandveränderungen auszulösen, bedarf es einer langandauernden *Hypercholesterinämie* mit einem Serumspiegel von mindestens (Frost 1974) *1200 mg%*. Wollte man vergleichsweise bei einem Menschen mit einem normalen Serumcholesterinspiegel um 200 bis 250 mg% einen ähnlichen hohen Spiegel wie beim Kaninchen auslösen,

Tabelle 3.1. Lipidkonzentration im Serum verschiedener Spezies. (Nach Lang 1979). Der konventionelle Umrechnungsfaktor von Phospholipid-P auf Phospholipide beträgt 26, häufiger auch 25

Spezies	Gesamtfettsäuren [mäq/l]	Gesamtcholesterin [mg/100 ml]	Phosphatid-P [mg/100 ml]
Hund	12,2 ± 0,9	194 ± 35,0	13,00 ± 1,4
Katze	10,8 ± 0,9	98 ± 7,3	7,40 ± 0,3
Maus	10,0 ± 0,5	97 ± 4,4	6,97 ± 0,6
Rind	4,0 ± 0,5	63 ± 9,0	5,02 ± 1,0
Meerschweinchen	5,3 ± 0,6	50 ± 3,6	2,70 ± 0,2
Kaninchen	11,4 ± 0,6	46 ± 8,8	4,20 ± 0,7
Ratte	10,4 ± 2,6	43 ± 6,6	5,20 ± 0,3

Tabelle 3.2. Wirkung der Verfütterung von Cholesterin auf den Cholesteringehalt des Blutplasmas bei verschiedenen Spezies. (Nach Lang 1979)

Spezies	Cholesterindosis [mg/kcal]	Dauer der Fütterung (Wochen)	% Zunahme des Plasmacholesterins
Kaninchen	0,4 – 5,0	5 – 16	200 – 3000
Hühner	0,8 – 6,0	5 – 25	50 – 600
Ratten	3,0 – 30,0	4 – 22	50 – 200
Meerschweinchen	5	5	180
Hunde	2	1 – 2	100
Affen	3	29	22

müßte man eine *Hypercholesterinämie von 5200 – 6500 mg%* erreichen, ein Zustand der kaum vorstellbar und realisierbar ist. Außerdem kommt es beim Kaninchen zunächst zu einem Überzug des gesamten Abdomens mit einer Cholesterinschicht und anschließend zu einer massiven Cholesterinkristallablagerung auf der Innenschicht der *Aorta* (Abb. 3.8, S. 60, 61). Dieser Ablauf ist mit der *Entstehung der menschlichen Atherosklerose nicht identisch*, bei der die ersten nachweisbaren Veränderungen mit einer Schwellung der Intima und mit einem Ödem der Intima einhergeht. Außerdem ist nicht in jedem Fall die Aorta der Primärort des Befalls der Atherosklerose. Bereits Virchow (zit. nach Schimert 1960) nahm als Beginn der Arteriosklerose ein entzündliches Ödem der Intima an. Abbildung 3.8 zeigt das elektronenmikroskopische Bild einer Aorta unter einer Cholesterinbelastung beim Kaninchen nach 12 Wochen mit einem Serum-

Tabelle 3.3. Xanthomatose-Syndrome. (Aus Pschyrembel, „Klinisches Wörterbuch" 1985)

Hypercholesterinämische Formen
essentielle fam. Hypercholesterinämie (Harbitz-Müller)
Brooke Syndrom
sek. Hypercholesterinämie u. Hyperlipidämie (bei Lebererk., Pankreatitis, Nephrose, Myxödem, Hämochromatose [Troisier-Hanot-Chauffard], Psoriasis, nach schwerer Op. etc.)
Bürger-Grütz Syndrom
Hanot-MacMahon-Thannhauser Syndrom
Normocholesterinämische Formen
Hand-Schüller-Christman Syndrom
Abt-Letterer-Siwe Syndrom
van Bogaert-Scherer-Epstein Syndrom
Whipple Syndrom
osteokutaneohypophysäres Syndrom
eosinophiles Granulom
sek. Xanthomatose in entzündl. Gewebe oder Tumor
juveniles Xanthogranulom
Teutschländer Syndrom (auch hypercholesterinäm. Formen)
François Syndrom (I)
Urbach-Wiethe Syndrom
idiopath. Fettleber
idiopath. familiäre Hyperlipämie
Lawrence Syndrom

spiegel um 1200 mg%. Es zeigt sich eine massive Cholesterinkristallablagerung ohne Hinweise auf Thrombenbildung. Ablauf und Bild dieses Experimentes dürften wenig mit dem Bild der allgemeinen menschlichen Atherosklerose zu tun haben. Selbst Anitschkow und Charlatow (1912) haben diesen Zustand nur als *„Cholesterinsteatose"* bezeichnet. Nach heutiger Einschätzung hat man einen Pflanzenfresser (Kaninchen) mit einem nur in tierischen Materialien enthaltenen Stoff (Cholesterin), den es unter normalen Umständen nicht verstoffwechseln kann, buchstäblich *vergiftet*, und zwar in einer *Größenordnung*, die zu einer Überschwemmung des Organismus mit Cholesterin (Ablagerung im Abdomen usw.) und einer toxischen Schädigung der Gefäße durch Ablagerung von Cholesterinkristallen auf ihnen geführt haben (die Dosis macht, daß ein Ding Gift wird). Eine solche Versuchsanordnung ist bereits vom naturwissenschaftlichen und medizinischen Denkansatz her ungeeignet, das Bild einer menschlichen Atherosklerose nachahmen zu können.

Zur menschlichen Atherosklerose

Die Verletzungstheorie

Die beliebteste Theorie zur Erklärung der Arteriosklerose ist die Verletzungstheorie. Hierbei wird das Gefäßendothel durch verschiedenste Einflüsse verletzt. Diese Verletzung kann *chemischer* (z. B. Hypercholesterinämie oder Nikotin), *mechanischer* (Hochdruck) und *immunologischer* (z. B. Lupus erythematodes) *Art* sein. Da gerade an Gefäßabzweigungen der mechanische Blutdruck durch Turbulenzbildung besonders hoch ist, findet man an diesen Stellen vermehr Arteriosklerose (Abb. 3.1 a, S. 41). Infolge der Verletzung wird subendotheliales Gewebe mit Blut exponiert, wodurch eine Reaktionskette von Ereignissen ausgelöst wird, die zur Bildung eines Atheroms führen kann. Zuerst kommt es zur Aggregation der Blutplättchen mit der Bildung eines Thrombus. Die Blutplättchen wiederum setzen Faktoren frei (*PDGF:* platelet-derived growth factor), die die Migration und Vermehrung von glatten Muskelzellen in der Intima fördern, wodurch Bindegewebe synthetisiert wird und auch Lipide akkumuliert werden (Ross u. Glomset 1976). Zusätzlich invasieren Monoyzten und Makrophagen, die die Lipide aufnehmen und sich zu den sogenannten Schaumzellen (Xanthomzellen) umwandeln. Auch diese eingewanderten Zellen setzen zusätzlich Wachstumsfaktoren („growth factors") frei, die zur Anlockung und Vermehrung weiterer Zellen führen.

Zu einem Fortschreiten dieser Läsion bis hin zur Arteriosklerose wird eine chronische oder eine sich immer wiederholende Verletzung gefordert (Abb. 3.9). Liegt zusätzlich eine Hyperlipidämie vor, so wird nach der bisherigen Theorie, die den Ablauf der Arteriosklerosebildung überwiegend über Cholesterin zu erklären versucht, eine Lipidablagerung durch vermehrtes Eintreten der cholesterinbeladenen LDL-Lipoproteine in der Läsion begünstigt. Der Umfang des Atheroms nimmt langsam zu, und es kommt innerhalb der Formation zu Nekrosen und Einlagerungen von

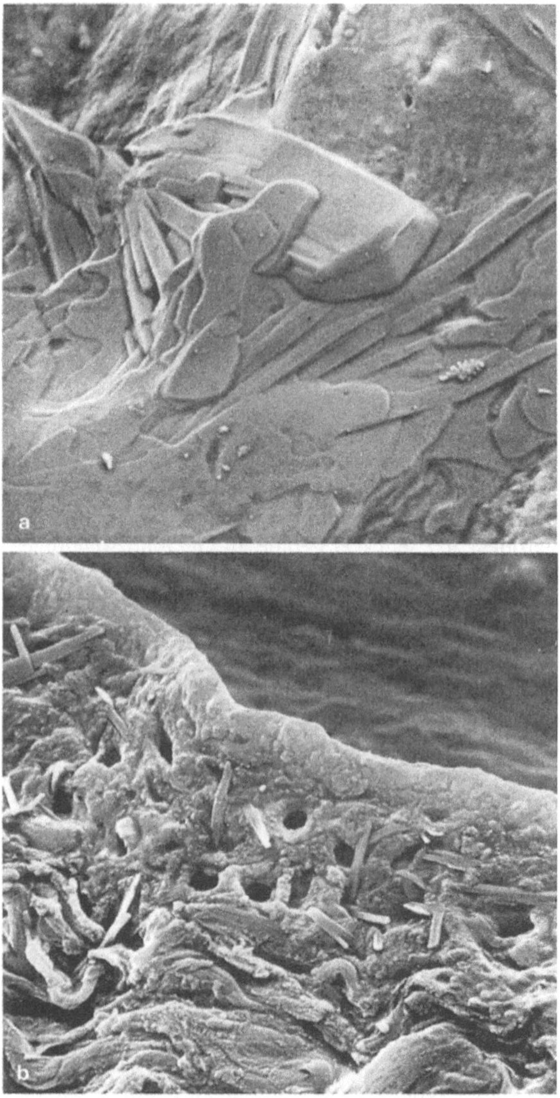

Abb. 3.8 a, b. **a** Flächenhafter Belag von Cholesterinkristallen auf der Innenfläche einer Aorta abdominalis eines Kaninchens nach 12 Wochen langer cholesterinreicher Ernährung. Elektronenmikr. Vergr. 7650 : 1. (Aus Frost 1974); **b** Längsschnitt durch den Ramus descendens der A. coronaria sinistra eines Kaninchens nach 12 Wochen langer cholesterinreicher Ernährung. – Cholesterinkristalle in mehreren Schichten einer verdickten Intima, die von einer breiten Endothellage abgedeckt wird. Elektronenmikr. Vergr. 1500 : 1. (Aus Frost 1974). Diese Bilder entsprechen nicht dem Bild der „gewöhnlichen" menschlichen Arteriosklerose (vgl. Linzbach S. 281)

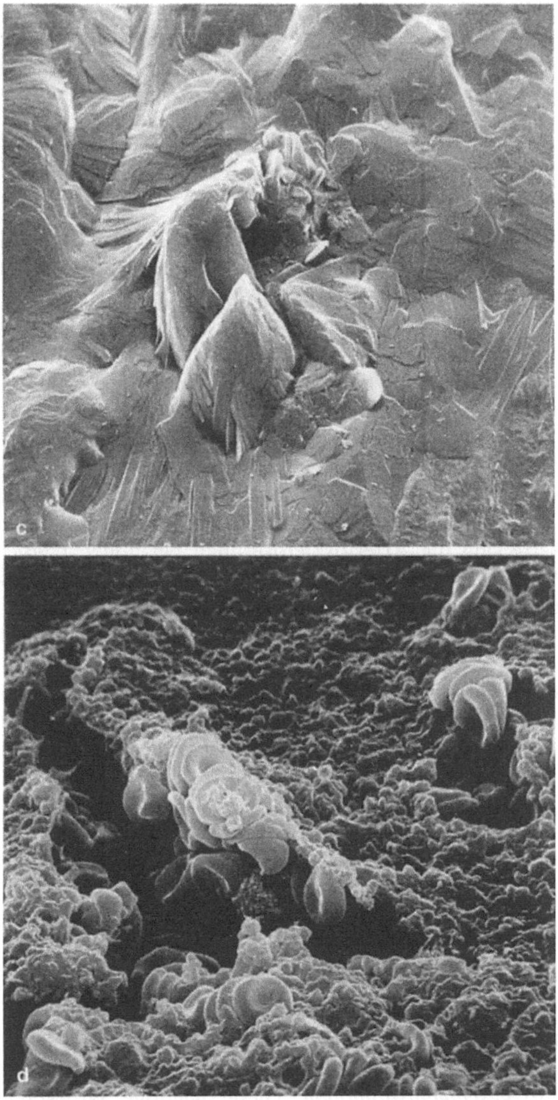

Abb. 3.8 c, d. **c** Massive Cholesterinkristallbildung, die wie ein felsenförmiges Gebilde imponiert, an der Innenfläche der Aorta abdominalis eines Kaninchens nach 12 Wochen langer cholesterinreicher Ernährung. Bemerkenswert ist, daß auf diesen enormen Gefäßinnenflächenveränderungen keine Abscheidungen thrombotischen Materials zu finden sind. Elektronenmikr. Vergr. 3800 : 1. (Aus Frost 1974). **d** Innenfläche der A. tibialis anterior eines 60jährigen Patienten mit obliterierender Angiopathie. – Geschichteter wandständiger Thrombus. Eine Lage dicht zusammengeballter Thrombozyten überdeckt eine breite Zone miteinander verbackener Erythrozyten. Elektronenmikr. Vergr. 1500 : 1. (Aus Frost 1974).

Kalk und Cholesterinkristallen. Schließlich kann es zu einem Aufbrechen der Läsion kommen, in deren Folge ein Aneurysma, eine arterielle Embolie (durch die Atheromfragmente), oder ein akuter Gefäßverschluß (durch Thrombusbildung) resultiert (s. Abb. 3.10).

Ist eine Regression der Arteriosklerose möglich?

Ob eine Regression einer arteriosklerotischen Läsion möglich ist, wird schon seit vielen Jahren diskutiert (Malinov 1984). Sicher ist es, daß es bisher keine gesicherte Therapie zur Besserung der Arteriosklerose gibt und immer nur eine symptomatische Behandlung stattfindet (Bierman 1991). Deshalb sollte der Schwerpunkt der medizinischen Interventionen in der Prävention der Arteriosklerose liegen.

Es wurden zwar mehrere Studien mit Lipidsenkern durchgeführt, aber keine einzige konnte bisher überzeugen (S. 10). In der Literatur findet sich eine große Anzahl von Kasuistiken, bei denen eine Verbesserung der Arteriosklerose durch wiederholte Angiographie nachgewiesen werden konnte.

Eine direkte Ursache dieser Regression ließ sich jedoch nie sicher ermitteln. Oft besserte sich die Arteriosklerose auch bei hohen Cholesterinspiegeln (<260 mg/dl, Barndt 1977), oder ohne jede Änderungen der Lipidspiegel (Olsson 1983). Die Mechanismen, die in Einzelfällen zur Regression führen, werden uns wohl noch lange verschlossen bleiben.

Kaltenbach (1989) ermittelte den Cholesterinspiegel bei 100 angiographierten Patienten. Es ließ sich jedoch kein Zusammenhang zwischen dem Ausmaß der Arteriosklerose und der Höhe des Cholesterinspiegels aufzeigen (Abb. 3.11).

Bei den Koronarkranken waren im Vergleich zu Gesunden die Werte von Cholesterin um 4%, die Triglyzeride um 28% und die des LDL-Cholesterins um 6% erhöht, während das HDL-Cholesterin um 15% niedriger war. Eine *kausale Verknüpfung* sei aus diesen Befunden *nicht herzuleiten*. Es handelt sich wie bei vielen anderen Krankheiten und Zuständen um rein begleitende *Symptome*.

Kaltenbach (1992) hat in seinen Untersuchungen v.a. alters- und geschlechtsbezogen *vergleichbare Gruppen* gegenübergestellt. Er weist auf die deutliche *Altersabhängigkeit* des Serumcholesterins in (vgl. Tabelle 8.4 und Tabelle 8.6). Aber auch LDL- und HDL-Cholesterin sind alters- und (vgl. Tabelle 8.5, 8.6) *geschlechtsabhängig*. Dieser wichtige Tatbestand wird heute in der Diagnostik oft übersehen. Signifikante Differenzen hätten sich nur in bezug auf höhere HDL-Werte bei Koronargesunden gezeigt (Abb. 3.11 u. Abb. 3.12). Bei den aufgezeigten Veränderungen dürfte es

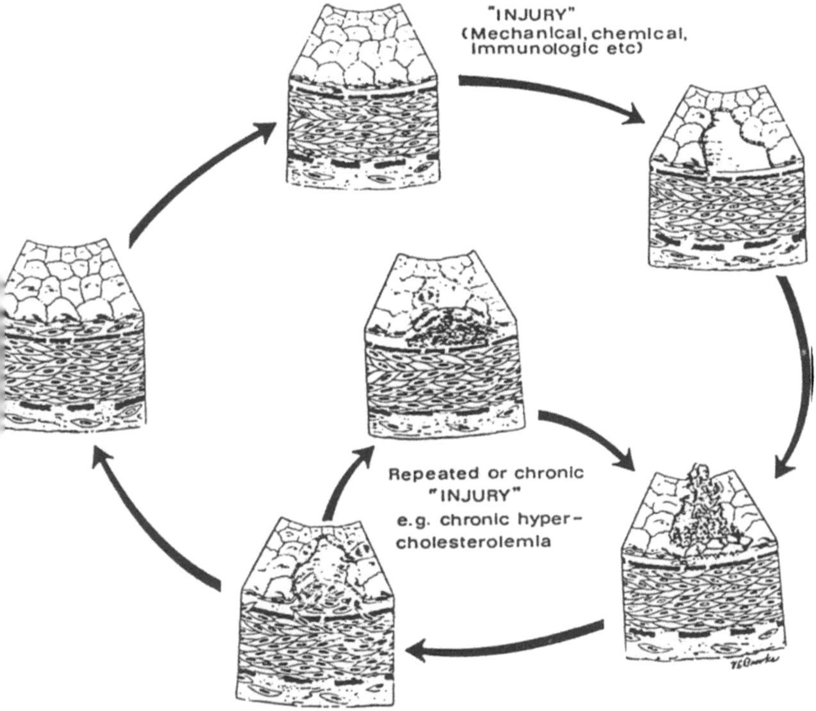

Abb. 3.9. Pathogenese der Atherosklerose. Zwei mögliche unterschiedliche Abläufe der Verletzungshypothese („response to injury hypothesis“: Der große Kreis repräsentiert einen Vorgang, der bei allen Personen vorkommen kann: Eine Verletzung des Endothels führt zur Abschuppung und Blutplättchenanlagerung, die von einer Proliferation der glatten Muskulatur und des Bindegewebes gefolgt ist. Wenn es sich bei der Verletzung um einen einmaligen Vorgang handelt, wird die Läsion aller Wahrscheinlichkeit nach wieder abheilen, evtl. aber eine etwas verdickte Intimaschicht hinterlassen. Der kleinere, innere Zirkel stellt die mögliche Konsequenz wiederholter chronischer Verletzungen des Endothels dar. Hierbei kommt es zur Fettablagerung und aufgrund mehrmaliger Regression und Proliferation der glatten Muskulatur zu einer komplizierten Läsion, die neu gebildetes Bindegewebe und Fett enthält und möglicherweise kalzifiziert. Dieses kann beim Patienten zur Thrombose und zum Infarkt führen. (Nach Ross und Glomset 1976, S. 369)

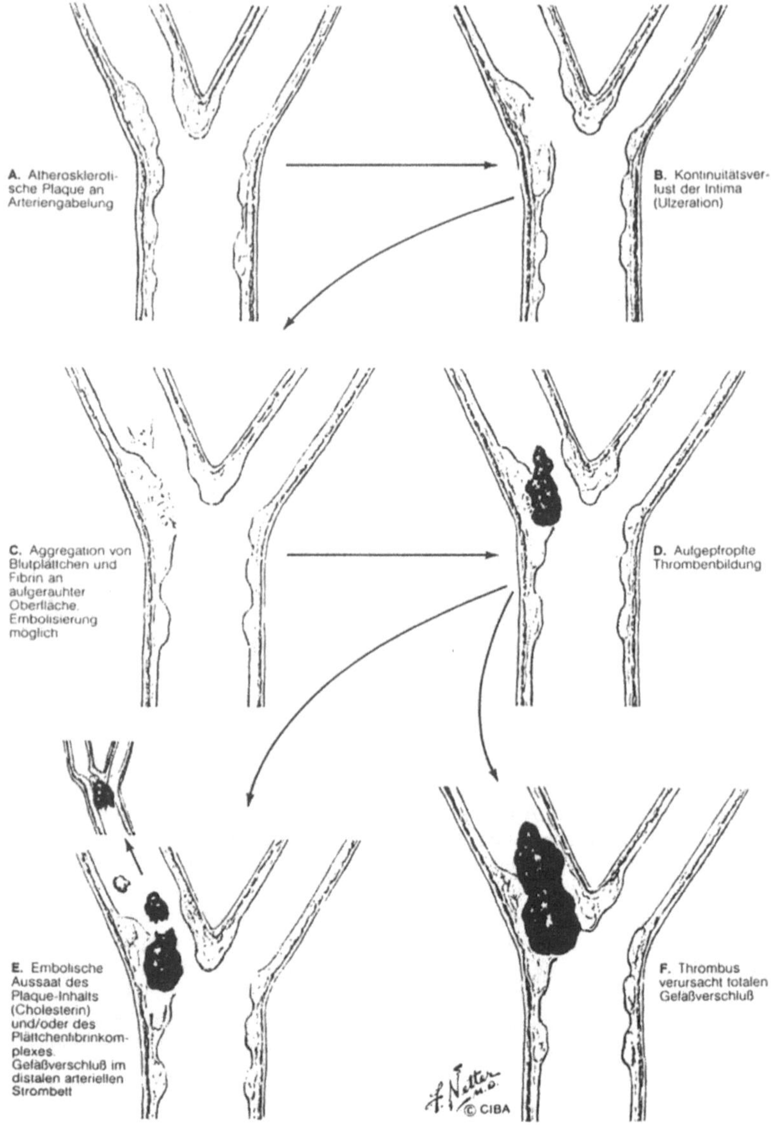

Abb. 3.10. Atherosklerose, Thrombose und Embolie. (Aus Netter et al. 1989)

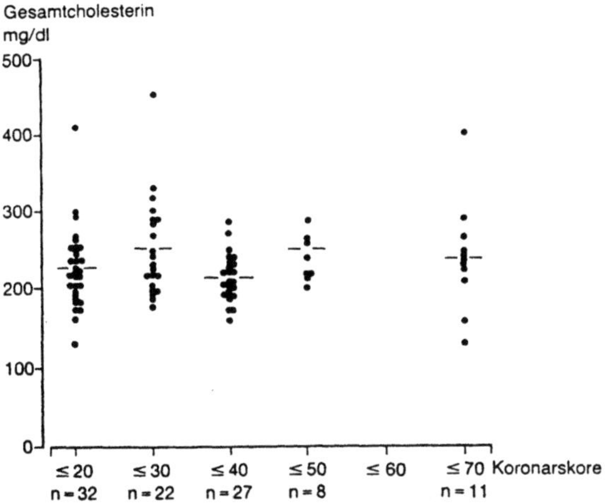

Abb. 3.11. Fehlende Beziehung zwischen Gesamtcholesterin und Ausmaß der angiographisch bestimmten Koronarsklerose bei 100 koronarkranken Patienten. Ein Score von 20 entspricht einer leichten, ein Score von 70 einer schwersten Koronarsklerose. (Aus Kaltenbach 1989)

sich um Symptome aber nicht um Ursachen der Krankheit handeln (vgl. S. 149).

Die klassischen Risikofaktoren der Atherosklerose

Zu diesen zählen die *Hypertonie*, der *Diabetes mellitus* und der *Nikotinabusus*. Besonders nach dem zweiten Weltkrieg wird von zahlreichen Autoren hierzu auch die *Hyperlipidämie* gezählt. Sie tut dies zumindestens als eigenständiges Krankheitsbild mit einer von der „gewöhnlichen" Atherosklerose (S. 55) abweichenden spezifischen Gefäßschädigung (Abb. 3.1 – 3.7), die man auch als Cholesteatose bezeichnen könnte. Körperliches *Übergewicht* zählt alleine nicht zu den Risikofaktoren, wohl aber zugleich mit einer der beiden anderen oben genannten Krankheiten. Dabei potenziert es dessen Schadwirkungen. Näheres wird unter *„Cholesterin: Wandel von Krankheiten und Todesursachen"* und auf Seite 278 ff. besprochen.

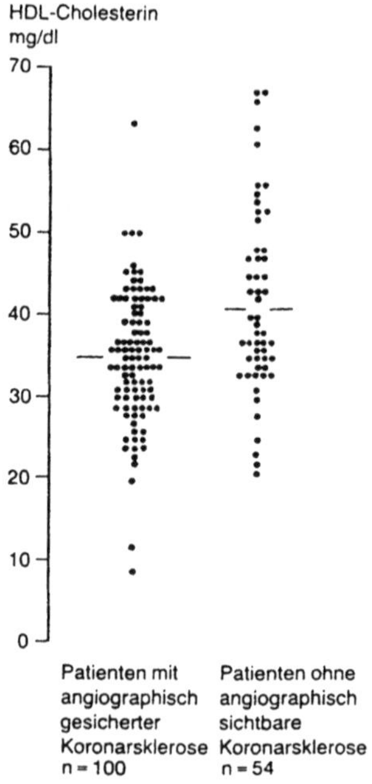

Abb. 3.12. Das HDL-Cholesterin ist im Mittel bei Koronarkranken statistisch signifikant niedriger als bei Patienten ohne Koronarsklerose. Die Werte zeigen aber eine starke Überlappung, so daß aus der Höhe des HDL eine Aussage für den einzelnen Patienten nur bei Werten von >50 mg/dl möglich ist. (Aus Kaltenbach 1992)

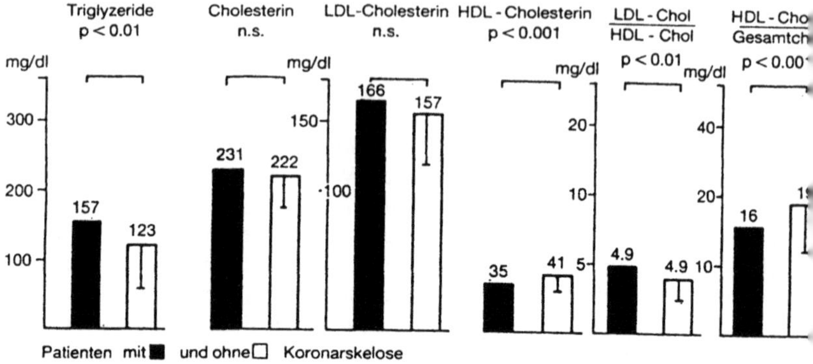

Abb. 3.13. Vergleich von alters- und geschlechtsgleichen Patientengruppen mit koronarographisch gesicherter Koronarsklerose und normalen Kranzarterien. Im Kollektiv zeigt sich bei den Koronarkranken eine – statistisch teilweise signifikante – Erhöhung der Triglyzeride, des Gesamt- und LDL-Cholesterins sowie eine Abnahme des HDL-Cholesterins und eine entsprechende Veränderung der Quotienten. (Aus Kaltenbach 1992)

Autoxidation, Antioxidantien und Immunabwehr

Autoxidation und Antioxidantien

Schon 1979 haben Goldstein et al. durch In-vitro-Versuche herausgefunden, daß durch Autoxidation der LDL-Lipoproteine eine molekulare Veränderung dahingehend stattfindet, daß es zu einer vermehrten Aufnahme des LDL in den Makrophagen kommt und somit der Prozeß der Arteriosklerose gefördert werden könnte. Dieser Prozeß der Autoxidation konnte vollständig von Antioxidanzien, wie z. B. *Vitamin E*, unterbunden werden (Steinberg 1987). Weitere Forschungsergebnisse unterstützen die These der Atherogenität der oxidierten LDL-Moleküle:

- Oxidiertes LDL wirkt in Zellkulturen zytotoxisch (Morel et al. 1984, Streuli 1983). *Es ist jedoch unsicher, ob diese In-vitro-Versuche auch auf den lebenden Organismus übertragbar sind.*
- Weitere Studien zeigten, daß oxidiertes LDL sogar die Mobilität der lipidbeladenen Makrophagen hemmt (Quinn et al. 1985), bzw. die Makrophagen anlockt (Quinn et al. 1987).

Nach Steinberg 1987 stellt man sich folgende Mechanismen vor (Abb. 3.14): Das LDL-Molekül wird wie üblich über die Rezeptoren der Zellmembran aufgenommen und in der Zelle einer Oxidation unterzogen. Dieses LDL wird vermehrt von Makrophagen aufgenommen, die durch das oxidierte LDL daran gehindert werden, das Endothel zu verlassen, um das phagozytierte Cholesterin abzutransportieren. Dadurch kommt es zu einer Anhäufung der lipidhaltigen Makrophagen (Schaumzellen, „foam cells"), und wichtige Teile der Pathogenese für die Arteriosklerose wären erklärt. Dieses Modell ist mit einer Hummerfalle vergleichbar: Das oxidierte LDL lockt die Makrophagen an und hindert sie dann an der „Flucht".

Durch dieses Modell ließen sich auch Beobachtungen erklären, bei denen atherosklerotische Veränderungen *unter* einer intakten Intimaschicht gefunden wurden (Bondjers et al. 1976). Selbstverständlich sind auch Mechanismen denkbar, bei denen LDL schon vor der Rezeptoraufnahme oxidiert ist (z. B. oxidiertes Nahrungscholesterin). Bei Fütterungsversuchen an Ratten mit oxidierter Cholesterindiät wurde sogar eine Immunsuppression bewirkt (Humphries 1979).

Sollten diese Mechanismen auch beim Menschen als eine der Ursachen der Arteriosklerose nachgewiesen werden, so müßte vermehrt nach den Stoffen, die eine Autoxidation verursachen können, gefahndet werden und die Rolle der Antioxidanzien müßte neu überdacht werden.

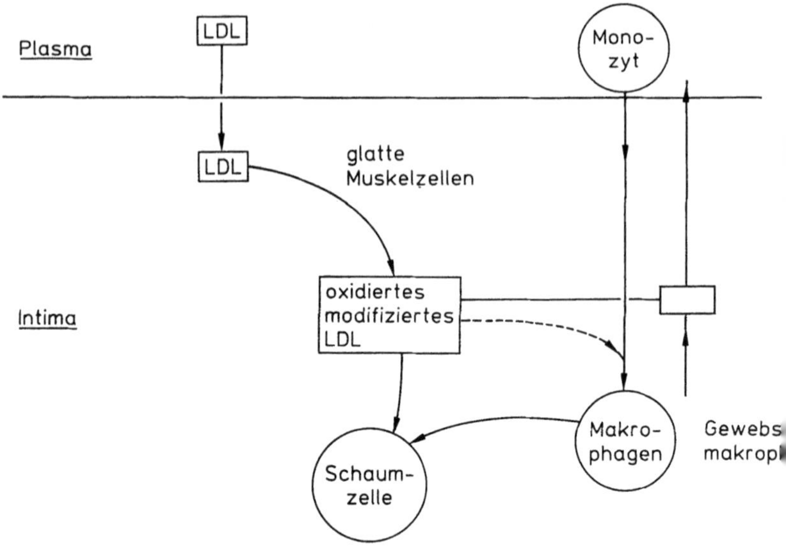

Abb. 3.14. Ein hypothetisches Schema, nach dem oxidativ verändertes LDL die Ansammlung von Makrophagen durch Anlockung der zirkulierenden Monozyten fördert, während gleichzeitig die Motilität der anwesenden Makrophagen gehemmt wird (Anmerkung: nach der Nomenklatur werden Monozyten zu Makrophagen, wenn sie den Blutkreislauf verlassen haben. Makrophagen, die Cholesterin und Fett phagozytiert haben, werden Schaumzellen (foam cells) genannt). (Aus Steinberg 1987)

Oxidierte Sterole und Atherogenese

In letzter Zeit wird vermehrt die Rolle *oxidierter Sterole* bzw. des *LDL-Cholesterins* als Träger oxidierter Sterole als mögliche Ursache der Atherosklerose diskutiert. Sofern von *„oxidiertem LDL-Cholesterin"* die Rede ist, muß beachtet werden, daß LDL ein Lipoprotein ist und sich aus. ca. 20% Apolipoproteinen, 10% Triglyceriden, *45% Cholesterin* und 23% Phospholipiden zusammensetzt (Tabelle 2.1).

Experimente in verschiedenen Kulturmedien zeigen, daß *oxidierte Sterole bzw. oxidierte Abkömmlinge des körpereigenen Cholesterins* fähig sind, durch Hemmung des Schlüsselenzyms *HMG-CoA-Reduktase*, die *Cholesterinbiosynthese* in den Zellen zu *hemmen*. Dadurch kann es zur *Cholesterinverarmung der Zellmembranen, zur Membranschädigung*, Abnahme der *DNS-Syntheserate* und Störung der *Zellteilungsfähigkeit* und zu *fragilen Membranen* usw. kommen. Da sich zumindestens experimentell im Kulturmedium zeigt, daß zugesetzte oxidierte Sterole größtenteils von der HDL- und LDL-Fraktion gebunden werden können, stellte sich die Frage, nach der Rolle dieser Stoffe in der *Entstehung der Atherosklerose.*

Die Autoren gehen grundsätzlich in ihren Vorstellungen über die *Entstehung der Atherosklerose* davon aus, daß mit der *Nahrung zugeführtes Cholesterin oxidiert* werden und bei Mensch und Tier Gefäßschäden auslösen könnte. Streuli (1983) erklärt, daß der *„atherogene Effekt einer cholesterinreichen Diät"* sowohl beim Menschen (Seite 133), wie auch beim Versuchstier *„unbestritten"* ist. Hierbei gehen sie u. a. von Fütterungsversuchen an *Kaninchen* mit einer cholesterinreichen Diät aus. Diese Versuche führen nach Anitschkow et al. 1912 allerdings nicht zum Bild der menschlichen Atherosklerose (Seite 62) sondern zur *„Cholesterinsteatose"* (Abb. 3.8). Ein direkter Nachweis oxidierter Sterole im Serum von Menschen als Ursache von Krankheiten ist bisher nicht gelungen (Streuli 1983).

Oxidierte Sterole und Membranen

Membranen haben nach Haslewood 1967 die Aufgabe, zelluläre Verhältnisse *biochemisch* zu isolieren, *physiologisch* zu regulieren und *räumlich* zu trennen. Nach Streuli 1983 ist Cholesterin in Säugetierzellen das wichtigste Sterol der *Membranen*, welches dort u. a. die *Fluidität* steuert. Es kommt in großen Mengen u. a. in den *Plasmamembranen* der Leberzellen, der Erythrozyten usw. vor. Die meisten Säugetierzellen, so auch die des Menschen, können Cholesterin selbst synthetisieren und dadurch ihre Membranen aufbauen. Hierzu werden *Enzyme* benötigt, die in den *Erythrozyten* und *Granulozyten fehlen* (Fogelmann et al. 1977, van Deenen et al. 1964). Sie nehmen das aus der Umgebung mit den *Plasmaproteinen* herangeführte Cholesterin für die Synthese auf. Wenn ein Kulturmedium Cholesterin enthält, produzieren die Zellkulturen weniger Cholesterin (Cooper et al. 1977). Wird Cholesterin aus dem Kulturmedium entfernt, besteht für die Zellen ein Anreiz vermehrt Cholesterin zu synthetisieren. Die zelluläre Cholesterinsynthese erfolgt nach Streuli 1983 im Bereich der mikrosomalen und der Zytosolfraktion der Zelle aus *Acetyl-CoA* (Abb. 1.5, 1.6), aus dem die *Mevalonsäure* und die *Isoprenoide* (Abb. 1.5) gebildet werden. Jede Zellteilung bedarf der Ausbildung neuer Membranen, wozu stets Cholesterin benötigt wird. *Diese Cholesterinsynthese kann durch oxidierter Sterole behindert werden.*

Der überwiegende Teil der aus den Membranen stammenden *Sterole* wird zu *Gallensäuren* abgebaut. Bekanntlich werden in der Leber aus

Cholesterin Gallensäuren gebildet (Seite 15). Hierbei entsteht als erster Schritt ein *oxidiertes Derivat* des Cholesterins, das *7-α-Hydroxycholesterol*, welches wie andere oxidierte Sterole tiefgreifende Wirkungen auf die Zellsysteme ausüben kann.

Kandutsch et al. (1973, 1974) zeigten in Zellkulturen (Maus), daß die zelluläre Cholesterinsynthese nicht nur durch Zusatz von Cholesterin gehemmt bzw. reguliert wird, sondern das dies auch durch andere *Sterole* geschehen kann. Setzte man *„reines" Cholesterin* einer Kultur aus Mäuselymphozyten zu, so wird die Cholesterinsynthese schwach gehemmt, sofern dem Kulturmedium kein *Antioxidans* wie z. B. Vitamin E zugesetzt wird, unter dem keine Synthesehemmung mehr nachweisbar ist (Kandutsch et al. 1977). Die Hemmung ist experimentell durch Zugabe *oxidierter Sterole* möglich; möglicherweise aber auch durch *Autoxidationsprodukte* des körpereigenen Cholesterins.

Abbildung 1.5 zeigt die vielfältigen *Rückkopplungsmechanismen* zwischen *Cholesterin* und der *HMG-CoA-Reduktase* auf, die zu einer physiologischen Hemmung bzw. Aktivierung der Enzymtätigkeit führen. Der Nachweis, daß auch *oxidierte Sterole* zu einer Hemmung führen, gelang u. a. Streuli (1983) an Fibroblasten- und Rattenleberzellkulturen. Werden oxidierte Sterole wie 7-Ketocholesterol bzw. 25-Hydroxycholesterol einer Lymphozytenzellkultur zugegeben, sinkt die Enzymaktivität der HMG-CoA-Reduktase und zugleich auch die Cholesterinsynthese bis zur Nulllinie ab. Diese Wirkung läßt sich durch Zugabe von Mevalonsäure oder reinem Cholesterin zu den Zellkulturen teilweise wieder aufheben (Kandutsch et al. 1977; Chen et al. 1978; Heiniger et al. 1976; Chen et al. 1974).

Die Zugabe oxidierter Sterole führt in Lymphozytenkulturen im serumfreien Medium zu einer Blockade der HMG-CoA-Reduktase, zu einer Cholesterin- und DNS-Synthesehemmung. Oxidierte Sterole zeigen in allen *Experimenten* tiefgreifende Störungen auf die Plasmamenbran. Streuli (1983) untersuchte experimentell in Kulturen die Wirkung von 25-Hydroxycholesterin als oxidiertes Sterol auf die Lipoproteine und den Einbau in Erythrocytenmembranen. Dabei fand er, daß 20-α-Hydroxycholesterol vor allem in den LDL-Fraktionen und 7-α-Hydroxycholesterol zu gleichen Teilen im HDL und LDL-Cholesterin gebunden wurde. Es zeigte sich, daß Lipoproteine *„50–88% der zugefügten oxidierten Sterole"* im *„Inkubationsmedium"* binden und „dadurch deren Effekte auf die Membraneigenschaften- und morphologie teilweise verhindern" können. Dieser Effekt läßt sich unter einer Konzentrationserhöhung modifizieren.

Imai et al. (1976 u. 1980) zeigten an *Kaninchen*, daß es sich bei den *„angiotoxischen Verunreinigungen"* um Oxidationsprodukte des Cholesterins handelte. Imai et al. (1980) beschreiben, daß etwa 10 Wochen nach der Injektion bei Tieren *„typische atherosklerotische Intimaplaques"* gefunden wurden. Streuli (1983) räumt allerdings ein, daß sich die *„tierexperimentell erzeugte Atherosklerose nicht unerheblich von den beim Menschen gefundenen Krankheit“* unterscheide (vgl. Seite 48). Dieselben Veränderungen traten auch nach der Injektion von *oxidierten Sterolen* (25-Hydroxycholesterol) auf, welches in den Cholesterinverunreinigungen nachweisbar war (Streuli 1983). Die Injektion von gereinigtem Cholesterin blieb ohne Wirkung. Oxidierte Sterole ließen sich auch beim Menschen (Hardegger et al. 1943 und Taylor et al. 1979) nachweisen, wobei es sich in der Aorta vor allem um das 26-Hydroxycholesterol handelte. Hierbei muß jedoch strikt zwischen den Gefäßwandläsionen bei der Cholesteatose bei der familiären Hypercholesterinämie (Seite 50) und dem gewöhnlichen Atherom unterschieden werden, welches nur ca. 5% Cholesterin enthält (Seite 53). Die Autoren wenden ein, daß *pathogenetische Rückschlüsse nicht möglich* seien, da die *Oxidationsvorgänge auch noch später im Atherom selbst stattgefunden haben könnten,* zumal es sich um Obduktionsbefunde gehandelt hat. Auf die Probleme von Kaninchenexperimenten wurde auf Seite 58 eingegangen.

Oxidiertes Nahrungscholesterin

Streuli (1983) schreibt, daß *oxidierte Sterole* durch Autoxidation von Cholesterin in den Plaques selber oder an einer anderen Stelle des Organismus entstanden sein könnten. Sie könnten jedoch *auch mit der Nahrung* zugeführt worden sein (vgl. Resorption von Nahrungscholesterin Seite 133) und sich in den Arterienwänden abgelagert haben. Ob sie bei der Entstehung der *Gefäßwandatherosklerose* ursächlich beteiligt sind, *sei nicht bekannt.* *„Eipulver, Trockenmilch, Butter und andere Nahrungsmittel . . . böten ideale Vorraussetzungen für die Autoxidation des Cholesterins“* (Streuli 1983).

Schettler (1993) weist daraufhin, daß eine niedrige Inzidenz zwischen *„kardiovaskulären Erkrankungen“* (was auch immer darunter zu verstehen ist, s. S. 219 ff.) und Rotweinkonsum in bestimmten Regionen Frankreichs, trotz des gleichzeitigen Genusses einer an Cholesterin und gesättigten Fettsäuren reichen Kost, bestände. Frankel et al. (1993) hätten aufgezeigt, daß die Rebsorte *Petit Sirrah* eine ausgeprägte antioxidative Wirkung gegenüber der in-vitro-Oxidation von atherogenem Low-Density-Lipoprotein (LDL) auch dann besitze, wenn der Alkohol entfernt sei. Steinberg (1989) gehe davon aus, daß LDL in der Arterienwand oxidiert werde und atherogene Eigenschaften enthielte. Schettler hierzu: „Die oxidative Modifikation von *LDL, das per se nicht atherogen ist,* findet unter bisher ungeklärten Bedingungen in fortgeschrittenen atherosklerotischen Läsionen statt“ (Habenicht et al. 1993).

Frankreich zählt seit jeher zu den Ländern, die eine insgesamt niedrige Rate von Sterbefällen an Koronarkrankheiten (Tabelle 14.10) aufweist. Gleichzeitig gehört es zu der Ländergruppe (Tabelle 14.10) mit *geringer Mortalität an Hypertonie* und *Diabetes mellitus, zwei primär wichtige Risikokrankheiten* für das Auftreten von Atherosklerose, Koronarsklerose und Myokardinfarkt (Seite 310), denen neben der genetischen Disposition wahrscheinlich eine entscheidende Rolle im verringerten Auftreten von Myokardinfarkten zukommen.

Zur chemischen Umwandlung oxidierter Sterole im Magen- und Darmtrakt

Ob überhaupt ein oxidiertes Sterol nach der „chemischen Umsetzung" bzw. enzymatischen Einwirkung von Pepsin, Kathepsin, Labferment etc. auf die zugeführte Nahrung im Magensaft, der Zerstörung und Denaturierung der Grundsubstanz der Nahrungsmittel im stark *sauren Magensaftmilieu* (pH 1 – 1,5) und unter den späteren *alkalischen Einflüssen* und enzymatischen Abbauvorgängen im *Darmsaft* des keimfreien Duodenum beim Gesunden bestehen bleibt, ist i. d. R. unter normaziden Verhältnissen sehr unwahrscheinlich. Besonders tierische Eiweißträger (nur diese liefern Cholesterin und keine Pflanzen), sind zugleich über den N. Vagus auch die Hauptlockerer von *HCl* im Magen. Die Kohlenhydrate locken keine Magensalzsäure (Holtmeier 1990). Außerdem resorbiert der Körper im Rahmen des *enterohepatischen Kreislaufes* (Seite 128) nur bis zu etwas 20% Nahrungscholesterin, welches sich anteilig unter das *vorrangig* resorbierte sogenannte freie Gallencholesterin mischt. Nahrungscholesterin liegt als verestertes und freies Cholesterin vor (Tabelle 7.1). Der menschliche Körper kann nur *freies Cholesterin* im enterohepatischen Kreislauf resorbieren.

Biologische Oxidation und Reduktion

Nach Schmidt und Thews 1976 sind *Säuren* Substanzen, die *Wasserstoffionen* (H^+) abgeben und *Basen* solche, die Wasserstoffionen binden. Die saure oder alkalische Reaktion einer Flüssigkeit hängt von den freien Wasserstoffionen ab. Blut hat ein pH von 7,37 bis 7,43. Anhäufungen von Basen oder Säuren im Blut werden i. d. R. durch Puffersysteme abgefangen. Bei einem pH von unter 7,37 spricht man von *Acidose*, über 7,43 von *Alkalose*. Täglich werden 2 – 3 Liter *Magensaft* mit einer hohen Konzentration von *Salzsäure* (pH 0,8 – 1,5) produziert (Schmidt u. Thews 1976), welche die eiweißspaltende Wirkung des Pepsins, Denaturierung der Eiweiß-

Lipide (Fettstoffe)

Fette und **Wachse**	**Lipoide**
Fette sind **Ester** von **Glycerin** mit Fettsäuren. Natürliche Fette sind Triglyceride oder Neutralfette. **Wachse** sind **Ester** von höheren, **einwertigen Alkoholen** mit Fettsäuren.	a) **Phosphatide** (Phospholipoide) Glycerinphosphatide: Lecithine, Kephaline, Inositphosphatide, Plasmalogene. Sphingolipoide (Sphingosinphosphatide): Sphingomyeline, Cerebroside, Ganglioside. b) **Steroide**. c) **Carotinoide** (Lipochrome).

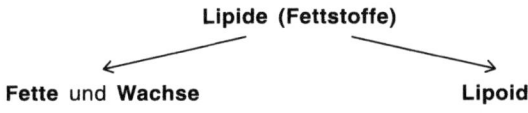

Abb. 3.15. Lipide und Lipoide (nach Fischbach 1968)

körper, antibakterielle Wirkung und Reduktion von Stoffen ermöglicht. *Lipide* sind *Fettstoffe* (Abb. 3.15), die unter Einwirkung von Licht, *Sauerstoff* und Bakterien *ranzig* werden können. Dabei werden Fette teilweise in Fettsäuren und Glycerin gespalten. Aus den Fettsäuren entstehen Aldehyde und *Ketone*, die den ranzigen Geschmack abgeben. Unter den *Lipoiden* (zu ihnen zählen die Steroide, z.B. das Cholesterin, Tabelle 1.1) versteht man *fettähnliche Stoffe.*

Eine biologische *Oxidation* kann in diesen Systemen u.a. erfolgen durch:

- *Aufnahme* von *Sauerstoff* (Oxidation)
- *Abgabe* von *Wasserstoffionen* (Dehydrierung)

Eine *Reduktion* kann umgekehrt erfolgen durch:

- *Entzug* von *Sauerstoff* (Desoxidation)
- *Aufnahme* von *Wasserstoffionen* (Hydrierung).

(In der modernen Literatur wird auch von Elektronenübertragungen gesprochen.)

Oxidierte Sterole (Abb. 3.16) unterliegen nach den physiologischen Vorstellungen im stark sauren Magensaft durch Aufnahme von Wasserstoffionen (H^+) einer biologischen *Reduktion*. Eine solche findet z.B. auch bei der Umwandlung von 3- in 2-wertiges Eisen (nur dieses ist resorbierbar) im sauren Magensaft statt. Biologische Oxidations- und Reduktionsabläufe sind im Stoffwechsel eng aneinander gekoppelt, an denen sich häufig auch Enzymsysteme beteiligen.

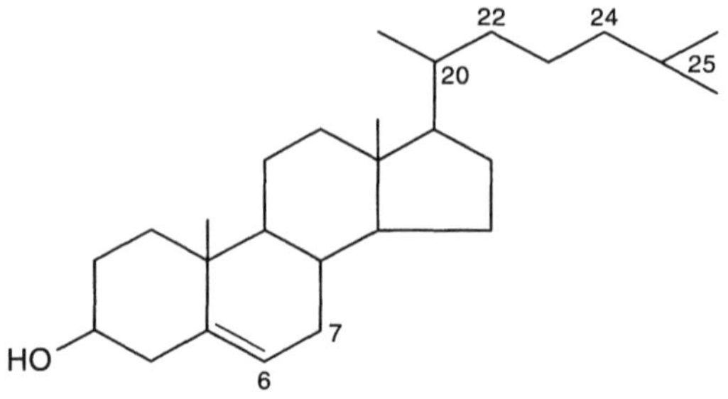

Abb. 3.16. Oxidierte Sterole entstehen durch das Einführen einer Hydroxy- oder Ketogruppe an einer der numerierten Positionen des Sterolgerüstes. (Nach Streuli 1983)

Modifizierte Lipoproteine und Atherogenese

Die meisten Autoren sind sich darüber einig, daß die Ursache der Atherosklerose multifaktoriell ist (Seite 47). Die *Lipoproteinhypothese* wird häufig als die *„wichtigste und interessanteste Theorie"* bezeichnet (Sokolov 1990). Hierbei soll die Gefäßintima auf *„modifizierte Lipoproteine"* (gemeint sind z.B. *„oxidierte Sterole"*, Seite 71) antworten. Hierbei sollen in verschiedenen Stadien Plasmalipoproteine zu einer Penetration der Intima führen und in diese infiltrieren. Auch sei die Wanderung von Lipoproteinpartikeln und die Aufnahme *„modifizierter Lipoproteine"* durch offene interzelluläre Zwischenräume der Epithelien zu diskutieren, in deren Folge es zur Bildung von Autoimmunlipoprotein-Antikörperkomplexen kommen könne. Zugleich ginge damit eine verstärkte Blutkoagulation und Thrombenbildung einher.

Zusammenfassung

Ansätze und Beobachtungen für die aufgezeigten Thesen gehen nahezu ausschließlich aus Beobachtungen bei der familiären Hypercholesterinämie und Tierexperimenten hervor, bei denen z.B. Kaninchen intravenös oxidierte Sterole gespritzt wurden, die auf den Menschen nicht übertragbar sind. Sie lassen auch die Tatsache außer acht, daß zwischen dem Bild einer gewöhnlichen Atherosklerose mit geringem Anteil an Cholesterin (Abb. 3.6) und Lipiden und der Hypercholesterinämie (Abb. 3.3–3.4) strikt zu unterscheiden ist.

Gefahren der Überdosierung von essentiellen Fettsäuren

Die Folgen und Gefahren einer übermäßigen Zufuhr an essentiellen Fettsäuren sind noch nicht abzusehen. Der Organismus benötigt pro 0,6 g aufgenommene Linolsäure 1 mg α-Tokopherol (Vitamin E), um die Autoxidation durch molekularen Sauerstoff zu verhindern. Eine überhöhte Zufuhr an ungesättigten Fettsäuren könnte somit einen Mangel an Vitamin E hervorrufen, wodurch die Autooxidationsrate im Organismus ansteigen würde.

Folgende Wirkungen wurden beschrieben:

- Bei Fütterungsversuchen an Hühnern mit hohen Dosen an ungesättigten Fettsäuren wurden Erkrankungen produziert.
- Die American Heart Association (1986) beschrieb ein erhöhtes Risiko der Gallensteinbildungen.
- Neuere Forschungsergebnisse weisen auf eine mögliche kanzerogene Wirkung, Hemmung des Immunsystems und negative Veränderungen der Zellmembran hin.
- Ein Vitamin-E-Mangel, der durch eine Überzufuhr von ungesättigten Fettsäuren hervorgerufen ist, könnte zur Autoxidation der cholesterinreichen LDL-Moleküle führen. Es gibt aus der Forschung Hinweise, daß diese oxidierten LDL-Moleküle zytotoxisch wirken und sogar zu einer vermehrten Cholesterinablagerung im Gewebe führen.

Nach Lang 1979 besteht tierexperimentell die Gefahr der Bildung von *freien Radikalen* unter der Verfütterung hoher Mengen von hochungesättigten Fettsäuren, weil sich in vivo die Möglichkeit zu einer Lipidperoxidation bildet. Die Bildung freier Radikale ziehe möglicherweise eine Erhöhung der Tumorrate nach sich.

Der Mechanismus der hochungesättigten Fettsäuren bezüglich der Senkung des Blutcholesterinspiegels, ist nach Lang 1979 noch nicht in allen Punkten geklärt. Einerseits hätte eine groß angelegte Bilanzstudie bei Gesunden nachgewiesen, daß eine erhöhte Synthese von Gallensäuren unter dem Einfluß von Polyensäuren einträte, welche zu einer indirekten Senkung des Cholesterinserumspiegels geführt hätte, auf der anderen Seite würde ein Großteil der Patienten mit einer familiären Hypercholesterinämie nicht mit einer Senkung reagieren.

Wie bereits besprochen, spielen die Fettsäuren und das Cholesterin als Bausteine der Membrane eine große Rolle im Zellstoffwechsel. Da eine intakte Zellmembran Voraussetzung für die Erhaltung der Zelle und damit auch für die Immunabwehr ist, wird im folgenden genauer auf diesen Mechanismus eingegangen.

Aufbau und Funktion der Zellmembran

Die tierische (damit auch die menschliche) Zelle ist von einer Membran umgeben, die nicht nur zur Erhaltung der Zellstrukturen beiträgt, sondern auch den vielfältigen Aufgaben des Stofftransportes und der Abwehr gegen toxische Stoffe und Erreger gerecht werden muß. Aber auch subzelluläre Partikel, wie z. B. die Mitochondrien und das endoplasmatische Retikulum, sind von Membranen umgeben, die die Zelle in unterschiedliche Kompartimente unterteilt und so erst verschiedene Stoffwechselvorgänge ablaufen können.

Funktionen der Zellmembran:
- Abschirmung und Abdichtung der Zelle gegenüber dem Extrazellulärraum,
- kein Durchlassen von toxischen Stoffen und Erregern,
- Strukturerhaltung und Kompartimentierung der Zelle,
- Stofftransporte durch die Membran: Carriermechanismen, passive und aktive Transportmechanismen, Diffusion, usw.,
- Erkennen von Stoffen (z. B. Hormone) über Rezeptoren,
- Aneinanderheften der Zellen und Informationsaustausch untereinander.

Noch immer ist die genaue Funktion und Struktur der Zellmembran unzureichend erforscht. Das beste Membranmodell wurde von Singer u. Nicolson (1972) entwickelt, und als „fluid-mosaic model" bezeichnet. Nach diesem Modell ist die tierische Zelle von einer Doppelmembran (8 nm) umgeben („bilayer"), die aus einer Lipid-Protein-Mosaikstruktur besteht und eine flüssige kristalline Matrix bildet. Die Doppelmembran besteht wiederum aus Phospholipiden, zwischen denen Proteinmoleküle (z. B. Rezeptoren, Kanäle) „schwimmen" (Abb. 3.17 und 3.18). Die polaren Anteile der Membran sind dabei nach außen zur wäßrigen Umgebung gekehrt, während die hydrophoben, apolaren Anteile nach innen weisen. Dieses Mosaik aus Proteinen und Lipiden ist nicht starr, sondern flexibel und die Bestandteile können sich frei herumbewegen. Die Viskosität der Doppelmembran soll das 100- bis 1000fache des Wassers betragen (Lehninger 3/1985, S. 248). Die Zellmembranen enthalten etwa 40% Lipide und 60% Proteine, deren Lipidanteil je nach Membrantyp jedoch stark variieren kann.

Aus der Zellmembranoberfläche ragen oft Oligosaccharidketten hervor, die Teil von Glykolipiden und Glykoproteinen sind, aus denen wiederum Rezeptoren aufgebaut sind. Durch die spezielle Struktur dieser Zuk-

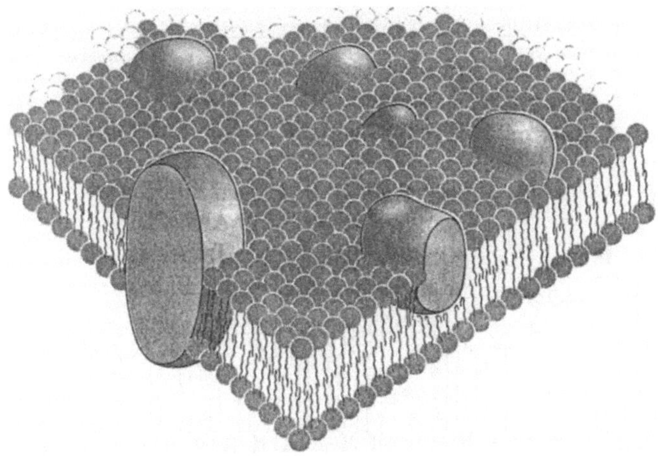

Abb. 3.17. Modell des flüssigen Mosaiks nach Singer und Nicolson. Sie entwarfen 1972 ein Modell für die Organisation biologischer Membranen. Danach sind Membranen zweidimensionale Lösungen gerichteter globulärer Proteine und Lipide. Die Membran dient als Lösungsmittel und als Permeabilitätsbarriere. (Aus Stryer 1990)

kerketten ist ein spezifisches Erkennen von Stoffen möglich (z. B. Hormone).

Die Membranlipide bestehen überwiegend aus Phospholipiden, deren apolarer Teil sich aus zwei Fettsäureresten und Cholesterin zusammensetzt. Aber auch Phosphoglyzeride, Sphingolipide und Triglyzeride sind in dieser Fettfraktion enthalten. Das molare Verhältnis der Lipide in der Membran ist höchstwahrscheinlich genetisch determiniert, während die Fettsäurekomponenten und der Cholesteringehalt der einzelnen Lipide je nach Angebot variieren können, so daß die Membraneigenschaften, wie z. B. die Fluidität (Viskosität) verändert wird. Anders ausgedrückt, ist die Anzahl der Lipide festgelegt, während die Bestandteile, aus denen die Lipide aufgebaut sind (Fettsäuren, Cholesterin), erheblich variieren können. Je nachdem, ob mehr langkettige oder kurzkettige Fettsäuren vorkommen, bzw. je nach Anteil der gesättigten und ungesättigten Fettsäuren (und des Cholesteringehaltes), verändern sich die Membranfluidität und andere Eigenschaften.

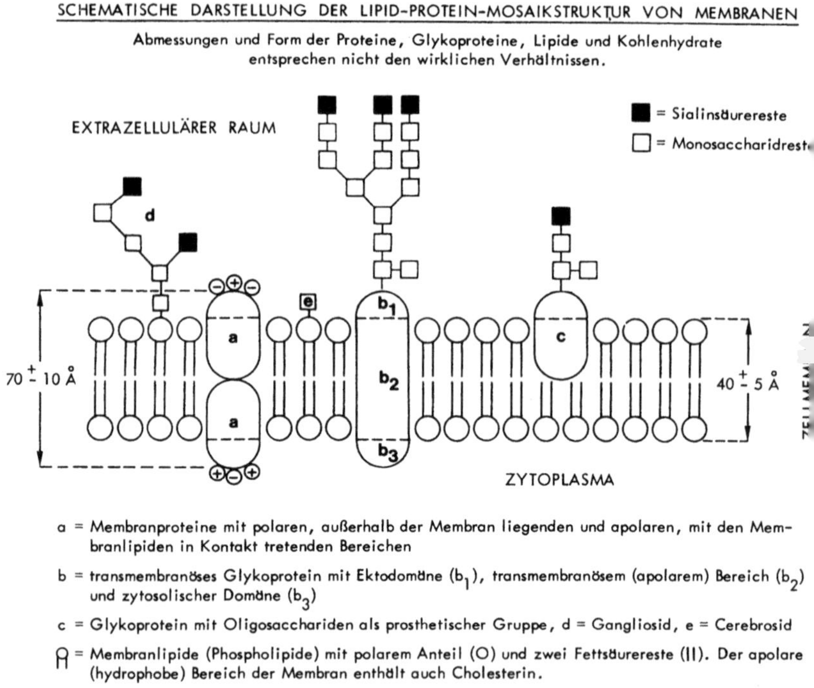
SCHEMATISCHE DARSTELLUNG DER LIPID-PROTEIN-MOSAIKSTRUKTUR VON MEMBRANEN
Abmessungen und Form der Proteine, Glykoproteine, Lipide und Kohlenhydrate entsprechen nicht den wirklichen Verhältnissen.
EXTRAZELLULÄRER RAUM
= Sialinsäurereste
= Monosaccharidreste
d
e
a
a
b_1
b_2
b_3
c
70 ± 10 Å
40 ± 5 Å
ZYTOPLASMA
a = Membranproteine mit polaren, außerhalb der Membran liegenden und apolaren, mit den Membranlipiden in Kontakt tretenden Bereichen
b = transmembranöses Glykoprotein mit Ektodomäne (b_1), transmembranösem (apolarem) Bereich (b_2) und zytosolischer Domäne (b_3)
c = Glykoprotein mit Oligosacchariden als prosthetischer Gruppe, d = Gangliosid, e = Cerebrosid
= Membranlipide (Phospholipide) mit polarem Anteil (O) und zwei Fettsäurereste (II). Der apolare (hydrophobe) Bereich der Membran enthält auch Cholesterin.

Abb. 3.18. Schematische Darstellung der Lipid-Protein-Mosaikstruktur von Membranen. Abmessungen und Form der Proteine, Glykoproteine, Lipide und Kohlenhydrate entsprechen nicht den wirklichen Verhältnissen. (Aus Buddecke 7/1985)

Einfluß von Fettsäuren auf die Immunabwehr

Im vorherigen Abschnitt wurde ausgeführt, daß die Membranlipide je nach Nahrungsangebot einen unterschiedlichen Gehalt an ungesättigten und gesättigten Fettsäuren aufweisen können. Untersuchungen haben gezeigt, daß ein hoher Anteil an ungesättigten Fettsäuren, wie er in einem hohen Prozentsatz in pflanzlicher Nahrung vorhanden ist, zu einer Immunsuppression führen kann (Broitman et al. 1977). Dies leuchtet ein, wenn man sich vergegenwärtigt, daß auch alle Blutzellen, und damit auch die Abwehrzellen, Zellmembranen besitzen. Membrane sind an allen Vorgängen der zellulären Immunität beteiligt (Steinberg 1987).

An Fütterungsversuchen an Ratten mit hohen Anteilen von ungesättigten Fettsäuren (hoher Anteil in Pflanzen) konnte gezeigt werden, daß sich die Fluidität der Zellmembranen erhöhte (d.h. flüssiger wurde). Dies führte zu einer abgeschwächten mitogenen Antwort der Abwehrzellen, aus der wiederum eine erniedrigte zytolytische Aktivität gegenüber Bakterien resultierte (Heiniger 1981).

Cholesterin und Immunabwehr

In den letzten Jahren konnten mehrere Studien einen Zusammenhang zwischen niedrigem Cholesterinspiegel und Infektionskrankheiten bzw. Krebs aufweisen. Darunter befanden sich auch Studien, die sogar niedrige Cholesterinspiegel schon 6–10 Jahre *vor* der Krebsentstehung dokumentieren konnten (Schatzkin et al. 1987). Somit nahm man an, daß der Krebs selbst Ursache des Cholesterinabfalles war. Daß maligne Erkrankungen im Endstadium den Cholesterinspiegel senken, wird nicht bezweifelt. Man weiß heute, daß in jedem Menschen Krebszellen entstehen, die aber normalerweise erfolgreich von dem Immunsystem beherrscht werden, wie dieses auch bei den Infektionserregern der Fall ist. Da Cholesterin ein wesentlicher Bestandteil der Zellmembranen und damit auch der Abwehrzellen ist, leuchtet es ein, daß extrem niedrige Cholesterinspiegel, wie sie bei einer medikamentösen lipidsenkenden Therapie auftreten können (physiologische Regulationsmechanismen werden außer Kraft gesetzt), zu einer unzureichenden, fehlerhaften Zellmembranbildung führen können. Besonders die Zellen, die einer hohen Teilungsrate unterworfen sind (Blutzellen, insbesondere Abwehrzellen), wären an ihrer Zellteilung gehindert. Weiterhin beeinflußt Cholesterin die *Permeabilität der Zellmembran* erheblich. Ein geringer Cholesteringehalt der Zellmembran führt zur vermehrten Durchlässigkeit (erhöhte Fluidität) bis hin zur Zerstörung von Zellstrukturen. In-vitro-Versuche an Zellkulturen, die cholesterinfrei ernährt wurden, führten zu einem Aufzehren der Cholesterindepots von mehr als 95% innerhalb von 48 h. Einen Tag später schwollen die Zellen an, und es kam zu einem Verlust der Microvilli. Ein Teil der Zellen zeigte gar eine Loslösung der membrangebundenen Bestandteile und der intrazellulären Kompartimente. Daraus wird ersichtlich, daß die Zelle selber zur Membransynthese ohne exogene Cholesteringabe nicht befähigt ist und es zu einer Zerstörung der Zellstrukturen kommt (Pace u. Esfahani 1987).

Folgende Studien unterstützten die Hypothese, daß eine ausreichende Anwesenheit von Cholesterin für eine adäquate Immunabwehr erforderlich ist:

- Erhöhte Cholesterinanteile in der Lipidmembran *verringern* die Membranfluidität, wodurch die Immunogenität von Krebszellen erhöht werden soll (Ludes et al. 1990). Das heißt, daß die entarteten Zellen vom Immunsystem leichter erkannt und somit auch zerstört werden können.
- Durch die verringerte Membranfluidität wird die Zellmembran weniger durchlässig. Die Zelle wird dadurch besser vor toxischen Stoffen und Krankheitserregern abgeschottet.
- Niedrige Cholesterinspiegel können nach Shinitzky et al. (1988) zu einer Loslösung der Tumorzellen aus einem Zellverband führen, da die Zellverbindungen nicht so haltbar sind.
- Weiterhin scheint die endogene Cholesterinsynthese Vorbedingung der DNA-Synthese und Zellmembranbildung zu sein, wie sie bei einer Lymphozytenproliferation infolge einer Immunantwort erforderlich ist (Chen 1979).
- Durch eine medikamentöse Hemmung der Cholesterinbiosynthese wird die Zellteilungsgeschwindigkeit herabgesetzt (Meade u. Mertin 1978) und auch die Zytotoxizität der Abwehrzellen verringert (Heiniger 1978). Dagegen steigt die Zellteilungsfähigkeit bei erhöhten Cholesterinspiegeln an (Ip et al. 1980).

Vor der Ära der Penicillinantibiotika (1910) wurde von der Firma Bayer ein Cholesterinpräparat („Lipochol“, Patentschrift Nr. 236080) vertrieben, das bei Infektionskrankheiten parenteral gespritzt wurde und begrenzt wirksam war. Man erklärte sich die „chemotherapeutische“ Wirkung mit der Stabilisierung und Abdichtung der Zellmembran. Heute wird deutlich, daß wohl auch andere Mechanismen, wie die Unterstützung der körpereigenen Immunabwehr durch eine erhöhte Zellteilungsrate der Abwehrzellen, ausschlaggebend waren. Trotz der damals häufigen Anwendungen wurden keine Nebenwirkungen wie etwa Arteriosklerose beschrieben. Denkbar ist, daß selbst heutzutage im Zeitalter der High-tech-Medizin, zur *unterstützenden Therapie bei kachektischen Patienten* (Aids- und Krebspatienten), die einen niedrigen Cholesterinspiegel aufweisen, Cholesterin intravenös verabreicht wird. Cholesterin könnte vermehrt in die Zellmembranen eingebaut werden, die Zellteilungsrate erhöhen und somit die Widerstandskraft verstärken. Der Wirkungsmechanismus einer solchen Therapie ist zwar noch nicht wissenschaftlich bewiesen, leitet sich jedoch aus den genannten Tatsachen ab und sollte durch eine klinische Studie geprüft werden.

4 Krankheiten des Cholesterinstoffwechsels

Krankheiten durch LDL-Rezeptorendefekte

Fehler in der rezeptorvermittelten Endozytose können *Krankheiten* auslösen so z. B. eine *familiäre Hypercholesterinämie*. Bahnbrechende Untersuchungen über die Bedeutung der LDL-Rezeptoren und ihre Rolle für die familiäre Hypercholsterinämie (Gendefekt am Chromosom 19) stammen von Brown und Goldstein, die hierfür 1985 den Nobelpreis erhielten. Sie beschrieben, daß das Fehlen des LDL-Rezeptors zur familiären (hereditären) Hypercholesterinämie führt, wobei bei dieser Krankheit zwischen den seltenen homozygoten und den heterozygoten Formen unterschieden wird. Bei der *homozygoten Form* (Kreuzer et al. 1994), deren Häufigkeit bei 1 : 1 000 000 liegt, treten hohe *LDL-Cholesterinkonzentrationen* im Plasma (nach Stryer 1990 etwa 680 mg/dl) und verschiedenen Geweben auf, wodurch *Xanthome* an Haut und Sehnen, aber auch in Gefäßen entstehen. Bereits bei der Geburt bestehen bei den homozygoten Formen schwere Veränderungen in Form von Cholesterinablagerungen und Xanthelasmenbildungen selbst in kleinen Gefäßen (Abb. 3.5, 3.6). Die Mehrzahl der *homozygoten Fälle* stirbt unbehandelt oft schon im *Kindesalter* oder vor dem Erreichen des zwanzigsten Lebensjahres an den Folgen einer Koronarkrankheit. Die Gefäßwandveränderung zeigen in der Regel jedoch nicht das Bild einer „gewöhnlichen" Atherosklerose (Abb. 3.1, 3.6), sondern eine dem Tierexperiment ähnliche Art von *Cholesterinsteatose* (Abb. 3.2 – 3.8). Bei den *heterozygoten Fällen* treten die Erscheinungen später auf (Vorkommen 1 : 500) und können einen milderen Verlauf nehmen. Der Plasmacholesterinspiegel kann nach Stryer 1990 bei 300 mg% (und höher) liegen, so daß über eine Lipidelektrophorese oder Mevalonsäureausscheidung im Urin (S. 107) die Diagnose der familiären Hypercholesterinämie gestellt bzw. ausgeschlossen werden kann, da Werte im oberen Normbereich um 300 mg% auch bei Gesunden vorkommen können (S. 152). Die Ursache dieser Krankheit ist ein *genetisch bedingtes Fehlen* (bei den homozygoten Typen) oder ein *Mangel an LDL-Rezeptoren* (bei den heterozygoten Typen, Vorkommen 1 : 500). Letztere besitzen oft nur die Hälfte an LDL-Rezeptoren wie gesunde Menschen. Neuerdings konnte gezeigt werden, daß man die homozygoten (und selbstverständlich auch die heterozygoten) Formen mittels einer *Lebertransplantation* heilen kann, weil durch die Transplantation einer neuen Leber, die im Cholesterinstoffwechsel eine dominierende Rolle spielt, wieder die erforderliche Anzahl an LDL-Rezeptoren zur Verfügung gestellt wird. Ein anderer therapeutischer Weg ist die *Gentherapie*, mittels der die genetische Information zur Bildung von LDL-Rezeptoren auf die Empfängerzellen übertragen wird, die in den nächsten Jahren die dominierende Therapie sein könnte. Tabelle 3.3 gibt einen Überblick über das Xanthomatose-Syndrom.

Allerdings handelt es sich bei der familiären Hypercholesterinämie ursächlich um einen spezifischen *Gendefekt am Chromosom 19*. Die hierdurch hervorgerufenen Gefäßwandveränderungen sind, auch was den Cholesterinanteil angeht, nicht mit dem Bild des Atheroms (vgl. Abb. 3.1, 3.6) bei der „gewöhnlichen" Arteriosklerose vergleichbar, deren Patienten noch alle Rezeptoren besitzen. Bei der familiären Hypercholesterinämie besteht im Gegensatz zum Stoffwechselgesunden eine schwerwiegende Störung im Cholesterinstoffwechsel als deren Folge massive Ablagerungen von *Cholesterinkristallen und Bildung von Xanthelasmen* (Abb. 3.2–3.7) selbst in kleinen Gefäßen auftreten. Ähnlich wie Stehbens (1994) (Seite 55) schreibt Schettler (1955), daß erfahrene Lipologen wie z. B. Tannhauser, stets die *Trennung der beiden Formen von Gefäßwandschädigungen* gefordert haben.

Man sollte bei der familiären Hypercholesterinämie besser von einer Cholesterinsteatose in den Gefäßen sprechen, ein Ausdruck der bereits um 1931 von Anitschkow geprägt wurde. Der Gesunde verfügt in der Regel über eine ausreichende Menge an LDL-Rezeptoren und einen (nach Hoffmann 1994) äußerst konstant ablaufenden Cholesterinstoffwechsel. Krankheitsfolgen einer genetischen Störung lassen sich grundsätzlich nicht auf Gesunde übertragen, die keinen Gendefekt besitzen (der gesunde Mensch bekommt auch keinen „Klumpfuß").

Infolge des Fehlens oder eines Mangels an LDL-Rezeptoren ist nicht nur der Plasmacholesterin- bzw. LDL-Cholesterinspiegel erhöht, sondern auch die Aufnahme von LDL-Cholesterin in der Leber und den Geweben stark beeinträchtigt. Der Anstieg von Cholesterin bzw. LDL-Cholesterin ist stets nur ein *Symptom*, aber nicht die Ursache der Krankheit, so nachteilig sich ein Symptom auch auszuwirken vermag. Die Ursache ist der Gendefekt und der hierdurch bedingte Mangel an LDL-Rezeptoren.

Bei den *heterozygoten Formen*, die durch einen Mangel an LDL-Rezeptoren gekennzeichnet sind, kommt es therapeutisch darauf an, den Organismus zu einer vermehrten Bildung von LDL-Rezeptoren anzuregen. Diesen Anreiz kann man z. B. dadurch schaffen, daß ein *‚Mangelzustand' an Cholesterin* erzeugt und dadurch ein Anreiz zur Bildung von LDL-Rezeptoren ausgelöst wird, sofern überhaupt noch Rezeptoren vorhanden sind, die allerdings bei den homozygoten Formen völlig fehlen. Die meisten *therapeutischen Maßnahmen* dienen dem Ziel, diese Reizwirkung auszulösen. Dies kann über die medikamentöse Beeinträchtigung der endogenen Biosynthese des Cholesterins mittels eines CSE-Hemmers (Cholesterin-Synthese-Enyzme-Hemmstoffes, Seite 98) z. B. über eine Hemmung der HMG-CoA-Reduktase (Abb. 1.5) erfolgen oder über die Anwendung von Kationenaustauschern (z. B. mit Cholestyramin), welche die über die Galle ausgeschiedenen Gallensäuren im Darm binden, die in der Leber aus Cholesterin gebildet werden. Eine *cholesterinarme Diät* dürfte nicht in Frage kommen, da Nahrungscholesterin ‚nicht essentiell' ist (Seite 133). Die Therapie der Zukunft ist allerdings zweifellos die Gentherapie.

Stryer (1990) beschreibt den Mechanismus wie folgt: man sollte (bei den heterozygoten, aber nicht den homozygoten Formen der Hypercholesterinämie) erreichen, daß ein Gen zur vermehrten Produktion von LDL-Rezeptoren angeregt wird. Wird mehr Cholesterin benötigt, erhöht sich die Anzahl der LDL-Rezeptoren auf der Zelloberfläche. Dieser Zustand läßt sich dadurch erreichen, daß man die intestinale Resorption von Gallensäuren und die Cholesterinbiosynthese hemmt. Die Biosynthese kann durch CSE-Hemmstoffe (Seite 98) über die HMG-CoA-Reduktase gehemmt werden. *Dies führt zu einem Anstieg der LDL-Rezeptoren* z. B. in der Leber und zur Senkung des LDL-Spiegels. Der Cholesterinplasmaspiegel nimmt ab.

Tabellen 4.1 – 4.3 geben einen Überblick über verschiedene *erbbedingte Stoffwechselstörungen* von Cholesterin, Triglyzeriden und verwandten Substanzen. Da *jeder genetische Defekt* zu einer spezifischen Störung eines Regelablaufs im Stoffwechsel Gesunder führt und je nach Positionierung des Gendefektes auf einem bestimmten *Chromosom* ein typisches Krankheitsbild auslöst (ein Defekt am Chromosom 19 führt, wie bereits gesagt, zu einer familiären Hypercholesterinämie), läßt sich das durch eine familiäre Hypercholesterinämie ausgelöste Störungsbild (Abb. 3.2 – 3.7) mit einer Cholesterinablagerung bzw. Xanthelasmenbildung in verschiedenen Geweben, Sehnen und Gefäßen nicht verallgemeinern und auch nicht auf die Entstehung der „gewöhnlichen" Atherosklerose übertragen.

Vorgeburtliche Cholesterinablagerungen sprechen gegen eine gewöhnliche Atherosklerose

Seit die Lipidtheorie als mögliche Ursache Atherosklerose Interesse gefunden hat, sind einige Autoren der Ansicht, man müsse mit der Prävention vor Atherosklerose bereits im frühen Kindesalter beginnen. Gesund-

Tabelle 4.1. Erbbedingte Stoffwechselstörungen von Cholesterin, Trigylceriden und verwandten Substanzen. (Aus Geigy 1979)

Stoffwechselkrankheit	Defektes Enzym, gestörter Mechanismus	Plasmalipidmuster (in Klammern Phänotypus nach Fredrickson)	Speicherung von Lipiden	Klinik[a]	Häufigkeit, Alter bei der Erstmanifestation, Vererbung
Triglycerid-speicherkrankheit					
Typ I	Adenylatatcyclase (?)	–	Triglyceride im Fettgewebe	–	Sehr selten
Typ II	Proteinkinase (?)	–	Triglyceride im Fettgewebe	–	Sehr selten
Typ III (Wolman-Krankheit)	Saure Lipase	Weitgehend normal	Cholesterinester sowie Triglyceride in Nebennieren, Leber, Milz, Lymphknoten, Knochenmark, Kapillarendothel sowie in den Ganglienzellen der Plexus myentericus und submucosus	Erbrechen, aufgetriebener Leib, progrediente Anämie; Hepatosplenomegalie, manchmal stark ausgeprägt; Verkalkung und Vergrößerung der Nebennieren; rasche Verschlechterung, Tod zwischen 3 und 6 Monaten	Sehr selten Erste Lebenswochen Vererbung autosomal rezessiv
Cholesterinester-speicherkrankeit	Saure Lipase	Cholesterin und Triglyceride erhöht (Typ IIb)	Cholesterinester in Darmmukosa, Leber und Knochenmark	Hepatomegalie, sonst in den meisten Fällen gutartig	Ab Geburt Vererbung autosomal rezessiv

Pankreaslipasemangel Fettstuhl	Lipase des Pankreassafts	–	Triglyceride in den Fäzes	Fettabsorption etwa 70%; normales Wachstum, Enzymsubstitution wirksam	Geburt bis 3 Jahre
Hereditärer Ausfall der Cholesterinveresterung	Lecithinacyltransferase (Lecithin-Cholesterin-Acyltransferase)	Cholesterin und Triglyceride erhöht, Lysolecithin und Cholesterinester erniedrigt; Liproprotein X nachweisbar	–	Proteinurie, Hornhauttrübung, Anämie mit Targetzellen; in wenigen Fällen Schaumzellen in Knochenmark und Nieren.	Erwachsenenalter Vererbung autosomal rezessiv (?)
Familiärer Lipoproteinlipasemangel (Hyperchylomikronämie)	Diacylglycerinlipase (Lipoproteinlipase) des Gewebes	Triglyceridspiegel bis 170 mmol/l, meistens 20 – 60 mmol/l; Chylomikronen (Typ I)	–	Eruptive Xanthome an Haut und mukösen Membranen möglich; mäßige Hepatosplenomegalie ab etwa 6 Monaten; Oberbauchkoliken nach Fettzufuhr. Fettfreie Diät günstig	Sehr selten 3 Wochen oder später Vererbung autosomal rezessiv

[a] *Anmerkung:* Die ernährungstherapeutischen Empfehlungen (z. B. cholesterinarme Diät, vgl. S. 133) sind u. E. teilweise überarbeitungsbedürftig)

Tabelle 4.1 (Fortsetzung)

Stoffwechselkrankheit	Defektes Enzym, gestörter Mechanismus	Plasmalipidmuster (in Klammern Phänotypus nach Fredrickson)	Speicherung von Lipiden	Klinik	Häufigkeit, Alter bei der Erstmanifestation, Vererbung
Familiäre Hypercholesterinämie	Mangelnde Zahl oder Funktion der Zellrezeptoren für β-Lipoprotein	Cholesterinspiegel 8 – 6 mmol/l bei Heterozygoten, häufig über 20 mmol/l bei Homozygoten; β-Lipoprotein erhöht (Typ IIa, selten IIb)	Cholesterin (vorwiegend verestert) in Sehnenscheiden und Arterienwänden	Xanthome, Koronararterienerkrankungen, Arcus corneae. Behandlung durch eine an mehrfach ungesättigten Fetten reiche und an gesättigten Fetten und Cholesterin arme Diät sowie mit Medikamenten wie Colestyramin oder Nicotinsäure	Häufigkeit etwa 0,1 bis 0,5% der Population, etwa 3 – 6% der Herzinfarktpatienten Hypercholesterinämie schon bei der Geburt; Xanthome bei Homozygoten in der frühen Kindheit, bei Heterozygoten im Erwachsenenalter; Arteriosklerose bei Homozygoten in der Kindheit, bei Heterozygoten ab 30 Jahren
Familiäre kombinierte Hyperlipidämie	Unbekannt	Cholesterin (Heterozygote 5 – 10 mmol/l) und/oder Triglyceride erhöht (Typ IIa, IIb, IV,	–	Xanthome nur selten. Diätetische Behandlung wie bei der familiären Hypercholesterinämie	Häufigkeit ungefähr 1,5% der Population und 11 – 20% der Herzinfarktpatienten Erhöhte Lipidkon-

					Vererbung autosomal dominant (?)
Polygene Hypercholesterinämie	Nicht einheitlich	Cholesterin erhöht, individuell verschieden stark (Typ IIa oder IIb)	–	Keine (?) Xanthome. Diätetische Behandlung wie bei der familiären Hypercholesterinämie	Häufigkeit 5% der Population Gefährdung durch Arterioskleroesefolgen im Erwachsenenalter erhöht Vererbung polygen
Typ III Hyperlipoproteinämie (⟨broad β-disease⟩, Dys-β-lipoproteinämie)	Katabolismus der Lipoproteine sehr niedriger Dichte (VLDL)	Cholesterinspiegel etwa 12 mmol/l, Triglyceridspiegel etwa 8 mmol/l; ⟨floating β-lipoprotein⟩ (Typ III)	Cholesterin (vorwiegend verestert) in Sehnenscheiden und Arterienwänden	Xanthome, Koronararterienerkrankungen, Diätetische Behandlung wie bei der familiären Hypercholesterinämie, zudem Einschränkung des Kohlenhydrat- und Alkoholkonsums sowie Gabe von Nicotinsäure oder Clofibrat	Selten, etwa 1% der Herzinfarktpatienten Erwachsenenalter Vererbung autosomal dominant (?)
Familiäre Hypertriglyceridämie	Synthese oder Katabolismus der Lipoproteine sehr niedriger Dichte (VLDL) (?)	Triglyceridspiegel 6 mmol/l; Prä-β-lipoproteine erhöht (Typ IV, selten V)	Cholesterin (vorwiegend verestert) in Arterienwänden	Hepatosplenomegalie, Arteriosklerose. Einschränkung des Kohlenhydrat- und des Alkoholkonsums, vielleicht Gabe von Nicotinsäure	Häufigkeit etwa 1% der Population und 5% der Herzinfarktpatienten Erwachsenenalter, eventuell Kindheit Vererbung autosomal dominant (?)

Tabelle 4.1 (Fortsetzung)

Stoffwechselkrankheit	Defektes Enzym, gestörter Mechanismus	Plasmalipidmuster (in Klammern Phänotypus nach Fredrickson)	Speicherung von Lipiden	Klinik	Häufigkeit, Alter bei der Erstmanifestation, Vererbung
Familiäre Hyperlipoproteinämie Typ V	Katabolismus der Lipoproteine sehr niedriger Dichte (VLDL) (?)	Cholesterin leicht erhöht, Triglyceride 10 – 30 mmol/l; Chylomikronen, Prä-β-lipoprotein erhöht (Typ V)	–	Xanthome, Pankreatitis, Hepatosplenomegalie, Lipaemia retinalis, Hyperuratämie, abnorme Glucosetoleranz, Eiweißreiche Diät, eventuell Gabe von Nicotinsäure plus Clofibrat	Selten Erwachsenenalter, selten in der Kindheit Vererbung autosomal dominant (?)
Abetalipoproteinämie (Bassen-Kornzweig-Diät)	Unbekannt	Cholesterin und Triglyceride erniedrigt; keine Chylomikronen und kein β-Lipoprotein	–	Akanthozytose (50 – 100% der Erythrozyten); Netzhautdegeneration durch Pigmentwanderung (Retinitis pigmentosa); Steatorrhöe (sehr früh); Areflexie, propriorezeptive Ausfälle, Ataxie, Muskelschwäche, Babinski-Zeichen, Schwund der	Kindheit Vererbung autosomal rezessiv

Analphalipoproteinämie (〈Tangier disease〉 [nach Tangier Island vor der Küste von Virginia])	Strukturdefekt des Apolipoproteins AI (?)	Cholesterin erniedrigt, Triglyceride normal bis erhöht; abnormes Lipoprotein hoher Dichte (HDL); vollständiges Fehlen von normalem HDL	Cholesterinester in Leber, Milz, Lymphknoten, Hornhaut, Haut usw.	Tonsillen hypertrophiert und orangegelb; Splenomegalie; Schaumzellen im Knochenmark; in wenigen Fällen Lymphadenopathie und Hepatomegalie; periphere Neuropathie erst später und nur selten	Selten Ab 5 Jahren Vererbung autosomal rezessiv
Zerebrale und Sehnenexanthomatose	Gallensäurensynthesedefekt (Hydroxylierung von 5β-Cholestantetrol?)	Cholesterin zumeist normal	Cholestanol (freies wie verestertes), in geringerer Menge Cholesterin (sowohl freies wie verestertes) in weißer Substanz von Hirn und Kleinhirn; Demyelinisierung im Kleinhirn, im Hirnstamm und im Vorderhirn	Leicht progrediente zerebellare Ataxie und Demenz; Katarakt, Xanthome der Achillessehne und anderer Sehnen sowie an der Lunge; zunehmende Spastizität; in wenigen Fällen Tremor, Babinski-Zeichen, distale Muskelatrophie, Verlust der Wahrnehmungsfähigkeit für Vibrationen; Tod meisten in der 4. oder 5. Lebensdekate, manchmal später	Späte Kindheit Vererbung autosomal rezessiv

Tabelle 4.1 (Fortsetzung)

Stoffwechselkrankheit	Defektes Enzym, gestörter Mechanismus	Plasmalipidmuster (in Klammern Phänotypus nach Fredrickson)	Speicherung von Lipiden	Klinik	Häufigkeit, Alter bei der Erstmanifestation, Vererbung
Refsum-Krankheit	Phytansäure-α-hydroxylase	Anteil der Phytansäure (3,7,11,15-Tetramethylhexadecansäure) an den Gesamtfettsäuren 5 bis 37%	Phytansäure in Leber (Anteil an den Gesamtfettsäuren über 50%), Nieren und anderen Organen	Chronische Polyneuropathie, atypische Retinitis pigmentosa mit Nachtblindheit, zerebellare Ataxie, hohe Proteinkonzentration im Liquor cerebrospinalis. Phytolarme und phytansäurearme Kost (fettarmes Fleisch, Vermeiden von Milchfett, Nüssen, Kaffee, grünem Gemüse); Plasmaaustausch	Ab frühem Kindesalter bis Erwachsenenalter Vererbung autosomal rezessiv

heitsorganisationen wie der *Consensus Development Panel*, 1985, empfehlen für Kinder bereits ab dem zweiten Lebensjahr eine *cholesterinarme Diät*, obwohl das Nahrungscholesterin *‚nicht essentiell‘* (Seite 133) ist. Die Rückschlüsse auf die pathologische Rolle des Cholesterins ergeben sich hierbei offensichtlich nur aus den Beobachtungen von Gefäßschäden infolge der familiären Hypercholesterinämie.

Während sich normalerweise unter multifaktoriellen Einflüssen eine *„gewöhnliche“ Atherosklerose* erst im Laufe des Lebens herausbildet, entwickeln sich, wie bereits erwähnt, schwere Cholesterinablagerungen und Xanthelasmen vor allem bei den homozygoten Formen der *familiären Hypercholesterinämie bereits vorgeburtlich.* Sie sind „bereits in der Kindheit voll ausgeprägt“ (Ditschuneit 1971). *Kardiovaskuläre Xanthome*, die bei der genetisch bedingten Hypercholesterinämie (Abb. 3.4) häufig bestehen, sind Ursache für schwere Angina pectoris-Anfälle und können bereits im Kindesalter zum tödlichen Herzinfarkt führen (Ditschuneit 1971). Im Blut ist das Gesamtcholesterin auf 400–700 mg% erhöht. Ebenso ist das LDL-Cholesterin erhöht, während die Triglyzeride i.d.R. im Normbereich liegen. Es fällt schwer, in diesen krankhaften Veränderungen ein Grundprinzip für die Entstehung einer *„gewöhnlichen“ Atherosklerose* zu erkennen. Natürlich könnte man auch diese Art von Gefäßschaden als Sonderform der Atherosklerose bezeichnen. Gerade die Tatsache, daß die *Veränderungen* bereits bei der Geburt *massiv ausgebildet* sind *und im Falle einer Lebertransplantation oder Gentherapie* reversibel sind, spricht gegen die Annahme, daß hier *„erste feine Anzeichen“* für die beginnende Entwicklung einer “gewöhnlichen“ Atherosklerose zu erkennen wären. Sie wären sicherlich kaum reversibel. Letztere entwickelt sich in der Regel *erst im Laufe des späteren Lebens.*

Zur Gentherapie des LDL-Rezeptordefektes

McKusick registrierte in den USA 1978 ca. 2800 angeborene Krankheiten, die einen Mendel Erbgang zeigen. Der Defekt ist bei ca. 10% der monogenen Erbkrankheiten geklärt. Bei einer Großzahl von Erbdefekten ist ein Enzym von einem Defekt betroffen, in anderen Fällen z.B. ein Rezeptor. Kreuzer et al. (1994) haben kürzlich auf die große Bedeutung der *Gentherapie* bei LDL-Rezeptormangelkrankheiten verwiesen. Alle derzeit durchgeführten Therapieansätze dieser Art beruhen auf einer *Manipulation der Nukleinsäuresequenz (DNA, RNA)*, die in somatische Zellen eingebracht werden. Dadurch werden die Zellen der Keimbahn nicht verändert und eine Vererbung ist nicht möglich, wohl aber die Änderung des Gendefektes des betroffenen Kranken. Derartige manipulierte Sequenzen könnten

Tabelle 4.2. Klassifikation der primären Lipoproteinämien. (Nach Fredrickson)

Typ	Andere Bezeichnungen	Erbgang	Plasmacholesterinspiegel	Plasmatriglyzeridspiegel
I	Exogene Hypertriglyzeridämie Familiäre Hypertriglyzeridämie Familiäre Chylomikronämie Fettinduzierte Hyperlipidämie Hyperchylomikronämie	Autosomal-rezessiv; selten	Normal oder leicht erhöht	Sehr stark erhöht
II	Familiäre Hypercholesterinämie Familiäre Hyperbetalipoproteinämie Familiäre hypercholesterinämische Xanthomatose	Autosomal-dominant; mäßig häufig	Stark erhöht	(a) Normal (b) leicht erhöht
III	„Breite Betalipoproteinbande" ("broad-β-disease") Familiäre Dysbetalipoproteinämie "Flottierende" Betalipoproteinämie	Erbgang unbekannt; relativ selten	Stark erhöht	Stark erhöht
IV	Endogene Hypertriglyzeridämie Familiäre Hyperpräbetalipoproteinämie Kohlehydratinduzierte Triglyzeridämie	Erbgang unbekannt; häufig, bei familiärem Vorkommen oft sporadisch	Normal oder leicht erhöht	Stark erhöht
V	Gemischte Form der Hypertriglyzeridämie Kombinierte exogene und endogene Hypertriglyzeridämie Gemischte Form der Hyperlipidämie	Erbgang unbekannt; relativ selten	Normal oder leicht erhöht	Sehr stark erhöht

(Tabelle aus „MSD-Manual" 1993)

Arterioskleroserisiko (vgl. S. 47 ff.)	Hauptsächliche sekundäre Ursachen	Klinische Erscheinungen	Behandlung[a]
Nicht erhöht	SLE-Dysgammaglobulinämie; insulinpflichtiger Diabetes mellitus	Pankreatitis Eruptive Xanthome Hepatosplenomegalie Lipaemia retinalis	Diät: fettarme Kost; kein Alkohol
Sehr hoch, insbesondere für koronare Arteriosklerose	Übermäßige Cholesterinzufuhr; Hypothyreoidismus; Nephrose; multiples Myelom; Porphyrie; obstruktive Lebererkrankungen	Frühzeitig auftretende Arteriosklerose Xanthelasmen Sehnenknötchen u. tuberöse Xanthome Cholesterinablagerungen am Kornearand, schon im jugendlichen Alter	Diät: cholesterinarme, fettarme Kost Medikamente: Colestyramin; Colestipol; Niazin; Probucol Möglicherweise chirurgisch
Sehr hoch, insbesondere für periphere und koronare Gefäße	Dysgammaglobulinämie Hypothyreoidismus	Frühzeitig auftretende Arteriosklerose der koronaren u. peripheren Gefäße Planare Xanthome Sehnenxanthome	Diät: Gewichtsabnahme bis zum Idealgewicht; cholesterinarme, ausgeglichene Kost Medikamente: Niazin, Clofibrat
Hoch, besonders für koronare Arteriosklerose	Alkoholabusus; orale Kontrazeptiva; Diabetes mellitus; Glykogenspeicherkrankheiten; Schwangerschaft; nephrotisches Syndrom; Streß	Möglicherweise frühzeitig auftretende Arteriosklerose Glukoseintoleranz Hyperurikämie	Gewichtsreduktion; kohlenhydratarme Kost, kein Alkohol Medikamente: Niazin, Clofibrat, Gemfibrozil
Gering	Alkoholismus; insulinpflichtiger Diabetes mellitus; Nephrose, Dysgammaglobulinämie	Pankreatitis Eruptive Xanthome Hepatosplenomegalie Sensorische Neuropathie Lipaemia retinalis Hyperurikämie Glukoseintoleranz	Gewichtsreduktion; fettarme Kost; kein Alkohol; Medikamente: Niazin, Gemfibrozil

[a] *Anmerkung:* Die ernährungstherapeutischen Empfehlungen sind u. E. überarbeitungsbedürftig

Tabelle 4.3. Ursachen sekundärer Hyperlipoproteinämien

1. Diabeters mellitus.
2. Lebererkrankungen:
   a) akute und chronische Hepatitis,
   b) Cholestase, primär biliäre Zirrhose,
   c) Alkoholismus, Zieve-Syndrom.
3. Nierenerkrankungen:
   a) Niereninsuffizienz, „urämische" Hyperlipidämie,
   b) Zustand nach Nierentransplantation,
   c) nephrotisches Syndrom.
4. Schilddrüse:
   Hypothyreose.
5. Dysproteinämien, Bindung von Lipoproteinen:
   a) multiples Myelom, Makroglobulinämie,
   b) Lupus erythematodes, Autoimmunhyperlipidämien,
   c) Amyloidose.
6. Exogene Ursachen:
   a) Alkohol,
   b) Medikamente („Pille", Thiaziddiuretika, Kortikoide)
7. Sonstige:
   Akromegalie, Anorexia nervosa, Arthritis, Glykogenosen, Hyperparathyreoidismus, Hypophysenunterfunktion, idiopathische Hyperkalzämie, Infektionen, maligne Erkrankungen, Morbus Cushing, Porphyrie, Schwangerschaft, Stein-Leventhal-Syndrom.

Quelle: Schlierf, G., Oster, P., Mordasini, R. (1982) Diagnostik und Therapie der Fettstoffwechselstörungen, Thieme, Stuttgart

Die Hypercholesterinämie kommt häufig bei *biliärer Zirrhose* vor und ist gekennzeichnet durch eine Erhöhung der Serumphospholipide und der Cholesterin(freies C)-Cholesterinester-Ratio (>0,2). Das Plasma ist nicht trübe, weil die überschüssigen Lipoproteine (Lipoprotein X) klein sind und Licht nicht streuen. Plantare Xanthome und Xanthelasmen sind häufig bei länger bestehender und schwerer Lipidämie. Eine Hypercholesterinämie als Folge der erhöhten LDL-Spiegel kann bei *Endokrinopathien* (Hypoparathyreoidismus, Hypopituitarismus, Diabetes mellitus) auftreten und wird durch erfolgreiche Behandlung des Grundleidens geheilt. Eine Hypoproteinämie, wie sie beim *nephrotischen Syndrom* beobachtet wird, Stoffwechselstörungen wie bei der *akuten Porphyrie* oder *diätetische Faktoren* können auch eine Hyperbetalipoproteinämie hervorbringen. Als Folge der erhöhten HDL-Konzentration, die bei Frauen in der Postmenopause oder bei jüngeren Frauen auftritt, die orale Kontrazeptiva mit überwiegendem Oströgenanteil einnehmen, kann es zu einem Anstieg der Serumcholesterinwerte kommen. (Nach „MSD-Manual" 1993) nach Kreuzer et al. 1994 die vorhandenen defekten Gene zumindestens teilweise ersetzen, so die LDL-Rezeptorendefekte. Die Nukleinsäuresequenzen werden an *Retroviren* geklont, die sie an die Zielzellen bringen, mit der dann die zu verändernden Zellen „infiziert" werden. Hierdurch wird die Sequenz bzw. die genetische Information auf die Zellen übertragen. Diese Sequenzen können die defekten Rezeptoren z.B. die LDL-Rezeptoren weitgehend ersetzen. Nach Kreuzer et al. 1994 liegen dem klassischen LDL-Rezeptordefekt vier unterschiedliche Genvarianten mit multiplen Allelen zugrunde. Die beschriebene Methode dürfte in der künftigen Therapie der familiären Hypercholesterinämie bedeutsam sein. Die Klonierung von Retrovieren mit Antikörpern (Rosenberg 1992 in *„Die veränderte Zelle"*, Goldmann, München), die aus Metastasen von Krebskranken „gezüchtet" werden und die Übertragung der genetischen Information spielt bereits heute in der *Krebsbehandlung* eine wichtige Rolle.

Krankheiten des Enzymstoffwechsels

Die Mevalonazidurie

Die *Mevalonazidurie* ist eine seltene Erbkrankheit, bei der es durch einen *Enzymdefekt* „hinter" der *Mevalonsäure*, der *Mevalonatkinase* (Abb. 1.5, 4.1) zu einer Hemmung der Cholesterin- und Isoprenoidsynthese kommt. Bei heterozygoten Trägern ist die Aktivität der Mevolonatkinase vermindert, bei den homozygoten nicht mehr eindeutig nachweisbar. Eine vollständige Blockade der Cholesterinsynthese ist mit dem Leben nicht vereinbar (Brown und Goldstein 1980). Nach Hoffmann 1994 ist zu erwarten, daß künftig auch Mevalonazidurien festgestellt werden, bei denen ein *nachfolgendes Enzym*, wie die Mevalonatphosphokinase bzw. die Mevalonpyrophosphat Decarboxylase, vermindert gebildet wird. Durch den Enzymdefekt entsteht ein *Mangel an den Endprodukten des Biosyntheseweges des Cholesterins* (Abb. 1.5, 4.1) und der hieraus entstehenden Produkte (wie Aldosteron, Cortison, Sexualhormone, NNR (Nebennierenrinden-Steroide) usw.) aber auch der nicht *steroidalen Isoprenoide*. Als Zeichen des Enzymdefektes kommt es zu einer massiven *Erhöhung der Mevalonsäure* in allen Geweben und Flüssigkeiten des Körpers. Die Kranken mit Mevalonazidurie leiden nach Hoffmann 1994 seit der Geburt an schweren Gedeihstörungen, körperlichen und psychomotorischen Entwicklungsstörungen, Durchfällen usw. Es treten Kleinhirnatrophien und ataktische Bewegungsstörungen auf und viele Kinder sterben als Säuglinge und im Kleinkindalter. Die Leitsymptome des Krankheitsbildes (z.B. Hypotonie (!)) sind in Tabelle 4.4 grob schematisch gezeigt.

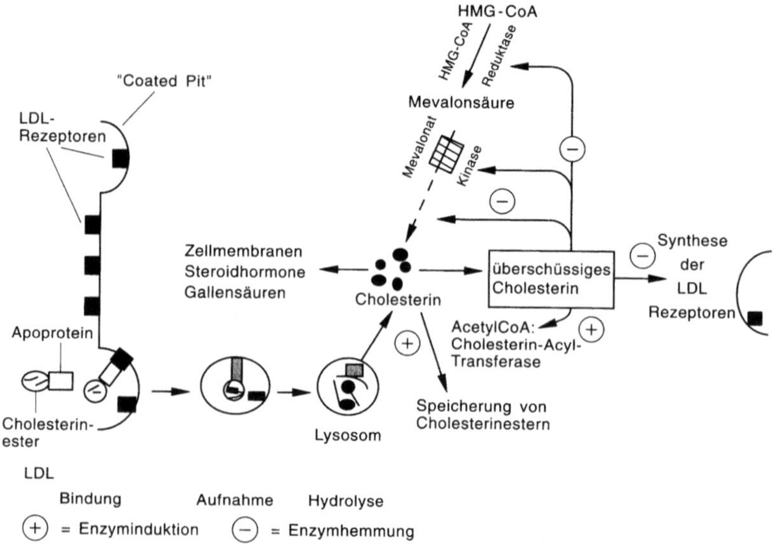

Abb. 4.1. Cholesterinstoffwechsel der eukaryoten Zelle. Dargestellt ist das koordinierte Zusammenspiel der Regulation der Cholesterinbiosynthese mit der Regulation der Cholesterinaufnahme über den LDL-Rezeptorweg und der Cholesterinspeicherung als Cholesterinester. Der der Mevalonazidurie zugrundeliegende Enzymdefekt ist durch das schraffierte Rechteck symbolisiert. (Nach Goldstein et al. 1983a; Brown und Goldstein 1984; Hoffmann 1994)

Vergleichbare Wirkungen unter Mevalonazidurie und CSE-Hemmstoffen

Da man mit der Therapie bestimmter Lipidsenker, vom Typ der *Hemmstoffe der HMG-CoA-Reduktase*, ein Enzym, welches im Stoffwechsel der Mevalonsäure vorangeht (Abb. 1.5, 4.1), in gleicher Weise wie bei dem Krankheitsbild der Mevalonazidurie, den Abbau zu den Endprodukten des Cholesterinstoffwechsels und der Isoprenoide hemmen kann, läßt sich medikamentös ein zum *„Modell" der Mevalonazidurie* vergleichbarer Zustand herstellen. Dadurch lassen sich Rückschlüsse auf die Wirkungen und Nebenwirkungen der CSE-Hemmer ziehen (Tabelle 4.5). Unter der Aktivitätsminderung der HMG-CoA-Reduktase mittels CSE-Hemmern treten übliche kompensatorische Regulationsmechanismen in Kraft. Weil die Biosynthese von Cholesterin gehemmt wird, kommt es zum Versuch

Tabelle 4.4. Cholesterin- und Isoprenoidbiosynthese in Fibroblasten aus [2-^{3}H]-Mevalonsäure unter Hemmung der HMG-CoA-Reduktase durch Lovastatin. (Nach Hoffmann 1994)

	Isopentenyl-tRNA	Cholesterin/ Lanosterin	Dolichol/ Ubichinon	Squalen/ Cholesterinester
Kontrollen ($n = 3$)[1]	5,5	126	41,3	12,7
(Bereich)	(2,3 – 8,6)	(6,0 – 266)	(14,6 – 62,5)	(10,6 – 14,7)
MK-Zellen ($n = 4$)[1]	2,3	10,4	0,7	0,3
(Bereich)	(0,8 – 4,0)	(1,5 – 20,2)	(0,5 – 1,2)	(0,06 – 0,73)
% der Kontrollen	41%	8%	1,7%	2%

[1] *n* steht für die Anzahl der untersuchten Zellinien
Ergebnisse in dpm (μg Protein × Tag). Als Ergebnisse sind die Mittel- sowie die Extremwerte angegeben. Jeder Einzelwert ist das Ergebnis voneinander unabhängiger Doppelbestimmungen. Die Versuche wurden unter Zusatz von Lovastatin (25 μmol/l) zum Kulturmedium durchgeführt

Tabelle 4.5. Klinische Leitsymptome bei der Mevalonazidurie. (Nach Hoffmann 1994)

Psychomotorische Retardierung	Fieberkrisen & Diarrhoe
Dystrophie	Hypotonic Myopathie
Ataxie	Zerebelläre Atrophic
Hepatosplenomegalie	Fehlbildungen
Kararakte	

einer kompensatorischen Aktivitätssteigerung der HMG-CoA-Reduktase und dadurch zu einer Induktion bzw. *Zunahme der LDL-Rezeptoren.* Schließlich stellt sich im intrazellulären Pool unter einer Langzeitbehandlung für Cholesterin ein *neues Gleichgewicht* ein, wobei die *Biosynthese des Cholesterins „normal oder nur geringgradig eingeschränkt"* bleibt (Goldstein 1990, Hoffmann 1994). Daraus schloß man zunächst darauf, daß die Wirkungen bzw. Nebenwirkungen der CSE-Hemmstoffe (Tabelle 4.5) auf die Isoprenoide relativ geringfügig bleiben würden. Es gibt Beweise dafür, daß diese Vermutungen nicht zutreffen (Tabelle 4.4). Zunächst einmal werden die Auswirkungen von der Dosis der verabreichten CSE-Hemmer abhängig sein.

Nach Hoffmann 1994 ist die Mevalonazidurie insbesondere bei den homozygoten Typen durch ein *fast totalen Ausfall der Mevalonatkinase* gekennzeichnet (Abb. 4.1), wodurch es zu einer exzessiven Erhöhung von Mevalonsäure in allen Gewebe und Körperflüssigkeiten kommt. Daher fragte man sich zunächst, ob die Nebenwirkungen nur Folge einer „Vergiftung“ durch die Mevalonsäure wären oder Folgen einer mangelhaften Synthese ihrer Stoffwechselendprodukte. Das letztere wurde inzwischen bewiesen. Die *Mevalonatkinase* nimmt zweifellos eine zentrale Stellung im Biosyntheseweg des Cholesterins und der Isoprenoide ein und mit ihr auch die *Mevalonsäure.*

Bei *Mevalonazidurie* besteht nach den lipidologischen Befunden ein weitgehend normaler Cholesteringehalt in Serum, Zellen und Geweben und bei den Folgeprodukten z. B. den Gallensäuren und Steroidhormonen. Hoffmann (1994) stellte fest, daß bei Messungen an Fibroblasten mit defekter Mevalonatkinase (MK-Zellen) die Lipidkonzentration und der Cholesteringehalt normal war. Auch war Squalen, wenige Stoffwechselschritte vor dem Cholesterin (Abb. 1.5), nicht sicher erniedrigt. *Dieses spricht zunächst gegen eine Einschränkung der Biosynthese des Cholesterins bei Mevalonazidurie.* Allerdings fanden sich Konzentrationsänderungen beim *Dolichol.* Untersuchungen an einem abortierten Fetus mit Mevalonazidurie (Hoffmann 1994) zeigten eine „mäßige Verminderung des Cholesterins“ und eine Konzentrationsänderung bei *Ubichinon-10.* Bisher hatte man geglaubt (Brown und Goldstein 1980, 1900 , Faust et al. 1979, 1980, Sinensky et al. 1990), daß nur die Biosynthese des Cholesterins gestört wäre, nicht aber diejenige der nicht steroidalen Isoprenoide (zitiert nach Hoffmann 1994).

Der gesamte Biosyntheseweg des *Cholesterins* und der *Isoprenoide* (Abb. 1.5) wurde von Hoffmann 1994 durch Einbau von radioaktiv markierten Vorstufen derselben verfolgt. Es handelt sich um die radioaktiv markierte (2-^{14}C)-*Essig-* und (2-^{3}H)-*Mevalonsäure,* welche dem Cholesterin, Ubichinon-10, Isopentenyl-tRNA, Lanosterin und Squalen in den Fibroblasten zugesetzt wurden. Außer dem Verhalten der Cholesterinbiosynthese ließen sich dabei auch die Syntheseraten von Lanosterin, Squalen als Vorstufen von Cholesterin und der nicht steroidalen Isoprenoide verfolgen. Die Bestimmungsmethoden wurden unter Brown und Goldstein entwickelt (zitiert nach Hoffmann 1994: Brown et al. 1978, Brown und Goldstein 1980 und 1986, Faust et al. 1979 und 1980).

Entgegen den bisherigen Vorstellungen zeigte sich, daß *bei Kranken mit Mevalonazidurie* unter dieser Versuchsanordnung die *Biosynthese aller Endprodukte* (auch Ubichinon-10) *um ca. 50% verringert war,* etwas ausgeprägter sogar die Cholesterinbiosynthese. Zuvor war man der Meinung, daß die Isoprenoide nicht beeinträchtigt würden. Zellen mit defekter Mevalonatkinase produzieren deutlich weniger Cholesterin im cholesterin- und isoprenoidfreiem Medium.

Dabei ist zu berücksichtigen, daß die HMG-CoA-Reduktase sowohl die Cholesterinbiosynthese als auch die Isoprenoidsynthese durch Aktivitätssteigerung (oder Abfall) steuert (Hoffmann 1994). Um diesen Effekt zu beobachten, wurde ein Hemmstoff der HMG-CoA-Reduktase, *Lovastatin* (Abb. 4.2), eingesetzt. Während in der Null-Gruppe keine Änderung eintrat, war die Konzentration an Cholesterin und dessen Ester bei Zellen mit defekter Mevalonatkinase unter Lovastatin erheblich reduziert. Ebenso war die Biosynthese Ubichinon-10, Dolichol und der Isopentenyl-tRNA (noch 41% des Kontrollwertes) empfindlich gestört. Auch diese Beobachtungen widersprachen der bisherigen These, daß die Isoprenoidbiosynthese nicht beeinträchtigt würde. Dies wird durch Tabelle 4.7 belegt. Daraus ergibt sich, daß sowohl die Cholesterin- als auch die Isoprenoidsynthese und gegebenenfalls deren Endprodukte beeinträchtigt werden.

Als Nebenwirkungen der CSE-Hemmstoffe bei Mevalonazidurie wurden in kontrollierten klinischen Studien nach Hoffmann 1994 (Tabelle 4.6) bei ca. 1% Hautausschläge, in 0,3% aller Fälle gastrointestinale Symptome, 0,1% Schlafstörungen, fragliche Linsentrübungen, in seltenen Fällen eine reversible Myopathie mit Muskelschmerzen und -Schwächen, Augenmuskellähmungen einschließlich einer Rhabdomyolyse gefunden, in 1,3% eine Erhöhung der Serum-Transaminase und der Creatinase, sowie Verschlechterungen bei bestehender Kardiomyopathie und Impotenz beim männlichen Geschlecht. Tierexperimentell wurden Tumoren und Fehlgeburten hervorgerufen (vgl. Tabelle 4.5). Es bleibt abzuwarten, welche weiteren Nebenwirkungen noch bekannt werden.

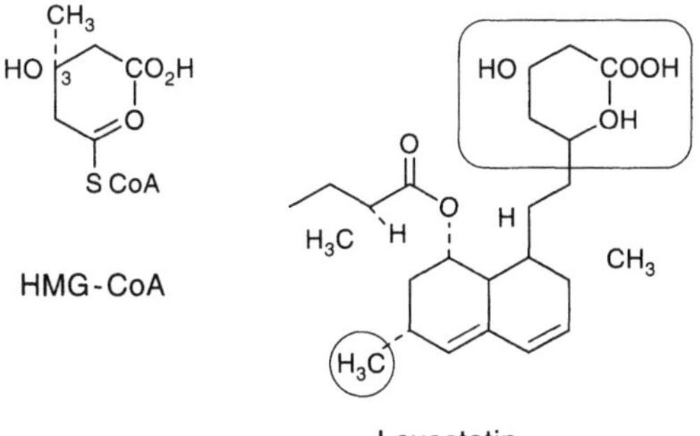

Abb. 4.2. Strukturverwandte Formeln für die HMG-CoA-Reduktase und das Lovastatin. (Nach Hoffmann 1994)

Tabelle 4.6. Nebenwirkungen der CSE-Hemmstoffe. (Nach Hoffmann 1994)

Toxikologische Nebenwirkungen im *Tierversuch*	Nebenwirkungen bei *klinischer Anwendung*
Myopathien, CK-Erhöhungen	CK-, Transaminasen-Erhöhungen (1,3%)
Hepatopathien, Transaminasen-Erhöhungen	Exantheme (0,4%)
Gastrointestinale Symptome	Gastrointestinale Symptome (0,3%)
Dystrophie	
	Schlafstörungen (0,1%)
Teratogenese	Myopathien, Muskelschmerzen (0,1%)
Fehlbildungen, Fehlgeburten	-schwäche, Augenmuskellähmungen, Rhabdomyolyse
Kanzerogenität	Kardiomyopathien, Ubichinon-Erniedrigungen
Katarakte	?Linsentrübungen?
	?Hyperglykämische Stoffwechsellage
	Sexuelle Impotenz (bei Männern)

Um 1980 haben Yamamoto et al. bei *familiärer Hypercholesterinämie* unter CSE-Hemmstoffen auf eine erfolgreiche Senkung des Blutcholesterinspiegels hingewiesen. Weitere Erfolge wurden von Mabuchi et al. 1981 und 1983 sowie Mol et al. 1986 bekannt. Die zitierten Arbeiten von Mabuchi und Mol et al. befassen sich jedoch ebenfalls nur mit heterozygoten Fällen bei familiärer Hypercholesterinämie. Weil die CSE-Hemmstoffe kompensatorisch zu einer *größeren Dichte an LDL-Rezeptoren* führen, läßt sich hierdurch der LDL-Cholesterinspiegel dauerhaft, maximal bis zu 40%, senken (Hoffmann 1994). Es gelingt dosisabhängig gleichfalls, das Blutcholesterin bis zu ca. 35% und das VLDL-Cholesterin und die Triglyzeride um etwa 10% zu senken und das HDL bis zu 20% anzuheben. Bei einer Kombination mit einem Ionenaustauscherharz (z. B. Cholestyramin) kann sogar eine Reduktion bis zu 60% erreicht werden. Die durch die CSE-Hemmstoffe kompensatorisch ausgelöste *Zunahme der LDL-Rezeptoren* ist jedoch *nur solange möglich*, wie *LDL-Rezeptoren* überhaupt angelegt bzw. *vorhanden* sind. Dies ist bei den heterozygoten Formen der familiären Hypercholesterinämie auf Grund des genetischen Defektes noch *teilweise* der Fall, bei den homozygoten, die keine Rezeptoren mehr besitzen, jedoch *nicht* mehr (Brown und Goldstein 1984, Yamamoto et al. 1980). Hier versagt die Anwendung von CSE-Hemmstoffen.

Tabelle 4.7. Lipidsenkende Medikamente

Medikament	Dosierung	Nebenwirkungen	Indikation	Wirkung	Auswirkungen auf den Lipoproteinstoffwechsel
Gallensäurebinder (Colestyramin und Colestipol)	Colestyramin 12 – 32 g/Tag Colestipol 12 – 32 g/Tag	Obstipation, Bauchschmerzen, Übelkeit, Völlegefühl, Wechselwirkung mit anderen Medikamenten	erhöhte LDL	fördert die Gallensäure im Darm, unterbricht enterohepatischen Kreislauf der Gallensäuren	fördert die LDL-Clearance durch Erhöhung der Apolipoprotein-B/E-Rezeptor-Aktivität
3-Hydroxy-3-Methylglutarly-Coenzym A-Reduktase (Lovastatin, Simvastatin, Pravastatin und Fluvastatin)	Lovastatin 20 – 80 mg/Tag	Hepatitis, Myositis, Rhabdomyolyse, Erhöhung der Leberenzyme	erhöhte LDL	kompetitive Hemmung in der frühen Phase der Cholesterinsynthese	fördert die LDL-Clearance durch Erhöhung der Apolipoprotein-B/E-Rezeptor-Aktivität
Nikotinsäure	1 – 3 mg 3 × täglich	Hepatitis, Gicht, Hyperglykämie, Ulkusgenese, Acanthosis, nigricans, Ichthyosis	erhöhte LDL, erhöhte VLDL und niedrige HDL	hemmt möglicherweise die Lipolyse in Adipozyten und hemmt möglicherweise die hepatische Triglyzeridsynthese	vermindert die VLDL-Synthese und HDL-Clearance

Tabelle 4.7 (Fortsetzung)

Medikament	Dosierung	Nebenwirkungen	Indikation	Wirkung	Auswirkungen auf den Lipoproteinstoffwechsel
Fibrate (Clofibrat, Gemfibrozil und Fenofibrat)	Gemfibrozil 600 mg 2 × tgl. Clofibrat 1 g 2 × tgl.	Cholelithiasis, Hepatitis, erhöhte LDL, Beeinträchtigung der Libido, Myositis, ventrikuläre Arrhythmie, gesteigerter Appetit, Bauchschmerzen, Übelkeit	erniedrigte HDL, erhöhte VLDL und hohe LDL	erhöht möglicherweise die Lipoproteinlipaseaktivität	fördert den nichtviszeralen Abbau von VLDL und erhöht HDL-Synthese
Probucol	500 mg 2 × tgl.	verlängerte QT-Zeit, erniedrigte HDL, Diarrhö, Völlegefühl, Übelkeit, Bauchschmerz	homozygote familiäre Hypercholesterinämie	unbekannt	fördert die LDL-Clearance nicht über den Apolipoprotein-B/E-Rezeptor und vermindert die HDL-Synthese

LDL = Low-density-Lipoproteine, HDL = High-density-Lipoproteine, VLDL = Very-low-density-Lipoproteine
Modifiziert nach Blum, C.B., R.I. Levy: Current therapy for hypercholesterolemia. J. Amer. med. Ass. 261 (24):3582–3587, 1989; copyright 1989, Amer. med. Ass.; mit Abdruckgenehmigung aus MSD-Manual 1993

CSE-Hemmstoffe greifen nicht am Cholesterin an

Alle CSE-Hemmstoffe *greifen nicht direkt am Cholesterin* an, sondern hemmen das Schlüsselenzym, *die HMG-CoA-Reduktase*, welches *„vor"* der Mevalonsäure angeordnet ist. Die *Mevalonsäure* wiederum ist ein wichtiger Ausgangspunkt für alle weiteren Syntheseabläufe, sowohl zu den Isoprenoiden als auch dem Cholesterin.Ausgehend vom *Acetat* und der *Mevalonsäure* läuft die Biosynthese des Cholesterins wie folgt ab (vgl. Abb. 1.9a):

$$\underset{C_2}{\textit{Acetat}} \rightarrow \underset{C_6}{\textit{Mevalonsäure}} \rightarrow \underset{C_5}{\textit{Isopentenylphyrophosphat}} \rightarrow \underset{C_{30}}{\textit{Squalen}} \rightarrow \underset{C_{27}}{\textit{Cholesterin}}$$

Die *Mevalonsäure* ist der eigentliche *Schrittmacher* für die Cholesterin- und die Isoprenoidbiosynthese. Die Biosynthese von Cholesterin und den Isoprenoiden kann auch durch das Enzym *Mevalonatkinase*, welches „hinter" der Mevalonsäure angeordnet ist, beeinflußt werden.

Nebenwirkungen der CSE-Hemmstoffe

Die Nebenwirkungen der CSE-Hemmstoffe liegen auf der gleichen Ebene wie die Krankheitserscheinungen bei der Mevalonazidurie. In Deutschland sind gegenwärtig drei *CSE-Hemmstoffe* zugelassen, die bei der *Hypercholesterinämie* verwendet werden. Diese sind: *Lovastatin, Simvastatin* und *Pravastatin*. In der *Leber* werden bei allen Säugetieren (Chang und Limanek 1980, Brown und Goldstein 1990 u. a.) die HMG-CoA-Synthetase und -Reduktase, die Mevalonatkinase und Squalen-Synthetase durch Endprodukte gehemmt und reguliert. Der *Mevalonatkinase* kommt neben der HMG-CoA-Reduktase eine Schlüsselfunktion zu.

Borgers hat 1993 die Nebenwirkungen eines CSE-Hemmstoffes, Mevinacor® (Lovastatin) als Übersetzung eines Medikamentenbeipackzettels aus den USA publiziert, die wir hier wiedergeben. Selbstverständlich ist auch zu beachten, daß sich die Herstellerfirma gegenüber möglichen Prozessen aus formaljuristischer Sicht abzusichern versucht. Trotzdem sind die Aussagen aufschlußreich.

„Gelegentlich kann es zu Nebenwirkungen kommen, die in der Regel leicht u. vorübergehend sind. Es wurde berichtet über Blähungen, Durchfall, Verstopfung, Übelkeit, Verdauungsstörungen, Schwindel, Verschwommensehen, Kopfschmerzen, Muskelschmerzen, Muskelkrämpfe, Hautausschlag, Bauchschmerzen. Selten wurden beobachtet: Müdigkeit, Juckreiz, Mundtrockenheit, Sodbrennen, Schlafstörungen, Schlaflosigkeit, Geschmacksstörungen. Zudem wurde berichtet über: Hepatitis, cholestatischen Ikterus, Erbrechen, Anorexie, Parästhesien, psychische Störungen einschl. Angstzustände sowie in seltenen Fällen über ein offensichtliches Hypersensitivitätssyndrom, das mit einem oder mehreren der folgenden Symptome einherging: Anaphylaxie, Angioödem, Lupus-ähnliches Syndrom, Polymyalgia rheumatica, Arthritis, Arthralgie, Urtikaria, Asthenie, Photosensivität, Fieber, allgemeines Krankheitsgefühl sowie Thrombo- u. Leukozytopenie, haemolytische Anämie, positive ANA u. BSG-Beschleunigung. Ein kausaler Zusammenhang mit der Therapie mit MEVINACOR ist bei den folgenden gemeldeten Nebenwirkungen nicht gesichert: Pankreatitis, Stomatitis, Depression, Alopezie, Ödeme. – Geringgradige, i.d.R. vorübergehende Erhöhungen der Transaminasen sind kurz nach Therapiebeginn möglich. Selten wurde, gewöhnlich nach 3 bis 12 Monaten, eine deutliche (über das Dreifache der Norm) Erhöhung dieser Parameter beobachtet. Es wird empfohlen, die Transaminasen vor Therapiebeginn, danach in geeigneten Abständen zu bestimmen. Über Abweichungen anderer Leberfunktionsparameter, einschl. Erhöhung der alkalischen Phosphatase u. des Bilirubins, wurde berichtet. – Vorübergehend leichte Erhöhungen der CK sind möglich. Selten wurde über Myopathien berichtet; bei diffusen Myalgien u. Muskelschwäche u./od. deutlicher Erhöhung der CK (das Zehnfache der Norm) soll an die Entwicklung einer Myopathie gedacht werden. Bei deutlichem Anstieg der CK-Werte od. wenn die Diagnose bzw. Verdachtsdiagnose eine Myopathie gestellt wird, soll MEVINACOR abgesetzt werden. Die meisten Patienten, die eine Myopathie enwickelten, wurden gleichzeitig mit Immunsuppressiva oder Fibraten oder Nicotinsäure (in der zur Lipidsenkung empfohlenen Dosis) behandelt. In wenigen Fällen kam es zu schweren Rhabdomyolysen mit nachfolgende Nierenversagen. Bei gleichzeitiger Behandlung mit Erythromycin wurde über Rhabdomyolysen mit u. ohne Verschlechterung der Nierenfunktion berichtet. Bisherige Untersuchungen geben keinen Hinweis auf eine nachteilige Wirkung von MEVINACOR auf die Linse des menschlichen Auges. Bei einer bestimmten Untersuchung am Hund wurden vereinzelt Linsentrübungen beobachtet. Vor oder kurz nach Behandlungsbeginn mit MEVINACOR sollte eine ophthalmologische Untersuchung durchgeführt werden, die in geeigneten Abständen zu wiederholen ist."

Hoffmann (1994) schreibt, daß die vorgeburtlichen und progredienten Schädigungen im Kleinkindesalter, die unter der Mevalonazidurie auftreten auf *„ein besonders hohes Risiko bei der Anwendung dieser Arzneimittel (gemeint sind die CSE-Hemmstoffe) bei Kindern und Schwangeren hinweisen"*. Die CSE-Hemmstoffe hätten sich in hohen Dosen als *teratogen* (Minsker et al. 1983, Surani et al. 1983) erwiesen und tierexperimentell als *karzinogen* (Tabelle 4.5). Besonders müsse man (Hoffmann 1994) auf eine möglicherweise gestörte Funktion von *Ubichinon-10*, als dem wichtigsten physiologischen lipophilen *Antioxidans* achten und seine vorbeugende Rolle bei der Entstehung von *oxidiertem LDL*, welches Ursache von Atherosklerose sein könnte. Die Verminderung von *Ubichinon-10* sei kürzlich auch die Ursache einer sich verschlechternden Herzfunktion bei Kardiomyopathie gewesen (Folkers et al. 1990), die sich sofort nach Absetzen des CSE-Hemmers gebessert habe. Die Unterschiede in der Schwere der Nebenwirkungen ließen sich sicherlich teilweise auch durch die unterschiedliche Dosierung bei den Präparaten erklären. Bei der sich bereits jetzt abzeichenden breiten und langfristig steigenden Anwendung von CSE-Hemmstoffen, sei *„eine größere Zurückhaltung wünschenswert"*.

Die Mevalonsäurebestimmung im Urin ist ein sicheres Indiz für Hypercholesterinämie

„Die Urinkonzentration der Mevalonsäure ist ein zuverlässiger Parameter der Gesamtscholesterinbiosynthese des Menschen" (Hoffmann 1994, Parker et al. 1984, Jones et al. 1992). Hoffmann schreibt, ein Beweis der Genauigkeit sei die Entdeckung einer bis dahin unbekannten *Hypercholesterinämie* anhand einer mäßig erhöhten Mevalonsäureausscheidung (gaschromatographische-massenspektrometrische Methode, Hoffmann 1994). Die Mevalonsäurebestimmung im Urin biete sich als gute Nachweismethode für eine Hypercholesterinämie an.

Die *Messung der Mevalonsäurekonzentration im Urin* ist zugleich ein wichtiger *diagnostischer Indikator* bei Patienten mit *familiärer Hypercholesterinämie* bei denen therapeutisch CSE-Hemmstoffe als Lipidsenker eingesetzt werden.

Zur therapeutischen Wirkung von CSE-Hemmstoffen

CSE-Hemmer sind *Cholesterin-Synthese-Enzym-Hemmstoffe*. In der ehem. Bundesrepublik Deutschland sind seit ca. 1989 drei Substanzen zugelassen: *Lovastatin, Simvastatin* und *Pravastatin*, welche das geschwindigkeitsbestimmende Schlüsselenzym der Cholesterinbiosynthese, die *HMG-CoA-Reduktase*, vornehmlich in der Leber, durch kompetitive Verdrängung des physiologischen Substrates vom aktiven Zentrum des Enzyms hemmen (Abb. 1.5 und 1.8). Nach Klose und Schwabe 1991 wurde Lovastatin (Mevinacor®) 1989 zugelassen, die anderen Substanzen etwa im gleichen Zeitraum. Durch diese Stoffe werden die *Cholesterin-* und die *Isoprenoidsynthese* (mit der Bildung ihrer Endprodukte, Abb. 1.5) *beeinträchtigt.*

Wir erwähnten bereits, daß in *Hungerzuständen* eine Abnahme der *HMG-CoA-Reduktase* (Abb. 1.5) einsetzt, in deren Folge der Serumcholesterinspiegel absinkt und sich in einem neuen Gleichgewichtszustand einstellt. Diese Erfahrung konnte auch in der *Hungerzeit* nach dem zweiten Weltkrieg um 1947 gemacht werden (Schettler 1955, Tabelle 7.6). Abbildung 1.5 legt nahe, daß sich ein Gleichgewichtszustand nicht nur zwischen dem Hungerzustand und Cholesterinspiegel eingespielt hat, sondern auch zu den anderen Bereichen wie Wachstum, Zelldifferenzierung usw., die gleichfalls unter Hungerbedingungen angesprochen sind.

1976 konnte man aus einem *Schimmelpilz* einen wirksamen *Hemmstoff* der *HMG-CoA-Reduktase* gewinnen, der zur Entwicklung des ersten CSE-Hemmstoffes namens *Lovastatin* führte, der als Lipidsenker in die Therapie (Mevinacor®) eingeführt und bei uns um 1989 erstmals zugelassen wurde. Unter der Hemmung der *HMG-CoA-Reduktase* erfolgt eine Senkung des intrazellulären Cholesterins, die *reaktiv* von einer zunehmenden Aktivität der HMG-CoA-Reduktase begleitet wird und einer Zunahme von LDL-Rezeptoren, was wiederum zu einer Senkung des LDL-Cholesterins im Plasma führt (Hoffmann 1994). Die Gesamtkörper-*Cholesterinbiosynthese* und der *intrazelluläre Cholesterinpool* finden allerdings auf nicht wesentlich erniedrigtem Niveau ihr neues Gleichgewicht (Goldberg et al. 1990, Hoffmann 1994) wieder. Inzwischen ist bekannt, daß durch CSE-Hemmer ein Endprodukt des Cholesterinstoffwechsels, die Androgene, in ihrer Produktion beeinträchtigt werden und als *Nebenwirkunge Impotenz* bei Männern auftreten kann. Die deutsche *Arzneimittelkommission* hat 1994 hiervor im Deutschen Ärzteblatt gewarnt (Tabelle 4.2) und dabei die nachfolgende grundsätzliche Warnung ausgesprochen:

„Eine negative Beeinflussung der *Steroidhormonsynthese* durch HMG-CoA-Reduktasehemmer ist anzunehmen...".

Entgegen den bisherigen Verlautbarungen lag es nahe, zu vermuten, daß nicht nur die *Nachfolgeprodukte der Mevalonsäure* (Abb. 1.5) wie *Dolichole, Ubichinone* etc. sondern auch die *Endprodukte des Cholesterins* (Abb. 1.5 und 1.9a–c) durch eine Einflußnahme auf das Schlüsselenzyms HMG-CoA-Reduktase beeinflußt werden müßten. Eine erste Bestätigung hierfür war die Beobachtung der Störung der *Testosteronsynthese*, die de fakto unter allen CSE-Hemmstoffen zu erwarten ist, die zu einer Impotenz bei Männern führt (Abb. 1.9b). Das mögliche Spektrum weiterer Nebenwirkungen kann Tabelle 1.9a–c und Abb. 1.5 entnommen werden. Hoffmann 1994 berichtet, daß bei Behandlung von Patienten mit familiärer Hypercholsterinämie mit CES-Hemmstoffen eine leichte Abnahme von Ubichinon-10 im Plasma und im LDL bekannt wurde (Mabuchi et al. 1981). Die Ergebnisse bei der *Mevalonazidurie „belegten, daß bei dieser Krankheit die Biosynthese für die einzelnen Isoprenoide eingeschränkt" ist,* wobei die Einschränkung für Dolichol und Ubichinon-10 erheblich und für Isopentenyl-tRNA weniger ausgeprägt wären (Tabelle 4.7, Abb. 1.5). *„CSE-Hemmstoffe bewirken* eine der Defizienz der *Mevalonsäure gleichsinnige Verminderung der Cholesterinbiosynthese"*. „Im Gegensatz zur Mevalonazidurie (Hoffmann 1994) ist *unter eine Medikation mit CSE-Hemmstoffen... die Mevalonsäureproduktion vermindert* (weil es zur Hemmung der „darüber" geschalteten HMG-CoA-Reduktase kommt) und die Mevalonsäurespiegel in den Körperflüssigkeiten sind erniedrigt (Parker et al. 1984, Goldberg et al. 1990, Grundy et al. 1985 und 1988, Kalinowski et al. 1991, Reihner et al. 1990). Tierexperimentell hätten „die Nebenwirkungen der CSE-Hemmstoffe... durch gleichzeitige Applikation von Mevalonsäure verhindert werden" können. „Die tierexperimentellen Erkenntnisse und die dokumentierten Nebenwirkungen an Patienten unter Gabe von CSE-Hemmern ließen einen *Mangel an Endprodukten infolge der Hemmung der Cholesterinbiosynthese*" wahrscheinlich erscheinen (Hoffmann 1994).

Hinweise ergeben sich nicht nur aus den Nebenwirkungen der *Mevalonazidurie*, sondern auch aus einer Einflußnahme des CSE-Hemmers *Lovastatin* (welche bisher nur als Lipidsenker verwendet wurde) über eine Hemmung der RAS-Modifikation, um Tumorwachstum zu reduzieren. „Im Mausmodell und bei ca. 30–50% der *Basaliome und Spinaliome* des Menschen spielen nach Dummer 1995 spezifische Mutationen der *RAS-Gene* eine Rolle, wobei ein mutiertes RAS-Protein zu einer ständigen Wachstumsstimulation führt. Bevor dieses Protein aktiv werden kann, muß es posttranslational modifiziert werden (Dummer 1995). Der wichtigste Schritt hierfür ist die *Farnesylierung* des letzten Abschnittes des Proteins. Die *Farnesylierung* stellt ein *Nebenprodukt auf dem Weg zur Cholesterinsynthese* (Abb. 1.5) dar". Lovastatin scheint auf dem Wege der Hemmung der RAS-Modifikation wirksam zu sein. Die Mutation des RAS-Onkogens scheint ein früher Schritt in der Kanzerogenese zu sein. Mit dem *Lovastatin* eröffnen sich möglicherweise Wege der *Chemoprävention* für die Therapie von *Neoplasien* mit einer Mutation in der RAS-

Genfamilie (Dummer 1995). Somit dürfte man es auch beim CSE-Hemmer Simvastatin (vgl. 4S-Studie Seite 350) sowohl mit Wirkungen auf die Endprodukte der Cholesterin- als auch Isoprennoidsynthese zu tun haben.

Die therapeutische Möglichkeit einer Hemmwirkung der HMG-CoA-Reduktase veranlaßte bereits Yamamoto et al. (1980), Mabuchi et al. (1981), Mol et al. (1986) u.a. zur Behandlung der *familiären Hypercholesterinämie*, die zugleich mit der Hoffnung auf einen entscheidenden Durchbruch in der allgemeinen Atherosklerosebehandlung, so auch der Koronarsklerose, verbunden war. Bereits auf Seite 47 wurde auf das unterschiedliche Bild der „gewöhnlichen" Atherosklerose und die spezifischen Gefäßveränderungen bei familiärer Hypercholesterinämie verwiesen.

Der Patientenkreis mit *heterozygoter familiärer Hypercholesteriämie*, der noch über eine beschränkte Zahl von LDL-Rezeptoren verfügt, stellt die wichtigste Therapiegruppe für diese Hemmstoffen dar, weil eine erhebliche Absenkung des LDL-Cholesterins erreicht werden kann. Weil die *homozygoten Formen* über keinerlei LDL-Rezeptoren mehr verfügen, kann bei ihnen unter der Hemmung der *HMG-CoA-Reduktase* keine Zunahme an LDL-Rezeptoren mehr erreicht werden, so daß sich hier die Therapie erübrigt (Brown und Goldstein 1984, Yamamoto et al. 1980, Hoffmann 1984). Die Herstellerfirma von Simvastatin beschränkt in ihren Anleitungen zum Gebrauch von Simvastatin die Anwendung auf die *„primären Hypercholesterinämien."* Die sogenannten *„sekundären Hypercholesterinämien"* gehörten in der „MAAS-" und „4S Studie" (Seite 350) sogar zu den *„Ausschlußkriterien"* der Studien. Die präventive Anwendung an Gesunden vor Herzinfarkt wird nicht ausdrücklich empfohlen. Diese Empfehlungen sind verständlich, weil sich im Atherom der *„gewöhnlichen" Atherosklerose* nur ca. 5% *Cholesterin* befindet (Abb. 3.6, S. 53).

Die wichtige Frage ist, ob sich Hoffnungen und Erfolge dieser Therapie bei einer *Erbkrankheit* wie der sogenannten *familiären Hypercholesterinämie* auch auf die *"gewöhnliche" Atherosklerose* übertragen lassen. Dagegen spricht, daß es sich bei den Gefäßveränderungen bei der *familiären Hypercholesterinämie*, wie bereits dargelegt, um eine andere Art von Gefäßschaden (Abb. 3.2–3.7a) handelt, als bei der *„gewöhnlichen" Atherosklerose* (Abb. 3.6), bei der im Laufe des Lebens ursächlich Faktoren wie Alter, Anlage, Druckschaden, Hypertonie, Stoffwechselentgleisungen, toxische Einwirkungen und Infektionskrankheiten eine auslösende Rolle spielen, die primär meist wenig mit Cholesterinstoffwechselstörungen zu tun haben. Deswegen ist auch nicht verwunderlich, daß die *„gewöhnliche" Atherosklerose* nur einen Anteil von ca. 5% *an Cholesterin* aufweist (Abb. 3.6, 3.6a und b). Ganz anders ist dies bei der familiären Hypercholesterinämie und der durch sie bedingten Cholesteatose in den Gefäßen.

Deshalb sind die Erfolge unter CSE-Hemmern bei der familiären Hypercholesterinämie anders einzuschätzen, weil bei ihr eine Überschwemmung bzw. hochgradige Ablagerung mit Cholesterinkristallen vorliegt (Abb. 3.3 – 3.7 a).

Gegen eine ursächliche Bedeutung des Cholesterins spricht in diesem Zusammenhang auch, daß in Deutschland (ehem. BRD) bereits seit ca. 1979 die tödlichen *Myokardinfarkte* in allen Altersgruppen bis hin zu den Achtzigjährigen *drastisch rückläufig sind*, in einzelnen Altersgruppen sogar bis 61,5% (Tabelle 15.2), obwohl im gleichen Zeitraum (1980 – 1989) unter standardisierten Untersuchungsbedingungen eine Zunahme des Serumcholesterinspiegels (Abb. 8.1) festgestellt werden konnte (Seite 166).

Die *Zunahme des Cholesterinspiegels* schließt die Wirksamkeit der Anwendung von Lipidsenkern in der Vergangenheit aus, denn sie hätten das Gegenteil auslösen müssen. Außerdem ist aktenkundig, daß in der ehem. BRD der erste CSE-Hemmer Lovastatin (Mevinacor®) erst 1989 zugelassen wurde, als bereits eine erhebliche Abnahme der Sterbefälle an Koronarkrankheiten insbesondere an Myokardinfarkten eingesetzt hatte. Lipidsenker können deshalb in der Regel für den erfolgreichen Rückgang an Koronarinfarkten bei uns nicht verantwortlich gemacht werden. Die Erfolge dürften sich auf die gendefekt-bedingten Hypercholesterinämien beschränken.

Der Rückgang an koronaren Sterbefällen während der gleichen Zeit läuft in Deutschland (ehem. BRD) in erster Linie mit einer Abnahme der *allgemeinen Sterblichkeit* (Seite 183) einher und der Entschärfung an den *klassischen Risikokrankheiten und -Faktoren* (Seite 277 ff.), die etwa seit den 70er Jahren voll eingesetzt hat, wie: *Diabetes mellitus, Bluthochdruckkrankheiten sowie Nikotinabusus* (bei Männern). Er läuft in Deutschland nicht mit einer allgemeinen Abnahme der Hyperlipidämie einher. Ganz im Gegenteil ist der Blutcholesterinspiegel (Abb. 8.1) bei uns sogar signifikant angestiegen.

Weiterhin muß nochmals daran erinnert werden (Seite 47), daß nach Ansicht namhafter Wissenschaftler (wie Tannhauser 1950, Stehbens 1994 u. a.) seit jeher keine Beziehung zwischen den Gefäßwandveränderungen bei der *Hypercholesterinämie* und der *„gewöhnlichen" Atherosklerose* besteht. Gerade dieser Umstand erklärt, daß die tödlichen Herzinfarkte, völlig unabhängig vom Cholesterinstoffwechsel, seit 1979 aufgrund ganz anderer Einflüsse rückläufig geworden sein müssen.

Der Einfluß von Lipidsenkern auf die Myokardinfarktsterblichkeit in Deutschland (1979–1992)

In der Vergangenheit wurden vielfach *multifaktoriell angelegte Interventionsstudien* (Tabelle 16.3) durchgeführt, in den gleichzeitig eine Großzahl von Maßnahmen wie Behandlung von Hypertonie und Diabetes mellitus, Übergewicht, Nikotinverbot und Ernährungsumstellung durchgeführt wurden. Da niemand wußte, welche Einzelwirkung von Erfolg war, hat man verständlicherweise später auf eine Bewertung der Rolle des Cholesterins in diesem Geschehen verzichtet. Mit Sicherheit greift auch die Simvastatinstudie 1994 (Seite 97) multifaktoriell und nicht unifaktoriell an. Aber auch *unifaktoriell angelegte Studien* waren nicht vom Erfolg gekrönt (z. B. die Gemfibrozilstudie, Seite 339). Wir möchten auf diesbezügliche Literaturzitate verzichten hier, stellvertretend für viele Publikationen (z. B. Apfelbaum 1994, Berger 1994, Borgers 1993, Borgers und Berger 1995, Holtmeier 1978, 83, 86 ff., Immig 1994, Kaltenbach 1989, Klepzig 1993, Mitchell 1990, Newman 1994, Oliver 1981, 88, 91 ff., Skrabanek 1994), eine Feststellung aus der 1994 in *„The Lancet"* (S. 1388) publizierten *„Scandinavian Simvastatin Survival Study" (4 S)* zitieren:

> *„In keiner vorausgegangenen unifaktoriellen Studie konnte mit einer lipidsenkenden Therapie eine Verringerung der Gesamt- oder auch nur der Koronarmortalität während der geplanten Beobachtungsperiode nachgewiesen werden".*

Diese wichtige, zutreffende Feststellung steht sicherlich im Gegensatz zu den Vorstellungen vieler Mediziner, die den bisherigen *Werbeaussagen von Pharmafirmen* uneingeschränkt Glauben geschenkt haben. Die Aussage ist um so gravierender, weil sie von einer Großzahl von Autoren der skandinavischen Arbeit getragen wird, die sich wissenschaftlich speziell mit Untersuchungen über eine lipidsenkende Therapie befaßt haben.

Soweit in neueren Arbeiten Erfolge unter lipidsenkenden Maßnahmen, z. B. mit *CSE-Hemmstoffen* wie Simvastatin, Lovastatin, Pravastatin, angewendet werden, muß man jedoch auch bei dieser Substanzgruppe mit *multifaktoriellen Angriffspunkten* rechnen, obwohl diese derzeit teilweise noch bestritten werden. CSE-Hemmer senken eben nicht nur das Cholesterin, sondern beeinträchtigen wahrscheinlich auch die Ausschüttung des für den Myokardinfarkt wichtigen Streßhormons *Cortison*, reduzieren die für den Hypertoniker wichtige Ausschüttung von *Aldosteron*, diejenige von *Sexualhormonen* (Abb. 1.5) und wirken auf *Wachstum und Zelldifferenzierung* (Abb. 1.9 b–c) ein. Wir sind auf dieses Thema bereits in einem speziellen Kapitel eingegangen (Seite 97).

Soviel man auch über eine mögliche erfolgreiche Anwendung einer lipidsenkenden Therapie sagen mag, mit deren Verbreitung ein gigantischer Geldumsatz verbunden ist (Tabelle 11.3), darf nicht verschwiegen werden, daß *seit ca. 1979 bis 1992* in Deutschland (ehem. BRD) *die Sterbefälle an „ischämischen Herzkrankheiten"* (Tabelle 15.2) in einigen Altersgruppen um bis zu 47% *und* am *„akuten Myokardinfarkt"* (Tabelle 15.1) um bis zu 61,5% *drastisch zurückgegangen sind* und die Notwendigkeit einer Verbreitung von Lipidsenkern in keiner Weise rechtfertigen. Diese Entwicklung läuft parallel mit einem ebenso beachtlichen Rückgang an Sterbefällen bei den *klassischen Risikokrankheiten* für die Entstehung der Athero- bzw. die Koronarsklerose, der *Hypertonie und den Hochdruckkrankheiten* z. T. um bis zu *74%* (Tabelle 10.15), dem *Diabetes mellitus* um bis zu *60%* (Tabelle 10.9) und dem Rückgang des *Nikotinabusus* beim männlichen Geschlecht um 14%.

Abbildung 4.3 zeigt, daß die allgemein verbreitete Anwendung wirksamer *Lipidsenker* (Abb. 4.4) (Tabelle 4.6) in Deutschland (ehem. BRD) im allgemeinen später einsetzte (etwa ab 1986), als ein Rückgang (seit 1979) des *tödlichen Myokardinfarkts* bereits zu verzeichnen war (Tabelle 15.1, 15.2). Diese Feststellung gilt besonders auch für die *Hemmstoffe* der HMG-CoA-Reduktase (Lovastatin, Simvastatin und Pravastatin). Klose und Schwabe (1991) berichten hierzu im Arzneiverordnungsreport 1991, daß *Lovastatin* (Mevinacor), ein *„erst 1989 zugelassenes Präparat"*, bereits beachtliche Absatzerfolge erzielt habe, ebenso später zugelassene Wirkstoffe wie *Simvastatin* (Denan®, Zocor®) und *Pravastatin* (Pravasin® Liprevil®). Die genannten Lipidsenker können deshalb nicht den bereits zuvor erfolgten Rückgang in der Koronarsterblichkeit erklären.

Dies gilt auch für die älteren Lipidsenker. *Cholestyramin* (Quantalan) ist nach Klose und Schwabe 1991 ein nicht resorbierbarer *Anionenaustauscher*, bei dem nachgewiesen sei, daß mit diesem Stoff „bei der *familiären Hypercholesterinämie Typ IIa* (speziell nur bei diesem Leiden) die Erkrankungshäufigkeit an koronarer Herzkrankheit bei Männern deutlich gesenkt werden konnte (Lipid Research Clinics Coronary Primary Prevention Trial, 1984, FATS, 1990)".

Wenn man verstanden hat, daß es sich bei *dieser* durch einen Gendefekt bedingten *Krankheit nicht um eine Nachfolgekrankheit der „gewöhnlichen" Atherosklerose* bzw. *Koronarsklerose* und *nicht um das gewöhnliche Bild des Myokardinfarktes* handelt, sondern die Folgen einer *Cholesterinsteatose* (Abb. 3.2 – 3.8) mit diversen Xanthombildungen und einer hochgradigen Ablagerungen von Cholesterinkristallen in den Koronargefäßen (Abb. 3.7), ist die Hemmwirkung auf die Cholesterinstoffwechselstörung bei den heterozygolen Fällen, die zu einem Verschluß der Koronargefäße führt, durchaus plausible. Nur darf dieses Konzept nicht auf die Präventionsvorstellun-

BEKANNTGABEN

BUNDESÄRZTEKAMMER

Lovastatin- und Pravastatin-haltige Arzneimittel

Bundesgesundheitsamt: Abwehr von Arzneimittelrisiken, Stufe II

Das Bundesgesundheitsamt (BGA) hat am 17. 12. 1993 im Rahmen einer schriftlichen Anhörung nach dem Stufenplan den betroffenen pharmazeutischen Unternehmern Gelegenheit zur Stellungnahme zu folgendem Sachverhalt und den vom BGA für erforderlich gehaltenen Maßnahmen gegeben:

„Auf der Basis der vorliegenden Unterlagen und Erkenntnisse hält es das Bundesgesundheitsamt für erforderlich, daß im Abschnitt Nebenwirkungen in Gebrauchs- und Fachinformation der oben genannten Arzneimittel folgende Formulierung aufgenommen wird:

„Unter der Anwendung von . . . kann es in seltenen Fällen zum Auftreten von Potenzstörungen kommen."

– Eine negative Beeinflussung der Steroidhormonsynthese durch HMG-CoA-Reduktasehemmer ist anzunehmen, da Cholesterin eine wichtige Vorstufe für die Steroidsynthese in Hoden und Nebenhoden darstellt (1, 2, 5). Dagegen kann nicht eingewendet werden, daß in klinischen Studien bisher keine Beeinflussung der Testosteronsynthese durch Pravastatin bzw. Lovastatin festgestellt werden konnte (3,5).

– Dem Bundesgesundheitsamt liegen zu allen Stoffen der Gruppe der HMG-CoA-Reduktasehemmer Berichte über Potenzstörungen vor, wobei bei einem Stoff (Simvastatin) diese Nebenwirkung als bekannt bereits in Gebrauchs- und Fachinformation dokumentiert ist. Es ist also aufgrund der Analogien davon auszugehen, daß Potenzstörungen als gemeinsame Nebenwirkung dieser Stoffgruppe anzusehen sind."

Die Arzneimittelkommission der deutschen Ärzteschaft bittet alle Kolleginnen und Kollegen, im Zusammenhang mit dieser Maßnahme ihre Erfahrungen und Beobachtungen über unerwünschte Arzneimittelwirkungen nach Gabe von Lovastatin- und Pravastatin-haltigen Arzneimitteln (auch Ver-

Potenzstörungen bedeuten eine massive Einschränkung der Lebensqualität der Patienten. Nach Durchsicht der vorliegenden Nebenwirkungsmeldungen besteht der begründete Verdacht, daß unter HMG-CoA-Reduktasehemmern Potenzstörungen auftreten können. Dieser ist im folgenden begründet:

– Ein zeitlicher Zusammenhang ist bei allen beim BGA vorliegenden Nebenwirkungsmeldungen (15 Meldungen zu Pravastatin. 19 Meldungen zu Lovastatin) gegeben.

– Ein positiver Auslaßversuch mit vollständiger Wiederherstellung der Potenz nach Absetzen der Medikation ist in neun Fällen dokumentiert.

Arzneimittelkommission der deutschen Ärzteschaft,
Aachener Straße 233–237, 50931 Köln.
Telefon 0221/4004-520
Fax 0221/4004-539

dachtsfälle) auf dem im Deutschen Ärzteblatt abgedruckten Berichtsbogen oder auch formlos mitzuteilen.

Handelspräparate:
(laut Lauer-Taxe. Stand 15. 12. 1993, als im Handel gekennzeichnet)
Liprevil.–5. –10. –20.-mite Tabletten
Mevinacor.–10. –40 Tabletten
Pravasin. –cor. –mite Tabletten

Literatur:

1. Jay, R.H. et al.: „Effects of pravastatin and cholestyramine on gonadal and adrenal steroid production in familial hypercholesterolaemia." Br. J. clin. Pharmac. 32, 417–422
2. Stürmer, W. et al.: „Lipidstatus und basale Steroidhormonspiegel nach 16 Wochen Lovastatintherapie bei primärer Hypercholesterinämie." Klin. Wochenschrift 69 (1991), 307–312
3. Purvis, K. et al.: „Short-term effects of treatment with simvastatin on testicular function in patients with heterozygous familial hypercholesterolnaemia." Eur. J. Clin. Pharmacol 42 (1992), 61–64
4. Hartmann, K.: „Simvastatin und Pravastatin: Erfahrungen der SANZ mit diesen neuen Lipidsenkern aus der Reihe der Cholesterol-Synthese-Enzymhemmer." Schweiz. Apotheker-Zeitung 24 (1992), 725–726
5. Thompson, G.R. et al.: „Efficacy of mevinalon as adjuvant therapy for refractory familial hypercholesterolaemia." Oxford University Press 1986

Deutsches Ärzteblatt **91**, Heft 3, 21. Januar 1994 (43) B-107

Abb. 4.3. Arzneimittelkommission der deutschen Ärzteschaft

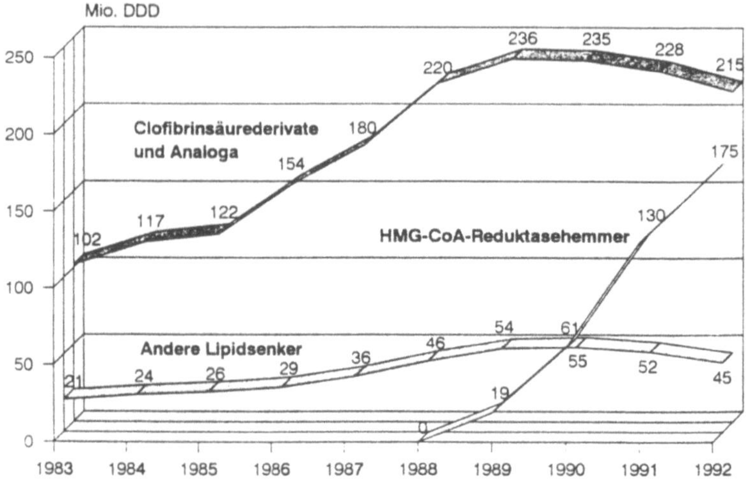

Abb. 4.4. Verordnungen von Lipidsenkenden Mitteln 1983–1992. Gesamtverordnungen nach rechnerischen mittleren Tagesdosen. (Nach Klose und Schwabe 1993)

gen zum Schutz vor einer „gewöhnlichen" Atherosklerose und vor einem „gewöhnlichen" Herzinfarkt übertragen werden. *„Herzinfarkt ist nicht gleich Herzinfarkt".* Das gleiche gilt auch für die Wirkungsweise der HMG-CoA-Reduktasehemmer bei genetisch bedingten Cholesterinstoffwechselstörungen, die ebenfalls nicht auf die „gewöhnliche" Atherosklerose bzw. Koronarsklerose übertragen werden dürfen. Klose und Schwabe erwähnen 1991, daß „bisher *keine Studienergebnisse vorliegen, die eine Senkung des koronaren Risikos* für Männer über 65 Jahre und für Frauen mit Hypercholesterinämien durch eine Arzneitherapie *belegen".*

Einzelheiten zu lipidsenkenden Medikamenten und Studien

Hier sei auf eine übersichtliche, kurze Darstellung am Ende dieses Buches (Kapitel 16, S. 335) verwiesen.

5 Cholesterin, Infektionskrankheiten und Krebs

Erniedrigte Serumcholesterinspiegel bei Krebs und Infektionskrankheiten

Einige Beobachtungen haben in den letzten Jahren zunehmend das Interesse auf *Zusammenhänge* zwischen der Immunabwehr des Organismus gegen *Infektionskrankheiten, Krebs* einerseits und der Rolle des *Cholesterinhaushaltes* andererseits gelenkt. Hierzu zählt die Beobachtung, daß die Mehrzahl der *Infektionskrankheiten* in zunehmendem Stadium mit einem *teils erheblichen Absinken des Serumcholesterinspiegels* einhergehen. Ganz *besonders stark* und verbreitet ist die Abnahme des Serumcholesterinspiegels bei bösartigen Krankheiten, also *bei Malignomen*. Man stelle sich einmal vor, jemand käme aus Überlegungen zur Prävention von Herzinfarkten auf die Idee, aus diesen Beobachtungen heraus auf eine notwendige Änderung der Normalverteilung beim Serumcholesterin zu schließen, in der Vorstellung, man könne dadurch der Krebskrankheit vorbeugen. Die Empfehlungen würden dann sicher Werte von über 300 mg% Serumcholesterin favorisieren.

Die Absenkung des Serumcholesterins haben u. a. Isles et al. mit statistischer Signifikanz 1989 nachgewiesen (Abb. 5.1). Bei Erwachsenen können langfristig anhaltende Erniedrigungen auf Werte von 90–100 mg% Serumcholesterin auftreten. Einige Kranke können solche Werte mehrere Jahre nach einer erfolgreichen Krebsoperation z. B. bei Mammakrebs beibehalten. Bei einigen wurden mehr oder weniger tiefe Werte zufällig bereits vor dem Ausbruch des Malignoms gemessen. Man sollte *meinen*, daß die Aktivierung, die Aufrechterhaltung der Immunabwehr und die Bildung von Abwehrzellen, *die ohne Cholesterin nicht entstehen können*, auf die Lieferung von Cholesterin nachhaltig angewiesen sind. Keine Zellmembran und damit keine Zelle kann ohne Cholesterin gebildet werden.

Cholesterin ist somit einerseits für die Mobilisierung der Zellen zur *Immunabwehr*, aber auch für die Bildung von neuem *bösartigem Gewebe* (Metastasen etc.), erforderlich. Letztendlich könnte es unter dem starken Absinken des Serumcholesterins, welches von einem zellulären Mangel begleitet sein dürfte, zwangsläufig zu einem Erliegen der Immunabwehr

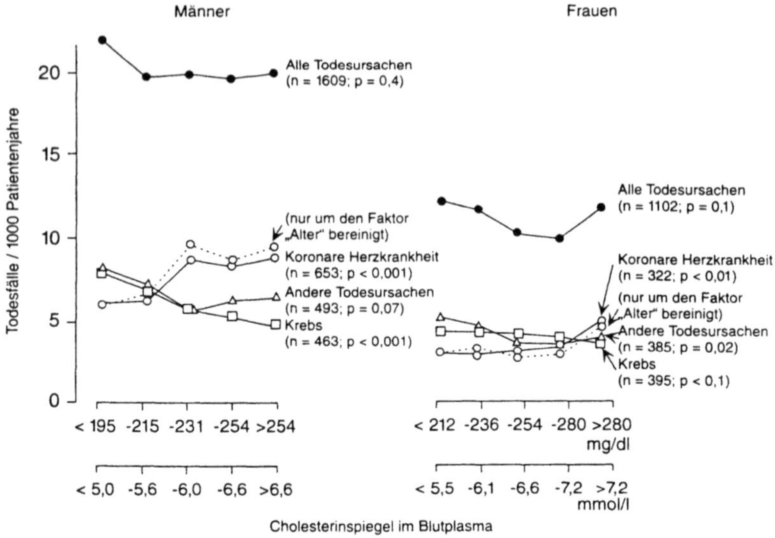

Abb. 5.1. Todesfälle/1000 Patientenjahre in bezug auf die Cholesterinspiegel im Blutplasma nach Bereinigung um die Faktoren Alter, Körpermassenindex, diastolischer Blutdruck, Rauchen und soziale Schicht. Die gestrichelte Linie (○ – – – ○) bezeichnet die Todesfälle durch koronare Herzkrankheit; die Werte wurden nur um den Faktor „Alter" bereinigt, eine weitere Bereinigung um die Faktoren Körpermassenindex, diastolischer Blutdruck, Rauchen und soziale Schicht hatte nur geringfügige Auswirkungen. (Aus Isles et al., 1989, S. 920–924)

kommen, da Abwehrzellen nicht mehr ausreichend gebildet werden könnten. Das Absinken des Cholesterinserumspiegels bei diesen Vorgängen könnte bedeuten, daß der in Not befindliche Organismus einen hohen Bedarf an diese Substanz hat. Deswegen ist es nicht unsinnig, vorzuschlagen, bei Infektionskrankheiten und Karzinomen usw. Cholesterin intravenös zu spritzen. Von einer oralen Cholesterinsubstitution wäre kaum ein Erfolg zu erwarten. In der Geschichte der Medizin gab es schon einmal eine Periode, in der als *„Chemotherapeutikum" Cholesterin intravenös* in hohen Dosen (2–3 g täglich) *gespritzt* wurde (S. 119).

Intravenöse Cholesterininjektionen

1901 hatte Ransom Tieren eine tödliche Dosis einer 0,1%igen Saponinlösung gespritzt. In einer zweiten Versuchsanordnung spritzte er vorab Cholesterin intravenös, mit dem Erfolg, daß kaum noch ein Tier starb. Dieser Befund wurde um 1922 von Leupold und Bogendörfer unter einer tödlichen Gabe von Diphtherietoxinen tierexperimentell bestätigt. Es starben wesentlich weniger Tiere, wenn diese zuvor intravenös Cholesterin erhalten hatten.

1910 beschrieb Grimm den positiven Einsatz von 3 g Cholesterin intravenös bei Schwarzwasserfieberpatienten. Zur gleichen Zeit wurden in Italien und Spanien Cholesteringaben i. v. bei Infektionskrankheiten wie Tuberkulose, Tetanus usw. empfohlen.

1924 empfahlen Dörle u. Sperling Cholesterin als allgemeines „Kräftigungsmittel" nach Krankheiten zu spritzen.

Millionen menschlicher Zellen besitzen ein Zellgerüst aus einer sog. „Cholesterin-Phospholipid-Membrandoppelschicht" (nach Nicholson). Der die Zelle am Leben haltende Stoffwechsel muß die cholesterinhaltige Membran passieren, die sich übrigens bei einigen Tieren im Winter mehr verflüssigen und im Sommer verfestigen kann. Nach Bhakdi (1984) kann jede Infektionskrankheit zu einer Störung der Durchlässigkeit und damit der Schutzwirkung der cholesterinhaltigen Membran führen, bis hin zur Lochbildung und der Gefahr des Durchtritts von Toxinen, aber auch von Bakterien und Viren. Die Bayer-Werke Leverkusen brachten (nach Neuhausen 1977) um 1910 das intravenös zu spritzende Cholesterinpräparat *„Lipochol"* auf den Markt (Patentschrift Nr. 236080), welches als Antibiotikum bezeichnet wurde und weltweite Verbreitung fand. Es wurde bei Diphtherie und anderen Infektionskrankheiten gespritzt und hat wahrscheinlich zu einer *Abdichtung* der Cholesterinschicht der *Zellmembran* geführt, die dadurch gegen das Durchdringen von Toxinen, Bakterien und Viren usw. weniger durchlässig wurde. Wegen der großen Bedeutung für die Aktivierung des Immunsystems und von Abwehrkräften des Menschen werden bei Infektionskrankheiten und Krebs in großen Mengen Cholesterinreserven mobilisiert.

Bhakdi et al. (1984) beschreiben am Beispiel des S. Aureus-α-Toxins, daß dieses die Phospholipid-Cholesterin-Lipiddoppelschicht der biologischen Zellmembranen direkt schädigt. Unter bestimmten Bedingungen kann es hierbei zur Einlagerung in der Lipiddoppelschicht, zum Prozeß einer Lochbildung in der Zellmembran, zu transmembranösen Kanälen kommen und zu einem Zusammenbruch der Permeabilitätsbarriere der Membran.

Das native α-Toxin ist ein Polypeptid und gutes Immunogen. Selbst bei banalen Infektionen sind spezifische Antitoxinantikörper beim Erwachsenen nachweisbar. Grundsätzlich würden die Toxine die Membranen aller Säugetierzellen angreifen. Durch die Zusammenlagerung von jeweils 6 Toxinmolekülen kommt es zur Bildung von Ringstrukturen in der Membran und zur Bildung transmembranöser Poren, in schweren Fällen zu einem irreversiblen Schadvorgang. „Schwache" Angriffe könnten von kernhaltigen Zellen repariert werden. Wegen des Fehlens eines Membranrezeptors bleibt die Bindungseffizienz des Toxins an Zielzellen u.U. gering. Sind spezifische Antikörper in genügender Konzentration vorhanden, so werden alle Wirkungen der Toxine neutralisiert und unterbunden. Offensichtlich vermag das *Plasma-LDL als Toxininaktivator zu funktionieren.*

LDL-Cholesterin kann sich mit α-Toxin zu einem unlöslichen Komplex verbinden. Die Bindung sei spezifisch mit LDL und nicht mit HDL-Cholesterin möglich. Der aufgezeigte Pathogenitätsablauf wird praktisch von allen S. Aureus-Stämmen geübt. Diese Untersuchungen zeigen, welche zentral wichtige Rolle die Membranstabilität und -abdichtung gegen äußere Schadstoffe spielt und wie bedeutsam LDL-Cholesterin ist.

Nach heutigen Kenntnissen kann jeder banale Infekt zur mehr oder weniger ausgeprägten Lochbildung in der Zellmembran führen, zu transmembranösen Kanälen und in schweren Fällen zum Zusammenbruch der Permeabilitätsbarriere der Membran, welchem der Tod des Zellkerns folgt. Dieser Gesichtspunkt sollte heute erneut aufgegriffen werden, und man sollte überlegen, ob nicht neben der Anwendung moderner Antibiotika die intravenöse Gabe von Cholesterin eine hochwirksame Methode zur Abdichtung der Zellmembran ist, um Menschen gegen das Eindringen von Toxinen, Viren usw. zu schützen.

Was liegt näher, als sich auf diese natürliche Weise über eine Membranstabilisierung zu schützen, ohne daß damit selbstverständlich eine echte antivirale Wirkung verbunden wäre.

Es wurde bekannt, daß Membranen von Leukämiezellen fluider sind als die von normalen Lymphozyten. Auch Patienten mit chronisch lymphatischer Leukämie sollen einen verringerten Cholesterinspiegel zeigen.

6 Die Bedeutung des enterohepatischen Kreislaufes

Unter dem sogenannten *enterohepatischen Kreislauf* versteht man die fortwährende endogene Sekretion von *Cholesterin*, *Gallensäuren*, *Bilirubin* u. a. Stoffen aus der Leber über die Gallenblase in den Darm, die teilweise Retention derselben einerseits und die Ausscheidung mit dem Stuhlgang andererseits, ein endogen gesteuerter Vorgang, der beim gesunden Menschen auch ohne jede Nahrungszufuhr ein Leben lang kontinuierlich abläuft.

Die Gallenblase

Die Gallensekretion wird vor allem durch Reizung des Vagus (wie bei der Magensaftproduktion), Sekretin und bei erhöhter Gallensalzkonzentration im Blut, angeregt. Die Galle besteht neben Wasser und Elektrolyten aus Cholesterin, Lezithin, Gallensalzen usw. Eine Veränderung des Verhältnisses dieser drei Inhaltsstoffe zueinander kann zur Gallensteinbildung führen. Aber auch Bilirubin (Abbauprodukt des Hämoglobins, Gallenfarbstoff) und Arzneistoffe sind in der Galle gelöst.

Bei Bedarf (Fettmahlzeit) kommt es durch den oben beschriebenen Mechanismus zu einer Kontraktion der Gallenblase, und die Galle fließt häufig aus demselben Ausmündungsgang (Papilla vateri) wie der Pankreassaft in das Duodenum. Da die Lipide schlecht wasserlöslich sind, dieses aber Voraussetzung zur Resorption ist, müssen durch die Fettemulgierung mit Gallesalzen zuerst Mizellen gebildet werden. Bei diesen winzigen Fetttröpfchen ist der polare, wasserlösliche Teil der Moleküle nach außen gekehrt. Die in den Mizellen enthaltenen Fette können somit nach Spaltung in Monoglyceride (durch Lipasen) im Dünndarmepithel resorbiert werden. Die Gallensäuren sind neben der Magensalzsäure die wichtigsten physiologischen stuhlgangwirksamen Mittel (Tabelle 6.1).

Tabelle 6.1. Lipidmuster der Galle (Mittelwert und *s*). (Aus Geigy 1977)

	Stoffmengenprozent		
	Chole-sterin	Phospho-lipid	Gallen-säuren
Galle aus dem Duodenum			
Erwachsene	*7,2*	20,6	72,2
Kleinkinder	*5,0*	14,7	80,3
Blasengalle			
25 Erwachsene	*6,0*	20,4	73,5
	s 1,3	*s* 3,6	*s* 3,9
Männer	*8,0*	20,6	71,3
Frauen	*7,4*	20,4	72,2
Post mortem	*9,1*	29,0	61,9

Gallenblase als Ausscheidungsorgan für überschüssiges Cholesterin

In der Leber werden aus Cholesterin die *Gallensäuren* synthetisiert. Davon beträgt die Konzentration in der noch nicht eingedickten *Lebergalle* im Mittel etwa 5–10 g/l, in der eingedickten *Blasengalle* im Mittel etwa 30–37 g/l (Tabelle 6.2). Sie hat jedoch nur ein Fassungsvermögen von 80–100 ml. Die tägliche Sekretion von *Gallensäuren* liegt beim Gesunden, abhängig von endogenen und exogenen Faktoren, bei ca. 12–24 g (30–60 mmol). Diese hohe Sekretionsrate ist nur dadurch möglich, daß der relativ kleine Gallensäurepool 6–10mal täglich den enterohepatischen Kreislauf durchläuft. Von den ausgeschiedenen Gallensäuren werden bis zu 90% im Darm retiniert, der Rest wird mit dem Kot ausgeschieden. Der Organismus kann *Cholesterin* sowohl auf diesem Wege als auch *direkt* als sogenanntes freies Cholesterin *über die Galle* in den Darm ausscheiden, von dem allerdings nur ein kleiner Teil im Rahmen des enterohepatischen Kreislaufs rückretiniert wird. Die Konzentration in der Lebergalle beträgt im Mittel ca. 1,4 g/l, in der Blasengalle ca. 4,02 g/l (Tabelle 6.2). Die Konzentration pro Liter entspricht jedoch nicht der physiologisch ausgeschiedenen Menge. Daneben ist die Gallenblase auch Ausscheidungsorgan für zahlreiche in der Leber entgiftete Stoffe.

Die menschliche Leber sezerniert nach Buddecke (1985) täglich ca. 500 bis 1000 ml an Lebergalle. Die „*Wissenschaftlichen Tabellen,*“ Geigy (1968), nennen eine tägliche Galleproduktion von ca. 600 ml, die an 100 Patienten mittels T-Drainage erhoben wurde (Extremwert 1600 ml).

Tabelle 6.2. Einige wichtige Inhaltsstoffe der Gallenflüssigkeit. (Aus Geigy 1977)

	Material	Stoffmenge				Masse			
		Einheit	Mittelwert	s	(Extrembereich)	Einheit	Mittelwert	s	(Extrembereich)
Cholesterin	Lebergalle, Kinder	mmol/l	–	–	(0,52 – 0,57)	g/l	–	–	(0,20 – 0,22)
	Lebergalle, 8 Personen	mmol/l	3,6	–	(2,1 – 5,4)	g/l	1,4	–	(0,8 – 2,1)
	Lebergalle	mmol/l	4,63	–	(1,2 – 16)	g/l	1,79	–	(0,45 – 6)
	Blasengalle, Kinder	mmol/l	–	–	(2,0 – 2,1)	g/l	–	–	(0,78 – 0,81)
	Blasengalle, 10 Personen	mmol/l	10,1	6,33	(1,3 – 22)	g/l	3,90	2,45	(0,5 – 8,5)
	Blasengalle, 11 Personen	mmol/l	10,4	3,70	(5,7 – 18)	g/l	4,02	1,43	(2,2 – 7)
	Blasengalle, 14 Personen	mmol/l	10,4	5,48	(4,9 – 21,0)	g/l	4,02	2,12	(1,9 – 8,1)
Phospholipide	Lebergalle, 8 Personen	mmol/l	3,2	–	(1,3 – 5,6)	g/l	2,5	–	(1,0 – 4,3)
	Blasengalle, 10 Personen	mmol/l	26,2	19,9	(2,6 – 62,3)	g/l	20,3	15,4	(2,0 – 48,2)
	Blasengalle, 14 Personen	mmol/l	33,3	16,5	(12,5 – 67,5)	g/l	25,8	12,8	(9,7 – 52,2)
Gallensäuren	Lebergalle, 8 Personen	mmol/l	25	–	(16 – 35)	g/l	10	–	(6,5 – 14)
– gesamt	Lebergalle	mmol/l	13	–	–	g/l	5,1	–	–
	Blasengalle, 10 Personen	mmol/l	94,8	51,5	(17,8 – 160)	g/l	37,9	20,6	(7,1 – 64)
	Blasengalle, 11 Personen	mmol/l	75,3	32,3	(14 – 118)	g/l	30,1	12,9	(5,6 – 47)

Faktoren für die Umrechnung von mmol in g: Phospholipide 0,774, freie Gallensäuren 0,4
Die Gallenblase enthält fast ausschließlich organische Substanzen. Die Lipide machen 90% (Gallensäuren 40 – 70%, Phospholipide 20 – 25%, Cholesterin 3 – 5%), das Bilirubin 2% und die Proteine 5% der Trockensubstanz aus

Die Galleproduktion ist während der Nacht geringer als während des Tages. Sie ist nach Mahlzeiten gesteigert. Verschiedene Autoren sprechen von einer täglichen Produktion von ca. 800–1100 ml. Die *Lebergalle* wird *kontinuierlich* in der Leber *produziert*, weshalb man davon ausgehen kann, daß ihr *Cholesteringehalt* letztendlich auch täglich in den Darm ausgeschieden wird. Nach Tabelle 6.3 würde die Ausscheidung von Cholesterin nach Schmidt u. Thews (1976) zwischen 0,5 und 1,0 g/Tag (bzw. 500–1000 mg/Tag) liegen. Die Lebergalle wird nicht sofort in das Darmlumen sezerniert, sondern in der Gallenblase gespeichert und konzentriert. Die *Lebergalle*, die über den ganzen Tag mit der Bildung eines *Volumens* von ca. 0,5–1 l (Schmidt u. Thews 1976) *kontinuierlich* abläuft, ist dünnflüssig, hat eine goldgelbe, gelborangene Farbe und einen pH-Wert von 7,8–8,6. Die Blasengalle ist braunschwarz bis braungrün. Einige wichtige *Inhaltsstoffe der Lebergalle* gehen aus Tabelle 6.2 hervor. Die Gallenblase hat ein Fassungsvermögen von 50–80 ml (bei Kleinkindern von 8,5 ml), welches die in 12 h sezernierte Lebergalle aufzunehmen vermag. Ihre *Entleerung* erfolgt *diskontinuierlich,* z. T. in Abhängigkeit von der Nahrungszufuhr. Die Zusammensetzung der Blasengalle weicht erheblich von der Lebergalle ab, zumal die Gallenblasenwand für Lipide durchlässig ist und Mukopolysaccharide absondert (Tabelle 6.3). Außer reflektorischen, nervösen und hormonellen Einflüssen bilden Fette, Eigelb, Sulfatverbindungen u. a. wirksame Anreize für die Gallenausschüttung.

In der *Blasengalle* werden einige Inhaltsstoffe der Lebergalle auf das 5- bis 10fache konzentriert, so z. B. die Gallensäuren, das *Cholesterin* und das Bilirubin. Die *Blasengalle* wird unter Einwirkung von Cholezysto-

Tabelle 6.3. Zusammensetzung der Leber- und Blasengalle. (Aus Schmidt und Thews 1990)

	Lebergalle	Blasengalle
Wasser	95–98 g-%	92 g-%
Gallensalze	1,1 g-%	3–10 g-%
Bilirubin	0,2 g-%	0,5–2 g-%
Cholesterin	0,1 g-%	0,3–0,9 g-%
Fettsäuren	0,1 g-%	0,3–1,2 g-%
Lecithin	0,04 g-%	0,1–0,4 g-%
Na^+	145 mval/l	130 mval/l
K^+	5 mval/l	9 mval/l
Ca^{++}	5 mval/l	12 mval/l
Cl^-	100 mval/l	75 mval/l
HCO_3^-	28 mval/l	10 mval/l

kinin in den Dünndarm ausgeschieden, das bei Erscheinen von Fett oder Aminosäuren freigesetzt wird. Sie enthält ein Konzentrat, welches bei kleinem Volumen eine große Menge an spezifischen Gallenbestandteilen enthält. Ein Teil ihrer Inhaltsstoffe wird im Rahmen des enterohepatischen Kreislaufes wieder rückresorbiert. In der Leber entstehen aus *Cholesterin* die sogenannten *primären Gallensäuren*, die Cholsäure und Chenodesoxycholsäure. Die sogenannten *sekundären Gallensäuren* (Desoxycholsäure und Litocholsäure) werden erst durch bakterielle Einwirkung im Darm gebildet. Zweifellos sind die *Gallensäuren* das wichtigste Endprodukt des Cholesterinstoffwechsels. Überschüssig (z. B. parenteral) zugeführtes Cholesterin wird z. B. in Form von Gallensäuren in den Darm ausgeschieden. Daneben darf man jedoch nicht die unmittelbare, tägliche Ausscheidung von Cholesterin mit der Galle in den Darm übersehen, welches z. T. in einem ständigen Zyklus im Rahmen des enterohepatischen Kreislaufs auch ohne jede Nahrungscholesterinzufuhr retiniert wird. Schließlich stammt der Namen Cholesterin aus: *„Chol" = Galle* und *„Stearin" = Fettwachs*. Die *täglichen Verluste von Cholesterin* mit dem *Stuhlgang* (als Koprosterin) und über die abgeschilferte Haut betragen nach Silbernagel u. Despopoulos (1991) *ca. 620 mg* und liegen damit über der üblichen Nahrungszufuhr bei uns (ehem. BRD).

Mit der Galleflüssigkeit werden außer den *körpereigenen Stoffen*, wie Jod, Zink, Kupfer, *Cholesterin*, Gallensäuren und Farbstoffen u. a. auch zahlreiche *körperfremde Stoffe*, wie Medikamente, Gifte, Schwermetalle (Hg u. a.) und Paraaminohippursäure, Phenolrot, Sulfobromphthalein, Penizillin, Glykoside, in konjugierter und damit in entgifteter Form Chloramphenicol, Naphthalin, Phenanthren usw. ausgeschieden.

In der Blasengalle sind etwa 4% des *Gesamtcholesterins* verestert. Der Hauptteil liegt als *freies Cholesterin* vor. Nur dieses kann resorbiert werden. Der Gehalt an Cholesterin in der Blasengalle läßt sich, wie bereits erwähnt, aus Tabelle 6.2 und 6.3 errechnen und dürfte zwischen 500 und 1000 mg/Tag liegen. Die Konzentrationsangaben für die Blasengalle etc. werden häufig in g/l angegeben. Hierbei ist zu berücksichtigen, daß die Sekretion der eingedickten Blasengalle mengenmäßig unter der Produktion der dünnflüssigen Lebergalle liegt und kaum 1 l täglich erreichen dürfte.

Die *„Wissenschaftliche Tabellen,"* Geigy, nennen einen Gehalt von *6,3 g Cholesterin/l Blasengalle* (Streubereich 3,1 – 16,2 g/l) an. Die 8. Aufl. (1977) des gleichen Werkes gibt in Tabelle 6.3 übersichtlich Gehalte an verschiedenen Inhaltsstoffen in der Leber- und der Blasengalle wieder. Die Wertangaben beziehen sich auf die Messungen verschiedener Autoren. Sie nennen einen *Mittelwert von 3,90 bis zu 4,02 g/l Blasengalle an Cholesterin* und Streubereiche von 0,5 – 8,5 g/l und von 1,9 bis zu 8,1 g/l. Hier finden sich auch Angaben über den Gehalt an Gallensäuren in einer Größenordnung von 30,1–37,9 g in 1 l Blasengalle.

Dies bedeutet, daß der tägliche *physiologische Schwankungsbereich* der Cholesterinausschüttung über die Galle in den Darm in einer Größenordnung von ca. 500–1000 mg liegt und damit den Bereich der bei uns üblichen Nahrungszufuhr überschreiten würde (ca. 345 mg/Tag). Damit ist a priori ein möglicher Einfluß des Nahrungscholesterins (welches „nicht essentiell" ist) stark eingeschränkt, denn es werden mindestens täglich 500 mg Cholesterin auch *ohne* jede Cholesterin-Nahrungszufuhr in den Darm über die Galle sezerniert.

Cholesterinausscheidung über die Galle

Der Mensch scheidet täglich *500–1500 mg Cholesterin über die Galle* in den *Darm* aus (Lang 1979). Andere Autoren nehmen eine Ausscheidung von *500–1000 mg/Tag* an. Die Ausscheidung ist weitgehend unabhängig von der Serumcholesterinkonzentration. Die Ausscheidung kann sich erhöhen durch:

a) verstärkte *Biosynthese* in der Leber,
b) Zunahme des *Gallenflusses*,
c) Zunahme der *Cholesterinkonzentration* in der Galle.

Das Gallecholesterin mischt sich im Darm mit dem Nahrungscholesterin. Das nichtresorbierte Cholesterin wird bakteriell im Darm in Koprosterin umgewandelt und mit dem Fäzes ausgeschieden. Bei einer *cholesterinfreien Ernährung* (Abb. 6.1) scheidet der Mensch ca. 500 mg an „neutralen Sterinen" (ausgeschiedene Steringemische einschließlich Koprosterin) aus. Tabelle 6.2 und 6.3 geben eine Übersicht über den *Gehalt von Cholesterin* in der Lebergalle und der *Blasengalle*, die ihren Inhalt in den Darm abgeben. Von dem mit der Galle und der Nahrung in den Darm gelangenden sogenannten „freien" Cholesterin (nur dieses kann resorbiert werden) wird vom Menschen, im Gegensatz zu einigen Tieren, *nur ein Teil* resorbiert und wieder der Leber und Blutbahn zugeführt. Wie bereits gesagt, ist die Galle das *Hauptausscheidungsorgan für überschüssig anfallendes Cholesterin* im Organismus in Form von Gallensäuren bzw. von reinem Cholesterin. Dieser Mechanismus wird vielfältig genutzt. So z. B. bewirkt eine erhöhte Zufuhr an hochungesättigten Fettsäuren eine erhöhte Bildung von Gallensäuren, die über den Stuhlgang verlorengehen.

Chevreul gab dem Fettwachs bekanntlich 1816 den Namen „*Cholesterin*", weil man ihn als wichtigen Bestandteil der Gallensäfte erkannt hatte (*Chol = Galle, Stearin = Fettwachs*).

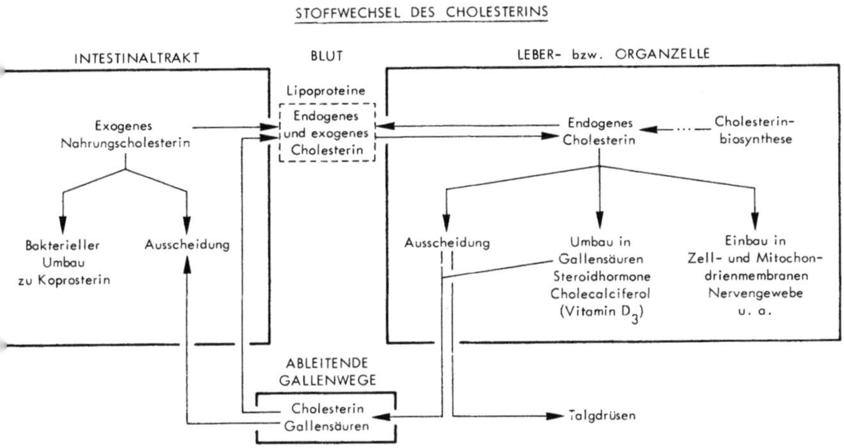

Abb. 6.1. Stoffwechsel des Cholesterins. Endogen gebildetes sog. freies Cholesterin wird über die ableitenden Gallewege in den Darm (Intestinaltrakt) ausgeschieden und von dort (auch ohne jede Nahrungscholesterinzufuhr) teilweise wieder rückretiniert (enterohepatischer Kreislauf). Tritt Nahrungscholesterin hinzu, so wird ein Teil des sog. freien Cholesterins anteilig mit dem Gallecholesterin rückretiniert. Die Gesamtrückretention bleibt jedoch beschränkt und steht im Gleichgewicht mit der Neusynthese in der Leber. (Aus Buddecke 1985, S. 243)

Cholesterin liegt in der Galle fast ausschließlich in „freier“ Form vor. Nur freies Cholesterin kann resorbiert werden. Nur ca. 4% sind verestert (Blasengalle). Das unveresterte Cholesterin bleibt durch Bildung eines Komplexes mit den gemischten Mizellen aus dem Natriumsalz der Gallensäuren und Lezithin in Lösung. Die Lipide machen in der Blasengalle ca. 90% (Gallensäuren 40–70%, Phospholipide 20–25%, Cholesterin 3–5%), das Bilirubin 2% und die Proteine 5% der Trockensubstanz aus. Die Größenordnung der Ausschüttung von Gallenblasencholesterin macht klar, wie gering der Einfluß von Nahrungscholesterin auf die Resorptionsvorgänge sind.

Im Falle der Resorption von Cholesterin bietet sich ausschließlich der sogenannte *„enterohepatische Kreislauf“* an. Einen anderen Resorptionsmechanismus gibt es für Cholesterin nicht. Es liegen gleichzeitig größere Mengen an freiem Cholesterin aus der Blasengalle neben einem geringen Anteil aus der Nahrung im Darm zur Resorption vor. Über die Blasengalle stehen ständig ausreichende Mengen an Cholesterin zur Verfügung, so daß die physiologische Resorption von Cholesterin anstandslos auch ohne

Nahrungscholesterin funktioniert. Deswegen ist von einer cholesterinfreien Diät keine direkte Wirkung auf den Cholesterinhaushalt zu erwarten, wohl jedoch eine indirekte Wirkung (z.B. als Folge der *insgesamt* geänderten Ernährung).

Der Cholesterinumsatz

K. Lang (1979) beschreibt den Umsatz von Cholesterin wie folgt: Der Umsatz von Cholesterin wird am besten durch ein *2-Pool-Modell* beschrieben. In *Pool A* findet ein rascher Austausch (Stunden bis 1 Tag) statt und im *Pool B* ein langsamer (einige Tage). Zum *Pool A* gehören das *Cholesterin* in der Leber, im Plasma, den Erythrozyten, im Intestinaltrakt der Milz und den Nieren. Die Größe von *Pool A* umfaßt ca. 18,39 g. Die *Umsatzrate an Cholesterin* beträgt unter Standardbedingungen *ungefähr 692 mg/Tag.* Diese setzt sich nach Lang 1979 zusammen aus der:

- *Synthese* von Cholesterin in der Leber in einer Größenordnung von *ca. 572 mg/Tag,*
- Ausschüttung dieser Menge (ca. 572 mg/Tag) über die Galle in den Darm (zu 96% als freies Cholesterin),
- *Cholesterinresorption* aus dem Darm *von ca. 120 mg/Tag* (572 + 120 = 692 mg/Tag).

Der Anteil von 120 mg entspricht ca. 35% der Tagesaufnahme von ca. 343 mg Cholesterin mit der Nahrung. *22–53%* der endogenen Cholesterinsynthese finden im Pool B statt.

Die Ausscheidung von *neutralen Steroiden* beträgt 703 mg/Tag, die Umwandlung von *Cholesterin in Gallensäuren* 130 mg/Tag, die Gesamtausscheidung von *endogenem Cholesterin* 610 mg/Tag und die tägliche *Turnover*-Rate des *Pool 1* 0,0329. 22–53% der endogenen Cholesterinsynthese finden in Pool 2 statt. Das Fettgewebe ist nach diesen Befunden in Abhängigkeit von verschiedenen Faktoren ein wichtiger Cholesterinspeicher als Bestandteil des langsam austauschenden Pool B.

Resorption im enterohepatischen Kreislauf

Aus dem zuvor Gesagten geht hervor, daß die physiologische *Resorption* von Cholesterin aus dem Darm beim Gesunden *ungefähr in einem Bereich von ca. 120 mg/Tag* liegt, also im Gegensatz zu vielen Tieren *begrenzt* ist. Die resorbierbare Menge betrifft sowohl den Cholesterinanteil aus der Blasengalle, welcher das Hauptkontingent stellt, als auch den Anteil aus der Nahrung. Die Resorption ist beim Mensch, im Gegensatz zu einigen Tieren (s. Seite 58) stark beschränkt und steht in einem *Gleichgewicht mit der Neusynthese in der Leber.* Nur freies Cholesterin kann resorbiert werden (Tabelle 7.1). Wird innerhalb bestimmter Grenzen mehr Nahrungscholesterin resorbiert, verringert sich die endogene Neusynthese. Das Gleichgewicht bleibt jedoch stets erhalten. Das bedeutet, daß eine Cholesterinbelastung über die Nahrung nicht zu einer überschießenden Cholesterinresorption führen kann. Das nichtresorbierte Cholesterin wird in Form von Koprosterin über den Darm ausgeschieden.

Die Gallensäuren sind die wichtigsten Endprodukte des Cholesterinstoffwechsels, die in der Leber gebildet werden. Sie beteiligen sich u.a. gemeinsam mit den Gallenfarbstoffen und Cholesterin am *enterohepatischen Kreislauf,* d.h. der Retention vom Darm in die Leber. Etwa 90% der mit den Gallensäften ausgeschiedenen Gallensäuren werden über den enterohepatischen Kreislauf retiniert.

Auch das *Bilirubin* unterliegt einer teilweisen *Retention* im enterohepatischen Kreislauf. Die tägliche Ausscheidung mit der Galle beträgt ca. 200–300 mg, von der ca. 15% resorbiert werden.

Unter Einwirkung von langkettigen Fettsäuren erfolgt die Resorption nach Lang 1979 besser als unter kurzkettigen. Beim Transfer liegt Cholesterin in den Mukosazellen des Darms, die den höchsten Cholesteringehalt (75%) aufweisen, noch unverestert vor. Das *Carriersystem,* welches das *freie Cholesterin* durch die Mukosazellen *transportiert, hat jedoch eine „begrenzte Kapazität".* Mit steigender Cholesterinzufuhr wird bei der Ratte aus dem Darm immer weniger davon resorbiert (Tabelle 6.4). Ein Überschuß wird nach Veresterung vorübergehend in der Darmschleimhaut gespeichert, wie dies Markierungsversuche zeigen. Die Veresterung erfolgte erst während der Abgabe der *Lymphe,* wodurch zugleich die weitere Abgabe reguliert wird. Das resorbierte Cholesterin erscheint nach Lang 1979 in der Lymphe, gelöst in Form der in den Chylomikronen enthaltenen Cholesterinestern. Bereits während der Passage durch die Darmschleimhaut wird es stark mit endogen gebildetem Cholesterin verdünnt. Später nehmen die Chylomikronen aus der Lymphe bevorzugt auch freies Cholesterin auf. Fehlt die Nahrungszufuhr an Cholesterin vollständig, nehmen die Chylomikronen trotzdem aus der Lymphe Cholesterin auf. Über die Chylomikronen wird Cholesterin, welches zu 60–70% aus Estern und zu 30–40% aus freiem Cholesterin besteht, der Leber zugeführt.

Parenteral zugeführtes Cholesterin wird zu 80% in Form von Gallensäuren wieder über den Stuhlgang ausgeschieden. Die Leber scheidet auf diesem Wege überschüssiges Cholesterin wieder aus.

Tabelle 6.4. Abhängigkeit der Ausscheidung von Cholesterin von der Höhe der Zufuhr bei der Ratte. (Nach Chevallier 1960, zit. nach Lang 1979)

Cholesteringehalt des Futters [%]	Cholesterin-ausscheidung [mg/Tag]	Cholesterin-sekretion [mg/Tag]	In den Darm [% der Gesamt-ausscheidung]
0,025	9,2	3,5	37
0,120	13,3	3,3	25
0,520	39,0	6,5	17
2,000	191,0	15,5	8

Mit zunehmender Cholesterinzufuhr wird ein immer kleinerer Prozentsatz resorbiert. Die Zahlen lassen erkennen, daß bei der Ratte mit zunehmender alimentärer Zufuhr ein immer größerer Anteil des ausgeschiedenen Cholesterins durch nicht resorbiertes Cholesterin bedingt ist.

Diskussion über die Cholesterinresorption

Nach Weizel und Liersch 1976 finden sich hierzu folgende Ausführungen:

„Die Berechnung der täglich resorbierten Cholesterinmenge ist sehr schwierig, da neben dem Nahrungscholesterin *auch endogen synthetisiertes Cholesterin resorbiert wird*; es ist nicht klar, ob hierzu noch Cholesterin addiert wird, das direkt von der Darmwand in den Darm ausgeschieden wird, wie dies...bei der Ratte nachgewiesen werden konnte." (Anmerkung: In der Darmwand wird Cholesterin endogen synthetisiert und in den Darm ausgeschieden)

„Vergleicht man die *Resorption bei verschiedenen Spezies* (Tieren), so finden sich ganz gravierende Unterschiede. Hunde und Katzen resorbieren bis zu 90% der angebotenen Dosis" (an Cholesterin).

„Die unterschiedliche Resorption von Cholesterin ist wahrscheinlich der wichtigste Grund dafür, daß beim *Menschen* anders als bei einigen Tierspezies das *Plasmacholesterin* durch die Menge des Nahrungscholesterins *nur wenig beeinflußt* wird. Ein Grund für diesen Unterschied ist nicht bekannt".

„Eine Zunahme der Cholesterinresorption geschieht also *nur über* eine Zunahme des *Lymphflusses*, eine Konzentrationserhöhung tritt nicht auf. Durch Gabe von *radioaktiv* markiertem *Cholesterin* mit der *Testmahlzeit* konnte gezeigt werden, daß das Nahrungscholesterin nur einen kleinen Teil der Cholesterinmenge in der Lymphe ausmacht. Der Rest stammt aus dem resorbierten Cholesterin aus der Galle sowie aus dem Cholesterin der Darmwand".

„Im Unterschied zur Ratte kann beim Menschen durch Cholesteringabe in der Nahrung der lymphatische Transport nicht beschleunigt werden".

Die Meinungen über das Ausmaß der Resorption von Nahrungscholesterin gehen teilweise auseinander. Einig ist man sich darüber, daß die

Auswirkungen auf das Serumcholesterin gering ist. Nach Mattson et al. 1972 (zitiert nach Lang 1979) kann beim Gesunden mit einer mittleren Aufnahme von 100 mg/1000 kcal Nahrungscholesterin der Serumcholesterinspiegel um 4,8 mg% ansteigen, nach Hegsted von 4,5 – 5 mg%. Es wird nicht gesagt, ob es sich um eine direkte oder indirekte Auswirkung von Cholesterin auf den Serumspiegel handelt. Assmann (1980) schreibt, daß sich ein Anstieg bzw. Abfall des Serumcholesterinspiegels um 5 – 8% ergeben könnte.

Lang (1979) zitiert Befunde von Biss et al., die mit Hilfe von 4 – ^{14}C-radioaktiv markiertem Cholesterin an Gesunden die Resorptionsquote von Cholesterin untersuchten. Danach lag die maximale Resorptionsquote um 345 ± 73 mg/Tag. Sie betrug 37% der Zufuhr. Gleichzeitig bewirkte jedoch die Nahrungszufuhr eine *Verminderung der endogenen Synthese von 25%* (wodurch am Ende die Gesamtaufnahme nur geringfügig verändert wurde).

Reisert (1968) betont: „*Der Cholesteringehalt der Nahrung hat wenig Einfluß auf die Höhe der Cholesterinkonzentation im Blut*". Dagegen könne mit steigender Menge Neutralfett bzw. unter fettreicher Ernährung des Plasmacholesterin ansteigen, was auch von anderen Autoren angenommen wird. Bei *essentieller, familiärer Hypercholesterinämie* kann nach Reisert 1969 *durch cholesterinarme Kost der hohe Serumspiegel nicht beeinflußt werden, so daß eine Steigerung der Cholesterinsynthese der Zellen als Ursache der Krankheit am wahrscheinlichsten ist.*"

7 Das Nahrungscholesterin

Man unterscheidet zwischen den sogenannten *„essentiellen" Stoffen*, die von außen mit der Nahrung zugeführt werden müßten und den sogenannten *„nicht essentiellen" Stoffen*, die der Körper endogen selbst bildet. Die Stoffwechselabläufe erfolgen bei den endogen gebildeten Stoffen ohne jede Nahrungszufuhr völlig ungestört ab. Der Körper ist auf ihre Zufuhr nicht angewiesen. Deshalb können diätetische Maßnahmen beim Gesunden nicht wirken.

Nahrungscholesterin zählt zu den „nicht essentiellen" Stoffen. Es wird endogen aus Acetyl-CoA gebildet (S. 17).

Außerdem geht täglich selbst bei einer absolut cholesterinfreien Kost *mehr Cholesterin verloren als mit der Nahrung aufgenommen wird* (S. 35).

Nahrungscholesterin ist „nicht essentiell"

Das Nahrungscholesterin gehört zu den sogenannten *nicht essentiellen Stoffen*. Es wird endogen in ausreichender Menge gebildet. Der Cholesterinstoffwechsel des Gesunden läuft ohne jede Cholesterinnahrungszufuhr ab. Jeder strenge Vegetarier müßte sterben, wenn die Situation anders wäre, denn Cholesterin kommt nur in tierischen Produkten vor und nicht in Pflanzen. Eine Cholesterinzufuhr von außen wird nicht benötigt. Eine vergleichbare Rolle spielen die sogenannten nicht essentiellen Aminosäuren. Auch diese werden, im Gegensatz zu den essentiellen, hundertprozentig endogen gebildet. Kein Arzt käme auf die Idee, einem Patienten eine Diät zu verordnen, die arm an nicht essentiellen Aminosäuren wäre. Das besagt allerdings nicht, daß sich nicht ein Teil des sogenannten freien Nahrungscholesterins mit dem freien Gallecholesterin mischen und mit diesem retiniert werden kann.

Die Resorption aus der Nahrung erfolgt *nur* in Form des *freien Cholesterins*. Tabelle 7.1 gibt nach Lang 1979 einen Überblick über den Anteil an freiem und an verestertem Cholesterin in Nahrungsmitteln wieder. 100 g Speck enthalten z. B. 254 mg Cholesterinester, aber nur 61 mg freies Cholesterin, Rindfleisch enthält 85 mg Ester, aber nur 31 mg freies Cholesterin. Ester werden enzymatisch gespalten und, soweit sie nicht resorbiert

Tabelle 7.1. Cholesteringehalt von Lebensmitteln. (Nach Kritchevsky u. Tepper 1961, zit. nach Lang 1979)

	Cholesterin [mg%]		
	Gesamt	Frei	Ester
Rindfleisch	116	31	85
Rinderleber	262	136	126
Kalbfleisch	85	80	5
Schaffleisch	83	38	45
Schafleber	118	50	68
Schweinefleisch	98	27	71
Schinken	126	29	97
Speck	215	61	254
Hühnerfleisch	93	28	65
Hühnerleber	200	79	121
Truthahn	110	50	60
Muscheln	122	113	9
Schellfisch	43	34	9
Flunder	41	22	19
Haddock	45	27	18
Salm	112	62	50
Thunfisch	52	46	6
Auster	112	62	50
Shrimps	138	127	11
Butter	187	85	102
Käse	140 – 170	120 – 150	20
Milch	28	28	0
Eier	1862	1484	356
Schmalz	143	74	69

werden, überwiegend mit dem Stuhlgang ausgeschieden. Gallensäuren begünstigen die Cholesterinresorption und die enzymatische Spaltung der Ester. Feine Emulgierung und die Anwesenheit von Galle sind nach Lang 1979 Voraussetzungen für eine rasche Resorption.

Das Angebot an Nahrungscholesterin

Wahrscheinlich wurde die Höhe der Cholesterinzufuhr über die Nahrung früher mit ca. 700 mg/Tag zu hoch eingeschätzt, weil diese Berechnungen nach Statistischen Jahrbüchern, aber nicht nach dem tatsächlichen Verzehr und getrennt nach Altersgruppen und Geschlechtern vorgenommen wurden. Die Höhe der Zufuhr wird stets von den individuellen Nahrungsgewohnheiten abhängen. Letztendlich stellt sich jedoch die entscheidende Frage, wieviel Nahrungscholesterin überhaupt resorbiert werden kann.

Über die Höhe der möglichen *Nahrungszufuhr an Cholesterin* gibt es verschiedene Aussagen. Tabelle 7.2 gibt die Berechnung der Cholesterinzufuhr für verschiedene *Bedarfsgruppen* wieder. Danach liegt die Nah-

Tabelle 7.2. Cholesterinzufuhr aus tierischen Nahrungsmitteln Tagesrationen verschiedener Bedarfsgruppen (Berechnungen nach Daten der Tabelle 15.6, S. 330)

Bedarfsgruppe	Gesamtenergieaufnahme kcal (kJ)	Cholesterinaufnahme mg	Fleisch g	Milch g	Käse g	Ei g	Butter g
Kleinstkinder, 1–3 Jahre	1200 (5000)	120	20	400	10	10	15
Kleinkinder, 4–6 Jahre	1600 (6700)	140	30	500	10	10	15
Schulkinder, 7–9 Jahre	1850 (7750)	160	50	500	20	10	15
Schulkinder, 10–12 Jahre	2290 (9600)	220	80	500	20	15	20
Schulkinder, 13–14 Jahre	2570 (10700)	260	80	500	25	25	20
Jugendliche, 15–18 Jahre	2800 (11700)	300	80	500	30	25	30
Leichtarbeiter	2400 (10000)	220	80	300	20	15	25
Schwangere	2540 (10600)	250	100	600	20	15	20
Stillende	2730 (11400)	270	100	800	20	15	20
ältere Menschen	2100 (8800)	190	80	250	20	15	20
mittlerer Schwerarbeiter	3050 (12800)	300	80	500	30	25	30
Schwerarbeiter	3670 (15300)	370	100	500	30	25	50
Schwerstarbeiter	4120 (17200)	400	120	700	30	25	50
laktovegetabile Kost	2500 (10450)	200	–	300	30	20	25

Durchschnittlicher Cholesteringehalt, bezogen auf 100 g Nahrungsmittel: Fleisch 70, Milch 13, Käse 70, Ei 470, Butter 240. Die obigen Berechnungen beziehen sich auf die Tabelle für die dort genannten verschiedenen Bedarfsgruppen. Wer die in der Tabelle genannten Richtlinien befolgt, erhält nicht mehr Cholesterin, als in dieser Tabelle angegeben ist. In einer normalen ausgewogenen Ernährung überschreitet die Cholesterinzufuhr in der Regel nicht 300 mg/Tag

Tabelle 7.3. Versorgungsbeispiele mit unterschiedlicher Zusammenstellung der Grundnahrungsmittel. Durchschnittliche Tagesmengen bei einer Zufuhr von 2600 kcal

Grundnahrungsmittel	Beispiel I (80 g Fleisch)	Beispiel II (hoher tierischer Eiweißanteil) 200 g Fleisch	Beispiel III (streng vegetarisch)	
1. Fleisch, Fisch	80	200	–	
2. Ei	15	50	–	
3. Milchsorten	300	400	–	
4. Käse bis 45%	20	75	30 (Sojamehl)	
5. Quark	20	75	30 (Nüsse)	
6. Pflanzenöl	20	20	45	
7. Butter o. Margarine	25	25	–	
8. Brotsorten	300	150	300	
9. Getreideprodukte	70	70	100	
10. Hülsenfrüchte	10	10	10	
11. Kartoffeln	250	100	300	
12. Gemüse	400	100	400	
13. Obst	400	250	400	
14. Zucker	50	50	50	
15. Konfitüre	25	25	25	
Inhaltsstoff	**Analysierte Werte/Tag**	**Analysierte Werte/Tag**	**Analysierte Werte/Tag**	**Empfohlene Werte**
Energie	2595,7 kcal	2592,8 kcal	2624,1 kcal	2597,5 kcal
Eiweiß	87,0 g	119,1 g	71,8 g	55,0 g
Kohlenhydrate	358,7 g	250,0 g	374,8 g	408,0 g
Fett	75,5 g	108,7 g	78,5 g	75,5 g
mehrfache ungesättigte Fettsäuren	15,8 g	16,1 g	31,6 g	10,0 g

Ballaststoffe	51,5 g	28,3 g	63,7 g	30,0 g
Natrium	2045,5 mg	1807,6 mg	1671,7 mg	2000,0 mg
Kalium	5380,5 mg	3584,1 mg	5629,0 mg	3500,0 mg
Magnesium	658,3 mg	425,8 mg	759,7 mg	350,0 mg
Kalzium	1024,9 mg	1320,3 mg	652,7 mg	800,0 mg
Phosphor	2057,5 mg	2166,9 mg	1876,8 mg	800,0 mg
Eisen	20,4 mg	16,6 mg	23,3 mg	12,0 mg
Zink	16,3 mg	20,3 mg	13,4 mg	15,0 mg
Vitamin A	600,7 µg	727,0 µg	242,8 µg	1000,0 µg
Vitamin E	15,6 mg	13,9 mg	30,7 mg	12,0 mg
Folsäure	169,5 µg	147,8 µg	202,6 µg	160,0 µg
Vitamin B_1	1,7 mg	1,5 mg	1,9 mg	1,4 mg
Vitamin B_2	1,8 mg	2,3 mg	1,2 mg	1,7 mg
Vitamin B_6	2,6 mg	2,1 mg	2,7 mg	1,8 mg
Vitamin C	335,2 mg	110,8 mg	337,8 mg	75,0 mg
Wasser	1387,1 g	1073,0 g	1078,3 g	–
Cholesterin	*215,1 mg*	*471,6 mg*	*0,0 mg*	–
Alkohol	0,0 g	0,0 g	0,0 g	–
Purine	298,4 mg	252,6 mg	312,0 mg	–
tierisches Eiweiß	36,6 g	90,2 g	0,4 g	–
Vitamin D	0,9 µg	2,2 µg	0,0 µg	–
Verteilung der Hauptnährstoffe				
Eiweiß	14,1%	19,3%	11,5%	12,3%
Kohlenhydrate	58,1%	40,6%	60,0%	57,7%
Fett	27,8%	40,0%	28,5%	30,0%
Anteil tierisches Eiweiß	42,1%	75,7%	–	45,0%

rungscholesterinaufnahme bei 220–300 mg beim *Erwachsenen* und 120–300 mg/Tag bei *Kindern und Jugendlichen*, wenn sie die anerkannten Regeln einer gesunden Ernährung befolgen. Lang (1979) nennt für die alte BRD eine durchschnittliche Zufuhr von 346 mg/Tag. Die DGE, „Ernährungsbericht" 1992, nennt auf Seite 28/29 für die ehem. BRD eine durchschnittliche Zufuhr von 456 mg/Tag und für die ehem. DDR von 478 mg/Tag. Bei den Berechnungen (auf S. 28 und 29 des Ernährungsberichtes 1992), die nicht vom tatsächlichen Verzehr von Nahrungsmitteln, sondern von statistischen Angaben ausgehen, ging man, laut eigener Anmerkungen der DGE u. a. vom reinen *Schlachtgewicht* aus (beinhaltet das Skelett, die Haut, Innereien, von denen 70% ins Tierfutter gehen, den Darminhalt usw.) und berücksichtigt weder Alter noch Geschlecht der Personen. Insofern sind solche Angaben über die Cholesterinzufuhr kaum zu gebrauchen.

Tabelle 7.3 zeigt die Berechnung von *drei Tagesmahlzeiten*, eine mit 80 g Fleisch, eine mit *200 g Fleisch, 1 Ei und 400 g Milch täglich* und eine streng vegetarische Kost. Selbst beim *Beispiel II* erreicht die *Cholesterinzufuhr* nur ca. *471 mg/Tag.* An dieser Stelle ist anzumerken, daß Eier ein hochwertiges Nahrungsmittel sind, gegen dessen Verzehr nichts einzuwenden ist (Tabelle 7.4).

Es gibt keinen isolierten Nahrungscholesterinentzug

Jeder diätetische Nahrungscholesterinentzug ist von einer Änderung zahlreicher Einzelstoffe in der Nahrung begleitet. Werden tierische Nahrungsmittel (nur diese enthalten Cholesterin) in Form von Eiern, Fleisch, Fisch, Innereien, Milch- und Milchprodukte u. a. eingeschränkt, treten an ihre Stelle zwangsläufig Kohlenhydratträger und Fette und damit eine geänderte Zufuhr an Inhaltsstoffen, die sich in einer Reduktion an Kalzium, Vitamin D und Mehrzufuhr an Magnesium usw. bemerkbar machen. Wenn man die Wirkung einer cardiovasopathogenen Experimentalkost aufheben will, werden genau diese Maßnahmen getroffen: Verringerung von Vitamin D und Kalzium im Futter und reichliche Zufuhr von Magnesium. Auch wird die Zufuhr an biologisch hochwertigen essentiellen Aminosäuren, Fettsäuren, Faser- und Ballaststoffen usw. verändert. Auch zieht die Änderung der Fettzufuhr generelle Stoffwechseleinflüsse nach sich.

Letztendlich kann niemand mit Gewißheit sagen, welcher Einzelstoff welchen Effekt bewirkt hat.

Bewegungen im Serumcholesterinspiegel können ebensogut indirekter Natur und durch eine Änderung der Gesamternährung ausgelöst sein. Eine cholesterinfreie Diät ist immer eine an Vegetabilien reiche Kost, die

Tabelle 7.4. Versorgung mit „essentiellen“ Aminosäuren.[a] (Berechnung zu Tabelle 7.3)

Inhaltsstoff	Beispiel I (80 g Fleisch)	Beispiel II (200 g Fleisch)	Beispiel III (vegetarische Ernährung)		
	Analysierte Werte/Tag	Analysierte Werte/Tag	Analysierte Werte/Tag	Mindesbedarf [g/Tag]	Empfohlene Zufuhr [g/Tag][b]
Energie:	2595,7 kcal	2592,8 kcal	2624,1 kcal		
Eiweißgehalt	87,0 g	119,1 g	71,8 g		
L-Isoleucin	3,9 g	5,9 g	2,9 g	0,7 g	1,4 g
L-Leucin	6,5 g	9,8 g	4,9 g	1,1 g	2,2 g
L-Lysin	4,8 g	8,2 g	3,0 g	0,8 g	1,6 g
L-Methionin[c]	1,6 g	2,6 g	1,0 g	1,1 g	2,2 g
L-Cystin[c]	1,1 g	1,3 g	1,0 g		
L-Phenylalanin[b]	3,8 g	5,3 g	3,2 g	1,1 g	2,2 g
L-Tyrosin[b]	2,8 g	4,5 g	2,1 g		
L-Threonin	3,2 g	4,9 g	2,5 g	0,5 g	1,0 g
L-Tryptophan	1,0 g	1,4 g	0,8 g	0,25 g	0,5 g
L-Valin	4,6 g	6,9 g	3,5 g	0,8 g	1,6 g

[a] Essentielle Aminosäuren sind unersetzbare Bestandteile der Nahrung, da der Körper diese Aminosäuren nicht oder nicht in ausreichender Menge zu synthetisieren vermag. Neben den angeführten, für den Menschen essentiellen Aminosäuren sind für Ratte und Hund weder Histidin noch Arginin essentiell

[b] Für werdende und stillende Mütter ist eine noch höhere Zufuhr angebracht

[c] Der Bedarf an Phenylalanin kann zu 70–75% durch Tyrosin, der von Methionin zu 80–89% durch Cystin gedeckt werden

ihrerseits bereits alleine zu einer Erniedrigung des Cholesterinspiegels führt (S. 149).

Kann Nahrungscholesterin den Serumspiegel beeinflussen?

Löffler und Petrides (1990) schreiben, sinngemäß auch andere Autoren, es sei schon lange bekannt, daß die *Cholesterinbiosynthese der Leber von der Menge des Nahrungscholesterins abhinge.* Auch der *Cholesteringehalt des Plasmas sei entscheidend vom Nahrungscholesterin abhängig* (Lang 1979). Bei einzelnen Tierspezies fänden sich erhebliche Unterschiede bezüglich der Leber als endogener Quelle des Cholesterins. Diese sei bei Hund und Ratte hauptsächlich für die Biosynthese verantwortlich, beim Menschen wäre es *die extrahepatische Biosynthese*".

Über die Rolle des Nahrungscholesterins gibt es unterschiedliche Auffassungen. Dietschy (1984) schreibt:

„*Cholesterin wird nur zu einem kleinen Teil (ca. 20%) aus der Nahrung resorbiert. Ein gesunder Mensch nimmt täglich 340 mg Cholesterin mit der Nahrung auf.*"

Allerdings ist anzumerken, daß nicht die Gesamtresorption von Cholesterin aus dem Darm um 20% erhöht wird. Würde man nicht vom „*Nahrungscholesterin*" sprechen, sondern von „*exogen*" *zur Resorption angebotenem Cholesterin*, kämen sich die unterschiedlichen Auffassungen schon näher, denn der überwiegende Teil des sogenannten *exogenen Cholesterins* enstammt der *Galle* (Seite 121), welches in den Darm ausgeschüttet wird. Nahrungscholesterin gehört vom Grundsatz her zu den nicht essentiellen Stoffen (Seite 133) des Körpers. Damit ist sein Einfluß prinzipiell unbedeutend. Im Rahmen des enterohepatischen Kreislaufs (Seite 128) wird in beschränktem Ausmaß aus dem Darm exogenes Cholesterin nur als freies Cholesterin retiniert, wobei der *Lieferant des freien Cholesterins* keine entscheidende Rolle spielt. *Verestertes Cholesterin*, welches sich z. B. in unterschiedlichem Ausmaß in Nahrungsmitteln befindet (Tabelle 7.1), wird grundsätzlich nicht retiniert. Sogenanntes *freies* Cholesterin stammt in einer Größenordnung von 500–1500 mg/Tag überwiegend aus der Galle. Sie enthält 96% *freies* Cholesterin. Dieses wird als „*exogenes Cholesterin* auch bei einer absolut cholesterinfreien Ernährung zur Retention angeboten. Mit der Nahrung werden im Durchschnitt nur ca. 350–450 mg täglich (freies und verestertes) Cholesterin geliefert (Seite 134). Allein über den Stuhlgang geht täglich als Koprosterin mehr Cholesterin (mindestens 500 mg) verloren, als mit der Nahrung zugeführt wird. Außerdem betragen die täglichen *Gesamtverluste* (Seite 35) *an Cholesterin* ohne jede Nahrungscholesterinzufuhr bereits ca. *618 mg* (Silbernagel

1989). *Damit geht mehr veloren, als zugeführt wird.* Zwischen der retinierten Menge an freiem Cholesterin, gleichgültig woher es stammt (ein Teil des freien Nahrungscholesterins mischt sich mit dem freien Cholesterin der Galle) und der endogenen Neubildung in der Leber besteht ein *Gleichgewicht*, welches über die *HMG-CoA-Reduktase* gesteuert wird. Dagegen spricht nicht, daß eine exogene Zufuhr die endogene Neusynthese mindern kann. Aber das Gleichgewicht bleibt beim Gesunden erhalten. Die enterohepatische Retention ist auch bei einer *cholesterinfreien Ernährung* gewährleistet. Nur so erklären sich u. a. die von Schettler 1955 berichteten Belastungsversuche mit 650 mg/Tag an Cholesterin beim Menschen, die das Blutcholesterin nicht beeinflußten (Seite 142) oder die Tatsache, daß sich strenge Vegetarier ohne jede Nahrungscholesterinzufuhr (in Pflanzenkost gibt es kein Cholesterin) gesund ernähren können. 1991 erheiterte eine Geschichte eines Amerikaners die Weltpresse, der angeblich täglich 25 Eier gegessen hatte, über die in Deutschland u. a. die Süddeutsche Zeitung am 2. 5. 1991 berichtete:

> „Ein 88jähriger Amerikaner ißt täglich 25 Eier. Damit nimmt er rund fünf Gramm Cholesterin zu sich. Trotzdem habe der Rentner keinen erhöhten Cholesterinspiegel, schreibt Fred Kern von der Colorado Universität in Denver im New England Journal of Medicine. Psychiater hatten das Verhalten des Mannes als „zwanghaft“ beschrieben.
>
> Seinem Fettstoffwechsel scheint dies nicht geschadet zu haben. Der Hausarzt habe immer nur Cholesterinwerte im Blut von 150 bis 200 Milligramm pro Deziliter gemessen.“ (Quelle: dpa, fwt)

Blum 1992 kommentiert diesen Bericht mit einigen Detailangaben wie folgt: Ein 88jähriger Mann hatte über mindestens 15 Jahre täglich 20–30 Eier gegessen und zeigte normale Cholesterinwerte (Gesamtcholesterin 200 mg%, LDL-Cholesterin 142 mg%, HDL-Cholesterin 45 mg%). Die Zufuhr von i.D. 1340 mg Cholesterin in Form von Eigelb führte in einem anderen Fall ebenfalls „zu keiner Veränderung der Normwerte“ von Cholesterin, LDL-, HDL-Cholesterin und von Triglyzeriden.

Warum eine cholesterinarme Diät nicht wirkt

Das ist mit *einigen Sätzen klar zu beantworten:*

a) Die *Cholesterinverluste* des Organismus liegen beim Gesunden täglich bei 618 mg und sind damit *höher* als die bei uns übliche Nahrungszufuhr an Cholesterin von ca. 350–450 mg (S. 34, 134 ff.).

Nach Dietschy et al. (1984) nimmt der Gesunde täglich ca. 340 mg Cholesterin über die Nahrung auf. Die endogene Biosynthese beträgt ca. 800 mg

(Turley and Dietschy 1982). Über den Darm gehen ca. 400 mg als Gallensäuren (die in der Leber aus Cholesterin entstehen) verloren. Nach Dietschy 1984 werden 600 mg unverändert ausgeschieden, zusätzlich gehen 85 mg mit der Haut und 50 mg für die Steroidhormonsynthese usw. verloren (Dietschy et al. 1970a–c).

b) Da das *Nahrungscholesterin* zu den *nicht essentiellen Stoffen* gehört (wie etwa auch die nicht essentiellen Aminosäuren), wird Cholesterin im Körper selbst synthetisiert. Nach radioaktiven Messungen wird ein Bestand von ca. 150 g angenommen. Die Synthese geschieht ohne jegliche Nahrungszufuhr. Der Körper kann die Biosynthese in nahezu jeder einzelnen Körperzelle vornehmen. Ein Schwerpunkt der Biosynthese liegt in der Leber.

c) Für die *Biosynthese* stehen endogen im Intermediärstoffwechsel anfallende, *unerschöpfliche Reserven* in Form von aktivierter *Essigsäure* (Acetyl-CoA) zur Verfügung. Dieses fällt beim Eiweiß-, Fett- und Kohlenhydratstoffwechsel an (S. 17). Eine Nahrungszufuhr an Cholesterin ist deshalb völlig unnötig.

d) Der *Cholesterinstoffwechsel* und *-umsatz* verläuft auch ohne jede Nahrungszufuhr an Cholesterin ungestört ab.

e) Die *Aufnahme von exogenem Cholesterin* (als sogenanntes freies Cholesterin als Bestandteil der Gallensäfte und der Nahrung) wird über das Schlüsselenzym, die *HMG-CoA-Reduktase gesteuert*, so daß stets ein Gleichgewicht zwischen der endogenen Synthese und der Zufuhr besteht. Eine übermäßige Aufnahme ist deshalb bei Gesunden nicht möglich. In pathologischen Fällen können z. B. bei „Nichtkompensierern" Ausnahmen bestehen (Seite 146).

f) Galle und Darm stehen dem Menschen als *Hauptausscheidungsorgane* für *überschüssiges und überflüssig* anfallendes *Cholesterin* zur Verfügung, über die er Cholesterin jederzeit über den Stuhlgang wieder ausscheiden kann, solang die endogenen Transportmechanismen funktionieren.

g) Die getestete *Belastung* des Gesunden mit 650 mg Cholesterin ist für das Blutcholesterin „ohne praktische Bedeutung" (Schettler 1955).

Der Körper scheidet nach Lang 1979 täglich ohne jede Nahrungscholesterinzufuhr mindestens 500 mg Cholesterin über die Galle in den Darm aus, also mehr als im Durchschnitt mit der Nahrung aufgenommen wird, von dem anteilig ein Großteil als Koprosterin mit dem Stuhlgang ausgeschieden und nicht mehr resorbiert wird. Gleichzeitig scheidet er erhebliche Mengen an Gallensäuren (ohne Nahrungscholesterinzufuhr) über die Galle aus, die aus Cholesterin in der Leber gebildet werden (S. 35), von denen ein Großteil wieder resorbiert wird. Galle und Darm sind die Ausscheidungsorgane des Menschen für nicht benötigtes Cholesterin.

Aus allen den genannten Gründen kann aus physiologischer Sicht der Entzug von Nahrungscholesterin keine *direkte Wirkung* auf den Serumcholesterinspiegel ausüben (wohl eine *indirekte Wirkung*, s. S. 149). Das Nahrungscholesterin ist eben nicht essentiell. Und wie könnte man ernsthaft annehmen, daß eine Ursubstanz wie Cholesterin, welches in fast jeder Körperzelle synthetisiert wird, oder eine seiner Transportformen z. B. das LDL-Cholesterin, primär Ursache der Arteriosklerose sein könnte?

Wir müssen daran erinnern, daß eine relativ geringe Menge an Nahrungscholesterin von ca. 350–450 mg auf einen physiologischen Dauermechanismus im Stoffwechsel trifft, der als *enterohepatischer Kreislauf* bezeichnet wird, der unabhängig von jeder Nahrungscholesterinzufuhr abläuft. In ihm werden nicht nur Gallensäuren, die aus Cholesterin in der Leber synthetisiert werden, über die Galle in den Darm ausgeschüttet und dort resorbiert, sondern es besteht auch ein *ständiger Cholesterinumsatz* (Ausschüttung) über die Galle in den Darm in einer Größenordnung von 500–1500 mg/Tag nebst beschränkter Resorption im Darm), der anteilmäßig die Nahrungscholesterinzufuhr um das 2- bis 3fache übertrifft. Dieser Mechanismus ist weder durch eine übermäßige Cholesterinzufuhr über die Nahrung noch einen Cholesterinentzug (z. B. eine cholesterinfreie Diät) aufhebbar.

Das Cholesterin der Galle und der Nahrung treffen im Darm zusammen, wobei von beiden nur das sogenannte *freie Cholesterin* resorbierbar (Tabelle 7.1) ist. Von beiden Cholesterinträgern wird *vom gesunden Menschen nur ein Teil* des Cholesterins im Rahmen des enterohepatischen Kreislaufes *retiniert*, im Gegensatz zu vielen Tieren, die bis zu 90% resorbieren. Hierbei sind die Anteile, die aus dem Gallecholesterin stammen, die im Angebot überwiegen, ungleich größer als jene aus dem Angebot an Nahrungscholesterin. Im *Lehrbuch der Physiologie* von Klinke u. Silbernagel 1994 heißt es hierzu, daß ein Großteil des im Dünndarm absorbierten Cholesterins aus der Galle stamme. Da die Resorption beschränkt ist, geht täglich insgesamt mehr Cholesterin in Form von *Koprosterin* (Abbauprodukt des Cholesterins) mit dem Stuhlgang verloren, als im Durchschnitt durch die Nahrung zugeführt werden könnte.

Beim *gesunden Menschen* ist die Resorption von Cholesterin insgesamt beschränkt und steht in einem ausgeglichenen *Gleichgewicht* (Lang 1979) mit der Neusynthese in der Leber. Das schließt selbstverständlich nicht aus, daß auch sogenanntes *freies* Nahrungscholesterin neben dem *freien* Cholesterin aus der Galle mit resorbiert wird, aber entsprechend dem Mengenangebot an beiden nur in beschränkter Form. Dabei kann nach Dietschy (1984) der Anteil an *freiem* Cholesterin aus der Nahrung anteilig an der gesamten resorbierten Menge bis zu 20% ausmachen. Beim Gesunden wird grundsätzlich insgesamt nicht mehr Cholesterin resorbiert als endogen benötigt wird. Es besteht ein Gleichgewicht zwischen Zufuhr und Neusynthese (Lang 1979). Bei einer Mehrzufuhr wird die endogene Synthese gedrosselt. Geht die endogene Synthese zurück, kann die Resorption ansteigen. Dieser Tatbestand besagt, daß stets eine ausreichende Cholesterinsynthese auch ohne jede Nahrungszufuhr besteht und daß weder eine übermäßige Cholesterinzufuhr noch der Entzug eine direkte Wirkung auf den Serumcholesterinspiegel haben können.

Die regulierende Rolle des Schlüsselenzyms (HMG-CoA-Reduktase)

Die Mehrzahl der Autoren ist sich seit jeher darüber einig, daß ein Nahrungscholesterinentzug keine oder nur eine geringe Wirkung auf den Serumcholesterinspiegel hat. Bei dieser Gelegenheit möchten wir auf eine bereits in den 50er Jahren durchgeführte wissenschaftliche Arbeit von G. Schettler (später Heidelberg) hinweisen, der bereits damals den Nachweis führte, daß eine *„cholesterinfreie" Diät unwirksam* ist.

Schettler beschrieb bereits 1955 im *Handbuch der Inneren Medizin*, daß *„die Zulage von 650 mg Cholesterin bemerkenswerterweise das Blutcholesterin praktisch unverändert"* (Tabelle 7.5) läßt. Dabei sei es *„gleich, ob pflanzliche Öle oder tierische Fette verabreicht werden."* Das *„Nahrungscholesterin"* habe, *„keinen sicheren bleibenden Einfluß auf die Höhe des Blutcholesterinspiegels."* Schettler kommt zu dem Schluß: *„Der Cholesteringehalt der Nahrung ist für das Blutcholesterin ohne praktische Bedeutung."*

Dagegen bewirke „die Reduktion von Fett von 110 g täglich auf 11 g eine Abnahme des Serumcholesterins um rund 64 mg%, die Einschränkung des Fettes auf 68 g um etwa 27 mg%". Hierbei dürfte es sich im wahrsten Sinne des Wortes um eine *indirekte Wirkung* auf den Serumcholesterinspiegel über den Fetthaushalt handeln. Diesbezüglich sind zahlreiche indirekte Einflußmöglichkeiten bekannt (vgl. mit S. 149). Die Reduktion der Fettzufuhr auf 11 g/Tag entspricht einer extremen Fetteinschränkung in der Ernährung, wie sie z. B. nur in den *Hungerzeiten des 2. Weltkrieges* um 1947 (Sperling 1955) eintrat. Die Abnahme des Serumcholesterinspiegels in der Hungerzeit 1947/1949 hat Schettler 1955 in Tabelle 7.6 aufgezeigt. Hierbei ist zu beachten, daß in Hungerzeiten nicht allein die Fettzufuhr, sondern die gesamte Ernährung eingeschränkt ist. In einer *Hungerperiode* wird nach Lang (1979) auch die Cholesterinsynthese ein-

Tabelle 7.5. Veränderungen des Serumcholesterins nach Variationen des Cholesterin- und Fettgehaltes der Nahrung. Die Zugabe von 650 mg Cholesterin hat keine Veränderung des Serumcholesterinspiegels zur Folge. Der Cholesteringehalt der Nahrung ist für das Blutcholesterin ohne praktische Bedeutung. Die Fettreduktion von 110 g auf 11 g täglich bewirkt eine Abnahme des Serumcholesterins um rund 64 mg%, die Einschränkung des Fettes auf 68 g um etwa 27 mg%. Aus Schettler 1955, S. 690)

Nahrungs-		Serumveränderungen mg%
Cholesterin mg	Fett g	
0	11	−64
650	11	−61
0	68	−27
650	68	−21
0	110	0
650	110	0

Tabelle 7.6. Blutcholesterin [mg%] von Normalpersonen (20−40 Jahre alt) während der Jahre 1943, 1947, 1949. Während der Periode von 1947−1949 herrschte in Deutschland die schlimmste Hungersnot nach dem 2. Weltkrieg. In der 101. Zuteilungsperiode wurden 1947 974,7 kcal/Tag auf Lebensmittelkarten zugeteilt (vgl. Holtmeier 1986, S. 91). Unter Hungerzuständen senken sich z. B. der Ruhegrundumsatz um ca. 33% ebenso der Serumcholesterinspiegel und stellen sich auf ein neues Niveau ein. Ursache hierfür ist die Abnahme eines Schlüsselenzyms für die Biosynthese von Cholesterin. (Aus Schettler 1955, S. 690)

	Mittelwert von	Gesamt-Cholesterin	Freies Cholesterin	Verestertes Cholesterin
1943	4 Männer	196 ± 6,7	69 ± 2,7	127 ± 5,9
	9 Frauen	206 ± 4,0	69 ± 1,5	137 ± 3,1
1947	60 Männer	161 ± 2,3	60 ± 2,1	101 ± 2,5
	40 Frauen	172 ± 2,9	59 ± 2,0	112 ± 3,0
1949	50 Männer	194 ± 6,0	62 ± 2,1	132 ± 6,9
	50 Frauen	201 ± 6,0	63 ± 3,0	138 ± 6,6

geschränkt. Ursache ist eine Abnahme der β-Hydroxy-β-methylglutaryl-CoA-Reduktase, die als Schlüsselenzym die Biosynthese von Cholesterin begrenzt.

Ramsey et al. (1991) erwähnen unter Diätlangzeitstudien mit 30% Fettkalorien (ein Drittel gesättigte Fettsäuren) der American Heart Association nur eine Cholesterinsenkung von 2%. Rossouw et al. 1993 und Gibbins et al. 1993 beschreiben in fünf Studien an mehreren tausend Patienten nur eine geringfügige Senkung. Robertson et al. (1992), die Imperial Cancer Research Fund Oxcheck Study (1992) und die Family Heart Study (1994) fanden eine Senkung von 1–2%, Hunninghake et al. (1993) nur eine geringfügige Senkung während einer streng fettarmen (25,8 ± 1,2 g/Tag) und cholesterinarmen (147 ± 11 mg/Tag) Diät.

Eine Beeinflussung des Cholesterinspiegels durch die Nahrung ist bei gesunden Menschen nur kurzfristig und sehr marginal möglich, da nach anfänglicher Erhöhung des Cholsterinspiegels die *Rückkopplungsmechanismen* „greifen" und vermehrt Cholesterin ausgeschieden wird (Porter 1977; Flynn et al. 1979; Slater et al. 1976; Miller 1985). Selbst extreme Fütterungsversuche mit mehreren Eiern täglich führen an gesunden Probanden nur zu einem geringfügigen Cholesterinanstieg (Faber et al. 1982). Es gibt jedoch abweichend vom Stoffwechsel des Gesunden sogenannten *Nichtkompensierer*, die auf Nahrungscholesterin mit einem Anstieg der Blutfette reagieren (McNamara 1987).

8 Der Plasmacholesterinspiegel

Die Normalverteilung eines Stoffes wird mittels aufwendiger standardisierter statistischer Methode an tausenden von Gesunden ermittelt. Die auf diese Weise gewonnenen Werte umgrenzen den Bereich, der die Normalverteilung eines Stoffes umfaßt. Werte außerhalb dieses Bereiches gelten allgemein als anormal bzw. krankhaft. Jede ärztliche Diagnose hebt u. a. mit auf diese Werte ab, wenn die Frage zu beantworten ist, ob ein Mensch krank oder gesund ist.

Die Werte können bei einigen Stoffen von Faktoren, wie z. B. unterschiedliche Erbanlagen in den Völkern der Welt, abhängen oder vom jeweiligen Ernährungszustand, auf den sich der Organismus individuelle einstellt. Unter Hungerzuständen ändern sich meistens mehrere Parameter gleichzeitig und stellen sich auf ein neues Gleichgewicht ein.

Der Versuch der Medizin, aus theoretisch interlektuellen Beweggründen heraus, außerhalb der bekannten Normalverteilung neue „Grenzwerte" (die es nicht gibt, sondern nur Bereiche) z. B. 200 mg% als Obergrenze für das Serumcholesterin festzulegen, ist bislang daran gescheitert, weil sich physiologische Normalverteilungen beim Menschen nicht willkürlich manipulieren lassen. Außerdem läßt sich aus Bebachtungen an Kranken nicht auf die Normalverteilungen von Gesunden schließen, da jede Krankheit mit einem abweichenden (erhöhten oder erniedrigten) Serumspiegel einhergehen kann. Jedoch läßt sich häufig ein krankhaft entgleister Serumspiegel wieder normalisieren.

Die Aufrechterhaltung von Normalbereichen im Blutserum

Der *Gesunde* kann sich durch eine zu *hohe Nahrungscholesterinzufuhr keine Hypercholesterinämie „anessen"*. Vergleichsweise könnte eine kaliumreiche Diät beim Gesunden die Kaliumspeicher randvoll füllen, aber keine Hyperkaliämie im Serum auslösen, sofern keine Giftdosis verabreicht wird. Könnte man dies, würden rasch Herzstillstand und Tod folgen. Die physiologische Normalverteilung von Cholesterin läßt sich aus Gründen der Lebensfähigkeit beim Menschen, im Gegensatz zu einigen

Tieren, ebensowenig wie bei anderen physiologischen Stoffen, beliebig ausweiten. Bei einigen Tieren (Huhn, Kaninchen, Ratte, Hund, Affe) wird der Umfang der Cholesterinsynthese in der Leber über einen Feedbackmechanismus der alimentären Zufuhr gesteuert, der beim Menschen nicht nachgewiesen ist (Lang 1979). Im *Hungerzustand* wird die Synthese von Cholesterin durch Abnahme des Schlüsselenzyms β-Hydroxy-β-methylglutaryl-CoA-Reduktase beschränkt, der eine Senkung der Normverteilung in einen erniedrigten Bereich folgt. Insofern stellt sich der Serumcholesterinspiegel in Hungerzeiten auf niedrigere Normwerte ein. Eine vorübergehende, jedoch symptomatische Absenkung kann z. B. auch unter körperlicher Arbeit erfolgen und ist keine unveränderliche Größe. Bekanntlich kann im Hungerzustand auch der Ruhegrundumsatz um ca. 33% gesenkt werden und sich dort vorübergehend physiologisch einstellen.

Viele Faktoren beeinflussen dern Serumcholesterinspiegel

Lang (1979) hat in seinem Buch „*Biochemie der Ernährung*" nachfolgende wichtige Aussagen getroffen, die man auch heute noch dringend beachten sollte:

„Die *Höhe des Plasmacholesterinspiegels* ist die *Resultante vieler Stoffwechselreaktionen*: Alimentäre Aufnahme, Biosynthese, Ausscheidung, Abbau, Ausbildung von Gleichgewichtszuständen mit dem Cholesterin der Organe, insbesondere Äquilibrierung mit der Leber. Auch aus diesem Grunde haben Plasmacholesterinbestimmungen allein einen *nur begrenzten Aussagewert*, vor allem unter pathologischen Bedingungen. Dies gilt insbesondere für den Bereich Plasmacholesterin-Arteriosklerose, über den eine große, unübersichtliche, in sich teilweise recht widerspruchsvolle und teilweise bemerkenswert unkritische Literatur besteht."

„Langfristige Beobachtungen haben gezeigt, daß der *Plasmacholesterinspiegel* des Menschen große und *unregelmäßige Schwankungen* aufweist.

Streßsituationen können mitunter kurzfristig Schwankungen von 60 mg/100 ml und mehr bewirken. Die Abhängigkeit des Plasmacholesterinspiegels von den vielen exogenen und endogenen Faktoren macht die Deutung von Einzelbefunden häufig sehr schwierig, vor allem dann, wenn sie in der Nähe der Grenze der physiologischen „Normalwerte" gelegen sind. Daher ist auch große Vorsicht bei der Bewertung etwaiger diätetischer und anderweitiger therapeutischer Maßnahmen vonnöten."

Serumcholesterin als Symptom

Kein Mensch kann ohne Temperatur leben. Fieber ist u. U. ein Symptom, aber nicht die Ursache der Krankheit (diese sind Infektionskrankheiten, Krebs usw.). Eine erhöhte Blutkörperchensenkungsgeschwindigkeit ist nur ein Symptom. Niemand kann ohne Blutdruck leben. Der erhöhte Blutdruck ist nur ein Symptom, aber nicht Ursache der Krankheit. *LDL-, HDL-, VLDL- und Gesamtcholesterinveränderungen* sind in der Regel nicht die Ursache eines Leidens, sondern nur *ein Symptom.*

Eine *Ausnahme* bilden allerdings die Störungen im Cholesterinstoffwechsel bei den angeborenen familiären Hyperlipoproteinämien, bei denen es infolge eines Defektes am Chromosom 19 zu einer verminderten Bildung von LDL-Rezeptoren und einem gestörten Umsatz kommt (vgl. S. 83). In der Überzahl der anderen Fälle sprechen wir von den sogenannten *sekundären* oder *symptomatisch* ausgelösten *Hyperlipoproteinämien* (Tabelle 8.1). Auch die verschiedenen Lipoproteinfraktionen (HDL, LDL usw.) reagieren ggf. sekundär und symtomatisch auf zahlreiche Einflüsse, wie dies Tabelle 8.1 zeigt.

Bevor eine primäre Hyperlipoproteinämie diagnostiziert wird, müssen Erkrankungen und Zustände ausgeschlossen werden, die den Blutfettspiegel erhöhen können und eine sekundäre Hyperlipoproteinämie verursachen. Nach Beseitigung der Ursache normalisieren sich die Blutfette wieder (Tabelle 8.2).

Im bekannten Buch *„Labor und Diagnose“* (Thomas 1992), welches der Bewertung von Laborbefunden dient und welches unter Mitwirkung

Symptomatische Schwankungen können ausgelöst werden durch: Änderung der Ernährung (z. B. einseitig kohlenhydrat- oder eiweißreich), die Art der Fettzufuhr, Körpergewicht, Hunger, Streß (Schwankungen bis zu 65 mg %), Koffein, Alter, Geschlecht, körperliche Aktivität, Anlagen, infolge natürlicher Schwankungen (z. B. Tagesschwankungen, Klima, Schwangerschaft, Hormonstatus), Antibabypille, Medikamente wie Thyreostatika, Saluretika, Kortikoide, durch katecholamininduzierte Lipolyse, primäre biliäre Leberzirrhose, Alkoholismus, Gicht, Diabetes mellitus, nephrotisches Syndrom, Pankreatitis, Porphyrien, Urämie, Infektionskrankheiten, Krebs usw. Vitamin C senkt den Spiegel längerzeitig.

Auch beim *HDL* gibt es (Thoma 1992) *„eine ganze Reihe von Faktoren* wie *z. B. Rauchen, Bewegung, Hormone, Geschlecht und Alter“* welche die HDL-Cholesterinwerte beeinflussen.

Tabelle 8.1. Sekundäre Hyperlipoproteinämien in der Reihenfolge ihrer Häufigkeit. (Aus Geigy 1985)

Grundkrankheit	Lipoproteinelektrophorese	Konzentrationsanstieg			
		Triglyzeride	Cholesterin	Phospholipide	Freie Fettsäuren
Diabetes mellitus	Prä-β-Lipoproteine	Leicht	Leicht	Leicht	Mäßig
Ketoazidotisches Koma	Prä-β-Lipoproteine	Mäßig	Keiner	Keiner	Stark
Nephrotisches Syndrom	β-Lipoproteine	Stark	Mäßig	Mäßig	Leicht
Chronische Niereninsuffizienz	Prä-β-Lipoproteine	Leicht	Keiner	Leicht	Keiner
Primäre biliäre Zirrhose	Obstruktives Lipoprotein (LP-X)	Leicht	Stark	Exzessiv	Leicht
Intra- und extrahepatische Cholestase	Obstruktives Lipoprotein (LP-X)	Leicht	Stark	Stark	Leicht
Zieve-Syndrom	Prä-β-Lipoproteine	Stark	Mäßig	Mäßig	Leicht
Hypothyreose	β-Lipoproteine und Prä-β-Lipoproteine	Mäßig	Stark	Stark	Normal
Pankreatitis	Prä-β-Lipoproteine	Stark	Leicht	Mäßig	Normal
Glykogenosen	Prä-β-Lipoproteine	Stark	Mäßig	Mäßig	Normal

(HDL wurden früher als α-Lipoproteine, LDL als β-Lipoproteine bezeichnet, VLDL als Prä-β-Lipoprotein)

Tabelle 8.2. Einfluß verschiedener Diätregimes auf die Lipoproteinfraktionen des Plasmas (Quelle s. Tabelle 8.1)

Diättyp	Reaktion des Lipoproteinspektrums	
Kohlenhydratreich	Prä-β-Lipoproteine	↑
	β-Lipoproteine LDL	↓
Fettreich	*β-Lipoproteine LDL*	↑
	Prä-β-Lipoproteine	↓
Langkettige gesättigte Fette	*β-Lipoproteine LDL*	↑
Mehrfach ungesättigte Fette	β-Lipoproteine LDL	↓
	Prä-β-Lipoproteine	↓
	Chylomikronen	↓
MCT-Fette	Prä-β-Lipoproteine	↑
	β-Lipoproteine LDL	↓
	Chylomikronen	↓
Hyperkalorisch	Prä-β-Lipoproteine	↑
Reduktionskost	Prä-β-Lipoproteine	↓
	Chylomikronen	↑
Akute Fettbelastung	Chylomikronen	↑
Akute Alkoholbelastung	Prä-β-Lipoproteine	↑
	α-Lipoproteine HDL	↓
	(Chylomikronen ↑ bei gleichzeitiger Fettzuführung)	

(HDL wurden früher als α-Lipoproteine, LDL als β-Lipoproteine bezeichnet, VLDL als Prä-β-Lipoprotein)

einer Großzahl deutscher Laborleiter und -chemiker ins Leben gerufen wurde, heißt es: „Eine dreiminütige Venenstauung kann eine *Erhöhung der Cholesterinwerte von bis zu 10% bewirken*. Eine ähnliche *Zunahme* wird bei *stehenden Probanden* gegenüber dem liegenden gefunden".

Streß erhöht den Cholesterinspiegel

Früher war in einigen Laboranweisungen für Cholesterinbestimmungen vermerkt: *„Man beachte den Einfluß psychogener Effekte"*. Damit wollte man sagen, daß der Cholesterinspiegel sehr leicht durch Unruhezustände, z. B. infolge von Stimmungen, symptomatisch erhöht sein könnte.

Die *Schwankungen können bis zu ca. 60 mg% ausmachen*. Wenn heute gelegentlich aus einigen Kliniken (z. B. Rehabilitationskliniken) gemeldet wird, daß man im Vergleich zur anfänglichen Blutentnahme am ersten oder zweiten Tag nach der Einlieferung bereits nach zwei Wochen Therapie mit einer cholesterinarmen Diät etc. ein Absinken des Cholesterinspiegels beobachtet hätte, so geht dies häufig auf Kosten des Abbaus der psychogenen Einflüsse. Denn es gibt so gut wie niemanden, den nicht die Aufnahme in eine Klinik emotional bewegen würde. Im Grunde genommen dürfte man deshalb die Serumcholesterinabnahme erst am dritten Tag nach der Ankunft durchführen. Somit ist es kein Wunder, wenn sich der Spiegel einige Zeit nach der Anfangsabnahme in ganz natürlicher Weise wieder normalisiert, d.h. absinkt. Solche Effekte kann man auch im Alltag in *jeder Praxis* beobachten, besonders wenn für den Patienten die Anreise beschwerlich und der Aufenthalt im Wartezimmer lang waren. Man sollte in Zweifelsfällen stets einen zunächst scheinbar pathologischen Wert in Ruhe kontrollieren.

Ab wann liegt eine Hyperlipidproteinämie vor?

Bei der Festlegung der Normalwerte von Blutparametern hat man sich in der Naturwissenschaft empirisch darauf geeinigt, die unteren und oberen 5% einer *Verteilungskurve* als pathologisch einzustufen (Abb. 8.1). Zu beachten ist dabei, daß sich unter den Extremwerten auch Menschen befinden, bei denen ein solcher Wert normal ist. Nicht jeder Mensch, der Werte über dem 95. Perzentil aufweist, ist automatisch krank. Je weiter jedoch ein Wert von der mittleren Verteilung entfernt ist, um so größer ist die Wahrscheinlichkeit, daß es sich um einen pathologischen Wert handelt. Wie auch die Körpergröße der Menschen variiert, so sind auch die Cholesterinwerte der Menschen sehr unterschiedlich. Einen Menschen, der 1,95 m groß ist, betrachten wir ja auch nicht als krank, obwohl er auf dem 95. Perzentil liegt. Es besteht jedoch die Möglichkeit, daß ein hypophysärer Riesenwuchs eines 12jährigen vorliegt.

Per definitionem liegt also nur dann eine *Hypercholesterinämie* vor, wenn die 95. Perzentile überschritten wird. Wie alle natürlichen Blutparameter, so ergibt auch die Cholesterinverteilung der Gesamtbevölkerung in etwa eine Glockenkurve. Als Normbereich gelten also Werte, die zwischen 5% und 95% der Verteilungskurve liegen (Abb. 8.1). Es kann nicht mit rechten Dingen zugehen, wenn die Normbereiche eigenhändig neu festgelegt werden (Consensus Conference 1985, European Ath. Consensus Conference 1987), weil angeblich die Durchschnittswerte einer Gesamtbevölkerung zu „hoch“ sind und *70% der Menschen künstlich „krank“ dadurch werden.*

Ab wann kann man von einer echten Hyperlipoproteinämie sprechen? An dieser *Kardinalfrage* scheiden sich die Geister, wenn man nicht den

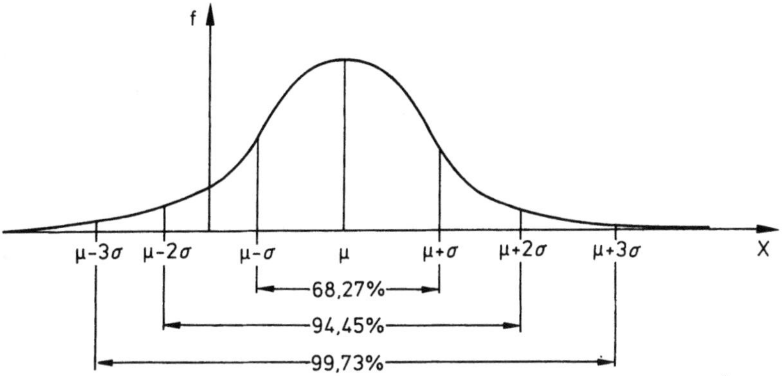

Statistische stetige Wahrscheinlichkeitsverteilung, definiert durch die Funktion:

$$f(x) = \frac{1}{\sigma\sqrt{2\pi}} \exp\left[-\frac{1}{2}\left(\frac{x-y}{\sigma}\right)^2\right]$$

(mit dem Mittelwert $\mu\upsilon$. und der Standardabweichung σ als Parameter ergibt sich immer dann, wenn eine Zufallsvariable der Wirkung zahlreicher Variationsfaktoren ausgesetzt ist und die Abweichungen durch diese Faktoren voneinander unabhängig und von derselben Größenordnung sind. Graphische Darstellung als sog. Glockenkurve; 1σ, 2σ- u. 3σ-Intervalle der Normalverteilung

Abb. 8.1. Normalverteilung nach Gauß (ist beschränkt anwendbar, aus Roche Lexikon 1993)

physiologisch bedingten und für Deutschland absolut sicher erwiesenen *Altersanstieg* des *Serumcholesterin- und LDL-Wertes* ausreichend akzeptiert und berücksichtigt, daß etwa jenseits des 69. Lebensjahres die Cholesterinwerte wieder leicht abfallen (Tabelle 8.8) und eine Rassenabhängigkeit anerkennt (S. 8.9). Die meisten Fehldeutungen über einen angeblich zu hohen Cholesterinspiegel bei uns beruhen darauf, daß die physiologisch bedingte Zunahme des Serumcholesterins und des LDL-Spiegels mit dem Alter nicht gebührend berücksichtigt werden (Tabelle 8.4 und 8.6, Abb. 8.2).

Als Lehrstück mag hierzu Tabelle 8.3 dienen, welche die altersabhängige Verteilung der *Cholesterinwerte aus der DHP-Studie* (Tabelle 8.4) aus 1984–1986 wiedergibt. In der *Altersgruppe der 25- bis 29jährigen* liegt der *Mittelwert* für das Serumcholesterin bei *ca. 198 mg%* (Tabelle 8.4). Der obere Streuwert (95. Perzentil) endet bei ca. 270 mg% (Abb. 8.2). Tabelle 8.3 zeigt, daß in dieser Altersgruppe zwischen 36 und 39% der jungen Leute einen Serumwert von 200–249 mg% aufweisen

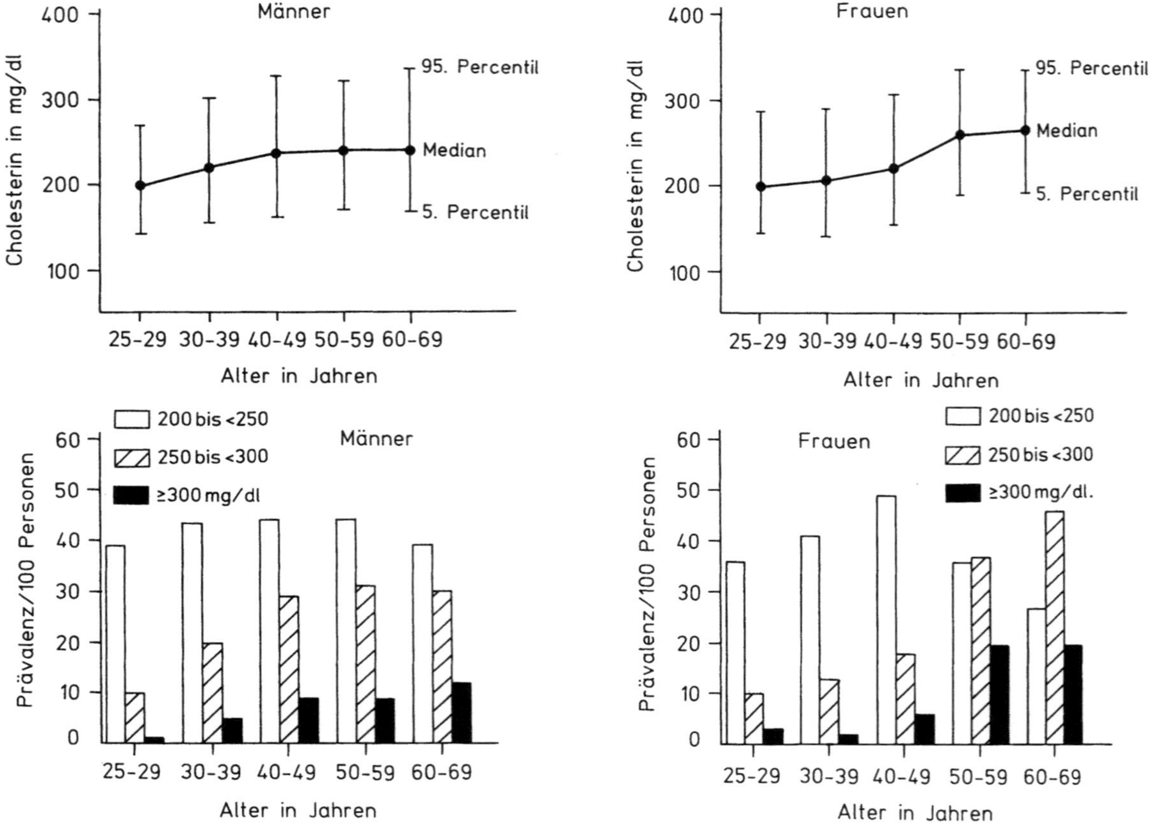

Abb. 8.2. Gesamtcholesterin, DHP – Nationaler Untersuchungssurvey 1984–1986. (Aus „Daten des Gesundheits-

Tabelle 8.3. Prävalenz erhöhter Cholesterinwerte in der Deutschen Herz-/Kreislauf-Präventionsstudie, Nationaler Untersuchungssurvey 1984–1986 (n = 4796) (Aus Assmann 1970)

Alter (Jahre)	25–29	30–39	40–49	50–59	60–69
Cholesterin 200–249 mg/dl					
Männer	39%	43%	44%	44%	39%
Frauen	36%	41%	49%	36%	27%
Cholesterin 250–299 mg/dl					
Männer	10%	20%	29%	31%	30%
Frauen	10%	13%	18%	37%	46%
Cholesterin ≧300 mg/dl					
Männer	1%	5%	9%	9%	12%
Frauen	3%	2%	6%	20%	20%
Cholesterin ≧200 mg/dl					
Männer	50%	68%	82%	84%	81%
Frauen	49%	56%	73%	93%	93%

und Werte darüber äußerst selten vorkommen. Das entspricht ganz dem Verteilungsmuster in der Jugend (Tabelle 8.6, 8.8). Anders ist dies in der *Altersgruppe der 50- bis 59jährigen*, deren physiologischer *Mittelwert* für Cholesterin physiologischerweise höher, und zwar bei *238–256 mg%* (Tabelle 8.4 u. 8.6) liegt. Nach Abb. 8.2 reicht der obere Streuwert (95. Perzentil) bis zu etwa 330 mg%. Nach Tabelle 8.3 fallen 31–37% über den genannten *Mittelwert*, also auf den Bereich von 250–299 mg% und ein fast ebenso großer Anteil von 36–44% unter den *Mittelwert* auf den Bereich von 200–249 mg%. Naturgemäß entfallen 9–20% auf Serumwerte von über 300 mg%. Auch das entspricht der normalen altersgemäßen Verteilung im Erwachsenenalter. Alles in allem besagen Tabelle 8.3 wie auch die Tabellen 8.4 und 8.6, daß sich die Serumcholesterinwerte alters- und geschlechtsabhängig ändern. Von einer „ungünstigen Entwicklung" der Cholesterinwerte, von der die Autoren (S. 164) sprechen, kann keine Rede sein.

Die Beantwortung der Frage, *ab wann eine Hyperlipoproteinämie vorliegt,* ist unzweifelhaft vom *Alter und Geschlecht* abhängig und ergibt sich demnach für die deutsche Bevölkerung aus den Ergebnissen der nach standardisierten statistischen Untersuchungsmethoden durchgeführten DHP-Studie für das *Gesamtcholesterin* aus Abb. 8.2 und für das *HDL-Cholesterin* aus Abb. 8.4. Beide Abbildungen geben eine *„Vertrauensgrenze"* (der Begriff entspricht dem *Perzentil*) von 95% und von 5% an. Die

Tabelle 8.4. Gesamtcholesterin nach Geschlecht, Alter und Erhebungsphase. DHP – Nationaler Untersuchungssurvey 1984–1986 und 1987–1989. (Aus „Daten des Gesundheitswesens" Bundesministerium für Gesundheit 1991, Bd. 3, S. 61)

Gesamtcholesterin [mg/dl]	Gesamt		Männer		Männer 25–29 Jahre		Männer 30–39 Jahre		Männer 40–49 Jahre		Männer 50–59 Jahre		Männer 60–69 Jahre	
	1985	1988	1985	1988	1985	1988	1985	1988	1985	1988	1985	1988	1985	1988
Fallzahl	4640	5174	2271	2519	339	376	530	589	634	701	486	540	283	314
25. Perzentil	198,4	200,6	197,6	201,0	171,3	175,5	188,7	191,8	209,2	209	213,1	213,4	210,7	218,8
50. Perzentil (Median)	227,7	231,2	226,2	232,4	198,0	199,5	215,4	221,5	237,8	238	238,2	244,0	241,7	244,3
75. Perzentil	262,9	264,1	258,7	262,9	222,3	226,9	249,4	252,8	266,4	266	266,0	270,2	273,4	276,8
Mittelwert	232,4	234,8	230,7	234,2	199,8	202,8	221,2	224,9	240,0	240	241,6	244,0	245,8	247,6
Standardabweichung	49,5	48,5	48,3	47,3	38,1	38,9	46,4	47,4	47,0	47,0	44,5	45,0	51,9	42,7
Prävalenz/100 Personen:														
< 200 [mg/dl]	26,5	24,7	27,0	24,3	52,1	51,5	35,4	32,3	18,8	14,4	16,5	16,5	18,0	12,4
200 bis < 250 [mg/dl]	40,3	40,0	41,8	40,3	37,9	39,0	40,1	39,9	44,4	42,3	44,5	38,7	39,2	40,6
≥ 250 [mg/dl]	33,2	35,3	31,2	35,4	10,0	9,5	24,5	27,8	36,8	43,3	39,0	44,7	42,8	47,0

Gesamtcholesterin [mg/dl]	Gesamt		Frauen		Frauen 25–29 Jahre		Frauen 30–39 Jahre		Frauen 40–49 Jahre		Frauen 50–59 Jahre		Frauen 60–69 Jahre	
	1985	1988	1985	1988	1985	1988	1985	1988	1985	1988	1985	1988	1985	1988
Fallzahl	4640	5174	2369	2655	313	354	502	569	620	687	516	576	417	469
25. Perzentil	198,4	200,6	198,7	199,9	177,5	178,6	180,6	182,5	198,4	201,4	231,2	226,9	237,0	237,8
50. Perzentil (Median)	227,7	231,2	228,8	230,0	197,6	199,1	206,1	207,6	220,4	226,6	256,7	256,3	266,4	266,8
75. Perzentil	262,2	264,1	266,4	266,0	226,2	226,9	231,2	228,1	249,0	255,9	293,1	285,3	293,1	302,7
Mittelwert	232,4	234,8	234,0	235,3	203,6	202,9	208,9	208,6	225,7	230,9	261,1	257,1	266,2	271,9
Standardabweichung	49,5	48,5	50,5	49,6	41,8	38,4	40,9	36,2	43,1	44,3	47,0	45,1	46,4	47,2
Prävalenz/100 Personen:														
<200 [mg/dl]	26,5	24,7	26,0	25,1	52,7	52,5	44,0	41,4	26,8	24,0	7,0	10,1	6,7	4,5
200 bis <250 [mg/dl]	40,3	40,0	38,0	39,7	34,2	37,4	41,2	46,9	49,1	46,9	35,9	43,1	27,6	29,2
≥250 [mg/dl]	33,2	35,3	35,2	35,2	13,1	10,1	14,8	11,6	24,1	29,0	57,1	55,7	65,7	66,3

Angaben kommunizieren in etwa mit jenen von Fredrickson u. Levy in Tabelle 8.6, der jedoch eine Vertrauensgrenze von 10% berücksichtigt (10% der Werte werden nicht erfaßt). Nach Tabelle 8.6 sollte bei jungen Leuten bis zum 19. Lebensjahr eine Obergrenze von ca. 230 mg% für das *Gesamtcholesterin* nicht überschritten werden. Beim *LDL*-Cholesterin läge nach Tabelle 8.6 die obere Grenze bei jungen Leuten bei 170 mg% und für das *HDL*-Cholesterin für Mädchen bei 75 mg% und für Jungen bei 70 mg%. Einen ähnlichen Trend zeigen auch Abb. 8.2 und Abb. 8.3 auf, wobei Mittelwerte und Streubereiche für das Gesamtcholesterin und das HDL-Cholesterin nach den Ermittlungen der DHP-Studie in Tabelle 8.4 und 8.5 deutlich werden.

Gegenüber diesen Werten existieren Empfehlungen der *Europäischen Atherosklerosegesellschaft* (EAS) und anderen Gremien, die einen *Grenzwert* von 200 mg/dl als noch „normal" (also als Obergrenze) festlegen (s. Zitat S. 163), den es nicht geben kann. Gleichzeitig ist jedoch von einem „deutlichen Altersvorgang des Cholesterinspiegels" (S. 164) die Rede.

In der älteren wissenschaftlichen Literatur, z. B. im *Handbuch der Inneren Medizin*, ist durchweg die altersabhängige Verteilung der Cholesterinserumwerte ausreichend berücksichtigt worden. Mit dem Vordringen der sogenannten *„Lipidtheorie"* als Ursache der Atherosklerose in den letzten Jahrzehnten stellte sich langsam ein merkwürdiger Wandel in den Anschauungen ein. Einige Autoren, z. B. Vogelberg et al., erwähnen noch 1977 korrekt im *Handbuch der Inneren Medizin*, daß „von den meisten Untersuchern eine deutliche Altersabhängigkeit nachgewiesen" wurde, daß die „Cholesterinkonzentration mit dem Alter zunimmt", daß „bei Männern jenseits des 60. Lebensjahres ein geringer Abfall der Cholesterinkonzentration registriert wird" und die „Streuung der absoluten Werte in allen Altersklassen ziemlich groß" ist. Diese und andere Autoren nennen eine Normalverteilung zwischen 167 – 316 mg/100 ml usw. Der „absolute Unterschied zwischen Nichtadipösen und Adipösen hätte im Durchschnitt aller Altersklassen nur 10 mg/100 ml" für das Serumcholesterin betragen. In einem Kollektiv von 1369 gesunden normal- und übergewichtigen Personen hätte sich eine schwach positive Korrelation zwischen den Gruppen, das Cholesterin betreffend, befunden.

Unverständlicherweise schreiben die Autoren später, *daß die „ermittelten Normalwerte Konzentrationen erreichen, die den Anforderungen der prophylaktischen Medizin keineswegs gerecht werden. Die prophylaktisch medizinische Beurteilung der Serumlipidkonzentrationen weicht also von den nach den Regeln der klinischen Chemie ermittelten Normalwerten ab". Für die Serumlipidkonzentration würden „ähnliche Vorraussetzungen wie für das Körpergewicht, bei dem ebenfalls „ideale" oder „wünschenswerte" Bereiche aus prophylaktischen Gründen definiert wurden" gelten.*

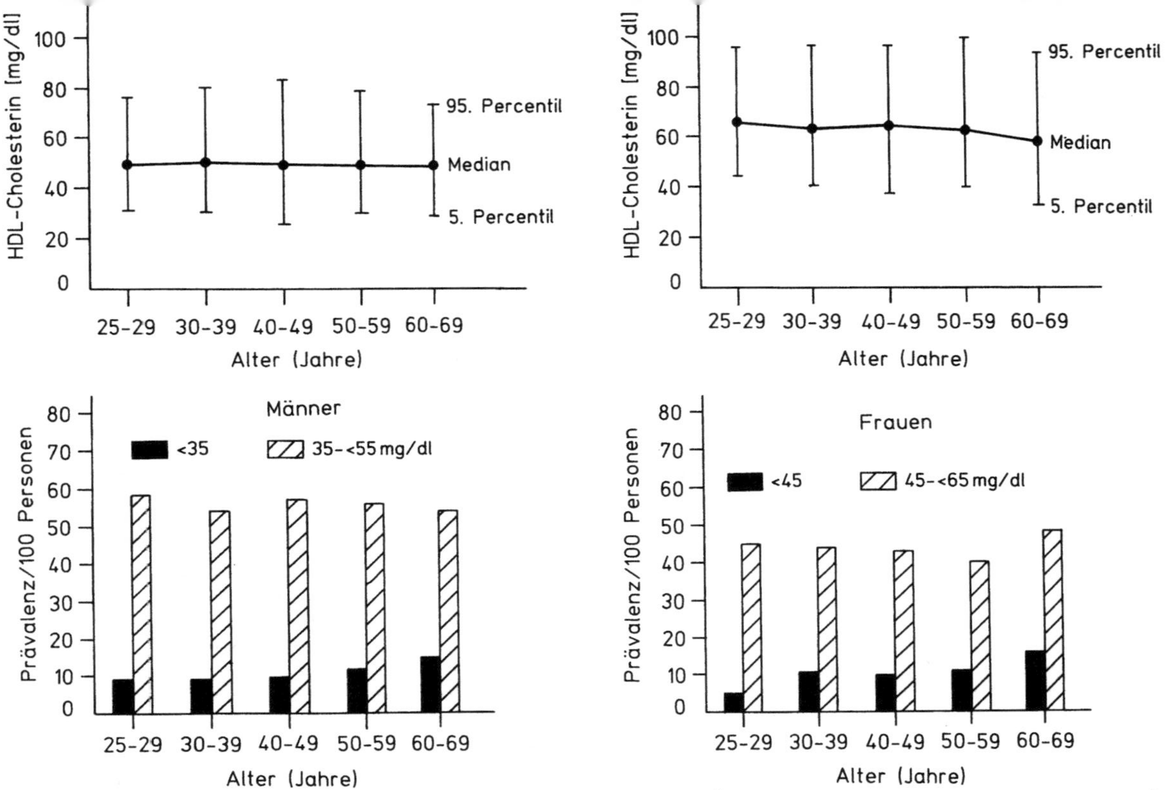

Abb. 8.3. HDL-Cholesterin. DHP – Nationaler Untersuchungssurvey 1984–1986. (Aus „Daten des Gesundheitswesens", 1989, Bd. 159)

Tabelle 8.5. HDL-Cholesterin nach Geschlecht, Alter und Erhebungsphase. DHP – Nationaler Untersuchungssurvey 1984–1986 und 1987–1989. (Aus Bundesministerium für Gesundheit „Daten des Gesundheitswesens", 1991, Bd. 3, S. 62)

HDL-Cholesterin [mg/dl]	Gesamt		Männer		Männer									
					25–29 Jahre		30–39 Jahre		40–49 Jahre		50–59 Jahre		60–69 Jahre	
	1985	1988	1985	1988	1985	1988	1985	1988	1985	1988	1985	1988	1985	1988
Fallzahl	4255	5127	2086	2488	303	372	485	582	579	692	453	532	265	310
25. Perzentil	45,2	44,8	40,6	40,2	41,4	41,7	41,0	40,2	40,2	40,6	40,6	40,2	39,4	39,0
50. Perzentil (Median)	55,3	54,5	48,7	47,9	49,1	49,1	50,3	48,3	47,6	47,9	49,5	47,5	41,7	46,0
75. Perzentil	68,4	66,5	58,4	57,2	59,5	56,8	58,8	56,4	58,4	57,2	58,0	57,2	46,8	57,2
Mittelwert	57,8	56,8	50,8	49,6	51,4	50,2	51,2	49,5	51,2	49,7	51,0	49,7	48,6	46,0
Standardabweichung	17,5	16,8	15,0	13,4	14,5	12,2	14,8	13,4	16,1	13,2	14,6	13,8	13,4	14,6
Prävalenz/100 Personen:														
≥35 [mg/dl]	93,5	93,2	88,9	88,2	91,2	90,6	89,5	88,1	89,5	89,1	88,7	87,6	84,3	84,2
<35 [mg/dl]	6,6	6,9	11,1	11,8	8,8	9,4	10,5	11,9	10,5	10,9	11,3	12,4	15,7	15,8

HDL-Cholesterin [mg/dl]	Gesamt		Frauen		Frauen									
					25 – 29 Jahre		30 – 39 Jahre		40 – 49 Jahre		50 – 59 Jahre		60 – 69 Jahre	
	1985	1988	1985	1988	1985	1988	1985	1988	1985	1988	1985	1988	1985	1988
Fallzahl	4255	5127	2170	2639	284	354	463	565	566	683	478	570	379	468
25. Perzentil	45,2	44,8	52,6	51,4	54,1	52,2	53,4	52,2	52,2	52,5	52,6	51,0	49,9	48,3
50. Perzentil (Median)	55,3	54,5	62,6	61,4	64,6	62,6	62,6	61,8	63,4	64,1	63,8	61,8	58,4	58,3
75. Perzentil	68,4	66,5	75,0	73,8	76,2	72,3	75,0	73,0	76,2	76,5	75,0	75,0	72,3	68,8
Mittelwert	57,8	56,8	64,5	63,5	66,8	64,1	64,9	63,7	64,7	64,9	65,3	63,7	61,2	60,3
Standardabweichung	17,5	16,8	17,1	16,9	15,7	16,6	16,8	16,4	16,8	17,1	18,1	16,6	17,5	17,2
Prävalenz/100 Personen:														
≥36 [mg/dl]	93,5	93,2	97,9	98,0	100,0	98,8	99,2	98,2	97,9	98,8	98,5	97,9	94,2	96,3
<35 [mg/dl]	6,5	6,8	2,1	2,0	–	1,2	0,8	1,8	2,1	1,2	1,5	2,1	5,8	3,7

Tabelle 8.6. 90% – „Vertrauensgrenze“ für Plasmalipide, basierend auf Untersuchungen an Bevölkerung in den USA (Nach Wiss. Tab. Geigy, Basel, 8. Aufl., 4. Nachdruck, 1985, S. 116)

Alter	Triglyzeride		Gesamtcholesterin		LDL-Cholesterin [mg %]	HDL-Cholesterin		
	[mmol/l]	[g/l]	[mmol/l]	[mg %]		Männer [mg %]	Frauen	
Neugeborene, Nabelschnur	0,14 – 0,70	0,12 – 0,62	1,4 – 2,4	74 (56 – 92)	24 – 38	24 – 50		b
0 – 19 Jahre	0,11 – 1,6	0,10 – 1,4	3,1 – 5,9	175[a] (120 – 230)	50 – 170	30 – 65	30 – 70	c
20 – 29 Jahre	0,11 – 1,6	0,10 – 1,4	3,1 – 6,2	180[a] (120 – 240)	60 – 170	35 – 70	35 – 75	c
30 – 39 Jahre	0,11 – 1,7	0,10 – 1,5	3,6 – 7,0	205[a] (140 – 270)	70 – 190	30 – 65	35 – 80	c
40 – 49 Jahre	0,11 – 1,8	0,10 – 1,6	3,9 – 8,0	230[a] (150 – 310)	80 – 190	30 – 65	40 – 85	c
50 – 59 Jahre	0,11 – 2,1	0,10 – 1,9	4,1 – 8,5	245[a] (160 – 330)	80 – 210	30 – 65	35 – 85	c

[a] Mittelwert für 50% der entsprechenden Altersgruppe
[b] Kwiterovich et al. (1973)
[c] Fredrickson u. Levy, in Stanbury et al. (Hrsg.) (1973)

Die oberen Grenzwerte der „wünschenswerten" Serumlipidkonzentration betrügen „für Cholesterin bis 250 mg/100 ml... und zwar unabhängig von Alter, Geschlecht oder Gewicht."

Diese Denkweise könnte u. a. auch bei der Consensus Conference 1985 und der *Europäischen Atherosklerosegesellschaft* (EAS) bei der Consensus Conference 1987 eine Rolle gespielt haben. Eine solche Anschauung ist deshalb unhaltbar, weil sie nicht wissenschaftlichen Daten, Messungen und Beweisen folgt, sondern dem *Wunschdenken* über die unanfechtbare Richtigkeit der „Lipidtheorie" in der Genese der Atherosklerose und über die mit dieser Lehre verbundene angeblich gefahrbringende Rolle des Cholesterins. Daß diese Vermutung zutreffen könnte, beweist folgender Auszug aus der Schriftenreihe des Bundesministers für Gesundheit (1991) (S. 163, 164). Dort gilt für alle Altersklassen und Geschlechter nur noch ein *Grenzwert* bis zu *200 mg%* Serumcholesterin als *„normal"*! Vgl. unbedingt mit Tabelle 16.5.

Daß die Obergrenze von 200 mg%, die noch als „normal" bezeichnet wird, nicht zutreffen kann, geht allein zwingend aus der Altersabhängigkeit des Serumcholesterinspiegels hervor. Die Altersabhängigkeit des Serumcholesterinspiegels ist für die deutsche Bevölkerung unbestritten (Tabelle 8.4, 8.6 und Abb. 8.2). Das heißt, daß die Mehrzahl der Jugendlichen unter 20 Jahren einen (Tabelle 8.6) Serumcholesterinspiegel um 175 mg% besitzt und Erwachsene zwischen 50–60 Jahren einen um 250 mg% (Tabelle 8.4 und 8.6). Es ist auch allgemein bekannt, daß sich nicht nur der Cholesterinspiegel, sondern auch verschiedene andere Parameter auf den jeweiligen Ernährungszustand einer Bevölkerung einstellen können und daß sich z. B. unter Hungerzuständen der Grundumsatz, das Serumcholesterin usw. auf niedrigere Werte (Tabelle 8.5) absenken, ohne daß man daraus einen unmittelbaren Zusammenhang etwa zwischen Cholesterin und koronarer Herzkrankheit herstellen kann, denn unter solchen

In der Schriftenreihe des Bundesministeriums für Gesundheit, „Daten des Gesundheitswesens", Ausgabe 1991, Band 3 heißt es auf Seite 59:

„Serum-Cholesterin

Zwischen der Höhe des Serumcholesterinspiegels und dem Risiko, eine koronare Herzkrankheit (KHK) zu erleiden, besteht ein enger positiver Zusammenhang. In Übereinstimmung mit den Empfehlungen der European Atherosclerosis Society (EAS) von 1986 wurden hier die folgenden Prävalenzklassen für den Risikofaktor Hypercholesterinaemie festgelegt:

<200 mg/dl normal	200 bis <250 mg/dl risikoverdächtig
>250 mg/dl erhöhtes Risiko	

Es ist deutlich ein unterschiedlicher Altersgang des Cholesterinspiegels bei Männern und Frauen erkennbar. Die Cholesterinwerte zwischen der ersten und zweiten Untersuchung zeigen einen ungünstigen Trend für die Bevölkerung der Bundesrepublik Deutschland, der sowohl bei den Mittelwerten (+1,1%) als auch bei den Risikoprävalenzen (+6,3%) festzustellen ist.

Das Serumcholesterin besteht bekanntlich aus mehreren Fraktionen (HDL-, LDL-Cholesterin, VHDL), die für sich genommen unterschiedlich mit dem Risiko koronarer Herzkrankheit korrelieren. So erbrachten viele epidemiologische Studien den Befund, daß hohe Serumspiegel an HDL-Cholesterin ein vermindertes Risiko anzeigen. Eine genaue Grenzkonzentration für die protektive Wirkung von HDL-Cholesterin steht zwar bislang nicht fest, als absolute Untergrenze jedoch wird übereinstimmend ein Wert von 35 mg/dl genannt.

Auffällig ist, daß Männer niedrigere HDL-Cholesterinwerte haben als Frauen. Im Gegensatz zu Gesamtcholesterin zeigt HDL-Cholesterin nur eine geringe Altersabhängigkeit; bei beiden Risikofaktoren ist jedoch in der bundesdeutschen Bevölkerung eine ungünstige Entwicklung festzustellen."

Extrembedingungen verringern sich auch zahlreiche andere Risikofaktoren, die als auslösende Ursachen z. B. für die Koronarkrankheit in Frage kämen, z. B. die Zuckerkrankheit, die essentielle Hypertonie usw. Im übrigen sind Vergleiche mit dem Körpergewicht nicht zulässig, da es sich hierbei nicht um einen physiologisch vorkommenden Blutparameter handelt. Es gibt durchaus Fettsüchtige, welche die „richtigen" Gene aufweisen, die keine Anlage für eine durch Übergewicht auslösbare Krankheit, wie die „essentielle" Hypertonie, die Zuckerkrankheit usw. besitzen und bis in ihr hohes Alter gesund bleiben. Übergewicht gilt nach Hort et al. (1975) heute allein nicht einmal mehr als eigenständiger Risikofaktor für die koronare Herzkrankheit (CHD), wie dies noch unmittelbar nach den Hungerzeiten des zweiten Weltkriegs vermutet wurde, sondern nur noch als potenzierender Faktor bei bestehender „essentieller" Hypertonie und Zuckerkrankheit usw. (vgl. S. 282, 298), Leiden, die in der Regel ohne Erbanlagen nicht auftreten.

Tabelle 8.4 zeigt die nach standardisierten Untersuchungsmethoden an einer Großzahl von Gesunden festgestellte *Normalverteilung* für das *Serumcholesterin* in den alten Bundesländern und Abb. 8.2 die dazugehörigen Mittelwerte und Streubereiche (5.–95. Perzentil). Tabelle 8.5 zeigt die Werte für das *HDL-Cholesterin* und Abb. 8.3 die dazugehörigen Mittelwerte und Streubereiche. Tabelle 8.6 zeigt vergleichbare Befunde von Fredrickson et al. (1972) (wobei zu berücksichtigen ist, daß sie noch nicht enzymatisch gewonnen wurden). Auf die Wiedergabe weiterer Befunde wird wegen des hohen Verläßlichkeitsgrades der Befunde für deutsche Verhältnisse in Tabelle 8.4 zunächst verzichtet. Wer an der Altersabhängigkeit der Serumcholesterinwerte zweifelt, möge Tabelle 8.8 betrachten, die besagt,

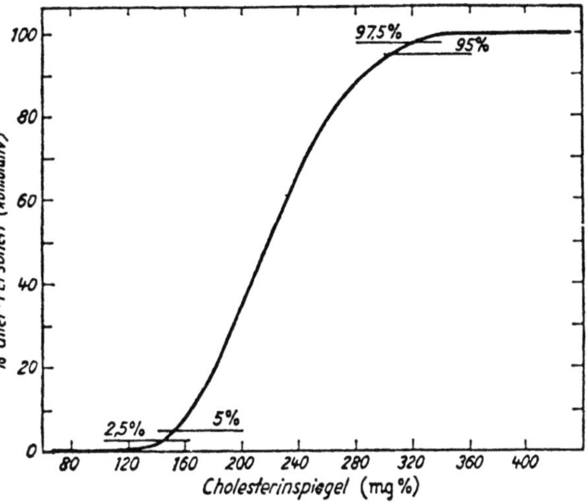

Abb. 8.4. Der Plasmacholesterinspiegel (Gesamtcholesterin) gesunder Männer im Alter von 40–59 Jahren, die Prozentsätze kumulativ aufgetragen. (Nach Lewis, L. A., F. Olmsted, I. H. Page, E. Y. Lawry, G. V. Mann, F. J. Stare, M. Hanig, M. A. Lauffer, T. Gordon und F. E. Moore: Circulation 16, 227, 1957). (Übernommen aus N. Zöllner und D. Eberhagen: „Untersuchung und Bestimmung der Lipoide im Blut". (Aus Lang 1977)

daß bereits ab dem 35. bis 44. Lebensjahr an nur noch 2,5% der Menschen einen Serumspiegel von 160 mg% erreichen können.

Wenn man die Prozentsatzzahlen der Personen, die einen Cholesterinserumspiegel von über 200 mg% hätten, die der untersten Rubrik von Tabelle 8.3 und Abb. 8.4 zu entnehmen sind, ernst nehmen wollte, dann wären 82% der über 40jährigen, 84% der über 50jährigen und 81% der über 60jährigen *risikoverdächtig* und müßten das Auftreten einer evtl. tödlichen verlaufenden Koronarkrankheit erwarten (vgl. mit Tabelle 16.5). Diese Vorstellung ist als absurd zu bezeichnen. Die damit verbundene Angst könnte aber wahrscheinlich mit den hohen Umsatz an Lipidsenkern (Tabelle 11.3) erklären.

Abb. 8.2 zeigt, daß nach den standardisierten statistischen Erhebungen bei *Männern* und *Frauen* ein physiologischer altersabhängiger *Anstieg des Serumcholesterinspiegels besteht.* Junge Leute haben einen niedrigen Cholesterinspiegel und naturgemäß selten Koronarleiden (weil sie jung sind), ältere haben einen höheren Cholesterinspiegel und naturgemäß häufiger Herzinfarkte als junge (Korrelation, aber kein Beweis). Frauen haben einen höheren Cholesterinspiegel als Männer. Jenseits des 69. Lebensjahres sinkt der Spiegel wieder leicht ab (Tabelle 8.8).

Abb. 8.3 zeigt, daß *Männer* nach standardisierten statistischen Untersuchungen einen physiologischen *HDL- Wert* nahe bei *30 mg%* haben. Die Behauptung, daß der Normalwert sich nach unten nur bis maximal 35 mg% erstrecke, ist nicht erkennbar. Andernfalls wäre die Mehrzahl der gesunden Männer als risikoverdächtig einzustufen. Frauen haben einen höheren HDL-Wert als Männer.

Als Faustregel gilt:

Junge Leute unter 20 Jahren haben naturgemäß einen niedrigen Serumcholesterinspiegel um 175 mg% und ebenso einen niedrigen LDL-Serumspiegel um 50 – 170 mg% (Tabelle 8.6, 8.7 und Abb. 8.2). Sie haben naturgemäß selten tödliche Koronarkrankheiten. Deshalb korrelieren niedrige Serumwerte mit der Jugend und ihrer Infarktarmut.

Erwachsene um das 50.–60. Lebensjahr leiden häufiger an Koronarkrankheiten als junge Leute. Ihre Cholesterin- und LDL-Serumwerte liegen im Alter höher als in der Jugend (Tabelle 8.4, 8.6 und Abb. 8.2). Der Serumcholesterinspiegel liegt um 245 mg% und der LDL-Spiegel um 80 – 210 mg%. Zwischen der Zunahme des Cholesterins und LDL-Spiegels einerseits und der Zunahme des Koronarversagens andererseits besteht eine Korrelation, aber kein kausaler Zusammenhang (vgl. unbedingt mit Tabelle 16.5).

Da der Cholesterinspiegel (einschließlich seiner Streubereiche) mit dem Alter ansteigt (Abb. 8.2), gibt es nur noch sehr wenige lebende Erwachsene mit einem Serumwert von unter 160 mg% (Tabelle 8.6, Abb. 8.2). Tabelle 8.7 zeigt, daß nur noch 2,5% der Männer ab 35 Jahren und älter 160 mg% erreichen können. Ein so niedriger Spiegel ist der Jugend vorbehalten, die jedoch selten am Herzinfarkt leidet. (Niedrige Serumspiegel kommen allenfalls bei Infektionskrankheiten und Krebs usw. vor).

Anstieg des Serumcholesterins aber Rückgang der Koronarmortalität

Der eindeutige *Rückgang an koronaren Todesfällen* in der ehemaligen BRD ist anhand der standardisierten Sterbeziffern seit ca. 1979 in Tabelle 10.7 und 10.8 in Kap. 11 *„Rückgang der Herzinfarkte in Deutschland“*

Tabelle 8.7. 97,5% – „Vertrauensgrenze" für Gesamtcholesterin (Aus Wiss. Tab., Geigy, Basel, 4. Nachdruck, 1985)

	Gesamtcholesterin [mg %]					
	Anzahl	2,5%	5%	*50%*	95%	97,5%
Männer, 15 – 24 Jahre	148	121	142	*187*	259	278
Männer, 25 – 34 Jahre	379	147	162	*211*	294	312
Männer, 35 – 44 Jahre	494	160	176	*237*	331	354
Männer, 45 – 54 Jahre	497	161	177	*245*	334	349
Männer, 55 – 64 Jahre	301	175	183	*254*	328	355

Tabelle 8.8. Mittleres Serumcholesterin [mg/dl] (Aus Framingham-Studie/USA)

Alter (Jahre)	Männer	Frauen
35 – 39	223	204
40 – 44	232	219
45 – 49	235	234
50 – 54	234	245
55 – 59	231	253
60 – 64	230	256
65 – 69	229	258
70 – 74	224	255
75 – 79	220	246
80 – 84	215	239

exakt belegt. Der Rückgang geht weiterhin aus den Tabellen 11.1 bis 11.2 auf S. 200 klar hervor. Der Rückgang wird auch im *„Ernährungsbericht 1992" der DGE* auf S. 48 erwähnt. Diesbezügliche Ausführungen finden sich in unserem Buch auf S. 217 und in Abb. 11.6.

Im Gegensatz zur Feststellung eines Rückgangs an koronaren Todesfällen stellt der Ernährungsbericht 1992 der DGE auf S. 94 unter Hinweis auf eine Arbeit von Thiel et al. (1991) eine Zunahme des Serumcholesterinspiegels fest. Dort heißt es:

> Die in hohem Maße ernährungsabhängigen *Serumcholesterinmittelwerte* sind in den letzten 15 Jahren bei den Männern um 15 – 20 mg% und bei den Frauen um 10 – 15 mg% angestiegen. Von 1984 – 1988/89 gab es bei den Männern keine Veränderungen der mittleren Serumcholesterinwerte (235 bzw. 234 mg%) und bei den Frauen einen tendenziellen Rückgang (233 bzw. 229 mg%).

Genauere Daten sind der dem DGE-Bericht beigefügten Tabelle über die *Änderungen* der *Cholesterinbefunde* für die besonders „herzinfarktgefährdeten Jahrgänge" zu entnehmen. Danach nahm nach der *Monika-Studie* (ehemalige DDR) von 1983–1994 der Wert in der Altersgruppe von 45- bis 54jährigen Männern von 28,6 bis 1988–1989 auf 29,8 zu, in der Gruppe der 55- bis 64jährigen von 28,6 auf 29,8 und in „allen" Altersstufen („gesamt") von 24,3 auf 24,6. Bei den Frauen, die in diesen Jahrgängen sowieso ungleich seltener vom Koronartod befallen sind, nahmen die Werte bei den 45- bis 54jährigen von 27,5 auf 28,1 zu und bei den 55–64jährigen von 41,2 auf 40,0 ab.

Zu einem ähnlichen Ergebnis kommt der DHP-Nationaler Untersuchungssurvey 1984–1986 im Vergleich zu 1987–1989 in *„Daten des Gesundheitswesens"* 1991 des Bundesministeriums für Gesundheit, Bonn, die in diesem Buch in Tabelle 8.4 und 8.5 (S. 156ff.) dargestellt sind. Im Originalbericht heißt es auf S. 59:

„Die Cholesterinwerte zwischen der *ersten* (gemeint ist *1985*) und der *zweiten Untersuchung* (gemeint ist *1988*) *zeigen* einen *ungünstigen Trend für die Bevölkerung* der Bundesrepublik Deutschland, der sowohl bei den Mittelwerten (+1,1%) als auch bei den Risikoprävalenzen (+6,3%) festzustellen ist (vgl. Tabellen 8.4 u. 8.5)."

Das Studium der Tabellen 8.4 und 8.5 zeigt, daß z.B. bei den *40- bis 49-jährigen Männern* der Mittelwert des Cholesterinspiegels von 1985 bis 1988 von *237,8* auf *238,0 mg%* (+0,2 mg%) zugenommen hat, bei den 50- bis 59jährigen von *238,2* auf *244,0 mg%* (+5,8 mg%) und bei den 60- bis 69jährigen von *241,7* auf *244,3 mg%* (+2,6 mg%).

Von 1979–1994 (Tabelle 11.2, S. 210) nahmen die Sterbefälle am *„akuten Myokardinfarkt"* bei Männern in den zuvor genannten Altersstufen drastisch ab: in der Gruppe von *40–45 Jahren um 45,2%, von 45–50 um 55,0%* ***(von 1972–1994 um 61,5%)*** *von 50–55 um 56,1% von 55–60 um 54,4%, von 60–65 um 45,1%, von 65–70 um 43,5%, und von 70–75 um 37,8%*! Der Cholesterinspiegel stieg an, aber der tödliche Herzinfarkt ging gleichzeitig drastisch zurück!

Damit steht fest, daß es weder einen Beweis, geschweige denn eine Korrelation (allenfalls eine negative), zwischen dem Rückgang an koronaren Todesfällen und dem „ungünstigen Trend" der Entwicklung der Serumcholesterinwerte gibt.

Weltweit unterschiedliche Höhe des Serumcholesterinspiegels

Es wird zu wenig darauf verwiesen, daß die Höhe des Serumcholesterinspiegels bei den Völkern der Welt aus *genetischen Gründen* unterschiedlich hoch sein kann. Dies geht u. a. aus Tabelle 8.9 nach Sabine (1977) hervor. Auch Weizel u. Liersch (1976) verweisen auf diesen Umstand. Ich kann also nicht ohne weiteres Befunde von z. B. *Bantustämmen* mit den Serumwerten von *Holländern* vergleichen. Auch bestehen Unterschiede zwischen den Serumwerten in den USA und bei uns in Deutschland. Der sogenannte Normalwert von Cholesterin kann sich auf bestimmte äußere Einflüsse hin in anderen Bereichen einspielen. So sinkt er bei Hungerzuständen in niedrigere Bereiche ab und regelt sich in einem neuen physiologischen Gleichgewicht nach einer Verteilungskurve nach Gauß ein. Unter Hunger senkt sich bekanntlich auch der Grundumsatz um ca. 33% und spielt sich in einem neuen Gleichgewichtszustand ein. Nach Weizel u. Liersch gilt in den westlichen Ländern ein *Anstieg des Serumcholesterins*

Tabelle 8.9. Serumcholesterin bei unterschiedlichen Völkern. (Nach Sabine 1977)

Bevölkerungsgruppe	Lebensstil	Cholesterin		
		Neugeborene	0–30 Jahre	>30 Jahre
Australien	städtisch	70	175	223
New Guinea	ländlich	68	137	130
Holland	städtisch		183	246
Surinam	ländlich		134	139
Südafrika				
Weiße	städtisch		185	242
Inder	städtisch		213	
Bantu	städtisch		197	197
Bantu	ländlich			143
Botswana	ländlich		(130)[a]	
USA	städtisch		191	231
Cap Verde	städtisch		193	226
Cap Verde	ländlich		131	155
Eskimo	städtisch		137	
New York City	ländlich		215	235
Italiener	städtisch			221
Juden	städtisch			238

[a] Alter: 20–74 Jahre

mit dem Alter als gesichert. Dieser Anstieg fehle bei einigen Völkern vollständig. So hätten die Massai niedrige Werte (Ho et al., 1971) um 135 mg%, die nach dem 16. Lebensjahr nicht mehr anstiegen. Ähnliches gelte für jemenitische Juden in Israel (Brunner et al., 1959).

Tabelle 8.9 zeigt *Mittelwerte des Serumcholesterinsspiegels* von *0 bis 30 Jahren* in verschiedenen Ländern. Der *Mittelwert* liegt im Durchschnitt, durch die Einbeziehung der Gruppe der über 20–30 Jahren alten Personen oberhalb von 175 mg%, die Fredrickson in Tabelle 8.6 für die Altersgruppe von Jugendlichen von 0–19 Jahren angibt. Ebenso liegt der *Mittelwert* in der Gruppe der über 30jährigen in Tabelle 8.9 unterhalb des Mittelwertes von Fredrickson, der für die Gruppe der 50- bis 59jährigen einen Wert von 245 mg% angibt, weil die Gruppe der 30- bis 50jährigen mit im Durchschnitt niedrigeren Mittelwerten mit einbezogen wurde.

Normalverteilungen Gesunder lassen sich nicht aus Krankenbefunden ableiten

Jedes Krankheitsbild (Tabelle 8.1) kann mit typischen und sehr unterschiedlichen Abweichungen des Cholesterinspiegels von der Norm einhergehen. Deshalb ist es nicht zulässig, aus der Verteilung symptomatisch bedingter Serumspiegel bei Krankheiten auf die physiologische Normalverteilung bei Gesunden zu schließen.

Die Gauß'sche Verteilung gilt nur mit Einschränkungen

Die Verteilung nach der *Gauß'schen Glockenkurve* vermittelt nur einen grob schematischen Hinweis. Danach sollen 50% der Normalfälle vom Pik der Kurve nach rechts und 50% nach links entfallen. Abbildung 8.2 zeigt jedoch geringfügige Abweichungen von diesem Prinzip. *Das Blutcholesterin* verteilt sich mit zunehmendem Alter nicht gleichmäßig auf beide Schenkel. Im höheren Alter nimmt der Anteil jener zu, die noch einen normalen Blutcholesterinspiegel jenseits des Piks der Glockenkurve oberhalb von 250 mg% haben können. Dies zeigen die Streubereiche in Abb. 8.2.

Fraglicher Grenzwert von 200 mg%

Die heute postulierte Obergrenze von 200 mg% Serumcholesterin (S. 163) für alle Erwachsene ist wissenschaftlich unbegründet. *Eine solche Grenze gibt es* z. B. nach der Gauß'schen Glockenkurve *überhaupt nicht*, denn es gibt nur Normalbereiche oder Mittelwerte mit Streubereichen.

Die Normalverteilung nach der Gauß-Kurve erstreckt sich stets nach beiden Seiten und liegt bei den unter 20jährigen (Tabelle 8.6) im Mittel (Scheitel der Glockenkurve) um 175 mg%. Der linke abnehmende Schenkel der Glockenkurve erstreckt sich bis ca. 120 mg% und der rechte bis ca. 230 mg%. Im Alter von 50–60 Jahren liegt der Scheitel der Glockenkurve bei der Vertrauensgrenze von 90% bei ca. 245 mg% und der rechte Schenkel steigt bis 330 mg% an, der linke fällt bis ca. 160 mg% ab. Der oft empfohlene *Oberwert von 200 mg%* entstammt der Ansicht, daß „unter 160 mg% Gesamtcholesterin koronare Herzkrankheiten selten vorkommen, aber mit ca. 220 mg% ein Schwellenwert erreicht wird, jenseits dessen das Krankheitsrisiko linear ansteigt" (vgl. Thomas 1992, S. 202, vgl. damit „Daten des Gesundheitswesens", S. 346).

Dieses Standardwerk deutscher Laborärzte, welches den Normalwert für Cholesterin offensichtlich *nur noch* aus dem Serumverhalten *einer einzigen Krankheit*, dem koronaren Todesfall, *ableitet* (als wenn es nicht noch andere Krankheiten gäbe) oder aus der Betrachtung einer einzelnen Risikogruppe übersieht, daß es sich um die Erfassung reiner Korrelationen und die irrtümliche Bewertung von symptomatisch auftretenden Serumcholesterinwerten bei koronarer Herzkrankheit handelt. Im Laufe des Lebens steigt das Serumcholesterin in ganz physiologischer Weise an (Tabelle 8.8), um im Alter wieder abzufallen. Parallel zum physiologischen Anstieg des Serumcholesterins häufen sich naturgemäß mit dem Altern, besonders bei Männern, die Versagenszustände der feinen Koronargefäße unter dem Bild des Koronartodes (Tabelle 11.2), die es bei jungen Leuten so gut wie noch nicht gibt. Gleichzeitig gibt es unter den Älteren kaum noch Personen, die physiologischerweise einen niedrigen Cholesterinspiegel von „unter 160 mg%" haben können, welcher vorwiegend der Jugend vorbehalten ist. Nach der Glockenkurve fallen Werte von 160 mg% im Alter von 50–59 Jahren in den physiologischen Extrembereich des linken abfallenden Schenkels (vgl. Tabelle 8.6 nach Fredrickson u. Levy).

Mit zunehmendem Alter werden Cholesterinwerte in unteren Bereichen extrem selten. Nur noch *2,5% der Männer* im *Alter von 35–44 Jahren* erreichen (Tabelle 8.7) einen unteren Normalwert von *160 mg%*. In allen Altersklassen darüber liegen die unteren Normalwerte sogar höher. So erreichen nur noch *2,5% der 45- bis 54jährigen* einen unteren Wert von *1,61 mg%*. Ebenso erreichen nur noch *2,5% der 55- bis 64jährigen* einen unteren Normalwert von 175 mg%.

Von seiten der Laborchemiker wird entgegengehalten, man müsse die absoluten und die relativen Cholesterinwerte, das Vorkommen von koronaren Todesfällen betreffend, betrachten. Tatsächlich kämen in den Bereichen eines niedrigen Serumcholesterinspiegels viel seltener Herzinfarkte vor als in höheren Bereichen. Nach der *Framingham-Studie* lagen *10%* der tödlichen Herzinfarkte um 114 bis 193 mg%, *59% um 244 mg%* und nur *31%* bei 259–290 mg%. Über 290 mg% waren die Todesfälle selten. Das Vorkommen von koronaren Todesfällen richtet sich, seine Verteilung betreffend, ebenfalls nach der Glockenkurve. Es ist somit unmöglich zu sagen, je höher der Serumcholesterinspiegel, desto häufiger die koronaren Todesfälle. Die Verteilung in der ehemaligen BRD ist ausführlich in Tabelle 11.2, S. 210 ff. geschildert.

Im Bereich von unter 160 mg% Serumcholesterin dürfte es nur noch relativ wenige lebende Erwachsene geben, dafür aber um so mehr junge Leute, die nur selten den Koronartod erleiden.

Ist das Herzinfarktrisiko bei hohem Cholesterinspiegel höher?

Diese Meinung wird von vielen Personen geteilt.

Zunächst muß man fragen, was unter einem *„zu hohen" Cholesterinspiegel* zu verstehen ist. Auf S. 154 wurde dargelegt, daß sich die Normalverteilung nicht aus Krankheitswerten, sondern nur aus Befunden an *gesunden Personen* ermitteln läßt. Es zeigte sich, daß der Serumspiegel mit dem *Alter* ansteigt (Tabelle 8.4, 8.6) und um das 50. bis 59. Lebensjahr bei Männern im Mittel um *245 mg%* liegt (Streubereiche 160 bis 330 mg%). Ein pathologischer Blutcholesterinspiegel kann z. B. bei der genetisch bedingten familiären Hypercholesterinämie vorkommen (S. 83 ff.). Ein krankhafte Störung kann durch eine *Lipidelektrophorese* und ebenso sicher durch die *Mevalonsäureausscheidung im Urin* (S. 148) erfaßt werden.

Da *Streß* mit einem symptomatischen *Anstieg des Serumcholesterinspiegels* um *60 mg%* einhergehen kann (Lang 1979, S. 148) und sich die überwiegende Zahl der Myokardinfarkte unter Todesangst abspielt, der Vorgang also ein schwerwiegendes Ereignis mit Streßfolge darstellt, treten selbstverständlich gehäuft symptomatisch erhöhte Cholesterinwerte auf, denen jedoch keine ursächliche Bedeutung zukommt.

Es trifft nicht zu, daß sich eine erhöhte Zahl von *Myokardinfarkten* bei pathologischen Cholesterinserumspiegeln ereignen, sieht man von den Sonderfällen bei der genetisch ausgelösten *familiären Hypercholesterinämie ab* (S. 83 ff.). Wir haben gezeigt, daß sich nach der *Framinghamstudie* (Abb. 9.1) *10%* der tödlichen Herzinfarkte in den USA um 114 bis

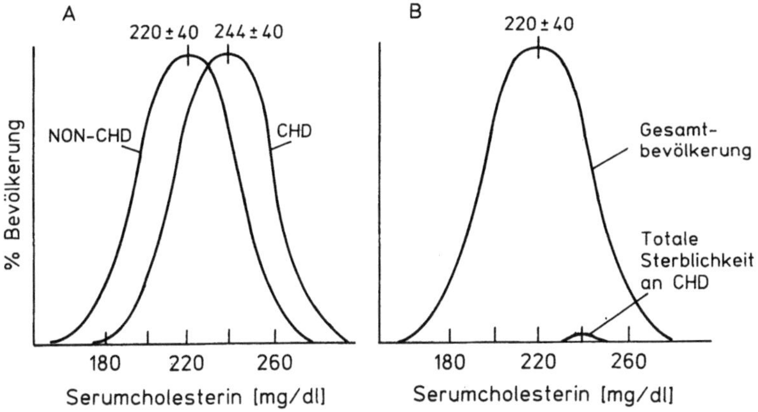

Abb. 8.5. Vergleich von Serumcholesterinverteilung in der Gesamtbevölkerung und bei Koronarkranken (*CHD* Coronary Heart Disease). **A** Verteilung im Verhältnis der jeweiligen Bevölkerungsgruppe; **B** Verteilung im Verhältnis zur Gesamtbevölkerung. (Aus Bidlack in Morley et al. 1990, S. 49)

193 mg% ereigneten, *59%* um 244 mg% (dem Mittelwert der Normalverteilung bei Männern im Alter von 50 bis 59 Jahren und bei Frauen um 266 mg%, Abb. 9.1) und *31%* um 259 bis 290 mg%. Über 290 mg% waren die tödlichen Herzinfarkte äußerst selten. Deshalb trifft die Aussage nicht zu, daß tödliche Herzinfarkte um so häufiger wären, desto höher der Blutcholesterinspiegel läge.

Bei der *familiären Hypercholesterinämie* haben wir es mit einer genetisch bedingten „Entgleisung" des Cholesterinstoffwechsels und der LDL-Rezeptoren zu tun (S. 83 ff.). Das hierbei zu beobachtende Bild des *tödlichen Herzinfarktes* unterscheidet sich grundlegend von der gewöhnlichen Koronarsklerose (Stehbens 1994, S. 55) und beruht auf massiven Ablagerungen von Cholesterinkristallen in Aorta und Koronargefäßen (Abb. 3.7), die zu einem Gefäßverschluß als Ursache des Herzinfarktes führen.

Lagern Schaumzellen Cholesterin in den Arterien ab und führen zum Herzinfarkt?

Diese Vorstellung ist bei vielen Ärzten tief verankert, gilt jedoch *ausschließlich* für die durch einen Gendefekt ausgelöste *familiäre Hypercholesterinämie* die zu einer Gefäßschädigung führt. Hierzu hat sich im Detail der bekannte australische Pathologe Stehbens wiederholt geäußert. Stehbens 1994:

„Die *familiäre Hypercholesterinämie*, in ihrer homozygoten und heterozygoten Form, *ist eine allgemeine Störung des Fettstoffwechsels*, die sich in einer massiven Ablagerung von Fett in den Blutgefäßen manifestiert. Wie im Falle der mit Cholesterin gefütterten Tiere (vgl. Abbildung 3.8) sind die Schäden im wesentlichen *Schaumzellanhäufungen* (Anmerkung.: Sie speichern Cholesterin und Lipoide, Abb. 3.7 a), die *in alle Schichten der Gefäßwand eindringen*. Es ist noch nie die Bildung eines Aneurysmas in der Aorta beobachtet worden und Ulzera und Thromben sind sehr selten. Bei der homozygoten Form beruht die Verdickung der Aorteninitima vorwiegend auf einer Anhäufung von *Schaumzellen* in so hohem Maße, daß sie zu einer Verengung der Aorta führt."

Namhafte Forscher differenzieren nicht ausreichend zwischen Gefäßschäden bei gewöhnlicher Arteriosklerose und familiärer Hypercholesterinämie. Wie sehr der Unterschied zwischen dem Bild der gewöhnlichen Arteriosklerose und bei der familiären Hypercholesterinämie verkannt wird, zeigt eine Publikation von Thiery 1995: *„Arteriosklerose"* bzw. *„Fortschritte auf dem Gebiet der Arterioskleroseforschung"*. Durch *„gezielte Mutagenese des LDL-Rezeptors-Genes von Mäusen wurde ein neues Tiermodell für die homozygote familiäre Hypercholesterinämie (FH) entwickelt"*. Die Autoren der 1994 publizierten Originalarbeiten sind u. a. die beiden Nobelpreisträger Goldstein und Brown (J Clin Invest 1994; 93:1885–93). Durch Fütterung einer cholesterinhaltigen Diät *„konnte der Cholesterinspiegel bei den **LDL Rezeptor-negativen Mäusen** von 246 mg/dl auf **1500 mg/dl*** (!) *angehoben werden"* (vgl. Seite 58). *„Nach sieben Monaten entwickelten ... die Mäuse eine massive xanthomatöse Infiltration des Unterhautgewebes. Aorta und Koronargefäße zeigten eine ausgeprägte Atheromatose"*. Dieser Versuch zeigt, wie nicht zwischen dem Bild der Gefäßschädigung unter der *„homozygoten familiären Hypercholesterinämie"*, welches sich im Tierversuch an genveränderten Mäusen „reproduzieren" ließ und dem Bild der gewöhnlichen Arteriosklerose unterschieden wird. Was hier beschrieben wurde, hat nichts mit dem Bild der gewöhnlichen Arteriosklerose zu tun. Alleine die Versuchsanordnung, die wegen fehlender LDL-Rezeptoren zu einem Blutserumcholesterinanstieg auf mehr als 1500 mg% führte, wird niemals bei der gewöhnlichen menschlichen Arteriosklerose beobachtet.

9 Zur Normalverteilung des Serumcholesterinspiegels

Tabelle 8.6 bis 8.7 geben die *Normalverteilung* in verschiedenen Altersgruppen wieder. Dabei bestätigt Tabelle 8.6 deutlich den *Altersanstieg* des Serumcholesterins. *Junge Leute* haben im Alter von 0–19 Jahren überwiegend einen Cholesterinspiegel von *unter 200 mg%* (Streubereich 120–230 mg%). Dabei kann ohne weiteres mit dem absteigenden Schenkel der Gauß-Kurve (nach rechts gerichtet) auch noch ein Wert von über 200 mg% normal sein. Bei Verdacht auf eine *Hyperlipoproteinämie* oder auf andere Krankheit sollte man eine *Lipidelektrophorese* anfertigen und gezielte Untersuchungen durchführen lassen. Die meisten *Erwachsenen* im Alter von 50–59 Jahren haben einen *Normalwert um 245 mg%* (Streubereich 160–330 mg%). Die Wertangaben beziehen sich auf eine „Vertrauensgrenze" (Perzentile) von 90%. Nicht selten kann man beobachten, daß sich auch im Hinblick auf die Höhe des Serumcholesterinspiegels Erbanlagen bei den Familienmitgliedern durchsetzen. Die oben genannten Werte korrelieren gut mit den Durchschnittswerten in Tabelle 8.3 der Deutschen Herz-, Kreislauf-Präventionsstudie 1984 bis 1986 und Tabelle 8.4 („Daten des Gesundheitswesens").

Interessanterweise *sinkt der Serumcholesterinspiegel im höheren Alter* ungefähr jenseits des 65. Lebensjahr *wieder* langsam *ab* (Tabelle 8.8). Die Ursachen hierfür sind unbekannt. Dies geht u.a. aus den Befunden der Framingham-Studie hervor. Aber erst nach dem 65. Lebensjahr ist bei uns die wesentliche Zunahme an koronaren Todesfällen besonders beim männlichen Geschlecht zu beobachten (Tabelle 11.2). In diesem Alter fehlt jede Beziehung zwischen dem Anstieg an den koronaren Todesfällen und Cholesterin.

Jede Diagnostik, die nicht die Altersabhänigkeit der Serumwerte von Cholesterin, HDL- und LDL-Cholesterin usw. berücksichtigt, ist wertlos.

Für die Praxis resultiert daraus als grober Richtwert, daß Cholesterinserumwerte bei *Erwachsenen* über 40 Jahren von *300 mg%* und darunter (Tabelle 8.4 und 8.6) in der Regel als *harmlose Normalwerte* einzustufen sind. Die Masse der Normalwerte wird sich nach Tabelle 8.6 jeweils am Scheitel der Glockenkurve befinden, d.h. im Alter von 40–49 Jahren bei ca. 230 mg%, im Alter von 50–59 Jahren bei ca. 245 mg% usw.

Tabelle 8.6 gibt auch die *Normalverteilung* für das *LDL-* und *HDL-Cholesterin* wieder. Auch diese Werte dürfen nur altersabhängig interpretiert werden. Junge *Männer* von 0–19 Jahren können einen HDL-Wert von 30–60 mg%, *Mädchen* von 30–70 mg% haben und einen LDL-Wert von 50–170 mg%. Erwachsene *Männer* von 50–59 Jahren dürfen ein HDL-Wert von 30–65 mg% und *Frauen* von 35–85 mg% haben. Der LDL-Wert liegt in diesem Alter zwischen 80–210 mg% im Normbereich. Wer die an zehntausenden von Gesunden ermittelten Normbereiche nicht akzeptiert und „neue" Normalbereiche empfiehlt, die aus Beobachtungen an Krankheiten stammen, läuft Gefahr, daß aus bislang „Gesunden" „Kranke" werden können (Tabelle 9.1).

Tabelle 9.1. Normalwerte für verschiedene Cholesterinfraktionen bei gesunden Säuglingen, Kindern und Jugendlichen bis zum 14. Lebensjahr. (Aus Plenert und Heine 1966)

	Gesamtcholesterin [mg]	freies Cholesterin [mg]	Cholesterinester [mg]
Nabelschnur	74±3,5	26±1,4	48±2,5
	(48–98)	(19–38)	(36–67)
Frühgeborene			
post partum	67±3,5	23±1,1	44±2,5
	(47–98)	(16–31)	(28–67)
3–26 Tage	117±6,6	45±1,9	74±5,5
	(83–167)	(27±62)	(43–119)
reife Neugeborene			
3–10 Tage	134±4,9	49±1,5	86±4,7
	(110–167)	(37–59)	(58–119)
1–12 Monate	130	40	90
	(69–173)	(27–66)	(51–132)
2–14 Jahre	188±5,0	54±1,7	134±3,7
	(138–242)	(39–69)	(99–173)

10 Cholesterin: Wandel von Krankheiten und Todesursachen

Nach dem zweiten Weltkrieg hat sich auf vielen Gebieten ein mehrfacher Wandel vollzogen, der für das Verständnis der Rolle des Cholesterins bezüglich der Entstehung von Myokardinfarkten bedeutsam ist:

- Die *Erfolge der Wissenschaften*, insbesondere der Medizin, bewirkten, daß nach dem zweiten Weltkrieg etwa seit den 50er Jahren viele *Krankheiten erheblich besser behandelbar* (teils fast verschwunden) sind.
- Zu den erfolgreich behandelbaren Krankheiten gehören (dies ist für die Herzinfarktsterblichkeit bedeutsam) auch die *wichtigen Risikofaktoren für die Koronarsklerose* (bzw. Atherosklerose): Nikotinabusus, Hypertonie und Diabetes mellitus, deren Anteil an den Sterbefällen abgenommen hat (Rückgang an Sterbefällen an Myokardinfarkt s. S. 210).
- Von großem Einfluß ist der Rückgang an körperlicher Schwerstarbeit, welche nur noch von 0,7% der Bevölkerung verrichtet wird.
- Die erfolgreiche Medizin bescherte den Menschen vieler Industrienationen einen starken *Anstieg der Lebenserwartung.* Es wurden noch niemals soviele Menschen so alt wie heute. Aber niemand ist unsterblich geworden.
- Da man heute nicht mehr vorzeitig, wie noch die älteren Generationen in jüngeren Jahren an Krankheiten sterben muß, die inzwischen behandelbar geworden sind, *häufen sich im hohen Alter* Krankheiten wie *Krebs und Herz- Kreislaufversagen* (Abb. 10.1), die noch nicht erfolgreich behandelbar sind und deren Zunahme man nicht um jeden Preis mit dem Thema Umweltgiften und Cholesterin erklären sollte.
- Da der Mensch nicht unsterblich ist und ein alter Spruch besagt, daß der Mensch „so alt wie seine Gefäße" ist bzw. wird, ist es in den höchsten Altersklassen (über 80 Jahren) in wenigen Jahrzehnten zu einer Verdoppelung der Sterbefälle an Herzinfarkt und Schlaganfall gekommen, Krankheiten die sich an den empfindlichsten Gefäßbezirken des Menschen abspielen. Max Bürger hat 1957 gesagt, man könne die menschlichen Gefäße mit einem Baum vergleichen: *im hohen Alter werden als erstes die feinsten Zweige verdorren und abfallen.*
- Für viele Menschen hat sich deshalb der tödliche Herzinfarkt (und der Schlaganfall) im Greisenalter zu einer Art *„physiologischer Absterbe-*

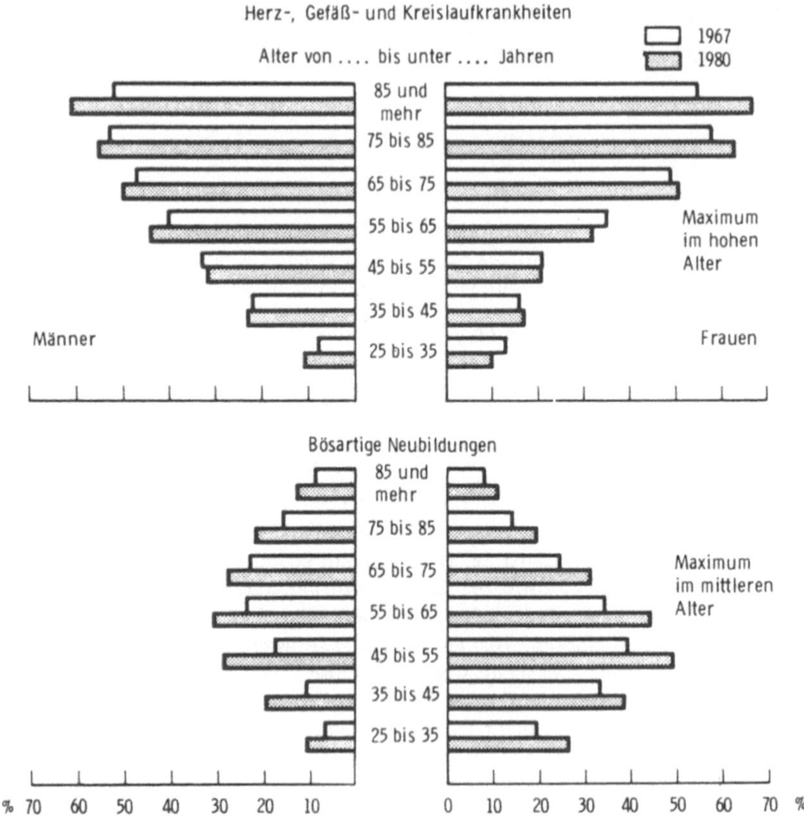

Abb. 10.1. Vorkommen der Sterbefälle an Herz-Kreislauf-Krankheiten in den höchsten Lebensdezennien und von Krebs in jüngeren Jahren am Beispiel von Baden-Württemberg. (Aus Statistik von Baden-Württemberg, Bd. 302 [UB, Za 248]). (Aus Holtmeier 1988, S. 14)

krankheit" entwickelt (Tabellen 11.2, 18.1) denn der Mensch ist nicht unsterblich. Woran sollte er sonst sterben können?

Das vorangehend Gesagte zeigt, daß verschiedene Entwicklungen gleichzeitig ablaufen und die Myokardsterblichkeit berühren. Sie erklären, daß der tödliche Myokardinfarkt (Tabelle 11.2) einerseits durch die erfolgreiche Bekämpfung von Krankheiten so auch der Risikofaktoren Hypertonie, Nikotinabusus (Tabelle 14.1, 14.7, Abb. 14.12) in den Altersklassen von 0 bis 80 Jahren seit 1976–1979 bis 1993 stark rückläufig ist, aber andererseits die Sterbefälle am Myokardinfarkt im hohen Greisenalter etwa ab 1952 bis zum Ende der 80er Jahre in Westdeutschland sich zunächst mehr als verdoppelt haben, um später auch in diesen hohen Altersstufen wieder abzufallen (Abb. 11.4 und 11.5). Allein die unterschiedlichen Verläufe (Abnahme der Sterbefälle bis zum achzigsten Lebensjahr und Zunahme danach) machen es schwierig, eine ursächliche Verbindung zum Cholesterin herzustellen.

Wieviele Menschen leben in den verschiedenen Altersklassen?

Tabelle 10.1 zeigt, daß von 1952 bis 1987 die Zahl der Lebenden in Westdeutschland in allen Altersklassen erheblich zugenommen hat. Dies trifft

Tabelle 10.1. Sterbefälle an „Ischämischen Herzkrankheiten" pro 100000 Einwohner der entsprechenden Altersgruppen (nach Daten des Statistischen Bundesamtes Wiesbaden) in der BRD unter Berücksichtigung der Bevölkerungszahl (grob schematische Darstellung). Seit 1979 sind die Sterbefälle zunehmend rückläufig (Tabelle 11.1 und 11.2).

Jahr	0–65 Jahre	65–75 Jahre	über 75 Jahre
Tod durch ischämische Herzkrankheiten	(CHD 410–414)		
Männer			
1952 Koronartote	36,3	394,1	614,7
Lebende Personen [Mio.]	19,3	1,45	0,58
1961 Koronartote	72,6	751,5	1013,8
Lebende Personen [Mio.]	23,1	1,6	0,795
1987 Koronartote	69,3	1027,3	2516,6
Lebende Personen [Mio.]	26,1	1,8	1,3
Frauen			
1952 Koronartote	9,9	198,8	434,8
Lebende Personen [Mio.]	23,4	1,75	0,72
1961 Koronartote	11,1	306,3	1278,6
Lebende Personen [Mio.]	25,0	2,4	1,1
1987 Koronartote	18,2	391,9	1613,9
Lebende Personen [Mio.]	25,6	3,1	3,0

auch für die höheren Altersklassen zu. Im Alter von *über 75 Jahren* bis zum Lebensende nahm die Zahl der lebenden *Männer* von *1952* (0,58 Mio.) *bis 1987* um mehr als das Doppelte auf 1,3 Mio. zu. Bei den *Frauen* stieg die Zahl von 0,72 Mio., auf 3,0 Mio. also um mehr als das Vierfache. Im Jahre 2000 wird ca. 1/4 der deutschen Bevölkerung älter als 65 Jahre sein. Die Zahl an älteren Leuten wird weiter ansteigen. Darauf läßt auch ein Vergleich mit anderen Ländern schließen (Tabelle 10.6).

Obergrenze der Lebensfähigkeit des Menschen

Heute erreichen viele Menschen ein hohes Alter. Der Grund hierfür ist, daß sie nicht mehr, wie noch die früheren Generationen, vorzeitig an einer noch nicht behandelbaren Krankheit sterben müssen (Abb. 10.2). Man wird heute im Durchschnitt wesentlich älter als noch vor 100 Jahren (Tabelle 10.4). Männer werden ca. 72,2 Jahre alt und Frauen 78,6 Jahre (1988). Viele Krankheiten sind heilbar, besser behandelbar geworden oder sogar verschwunden. Trotzdem sind die Menschen sterblich geblieben. Da die Zellteilungsfähigkeit beim Menschen erlischt, nimmt man derzeit eine

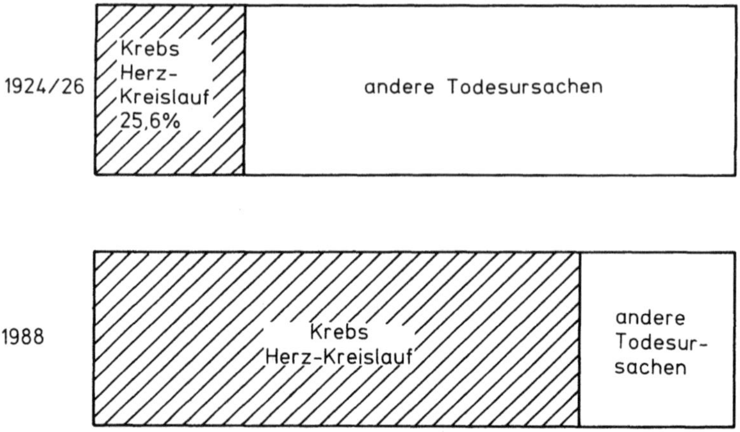

Abb. 10.2. Seit 1924/26 ist es bis 1995 zu einer totalen Umverteilung bei abnehmender Gesamtsterblichkeit unter den Todesursachen in der ehemaligen BRD gekommen. Durch die Erfolge der Medizin sind zahllose Krankheiten heilbar bzw. besser behandelbar geworden und anteilig als Todesursachen stark zurückgegangen. Dafür erreichen immer mehr Menschen ein hohes Alter, in dem sie am Lebensabend am Tod durch Krebs und Herz-Kreislauf-Gefäß-Leiden sterben (72,6%)

Abb. 10.3. Geistig frisch: Jeanne Calment, 120 Jahre alt

Obergrenze für die Lebensfähigkeit von ca. 120 Jahren an. Nur selten erreichen Menschen diese Grenze. Max Bürger (1957) sah im Versagen der feinsten Arterien (Verfettung, Verschluß) das natürliche Lebensende. Er bezeichnete diesen Zustand als *„Physiosklerose"*. Sie sei histologisch identisch mit der Arteriosklerose. Das Versagen von Koronar- und Gehirngefäßen könnte im Greisenalter hierzu zählen. Der Mensch würde bzw. sei so alt wie seine Gefäße, postulierte auch Bürger.

Die Französin Jeanne Calment (Abb. 10.3) feierte am 21. 2. 1995 ihren 120. Geburtstag. Hierüber berichtete die Stuttgarter Zeitung am 22. 5. 1995. Sie war „geistig frisch" allerdings blind, fast taub und an den Rollstuhl gebunden. Sie war am 21. 5. 1875 in Arles geboren. Es wird berichtet, daß auch ein Japaner 120 Jahre und 237 Tage alt wurde. Er starb 1986.

Zwei Hauptsterbeursachen

Während *1924/1926* noch 21% an Infektionskrankheiten, nur 14,8% an Herz-, Kreislauf-, Gefäßleiden und nur 11,7% an Krebs starben, waren es *1988* bereits an Herz-, Kreislauf-, Gefäßleiden 49,7%, an Krebs 22,9% und an Infektionskrankheiten nur noch 0,8% (Tabelle 10.2). Bei einer nur gering abnehmenden Gesamtsterblichkeit ist es zu einer *Umschichtung* bei

Tabelle 10.2. Häufigste Todesursachen (in Prozent) an der Gesamtsterblichkeit 1924 – 1993. (Nach Statistisches Bundesamt)

	1924/26		1961		1972		1982		1986		1993*	
Infektionskrankheiten einschl. Grippe Pneumonie, Tbc	21,0		6,0		6,0		4,9		0,7		0,8	
Herz-Kreislauf-Gefäß-Leiden	14,8	26,5%	41,1	59,2%	46,0	65%	50,4	71,4%	50,1	74%	49,1	72,9%
bösartige Neubildungen (korrig.)	11,7		18,1		19,0		21,0		23,9		23,8	
unnatürliche Todesursachen	5,4		7,0		7,0		5,8		6,5		4.8	
	52,9		72,2		78,0		82,1		81,2		78,5	

* Deutschland

den Todesursachen gekommen. Das Herz-, Kreislauf-, Gefäßversagen dominiert heute unter den Sterbeursachen. Durch die *Erfolge der Medizin*, aber auch der gesamten gebesserten Lebensumstände in der ehemaligen BRD, trat ein massiver Rückgang im Vorkommen zahlreicher Krankheiten ein. Heute erreichen immer mehr Menschen ein immer höheres Alter. Aber im hohen Alter erliegen sie gehäuft anderen, derzeit ebenfalls noch nicht ausreichend beherrschbaren Krankheiten. Mit den Erfolgen der Medizin ist es zu einer *Konzentrierung der Todesfälle* auf *zwei Hauptsterbeursachen* gekommen, die inzwischen *72,6%* aller Todesursachen in der ehem. BRD ausmachen:

- Tod durch *Krebs* mit Maximum der Sterblichkeit ca. um das 55. bis 65. Jahr (Abb. 10.1) und
- Tod durch Versagen von *Herz-, Kreislauf-, und Gefäßsystem* mit Maximum am Lebensende (Abb. 10.1).

Entwicklung der Sterbeziffern

Diese Entwicklung wird in Abb. 10.1 gezeigt, Tabelle 10.2 besagt, daß die Sterbefälle an *Krebs und Herz-Keislauf-Versagen 1924–1926* zusammen *erst 26,5% unter den Gesamtsterbefällen ausmachten.* Große Teile der Bevölkerung erlebten gar nicht erst die höheren Altersstufen, in denen sich vornehmlich Tod infolge von Krebs und Krankheiten des Herz-Kreislauf-Systems auszubreiten (Abb. 10.1) pflegt. Dafür starb man in jüngerem Alter (geringere Lebenserwartungen) an anderen, damals noch nicht behandelbaren Krankheiten. Die starke Zunahme von Krebs und Herz-Kreislauf-Leiden unter den Todesfällen zeigt, wie stark sich diese *anteilig* in der *Gesamtgruppe von Sterbefällen* bis Ende der 80er Jahre *ausgebreitet haben* und wie erheblich dafür andere Krankheiten anteilig rückläufig wurden. Dieses ist grob schematisch in Tabelle 10.3 und Abb. 10.1 gezeigt.

Innerhalb der Gruppe des Herz-, Kreislauf-, Gefäßsystems hat sich vornehmlich der Tod infolge von Versagen der feinen Arterienbezirke z. B. unter dem Bild des *Herzinfarktes* (11,2%) und des *Schlaganfalles* (12,3%) etabliert. Die Aufteilung der Sterbefälle geht aus Tabelle 10.3 für 1993 hervor. Sollte einmal die Krebskrankheit erfolgreich behandelbar sein, würden die Menschen die Krebskrankheit überleben und am Lebensende den Tod durch Herz-Kreislauf-Versagen finden. Die Zahl der Sterbefälle dieser Gruppe würde weiter zunehmen und damit auch die Sterbefälle an Herzinfarkt und an Schlaganfällen, die vornehmlich in die hohen Altersklassen fallen (Tabellen 15.1 und 11.2).

Tabelle 10.3. Sterbefälle 1993 in der ehemaligen BRD

0,8%	An *Infektionskrankheiten*
23,8%	An *bösartigen Neubildungen*
1,9%	An *Ernährungs- und Stoffwechselkrankheiten* einschließlich Immunkrankheiten (darunter nahm die Zuckerkrankheit 1,6% ein)
0,2%	An Krankheiten des Blutes
49,1%	An Krankheiten des *Herz-Kreislaufsystems* (darunter 12,3% Gehirngefäßversagen und 11,2% am akuten Herzinfarkt)
5,9%	An Krankheiten der Atmungsorgane
4,7%	An Krankheiten der Verdauungsorgane
4,8%	An Folgen von Verletzungen und Vergiftungen
1,6%	An Selbstmord

Nach Angaben des Statistischen Bundesamtes (1994)

Zusammenfassung

Die medizinische Wissenschaft hat sich mit der *Deutung der zuvor geschilderten Zusammenhänge* jahrelang schwer getan und tut es auch heute noch. Man hatte im Hinblick auf die Zunahme der Sterbefälle des Herz-Kreislauf-Gefäß-Systems, hier vor allem des Herzinfarktes und Schlaganfalls, ursächlich vor allem an die Folgen einer ungesunden Lebensweise (ungenügende Beachtung von Risikofaktoren) und die Gefahren von Übergewicht und Fehlernährung nach dem zweiten Weltkrieg gedacht, was sicher zutrifft. Das „Cholesterinproblem" hat eine große Rolle gespielt. Man hatte allerdings übersehen, daß durch die medizinischen Fortschritte einerseits immer mehr Krankheiten verschwanden, aber andererseits zugleich immer mehr Menschen immer älter wurden, diese jedoch nicht unsterblich blieben. Innerhalb weniger Jahrzehnte hatten sich in den hohen Lebensdezennien eine Großzahl von älteren Menschen angesammelt, was vor ca. 30 Jahren noch nicht der Fall war. Mit der Anhäufung dieser Menschen häuften sich auch Krankheiten an, die typischerweise im hohen Alter vermehrt auftreten. Dafür gingen Krankheiten und Todesursachen in den mittleren und jüngeren Lebensjahren, die früher dort vorzeitig zum Tode führten, stark zurück (Tabelle 10.2). Man könnte fast von *einer Anhäufung von Sterbekrankheiten* im hohen Alter sprechen. Vornehmlich dieser Umstand erklärt die starke Zunahme von *Krebs* und von *Herz-Kreislauf-Versagen* im hohen Alter bei einer abnehmenden Gesamtsterblichkeit. Es ist eine Umschichtung der Todesursachen „zugunsten" des Herz-Kreislauf-Systems eingetreten. Ernährungseinflüsse dürften an dieser Entwicklung nur eine bestimmte Rolle spielen, zumal die Lebenserwartungen insgesamt ja nicht rückläufig sind, sondern ständig zunehmen! Ohne damit die generelle Gefährdung durch falsche Lebens- und Ernährungsweise von Menschen, die sich noch nicht im Sterbealter befinden (besonders jener mit Genanlagen für das Auftreten bestimmter Krankheiten, die durch Fehlernährung ausgelöst werden) in Frage zu stellen, scheinen andere globale Einflüsse bei dieser Entwicklung von wesentlich größerer Bedeutung zu sein.

Die Menschen müssen nicht mehr vorzeitig sterben, sie werden in hohem Ausmaß immer älter (Tabelle 10.4). Sie können heute in großer Anzahl uralt werden und verlassen diesen Globus am Lebensabend, weil sie nicht unsterblich sind, vorwiegend am Versagen des Herz-Keislauf-Gefäß-Systems. Hierbei tritt *immer stärker der Tod durch Verschlüsse feiner Arterien, z. B. der Koronar- und Gehirngefäße,* in den Vordergrund. Gerade die letztere Todesursache, bei der es sich um das Versagen bzw. den Verschluß der feinsten und empfindlichsten Gefäßbezirke handelt, hat sich zu einer Art *physiologischer Sterbekrankheit* am Lebensabend entwickelt, die an die „*Physiosklerose*" von Max Bürger (1957) erinnert (S. 177).

Rückläufige Risikokrankheiten

Während für viele Krankheiten *Einzelfaktoren* verantwortlich sind, für Infektionskrankheiten Bakterien bzw. Viren, für die familiäre Hypercholesterinämie Störungen im Cholesterinhaushalt usw., kennen wir seit Jahrzehnten anerkannte *Risikofaktoren* (z. B. Nikotinabusus) bzw. *Risikokrankheiten* (z. B. Hypertonie, Diabetes mellitus u. a.) für die Entstehung der Atherosklerose und ihre Nachfolgekrankheiten. Da infolge einer zunehmend erfolgreicheren Medizinbehandlung einerseits die Risikokrankheiten abnehmen, müssen andererseits zwangsläufig auch die Auswirkungen auf die Atherosklerose und ihre Nachfolgekrankheiten wie die zerebralen und koronaren Todesfälle schwinden. In der Tat ist dies im weitesten Sinne der Fall (Tabelle 11.1, 11.2). Hierbei ist zu beachten, daß den einzelnen Risikokrankheiten und -Faktoren durchaus ein unterschiedliches Gewicht am Erfolg zukommen kann.

Rückläufige Gesamtsterblichkeit: Indiz für den Rückgang an Risikokrankheiten für die Atherosklerose

Das *Statistische Bundesamt Wiesbaden* und verschiedene medizinische Fachgesellschaften, z. B. die *Deutsche Gesellschaft für Ernährung* e.V.,

Tabelle 10.4. Mittlere Lebenserwartung. (Nach Sleeswijk und de Outerdom 1953/54)

Land Zeitraum	Männer	Frauen
Niederlande		
1840 – 1851	36,2	38,5
1870 – 1879	38,4	40,7
1900 – 1909	51,0	53,4
1921 – 1930	61,9	63,5
1931 – 1940	65,7	67,2
1947 – 1949	69,4	71,5
1950 – 1952	70,6	72,9
1953 – 1955	71,0	73,9
Belgien		
1881 – 1890	43,8	47,0
1891 – 1900	45,4	48,8
1928 – 1932	56,0	59,8
1946 – 1949	62,0	67,3
Deutschland (BRD)		
1871 – 1880	35,6	38,5
1901 – 1910	44,8	48,3
1924 – 1926	56,0	56,8
1932 – 1934	59,9	62,8
1949 – 1951	64,6	68,5
Deutschland (DDR)		
1952 – 1953	65,1	69,1
1953 – 1954	65,6	69,5
1954 – 1955	66,2	70,2
1956 – 1957	66,3	71,0
Schweden		
1841 – 1850	41,7	46,1
1871 – 1880	45,3	48,6
1901 – 1910	54,5	57,0
1921 – 1925	60,7	63,0
1926 – 1930	61,2	63,3
1931 – 1935	63,2	65,3
1936 – 1940	64,3	66,9
1946 – 1950	69,0	71,6
1951 – 1955	70,5	73,4

Land Zeitraum	Männer	Frauen
England/Wales		
1838 – 1854	39,9	41,9
1871 – 1880	41,4	44,6
1901 – 1910	48,5	52,4
1920 – 1922	55,6	59,6
1930 – 1932	58,7	62,9
1948	66,4	68,0
1952	67,1	72,4
1954	67,6	73,1
1955	67,5	73,0
1956	67,8	73,3
Frankreich		
1817 – 1831	38,3	40,8
1877 – 1881	40,8	43,4
1898 – 1903	45,7	49,1
1920 – 1923	52,2	56,1
1928 – 1933	54,3	59,0
1933 – 1938	55,9	61,6
1946 – 1949	61,9	67,4
1950 – 1951	63,6	69,3
1952 – 1956	65,0	71,2
Südafrika (europ. Bevölkerung)		
1920 – 1922	55,6	59,2
1925 – 1927	57,8	61,5
1935 – 1937	59,0	63,1
1945 – 1947	63,8	68,3
Vereinigte Staaten v. Nordamerika (Weiße)		
1900 – 1902	48,2	51,1
1919 – 1921	56,3	58,5
1929 – 1931	59,1	62,7
1939 – 1941	62,8	67,3
1945	64,4	69,5
1950	66,6	72,4
1956	67,3	73,7

Frankfurt a.M., (Seite 188), weisen seit Jahren darauf hin, daß die *Gesamtsterblichkeit zurückgeht.* Damit gehen zwangsläufig auch die wichtigsten Risikokrankheiten für die Atheroskleroseentwicklung zurück. Die Rückläufigkeit ist beachtlich. Dies weisen Tabelle 10.5 für alle Altersklassen in der ehem. BRD und Tabelle 10.6 für die wichtigsten Länder der Welt aus.

Danach nahmen im Zeitraum von 1978 bis 1987 (in der eine *Zunahme des Serumcholesterinspiegels* in der ehem. BRD unter standardisierten Untersuchungsbedingungen *festgestellt* wurde), die Sterbefälle z. B. bei den 45 bis 55jährigen um *32,5%* bei den Frauen und um *20,5%* bei den Männern ab und im Alter von 75 bis 85 Jahren um *19,6%* bei den Frauen und um *13,1%* bei den Männern. Tabelle 10.6 zeigt, daß die Sterbefälle von ca. 1960 bis um 1975 von 11,6 auf 12,1 je 1000 Einwohner zunahmen und sich bis 1988 auf 11,2 senkten. Der Rückgang an *akutem Myokardinfarkt* (Tabelle 11.2) und an den *ischämischen Koronarkrankheiten* (Tabelle 11.1) datiert bei uns ab ca. 1977–1979 und läuft mit dieser Entwicklung in etwa parallel, nachdem diese Krankheiten zunächst seit etwa 1952 nach Ende der Hungerzeit des zweiten Weltkrieges (1948 Währungsreform) stark zugenommen hatten.

Daraus ergibt sich der Verdacht, daß die Rückläufigkeit an den bekannten Risikokrankheiten wie dem *Diabetes mellitus* (Tabelle 14.1), der *Hypertonie und den Hochdruckkrankheiten* (Tabelle 10.7 und 14.7) einen maßgeblichen Einfluß auf diese Entwicklung gehabt haben müssen. Es ergibt sich kein Anhalt dafür, daß für den Rückgang der Gesamtsterblichkeit das Cholesterin mitverantwortlich sein könnte. Ganz im Gegenteil ist der Serumspiegel mit Signifikanz zwischen 1980 und 1989 angestiegen (Tabelle 8.4). Nach den Angaben des Statistischen Bundesamtes Wiesbaden gehen die Sterbefälle infolge *Atherosklerose* (ICD-Nr. 440) nach Tabelle 10.7 und 10.8 seit 1967 bei Männern und Frauen allgemein deutlich zurück.

Tabelle 10.7 und 10.8 geben die Sterbefälle pro 100000 Einwohner bzw. die *standardisierten Sterbeziffern* wieder, ohne auf die Verteilung in den verschiedenen Altersklassen einzugehen. Wegen der Zunahme der Sterbefälle im hohen Alter geht die stärkere Abnahme in den jüngeren Altersklassen dadurch teilweise „unter" und der Beginn des Rückganges an Sterbefällen verschiebt sich etwas nach vorne (vgl. mit den Tabellen 11.1 und 11.2). Tabelle 10.7 und 10.8 zeigen, daß die *Standardisierten Sterbeziffern* an Kreislaufkrankheiten (ICD-Nr. 390–459) seit ca. 1981, an Hypertonie seit ca. 1967, an den ischämischen Herzkrankheiten seit ca. 1981, am akuten Myokardinfarkt seit ca. 1980, an zerebrovaskulären Leiden seit ca. 1966 und an Arteriosklerose seit ca. 1967 bei Männern und Frauen stark rückläufig sind (Diabetes mellitus s. Tabelle 14.1).

Tabelle 10.5. Gesamtsterblichkeit in der BRD je 100000 Einwohner (gleichen Alters und Geschlechtes) von 1978 – 1987 in der ehemaligen BRD. (Aus Daten des Gesundheitswesens, Kohlhammer, Stuttgart, 1980 und 1989, S. 187)

Alter	Frauen			Männer		
	Rate 1978	Rate 1987	Differenz in % des Ausgangswertes	Rate 1978	Rate 1987	Differenz in % des Ausgangswertes
unter 5	299,1	180,4	– 39,7	388,2	237,7	– 38,8
5 – 15	26,3	15,5	– 41,1	39,2	23,5	– 40,1
15 – 25	57,4	34,6	– 39,7	145,0	90,8	– 37,4
25 – 35	73,3	49,8	– 32,1	148,3	111,0	– 25,2
35 – 45	146,8	119,2	– 18,8	290,4	217,1	– 25,2
45 – 55	382,7	258,2	– 32,5	725,9	576,8	– 20,5
55 – 65	859,5	730,0	– 15,1	1789,3	1528,7	– 14,6
65 – 75	2467,1	1963,7	– 20,3	4844,5	3865,6	– 20,2
75 – 85	7616,7	6127,5	– 19,6	11203,1	9738,6	– 13,1
85 u. m.	19939,4	17327,9	– 13,1	23254,6	21444,6	– 7,8
Gesamtsterblichkeit	1145,0	1142,5		1217,0	1107,8	

Tabelle 10.6. Entwicklung der Sterbefälle in ausgewählten Ländern. (Aus Bundesministerium für Gesundheit 1991, S. 25)

Land	Gestorbene je 1000 Einwohner							
	1960	1965	1970	1975	1980	1985	1987	1988
Bundesrepublik Deutschland	11,6	11,5	12,1	12,1	11,6	11,5	11,2	11,2
Deutsche Demokratische Republik	13,6	13,5	14,1	14,3	14,2	13,5	12,9	12,8
Belgien	12,4	12,2	12,3	12,2	11,6	11,2	10,6	–
Dänemark[a]	9,5	10,1	9,8	10,1	10,9	11,4	11,3	11,5
Frankreich	11,4	11,2	10,7	10,6	10,2	10,1	9,5	9,4
Irland	11,5	11,5	11,4	10,4	9,7	9,4	8,8	8,9
Italien	9,7	10,0	9,7	9,9	9,7	9,6	9,5	9,3
Luxemburg	11,8	12,3	12,3	12,2	11,5	11,0	10,9	10,3
Griechenland	7,3	7,8	8,4	8,9	9,1	9,3	9,5	9,3
Spanien	8,6	8,7	8,3	8,2	7,7	8,0	8,0	–
Niederlande	7,7	8,0	8,4	8,3	8,1	8,5	8,4	8,4
Österreich[b]	12,7	13,0	13,4	12,8	12,3	11,9	11,2	11,0
Schweden	10,0	10,1	9,9	10,8	11,0	11,3	11,1	11,5
Schweiz	9,7	9,3	9,1	8,7	9,2	9,2	9,0	9,3
Großbritannien und Nordirland	11,5	11,5	11,8	11,8	11,7	11,8	11,2	11,4
Vereinigte Staaten	9,5	9,4	9,4	8,9	8,7	8,7	8,6	8,8
Japan	7,6	7,2	6,9	6,4	6,2	6,3	6,2	6,5

[a] Ohne Färöer und Grönland
[b] Heutiger Gebietsstand

Tabelle 10.7. Mitteilung des Statistischen Bundesamtes, Wiesbaden 1994, über Sterbefälle an ausgewählten Kreislaufkrankheiten in der ehemaligen BRD einschließlich Berlin (West)

Jahr	Kreislauf-krankheiten insgesamt	Darunter						
		Hypertonie und Hochdruck-krankheiten	Ischämische Herz-krankheiten	Akuter Myokard-Infarkt	Lungen-embolie	Krankheiten des zerebrovas-kulären Systems	Krankheiten der Arterien, Arteriolen und Kapillaren	Arterio-sklerose
	Pos.-Nr. der ICD/9 Männer							
	390–459	401–405	410–414	410	415.1	430–438	440–448	440
Männer Je 100000 Einwohner								
1952[b]		11,9	67,0					
1966	504,5	15,9	169,0	–	2,2	164,4	33,8	26,8
1967	509,1	19,1	171,1	–	2,7	158,3	35,3	28,4
1968	534,1	16,6	201,5	137,8	2,9	160,4	31,7	20,5
1969	544,1	15,4	213,2	145,1	3,1	158,9	28,8	16,6
1970	531,6	14,5	214,7	148,6	3,1	155,5	28,6	15,8
1971	538,1	14,8	224,9	154,4	3,2	154,3	28,1	15,5
1972	537,6	14,8	229,0	156,1	3,2	149,8	30,6	17,5
1973	531,7	14,3	233,3	154,4	3,1	147,8	29,2	16,6
1974	528,2	14,5	237,4	155,7	3,1	142,9	30,2	17,2
1975	543,5	15,5	248,9	161,3	3,5	143,8	29,9	16,7
1976	544,7	14,8	259,2	166,6	3,4	142,8	29,7	16,1
1977	523,6	13,9	253,7	162,3	3,3	134,8	28,7	14,7
1978	540,9	14,4	262,3	168,8	3,2	138,8	29,0	14,1
1979	549,6	15,4	240,0	169,9	3,8	137,5	28,2	17,5

1980	556,4	15,5	246,1	174,9	4,3	136,9	29,1	18,0
1981	559,7	15,6	248,1	173,0	4,8	135,7	27,6	15,3
1982	547,3	14,1	246,0	168,6	5,2	129,0	28,2	15,1
1983	548,7	13,2	248,3	167,3	5,3	128,8	29,0	16,0
1984	538,1	11,7	249,3	162,8	6,0	121,7	28,6	15,5
1985	542,1	11,5	254,9	164,7	6,5	120,6	27,3	14,6
1986	524,1	9,8	243,1	159,1	6,8	115,1	30,8	17,0
1987	509,6	9,9	243,1	156,8	6,0	110,3	29,0	14,7
1988	498,7	9,5	235,2	148,1	6,0	105,7	29,2	14,9
1989	488,8	8,7	227,4	143,7	6,2	102,3	31,1	17,0
1990	476,9	8,7	223,8	136,8	5,6	99,6	30,6	16,5
1991	468,2	9,6	217,5	131,0	5,6	95,5	32,4	18,7
1992	446,2	9,8	212,1	124,9	5,1	90,7	29,4	16,3
1993	445,7	9,9	211,4	121,3	5,3	89,3	28,8	15,6
Standardisierte Sterbeziffer[a]								
1952[b]		11,7	65,3					
1966	591,1	18,2	183,2	–	2,4	201,4	44,0	36,0
1967	592,3	21,7	184,6	–	3,0	192,0	45,4	37,5
1968	622,3	19,0	221,9	146,8	3,1	194,7	40,0	27,1
1969	636,6	17,6	237,9	155,8	3,4	193,0	36,1	22,1
1970	614,8	16,5	237,4	158,2	3,4	186,0	35,0	20,7
1971	624,1	16,9	250,1	165,3	3,5	185,0	34,3	20,1
1972	622,0	16,9	255,5	167,8	3,6	178,3	37,4	22,5
1973	614,9	16,2	261,2	166,3	3,4	175,0	35,5	21,2
1974	605,0	16,4	264,1	167,1	3,4	167,2	36,1	21,6
1975	612,5	17,3	273,0	170,7	3,8	165,3	35,1	20,7
1976	604,9	16,3	281,0	174,7	3,6	161,7	34,2	19,5
1977	573,7	15,2	272,4	169,3	3,4	150,2	32,4	17,5
1978	585,6	15,7	279,2	175,3	3,3	151,9	32,2	16,4
1979	588,4	16,5	251,5	175,8	3,9	148,5	31,1	19,9
1980	588,7	16,5	255,6	179,5	4,4	146,1	31,4	20,0

Tabelle 10.7 (Fortsetzung)

Jahr	Kreislaufkrankheiten insgesamt	Darunter						
		Hypertonie und Hochdruckkrankheiten	Ischämische Herzkrankheiten	Akuter Myokard-Infarkt	Lungenembolie	Krankheiten des zerebrovaskulären Systems	Krankheiten der Arterien, Arteriolen und Kapillaren	Arteriosklerose
	Pos.-Nr. der ICD/9 Männer							
	390–459	401–405	410–414	410	415.1	430–438	440–448	440
1981	587,7	16,4	256,6	177,2	4,8	143,5	29,3	16,7
1982	568,4	14,7	252,6	171,9	5,3	134,5	29,6	16,2
1983	563,0	13,6	252,9	169,5	5,3	132,6	30,0	16,7
1984	542,6	11,8	250,2	163,0	6,0	122,9	29,0	15,9
1985	537,7	11,4	252,5	163,1	6,4	119,6	27,1	14,6
1986	514,8	9,6	238,9	156,5	6,7	113,0	30,2	16,7
1987	495,2	9,6	235,9	152,2	5,9	107,3	28,2	14,3
1988	481,3	9,2	227,5	143,5	5,9	102,0	28,1	14,2
1989	469,2	8,3	219,4	139,1	5,9	98,2	29,6	16,0
1990	457,8	8,4	216,1	132,7	5,5	95,6	29,1	15,4
1991	449,8	9,1	209,5	126,6	5,4	91,9	30,6	17,3
1992	429,1	9,4	205,5	121,6	4,9	87,7	27,9	15,2
1993	431,3	9,5	206,3	118,9	5,2	87,0	27,5	14,5

[a] Bezogen auf den Bevölkerungsaufbau von 1987
[b] Ohne Saarland und Berlin (West)

Tabelle 10.8. Mitteilung des Statistischen Bundesamtes, Wiesbaden 1994, über Sterbefälle an ausgewählten Kreislaufkrankheiten in der ehemaligen BRD einschließlich Berlin (West)

Jahr	Kreislaufkrankheiten insgesamt	Darunter						
		Hypertonie und Hochdruckkrankheiten	Ischämische Herzkrankheiten	Akuter Myokard-Infarkt	Lungenembolie	Krankheiten des zerebrovaskulären Systems	Krankheiten der Arterien, Arteriolen und Kapillaren	Arteriosklerose
	Pos.-Nr. der ICD/9 Frauen							
	390–459	401–405	410–414	410	415.1	430–438	440–448	440
Frauen Je 100000 Einwohner								
1952[b]		17,4	32,6					
1966	481,8	26,1	82,9	–	2,8	198,4	35,6	30,3
1967	485,8	31,9	85,1	–	3,1	190,3	36,9	31,6
1968	520,2	28,7	117,0	64,4	3,5	196,2	32,7	23,2
1969	537,4	27,2	131,6	69,6	3,6	197,4	29,4	19,3
1970	536,9	26,2	137,1	71,8	3,9	194,6	30,3	20,0
1971	549,5	27,0	147,1	75,3	3,7	197,4	30,6	19,7
1972	550,8	26,1	155,8	77,5	4,1	192,1	32,3	21,7
1973	549,7	25,9	162,7	78,3	4,0	192,4	32,4	21,7
1974	558,9	27,2	171,1	81,2	4,4	191,7	33,0	22,1
1975	575,2	28,1	184,8	86,2	4,4	192,6	32,7	21,9
1976	578,7	28,0	195,3	89,6	4,7	192,8	32,9	22,0

Tabelle 10.8. (Fortsetzung)

Jahr	Kreislauf-krankheiten insgesamt	Darunter						
		Hypertonie und Hochdruck-krankheiten	Ischämische Herz-krankheiten	Akuter Myokard-Infarkt	Lungen-embolie	Krankheiten des zerebrovas-kulären Systems	Krankheiten der Arterien, Arteriolen und Kapillaren	Arterio-sklerose
	Pos.-Nr. der ICD/9 Frauen							
	390–459	401–405	410–414	410	415.1	430–438	440–448	440
1977	558,7	26,1	192,9	88,0	4,2	182,7	32,5	21,0
1978	584,3	27,9	202,1	93,5	4,5	190,9	33,9	21,6
1979	603,3	30,2	170,8	97,9	4,9	194,9	32,6	25,6
1980	609,1	30,3	177,6	101,7	5,4	193,0	33,4	25,9
1981	628,0	29,9	183,0	102,8	6,1	199,4	31,9	23,7
1982	619,6	28,1	185,0	102,8	6,7	191,4	32,8	24,1
1983	626,3	27,0	193,5	104,6	6,8	188,7	35,3	26,0
1984	611,5	23,6	197,4	103,8	7,8	180,4	35,2	25,9
1985	630,6	23,7	208,0	106,7	8,6	182,7	34,9	25,1
1986	623,0	21,0	202,9	106,1	9,8	179,1	39,2	29,4
1987	608,6	21,3	206,6	106,3	8,7	172,3	37,7	27,2
1988	608,3	19,6	207,5	103,2	8,7	167,6	39,0	28,0
1989	611,4	18,5	206,8	103,3	8,9	164,9	42,0	30,8
1990	615,3	19,1	210,2	98,9	8,5	164,6	43,0	31,6
1991	604,3	19,4	203,9	96,2	8,3	159,8	47,6	36,2
1992	584,9	21,0	203,2	91,7	7,6	152,7	42,4	31,5
1993	593,5	21,5	206,8	90,4	7,7	152,2	42,2	31,1

Standardisierte Sterbeziffer[a]

1952[b]		16,6	31,0					
1966	793,0	40,5	117,3	–	3,8	336,5	71,3	62,4
1967	781,8	48,4	118,7	–	4,0	315,6	71,3	62,7
1968	829,4	42,7	173,4	84,5	4,5	321,7	60,5	45,6
1969	842,2	39,7	195,2	90,5	4,6	316,4	52,7	37,4
1970	829,9	37,7	200,7	91,8	5,0	306,8	53,2	37,7
1971	830,3	38,5	211,9	95,0	4,7	302,8	51,8	35,8
1972	816,6	36,8	221,2	97,0	5,1	288,9	53,4	38,0
1973	798,7	35,6	227,2	96,9	4,9	282,8	52,3	37,2
1974	790,8	36,7	233,6	98,8	5,3	274,6	51,4	36,4
1975	791,2	37,0	246,7	103,2	5,3	267,3	49,3	34,9
1976	774,6	36,3	254,2	105,3	5,6	260,3	48,1	33,6
1977	725,9	33,0	244,6	101,8	4,8	238,9	45,5	30,7
1978	735,8	34,4	248,8	106,1	5,0	241,7	45,6	30,3
1979	735,7	36,5	199,4	108,8	5,4	238,7	42,6	34,2
1980	721,7	35,6	202,9	111,3	5,9	230,0	41,8	33,1
1981	724,8	34,4	204,7	110,8	6,5	231,0	38,5	29,2
1982	695,0	31,5	202,0	109,1	7,1	215,3	38,3	28,6
1983	682,4	29,4	206,8	109,4	7,1	205,9	39,7	29,6
1984	645,2	25,1	205,7	106,5	8,0	190,5	37,9	28,2
1985	644,8	24,2	211,0	107,1	8,7	187,1	36,1	26,1
1986	620,4	21,0	201,4	105,0	9,7	178,6	39,2	29,5
1987	591,7 8	20,7	201,4	103,9	8,5	167,6	36,4	26,2
1988	577,2 7	18,6	198,7	99,9	8,4	159,1	36,4	25,9
1989	569,0	17,2	195,2	99,2	8,6	153,2	38,1	27,7
1990	564,4	17,4	196,1	94,4	8,1	151,0	38,2	27,7
1991	549,2	17,6	189,2	91,7	7,9	145,2	41,7	31,2
1992	526,2	19,0	187,2	87,3	7,2	137,5	36,4	26,5
1993	530,8	19,2	190,0	86,5	7,5	136,6	35,7	25,6

[a] Bezogen auf den Bevölkerungsaufbau von 1987
[b] Ohne Saarland und Berlin (West)

11 Starker Rückgang der Herzinfarktsterblichkeit in Westdeutschland

Statistisches Bundesamt: „1977 erstmals weniger Herzinfarkttote"

Am 5. 5. 1978 verkündete (Abb. 11.1) das *Statistische Bundesamt, Wiesbaden,* daß *1977 erstmals weniger Herzinfarkttote* (*2,5%*) in der alten BRD nach Kriegsende zu verzeichnen waren, ein Trend der sich von nun an ständig fortsetzen sollte. Aber nicht nur die Todesfälle an Herzinfarkt sondern auch am *Diabetes mellitus* (Tabellen 14.1 und 9, Anhang) sind nach der Bekanntgabe des Statistischen Bundesamtes *„sehr stark" zurückgegangen. 1977 betrug der Rückgang (bereits) 17%* (S. 198).

Die „Wende" beginnt 1977/1979

Das *Jahr 1977* wurde sozusagen als *Beginn der Wende* hinsichtlich des Rückgangs an Todesfällen an 2 gewichtigen Risikokrankheiten für die Entstehung der Athero- bzw. Koronarsklerose (und damit auch die Entwicklung zum Herzinfarkt) *eingeläutet*, dem Rückgang der Sterbefälle an Diabetes mellitus und an Bluthochdruckkrankheiten. Letztere waren bereits seit Jahren unter dem Einfluß moderner Therapeutika auf dem Rückmarsch begriffen (Tabellen 14.7 und 20.1). Der Rückgang der Sterbefälle am *„akuten Myokardinfarkt"* geht aus den Tabellen 11.2 und 18.1 hervor, derjenige an den *„ischämischen Herzkrankheiten"* (ICD-Nr. 410–414) aus den Tabellen 11.1 und 19.1 (Abb. 11.2). Außerdem geht der Rückgang der Sterbefälle am akuten Myokardinfarkt, auf den es in erster Linie bei der Diskussion um die Rolle des Cholesterins ankommt (Abb. 11.3), getrennt dargestellt für Männer und Frauen pro 100000 einer Altersgruppe, aus den Abb. 11.4 und 11.5 hervor.

Der Rückgang der Sterbefälle am Herzinfarkt beginnt in einzelnen Altersgruppen teilweise bereits vor 1977. In der Altersgruppe der 45- bis 50jährigen Männer sind die Sterbefälle am **„akuten Myokardinfarkt"** (ICD-Nr. 410) in der ehem. Bundesrepublik Deutschland seit **1972** von 106.9 pro 100000 Einwohnern dieser Altersgruppe **bis 1994** auf 41,1 Fälle **zurückgegangen**, also um **61,5%**.

Mitteilung für die Presse

STATISTISCHES BUNDESAMT

wiesbaden, den 5. mai 1978
telef.: (06121) 705 2106

1977 erstmals weniger herzinfarkttote 141/78

wie das statistische bundesamt mitteilt, starben nach ersten ergebnissen der todesursachenstatistik 1977 im bundesgebiet rd. 705000 personen. damit hat sich die ruecklaeufige entwicklung der zahl der sterbefaelle – die hoechste zahl nach kriegsende wurde 1975 mit fast 750000 toten registriert – 1977 gegenueber 1976 verstaerkt fortgesetzt, durch den rueckgang um 28200 faelle oder 4 prozent sank die sterbeziffer (gestorbene auf 1000 einwohner) von 11,9 auf 11,5. dies ist die niedrigste sterbeziffer in den letzten 10 jahren.

an krankheiten des kreislaufsystems starben 1977 ingesamt 332800 personen, das sind 47 prozent aller sterbefaelle. gegenueber dem vorjahr ist ihre zahl um 13300 faelle oder 4 prozent zurueckgegangen. die in dieser zahl enthaltenen sterbefaelle aufgrund von koronaren herzkrankheiten verringerten sich um 2700 faelle (–2 prozent), darunter die zahl der herzinfarkttoten um 1900 faelle (–2,5 prozent), die zahl der an hirngefaesskrankheiten gestrobenen lag mit 98400 sterbefaellen um 5800 faelle (–6 prozent) unter der des vorjahres.

boesartige neubildungen waren 1971 bei rd. 22 prozent aller sterbefaelle die todesursache, hieran starben insgesamt 153250 personen, das sind 660 mehr als im jahr 1976. unter ihnen hat die zahl der sterbefaelle an boesartigen neubildungen der atmungsorgane mit rd. 26000 wieder zugenommen (+310). die zahl der an magenkrebs gestorbenen war mit 20000 toten dagegen weiter ruecklaeufig (–620).

sehr stark war 1977 der rueckgang der zahl der sterbefaelle an diabetes. sie sank um 3370 faelle oder 17 prozent auf 16640 sterbefaelle.

die zahl der nicht eines natuerlichen todes gestorbenen lag 1977 mit 46400 ebenfalls unter der des vorjahres (–700). dabei hat besonders die zahl der unfaelle und vergiftungen mit 30400 (–1240) und die der unfaelle durch sturz mit 9900 (–960) abgenommen. die zahl der toedlichen kraftfahrzeugunfaelle hat sich um 100 auf 14550 erhoeht, die der selbstmorde ist um 570 auf 13920 gestiegen.

die muettersterblichkeit (= gestorbene muetter je 100000 lebendgeborene) ist von 36,3 auf 33,7 leicht zurueckgegangen. 1977 starben 196 muetter an komplikationen vor, waehrend und nach der geburt (1976: 219). – im gleichen zeitraum ist die saeuglingssterblichkeit (gestorbene im ersten lebensjahr auf 1000 lebendgeborene) von 17,4 auf 15,4 gesunken (–1500). insgesamt starben 1977 9020 kinder im ersten lebensjahr.

statistisches bundesamt
gez. dr. bartels+++

62 Wiesbaden · Gustav-Stresemann-Ring 11 · Fernruf 7051 · Telex 04-186511 stb d

Abb. 11.1. Meldung des Statistischen Bundesamtes

Tabelle 11.1. Sterbefälle an „ischämischen Herzkrankheiten“ pro 100000 Einwohner der entsprechenden Altersgruppe (ICD 410–414, 9. Revision 19797 nach Stat. Bundesamt Wiesbaden 1995. Es zeigt sich eine starke Häufung der Sterbefälle im hohen Alter jenseits von 80 Jahren und seit ca. 1976–1979 ein Rückgang in den jüngeren Altersklassen bis 75 Jahren

Altersgruppen	Geschlecht	1968	1976	1979[a]	1989	1991	1993	Prozentuale Zu- (+) bzw. Abnahme (–) der Sterbefälle zwischen 1979 bis 1993
Pro Jahr								
Insgesamt	M	201,5	259,2	240,0	227,4	217,5	211,4	–12%
	W	117,0	195,3	170,8	206,8	203,9	206,8	+8,2%
	Z	157,1	225,7	203,8	216,7	210,5	209,0	–2,5%
Getrennt nach Altersgruppen pro 100000 Einwohner								
Unter 1	M	0,2	–	–	–	–	–	
	W	0,2	–	–	–	–	–	
	Z	0,2	–	–	–	–	–	
1–5	M	0,1	0,1	–	–	–	–	
	W	–	0,1	–	–	–	–	
	Z	0,0	0,1	–	–	–	–	
5–10	M	–	–	–	–	–	–	
	W	–	–	–	–	–	–	
	Z	–	–	–	–	–	–	
10–15	M	0,0	–	–	–	–	–	
	W	–	–	–	–	–	–	
	Z	0,0	–	–	–	–	–	
15–20	M	0,1	–	0,2	0,2	0,2	0,4	
	W	0,1	0,1	0,0	0,1	–	0,3	
	Z	0,1	0,1	0,1	0,1	0,1	0,3	
20–25	M	0,9	0,5	0,7	0,5	0,5	0,7	
	W	0,3	0,1	0,3	0,1	0,2	0,1	
	Z	0,5	0,3	0,5	0,3	0,4	0,4	
25–30	M	2,7	2,2	1,9	1,5	1,1	1,0	
	W	0,9	0,6	0,5	0,3	0,6	0,4	
	Z	1,8	1,4	1,2	0,9	0,9	0,7	
30–35	M	7,3	7,1	5,9	4,4	3,4	3,5	
	W	1,6	1,1	0,9	0,7	0,6	0,8	
	Z	4,6	4,2	3,5	2,6	2,0	2,2	
35–40	M	23,7	16,9	17,6	12,8	12,0	10,6	–39,8%
	W	2,9	3,1	3,3	1,8	2,0	2,4	–27,3%
	Z	13,7	10,3	10,7	7,4	7,1	6,6	
40–45	M	56,5	49,5	44,5	30,2	28,7	28,1	–36,9%
	W	7,7	8,2	7,7	6,0	4,9	5,7	–26,0%
	Z	30,3	29,5	26,6	18,4	17,1	17,1	
45–50	M	105,2	117,8	105,3	62,1	61,7	60,3	–49,7%
	W	16,1	17,0	16,2	9,7	10,5	11,1	–31,5%
	Z	53,6	67,6	61,7	36,6	36,8	36,3	

Tabelle 11.1 (Fortsetzung)

Altersgruppen	Geschlecht	1968	1976	1979[a]	1989	1991	1993	Prozentuale Zu- (+) bzw. Abnahme (−) der Sterbefälle zwischen 1979 bis 1993
Getrennt nach Altersgruppen pro 100000 Einwohner								
50–55	M	205,3	213,9	204,6	122,6	113,9	105,6	−48,4%
	W	34,2	35,7	35,0	21,6	22,4	19,4	−44,6%
	Z	105,8	112,0	115,0	73,0	69,0	63,4	
55–60	M	339,9	351,1	359,0	250,3	226,6	192,6	−46,5%
	W	63,7	68,2	70,9	54,6	48,4	43,3	−38,9%
	Z	180,9	183,9	188,6	152,4	137,8		
60–65	M	575,9	609,5	580,8	446,0	425,2	400,6	−31,0%
	W	146,5	155,3	145,9	114,8	116,0	110,4	−24,3%
	Z	333,4	338,1	318,5	265,3	263,9	251,8	
65–70	M	875,7	992,7	915,2	758,0	693,0	649,7	−29,0%
	W	292,0	332,6	303,4	250,3	234,8	216,7	−28,6%
	Z	538,9	594,2	540,8	444,0	415,2		
70–75	M	1177,7	1516,0	1397,4	1188,0	1086,7	1027,2	−26,5%
	W	537,5	681,2	586,5	504,8	439,6	496,9	−27,2%
	Z	773,5	1009,5	893,2	749,0	672,1	643,0	
75–80	M	1580,3	2173,7	1950,8	1864,8	1833,2	1936,4	−0,7%
	W	877,3	1219,3	997,5	951,0	919,0	968,5	−2,9%
	Z	1126,3	1550,7	1337,2	1253,7	1219,4		
80–85	M	2039,6	3129,5	2629,5	2693,7	2682,3	2668,7	+1,4%
	W	1384,7	2158,9	1619,2	1686,6	1666,0	1636,7	+1,1%
	Z	1620,1	2447,7	1917,6	1989,2	1964,9		
85–90	M	2521,9	4356,3	3289,2	3668,1	3683,8	3762,3	+14,3%
	W	1950,5	3600,7	2470,4	2734,0	2701,1	2745,2	+11,1%
	Z	2156,6	3826,2	2693,5	2982,9	2961,9		
90 und älter	M	3076,0	5920,2	3809,1	4992,5	5079,7	5076,7	+33,0%
	W	2479,4	5033,6	3316,6	4049,0	4176,2	4412,4	+31,8%
	Z	2685,8	5310,7	3460,0	4244,6	4364,8	4559,4	

ICD-Nummern: Internationale Klassifikation der Krankheiten. *M* Männer, *W* Frauen, *Z* Zusammen

[a] Bis 1978 wurden die Todesursachen nach der 8. Rev. der ICD und *ab 1979 nach der 9. Rev.* verschlüsselt. Bestimmte chronische Krankheitszustände, die nach der ICD/8 (bis 1978) innerhalb der ischämischen Herzkrankheiten (Positionsnummern 410–414) signiert wurden, zählen ab 1979 (ICD/9) zu der Gruppe der sonstigen Formen von Herzkrankheiten (Positionsnummern 420–429). Diese Umstellung in der Systematik erklärt zunächst mit die Abnahme der Sterbefälle an ischämischen Herzkrankheiten nach 1978, jedoch nicht die spätere fortlaufende Abnahme ab 1979

Die Angaben beziehen sich auf das frühere Bundesgebiet einschl. Berlin-West

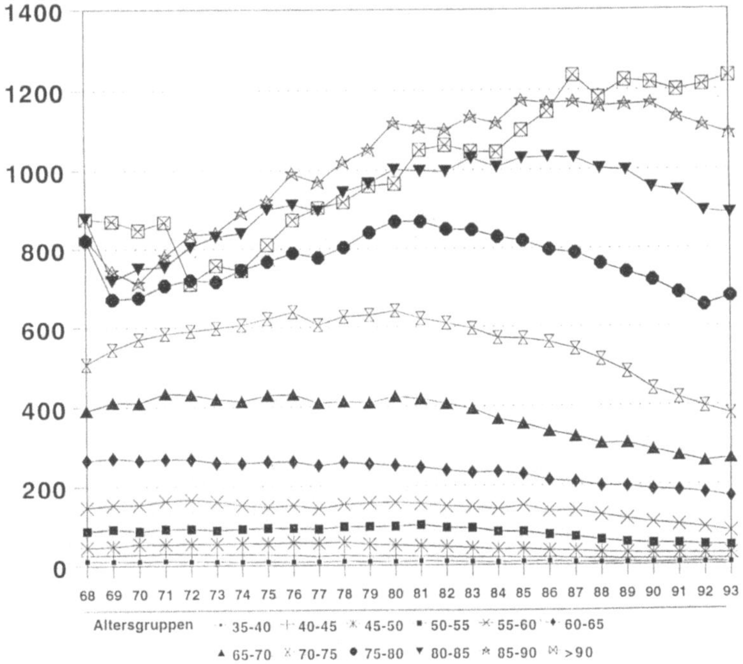

Abb. 11.2. Verhalten der Sterbefälle an akutem Myokardinfarkt (ICD 410) für Frauen und Männer pro 100000 Einwohnern der entsprechenden Altersgruppe. Danach gehen die tödlichen Herzinfarkte in den Altersklassen von 0–80 Jahren etwa ab 1977/79 zurück. In den jüngeren Altersgruppen vollzieht sich der Rückgang bereits etwa ab 1972. Je jünger die Altersgruppe ist, desto eher beginnt der Rückgang an Sterbefällen, je älter desto später vollzieht er sich. Genaue Daten sind Tabelle 6, Anhang zu entnehmen

In der Altersgruppe der **50- bis 55jährigen Männer** betrug der **Rückgang** (Tabelle 6, Anhang) von 1975–1994 **59,1%**.

Einige Wissenschaftler bewerten den Rückgang der Herzinfarktmortalität unzureichend

Einige Wissenschaftler, welche im „Cholesterin“ eine mögliche Ursache für die Koronarmortalität sehen, nehmen den Rückgang an tödlichen Herzinfarkten in Deutschland nur ungenügend zur Kenntnis. Schließlich

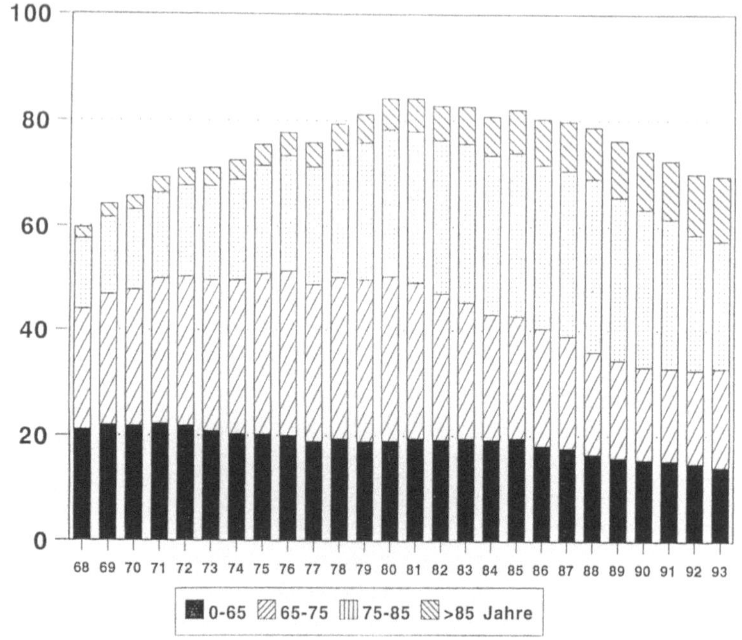

Abb. 11.3. Rückgang an Sterbefällen am akuten Myokardinfarkt für Männer und Frauen in der ehemaligen BRD (pro Tausend) nach Daten des Stat. Bundesamtes Wiesbaden. Interessanterweise beginnt die Rückläufigkeit in den jüngeren Altersgruppen bereits 1972/1973, während sie in den hohen Altersgruppen erst um 1980/1981 einsetzt. Genauere Daten liefert die Darstellung der Sterbefälle gegliedert nach Altersgruppen pro 100000 Einwohner in Abb. 11.1, 11.3 und 11.4

Abb. 11.4. Sterbefälle für Männer an akuten Myokardinfarkt pro 100000 Einwohner der entsprechenden Altersgruppe nach Daten des Stat. Bundesamtes Wiesbaden. Danach gehen die tödlichen Herzinfarkte in den Altersgruppen von 65–70 Jahren bereits seit ca. 1979, in den jüngeren Altersgruppen bereits ab 1976 und in der Altersgruppe von 50–55 Jahren bereits ab 1972 zurück. In den hohen Altersgruppen der 80- bis 85jährigen Männer steigen die Sterbefälle etwa bis 1986 an, um dann wieder abzufallen. In der Altersgruppe der über 90jährigen steigen die Sterbefälle ebenfalls etwa bis 1986 an, um dann auch hier (im Gegensatz zu den Frauen) wieder abzufallen. Auch hier gilt, desto jünger die Altersgruppe, desto eher ist ein Rückgang an Sterbefällen zu beobachten

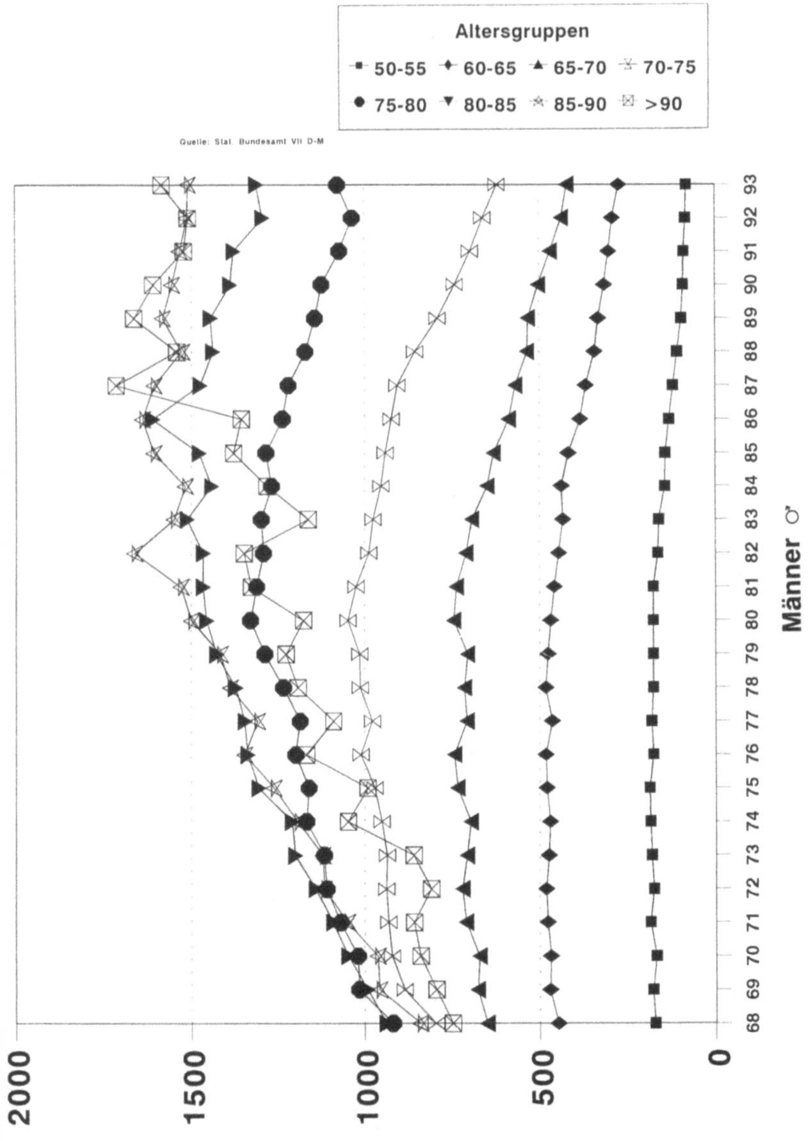
Altersgruppen
50-55
60-65
65-70
70-75
75-80
80-85
85-90
>90
Quelle: Stat. Bundesamt VII D-M
2000
1500
1000
500
0
68 69 70 71 72 73 74 75 76 77 78 79 80 81 82 83 84 85 86 87 88 89 90 91 92 93
Männer ♂

beträgt der Rückgang in einzelnen Altersgruppen pro 100000 bis zu 61,5%. Der Beginn der rückläufigen Entwicklung der Sterbefälle begann sich in einzelnen Altersgruppen bereits 1972 bzw. 1975, also vor über 20 Jahren, abzuzeichnen.

Wissenschaftler, die zwischen dem „Cholesterin" (im weitesten Sinne) einerseits und dem tödlichen Myokardinfarkt andererseits eine Beziehung sehen, bewerten m. E. den teils drastisch verlaufenden Rückgang der Sterbefälle am akuten Myokardinfarkt völlig unzureichend. Zum Teil werden Verlautbarungen veröffentlicht, denen man entnehmen kann, daß möglicherweise die tatsächliche rückläufige Infarktentwicklung gar nicht stattfindet.

Dies kann man u. a. einer Stellungnahme des Bundesministeriums für Gesundheit (Abb. 11.6) im Einvernehmen mit der Europäischen Atherosklerosegesellschaft (EAS) aus dem Jahr 1991 entnehmen. In ihr wird noch 14 Jahre nach Beginn des Rückganges an Sterbefällen an Herzinfarkten (1977) eine angebliche festgestellte Zunahme des Blutcholesterinspiegels (Tabelle 8.4) aufgrund von 2 großangelegten standartisierten Querschnittserhebungen in der ehem. BRD (1984 und 1989) als ein *„ungünstiger Trend" für die Bevölkerung* im Hinblick auf eine mögliche Zunahme an koronaren Todesfällen *erklärt* (Abb. 11.5). Zu diesem Zeitpunkt waren die *tödlichen Herzinfarkte* in einigen Altersgruppen (pro 100000 Einwohner) in Deutschland (ehem. BRD) bereits *bis zu 51% zurückgegangen.* Es ist unverständlich, warum nicht die verläßlichen Daten eines *Bundesamtes für Statistik* in Wiesbaden beachtet werden.

Die starke Anhäufung von Sterbefällen im Greisenalter kann die rückläufige Tendenz in den jüngeren Altersgruppen „verdecken"

Auf der anderen Seite muß man anmerken, daß sich durch die unterschiedliche Entwicklung im Rückgang an Sterbefällen am akuten Myokardinfarkt in den *einzelnen Altersgruppen* (die Rückläufigkeit entwickelt

Abb. 11.5. Sterbefälle für Frauen an akutem Myokardinfarkt pro 100000 Einwohner der entsprechenden Altersgruppe nach Daten des Stat. Bundesamtes Wiesbaden. Danach gehen die tödlichen Herzinfarkte in den Altersgruppen von 70–75 Jahren bereits seit 1976, im Alter von 65–70 Jahren und darunter sogar teilweise ab ca. 1972 zurück. In den hohen Altersgruppen der über 85jährigen steigen die Sterbefälle bei den 85- bis 90jährigen bis 1989 an, um dann ebenfalls abzusinken. Bei den über 90jährigen steigen sie bis 1993 an. Auch hier gilt, desto jünger die Altersgruppe, desto eher ist ein Rückgang an Sterbefällen zu beobchten

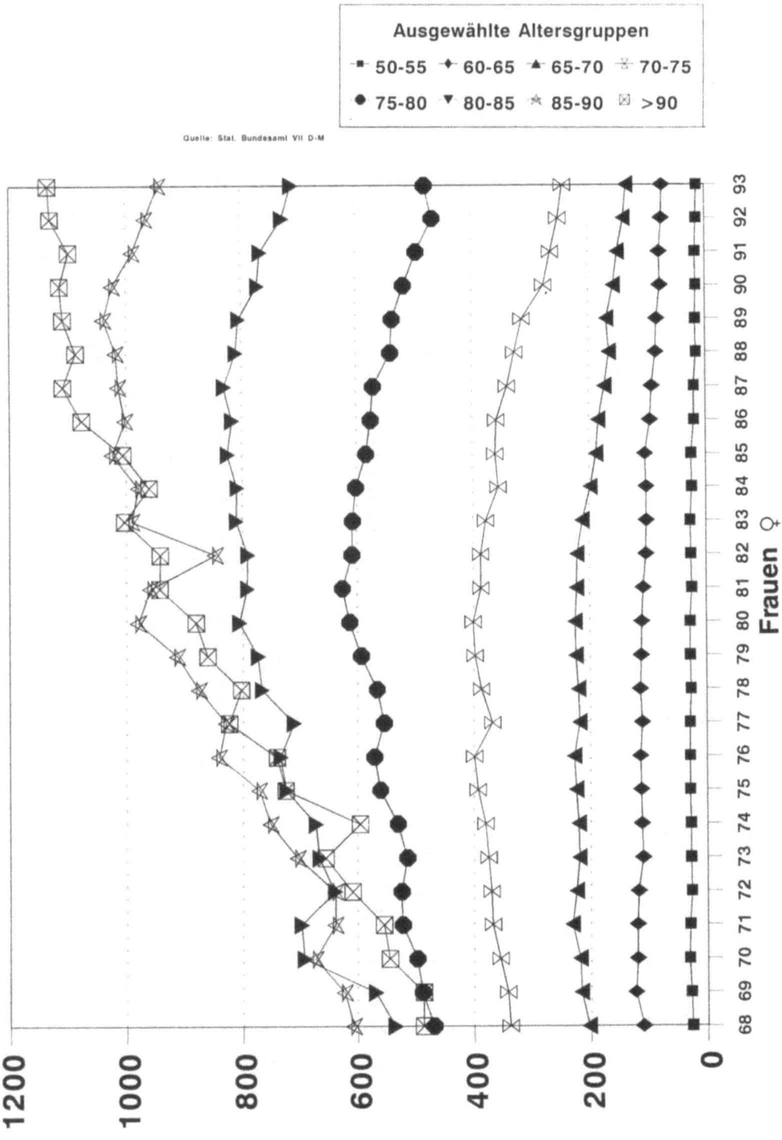
Ausgewählte Altersgruppen
50-55
60-65
65-70
70-75
75-80
80-85
85-90
>90
Quelle: Stat. Bundesamt VII D-M
68 69 70 71 72 73 74 75 76 77 78 79 80 81 82 83 84 85 86 87 88 89 90 91 92 93
Frauen ♀
0
200
400
600
800
1000
1200

Daten des Gesundheitswesens / Hrsg.: Der Bundesminister für Gesundheit. – Baden-Baden: Nomos-Verl.-Ges.
Früher verl. vom Bundesminister für Jugend, Familie und Gesundheit, Bonn-Bad Godesberg, danach im Verl. Kohlhammer, Stuttgart, Berlin, Köln, Mainz. – Erhielt früher eine ff.-Aufnahme.
ISSN 0172-3723

Ausg. 1991.
(Schriftenreihe des Bundesministeriums für Gesundheit; Bd. 3)
ISBN 3-7890-2571-2
NE: Deutschland / Bundesminister für Gesundheit: Schriftenreihe des Bundesministeriums . . .

Verteilung kardiovaskulärer Risikofaktoren in der Bevölkerung

Vorbemerkung

Unter dem Titel „Nationaler Gesundheits-Survey“ wurde in den Jahren 1984–1986 zum ersten Mal eine repräsentative Stichprobe der bundesdeutschen Bevölkerung einer standardisierten ärztlichen Untersuchung und einer umfangreichen Befragung zu gesundheitlichen relevanten Themen unterzogen. Eine Wiederholung dieser Querschnitterhebung wurde im Zeitraum 1987–1989 durchgeführt. Die Daten des Gesundheits-Surveys geben Auskunft über die Häufigkeit (Prävalenz), mit der bestimmte Krankheiten bzw. Krankheitsmerkmale, Risikofaktoren, Beschwerden und gesundheitsrelevante Verhaltensweisen in unserer Bevölkerung vorkommen.

Die Grundgesamtheit des Nationalen Gesundheits-Surveys, der Teil der Deutschen Herz-Kreislauf-Präventionsstudie (DHP) ist, bilden alle Deutschen in den alten Bun-

Serum-Cholesterin

Zwischen der Höhe des Serumcholesterinspiegels und dem Risiko, eine koronare Herzkrankheit (KHK) zu erleiden, besteht ein enger positiver Zusammenhang. In Übereinstimmung mit den Empfehlungen der European Atherosklerosis Society (EAS) von 1986 wurden hier die folgenden Prävalenzklassen für den Risikofaktor Hypercholesterinanämie festgelegt:

<200 mg/dl	normal
200 bis <250 mg/dl	risikoverdächtig
≥ 250 mg/dl	erhöhtes Risiko

Es ist deutlich ein unterschiedlicher Altersgang des Cholesterinspiegels bei Männern und Frauen erkennbar. Die Colesterinwerte zwischen der ersten und zweiten Untersuchung zeigen einen ungünstigen Trend für die Bevölkerung der Bundesrepublik Deutschland, der sowohl desländern und Berlin (West) im Alter von 25 bis 65 Jahren. Die Auswahl der Erhebungseinheiten erfolgte in einer mehrfach geschichteten zweistufigen Zufallsstichprobe mit gleichen Auswahlwahrscheinlichkeiten. Die im Rahmen des Gesundheits-Surveys realisierten Nettostichproben betrugen 4790 (l. Erhebungsphase) bzw. 5335 Personen (2. Erhebungsphase), was Ausschöpfungsraten von 67% bzw. 71% entspricht.

Medizinische Untersuchungen und Befragungen der Teilnehmer des Nationalen Gesundheits-Surveys fanden in mobilen Untersuchungseinheiten statt, die die ausgewählten Gemeinden/Stadtteile anfuhren. Die Befragung erfolgte mit einem Standard-Fragebogen zum Selbstausfüllen unter Anleitung durch Interviewer. Die medizinischen Untersuchungen umfaßten u. a. die Messung des Blutdrucks, der Körpergröße und des Körpergewichtes sowie Blut- und Urinanalysen. Für eine Auswahl von kardiovaskulären Risikofaktoren werden in den nachfolgenden Tabellen Verteilungskennwerte und ausgewählte Prävalenzen mitgeteilt.

bei den Mittelwerten (+1.1%) als auch bei den Risikoprävalenzen (+6.3%) festzustellen ist.

Das Serumcholesterin besteht bekanntlich aus mehreren Fraktionen (HDL-, LDL-Cholesterin, VHDL), die für sich genommen unterschiedlich mit dem Risiko koronarer Herzkrankheit korrelieren. So erbrachten viele epidemiologische Studien den Befund, daß hohe Serumspiegel an HDL-Cholesterin ein vermindertes Risiko anzeigen. Eine genaue Grenzkonzentration für die protektive Wirkung von HDL-Cholesterin steht zwar bislang nicht fest, als absolute Untergrenze jedoch wird übereinstimmend ein Wert von 35 mg/dl genannt.

Auffällig ist, daß Männer niedrigere HDL-Cholesterinwerte haben als Frauen. Im Gegensatz zu Gesamtcholesterin zeigt HDL-Cholesterin nur eine geringe Altersabhängigkeit; bei beiden Risikofaktoren ist jedoch in der bundesdeutschen Bevölkerung eine ungünstige Entwicklung festzustellen.

Abb. 11.6. Stellungnahme des Bundesministeriums für Gesundheit sich in den jüngeren Altersklassen früher als in den hohen und begann in Einzelfällen bereits 1972/1975), eine gewisse Verwirrung entwickeln kann, wenn man nur auf Daten von *standardisierten Sterbeziffern* oder von *Berechnungen pro 100000 Einwohner/Jahr* zurückgreift, die sich auf die Erfassung aller Sterbefälle gemeinsam in einem Jahr beziehen, aber nicht das unterschiedliche Verhalten der einzelnen Altersgruppen ausreichend würdigen. Dieses Zahlenmaterial läßt nicht erkennen, daß u. U. die Sterbefälle in der Masse der Bevölkerung von 0–80 Jahren bereits stark rückläufig sind, aber daß diese Rückläufigkeit durch den Anstieg der Sterbefälle im Greisenalter ausgeglichen bzw. verdeckt wird.

Dies wird am Beispiel einer Berechnung pro 100000 Einwohner in den Jahren 1980 (mit 101,7 weiblichen Sterbefällen am *akuten Myokardinfarkt*) bis 1985 (mit 106,7 Sterbefällen) deutlich (vgl. Tabelle 6, Anhang). *Nach diesen Daten haben die Sterbefälle von 1980–1985 eindeutig zugenommen.* Kontrolliert man die Sterbefälle in den einzelnen Altersgruppen, so bestand in den meisten jüngeren Altersgruppen pro 100000 Einwohner z. B. bei den 55- bis 60jährigen bereits ein Rückgang an Sterbefällen von 54,2 auf 50,6, bei den 60- bis 65jährigen von 111,4 auf 104,0, ja selbst noch bei den 75- bis 80jährigen von 614,0 auf 584,4. Da sich die Sterbefälle auf die höchsten Altersklassen mengenmäßig konzentrieren und z. B. bei den 85- bis 90jährigen von 1980–1985 von 980,3 auf 1024,9 und bei den 90jährigen und älteren von 881,8 auf 1006,2 Sterbefälle zugenommen haben (immer mehr Menschen werden immer älter und beenden trotzdem ihr Leben weil sie nicht unsterblich sind, am Versagen ihrer feinsten Gefäße z. B. durch Herzinfarkt) *geht der starke Abwärtstrend der Sterbefälle in den jüngeren Altersklassen* unter 80 Jahren, welche die Masse der Bevölkerung ausmachen, *total unter.* Eine sachgerechte Bewertung der Zu- und Abnahme von Sterbefällen erlaubt also nur die Betrachtung von Sterbefällen pro 100000 Einwohnern jeweils nach den entsprechenden Altersklassen. (Tabelle 11.2, Seite 210 und Tabelle 6, Anhang).

Zusammenfassung

Anhand von *„standartisierten Sterbeziffern“* (Tabellen 10.7 und 10.8) und der Berechnung der *Sterbefälle pro 100000 Einwohner/*Jahr und unter Berücksichtigung der einzelnen Altersgruppen ist erwiesen, daß die Sterbefälle am *„akuten Myokardinfarkt“* (ICD 410) (ein erster Rückgang ist bereits 1972 feststellbar) spätestens seit Ende der 70er Jahre in Deutschland (ehem. BRD) in den Altersklassen von 0 bis zum 80. Lebensjahr rückläufig sind. *Der Rückgang beginnt in den jüngeren Altersklassen ungleich früher als in den höheren.* In den höchsten Altersklassen machte sich der

Rückgang erst zu Beginn der 80er Jahre bemerkbar, wodurch (dies allerdings nur bei Betrachtung aller Sterbefälle in einem Jahr) die bereits im Gang befindliche allgemeine Rückläufigkeit der tödlichen Herzinfarkte anfangs noch „verdeckt“ wird. Derzeit ist beim akuten Myokardinfarkt (ICD 410) in einzelnen Altersgruppen pro 100000 Einwohner *ein Rückgang bis zu 61,5% feststellbar.* Im Greisenalter konzentrieren sich die Sterbefälle am Myokardinfarkt. Sie haben sich in den höchsten Dezennien als eine Art physiologischer Absterbekrankheit des nicht unsterblichen Menschen entwickelt, obwohl sich auch bereits dort seit Beginn der 80er Jahre rückläufige Tendenzen der Sterbefälle zeigen.

Durch die unterschiedliche statistische Erfassungsart bei den genannten Erhebungsmethoden, die pauschal entweder das *gesamte Jahr erfassen* oder einzelne *Altersgruppen pro 100000 Einwohner* oder *Sterbefälle/Jahr pro 100000 Einwohner*, treten teils unterschiedliche Aussagen zu Tage. So wird die Aussage, wie bereits oben erwähnt, über Sterbefälle pro 100000/Jahr dadurch beeinflußt, daß in den Altersklassen von 0 bis zum 80. Lebensjahr die Sterbefälle zeitlich gesehen bereits früher zurückgehen, als in den älteren Jahrgängen über 80 Jahren. Die *Verhältnisse sind gut aus den Abb. 11.3 und 11.4* ersichtlich. Einen guten Einblick gewähren auch Tabellen 11.1, Seite 199 und Tabelle 11.2, Seite 210, sowie die dazugehörigen kompletten Originaltabellen des Statistischen Bundesamtes, Wiesbaden, im Anhang (Tabellen 6 und 7, Anhang).

Da die *standardisierten Sterbeziffern* ebenfalls nicht die Altersabhängigkeit erfassen, sondern nur die Sterbeziffern *pro Jahr*, setzt der Rückgang der Sterbefälle auch dort zeitlich versetzt oder später um 1980 ein. Trotz allem besteht keinerlei Zweifel an der Tatsache, daß sich, unabhängig von der Berechnungsart der Sterberegister, der Rückgang der Sterbefälle sowohl beim „akuten Myokardinfarkt“ als auch bei den „ischämischen Herzkrankheiten“ bereits seit 1977/1979 vollzieht. Dies zeigt die nachfolgende Aufstellung, in welcher der beginnende Rückgang in den Altersgruppen von 0–80 Jahren anfangs teilweise noch durch die Zunahme der Sterbefälle im Greisenalter verdeckt wird.

Tabelle 11.2. Sterbefälle an „Akutem Myokardinfarkt" pro 100000 Einwohner der entsprechenden Altersgruppe (ICD 410, 9te Rev. 1979 – 1994) nach *Stat. Bundesamt Wiesbaden* 1995. Es zeigt sich eine Anhäufung der Sterbefälle im Alter von über 85 Jahren und ein eindeutiger Rückgang von 0 – 85 Jahren seit ca. 1978/1979 in allen jüngeren Altersklassen bis 1994

Altersgruppen	Geschlecht	1968	1976	1978	1979[a]	1989	1991	1994	Prozentuale Zu- (+) bzw. Abnahme (–) der Sterbefälle zwischen 1979 – 1994	Abnahme (–) zwischen 1978 bis 1994
Pro Jahr										
Insgesamt	M	137,8	166,6	168,8	169,9	143,7	131,0	116,1	– 31,7%	
	W	64,4	89,6	93,5	97,9	103,3	96,2	87,8	– 10,3%	
	Z	99,2	126,3	129,4	132,2	122,8	113,0	101,7	– 23,1%	
Getrennt nach Altersgruppen pro 100000 Einwohner										
Unter 1	M	0,2	–	–	–	–	–	–		b
	W	0,2	–	–	–	–	–	–		
	Z	0,2	–	–	–	–	–	–		
1 – 5	M	0,0	–	–	–	–	–	–		
	W	–	–	–	–	–	–	–		
	Z	0,0	–	–	–	–	–	–		
5 – 10	M	–	–	–	–	–	–	–		
	W	–	–	–	–	–	–	–		
	Z	–	–	–	–	–	–	–		
10 – 15	M	0,0	–	–	–	–	–	–		
	W	–	–	–	–	–	–	–		
	Z	0,0	–	–	–	–	–	–		
15 – 20	M	0,1	–	0,2	0,1	0,2	0,2	0,1		
	W	0,1	0,1	0,0	–	0,1	–	0,2		
	Z	0,1	0,1	0,1	0,0	0,1	0,0	0,1		

20–25	M	0,9	0,5	0,7	0,6	0,4	0,5	0,8		
	W	0,3	0,1	0,4	0,3	0,0	0,1	0,1		
	Z	0,6	0,3	0,5	0,4	0,2	0,3	0,2		
25–30	M	2,6	1,6	1,7	1,7	1,3	1,0	0,8		
	W	0,8	0,5	0,5	0,4	0,2	0,4	0,3		
	Z	1,7	1,1	1,1	1,1	0,8	0,7	0,6		
30–35	M	6,5	6,2	6,6	5,4	3,7	3,1	3,6	–33,3%	–45,5%
	W	1,6	1,1	1.0	0,8	0,6	0,4	0,8	–0,0%	–20,8%
	Z	4,2	3,7	3,9	3,2	2,2	1,8	2,3		
35–40	M	21,1	15,2	17,0	15,7	10,9	10,2	9,5	–39,5%	–44.1%
	W	2,5	2,6	2,7	2,5	1,6	1,6	1,6	–36,0%	–40,8%
	Z	12,1	9,2	10.1	9,4	6,3	6,0	5,7		
40–45	M	49,9	43,9	43,4	39,6	26,0	24,0	21,7	–45,2%	–50,0%
	W	6,5	7,1	6,3	6,4	5,0	4,2	4,1	–35,9%	–35,0%
	Z	26,6	26,1	25,4	23,5	15,7	14,4	13,1		
45–50	M[c]	90,9	102,6	99,8	91,4	52,0	49,2	41,1	–55,0%	–58,8%
	W	14,4	14,1	16,1	14,1	7,7	8,5	7,7	–45,4%	–52,2%
	Z	46,6	58,5	58,8	53,6	30,4	29,4	24,8		
50–55	M[d]	172,1	182,1	181,5	176,0	96,8	89,1	75,8	–56,9%	–58,2%
	W	27,8	28,6	28,0	28,5	17,4	17,2	14,8	–48,1%	–47,2%
	Z	88,2	94,3	97,7	98,1	57,8	53,8	45,9		
55–60	M	278,4	294,9	295,1	301,7	193,7	167,6	137,5	–54,4%	–53,4%
	W	51,2	52,9	55,4	57,0	39,4	35,2	29,7	–47,9%	–46,4%
	Z	147,6	151,9	153,4	157,0	116,4	101,6	83,9		
60–65	M	447,7	482,3	482,3	475,0	333,6	303,5	261,2	–45,1%	–45,7%
	W	110,7	114,1	114,4	112,0	83,4	78,6	68,4	–38,9%	–40,3%
	Z	257,3	262,3	260,7	256,1	197,1	186,2	162,5		
65–70	M	649,5	742,4	713,8	704,5	532,4	469,0	398,4	–43,5%	–44,2%
	W	203,4	227,3	220,1	224,0	169,0	150,1	131,2	–41,4%	–40,4%
	Z	392,1	431,5	413,0	410,5	307,6	275,7	248,3		

Tabelle 11.2 (Fortsetzung)

Altersgruppen	Geschlecht	1968	1976	1978	1979[a]	1989	1991	1994	Prozentuale Zu- (+) bzw. Abnahme (–) der Sterbefälle zwischen 1979 bis 1994	Abnahme (–) zwischen 1978 bis 1994
70–75	M	797,3	1011,4	1013,1	1014,3	791,7	697,0	631,3	–37,8%	
	W	338,9	399,1	387,6	398,7	314,3	264,9	240,0	–39,8%	
	Z	507,9	639,9	627,8	631,5	485,0	420,2	381,0		
75–80	M	919,7	1200,2	1234,5	1288,3	1145,6	1073,6	885,1	–31,3%	
	W	459,1	571,6	567,1	594,2	538,8	496,8	430,1	–27,6%	
	Z	622,2	789,8	803,7	841,5	739,8	686,4	579,2		
80–85	M	938,3	1338,4	1372,4	1427,3	1446,6	1379,5	1288,8	–9,7%	
	W	536,3	734,1	767,4	774,8	805,6	766,2	682,6	–11,7%	
	Z	680,8	913,9	945,0	967,5	998,2	946,6	860,2		
85–90[a]	M	840,6	1346,4	1387,8	1416,7	1582,2	1532,0	1489,3	+4,9%	
	W	507,7	841,0	876,0	913,7	1038,2	989,0	954,6	+4,3%	
	Z	627,8	991,8	1019,8	1050,8	1183,7	1133,1	1081,9		
90 und älter	M	748,4	1169,0	1193,8	1227,8	1664,2	1521,0	1474,8	16,8%	
	W	487,2	740,4	803,1	851,1	1109,1	1099,1	1164,8	+26,9%	
	Z	577,6	874,4	920,0	960,8	1224,1	1189,2	1233,6		

ICD-Nummern: Internationale Klassifikation der Krankheiten. – *M* Männer, *W* Frauen, *Z* Zusammen

[a] 1979 ist das Jahr der 9. Rev. der ICD-Systematik

[b] vgl. Tabelle 6 im Anhang; Die Sterbefälle sind teilweise bereits ab 1978 und davor rückläufig

[c] 1972 starben 106,9 Männer, 1994 starben 41,1 Männer = –61,5% weniger } vgl. Tabelle 6

[d] 1975 starben 185,1 Männer, 1994 starben 75,8 Männer = –59,1% weniger } vgl. Tabelle 6

Die Angaben beziehen sich auf das frühere Bundesgebiet einschl. Berlin-West

Tabelle 11.3. Verordnungen von lipidsenkenden Mitteln 1992. Angegeben sind die verordnungshäufigsten Präparate mit Verordnungsrang, Verordnungen und Umsatz 1992 sowie den prozentualen Veränderungen gegenüber 1991. (Aus Schwabe und Paffrath 1993)

Rang	Präparat	Verordnungen		Umsatz	
		1992 in Tsd.	Veränd. in %	1992 in Mio. DM	Veränd. in %
110	Cedur	1147,7	−13,8	153,0	−9,8
184	Mevinacor	851,9	+3,2	180,4	+12,4
287	Denan	608,5	+18,4	111,6	+35,9
344	Sedalipid	533,5	−15,8	23,8	−9,4
447	Zocor	425,4	+24,0	81,8	+52,6
492	Gevilon	391,6	−11,7	35,6	−3,9
667	Lipo-Merz	280,3	−16,7	38,7	−7,9
747	Lipanthyl	255,0	−32,7	33,7	−26,4
779	Pravasin	241,8	+35,5	49,9	+58,4
873	Duolip	211,9	−10,4	26,3	+1,8
882	Bezafibrat-ratiopharm	210,1	+410,2	13,1	+928,3
982	Fenofibrat-ratiopharm	182,7	+1,3	11,1	+6,9
1106	Sito-Lande	153,6	+3,8	11,5	+7,2
1132	Quantalan	148,2	−0,9	32,2	+8,9
1139	Liprevil	147,4	+87,5	30,6	+122,6
1257	Normalip N	129,4	−4,0	16,2	+9,3
1319	Olbemox	118,7	−32,5	10,6	−25,7
1344	Beza-Lande	115,8	+121,3	4,8	+140,2
1438	Durafenat	105,8	+32,6	6,4	+56,0
1662	Lipostabil 300/500 N	83,7	−7,5	5,5	−6,6
1706	Sapec	80,2	+20,4	3,6	+21,3
1719	Carisano	79,3	−2,2	3,6	+14,3
1999	Clofibrat 500 Stada	60,3	−25,5	1,7	−25,5
Summe:		6562,9	−0,3	885,6	+12,2
Anteile an der Indikationsgruppe:		95,6%		97,3%	
Gesamte Indikationsgruppe:		6868,5	+0,0	*910,0*	*+11,5*

Die Rückläufigkeit der Sterbefälle nach Daten des Statistischen Bundesamtes, Wiesbaden

1. Auswertung nach „standardisierter Sterbeziffer“

a. *„Akuter Myokardinfarkt“* (ICD 410) nach den *„standardisierten Sterbeziffern“* (Tabellen 10.7 und 10.8):
- *Rückgang bei Männern (Tabelle 10.7):* von *1980–1993* von *179,5 auf 118,9*
- *Rückgang bei Frauen (Tabelle 10.8):* von *1980–1993* von *111,3 auf 86,5*

b. *„Ischämische Herzkrankheiten“* (ICD 410–414)[1] nach den *„standardisierten Sterbeziffern“* (Tabellen 10.3 und 10.4):
- *Rückgang bei Männern (Tabelle 10.7):* von *1978–1993* von *279,2 auf 206.3*
- *Rückgang bei Frauen (Tabelle 10.8):* von *1978*–1993 von *248,8 auf 190,0.*

2. Auswertung pro 100000 Einwohner/Jahr
(die Berechnung pro 100000 Einwohnern der entsprechenden Altersgruppe ist Tabelle 6, Anhang) zu entnehmen)

a. *„Akuter Myokardinfarkt“* (ICD 410) (Tabelle 6, Anhang, Abb. 11.4 und 11.5)
- *Rückgang bei Männern (Tabelle 6, Anhang und Abb. 11.4):* von *1980–1994* von *174,9 auf 116,1*
- *Rückgang bei Frauen*[2] *(Tabelle 11.1 und Abb. 11.5):* von *1985–1993* von *106,7 auf 87,8*

(Die Zunahme der Sterbefälle im Greisenalter verdeckt die bereits seit längere Zeit vorhandene Abnahme in den Altersgruppen von 0–80 Jahren)

b. „Ischämische Herzkrankheiten“[1] (ICD 410–414) (Tabelle 7, Anhang, Abb. 11.1)
- *Rückgang bei Männern (Tabelle 7, Anhang und Abb. 11.1)* von *1978–1993* von *262,3 auf 211,4*
- *Verhalten bei Frauen (Tabelle 7, Anhang und Abb. 11.1):* von *1978–1993* von *202,1 auf 206,8*

Es mag einigen Lesern entgangen sein, daß die *Deutsche Gesellschaft für Ernährung e.V.*, Frankfurt a.M., im *„Ernährungsbericht“ 1992* zu einem ähnlichen Ergebnis kommt. Dort heißt es auf S. 48:

> „*Gesamtsterblichkeit:* In den letzten Jahren hat sich der Abwärtstrend bei den standardisierten Sterbeziffern beschleunigt. Ein *Rückgang von 17% bei Männern und 21% bei Frauen* innerhalb von *8 Jahren* (Abb. 11.7) *stellt einen sehr guten Wert dar.* Das gilt in noch etwas höherem Maße für das Absinken der vorzeitig verlorenen Lebensjahre um jeweils 23% bei beiden Geschlechtern. Der Anstieg des mittleren Sterbealters um je 3% bei Männern und Frauen ist ebenfalls eine begrüßenswerte Entwicklung und betrifft – bis auf Leberzirrhose – praktisch alle aufgeführten Todesursachen im gleichen Ausmaß. In der Vergangenheit sind alle Entwicklungen für Frauen deutlich günstiger als für Männer verlaufen.
>
> Für *Herzkrankheiten* läßt sich inzwischen eine *außerordentlich günstige Entwicklung feststellen:* Sowohl bei *Männern als auch bei Frauen sank* die standardisierte *Sterbeziffer von 1981–1989 um gut 20%,* die Zahl vorzeitig verlorener Lebensjahre sogar um mehr als 30% (Abb. 2.6). Damit ist jetzt das Stadium der Abwärtsentwicklung erreicht, das die USA etwa 10 Jahre früher hatten. Dabei liegen die amerikanischen Sterbeziffern immer noch im Niveau über den deutschen Sterbeziffern.
>
> *Hirngefäßkrankheiten* sind die Todesursache mit dem höchsten mittleren Sterbealter. Bei standardisierter Sterbeziffer und verlorenen Lebensahren zeigt sich – wie auch bei den (nicht ernährungsabhängigen) Kraftfahrzeugunfällen – der günstigste Verlauf überhaupt. Allerdings ist bei Hirngefäßkrankheiten weiter ein höheres Niveau der Sterblichkeit im Vergleich zu den USA festzustellen.
>
> *Krebs:* Für die zusammenfassende Beurteilung gilt dieselbe Einschränkung wie für Kreislaufkrankheiten. Auf zwei Besonderheiten ist hinzuweisen: Das mittlere Sterbealter liegt heute je nach Geschlecht 8–14 Jahre niedriger als das für Kreislaufkrankheiten (ungünstig); es stieg für Frauen stärker (günstig) an als für Männer. Während diese Zahl der verlorenen Jahre bei Kreislaufkrankheiten für Männer rund dreimal so hoch ist wie für Frauen, ist sie bei Krebs für beide Geschlechter etwa gleich groß. Die standardisierte Sterbeziffer (für alle Altersgruppen) ist bei Männern und Frauen für Kreislaufkrankheiten etwa 60% höher als für Krebs. Die (vorzeitig) verlorenen Lebensjahre sind dage-

gen für Krebs höher als für Kreislaufkrankheiten: bei Männern nur um 15%, bei Frauen aber um 150%. Diese relativ hohe vorzeitige Sterblichkeit der Frauen an Krebs ist auffällig. Die Entwicklung der Sterblichkeit an Krebs hat leider praktisch nichts zum Abwärtstrend der Gesamtsterblichkeit beigetragen, bei den verlorenen Lebensjahren betrug der Rückgang 4–8% (Kreislaufkrankheiten 32%!):"

Abb. 11.7. Rückgang an allen Todesursachen und an Herzkrankheiten (Aus Deutsche Gesellschaft für Ernährung 1992, S. 51). Entwicklung der Sterblichkeit an ernährungsabhängigen Krankheiten bei 55- bis 64jährigen Männern und Frauen in der Bundesrepublik Deutschland (in den Grenzen vor dem 3. 10. 1990) einschließlich West-Berlin und in der damaligen DDR. Die Lücken im Kurvenverlauf kennzeichnen eine ICD-Revision

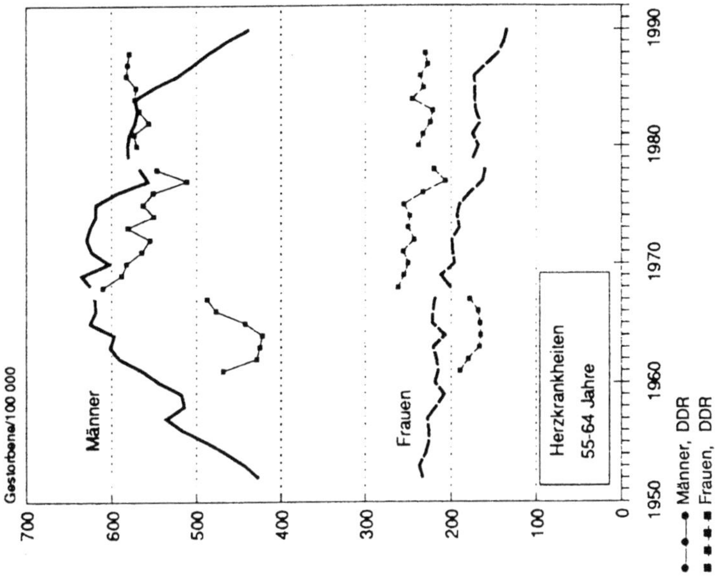
Gestorbene/100 000
700
600
500
400
300
200
100
0
1950
1960
1970
1980
1990
Männer
Frauen
Herzkrankheiten
55-64 Jahre
Männer, DDR
Frauen, DDR

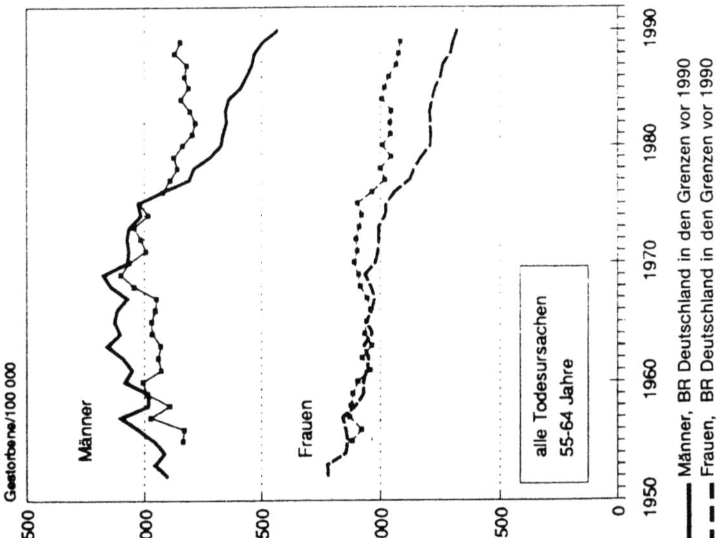
Gestorbene/100 000
2500
2000
1500
1000
500
0
1950
1960
1970
1980
1990
Männer
Frauen
alle Todesursachen
55-64 Jahre
Männer, BR Deutschland in den Grenzen vor 1990
Frauen, BR Deutschland in den Grenzen vor 1990

12 Was versteht die ICD-Systematik unter „Koronartod" (KHK)?

Da sich die nachfolgenden Kapitel vorwiegend mit dem Thema *Sterbefälle infolge* von *„Koronarversagen"* befassen, möchten wir kurz auf einige grundsätzliche Probleme hinweisen. In der *deutschen* und der *Weltliteratur* sind viele, teils unterschiedliche klinische und pathologische Diagnosen und Definitionen im Gebrauch, mit denen *Sterbefälle der Herzkranzgefäße* und ihre Ursachen umschrieben werden. Seit mindestens 1853 wird die international anerkannte *ICD-Systematik* (Seite 221) zur Statistik angewandt. Man spricht in der Literatur von *kardiovaskulärer oder koronarer Herzkrankheit, von Herzinfarkt, von akutem Myokardinfarkt, ischämischen Herzkrankheiten* oder den *ischemic heart diseases, diseases of the heart;* oder man benützt Abkürzungen wie *KHK, CVD, CHD* usw. Viele Kurzfassungen stammen aus dem Englischen. Viele dieser seit Jahrzehnten gebräuchlichen Definitionen kommen in der *ICD-Systematik* nicht vor. Viele Forscher wissen nicht, was man sich genau unter diesen Bezeichnungen vorzustellen hat und welcher Rubrik und Positionsnummern sie innerhalb der ICD-Systematik zuzuordnen sind (Näheres s. Seite 222, 225). Einige Personen haben die vereinfachte Vorstellung entwickelt, daß es sich bei allen diesen Ausdrücken stets um das *gleiche Ereignis* handle:

Tod durch Herzinfarkt (was man auch immer darunter verstehen mag).

Dies hat zu *schwerwiegenden klinischen Fehldeutungen* geführt. Eine genaue Aufschlüsselung der Untergruppen der *ICD-Systematic* liegt vor (S. 225). Genaueres kann den Büchern *„Internationale Klassifikation der Krankheiten (ICD)"*, Kohlhammer Stuttgart, geordnet nach den alle zehn Jahren erfolgenden Revisionen, entnommen werden (zehnte Rev./1995).

Es fällt auf, daß auch *namhafte Autoren* bei ein und demselben Sterbefall im gleichen Artikel von *„myocardial infarction"*, CHD, koronarem Herztod, Tod an kardiovaskulärem Leiden usw. sprechen und die *Begriffe*, wenn man die Definitionen der *ICD-Systematik* zugrunde legt, *nicht klar definieren.* Zwischen dem Sterbefall an *Koronarkrankheit* (KHK) und dem Tod durch *Myokardinfarkt* besteht ein großer Unterschied. Die Pravastatinstudie (Shepherd et al. 1995) spricht von „CHD" (?) 1993 nahm der *„akute Myokardinfarkt" 20,2%* (ICD-Nr. 410) und die *„sonstigen*

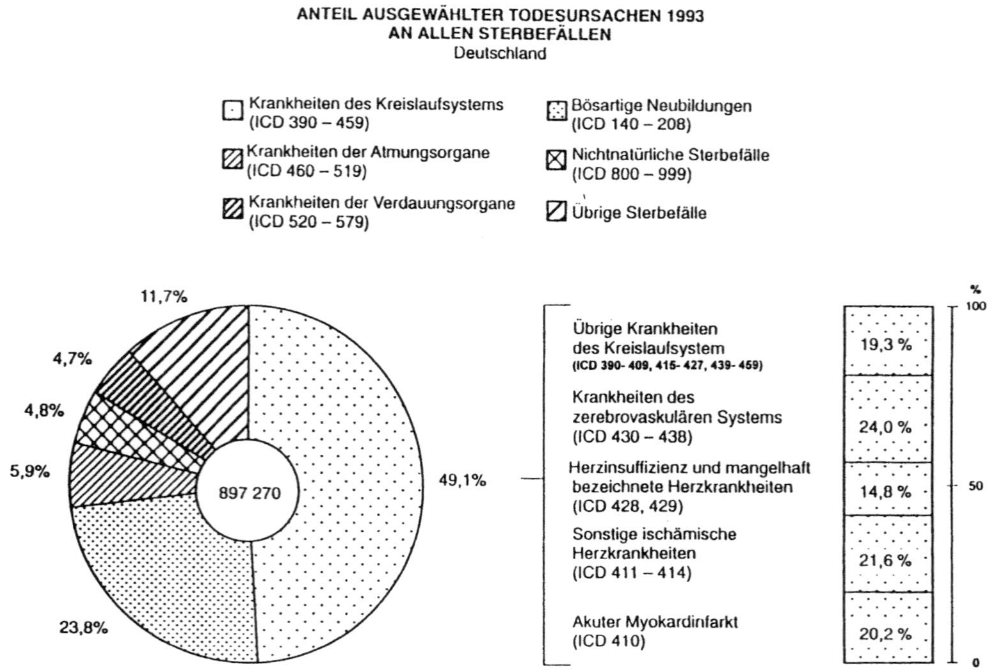

Abb. 12.1. Todesursachen 1993. 1993 starben in Deutschland an *„Krankheiten des Kreislaufsystems“* ICD 390–354) *49,1%*. Innerhalb dieser Sammelgruppe aller Kreislauftoten verstarben am *„akuten Myokardinfarkt“* (ICD 410) *20,2%* an *sonstigen* mehr als am Herzinfarkt), an *„Herzinsuffizienz und anderen mangelhaft bezeichneten Herzkrankheiten“* (ICD 428, 429) *14,8%*, an *„übrigen Krankheiten des Kreislaufsystems“* (ICD 370–409, 427, 439–454) *19,3%* und an *Krankheiten des zere-*

ischämischen Herzkrankheiten" (ICD-Nr. 411–414) *21,6%* unter den „Krankheiten des Kreislaufsystems" (ICD 390–459) ein (Abb. 12.1). Die international anerkannte und gebräuchliche *ICD-Systematik* kennt keinen Begriff wie koronare Herzkrankheit, KHK, CHD usw. Andererseits kann man natürlich jeden Sterbefall der Koronargefäße „salopp" auch als Koronartod bezeichnen. Man muß sich jedoch darüber im klaren sein, daß die Krankheiten, die letztendlich zum Koronartod geführt haben, von der Herzinsuffizienz bis zur Hypertonie reichen können.

Was ist eine koronare Herzkrankheit?

Die meisten Ärzte verstehen darunter, vereinfachend gesagt, eine *Erkrankung der Herzkranzgefäße* (z. B. Koronarsklerose) überwiegend auf der Grundlage einer Atherosklerose, die zu einer Durchblutungsstörung des Herzmuskels (bis zur *Ischämie* und zum *Myokadinfarkt*) führt.

Man könnte die Definition nach Meesen 1969 auch wie folgt formulieren: *„In 70 bis 80% aller Herzinfarkte sind die anatomischen Mosaiksteine Koronarsklerose, Koronarthrombose und Infarktsnekrose vorhanden." Eine weitere Folge der Koronarkrankheit kann diejenige des Herzmuskels mit einer eventuell nachfolgenden Herzinsuffizienz sein. Im EKG kann im Vorstadium häufig die Diagnose einer „Koronarinsuffizienz" gestellt werden.*

Zur Geschichte der ICD-Systematik

Es handelt sich ursprünglich um ein Verzeichnis von Todesursachen und geht in seinen ersten Anfängen auf Francois Bossier de Lacroix (1706–1777) zurück. Unter vielen namhaften Persönlichkeiten haben sich im Laufe der Zeit William Farr und Marc d'Espine aus Genf einen Namen gemacht, die *1853* auf dem *ersten Internationalen Kongreß in Brüssel* beauftragt wurden, Vorschläge für eine Gliederung in einer Todesursachenstatistik vorzulegen. Dieses System wies *fünf Krankheitsgruppen* auf:

> *Epidemische Krankheiten, konstitutionelle (allgemeine) Krankheiten, lokalisierte Kranheiten, deren Sitz sich nach dem anatomischen Sitz des Prozesses richtete, Entwicklungskrankheiten und Krankheitszustände, die durch Gewalteinwirkungen hervorgerufen waren.*

D'Espine schlug vor, Krankheiten nach der Natur des Krankheitsprozesses einzuordnen (gichtisch, mit Herpes einhergehend, durch Blut hervorgerufene Krankheiten usw.). Der Kongreß beschloß die Annahme des Verzeichnisses mit 139 Gruppen, die einen Kompromiß zwischen den Vorschlägen darstellte. Dieses wurde in den folgenden Jahren (1864, 1874,

Tabelle 12.1. Unterschiedliche Krankheitsbedingungen

In der *Literatur* gängige Bezeichnungen:	Zuständige Einordnung in der internationalen *ICD-Systematik*:
Diseases of heart Krankheiten des Herzens	nach 8. Rev./ICD: 390–398, 402, 404, 410–429 nach 9. Rev./ICD: 390–398, 402, 404–429 (große Sammelgruppe)
Cardiovascular diseases CVD kardiovaskuläre Krankheiten	nach 8. Rev./ICD: 390–458 nach 9. Rev./ICD: 390–459 „Krankheiten des Kreislaufsystems“ (große Sammelgruppe)
Koronare Herzkrankheit KHK, CHD	nach 8. und 9. Rev./ICD: 410–414 „ischemic heart diseases“ „ischämische Herzkrankheiten“ (große Sammelgruppe, vgl. mit Abb. 12.1 und Tab. 1, Anhang)
Sonstige ischämische Herzkrankheiten	ICD 411–414
Übrige Krankheiten des Kreislaufsystems	ICD 390–409, 427, 439–459
Herzinfarkt	nach 8. und 9. Rev./ICD: 410 „akuter Myokardinfarkt“ „myocardial infarction (MI)“ (wird erst seit 1968 geführt)
Krankheiten der Gehirngefäße (Teil der „Krankheiten des Kreislaufsystems“)	„Krankheiten des zerebrovaskulären Systems“ ICD 430–438

(Die beiden letzten Revisionen der ICD-Systematik waren: ICD/8 = 1968, ICD/9 = 1979)

1880, 1886) noch mehrfach überarbeitet. Die Art der Klassifikation wurde niemals ganz anerkannt. Das Internationale Todesursachenverzeichnis wurde nach seiner Akzeptanz vom *Internationalen Statistischen Institut* in Chicago de fakto *1893* anerkannt. Es wurde beschlossen, die Systematik alle zehn Jahre zu überprüfen. 1899 wurde anläßlich einer Tagung des *internationalen Statistischen Institutes* in Oslo folgender Wortlaut beschlossen:

> „Das Internationale Statistische Institut, überzeugt von der Notwendigkeit einer in allen Ländern anwendbaren und vergleichbaren Nomenklatur, vernimmt mit Befriedigung, daß das im Jahre 1893 veröffentlichte System der Be-

zeichnung der Todesursachen von sämtlichen statistischen Ämtern in Nordamerika und von einigen dieser Ämter in Südamerika und in Europa eingeführt worden ist.

Es empfiehlt sämtlichen Instituten in Europa dringend, wenigstens grundsätzlich diese Klassifikation anzuerkennen.

Das Internationale Statistische Institut erklärt sich im allgemeinen mit dem System einer alle 10 Jahre stattfindenden Revision, wie sie von der Amerikanischen Gesellschaft für das öffentliche Gesundheitswesen in Ottawa 1898 vorgeschlagen worden war, einverstanden.

Es lädt alle statistischen Ämter, die sich bisher noch nicht angeschlossen haben, dringendst ein, dem Beispiel der anderen unverzüglich zu folgen und damit zur Vergleichbarkeit der Nomenklatur der Todesursachen einen wesentlichen Beitrag zu liefern."

Während früher teilweise noch national verschiedene Positionsnummern neben der ICD-Bezeichnung gebräuchlich waren, (z. B. in der ehem. *BRD* für „Erkrankungen der Herzkranzgefäße" *DAS* (1958) 455, *ICD* (1958) 420, für Diabetes mellitus *DAS* (1958) 331, *ICD* (1958) 260 usw.), ist die mit der sechsten Revision verabschiedete *ICD-Systematik* erst *ab 1968 international anerkannt* und wird seither weltweit angewendet.

Nach mehreren Revisionen fand unter Leitung der *WHO*, welche die Verantwortung seit der sechsten Revision übernommen hatte, die *siebte Revision 1955* in Paris statt, die *achte Revision* in Genf 1965, bei der einige Änderungen vorgenommen wurden, aber *keine Änderung der Grundstruktur der Klassifikation.* Sie bedeutete, daß

die Krankheiten nach ihrer Ätiologie und nicht nach ihrer besonderen Manifestation zu klassifizieren sind.

Die *neunte Revision* wurde *1979* verabschiedet und gegenüber der früheren ICD-Systematik in wesentlichen Punkten bereinigt, insbesondere auch im Hinblick auf die Gruppe der *„ischämischen Herzkrankheiten"* (ICD-Nr. 410–414) einschließlich des *„akuten Myokardinfarktes"* (ICD-Nr. 410). Die Vorarbeiten in Studiengruppen hatten bereits ab ca. 1973/1974 begonnen, wobei u. a. im Mittelpunkt die Kritik der Kliniker verschiedener Länder stand, daß die bisherige Struktur bzw. Systematik in einigen Kapiteln der ICD *„den modernen klinischen Auffassungen nicht gerecht werden"*. Deshalb beschloß man auf der Verabschiedung der neunten Revision *„den Anforderungen der Kliniker nach Änderung in der Struktur und nach größerer Spezifität"* (vgl. Anhang Tabelle 1) Folge zu leisten.

Anm.: Text zitiert aus: ICD, Band I, Teil A, 9. Revision, Kohlhammer Verlag Stuttgart, 1986

Obwohl das Statistische Bundesamt Wiesbaden (Tabelle 10.5) bereits 1978 darauf aufmerksam machte, daß 1977 erstmals weniger Herzinfarkttote in der ehem. BRD zu verzeichnen waren, haben wir für die Darstellung in diesem Buch, soweit es die Gruppe der *„ischaemic heart diseases“* (ICD-Nr. 410–414) angeht, das Jahr *1979 im wesentlichen als Schnittpunkt* festgelegt, weil 1979 die letzte und neunte Revision der ICD-Systematik stattfand. Bis 1978 wurden die Todesursachen nach der achten Revision der ICD, aber ab 1979 nach der neunten Revision verschlüsselt. Bestimmte chronische Krankheitszustände, die nach der ICD/8 bis 1978 innerhalb der Ischämischen Herzkrankheiten (Positionsnummern 410–414) signiert wurden, zählen ab 1979 zu der Gruppe der sonstigen Formen von Herzkrankheiten (Positionsnummern 420–429). Dies erklärt in den Tabellen und Abbildungen die teilweise Abnahme der Sterbefälle zwischen 1978 und 1979, die statistisch-methodisch bedingt ist. Es wurde bereits darauf verwiesen, daß bis 1978 die Gruppe der „ischaemic heart diseases“ (ICD-Nr. 410–414) eine Sammlung verschiedener Krankheiten war, die in einer tödlichen Ischämie endeten. Ab 1979 liegt eine bereinigte ICD-Systematik vor, die bis heute (1995) dem Zeitpunkt der zehnten Revision, keiner Änderung unterlag.

Die Internationale Konferenz für die neunte Revision der Internationalen Klassifikation der Krankheiten wurde von der Weltgesundheitsorganisation einberufen und tagte vom 30. September bis 6. Oktober 1975 in der Zentrale der Weltgesundheitsorganisation in Genf. An der Konferenz nahmen die folgenden 46 Mitgliedstaaten teil:

Ägypten
Algerien
Australien
Belgien
Brasilien
Bundesrepublik Deutschland
Dänemark
Deutsche Demokratische Republik
Finnland
Frankreich
Guatemala
Indien
Indonesien
Irland
Israel
Italien
Japan
Jugoslawien

Norwegen
Österreich
Polen
Portugal
Saudi-Arabien
Schweden
Schweiz
Singapur
Spanien
Sudan
Thailand
Togo
Trinidad und Tobago
Tschad
Tunesien
Ungarn
Union der Sozialistischen Sowjetrepubliken

Kamerun
Kanada
Königreich der Niederlande
Libyen
Luxemburg
Nigeria
Venezuela
Vereinigte Arabische Emirate
Vereinigte Staaten von Amerika
Vereinigtes Königreich von Großbritannien und Nordirland
Zaïre

ICD-Systematik (Statistisches Bundesamt VII D–M

Kap.-Nr.	Pos.-Nr.	Todesursache
I	001–139	Infektiöse und parasitäre Krankheiten
II	140–239	Neubildungen
III	240–279	Endokrinopathien, Ernährungs– und Stoffwechselkrankheiten sowie Störungen im Immunitätssystem
IV	280–289	Krankheiten des Blutes und der blutbildenden Organe
V	290–319	Psychiatrische Krankheiten
VI	320–389	Krankheiten des Nervensystems und der Sinnesorgane
VII	390–459	Krankheiten des Kreislaufsystems
VIII	460–519	Krankheiten der Atmungsorgane
IX	520–579	Krankheiten der Verdauungsorgane
X	580–629	Krankheiten der Harn- und Geschlechtsorgane
XI	630–676	Komplikationen der Schwangerschaft, bei Entbindung und im Wochenbett
XII	680–709	Krankheiten der Haut und des Unterhautzellgewebes
XIII	710–739	Krankheiten des Skeletts, der Muskeln und der Bindegewebe
XIV	740–759	Kongenitale Anomalien
XV	760–779	Bestimmte Affektionen, die ihren Ursprung in der Perinatalzeit haben
XVI	780–799	Symptome und schlecht bezeichnete Affektionen
XVII	800–999	Verletzungen und Vergiftungen

Welchen Anteil nehmen die Sterbefälle an „akutem Myokardinfarkt" innerhalb der Gruppe der „ischämischen Herzkrankheiten" ein?

Wir haben bereits berichtet, daß in der ICD-Systematik der *„akute Myokardinfarkt"* ICD-Nr. 410 erstmals seit 1968 separat ausgewiesen ist. Er war früher (und ist weiterhin) zugleich auch Bestandteil der Sammelgruppe der *„ischämischen Herzkrankheiten"* ICD-Nr. 410–414. Wir haben nachfolgend beispielhaft *drei Jahre* herausgesucht, um die Probleme bei der Bewertung der Statistik aufzuzeigen. Es handelt sich um den Vergleich einmal innerhalb der *achten Revision* 1968 und zum anderen innerhalb der *neunten Revision* 1979. Es wurden beispielhaft das Jahr 1968 für die achte Revision und die Jahre 1981 und 1993 für die neunte Revision herausgesucht und die Daten in den Tabellen 12.2a–c dargelegt.

Tabelle 12.2a–c. Unterschiede zwischen dem Vorkommen von Sterbefällen am „akuten Myokardinfarkt" (ICD 410) und den „ischämischen Herzkrankheiten" ICD-Nr. 410–414

Tabelle 12.2a.

Sterbefälle pro 100000 Einwohner				8. Revision ICD Differenz in %
Alter/Geschlecht		„Ischämische Herzkrankheiten" ICD 410–414 (1968)	„Akuter Myokardinfarkt" ICD 410 (1968)	
Insgesamt	m	201,5	137,8	–31,7%
	w	117,0	64,4	–45,0%
	z	157,1	99,2	–36,9%
unter 1*	m	0,2	0,2	
	w	0,2	0,2	
	z	0,2	0,2	
1–5	m	0,1	0,0	
	m	–	–	
	z	0,0	0,0	
5–10	m	–	–	
	w	–	–	
	z	–	–	
10–15	m	0,0	0,0	
	w	–	–	
	z	0,0	0,0	

Tabelle 12.2a (Fortsetzung)

Sterbefälle pro 100000 Einwohner				8. Revision ICD Differenz in %
Alter/Geschlecht		„Ischämische Herzkrankheiten“ ICD 410–414 (1968)	„Akuter Myokardinfarkt“ ICD 410 (1968)	
15–20	m	0,1	0,1	
	w	0,1	0,1	
	z	0,1	0,1	
20–25	m	0,3	0,3	
	w	0,3	0,3	
	z	0,6	0,6	
25–30	m	2,7	2,5	
	w	0,9	0,8	
	z	1,8	1,7	
30–35	m	7,3	6,5	–11,0%
	w	1,6	1,6	±0,0%
	z	4,6	4,2	
35–40	m	23,7	21,1	–11,0%
	w	2,9	2,5	–13,8%
	z	13,7	21,1	
40–45	m	56,5	49,9	–11,7%
	w	7,7	6,5	–15,6%
	z	30,3	26,6	
45–50	m	105,2	90,9	–13,6%
	w	16,1	14,4	–10,6%
	z	53,6	46,6	
50–55	m	205,3	172,1	–16,2%
	w	34,2	27,8	–18,2%
	z	105,8	88,2	
55–60	m	339,9	278,4	–18,7%
	w	63,7	51,2	–19,7%
	z	180,9	147,6	
60–65	m	575,9	447,7	–22,3%
	w	146,5	110,7	–24,5%
	z	333,4	257,3	
65–70	m	875,7	649,5	–25,9%
	w	292,0	203,4	–30,3%
	z	538,9	392,1	
70–75	m	1177,7	797,3	–32,4%
	w	537,5	338,9	–37,0%
	z	773,5	507,9	

Tabelle 12.2a (Fortsetzung)

Sterbefälle pro 100000 Einwohner				8. Revision ICD Differenz in %
Alter/Geschlecht		„Ischämische Herzkrankheiten“ ICD 410–414 (1968)	„Akuter Myokardinfarkt“ ICD 410 (1968)	
75–80	m	1580,3	919,7	–41,9%
	w	877,3	459,1	–47,7%
	z	1126,3	622,2	
80–85	m	2039,6	938,3	–54,0%
	w	1384,7	536,3	–61,3%
	z	1620,1	680,8	
85–90	m	2521,9	840,6	–66,7%
	w	1950,5	507,7	–74,0%
	z	2156,6	627,8	
90 und älter	m	3076,0	748,4	–75,7%
	w	2479,4	487,2	–80,4%
	z	2685,8	577,6	

* Diese Daten entstammen den Tabellen 6 und 7 im Anhang

Tabelle 12.2b.

Sterbefälle pro 100000 Einwohner				9. Revision ICD Differenz in %
Alter/Geschlecht		„Ischämische Herzkrankheiten“ ICD 410–414 (1981)	„Akuter Myokardinfarkt“ ICD 410 (1981)	
Insgesamt	m	248,1	173,0	–30,3%
	w	183,0	102,8	–43,8%
	z	214,1	136,4	–36,3%
unter 1 *	m	–	–	
	w	–	–	
	z	–	–	
1–5	m	–	–	
	w	–	–	
	z	–	–	
5–10	m	–	–	
	w	–	–	
	z	–	–	

Tabelle 12.2 b (Fortsetzung)

Sterbefälle pro 100000 Einwohner				9. Revision ICD Differenz in %
Alter/Geschlecht		„Ischämische Herzkrankheiten" ICD 410–414 (1981)	„Akuter Myokardinfarkt" ICD 410 (1981)	
10–15	m	–	–	
	w	–	–	
	z	–	–	
15–20	m	0,2	0,1	
	w	0,0	–	
	z	0,1	0,1	
20–25	m	0,5	0,4	
	w	0,1	0,1	
	z	0,3	0,3	
25–30	m	1,7	1,4	
	w	0,5	0,3	
	z	1,1	0,9	
30–35	m	6,2	5,4	
	w	1,1	0,3	
	z	3,8	3,2	
35–40	m	20,6	18,3	–11,2%
	w	3,3	2,7	–8,2%
	z	12,2	10,7	
40–45	m	44,8	38,9	–13,2%
	w	6,3	5,7	–9,6%
	z	26,1	22,8	
45–50	m	96,2	83,6	–13,1%
	w	16,2	13,4	–17,3%
	z	57,1	49,3	
50–55	m	209,9	176,9	–15,8%
	w	33,3	28,1	–15,7%
	z	120,9	101,9	
55–60	m	354,2	292,2	–17,6%
	w	71,7	55,9	–22,1%
	z	190,3	155,1	
60–65	m	570,3	458,1	–19,7%
	w	146,0	108,9	–25,4%
	z	314,2	247,3	
65–70	m	940,5	736,9	–21,7%
	w	302,2	222,5	–26,4%
	z	546,8	419,6	

Tabelle 12.2 b (Fortsetzung)

Sterbefälle pro 100000 Einwohner				9. Revision ICD Differenz in %
Alter/Geschlecht		„Ischämische Herzkrankheiten“ ICD 410–414 (1981)	„Akuter Myokardinfarkt“ ICD 410 (1981)	
70–75	m	1423,3	1025,1	–28,0%
	w	574,7	387,5	–32,6%
	z	887,0	622,1	
75–80	m	2020,1	1312,1	–35,1%
	w	1051,0	626,1	–40,4%
	z	1394,5	869,2	
80–85	m	2716,8	1466,1	–46,1%
	w	1657,7	792,9	–47,8%
	z	1979,8	997,7	
85–90	m	3531,2	1529,0	–56,8%
	w	2580,7	959,9	–62,9%
	z	2826,4	1107,0	
90 und älter	m	4045,1	1327,3	–67,2%
	w	3535,4	843,2	–73,4%
	z	3677,5	1050,3	

* Diese Daten entstammen den Tabellen 6 und 7 im Anhang

Tabelle 12.2 c.

Sterbefälle pro 100000 Einwohner				9. Revision ICD Differenz in %
Alter/Geschlecht		„Ischämische Herzkrankheiten“ ICD 410–414 (1993)	„Akuter Myokardinfarkt“ ICD 410 (1993)	
Insgesamt	m	211,4	121,3	–42,6%
	w	206,8	90,4	–56,3%
	z	209,0	105,5	–49,5%
unter 1 *	m	–	–	
	w	–	–	
	z	–	–	
1–5	m	–	–	
	w	–	–	
	z	–	–	

Tabelle 12.2c (Fortsetzung)

Sterbefälle pro 100000 Einwohner				9. Revision ICD Differenz in %
Alter/Geschlecht		„Ischämische Herzkrankheiten" ICD 410–414 (1993)	„Akuter Myokardinfarkt" ICD 410 (1993)	
5–10	m	–	–	
	w	–	–	
	z	–	–	
10–15	m	–	–	
	w	–	–	
	z	–	–	
15–20	m	0,4	0,4	
	w	0,3	0,1	
	z	0,3	0,2	
20–25	m	0,7	0,6	
	w	0,1	0,1	
	z	0,4	0,4	
25–30	m	1,0	0,9	
	w	0,4	0,2	
	z	0,7	0,6	
30–35	m	3,5	3,3	
	w	0,8	0,7	
	z	2,2	2,0	
35–40	m	10,6	9,5	–10,4%
	w	2,4	2,0	–16,7%
	z	6,6	5,9	
40–45	m	28,1	23,3	–17,1%
	w	5,7	5,2	–9,1%
	z	17,1	14,4	
45–50	m	60,3	48,1	–20,3%
	w	11,1	8,3	–25,3%
	z	36,3	28,7	
50–55	m	105,6	81,0	–23,3%
	w	19,4	14,5	–25,3%
	z	63,4	48,4	
55–60	m	192,6	138,3	–28,2%
	w	43,3	30,1	–30,5%
	z	118,3	84,5	
60–65	m	400,6	273,2	–31,8%
	w	110,4	73,2	–33,7%
	z	251,8	170,7	

Tabelle 12.2c (Fortsetzung)

Sterbefälle pro 100000 Einwohner				9. Revision ICD Differenz in %
Alter/Geschlecht		„Ischämische Herzkrankheiten“ ICD 410–414 (1993)	„Akuter Myokardinfarkt“ ICD 410 (1993)	
65–70	m	649,7	421,5	–35,1%
	w	216,7	134,3	–38,1%
	z	403,0	257,8	
70–75	m	1027,2	620,9	–39,6%
	w	426,9	243,9	–42,9%
	z	643,0	379,6	
75–80	m	1936,4	1077,4	–44,4%
	w	968,5	481,7	–50,3%
	z	1284,2	676,0	
80–85	m	2668,9	1312,8	–50,8%
	w	1636,7	712,6	–56,5%
	z	1939,7	888,8	
85–90	m	3762,3	1506,8	–60,0%
	w	2745,2	943,3	–75,0%
	z	3008,4	1089,1	
90 und älter	m	5076,7	1583,1	–68,8%
	w	4412,4	1134,8	–74,3%
	z	4559,4	1233,9	

* Diese Daten entstammen den Tabellen 6 und 7 im Anhang
Die Tabelle zeigt die Gruppe der *„ischämischen Herzkrankheiten“* ICD 410–414 (linke Spalte), in der sich mit ICD-Nr. 410 auch der *„akute Myokardinfarkt“* befindet. In der rechten Spalte ist der „akute Myokardinfarkt“ mit der ICD-Nr. 410 nochmals separat nachgewiesen. Dadurch läßt sich feststellen, wie oft der *„akute Myokadinfarkt“* bei den Sterbefällen in der Gruppe der „ischämischen Herzkrankheiten“ eine ursächliche Rolle spielt. Die Prozentsatzzahlen sagen aus, in welchem Ausmaß der *„akute Myokardinfarkt“* keine Rolle mehr unter den Sterbefällen in der Gruppe der *„ischämischen Herzkrankheiten“* spielt. Es zeigt sich, daß mit zunehmendem Alter immer mehr andere Grundkrankheiten ursächlich zur *tödlichen Ischämie* der Herzkranzgefäße führen als der *„akute Myokardinfarkt“*, wie Rechts- und Linksinsuffizienz des Herzens, Ödemleiden usw. Bis zum ca. 50. Lebensjahr bleibt die Differenz geringfügig. Der *„akute Myokardinfarkt“* spielt im höheren Alter unter den Sterbefällen an „ischämischen Herzkrankheiten“ zunehmend eine geringere Rolle. Bei den 75- bis 80jährigen spielt er bei Männern in 41,9% und bei Frauen in 47,7% keine Rolle mehr. Bei den 90jährigen und älter spielt er in 75,7% bei Männern und in 80,4% bei Frauen keine Rolle mehr. Dadurch wird die Aussagefähigkeit der Sammelgruppe der *„ischämischen Herzkrankheiten“* ICD 410–414 insgesamt stark eingeschränkt (Seite 199)

Obwohl die ICD-Systematik mit der neunten Revision 1979 *„bereinigt“* sein soll (seit 1978/1979 wurden verschiedene Krankheiten an andere ICD-Gruppen abgegeben), befinden sich in der Sammelgruppe der *„ischämischen Herzkrankheiten“* seit 1979 bis heute noch viele andere Krankheiten als der Herzinfarkt, die ebenfalls zu einer tödlichen Ischämie der Herzkranzgefäße geführt haben. Bei ihnen läßt sich keine sichere Verbindung zum Cholesterinproblem herstellen. Mit der neunten Revision 1979 wurden nach Auskunft des *Statistischen Bundesamtes* einige chronische Krankheitszustände aus der Gruppe der *„ischämischen Herzkrankheiten“* heraus in andere Bereiche verlagert. Hierzu heißt es:

„Bestimmte chronische Krankheitszustände, die nach der ICD/8 (bis 1978) innerhalb der ischämischen Herzkrankheiten (410–414) signiert wurden, zählen ab 1979 (ICD/9) zu der Gruppe der sonstigen Formen von Herzkrankheiten (Pos.-Nr. 420–429). Diese Umstellung erklärt zunächst mit die Abnahme der Sterbefälle an ischämischen Herzkrankheiten nach 1978.“

Die Beurteilung, ob es sich bei den Todesfällen der „ischämischen Herzkrankheiten“ ICD-Nr. 410–414 um einen Myokardinfarkt gehandelt hat oder nicht, wird seit 1968 durch das Studium der ICD-Nr. 410 (Tabelle 11.2 und Tabelle 6 im Anhang) möglich, die exakte Angaben ausschließlich über Sterbefälle am Herzinfarkt macht. Man braucht die Zahlen nur von der Gruppe der „ischämischen Herzkrankheiten“ (ICD-Nr. 410–414) abziehen (Tabelle 11.1), um festzustellen, wie hoch der Anteil an anderen Krankheiten ist. Dies ist in Tabelle 12.2a–c geschehen.

Tabelle 12.2a–c zeigt, daß in den jungen Altersgruppen, z.B. bei Männern (Altersgruppe der 30- bis 35jährigen pro 100000 Einwohner) nach der achten Rev. 1968 innerhalb der Sterbefälle an „ischämischen Herzkrankheiten“ (ICD-Nr. 410–414) *anteilig 89% auf den Myokardinfarkt* entfielen, aber *nur 11,0%* auf andere Krankheitsursachen. Ähnliche Verhältnisse finden sich in der neunten Rev. 1979. Dort entfielen 1981 nur *11,2%* und 1993 nur *10,4%* auf andere Krankheitsursachen als den Myokardinfarkt. Nur liegt der Anteil an Sterbefällen in den jüngeren Altersklassen wesentlich niedriger als in den älteren (1 : <500, Tabelle 12.2) Jahrgängen. Das Verhältnis verschlechtert sich in den höheren Altersklassen zu ungunsten des Anteils an Myokardinfarkten. Nach der achten Rev. 1968 entfielen 1968 bei den 70 bis 75jährigen Männern *32,4%* und bei den 85- bis 90jährigen *66,7%* auf andere Krankheiten als den Herzinfarkt. Auch nach der *„bereinigten“* neunten Rev. 1979 entfielen 1981 auf die 70- bis 75jährigen Männern noch *28,0%* und 1993 noch *39,6%* auf andere Krankheitsursachen als den akuten Myokardinfarkt. 1993 waren es unter den 85- bis 90jährigen Männern *60%* und bei den Frauen *75%*, die aufgrund von anderen Krankheitsursachen starben. Ein erheblicher Anteil der Sterbefälle entfiel also ursächlich auf andere Grundleiden z. B. Hypertonie, Rechts- und Linksinsuffizienz des Herzens oder Ödemleiden, die zur tödlichen Ischämie der Herzkranzgefäße führten.

Daraus resultiert, daß man mit einer Statistik über *„Ischämische Herzkrankheiten“* bzw. „ischaemic heart diseases“ kaum etwas anfangen kann, sofern es um die Beurteilung des Cholesterinproblems geht. Hierfür eignet sich allenfalls der „akute Myokardinfarkt“ ICD-Nr. 410. Dies gilt insbesondere für die Jahre von 1968, als es noch keine eigenständige Gruppe für den „akuten Myokardinfarkt“ ICD-Nr. 410 gab, sondern dieser in der Sammelgruppe der „ischämischen Herzkrankheiten“ aufging. Wenn behauptet wird, daß in den USA seit den 50er Jahren, insbesondere aber seit ca. 1968 (Kannel 1982) die Sterbefälle an *„koronarer Herzkrankheit“* parallel zum Konsum an Milch, Butter usw. (Tabelle 13.1) stark zurückgegangen sind, muß man sich fragen, was jeweils unter *„koronarer Herzkrankheit“* verstanden wird und nach welcher ICD-Positionsnummer der *„akute Myokardinfarkt“*, der für eine Diskussion um das Cholesterinproblem ausschließlich infrage kommt, erfaßt wurde. Möglicherweise geschah die Erfassung damals nach den kaum verwendbaren Daten der *„ischaemic heart diseases“* oder den *„cardiovascular diseases“*, einer noch viel umfassenderen und damit für die Zwecke einer Beurteilung des Cholesterinproblems absolut untauglichen ICD-Gruppierung der Nrn. 390-559.

Es liege nahe, anzunehmen, daß der Rückgang der sogenannten „Koronarmortalität“ bzw. der Sterbefälle an „Koronarkrankheiten, KHK, CHD usw.“ (wie sie auch immer genannt werden mögen, aber nicht in der ICD-Systematik zu finden sind) in den USA, bei uns und anderswo zum Großteil gar nicht auf einem Rückgang am Myokardinfarkt beruhte, sondern Folge anderer Krankheitsursachen war, die sich in den letzten Jahrzehnten zum Teil ungewöhnlich erfolgreich behandeln ließen. Die rückläufige Sterblichkeit dürfte in erster Linie Folge der allgemeinen Behandlungsfortschritte der Medizin sein, z. B. auf dem Gebiet der Bekämpfung der Hypertonie, von Ödemen durch Diuretika, der Rechts- und Linksinsuffizienz des Herzens usw.

Was versteht die ICD-Systematik unter einer „koronaren Herzkrankheit“?

Wer sich in der Fülle der Weltliteratur zu orientieren versucht, bemerkt bald, daß eine Unzahl von klinischen und pathologischen *Diagnosen* für den *„gleichen Zweck“* gebraucht werden, mit denen die ärztlichen Vorstellungen über eine „koronare Herzkrankheit“ umschrieben werden, ohne daß die Klassifizierungsregeln der Statistiker, die teils von ganz anderen Gesichtspunkten als die Kliniker ausgehen, ausreichend berücksichtigt werden, so z. B. die international anerkannten und in allen Ländern gebräuchliche *„Klassifikation der Krankheiten“* (*ICD*), die alle zehn Jahre überarbeitet und erneuert wird. Diese kennt z. B. den Begriff *„koronare Herzkrankheit“* (KHK) überhaupt nicht, sondern spricht allenfalls von *„cardiovascular diseases“*, CVD (ICD-Nr. 390–459, vgl. Tabelle 12.1) oder von kardiovaskulären Krankheiten, ein Begriff den viele Ärzte irrtümlich mit der koronaren Herzkrankheit gleichsetzen. Sie werden in der deutschen Fassung der ICD-Systematik vorsichtigerweise nur als *„Krankheiten des Kreislaufsystems“* (ICD-Nr. 390-459, vgl. Tabelle 13.1) bezeichnet. Eine andere Gruppe sind die *„ischemic heart diseases“* (IHD, ICD-Nr. 410–414) bzw. die ischämischen Herzkrankheiten, welche zwar die *Ischämie* (sie ist keine Krankheit) als Todesursache anerkennen, aber die koronare Herzkrankheit (als Krankheit) selber nicht nennen oder sie spricht (erst seit 1968) von *„acute myocardial infarction“* (ICD-Nr. 410) oder dem akuten Myokardinfarkt. Die beiden ersteren Begriffe (CVD und IHD) umfassen z. B. eine Sammlung von Kausalketten an verschiedenartigen Krankheiten, die ursächlich zum Tod durch Herzkranzgefäßversagen führen, wie z. B. Hypertonie, Rheuma oder Chagas-Krankheit, ohne daß ein Bezug zum Cholesterin möglich wäre.

Da sich die wenigsten Ärzte – zumindest in früheren Zeiten – in den *Klassifikationsregeln der ICD-Systematik* und der internationalen Darlegung in der Publizistik auskennen, ist durch den fehlerhaften Gebrauch bestimmter klinischer und statistischer Begriffe in vielen Bereichen der medizinischen Veröffentlichungen eine *heillose Verwirrung* ausgelöst worden, die zu schwerwiegenden Fehldeutungen über mögliche Zusammenhänge z. B. auch mit Cholesterin geführt haben.

Krankheiten, die zur ICD-Systematik „ischämischer Herzkrankheiten“ gehören (ICD-Nr. 410–414)

An dieser Stelle sei nochmals kurz übersichtlich daran erinnert, welche verschiedenen Krankheiten bis zur neunten Revision der ICD-Systematik der Gruppe der „ischämischen Herzkrankheiten“ zugrunde lagen. In Band I der *ICD-Systematik* (Verlag Kohlhammer 1968), der die Ergebnisse der achten Revision 1968 wiedergibt, heißt es auf Seite 283 unter „410–414 Ischämischer Herzkrankheiten“ einleitend:

„Die Pos.-Nr. 410–414 enthalten die hier angeführten Zustände auch, wenn zugleich eine Arteriosklerose, ein Bluthochdruck (bösartiger) (gutartiger) oder *irgendeine Krankheit aus den Pos. Nr. 427–429 angegeben ist.*“ Im Tabellenanhang befindet sich die komplette Liste aller Krankheiten der ICD-Nr. 427–429 und der ICD-Nr. 410–414) und zu Vergleichszwecken eine Liste für die neunte Revision.

Verschiedene Möglichkeiten, Sterbestatistiken zu beurteilen

Die standardisierte Sterbeziffern

Da bei den *standardisierten Sterbeziffern* die einzelnen Altersgruppen nicht erfaßt werden, sondern nur die *Sterbefälle pro Jahr*, kann sich eine durchaus *abweichende Darstellung* vom Tabellenmaterial pro 100000 Einwohner ergeben, welches nach der jeweiligen Altersgruppe aufgegliedert ist. Ein starker Abfall in den jüngeren Altersklassen z. B. an „ischämischen Herzkrankheiten“ kann z. B. durch eine starke Anhäufung im Greisenalter abgeflachter sichtbar werden. Die standardisierte Sterbeziffer kann dies nicht sichtbar machen. Auch kann der Myokardinfarkt bereits in den Altersklassen von 1 bis 80 Jahren sichtbar abfallen, aber noch in den allerhöchsten Altersklassen weiter ansteigen und sich erst nach drei oder vier Jahren dem allgemeinen Abfall anschließen. Dann registriert die standardisierte Sterbeziffer den allgemeinen Abfall erst später. Dies geschah z. B. zwischen 1976 bis 1980 und ist gut in den Abbildungen 11.4 und 11.5 zu erkennen, welche die Sterbefälle anhand von Berechnung pro 100000 Einwohner getrennt nach Altersklassen wiedergeben.

Auch die standardisierten Sterbeziffern bestätigen, daß die *„ischämischen Herzkrankheiten“* ab 1976–1977 und der *Myokardinfarkt* (aufgrund der erwähnten nachhinkenden Reaktion im Greisenalter) erst ab 1980 in Deutschland (BRD) „sichtbar“ rückläufig sind (Tabelle 10.7 und 10.8). Man muß wissen, worüber man eine Aussage treffen möchte, und wozu beide Darstellungen, die standardisierte Sterbeziffer und die Berechnung pro 100000 Einwohner getrennt nach Altersklassen, zur Verfügung stehen.

„Bei den ‚standardisierten Sterbeziffern‘ wird nach Gräb 1994 aus einer ‚alters- und geschlechtsspezifischen Sterbeziffer‘ ein gewichtiges arithmetisches Mittel errechnet. Als Gewichte werden z. B. die Bevölkerungszahlen des Jahres 1987 nach Alter und Geschlecht verwendet. Die standardisierte Sterbeziffer gibt somit an, wie hoch die Sterblichkeit je 100000 Einwohner im Berichtsjahr gewesen wäre, wenn die Bevölkerung die Alters-

und Geschlechtsstruktur des Jahres 1987 gehabt hätte. Die so standardisierte Sterbeziffer ermöglicht Vergleiche für verschiedene Regionen (wie den alten und neuen Bundesländern) und Berichtsjahren, da für alle Regionen und Jahre die gleiche Standardbevölkerung (Gewichte) verwendet wird.“

Die standardisierten Sterbeziffern bestätigen den Rückgang der Koronarmortalität in Westdeutschland

Aus den Tabellen 10.7 und 10.8 geht hervor, daß nach den *standardisierten Sterbeziffern* (Angaben nur pro Jahr und nicht getrennt nach Altersgruppen), der Höhepunkt an Sterbefällen, die noch nach der *achten Revision 1968* an *„ischämischen Herzkrankheiten“* unter der ICD-Nr. 410–414 signiert wurden, um das Jahr *1976* mit 281,0 Fällen bei den Männern und mit 254,2 Fällen bei den Frauen erreicht wurde. *Von 1976 bis 1994 gehen die Sterbefälle pro Jahr kontinuierlich zurück.*

Beim *akuten Myokardinfarkt* wird der Höhepunkt (Tabellen 10.7 und 10.8) bei Männern erst 1980 mit 144 und bei Frauen 1980 mit 267 Sterbefällen erreicht. Wir erwähnten bereits, daß sich diese Verzögerung dadurch ergibt, daß die Sterbefälle von 0 bis 80 Jahren bereits 1976–1977 absanken, aber der Abfall im Greisenalter erst später einsetzte (Abb. 11.4 und 11.5). Das *Statistische Bundesamt, Wiesbaden*, hatte bereits in der Mitteilung vom 5. 5. 1978 (Abbildung 11.1, Seite 197) mitgeteilt, daß *„1977 erstmals weniger Herzinfarkttote“* gezählt wurden und sich damit die *„rückläufige Entwicklung der Zahl der Sterbefälle... gegenüber 1976 verstärkt fortgesetzt“* hätte. Dieser Trend entspricht auch der Abb. 11.7 der Deutschen Gesellschaft für Ernährung (DGE), den allgemeinen Rückgang an Sterbefällen an Herzkrankheiten in der ehemaligen BRD betreffend. Die geringfügige Änderung zwischen 1979 in Abb. 11.2 dürfte durch die Änderung der statistischen Umverteilung im Rahmen der neunten Revision bedingt sein.

Bewertung einer Statistik nach der Gesamtzahl Verstorbener

Es besteht die Möglichkeit, die Sterbeziffern nach der *Anzahl der verstorbenen insgesamt* zu bewerten. Diese Methode ist weniger zu empfehlen, weil die Zahl der Lebenden in den mittleren Altersgruppen, z. B. um das 30. bis 40. Lebensjahr, naturgemäß höher liegt als in den hohen, z. B. zwischen dem 80. bis 90. Lebensjahr. Somit wären keine sicheren Vergleiche möglich. Die Gesamtzahl der Sterbefälle ohne Berücksichtigung der Sterbefälle nach Altersgruppen pro 100000 sagt auch nichts darüber aus, wieviele Personen in bestimmten Altersklassen weniger und in anderen

Altersklassen vermehrt gestorben sind. Die Zahlen können sich sogar gegenseitig aufheben, annähern und im Extremfall einen völlig falschen Eindruck hinterlassen. Es kann sein, daß Sterbefälle im jungen und mittleren Lebensalter stark abnehmen, aber im Greisenalter stark zunehmen, weil diese Leiden am Lebensende zu den typischen „*Absterbekrankheiten*“ zählen. In der Endrechnung könnten sich deswegen bei Angaben der Sterbeziffern insgesamt kaum Änderungen ergeben.

Berechnung standardisierter Sterbeziffern

Zu den genauen statistischen Angaben gehören die Berechnungen nach den *standardisierten Sterbeziffern*, die den jeweiligen Bevölkerungsaufbau miteinbeziehen. Diese Angaben berücksichtigen jedoch nur die Gesamtzahl der Sterbeziffern und nicht die Altersklassen pro 100000 der jeweiligen Altersgruppe.

Berechnung von Sterbeziffern pro 100000 Einwohner einer entsprechenden Altergruppe

Eine sehr gute Bewertung ist nach Sterbeziffern *pro 100000 Einwohner der entsprechenden Altersgruppe* möglich. Hierbei wird die Anzahl der Sterbefälle pro 100000 Einwohner z. B. in der Altersgruppe der 30- bis 35jährigen mit derjenigen in der Altersgruppe der 50- bis 55jährigen oder mit der Altersgruppe der 80- bis 85jährigen Einwohner verglichen. Dabei spielt es keine Rolle, ob in einer bestimmten Altersgruppe insgesamt mehr oder weniger Menschen leben, da sich die Berechnung immer auf jeweils 100000 Personen einer Altersgruppe erstreckt. Selbstverständlich leben zwischen 45 und 55 Jahren wesentlich mehr Menschen als mit 90 Jahren.

Zusammenfassung

Es wird dargelegt, daß aufgrund der heterogenen Zusammensetzung der Gruppe der sogenannten „*ischämischen Herzkrankheiten*“ (ICD-Nr. 410–414), die auch als „*ischaemic heart diseases*“ und von einigen Kliniken als *koronare Herzkrankheiten, KHK* usw. bezeichnet werden (was zwangsläufig zu Fehldeutungen geführt hat), kaum Rückschlüsse auf den „*akuten Myokardinfarkt*“ (ICD 410) und schon gar nicht auf Zusammenhänge mit dem Cholesterinstoffwechsel geschlossen werden können. Noch ungenauer sind Rückschlüsse, die über Jahrzehnte hinweg besonders in den USA aus den sogenannten *Sterbefällen an „kardiovaskulären Krankheiten"* bzw. *„cardiovascular diseases"* (*CVD*) (Seite 241) gezogen wurden, die nach der ICD-Systematik identisch mit der Gruppe der *„Kreislaufkrankheiten"* (ICD-Nr. 390–459) sind und ein Sammelbecken unzähliger Krankheiten darstellen, die zum Herzkreislauftod führen. Da sich bei den Sterbeziffern innerhalb der Gruppe der *„ischämischen Herzkrankheiten"* zahllose Krankheiten befinden (wie Herzinsuffizienz, Hypertonie, Ödemleiden usw.), die eine tödliche Ischämie der Herzkranzgefäße nach sich gezogen haben, ist es nahezu unmöglich, Rückschlüsse auf den Lipid- und Cholesterinstoffwechsel zu ziehen. Diese Gruppe und die anderen oben genannten Gruppen nährten jedoch über Jahrzehnte hinweg zu Unrecht den Verdacht, daß zwischen Anstieg und Rückgang in der Letalität von Koronarkrankheiten und dem Cholesterin- und Lipidstoffwechsel ein ursächlicher Zusammenhang bestehe. Alleine die heterogene Zusammensetzung des Krankengutes in den Gruppen schließt diese Möglichkeit aus.

Wenn man überhaupt Korrelationen mit einem einzelnen Faktor vornehmen wollte, eignet sich hierfür allenfalls der *„akute Myokardinfarkt"* (ICD-Nr. 410), der seit 1968 separat geführt wird und dessen Mortalitätskurve seit ca. 1977/1979 stark rückläufig ist (Abb. 11.1, 11.4 und 11.5). Die Sterbefälle gingen von 1979 bis 1993 pro 100000 Einwohner in der ehem. BRD insgesamt pro Jahr bei den Männern in einigen Altersgruppen bis zu *58,8%* zurück (Tabelle 11.2, S. 210). In den höchsten Altersklassen stiegen die Sterbefälle bis etwa 1980 an, um dann ebenfalls abzufallen. Frauen sind vom tödlichen Myokardinfarkt zunehmend erst ab dem 70. Lebensjahr betroffen und wesentlich weniger gefährdet als Männer (näheres s. Tabelle 11.2).

Im hohen Alter scheint sich die Hypothese von Max Bürger 1957 zu bestätigen, der sagte, daß das natürliche Lebensende in einem Großteil der Fälle durch die *„Physiosklerose"* erfolgte, d. h. durch die unvermeidliche Verfettung und den Verschluß der feinsten Arterien. Im vorliegenden Fall wird dies am Versagen der Herzkranzgefäße als einer natürlichen Art des Lebensendes dargestellt. Seinen Leipziger Studenten sagte Max Bürger in einer Vorlesung, das *Schicksal der Gefäße* könne man mit dem *Wachstum eines Baumes vergleichen*, dessen feinste Äste im hohen Alter als erste verdorren und abfallen. So sei es auch mit dem Schicksal der feinsten Gefäße des Menschen. *Der Mensch würde bzw. sei so alt wie seine Gefäße.*

Auch wenn das Versagen der Herzkranzgefäße im hohen Alter in einem Großteil der Fälle zu einer Art (unvermeidbaren) physiologischen *„Absterbekrankheit"* geworden ist, tritt der Koronartod in einem Teil der Fälle, besonders im mittleren Alter, mit Sicherheit infolge von falscher Ernährung, Lebensweise (Nikotinabusus etc.) und Krankheit (Bluthochdruck, Zuckerkrankheit, Fettsucht usw.) auf, wobei auch genetische Anlagen sehr bedeutsam sein dürften. Ein Zusammenhang mit einem Einzelfaktor wie Cholesterin läßt sich jedoch nicht herstellen.

Dies bedeutet, daß auch weiterhin *alle Menschen Risikofaktoren meiden* und *die Regeln einer gesunden Ernährung und Lebensweise beachten müssen*, um ein hohes Alter in Gesundheit zu erreichen und um sich vor dem Auftreten vor Krankheiten zu schützen, die frühzeitig zum Koronartod führen können. *Man darf alles essen, aber alles in Maßen,* und jede Krankheit erfordert ihre spezielle Diät.

13 Zum Rückgang der „Koronarmortalität" in den USA

In den USA haben die Sterbefälle an *„koronarer Herzkrankheit" (KHK)*, was auch immer darunter zu verstehen ist (S. 219), seit den 60er Jahren stark abgenommen. Viele Menschen in den USA sind der Auffassung, daß der Rückgang u. a. in Zusammenhang mit der verringerten Nahrungsaufnahme an Cholesterin stände, also die Folgen der Senkung des Serumcholesterinspiegels wäre. Weite Teile der Bevölkerung sind (um es vorsichtig auszudrücken) von einer Art von *„Cholesterinphobie"* befallen.

Dabei wissen nur wenige Menschen, was *man* unter einer *„koronaren Herzkrankheit"* und *ähnlich lautenden Definitionen* zu verstehen hat und daß es garnicht so einfach ist, abgesicherte ursächliche Beziehungen zwischen dieser Diagnose und dem Thema „Cholesterin" herzustellen. Möglicherweise besteht zwischen den genannten Faktoren überhaupt kein Zusammenhang. Es besteht Anlaß dazu, die Ursachen der Rückläufigkeit der Koronarsterblichkeit in den USA seit Mitte der 60er Jahre näher zu betrachten.

Cholesterinverzehr und ‚kardiovaskuläre' Sterbefälle in den USA

Kannel hat 1982, stellvertretend für zahlreiche andere Autoren in den USA, im Auftrag der *American Heart Association* einen Bericht über den *„Abwärtstrend in der kardiovaskulären Letalität"* (CVD) in den USA publiziert, die auch in deutscher Sprache verbreitet wurde und in der u. a. die Abb. 13.1, 13.2 und Tabelle 13.1 veröffentlich sind. Er schreibt, daß

> „... die erhöhten Lebenserwartungen seit Mitte 1960 hauptsächlich auf die Abnahme der Sterblichkeit an *KHK* und *Schlaganfällen* zurückzuführen ist. Immerhin hätten auch anstatt *kardiovaskulärer* Erkrankungen vermehrt Krebs und andere Krankheiten in den Todesstatistiken auftauchen können. Eine verbesserte ärztliche Versorgung wäre ein wichtiger Faktor, mit dem man die (Abnahme der) Letalität begründen könnte, aber ihre Wirkung läßt sich schlecht quantifizieren."

Einen besonderen Wert mißt Kannel 1982 hierbei der *Änderung der Lebens- und Ernährungsweise* bei, der mit Sicherheit, ganz allgemein be-

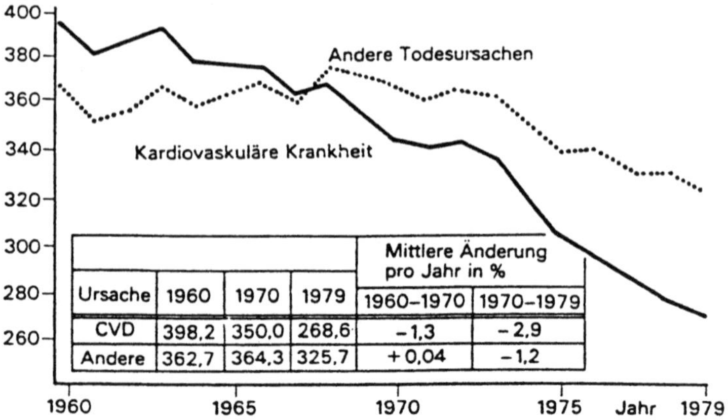

Ursache	1960	1970	1979	Mittlere Änderung pro Jahr in % 1960–1970	Mittlere Änderung pro Jahr in % 1970–1979
CVD	398,2	350,0	268,6	−1,3	−2,9
Andere	362,7	364,3	325,7	+0,04	−1,2

Abb. 13.1. Todesraten (auf 100000) von 1960 bis 1979 für kardiovaskuläre Erkrankungen (CVD) und andere Ursachen in den USA. Altersbereinigt auf amerikanische Bevölkerung 1940. Die 1979er Zahlen stammen vom National Heart, Lung and Blood Institute (NHLBI). (Quelle: vorgelegt vom NHLBI, Daten vom National Center for Health Statistics). (Aus Kannel 1982, JAMA 10:573–577) (– deutschsprachige Ausgabe –)

trachtet, eine große Bedeutung zukommt. Kannel 1982 geht in seiner Publikation u. a. auch auf das Thema Übergewicht, den rückläufigen Cholesterinkonsum und den Minderverzehr von Butter, Eiern und Milch usw. in den USA in Zusammenhang mit der Abnahme der Koronarmortalität ein:

> „Die amerikanische Bevölkerung ist den Gesundheitsproblemen der Überernährung gegenüber bewußter geworden. Zusammen mit den Cholesterinwerten hat auch der Pro-Kopf-Verbrauch an Milch, Butter, Eiern und tierischen Fetten abgenommen“ (vgl. Tabelle 13.1–13.5). „Dieser Trend entspricht den Voraussagen der *Herzdiät-Theorie in den USA*, Australien und Finnland ...“

Er übernimmt die Theorie über die Gefahr des Verzehrs an cholesterinreichen Nahrungsmitteln, an gesättigten Fettsäuren z. B. über die Aufnahme von Milch, Butter, Eiern und tierische Fettträger und warnt vor Übergewicht. Entgegen Kannels Aussagen 1992 hat *Übergewicht* in den USA von 1960–1991 (Tabelle 13.9) jedoch nicht abgenommen sondern bis 1991 beachtlich *zugenomen*. Gleichzeitig hat der *Serumcholesterinspiegel* von 1960 bis 1961 *abgenommen* (Tabelle 13.10). Daraus kann man die Schlußfolgerung ziehen, daß Übergewicht primär keinen negativen Einfluß auf den Serumcholesterinspiegel ausübt.

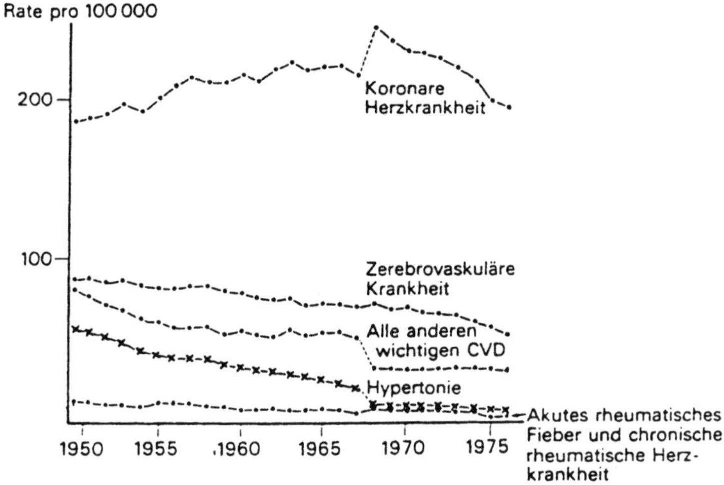

Abb. 13.2. Altersbereinigte Todesraten für die schweren kardiovaskulären Erkrankungen in den USA von 1950 bis 1976. Daten vom National Center for Health Statistics. August 1978. (Aus Kannel 1982, JAMA 10:573–577) (– deutschsprachige Ausgabe –)

Tabelle 13.1. Änderungen des Pro-Kopf-Verbrauchs in den USA von 1963 bis 1977*

Produkt	Änderung in %
Alle Tabakerzeugnisse	–29,3
Milch und Sahne	–22,5
Butter	–32,6
Eier	–14,4
Tierische Fette und Öle	–47,4
Pflanzliche Fette und Öle	+57,9

* Die Zahlen zur Berechnung der Prozente wurden vom US Department of Agriculture zur Verfügung gestellt. Minus bedeutet einen Abfall, Plus einen Anstieg. (Aus Kannel 1982)

Tabelle 13.2. Butter- und Margarinekonsum in einigen herzinfarktreichen Ländern der Welt (1976/77) (Aus Holtmeier 1986)

Land	Butter g/Tag/Person	Margarine g/Tag/Person
BRD	17	24
Italien	6	2
Frankreich	26	8
Niederlande	9	36
Großbritannien	20	14
Schweden	15	42
Finnland (1978)	32	23
Dänemark	22	48
USA	5,5	14
Belgien/Luxemburg	26	29
Irland	33	10

Tabelle 13.3. Zufuhr von Cholesterin und „essentiellen“ Fettsäuren in einigen Ländern der Welt (1976/77) (Aus Holtmeier 1986)

Land	Cholesterin mg/Tag (mmol/Tag)	„essentielle“ Fettsäuren (gesamt) g/Tag	Davon: Linolsäure g/Tag
BRD	524 (1,36)	24,6	19,3
Italien	280 (0,72)	18,7	16,4
Frankreich	530 (1,37)	20,9	17,6
Niederlande	380 (0,98)	30,5	25,4
Belgien/Luxemburg	490 (1,27)	20,3	18,8
Norwegen	260 (0,67)	18,3	13,4
Schweden	370 (0,96)	31,9	25,6
Finnland (1978)	460 (1,19)	17,8	16,4
Dänemark	420 (1,09)	20,0	15,8
Großbritannien	420 (1,09)	17,0	13,8
USA	488 (1,27)	35,5	21,1
Japan	270 (0,70)	14,5	9,0

Tabelle 13.4. Die Ernährung in den USA von 1945 – 1977 (Aus Agricultural Statistics 1967/1973/1978, Hrsg. vom US-Department of Agriculture. US Government Printing Office, Washington 1967/1973/1978) (Aus Holtmeier 1986)

Jahr	1945	1950	1955	1960	1965	1970	1977
Eiweiß g/Tag	107	102	104	103	107	110	112
Fett g/Tag	132	131	133	133	132	145	150
Kohlenhydrate g/Tag	412	397	372	336	369	372	391
davon als:							
Zucker/Glukose/Honig g/Tag	116	141	132	135	143	149	168
Kalorien (kcal) (ohne Alkoholkalorien)	3378	3276	3203	3172	3191	3333	3470
kJ/Tag	14198	13769	13465	13337	13404	14024	14581

Irrtümliche Vergleiche mit ungeeigneten Sterberegistern

Es fällt auf, daß der Autor bei denselben kardialen Ereignissen in seinem Beitrag einmal von *„Koronarsklerose" ein anderes mal von Sterbefällen an „KHK", an „CVD", aber auch von „kardiovaskulärer Letalität", von „Herzinfarkten"*, „Herzanfall" und von *„allen anderen wichtigen CVD"*, von *„Todesraten" an „schweren,kardiovaskulären Erkrankungen"* usw. spricht. Es wurde bereits darauf verwiesen, daß erhebliche Unterschiede zwischen diesen Definitionen bestehen und das eine Verwechslung leicht zu Mißverständnissen führen kann (S. 219ff.).

Wie bereits erwähnt, eignet sich allenfalls die Diagnose *„akuter Myokardinfarkt"* (ICD-Nr. 410), der überwiegend, eine atherosklerotisch bedingte Koronarsklerose zugrunde liegt, dazu, eine Verbindungen zu Ernährungsmaßnahmen etc. herzustellen. Abbildung 13.1 von Kannel (1982) läßt anhand der Anzahl der Sterbefälle pro 100000 Personen (1960: ca. *390* und 1979: ca. *268,6* Sterbefälle) rasch erkennen, daß es sich bei der Abnahme an *„kardiovaskulärer Krankheit"* bzw. „CVD") nicht um den *„akuten Myokardinfarkt"* handeln kann (Tabelle 13.6b). Eventuell ist die Beschriftung falsch oder man meinte die „ischaemic heart disease", oder es ist von *„cardiovascular disease"* bzw. „CVD" (diese Bezeichnung steht exakt in Abb. 13.1) die Rede mit der *ICD-Nr. 390–459*, einer Sammelgruppe mit über 200 verschiedenen Ursachenkrankheiten (Tabelle 5, Anhang), die zum Herz-Kreislauftod führen. In Deutschland wird diese ICD-Gruppe amtlich als *„Krankheiten des Kreislaufsystems"* bezeichnet (zu

Tabelle 13.5. Die Ernährung in den USA von 1945 – 1977 mit tierischen Nahrungsmitteln sowie tierischen und pflanzlichen Fetten (Aus Agriculture Statistics 1967/1973/1978. US Government Printing Office, Washington 1967/1973/1978). (Aus Holtmeier 1986)

	Jahr	1945	1950	1955	1960	1965	1970	1977
A	Trinkmilch (mit Sahne)	496,3	434,1	432,9	398,0	375,5	328,4	296,0
	Kondensmilch	22,8	25,0	20,1	17,0	13,2	8,8	6,0
	Magermilchpulver	2,4	4,6	6,9	7,7	6,9	6,7	4,2
	Vollmilchpulver	0,5	0,4	0,3	0,4	0,4	0,3	0,2
	Eiscreme	19,5	21,4	22,4	22,8	23,0	22,0	22,0
	Käse	8,3	9,6	9,8	10,3	11,9	14,3	20,3
	Eier	60,2	60,3	58,3	52,9	49,5	49,1	42,9
	Fleisch							
	Rindfleisch	73,9	78,9	102,0	106,0	123,8	142,0	156,6
	Kalbfleisch	14,8	9,9	11,7	7,7	6,5	3,6	4,8
	Schweinefleisch	82,9	86,1	83,1	81,1	83,6	82,6	76,5
	Schaf und Hammel	9,1	5,0	5,7	6,0	4,6	4,1	2,1
	Geflügel: Huhn	27,4	25,6	26,5	34,8	41,5	51,6	55,8
	Puter	4,4	5,1	6,2	7,6	9,2	10,2	11,5
	Fisch	14,8	17,2	16,0	16,4	17,7	18,4	21,3
	Fette (tierische)							
	Butter	13,6	13,3	11,2	9,3	8,0	6,6	5,5
	Schmalz	15,7	17,4	15,3	13,3	11,6	5,8	2,8
	Fette (pflanzliche)							
	Margarine	5,1	7,6	10,2	11,7	12,3	13,7	14,4
	Öle	7,7	10,7	13,1	14,3	17,5	22,6	26,9
	Shortenings	11,3	13,7	14,3	15,7	17,4	21,5	21,9
B	Cholesterin mg/Tag	550	546	546	516	512	513	488
	Polyenfettsäuren g/Tag	18,36	21,60	22,97	24,30	27,53	31,70	35,53

der jedes Herzversagen usw. zählt). In der Gruppe *„Myokardinfarkt"* (Tabelle 13.6b) hat es niemals soviele Sterbefälle gegeben wie bei den *„cardiovascular disease"*. Vergleichsweise starben am *Myokardinfarkt* in den USA 1979 nur *133,8* Personen/100000 Einw. aber an den *„cardiovascular disease"* 1979 ca. *268,6* Personen/100000 Einw.

„Cardiovascular Disease" und „Ischaemic Heart Diseases"

Abbildung 13.3 zeigt Todesraten an *„cardiovascular disease"* (und anderen Todesursachen) in den USA 1990, von denen die kardiovaskulären Krankheiten mit Ernährungsgewohnheiten und Cholesterinverzehr in Zusammenhang gebracht werden (vgl. Kannel 1982, Abb. 13.1). Innerhalb der Säulendarstellung wird zwischen beiden Todesursachen unterschieden. Rechts in der Abb. sind hierzu Zahlenangaben gemacht. Unter der Abb. ist die *ICD-Nr. 390-459* für *„cardiovascular disease"* genannt. Damit wird bestätigt, daß es sich bei dieser Darstellung um die Erfassung einer *Sammelgruppe mit ca. 250 Ursachenkrankheiten* (S. 248) handelt, die zum Herz-Kreislaufversagen im weitesten Sinne (und nicht nur zum Koronartod) geführt haben. In Tabelle 13.7 wird eine Übersicht über gebräuchliche ICD-Positionsnummern in den USA wiedergegeben. Eine solche Aufstellung ist völlig ungeeignet, irgendeine Aussage zum Thema Myokardinfarkt (infolge Koronarsklerose) und Cholesterin zu machen, weil die Ursachenkrankheiten (Diabetes mellitus, Hypertonie usw.) und Risikofaktoren (Nikotinabusus usw.) in jedem Land der Welt je nach dem Medizinstandart und der genetischen Verbreitung von Risikokrankheiten für die Atherosklerose anders sind.

Auch bei den *„ischaemic heart diseases"* handelt es sich (etwas verringert nach der „Bereinigung" der ICD Systema neunte Rev. 1979, vgl. Tabelle 12.2a–c) um ein *Sammelbecken* verschiedenartiger Kausalketten, die zur tödlichen Ischämie führen. Weder die eine noch die andere Gruppe eignen sich, hieraus gesicherte Rückschlüsse zum Thema Ernährung bzw. Cholesterin zu ziehen.

Sicher ist, daß seit den 60er Jahren in den USA *alle Krankheiten* einschließlich der Herz-Kreislaufleiden (einschl. Myokardinfarkt) *rückläufig* sind (Abb. 13.1). Ebenso sicher erscheint, daß sich der Rückgang von Sterbefällen an Myokardinfarkt im wesentlichen dadurch erklärt, daß Krankheiten wie Hypertonie, Diabetes mellitus, Nikotinschäden, u.a. innerhalb der Gruppe der „cardiovascular disease" und/oder der „ischaemic heart disease" als auslösende Krankheiten eines Herzinfarktes infolge der erfolgreichen Medizin stark zurückgingen. Der von Kannel 1982 zitierte „dramatische" Rückgang der Mortalität am Verlauf der *„kardiovaskulä-*

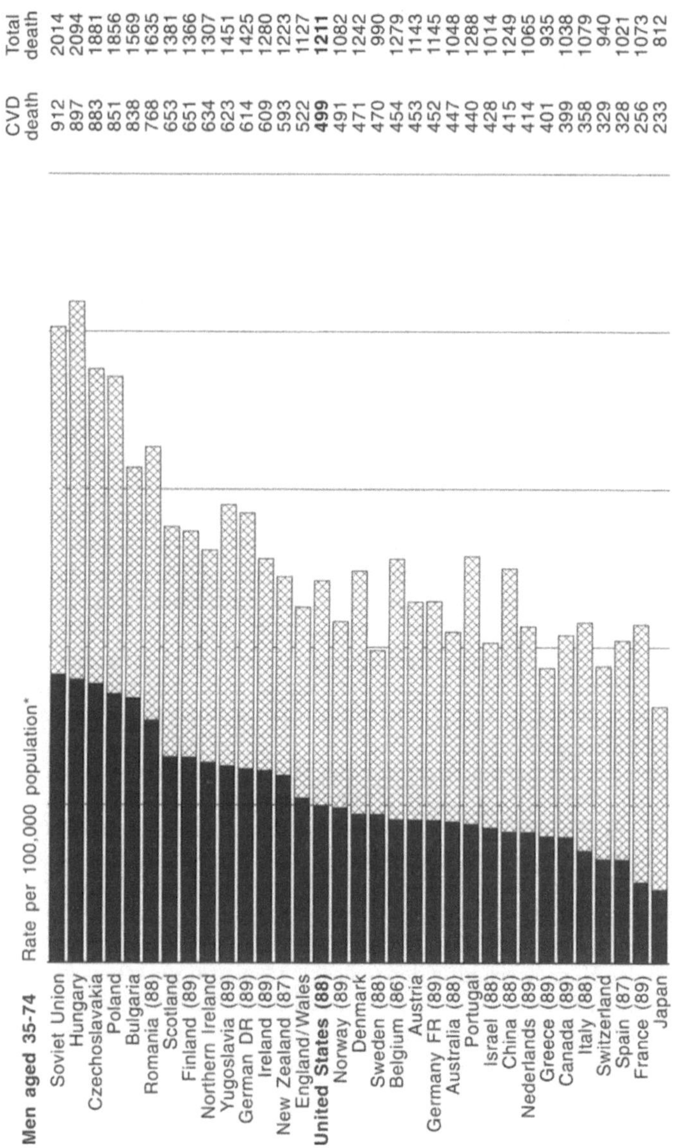
Men aged 35-74
Rate per 100,000 population*
CVD death
Total death
Soviet Union 912 2014
Hungary 897 2094
Czechoslavakia 883 1881
Poland 851 1856
Bulgaria 838 1569
Romania (88) 768 1635
Scotland 653 1381
Finland (89) 651 1366
Northern Ireland 634 1307
Yugoslavia (89) 623 1451
German DR (89) 614 1425
Ireland (89) 609 1280
New Zealand (87) 593 1223
England/Wales 522 1127
United States (88) 499 1211
Norway (89) 491 1082
Denmark 471 1242
Sweden (88) 470 990
Belgium (86) 454 1279
Austria 453 1143
Germany FR (89) 452 1145
Australia (88) 447 1048
Portugal 440 1288
Israel (88) 428 1014
China (88) 415 1249
Nederlands (89) 414 1065
Greece (89) 401 935
Canada (89) 399 1038
Italy (88) 358 1079
Switzerland 329 940
Spain (87) 328 1021
France (89) 256 1073
Japan 233 812
0
500
1,000
1,500
2,000
2,500

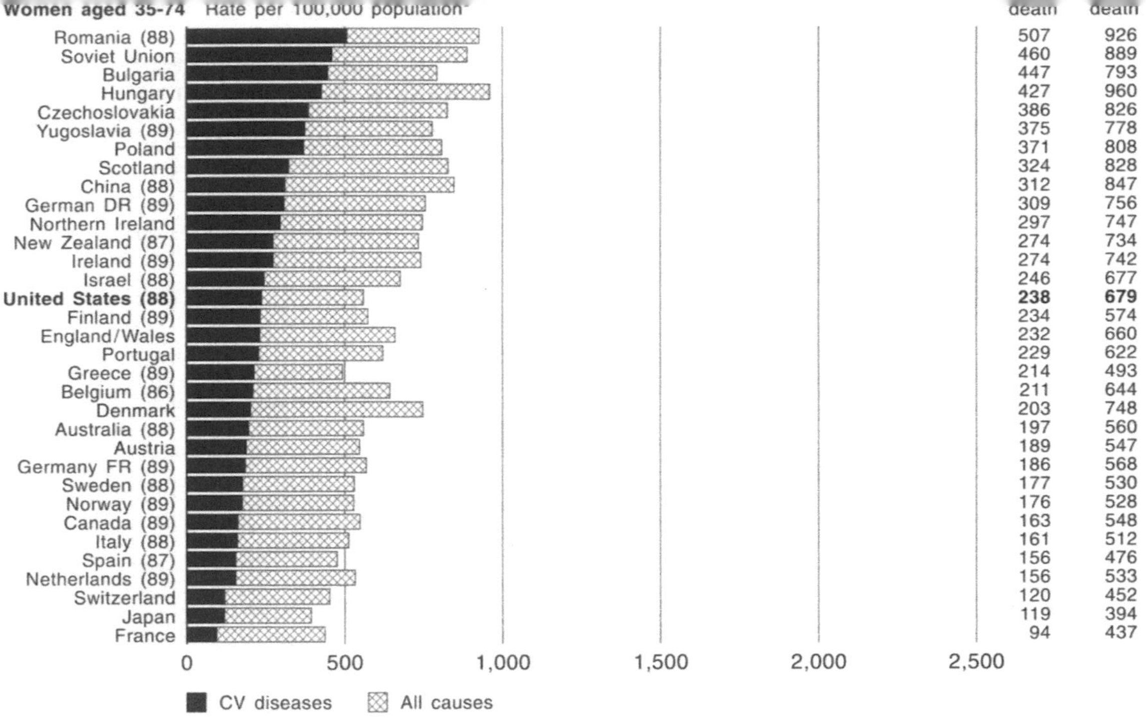

(Source: World Health Organization
* – ICD/9 390-459 for cardiovascular disease except as noted. Rates adjusted to the European Standard population
! – ICD/8 390-458 for cardiovascular disease)

Abb. 13.3. Death rates for cardiovascular diseases and all other causes in selected countries, 1990 (or most recent year available)

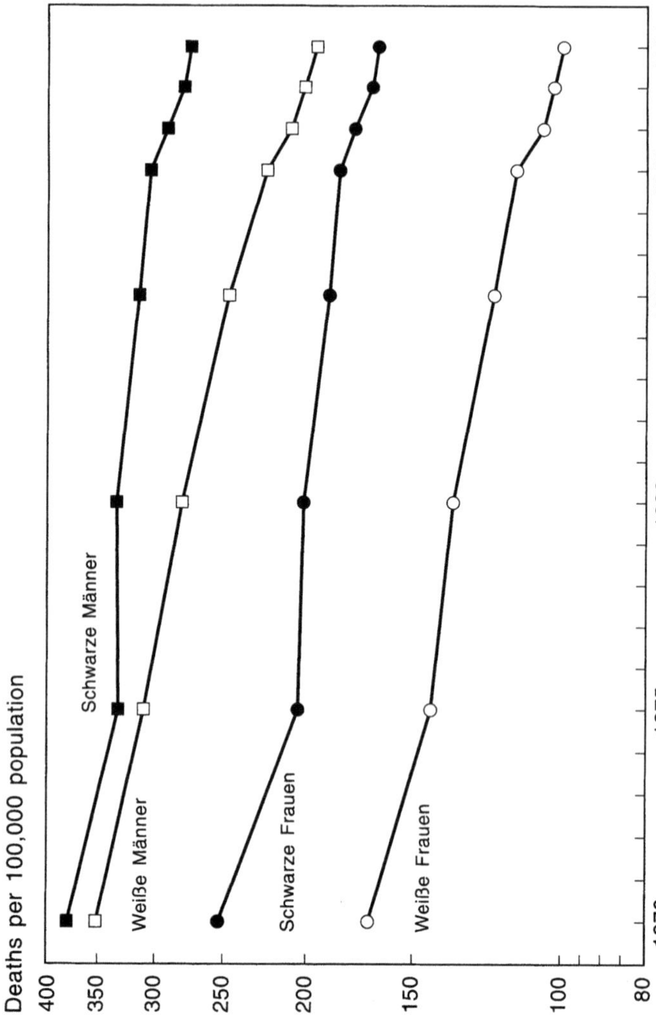

Abb. 13.4. Sterbefälle an „heart diseases" (Herzkrankheiten pro 100000 Einwohner (nicht nach Altersklassen aufgegliedert in den USA. (Aus US. Departement of Health and Human Services 1994)

Race and sex	*1970*	*1975*	*1980*	*1985*	*1988*	*1989*	*1990*	*1991*
White male	347.6	305.1	277.5	146.2	223.0	208.7	202.0	196.1
Black male	375.9	325.5	327.3	310.3	301.7	289.7	275.9	272.7
White female	167.8	141.9	134.6	121.7	114.1	108.6	103.1	100.7
Black female	251.7	203.1	201.1	188.3	183.3	175.8	168.1	165.5

NOTES: Death rates are age adjusted. For a description of age adjustment and International Classification of Diseases code numbers for causes of death, see Appendix II.

SOURCE: Centers for Disease Control and Prevention, National Center for Health Statistics, National Vital Statistics System. See related *Health, United States, 1993*, table 42.

■ Between 1980 and 1991 the age-adjusted death rate for heart disease, the leading cause of death for men and woman, declined 27 percent to 148.2 deaths per 100,000 population, continuing the downward trend of the 1970's.

■ Since 1980 the age-adjusted death rate for heart disease declined 29 percent for white men, 25 percent for white women, and 17 to 18 percent for black men and black women.

■ In 1991 heart disease mortality was almost twice as great for white men as for white women and more than 60 percent greater for black men than for black women. Between 1980 and 1991 the gender differential in heart disease mortality narrowed between white men and white women and was unchanged between black men and black women.

■ In 1991 heart disease mortality was almost 40 percent greater for black men than for white men and was 64 percent greater for black women than for white women. Between 1980 and 1991 the race differential in heart disease mortality widened for men and women.

Tabelle 13.6a. Sterbefälle an *„ischaemic heart diseases“* (ICD 410-414) 1968 – 1991 (alle Rassen) in den USA pro 100000 Einwohner der entsprechenden Altersgruppe. (Nach „World Health Organisation“, 1211 Genf, Schweiz 1995)

	Alle Altersgr.	<1 Jahr	1 – 4 Jahre	5 – 14 Jahre	15 – 24 Jahre	25 – 34 Jahre	35 – 44 Jahre	45 – 54 Jahre	55 – 64 Jahre	65 – 74 Jahre	75 u. älter
Ischaemic H. D.											
1968											
Total	337,6	0,9	0,1	0,1	0,5	6,4	56,9	216,8	624,1	1552,2	4294,6
Männer	400,7	1,1	0,1	0,1	0,7	9,6	92,8	355,0	960,9	2157,4	4900,9
Frauen	277,5	0,6	0,1	0,1	0,3	3,3	22,8	87,6	319,4	1070,2	3884,7
1969											
Total	331,7	0,6	0,0	0,1	0,6	6,2	55,4	210,3	598,4	1500,3	4230,7
Männer	392,7	0,6	0,0	0,1	0,8	9,7	90,7	346,3	929,2	2092,4	4840,0
Frauen	273,6	0,7	0,0	0,1	0,4	2,9	21,9	83,5	300,5	1030,1	3825,2
1970											
Total	326,4	0,4	0,0	0,1	0,6	6,2	53,3	205,2	588,2	1466,4	4125,2
Männer	384,4	0,5	0,1	0,1	0,8	9,3	87,3	336,0	910,0	2042,7	4763,0
Frauen	271,1	0,3	0,0	0,1	0,4	3,2	20,8	83,4	300,1	1010,6	3709,3
1971											
Total	327,0	0,8	0,1	0,1	0,7	6,1	52,1	202,3	574,4	1385,8	4205,4
Männer	382,9	1,2	0,1	0,1	0,9	9,4	85,3	330,7	889,0	1957,6	4943,0
Frauen	273,9	0,5	0,1	0,1	0,4	2,9	20,7	82,7	292,5	942,5	3744,8
1972											
Total	328,7	0,5	0,0	0,1	0,6	5,1	50,2	199,5	569,6	1383,1	4219,0
Männer	382,4	0,5	0,1	0,1	0,8	8,0	81,4	329,4	884,6	1956,7	4951,9
Frauen	277,6	0,5	0,0	0,1	0,5	2,3	20,5	78,6	287,6	939,7	3769,6
1973											
Total	326,0	0,9	0,1	0,1	0,5	5,1	48,3	194,9	559,5	1333,4	4200,8
Männer	378,5	1,1	0,0	0,1	0,7	7,8	78,6	319,3	870,3	1906,3	4964,0
Frauen	276,0	0,7	0,1	0,1	0,3	2,5	19,4	78,9	281,4	892,2	3741,6

1974											
Total	314,5	0,5	0,0	0,1	0,4	4,9	44,2	186,6	526,5	1270,3	4028,0
Männer	363,0	0,4	0,0	0,1	0,6	7,4	72,5	307,1	817,3	1823,5	4749,4
Frauen	268,4	0,6	0,1	0,1	0,3	2,3	17,3	74,1	266,3	845,1	3600,1
1975											
Total	298,3	0,3	0,1	0,0	0,4	4,4	42,7	177,9	494,7	1191,9	3690,7
Männer	344,9	0,4	0,1	0,1	0,6	7,0	70,2	293,3	773,0	1722,1	4409,9
Frauen	254,1	0,3	0,0	0,0	0,2	1,8	16,4	70,7	248,2	785,7	3272,5
1976											
Total	297,0	0,3	0,1	0,0	0,3	4,3	40,3	171,7	479,5	1151,9	3681,2
Männer	340,6	0,3	0,0	0,0	0,4	6,9	67,0	282,6	749,3	1675,1	4380,5
Frauen	255,6	0,2	0,1	0,0	0,2	1,8	14,7	68,7	240,6	751,2	3280,1
1977											
Total	290,5	0,5	0,0	0,0	0,4	4,1	38,4	166,4	457,9	1112,2	3575,3
Männer	332,2	0,6	0,0	0,0	0,5	6,6	63,2	273,6	714,2	1619,7	4280,1
Frauen	251,1	0,5	0,0	0,0	0,2	1,7	14,7	66,7	231,2	723,9	3176,1
1978											
Total	289,2	0,4	0,0	0,1	0,3	4,0	35,8	159,8	445,3	1083,9	3557,3
Männer	327,6	0,4	0,0	0,1	0,5	6,4	59,2	262,0	696,4	1575,8	4233,5
Frauen	252,9	0,4	0,0	0,1	0,2	1,6	13,4	64,7	223,7	708,0	3177,7
1979											
Total	245,5	0,7	0,1	0,0	0,3	3,6	30,1	136,1	381,0	926,6	2931,8
Männer	281,6	0,8	0,1	0,1	0,5	5,9	50,0	225,3	599,3	1360,5	3547,3
Frauen	211,4	0,5	0,1	0,0	0,2	1,3	11,0	52,9	188,9	594,7	2588,9
1980											
Total	249,0	0,8	0,1	0,0	0,3	3,2	28,9	132,3	371,5	926,4	2990,5
Männer	281,5	0,9	0,2	0,0	0,5	5,2	48,3	217,8	579,9	1349,0	3605,0
Frauen	218,3	0,7	0,1	0,1	0,1	1,3	10,3	52,4	188,5	602,7	2651,4

Tabelle 13.6a (Fortsetzung)

	Alle Altersgr.	<1 Jahr	1 – 4 Jahre	5 – 14 Jahre	15 – 24 Jahre	25 – 34 Jahre	35 – 44 Jahre	45 – 54 Jahre	55 – 64 Jahre	65 – 74 Jahre	75 u. älter
Ischaemic H.D.											
1981											
Total	242,1	0,7	0,1	0,1	0,3	3,2	28,2	128,5	359,9	892,1	2860,6
Männer	272,7	1,0	0,1	0,1	0,5	5,1	47,2	210,0	559,8	1299,8	3453,0
Frauen	213,1	0,4	0,1	0,1	0,2	1,3	9,9	52,1	184,6	579,7	2535,9
1982											
Total	238,7	0,8	0,2	0,1	0,3	3,3	26,6	122,9	348,5	872,5	2792,1
Männer	267,4	1,0	0,1	0,1	0,4	5,4	43,9	201,2	541,5	1268,8	3364,7
Frauen	211,7	0,7	0,2	0,1	0,2	1,2	9,8	49,6	179,3	568,5	2479,6
1983											
Total	236,1	1,1	0,2	0,1	0,3	3,1	25,7	115,1	335,1	852,8	2812,4
Männer	261,7	1,5	0,2	0,1	0,4	5,0	42,8	187,5	516,9	1238,8	3363,3
Frauen	212,0	0,6	0,1	0,1	0,2	1,2	9,2	47,4	175,7	556,6	2511,7
1984											
Total	228,9	0,9	0,1	0,1	0,4	2,8	24,0	109,5	323,2	803,2	2682,8
Männer	251,6	0,9	0,1	0,2	0,5	4,6	39,7	178,0	495,9	1145,3	3210,8
Frauen	207,3	0,9	0,1	0,1	0,2	1,1	8,7	44,9	170,4	536,6	2395,6
1985											
Total	224,8	0,6	0,1	0,0	0,3	3,0	23,3	104,7	309,7	776,3	2626,9
Männer	246,4	0,5	0,1	0,0	0,5	4,8	38,7	169,9	474,6	1110,8	3137,2
Frauen	204,5	0,6	0,0	0,0	0,2	1,3	8,4	43,3	163,3	514,1	2349,1

1986											
Total	216,0	0,6	0,1	0,0	0,3	3,0	22,4	95,9	292,6	733,6	2512,2
Männer	233,6	0,7	0,0	0,1	0,4	4,7	37,2	154,9	446,0	1040,7	2958,3
Frauen	199,3	0,5	0,1	0,0	0,2	1,3	8,1	40,2	156,3	491,2	2269,1
1987											
Total	210,4	0,7	0,1	0,0	0,3	2,8	20,8	92,0	278,6	699,6	2442,6
Männer	225,9	0,7	0,1	0,0	0,5	4,3	34,3	147,4	421,7	988,6	2866,9
Frauen	195,7	0,7	0,0	0,1	0,2	1,3	7,6	39,6	151,4	469,9	2211,2
1988											
Total	207,3	0,7	0,1	0,0	0,3	2,7	19,3	84,3	266,9	676,7	2418,8
Männer	220,9	0,7	0,1	0,0	0,5	4,1	31,7	134,5	401,3	956,9	2831,1
Frauen	194,4	0,7	0,1	0,0	0,2	1,2	7,2	36,8	147,1	453,1	2193,2
1989											
Total	200,6	0,8	0,0	0,0	0,3	2,6	18,0	80,3	255,3	638,6	2334,5
Männer	212,9	0,8	0,1	0,0	0,4	4,0	29,5	129,1	385,1	900,9	2716,7
Frauen	189,0	0,8	0,0	0,0	0,2	1,2	6,7	34,2	139,1	428,1	2124,4
1990											
Total	196,7	0,6	0,1	0,1	0,3	2,5	17,3	77,7	248,6	627,0	2273,8
Männer	208,3	0,7	0,0	0,1	0,4	3,8	28,5	123,8	375,4	898,5	2678,3
Frauen	185,6	0,5	0,1	0,1	0,2	1,2	6,4	33,6	135,4	415,2	2054,2
1991											
Total	192,5	0,5	0,1	0,0	0,3	2,6	17,1	75,5	240,5	605,7	2202,2
Männer	203,1	0,5	0,1	0,0	0,5	3,8	27,8	119,6	360,3	870,2	2574,0
Frauen	182,4	0,5	0,0	0,1	0,2	1,3	6,6	33,4	133,1	398,9	1998,5

Tabelle 13.6b. Sterbefälle an *„Akutem Myokardinfarkt“*)ICD 410) 1979 – 1991 (alle Rassen in den USA pro 100000 Einwohnern der entsprechenden Altersgruppe. (Nach „World Health Organisation“, 1211 Genf, Schweiz 1995)

	Alle Altersgr.	<1 Jahr	1 – 4 Jahre	5 – 14 Jahre	15 – 24 Jahre	25 – 34 Jahre	35 – 44 Jahre	45 – 54 Jahre	55 – 64 Jahre	65 – 74 Jahre	75 u. älter
Acute Myokardial Inf.											
1979											
Total	133,8	0,4	0,0	0,0	0,2	2,4	21,1	94,6	258,9	577,2	1310,5
Männer	165,9	0,3	0,0	0,0	0,3	4,0	35,4	157,3	409,2	861,1	1715,4
Frauen	103,4	0,4	0,0	0,0	0,1	0,9	7,5	36,1	126,5	360,0	1084,9
1980											
Total	131,9	0,6	0,1	0,0	0,2	2,1	19,4	89,9	245,2	567,5	1302,2
Männer	161,7	0,6	0,2	0,0	0,4	3,3	32,8	149,2	386,5	839,4	1702,0
Frauen	103,7	0,5	0,0	0,1	0,1	0,9	6,5	34,4	121,1	359,1	1081,5
1981											
Total	127,5	0,4	0,0	0,1	0,2	2,1	18,9	86,2	233,5	542,8	1250,3
Männer	155,1	0,5	0,0	0,1	0,3	3,3	32,0	141,8	365,1	799,0	1635,5
Frauen	101,4	0,2	0,0	0,0	0,2	0,9	6,2	34,3	118,1	346,6	1039,1
1982											
Total	125,7	0,5	0,1	0,1	0,2	2,1	17,5	81,3	225,9	530,2	1230,0
Männer	151,4	0,7	0,0	0,1	0,3	3,4	28,9	133,8	352,0	777,3	1599,4
Frauen	101,4	0,4	0,1	0,1	0,1	0,8	6,4	32,2	115,4	340,6	1028,3
1983											
Total	122,4	0,7	0,1	0,1	0,2	2,0	16,5	75,3	213,6	510,1	1229,2
Männer	145,7	1,0	0,1	0,1	0,2	3,1	27,3	123,1	329,5	744,0	1590,2
Frauen	100,3	0,4	0,1	0,1	0,1	0,8	6,0	30,6	112,1	330,6	1032,2
1984											
Total	118,0	0,6	0,0	0,1	0,2	1,7	15,1	70,5	203,7	475,3	1182,2
Männer	139,0	0,6	0,1	0,1	0,3	2,8	25,1	114,9	312,3	679,1	1528,2
Frauen	[illegible]	[illegible]	[illegible]	[illegible]	[illegible]	[illegible]	[illegible]	[illegible]	[illegible]	[illegible]	[illegible]

1985											
Total	114,9	0,4	0,0	0,0	0,2	1,9	14,5	65,4	192,0	455,1	1158,7
Männer	134,2	0,4	0,1	0,0	0,3	2,9	23,9	106,0	292,8	649,8	1488,4
Frauen	96,5	0,4	0,0	0,0	0,2	0,8	5,3	27,1	102,6	302,5	979,2
1986											
Total	108,3	0,4	0,0	0,0	0,2	1,8	13,5	59,6	176,1	419,9	1098,3
Männer	124,2	0,6	0,0	0,0	0,2	2,7	22,4	96,1	266,7	591,2	1382,2
Frauen	93,1	0,3	0,0	0,0	0,1	0,8	4,9	25,2	95,6	284,7	943,7
1987											
Total	104,2	0,4	0,0	0,0	0,2	1,6	12,3	56,6	165,2	394,4	1062,5
Männer	118,3	0,4	0,1	0,0	0,3	2,4	20,3	90,3	248,4	552,6	1327,5
Frauen	90,7	0,4	0,0	0,0	0,1	0,8	4,5	24,7	91,1	268,7	917,9
1988											
Total	100,9	0,4	0,0	0,0	0,2	1,5	11,4	50,4	155,2	374,6	1042,8
Männer	113,5	0,5	0,0	0,0	0,3	2,2	18,7	80,4	231,2	523,0	1299,3
Frauen	88,9	0,4	0,0	0,0	0,1	0,8	4,4	22,0	87,4	256,1	902,6
1989											
Total	99,5	0,5	0,0	0,0	0,2	1,5	10,4	48,4	150,0	355,8	1040,9
Männer	111,0	0,5	0,0	0,0	0,3	2,2	17,1	77,5	225,1	497,1	1278,4
Frauen	88,5	0,4	0,0	0,0	0,1	0,7	3,9	20,7	82,7	242,4	910,3
1990											
Total	96,1	0,4	0,0	0,0	0,2	1,4	10,0	46,5	144,3	342,1	1002,7
Männer	106,8	0,4	0,0	0,0	0,2	2,1	16,3	74,5	216,4	483,5	1244,0
Frauen	85,9	0,3	0,0	0,0	0,2	0,7	3,8	19,9	79,9	231,9	871,7
1991											
Total	93,3	0,2	0,0	0,0	0,2	1,4	9,8	45,0	138,2	326,3	967,9
Männer	102,6	0,1	0,1	0,0	0,3	2,1	15,8	71,0	205,2	461,8	1178,6
Frauen	84,5	0,2	0,0	0,0	0,1	0,8	3,9	20,2	78,2	220,4	852,4

Tabelle 13.7. Zu Abbildungen 12.1 und 12.2 (USA) gehörenden ICD-Positionsnummern (cause of death codes, according to applicable revision of international classification of diseases)

Cause of death	Code numbers			
	Sixth Revision (1948)	Seventh Revision (1955)	Eighth Revision (1968)	Ninth Revision (1979)
Diseases of heart	400-402, 410-443	400-402, 410-443	390-398, 402, 404, 410-429	390-398, 402, 404-429
Ischemic heart disease	–	–	–	410-414
Cerebrovascular diseases	330-334	330-334	430-438	430-438
Malignant neoplasms	140-205	140-205	140-209	140-208
Respiratory system	160-164	160-164	160-163	160-165
Colorectal	153-154	153-154	153-154	153, 154
Breast	170	170	174	174
Prostate	177	177	185	185
Chronic obstructive pulmonary diseases	241, 501, 502, 527,1	241, 501, 502, 527,1	490-493, 519,3	490-496
Pneumonia and influenza	480-483, 490-493	480-483, 490-493	470-474, 480-486	480-487
Chronic liver disease and cirrhosis	581	581	571	571
Diabetes mellitus	260	260	260	260
Nephritis, nephrotic syndrome, and nephrosis	–	–	–	580-589
Septicemia	–	–	–	038
Atherosclerosis	–	–	–	440
Unintentional injuries[1]	E800-E962	E800-E962	E800-E949	E800-E949
Motor vehicle crashes[1]	E810-E835	E810-835	E810-823	E810-E825
Suicide	E963, E970-E979	E963, E970-979	E950-E958	E950-E959

Homicide and legal intervention	E964, E980-E985	E964, E980-E985	E960-E978	E960-E978
Complications of pregnancy, childbirth, and the puerperlum	640-689	640-689	630-678	630-678
Human immunodeficiency virus infection	–	–	–	*042-*044
Congenital anomalies	–	–	–	740-759
Sudden infant death syndrome	–	–	–	798.0
Disorders relating to short gestation and unspecified low birthweight	–	–	–	765
Respiratory distress syndrome	–	–	–	769
Newborn affected by maternal complications of pregnancy	–	–	–	761
Newborn affected by complications of placenta, cord, and membranes	–	–	–	762
Infections specific to the perinatal period	–	–	–	771
Intrauterine hypoxia and birth asphyxia	–	–	–	768
Meningitis	–	–	–	322.9
Meningococcal infection	–	–	–	036.9
Anemias	–	–	–	285.9
Drug-induced causes	–	–	–	292, 304, 306.2-305.9, E850-E858, E950.0-E950.5, E962.0, E980.0-E980.5
Alcohol-induced causes	–	–	–	291, 303, 305.0, 357.6, 425.5, 535.3, 571.0-571.9, 790.3, E860

Tabelle 13.7 (Fortsetzung)

Cause of death	Code numbers			
	Sixth Revision (1948)	Seventh Revision (1955)	Eighth Revision (1968)	Ninth Revision (1979)
Firearm injuries	–	–	E922, E955, E965, E970, E986	E922, E955.0-E955.4, E986.0-E965.4, E970, E985.0-E985.4
Malignant neoplasm of peritoneum and pleura	–	–	168, 163.0	158, 163
Coalworkers' pneumoconiosis	–	–	515.1	500
Asbestosis	–	–	515.2	501
Silicoials	–	–	515.0	502

[1] In the public health community, – the term „unintentional injuries“ is preferred to „accidents and adverse effects“ and „motor vehicle crashes“ to „motor vehicle accidents“

ren Krankheiten" (CVD) kann auf keinen Fall ursächlich in Bezug zum Minderverzehr an gesättigten Fettsäuren, cholesterinreichen Nahrungsmitteln usw. gesetzt werden. Wesentlich wichtiger für die verminderte Herzinfarktmortalität und die Koronarsklerose dürfte der Rückgang an den drei wichtigen *Risikofaktoren für die Atherosklerose* in einigen Ländern der Welt sein: *Hypertonie, Diabetes mellitus und Nikotinabusus* (Tabelle 13.11), der in den USA bereits 28% beträgt.

Vergleicht man die in Abb. 13.1 angegebenen Zahlen, so stellt man fest, daß in der US-Statistik allerdings (nur) bei Männern zwischen dem 35. und 74. Lebensjahr in Abb. 13.2 z. B. für 1988 *499 Sterbefälle* an *„cardiovascular disease"* pro 100000 Einwohner genannt sind, eine Zahl, die über dem von Kannel (1982) angesprochenen Bereiche liegt, obwohl dort ausdrücklich von *„cardiovaskulärer Krankheit"* die Rede ist, also kein Mißverständnis möglich ist. Vergleicht man die Aufstellung von Kannel (1982) in Abb. 13.1 mit den *„ischaemic heart diseases"* der ICD-Nr. 410-414 in Tabelle 13.6a, so ist eine gewisse Annäherung an dieses Zahlenmaterial erkennbar, denn es starben z. B. 1979 in Abb. 13.1 nach Kannel 268,6 Fälle an *„CVD"* bzw. *„kardiovaskulärer Krankheit"* und 245,5 Fälle an *„ischaemic heart diseases"*, aber nach Tabelle 13.6b nur 133,8 am *„akuten Myokardinfarkt"*, um den es sich in Abb. 13.1, und das ist die wichtigste Feststellung, nicht handeln kann (Tabelle 13.8).

Die Arbeit von Kannel (1982) und ähnliche Publikationen haben in den USA, Europa und anderen Ländern der Welt maßgeblich mit zu der Verrwirrung um das Thema „Cholesterin" beigetragen, die bis heute anhält. Viele Forscher haben damals wie heute zu wenig beachtet, welche ungeheuer heterogene Gruppe an Krankheiten sich in der ICD-Systematik z. B. hinter der Gruppe des *„cardiovascular disease"* der ICD-Nr. 390-458/59 oder hinter dem *„ischaemic heart disease"* (ICD-Nr. 410-414) bis zur neunten Revision 1979 verbirgt, sonst hätte wohl niemand gewagt, hiermit eine Verknüpfung zum Thema Cholesterin etc. herzustellen.

Schließlich kann ja auch niemand ernsthaft eine ursächliche Verknüpfung zwischen Cholesterin und einem Kreislaufversagen infolge einer Chorea minor „Veitztanz", (ICD-Nr. 392), einem rheumatischen Mitralklappenfehler (ICD-Nr. 394), einer akuten pulmonalen Herzkrankheit (ICD-Nr. 426), kyphoskoliotischer Herzkrankheit (ICD-Nr. 426), eines Morbus Renaud (ICD-Nr. 443), von Krampfadern (ICD-Nr. 454), Hämorroiden (ICD-Nr. 455), Ösophagusvarizen (ICD-Nr. 456) u. a. Leiden in der Kausalkette, herstellen wollen, die alle Bestandteile der „cardiovascular Disease" ICD 350-459 sind (Tabelle 5, Anhang).

Wie bereits gesagt, geht es um eine Sammlung von ca. 250 verschiedenartigen Grundleiden, die innerhalb der Gruppe *„cardiovascular disease"* (*CVD*) bzw. den *„Krankheiten des Kreislaufsystems"* (ICD-Nr.

Tabelle 13.8. Übersicht über Sterbefälle pro 100000 Einwohner (nicht nach Alter gegliedert) infolge verschiedener Krankheiten in den USA (data are based on the National Vital Statistics System)

Sex, race, and cause of death	Deaths per 100000 resident population									
	1950[1]	1960[1]	1970	1980	1983	1984	1985	1986	1987	1991
Alle Rassen										
All causes	840.5	760.9	714.3	585.8	550.5	545.9	546.1	541.7	535.5	513.7
Diseases of heart	307.2	286.2	253.6	202.0	188.8	183.6	180.5	175.0	169.6	148.1
Ischemic heart disease	–	–	–	149.8	135.2	129.7	125.5	118.8	113.9	99.1
Cerebrovascular diseases	88.6	79.7	66.3	40.8	34.4	33.4	32.3	31.0	30.3	26.8
Malignant neoplasms	125.3	125.8	129.8	132.8	132.6	133.5	133.6	133.2	132.9	134.5
Respiratory system	12.8	19.2	28.4	36.4	37.9	38.4	38.8	39.0	39.7	41.1
Colorectal	19.0	17.7	16.8	15.5	14.9	15.0	14.8	14.4	14.3	13.3
Prostate[2]	13.4	13.1	13.3	14.4	14.6	14.5	14.6	15.0	14.9	16.7
Breast[3]	22.2	22.3	23.1	22.7	22.7	23.2	23.2	23.1	22.9	22.7
Chronic obstructive pulmonary diseases	4.4	8.2	13.2	15.9	17.4	17.7	18.7	18.8	18.7	20.1
Pneomonia and influenza	26.2	28.0	22.1	12.9	11.8	12.2	13.4	13.5	13.1	13.4
Chronic liver disease and cirrhosis	8.5	10.5	14.7	12.2	10.2	10.0	9.6	9.2	9.1	8.3
Diabetes mellitus	14.3	13.6	14.1	10.1	9.9	9.5	9.6	9.6	9.8	11.8
Accidents and adverse effects	57.5	49.9	53.7	42.3	35.3	35.0	34.7	35.2	34.6	31.0
Motor vehicle accidents	23.3	22.5	27.4	22.9	18.5	19.1	18.8	19.4	19.5	17.0
Suicide	11.0	10.6	11.8	11.4	11.4	11.6	11.5	11.9	11.7	11.4
Homicide and legal intervention	5.4	5.2	9.1	10.8	8.6	8.4	8.3	9.0	8.6	10.9
Human immunodeficiency virus infection	–	–	–	–	–	–	–	–	5.5	11.3

Weiße Männer										
All causes	963.1	917.7	893.4	745.3	698.4	689.9	688.7	679.8	668.2	634.4
Diseases of heart	381.1	375.4	347.6	277.5	257.8	249.5	244.5	234.8	225.9	196.1
Ischemic heart disease	–	–	–	218.0	195.7	187.0	180.8	169.9	161.7	139.7
Cerebrovascular diseases	87.0	80.3	68.8	41.9	35.2	33.9	32.8	31.1	30.3	26.9
Malignant neoplasms	130.9	141.6	154.3	160.5	158.9	159.0	159.2	158.8	158.4	159.5
Respiratory system	21.6	34.6	49.9	58.0	58.0	58.4	58.2	58.0	58.6	58.1
Colorectal	19.8	18.9	18.9	18.3	17.8	17.8	17.6	17.2	17.1	16.0
Prostate	13.1	12.4	12.3	13.2	13.4	13.3	13.3	13.8	13.7	15.3
Chronic obstructive pulmonary diseases	6.0	13.8	24.0	26.7	27.6	27.6	28.5	28.1	27.4	27.4
Pneumonia and influenza	27.1	31.0	26.0	16.2	15.3	15.8	17.4	17.5	16.8	16.6
Chronic liver disease and cirrhosis	11.6	14.4	18.8	15.7	13.4	13.2	12.6	12.2	12.1	11.2
Diabetes mellitus	11.3	11.6	12.7	9.5	9.2	9.0	9.2	9.1	9.5	11.5
Accidents and adverse effects	80.9	70.5	76.2	62.3	51.8	51.3	50.4	51.1	49.7	43.9
Motor vehicle accidents	35.9	34.0	40.1	34.8	27.8	28.4	27.6	28.7	28.4	24.2
Suicide	18.1	17.5	18.2	18.9	19.3	19.7	19.9	20.5	20.1	19.9
Homicide and legal intervention	3.9	3.9	7.3	10.9	8.4	8.2	8.1	8.4	7.7	9.4
Human immunodeficiency virus infection	–	–	–	–	–	–	–	–	8.3	16.2
Schwarze Männer										
All causes	1373.1	1246.1	1318.6	1112.8	1019.6	1011.7	1024.0	1026.9	1023.2	1048.8
Diseases of heart	415.5	381.2	375.9	327.3	308.2	300.1	301.0	294.3	287.1	272.7
Ischemic heart disease	–	–	–	196.0	175.8	168.5	164.9	153.9	150.8	144.5
Cerebrovascular diseases	146.2	141.2	122.5	77.5	64.2	62.8	60.8	58.9	57.1	54.9
Malignant neoplasms	126.1	158.5	198.0	229.9	232.2	234.9	231.6	229.0	227.9	242.4
Respiratory system	16.9	36.6	60.8	82.0	83.3	85.9	84.4	83.9	84.2	88.4
Colorectal	13.8	15.0	17.3	19.2	19.0	19.9	19.5	19.3	19.7	20.4
Prostate	16.9	22.2	25.4	29.1	29.9	29.7	30.2	30.1	30.1	35.3

Tabelle 13.8 (Fortsetzung)

Sex, race, and cause of death	Deaths per 100000 resident population									
	1950[1]	1960[1]	1970	1980	1983	1984	1985	1986	1987	1991
Chronic obstructive pulmonary diseases	–	–	–	20.9	22.2	22.8	23.9	24.6	24.0	25.9
Pneumonia and influenza	63.8	70.2	53.8	28.0	24.3	25.2	26.8	27.2	26.4	26.2
Chronic liver disease and cirrhosis	8.8	14.8	33.1	30.6	22.8	22.5	23.4	20.8	22.0	17.4
Diabetes mellitus	11.5	16.2	21.2	17.7	17.7	17.6	17.7	17.9	18.3	24.6
Accidents and adverse effects	105.7	100.0	119.5	82.0	66.2	64.7	66.7	66.9	66.8	62.4
Motor vehicle accidents	39.8	38.2	50.1	32.9	26.4	27.2	27.7	29.2	28.5	28.9
Suicide	7.0	7.8	9.9	11.1	10.5	11.2	11.3	11.5	12.0	12.4
Homicide and legal intervention	51.1	44.9	82.1	71.9	53.8	50.8	49.9	55.9	53.8	68.7
Human immunodeficiency virus infection	–	–	–	–	–	–	–	–	25.4	52.9
External causes	163.9	152.7	223.2	170.2	132.6	138.6	144.9	146.8	146.0	148.5
Unintentional injuries	105.7	100.0	119.5	82.0	67.6	68.0	70.4	68.8	62.4	61.0
Motor vehicle crashes	39.8	38.2	50.1	32.9	28.0	28.9	30.1	29.8	28.9	26.2
Suicide	7.0	7.8	9.9	11.1	11.5	12.1	11.9	12.6	12.4	12.5
Homicide and legal intervention	51.1	44.9	82.1	71.9	50.2	54.2	58.6	61.9	68.7	72.5
Drug-induced causes	–	–	–	5.8	8.9	11.3	12.9	11.4	8.4	9.7
Alcohol-induced causes	–	–	–	32.4	27.7	26.7	27.3	27.7	26.6	22.9
Weiße Frauen										
All causes	645.0	555.0	501.7	411.1	391.0	384.8	385.3	376.0	369.9	366.3
Natural causes	607.7	522.7	463.8	380.0	363.9	357.3	358.0	349.3	344.2	341.1
Diseases of heart	223.6	197.1	167.8	134.6	121.7	116.2	114.1	106.6	103.1	100.7
Ischemic heart disease	–	–	–	97.4	82.9	76.8	74.7	71.0	68.6	66.9

Cerebrovascular diseases	79.7	68.7	56.2	35.2	27.9	26.3	25.5	24.2	23.8	22.8
Malignant neoplasms	119.4	109.5	107.6	107.7	110.5	110.0	110.4	111.1	111.2	111.2
Respiratory system	4.6	5.1	10.1	18.2	22.7	23.9	24.9	25.9	26.5	26.8
Colorectal	19.0	17.0	15.3	13.3	12.3	11.8	11.5	11.1	10.9	10.8
Breast	22.5	22.4	23.4	22.8	23.4	22.9	23.1	23.1	22.9	22.5
Chronic obstructive pulmonary diseases	2.8	3.3	5.3	9.2	12.9	13.7	14.5	15.2	15.2	16.1
Pneumonia and influenza	18.9	19.0	15.0	9.4	9.9	9.7	10.7	10.4	10.6	10.2
Chronic liver disease and cirrhosis	5.8	6.6	8.7	7.0	5.6	5.1	5.1	5.0	4.8	4.8
Diabetes mellitus	16.4	13.7	12.8	8.7	8.1	8.1	8.4	9.6	9.5	9.8
Nephritis, nephrotic syndrome, and nephrosis	–	–	–	2.9	3.4	3.3	3.3	3.0	3.0	3.0
Septicemia	–	–	–	1.8	3.0	3.4	3.5	3.1	3.1	3.1
Human immunodeficiency virus infection	–	–	–	–	–	0.6	0.7	0.9	1.1	1.1
External causes	37.3	32.3	37.9	31.1	27.1	27.4	27.3	26.7	25.7	25.2
Unintentional injuries	30.6	25.5	27.2	21.4	18.4	18.6	18.9	18.6	17.6	17.0
Motor vehicle crashes	10.6	11.1	14.4	12.3	10.8	11.4	11.6	11.6	11.0	10.4
Suicide	5.3	5.3	7.2	5.7	5.3	5.3	5.1	4.8	4.8	4.8
Homicide and legal intervention	1.4	1.5	2.2	3.2	2.9	2.9	2.9	2.8	2.8	3.0
Drug-induced causes	–	–	–	2.6	2.5	2.5	2.7	2.6	2.5	2.8
Alcohol-induced causes	–	–	–	3.5	2.8	2.6	2.7	2.8	2.8	2.7
Schwarze Frauen										
All causes	1106.7	916.9	814.4	631.1	594.8	592.4	601.0	594.3	581.6	575.1
Natural causes	1054.8	867.3	757.9	588.4	559.8	555.4	582.2	556.3	545.1	538.4
Diseases of heart	349.5	292.6	251.7	201.1	188.3	182.6	183.3	175.6	168.1	165.5
Ischemic heart disease	–	–	–	116.1	101.6	94.5	94.1	92.3	88.8	88.3
Cerebrovascular diseases	155.6	139.5	107.9	61.7	50.6	47.1	47.1	45.5	42.7	41.0

Tabelle 13.8 (Fortsetzung)

Sex, race, and cause of death	Deaths per 100000 resident population									
	1950[1]	1960[1]	1970	1980	1983	1984	1985	1986	1987	1991
Malignant neoplasms	131.9	127.8	123.5	129.7	131.8	133.9	133.5	133.5	137.2	136.3
Respiratory system	4.1	5.5	10.9	19.5	22.8	24.7	25.2	26.0	27.5	27.4
Colorectal	15.0	15.4	16.1	15.3	16.2	15.7	15.1	15.1	15.5	15.9
Breast	19.3	21.3	21.5	23.3	25.5	26.9	27.5	26.5	27.5	27.5
Chronic obstructive pulmonary diseases	–	–	–	6.3	6.8	9.6	10.2	11.1	10.7	11.3
Pneumonia and influenza	50.4	43.9	29.2	12.7	12.5	12.3	13.6	14.0	13.7	13.7
Chronic liver disease and cirrhosis	5.7	8.9	17.8	14.4	10.2	9.2	9.5	8.7	8.7	8.2
Diabetes mellitus	22.7	27.3	30.9	22.1	21.3	21.6	22.5	24.6	25.4	25.7
Nephritis, nephrotic syndrome, and nephrosis	–	–	–	10.3	10.6	9.9	10.5	9.7	9.4	8.6
Septicemia	–	–	–	5.4	8.1	9.2	9.1	8.5	8.0	7.7
Human immunodeficiency virus infection	–	–	–	–	–	4.7	6.2	8.1	9.9	12.0
External causes	51.9	49.6	56.5	42.7	35.0	37.0	38.7	38.0	36.6	36.6
Unintentional injuries	38.5	35.9	35.3	25.1	20.9	21.2	22.4	21.9	20.4	19.9
Motor vehicle crashes	10.3	10.0	13.8	8.4	8.2	8.8	9.4	9.3	9.3	8.7
Suicide	1.7	1.9	2.9	2.4	2.1	2.1	2.5	2.4	2.4	1.9
Homicide and legal intervention	11.7	11.8	15.0	13.7	10.9	12.5	12.8	12.7	13.0	13.7
Drug-induced causes	–	–	–	2.7	3.3	4.1	4.4	4.1	3.4	3.9
Alcohol-induced causes	–	–	–	10.6	8.0	7.3	7.9	7.8	7.7	6.8

390-458/459) untergebracht sind. Die hier erwähnten ICD-Nr. entstammen der achten Revision 1968. Fast ebenso umfangreich ist die Sammlung der besagten Krankheiten in der neunten Revision 1979.

Es sollte noch erwähnt werden, daß Kannel 1982 schreibt, daß *vor allem die Überernährung die „wahrscheinlichste Ursache hoher Blutfette" sei.* Tatsächlich hat jedoch in den USA körperliches Übergewicht von 1960 bis 1991 *zugenommen*, wie dies Tabelle 13.9 belegt, während gleichzeitig die Sterbefälle nach Abb. 13.1 an „kardiovaskulärer Krankheit" (CVD) und an „koronarer Herzkrankheit" seit ca. 1968 abgenommen haben.

Koronarmortalität und Nahrungsverzehr in den USA

Wir können aus deutscher Sicht nur mit Vorbehalt Aussagen über die spezifischen amerikanischen Ernährungsverhältnisse machen. Wie schwierig es ist, aus der Cholesterin- und Fettzufuhr Rückschlüsse auf die Koronarmortalität in den Ländern der Welt zu treffen, mögen nachfolgende Daten aus den USA zeigen, welche in die Zeit der Publikation von Kannel 1982 fallen und aus dem US-Landwirtschaftsministerium (Tabelle 13.1) stammen.

Die Daten von Kannel 1982 und dem US-Landwirtschaftsministerium, verweisen auf einen *Rückgang im Butterkonsum* in den USA um ca. 32,6% (Tabelle 13.1). Tatsächlich ging es seinerzeit um einen *Minderverbrauch* von 1965 bis 1976–1977 von 8 g auf 5,5 g, also von insgesamt

[1] Includes deaths of nonresidents of the United States
[2] Male only
[3] Female only

Notes: For data years shown, the code numbers for cause of death are based on the then current international Classification of Diseases, which are described in Appendix II, Tables IV and V. Categories for the coding and classification of human immunodeficiency virus infection were introduced in the United States beginning with mortality data for 1987. Data for the 1980's are based on intercensal population estimates. See Appendix I, Department of Commerce.

Sources: Centers for Disease Control and Prevention, National Center for Health Statistics: Vital Statistics Rates in the United States, 1940–1960, by R.D. Grove and A.M. Hetzel. DHEW Pub. N. (PHS) 16. Fuolic Health Service, Washington, U.S. Government Printing Office, 1968; Vital Statistics of the United States, Vol. Mortality, Part A, for data years 1960–1991. Pumic Health Service, Washington, U.S. Government Printing Office; Data computed by the Division of Analysis from data compiled by the Division of Vital Statistics from Table 1

Tabelle 13.9. Starke Zunahme von Übergewicht in fast allen Altersklassen in den USA von 1960–1991. (Aus Health 1993). (Data are based on physical examinations of a sample of the civilian noninstitutionaized population)

Sex, age, race, and Hispanic origin[1]	Percent of population			
	1960–62	1971–74	1976–80[2]	1988–91
20–74 years, age adjusted[3]				
Both sexes	24.4	24.9	25.4	33.3
Male	22.9	23.6	24.0	31.6
Female[4]	25.6	25.9	26.5	35.0
White male	23.1	23.8	24.2	32.0
White female[4]	23.5	24.0	24.4	33.5
Black male	22.2	24.3	25.7	31.5
Black female[4]	41.7	42.9	44.3	49.6
White, non-Hispanic male	–	–	24.1	32.1
White, non-Hispanic female[4]	–	–	23.9	32.4
Black, non-Hispanic male	–	–	25.6	31.5
Black, non-Hispanic female[4]	–	–	44.1	49.5
Mexican-American male	–	–	31.0	39.5
Mexican-American female[4]	–	–	41.4	47.9
20–74 years, crude				
Both sexes	25.5	25.5	25.7	33.7
Male	23.4	24.0	24.2	31.7
Female[4]	27.4	27.0	27.1	35.6
White male	23.7	24.2	24.4	32.4
White female[4]	25.4	25.2	25.1	34.3
Black male	22.5	24.5	25.7	31.2
Black female[4]	43.0	43.2	43.7	49.1
White, non-Hispanic male	–	–	24.4	32.7
White, non-Hispanic female[4]	–	–	24.8	33.3
Black, non-Hispanic male	–	–	25.6	31.2
Black, non-Hispanic female[4]	–	–	43.4	49.1
Mexican-American male	–	–	29.5	35.6
Mexican-American female[4]	–	–	39.1	47.1
Male				
20–34 yeras	19.6	19.2	17.3	22.2
35–44 years	22.8	29.4	28.9	35.3
45–54 years	28.1	27.6	31.0	35.6

Tabelle 13.9 (Fortsetzung)

Sex, age, race, and Hispanic origin[1]	Percent of population			
	1960–62	1971–74	1976–80[2]	1988–91
55–64 years	26.9	24.3	28.1	40.1
65–74 years	21.8	23.0	25.2	42.9
75 years and over	–	–	–	26.4
Female[4]				
20–34 years	13.2	14.8	16.3	25.1
35–44 years	24.1	27.3	27.0	36.9
45–54 years	30.7	32.3	32.5	41.6
55–64 years	43.2	38.5	37.0	48.5
65–74 years	42.9	38.0	38.4	39.8
75 years and over	–	–	–	30.9

[1] The race groups, white and black, include persons of both Hispanic and non-Hispanic origin. Conversely, persons of Hispanic origin may be of any race
[2] Data for Mexican-Americans are for 1982–84. See Appendix I
[3] Age adjusted
[4] Excludes pregnant women

Notes: Overweight is defined for men as body mass index greater than or equal to 27.8 kilograms/meter^2, and for women as body mass index greater than or equal to 27.3 kilograms/meter^2. These cut points were used because they represent the sex-specific 85th percentiles for persons 20–29 years of age in the 1976–80 National Health and Nutrition Examination Survey. Height was measured without shoes; two pounds are decucted from data for 1960–82 to allow for weight of clothing.

Source: Centers for Disease Control and Prevention, National Center for Health Statistics, Division of Health Examination Statistics: Unpublished data

nur ca. 2,5 g, dem wohl niemand eine gravierende Bedeutung beimessen dürfte. Außerdem ist in Tabelle 13.1 zu bemängeln, daß der gleichzeitige erhebliche Anstieg des *Fleischkonsums* nicht genannt wurde (Tabelle 13.5), der zu einer Zunahme des Konsums an tierischen Fetten geführt hat.

In Ländern mit *hohen Raten an Myokardinfarkt* wurden 1976–1977 z.B. in den USA täglich nur ca. 5,5 g an *Butter* und 14 g an *Margarine* (Holtmeier 1986), aber in Finnland ca. 32 g an Butter und 23 g an Margarine verzehrt (Tabelle 13.2). In Frankreich, mit seltenem Vorkommen von Herzinfarkten, wurden bei einer hohen Cholesterinzufuhr ca. 26 g Butter und nur 8 g Margarine täglich verzehrt, in Italien mit einem

Tabelle 13.10. Abnahme des Serumcholesterinspiegels in den USA von 1960–1991. (Aus Health 1993)

Sex, age, race and Hispanic origin[1]	Percent of population with high serum cholesterol				Mean serum cholesterol level mg/dL			
	1960–62	1971–74	1976–80[2]	1988–91	1960–62	1971–74	1976–80[2]	1988–91
20–74 years, age adjusted[3]								
Both sexes	31.8	27.2	26.3	19.7	220	214	213	205
Male	28.7	25.8	24.6	19.0	217	213	211	205
Female[4]	34.5	28.2	27.6	20.2	222	215	214	205
White male	29.4	25.9	24.6	19.3	218	213	211	205
White Female[4]	35.1	28.1	28.0	20.3	223	215	214	205
Black male	24.5	25.1	24.1	16.5	210	212	208	200
Black female[4]	30.7	29.2	24.9	20.7	216	217	213	205
White, non-Hispanic male	–	–	24.7	19.1	–	–	211	205
White, non-Hispanic female[4]	–	–	28.3	20.0	–	–	214	205
Black, non-Hispanic male	–	–	24.0	16.6	–	–	208	201
Black, non-Hispanic female[4]	–	–	24.9	20.7	–	–	214	205
Mexican-American male	–	–	18.8	20.3	–	–	207	207
Mexican-American female[4]	–	–	20.0	19.4	–	–	207	205
20–74 years, crude								
Both sexes	33.6	28.2	26.8	19.7	222	216	213	205
Male	30.7	26.8	24.9	19.0	220	214	211	205
Female[4]	36.3	29.6	28.5	20.3	225	217	215	205
White male	31.4	26.9	25.0	19.6	221	215	211	206
White female[4]	37.5	29.8	29.2	20.8	227	217	216	206
Black male	26.7	25.1	23.9	15.3	214	212	208	198
Black female[4]	[illegible]	[illegible]	[illegible]	[illegible]	[illegible]	[illegible]	[illegible]	[illegible]

White, non-Hispanic male	–	–	25.1	19.6	–	–	211	206
White, non-Hispanic female[4]	–	–	29.8	20.9	–	–	216	206
Black, non-Hispanic male	–	–	23.7	15.4	–	–	208	199
Black, non-Hispanic female[4]	–	–	23.7	18.2	–	–	212	202
Mexican-American male	–	–	16.6	17.6	–	–	203	202
Mexican-American female[4]	–	–	16.5	15.6	–	–	202	200
Male								
20 – 23 years	15.1	12.4	11.9	9.3	198	194	192	189
35 – 44 years	33.9	31.8	27.9	19.3	227	221	217	207
45 – 54 years	39.2	37.5	36.9	26.1	231	229	227	213
55 – 64 years	41.6	36.2	36.8	31.4	233	229	229	221
65 – 74 years	38.0	34.7	31.7	27.7	230	226	221	213
75 years and over	–	–	–	19.9	–	–	–	205
Female[4]								
20 – 34 years	12.4	10.9	9.8	8.3	194	191	189	185
35 – 44 years	23.1	19.3	20.7	11.7	214	207	207	195
45 – 54 years	46.9	38.7	40.5	25.2	237	232	232	217
55 – 64 years	70.1	53.1	52.9	40.4	262	245	249	237
65 – 74 years	68.5	57.7	51.6	43.2	266	250	246	234
75 years and over	–	–	–	39.2	–	–	–	230

[1] The race groups, white and black, include persons of both Hispanic and non-Hispanic origin. Conversely, persons of Hispanic origin may be of any race

[2] Data for Mexican-Americans are for 1982 – 84. See Appendix I

[3] Age adjusted

[4] Excludes pregnatn women

Notes: High serum cholesterol is defined as greater than or equal to 240 mg/dl (6.20 mmol/L). Risk levels have been defined by the National Cholesterol Education Program Expert Panel on Detection, Evaluation and Treatment of High Blood Cholesterol in Adults, Nov. 1987 (Archives of Internal Medicine: January 1988, 148:36 – 49)

Source: Centers for Disease Control and Prevention, National Center for Health Statistics, Division of Health Examination Statistics geringen Vorkommen von Koronartodesfällen nur 6 g an Butter und 2 g an Margarine. Die Linolsäurezufuhr liegt im herzinfarktarmen Frankreich bei ca. 17,6 g täglich, ebenso hoch auch im infarktreichen Finnland (Holtmeier 1986) mit 16,4 g täglich, während sie in den herzinfarktreichen USA sogar 21,1 g täglich erreichte (Tabelle 13.3). Es lassen sich keine vernünftigen Korrelationen zum Cholesterin herstellen (Tabelle 13.10).

Im *Deutschen Ärzteblatt* (Heft 39, 28.9.) ist *1978* als *„Bekanntmachung der Bundesärztekammer"* (Seite 2193) ein Artikel *„Aus der Arbeit des wissenschaftlichen Beirates der Bundesärztekammer"* unter dem Thema *„Risikofaktoren Nahrungsfette und degnerative Herz- und Gefäßerkrankungen"* veröffentlicht (Näheres s. dort), in dem u. a. auf die „Risikofaktoren erster Ordnung (Hypercholesterinämie, Hypertonie, Zigarettenrauchen)" verwiesen und festgestellt wird:

„Während in den *USA die Sterblichkeit an kardiovaskulären Erkrankungen seit 1965 um 20 Prozent abgenommen hat*, nahm sie in Deutschland ... weiter zu". Es wird u. a. empfohlen den „Fettverzehr ... auf ein Drittel ... zu vermindern" und „mit einem hohen Gehalt an gesättigten Fettsäuren" zu versehen. Hierdurch würde „gleichzeitig die *Menge an Nahrungscholesterin vermindert*".

Auch hier ist man offensichtlich einer falschen Deutung des Begriffs „kardiovaskuläre Erkrankungen" erlegen, die für den Tod an Herz- und Kreislaufversagen der ICD Nr. 390–459 (über 250 Ursachenkrankheiten) verantwortlich sind.

Änderung der Ernährung in den USA von 1945–1977

Es trifft zu, daß der Konsum an *Milch und Sahne* seit 1965 in den USA um ca. 21% zurückging (–79,5 g/Tag/Person). Aber seit 1945 fand bereits ein fortlaufender Konsumrückgang um 200,3 g statt. 1945 tranken die Amerikaner noch 496,3 g Milch und Sahne am Tag und 1977 noch 296 g. Dabei stiegen die ischämischen Herzkrankheiten bis ca. 1969 an und senkten sich seither wieder, eine Bewegung, die sich mit dem kontinuierlich sinkenden Milchkonsum nicht korrelieren läßt. Berechnet man, daß zwar der Milchkonsum sank, aber der *Käsekonsum* seit 1965 von 11,9 g bis 1977 auf 20,3 g/Tag und Person stark zunahm (fast +48%), so wird hierdurch die mit sinkendem Milchkonsum bewirkte Senkung der Zufuhr an tierischem Fett und an Cholesterin nahezu vollständig aufgehoben.

Berechnet man unter diesem Gesichtspunkt, welche Mengen an *tierischen Fetten* und an *Cholesterin* durch alle Milchprodukte (Konsum an Milch, Sahne, Milchpulver, Kondensmilch, Eiscreme und Käse) von

1965 – 1977 geliefert wurden, so ergeben sich für die USA folgende Änderungen. Es wurden

19,70 g	an (tierischem) Milchfett (ausgenommen an Butter) 1965/Person/Tag geliefert gegenüber
18,00 g	im Jahre 1977
– 1,70 g	Differenz von 1965 – 1977

Ebenso geringfügig waren die Änderungen in der Zufuhr an Cholesterin. Es wurden

56,97 mg	an Cholesterin durch Milchprodukte (ausgenommen an Butter) 1965/Person/Tag geliefert gegenüber
52,00 mg	im Jahre 1977
– 4,97 mg	Differenz von 1965 – 1977

In Anbetracht der minimalen Änderungen in den 13 Jahren von 1965 – 1977 dürfte es wissenschaftlich kaum vertretbar sein, die genannten Produkte kausal mit dem Rückgang an Herzkranzgefäßleiden in den USA in Verbindung zu bringen, soweit es die Zufuhr an Cholesterin und an tierischem Fett angeht.

Berücksichtigt man den starken Rückgang einiger Produkte (Milch, Kondensmilch) bereits seit 1945, so läßt sich auch kein Zusammenhang mit der Zunahme an ischämischen Herzkrankheiten Anfang der 50er Jahre herstellen. Auf die geringfügigen Änderungen im Butterkonsum in den USA und den Rückgang im Eikonsum (Tabelle 13.5) wurde bereits näher eingegangen.

Man darf nicht verschweigen, daß durch den starken Anstieg im Fleischkonsum die Minderzufuhr an Cholesterin und Fett, die durch den Rückgang an Milchprodukten und Eiern erzielt wurde, weitgehend rückgängig gemacht wird.

Die Tabelle 12.8 zeigt denn Fleischkonsum in den USA seit 1945 mit einer kontinuierlichen Zunahme (Verdoppelung) im Rind- und Hühnerfleischkonsum sowie Putenfleischverzehr (Verdreifachung). In 12 Jahren hat in den USA von 1965 – 1977 der Rindfleischkonsum um +32,8 g, der Hühnerfleischkonsum um +14,3 g, der Putenfleischkonsum um +2,3 g pro Person/Tag zugenommen.

Faßt man die veränderte Zufuhr an tierischem Fett und an Cholesterin im Verlauf von 13 Jahren (1965 – 1977) zusammen, der sich aus der Berechnung des gesamten Fleischkonsums gemäß Tabelle 13.5 (Verzehr an

Tabelle 13.11. Rückgang im Zigarettenkonsum in den USA bei Personen von 18 Jahren und älter von 1965 – 1987. (Nach Health Status and Determinants)

Sex, race, and age	Percent of persons 18 years of age and over					
	1965	1974	1979	1983	1985	1987
Alle Personen						
18 years and over, age adjusted	42.3	37.2	33.5	32.2	30.0	28.7 – 32.8
18 years and over, crude	42.4	37.1	33.5	32.1	30.1	28.8 – 37.8
Männer insgesamt						
18 years and over, age adjusted	51.6	42.9	37.2	34.7	32.1	31.0 – 39.9
18 years and over, crude	51.9	43.1	37.5	35.1	32.6	31.2 – 39.9
16 – 24 years	54.1	42.1	35.0	32.9	28.0	28.2 – 47.9
25 – 34 years	60.7	50.5	43.9	38.8	38.2	34.8 – 42.7
35 – 44 years	58.2	51.0	41.8	41.0	37.6	36.6 – 37.1
45 – 64 years	51.9	42.6	39.3	35.9	33.4	33.5 – 35.5
65 years and over	28.5	24.8	20.9	22.0	19.6	17.2 – 39.7
Weiße Männer						
18 years and over, age adjusted	50.8	41.7	36.5	34.1	31.3	30.4
18 – 24 years	53.0	40.8	34.3	32.5	28.4	29.2
25 – 34 years	60.1	49.5	43.6	38.6	37.3	33.8
35 – 44 years	57.3	50.1	41.3	40.8	36.6	36.2
45 – 64 years	51.3	41.2	38.3	35.0	32.1	32.4
65 years and over	27.7	24.3	20.5	20.6	18.9	16.0
Schwarze Männer						
18 years and over, age adjusted	59.2	54.0	44.1	41.3	39.9	39.0
18 – 24 years	62.8	54.9	40.2	34.2	27.2	24.9
25 – 34 years	68.4	58.5	47.5	39.9	45.6	44.9
35 – 44 years	67.3	61.5	48.6	45.5	45.0	44.0
45 – 64 years	57.9	57.8	50.0	44.8	46.1	44.3
65 years and over	36.4	29.7	26.2	38.9	27.7	30.3
Frauen insgesamt						
18 years and over, age adjusted	34.0	32.5	30.3	29.9	28.2	26.7 – 21.5
18 years and over, crude	33.9	32.1	29.9	29.5	27.9	26.5 – 21.8
18 – 24 years	38.1	34.1	33.8	35.5	30.4	26.1 – 31,5
25 – 34 years	43.7	38.8	33.7	32.6	32.0	31.8 – 27.2
35 – 44 years	43.7	39.8	37.0	33.8	31.5	29.6 – 32.3
45 – 64 years	32.0	33.4	30.7	31.0	29.9	28.6 – 10.7
65 years and over	9.6	12.0	13.2	13.1	13.5	13.7 – 14.3
Weisse Frauen						
18 years and over, age adjusted	34.3	32.3	30.6	30.1	28.3	27.2
18 – 24 years	38.1	34.1	33.8	35.5	30.4	26.1 – 31.5

Tabelle 13.11 (Fortsetzung)

Sex, race, and age	Percent of persons 18 years of age and over					
	1965	1974	1979	1983	1985	1987
25 – 34 years	43.3	38.6	34.1	32.2	32.0	31.9
35 – 44 years	43.9	39.3	37.2	34.8	31.0	29.2
45 – 64 years	32.7	33.0	30.6	30.6	29.7	29.0
65 years and over	9.8	12.3	13.8	13.2	13.3	13.9
Schwarze Frauen						
18 years and over, age adjusted	32.1	35.9	30.8	31.8	30.7	27.2
18 – 24 years	37.1	35.6	31.8	32.0	23.7	20.4
25 – 34 years	47.8	42.2	35.2	38.0	36.2	35.8
35 – 44 years	42.8	46.4	37.7	32.7	40.2	35.3
45 – 64 years	25.7	38.9	34.2	36.3	33.4	28.4
65 years and over	7.1	8.9	8.5	13.1	14.5	11.7

Notes: A current smoker is a person who has smoked at least 100 cigarettes and who now smokes; includes occasional smokers. Excludes unknown smoking status

Source: Division of Health Interview Statistics, National Center for Health Statistics: Data from the National Health Interview Survey; Data computed by the Division of Epidemiology and Health Promotion from data compiled by the Division of Health Interview Statistics

Rind-, Kalb-, Schweine-, Schaf-, Hammel-, Huhn- und Putenfleisch) ergibt, bestehen folgende Veränderungen:

44,6 g	geliefertes tierisches Fett durch Fleisch 1965
49,2 g	geliefertes tierisches Fett durch Fleisch 1977
4,6 g	Differenz (Mehrzufuhr/Tag/Person) von 1965 – 1977.

Soweit es die geänderte Cholesterinzufuhr angeht, ergibt sich:

185,21 mg	Cholesterin, geliefert durch Fleisch 1965
210,68 mg	Cholesterin, geliefert durch Fleisch 1977
+25,47 mg	Differenz (Mehrzufuhr/Tag/Person) von 1965 – 1977.

Zweifellos haben die Anteile an *Fetten pflanzlichen Ursprungs* seit 1965 (insbesondere auch seit 1945) zugenommen. Sie sind jedoch neben dem gestiegenen starken Zuckerkonsum u. a. auch mit in erster Linie für die zunehmende Überernährung und die Steigerung der Gesamtfettzufuhr

Tabelle 13.12. Veränderung der Zufuhr von 1965 – 1977 in den USA an Fett und Cholesterin durch die wichtigsten Nahrungsmittel tierischen Ursprungs

Nahrungsmittel	Fettzufuhr g/Tag/Person		Cholesterinzufuhr mg/Tag/Person	
Milchprodukte (ohne Butter) einschl. Käse	– 1,7		– 4,97	
Butter	– 2,1	(– 13,3 g)	– 6,00	(– 50,77 mg)
Schmalz	– 8,8		– 8,80	
Eier	– 0,7		– 31,00	
Fleisch u. Fleischwaren	+ 4,6		+ 25,47	
Differenz (1965 – 1977)	– 8,7 g Fett		– 35,30 mg Cholesterin	

verantwortlich. Außerdem ist die Wirkung der *Linolsäure* als einziger hochungesättigter Fettsäure auf den Blutcholesterinspiegel rein *symptomatischer Natur.* Sie bewirkt eine erhöhte Gallensäurebildung aus Cholesterin in der Leber, die zu einer erhöhten Gallesekretion derselben führt (Lang 1979), wodurch es symptomatisch innerhalb des Normalbereichs des Cholesterinspiegels zu einer leichten Senkung kommen kann.

Es darf nicht verschwiegen werden, daß sich nach 1976 bis 1991 in den USA eine *Abnahme des Serumcholesterinspiegels* eingestellt hat (Tabelle 13.10), ohne daß sich hierfür der *Cholesteringehalt der Ernährung* direkt verantwortlich machen ließe. Dieser Effekt ist indirekter Natur und auf Seite 149 beschrieben worden. Wir haben auf Seite 133 erwähnt, daß darüber hinaus Nahrungscholesterin „nicht essentiell“ ist, also keinen direkten Einfluß auf den Serumspiegel ausüben kann (S. 141). Es gehen täglich selbst bei cholesterinfreier Kost über den Stuhlgang mehr Cholesterin verloren (S. 35) als i. D. zugeführt wird. Außerdem nahm Übergewicht in den USA zu (Tabelle 13.9). Die Schwankungen des Blutcholesterinspiegels, die sich i. d. R. innerhalb des Normalbereichs abspielen, dürften für die Myokardsterblichkeit bedeutungslos und ansonsten rein symptomatischer Natur sein (S. 149).

14 Warum geht die Myokardinfarktsterblichkeit zurück?

„Erfolge haben viele Väter“

Bekanntlich sind durch die großen Erfolge der Wissenschaften in der zweiten Hälfte unseres Jahrhunderts in vielen Bereichen des Lebens (Naturwissenschaften, Technik, Medizin usw.), vor allem aber in den *medizinischen Disziplinen* in einigen Ländern der Welt viele Krankheiten fast verschwunden oder wesentlich besser heilbar geworden. Dadurch ist die Lebenserwartung stark angestiegen (Seite 186). Man muß sich fragen, ob nicht ein Teil dieser Erfolge Auswirkungen auf den Rückgang der Herzinfarktmortalität gehabt haben könnte. Immerhin sind in den Industrienationen Krankheiten von so globaler Bedeutung wie die *Infektionskrankheiten*, die einmal zu den Ursachen der *multifaktoriell angelegten Atherosklerose* zählten (z. B. die Syphilis u. a.), die Verringerung der *Umweltverschmutzung* durch Rückgang an toxischen Substanzen, das Schwinden der körperlichen *Schwerstarbeit* (es gibt bei uns unter 0,7% Schwerstarbeiter), welcher Strümpell (1922) noch nach dem ersten Weltkrieg in seinem Lehrbuch über Pathologie als auslösende Ursache für die Atherosklerose ein großes Kapitel widmete und andere Bereiche, die dem multifaktoriellen Ursachenkatalog der Atherosklerose zuzuordnen sind, stark zurückgegangen. Hierzu gehören auch in vielen Völkern der Welt die allgemein gebesserten Lebens- und Ernährungsverhältnisse. Der *Rückgang an Risikokrankheiten und -faktoren* für die Atheroskleroseentwicklung dürfte für die Abnahme der Herzinfarktmortalität viel *wichtiger sein* als die vermutete Verbindung von Lipid- und Cholesterinstoffwechselstörungen, die offensichtlich nur bei der durch einen genetischen Defekt ausgelösten familiären Hypercholesterinämie (und dem „merkantilen Sektor“, Tabelle 11.3) primär eine Rolle zu spielen scheint (Stehbens 1994). Für viele unterentwickelte Länder der Welt treffen die oben zitierten Änderungen nicht zu. Aber häufig kommen tödliche Myokardinfarkte dort wegen der kargen Ernährungs- und Lebensweise seltener vor oder sie besitzen teilweise auch weniger genetische Anlagen zu einer Risikokrankheit (z. B. zum Diabetes mellitus, Seite 282).

Klassische Risikofaktoren für die Koronarsklerose

Wir sollten uns zumindest mit einigen älteren Erfahrungen der klassischen *Pathologie* beschäftigen, die besagen, daß außer dem wichtigen Faktor *Erbanlage* für eine Atherosklerosegenese *vier klassische Risikofaktoren* vornehmlich für die Entstehung der Koronarsklerose zu beachten sind:

Hypertonie, Diabetes mellitus, Nikotinabusus und *Hyperlipidämie*

Wir ewähnten bereits, daß letztere vornehmlich als Risikofaktor bei den zumeist genetisch bedingten Lipidstoffwechselstörungen (Seite 48, 83 ff.) eine Rolle zu spielen scheint. Daß die Lipide für die Allgemeinbevölkerung in diesem Zusammenhang eher eine untergeordnete Rolle spielen, spricht auch, daß in den USA das körperliche *Übergewicht* von 1960–1991 erheblich *zugenommen* (*Tabelle 13.9*), aber die Herzinfarktsterblichkeit (Tabelle 13.6 b) abgenommen hat. *Übergewicht* zählt alleine nicht zu den Risikofaktoren der Atherosklerose, potenziert jedoch beim Zusammentreffen mit einer der oben genannten Risikokrankheiten deren Wirkungen. In Deutschland (ehem. BRD) hat, im Gegensatz zu den USA (Tabelle 13.10), in den 80er Jahren der *Serumcholesterinspiegel*, wie auch in einigen anderen Ländern der Welt, *signifikant zugenommen* (Tabelle 8.4), aber der Herzinfarkt nahm stark ab (Abb. 11.3). Verschiedene *Risikokrankheiten und -Faktoren* sind in den letzten Jahren in einigen Ländern der Welt (teils unterschiedlich) zurückgegangen (Tabelle 14.1) oder kommen in einigen Nationen aufgrund ihrer genetischen Anlage seltener vor (z. B. der Diabetes mellitus in Indonesien, Japan, bei den Eskimos usw., Tabellen 14.2 und 14.3). Interessanterweise gibt es dort auch eine geringere Myokardmortalität. Infolge einer geänderten Lebensauffassung der Männer z. B. in den USA, Deutschland (Tabellen 13.11 und 14.9) usw., ist es zu einem beachtlichen Rückgang im Nikotinabusus als Risikofaktor des Myokardinfarktes gekommen. Wir möchten stellvertretend für die wissenschaftlich anerkannte Literatur zum Thema „Koronarsklerose" kurz die Auffassung eines Pathologen (Hort et al. 1972) zitieren:

Aus pathologisch anatomischer Sicht spielen für die Entstehung der *koronaren Herzkrankheit* (KHK), bei der die Koronarsklerose im Mittelpunkt steht, u. a. vier *Risikofaktoren* (Hort et al. 1972) eine dominierende Rolle:

> „*Zigarettenrauchen, Hypertonie, Diabetes mellitus* und *Hyperlipidämie. Übergewicht* alleine zählt *nicht* als *Risikofaktor.* Es steigert aber das Risiko bei vorhandener Hypertonie oder Zuckerkrankheit"

Tabelle 14.1. Statistisches Bundesamt VII D – M. Sterbefälle an Diabetes mellitus Pos.-Nr. 250 der ICD[a]

Altersgruppen von...bis unter... Jahren	Geschlecht	je 100000 Einwohner										Prozentuale Zu- (+) bzw. Abnahme (–) der Sterbefälle zwischen 1973 bis 1994
		1968	1972	1973	1974	1979	1985	1991	1992	1993	1994	
Insgesamt	m	20,2	23,4	24,7	23,6	16,6	12,3	14,6	15,0	18,5	17,7	
	w	34,5	40,9	44,0	42,7	29,6	22,6	28,1	22,4	35,3	32,9	
	z	27,7	32,6	34,8	33,5	23,4	17,7	21,5	22,4	27,1	25,5	
unter 1[b]	m	–	0,8	1,5	0,3	–	0,3	–	–			
	w	0,4	0,3	–	0,7	–	–	–	–			
	z	0,2	0,6	0,8	0,5	–	0,2	–	–			
1 – 5	m	0,1	0,1	0,1	0,1	–	0,1	–	–	–		
	w	0,2	0,1	–	0,1	0,4	0,1	0,1	0,1	0,1		
	z	0,2	0,1	0,0	0,1	0,2	0,1	0,0	0,0	0,0		
5 – 10	m	0,2	0,1	0,1	0,0	0,1	–	–	–	–		
	w	0,1	0,1	0,1	0,0	0,2	–	0,1	–	–		
	z	0,2	0,1	0,1	0,0	0,1	–	0,0	–	–		
10 – 15	m	0,3	0,0	0,1	0,1	0,0	–	0,1	–	0,1	0,1	
	w	0,3	0,1	0,0	0,2	0,1	–	0,1	–	0,1	–	
	z	0,3	0,1	0,1	0,1	0,1	–	0,1	–	0,1	0,0	
15 – 20	m	0,3	0,4	0,2	0,3	0,2	0,1	0,2	0,1	0,1	–	
	w	0,4	0,4	0,4	0,4	0,1	0,1	0,1	0,1	0,1	0,1	
	z	0,4	0,4	0,3	0,4	0,1	0,1	0,2	0,1	0,1	0,0	

Tabelle 14.1 (Fortsetzung)

Altersgruppen von...bis unter... Jahren	Geschlecht	je 100000 Einwohner										Prozentuale Zu- (+) bzw. Abnahme (−) der Sterbefälle zwischen 1973 bis 1994
		1968	1972	1973	1974	1979	1985	1991	1992	1993	1994	
20–25	m	0,7	0,4	0,5	0,5	0,3	0,3	0,2	0,3	0,2	0,2	
	w	0,6	0,6	0,7	0,5	0,3	0,2	0,3	0,1	0,1	0,3	
	z	0,7	0,5	0,6	0,5	0,3	0,2	0,3	0,2	0,2	0,3	
25–30	m	1,0	0,7	0,7	0,8	0,9	0,4	0,5	0,3	0,5	0,3	
	w	0,5	0,5	0,5	0,5	0,7	0,5	0,2	0,3	0,2	0,3	
	z	0,8	0,6	0,6	0,7	0,8	0,5	0,3	0,3	0,4	0,3	
30–35	m	1,2	1,5	1,2	1,3	1,3	1,4	0,8	0,8	0,8	1,2	
	w	0,8	1,0	1,0	0,9	0,8	0,7	0,6	0,4	0,8	0,4	−60,0%
	z	1,0	1,3	1,1	1,1	1,0	1,0	0,7	0,6	0,8	0.8	
35–40	m	2,2	3,2	3,2	2,8	2,5	1,5	2,3	2,1	2,4	1,6	−50,0%
	w	1,3	1,5	1,4	1,0	0,9	0,9	1,0	0,7	0,9	1,0	−28,6%
	z	1,8	2,4	2,3	1,9	1,7	1,2	1,7	1,4	1,7	1,3	
40–45	m	2,7	4,5	4,3	4,0	4,0	2,7	2,0	2,4	2,9	2,8	−34,9%
	w	2,1	2,2	2,9	2,0	1,8	0,9	1,4	1,5	1,6	1,6	−44,8%
	z	2,4	3,4	3,6	3,0	3,0	1,8	1,7	2,0	2,3	2,2	
45–50	m	6,7	6,0	7,3	6,4	6,6	4,7	4,7	5,2	5,4	4,6	−37,0%
	w	4,3	5,1	3,5	4,0	3,5	2,3	1,6	2,1	2,3	1,9	−45,7%
	z	5,3	5,5	5,3	5,2	5,1	3,6	3,2	3,7	3,9	3,3	
50–55	m	10,8	15,0	14,8	14,6	8,9	8,2	8,2	8,2	9,2	8,2	−44,6%
	w	10,5	9,9	10,4	11,0	6,8	4,8	3,6	3,0	3,8	3,7	−64,4%
	z	10,6	12,1	12,2	12,5	7,8	6,5	6,0	5,7	6,6	6,3	

55–60	m	25,1	28,4	28,3	26,9	18,0	11,7	14,8	15,1	16,1	15,9	–43,8%
	w	20,5	22,0	25,4	23,4	14,3	7,1	9,1	8,0	7,2	7,7	–69,7%
	z	22,4	24,7	26,6	24,8	15,8	9,3	12,0	11,6	12,7	11,8	
60–65	m	48,8	54,6	53,4	50,5	33,1	19,9	23,3	25,1	32,5	31,8	–40,4%
	w	51,0	52,5	54,5	47,7	29,8	19,5	17,0	19,7	23,4	20,5	–62,4%
	z	50,1	53,4	54,0	48,8	31,1	12,7	20,0	22,3	27,8	26,1	
65–70	m	84,9	95,1	107,0	100,9	58,0	37,8	43,5	38,1	51,4	49,1	–54,1%
	w	103,8	110,3	116,7	105,3	59,5	35,6	37,5	38,2	40,8	35,6	–69,5%
	z	95,8	103,9	112,6	103,5	58,9	36,5	39,9	38,2	45,4	41,5	
70–75	m	135,5	163,1	172,3	162,0	101,7	69,6	73,5	71,8	88,9	85,1	–50,6%
	w	183,8	197,6	205,6	199,4	117,6	62,2	74,2	73,0	83,8	85,6	–58,4%
	z	166,0	184,2	192,5	184,6	111,6	69,4	74,0	72,6	85,6	85,4	
75–80	m	207,8	234,7	252,3	229,8	155,8	113,9	119,0	130,7	165,2	158,9	–37,0%
	w	276,9	308,5	320,3	307,3	191,0	120,5	137,4	139,6	180,9	143,8	–55,0%
	z	252,4	283,8	297,6	281,2	178,5	118,3	131,3	136,7	175,8	148,7	
80–85	m	259,4	292,3	301,6	294,1	203,7	148,3	196,0	205,4	254,7	230,9	–23,4%
	w	335,5	393,7	434,1	424,9	261,6	203,1	224,9	244,2	283,4	263,7	–39,3%
	z	308,1	360,5	391,8	384,2	244,5	186,0	216,4	232,8	275,0	254,1	
85–90	m	251,1	290,8	271,4	300,5	227,9	180,9	266,6	282,4	342,0	328,2	+17,3%
	w	308,3	380,5	400,4	392,5	285,8	231,4	340,8	372,1	443,6	423,6	+5,5%
	z	287,6	350,6	358,4	363,4	270,0	218,5	321,1	348,6	417,3	399,1	
90 und älter	M	199,8	223,1	258,2	210,3	177,0	132,8	224,2	258,6	391,4	374,8	+31,1%
	w	211,5	305,6	338,3	317,2	245,0	221,5	388,6	392,0	523,6	531,7	–36,4%
	z	207,4	277,6	311,5	282,1	225,2	199,4	353,5	363,1	494,3	496,9	

[a] Internationale Klassifikation der Krankheiten
[b] Je 100000 Lebendgeborene (betrifft die alten Bundesländer und Berlin-West)

Tabelle 14.2. Prävalenz in einigen Populationsgruppen am „Nicht-insulinabhängigen Diabetes mellitus“ (NIDDM). (Aus Gracey 1991)

Land	Ethnie	Alter (Jahr)	Prävalenz %
USA	Pima Indianer	15+	35,0
USA	Cherokee Indianer	34+	29,0
USA	Cocopah Indianer	15+	19,4
USA (Alaska)	Eskimo	20+	1,9
USA (Alaska)	Athabascan Indianer	20+	1,3
Indien – rural	Indier	15+	1,2
– urban	Indier	15+	2,0
Japan	Japaner	20+	1,0
Indonesien	Indonesier	14+	1,5
Singapur	Chinesen	15+	1,6
Neuseeland	Kaukasier	20+	2,8
Australien	Kaukasier	20+	2,3
Nauru	Mikronesier	15+	34,4

Beim Vorliegen mehrerer Risikofaktoren kommt es nicht nur zu einer Addition, sondern einer Potenzierung des Risikos. Da die genannten erbabhängigen Risikokrankheiten (Diabetes mellitus, essentielle Hypertonie etc.) durch Übergewicht ausgelöst werden, verschwanden sie größtenteils unter den schlechten Ernährungsverhältnissen zweier Weltkriege. Damit verschwanden zugleich auch die auslösenden Ursachen für die Koronarsklerose und den Herzinfarkt, den es in den Kriegsjahren äußerst selten gab. Als z. B. nach dem zweiten Weltkrieg Wohlstand und Übergewicht zurückkehrten, traten etwa ab 1948 mit dem Einsetzen der Währungsreform, die zu einer Besserung des allgemeinen Wohlstandes führte, erneut Hypertonie und Diabetes mellitus gehäuft in Erscheinung und zugleich damit auch die koronare Herzkrankheit.

Risikokrankheit „Diabetes mellitus“

Ein alter Spruch lautet, der Diabetiker stirbt (in der Regel) nicht an seinem Diabetes sondern an seinen „*Komplikationen*“, z. B. an den Folgen der Gefäßschäden. Daß die Zuckerkrankheit zu den Risikofaktoren für die Entstehung der Atherosklerose, insbesondere der Koronarsklerose, gehört, ist seit Jahrzehnten anerkannt. Der hierbei in unterschiedlicher Höhe, meistens im oberen Normbereich (Seite 96, 152), auftretende Se-

Tabelle 14.3. Altersstandardisierte Prävalenzraten von NIDDM (älter als 20 Jahre) unter Verwendung von WHO-Kriterien in pazifischen Populationen, untersucht von einer Arbeitsgruppe. (Aus Gracey 1991)

		Diabetes Prävalenz (%)	
		männlich	weiblich
Mikronesier			
Nauru		33,4	32,1
Kiribati	rural	3,7	3,9
	urban	11,7	11,1
Polynesier			
West Samoa	rural	1,7	4,2
	urban	8,2	8,5
Wallis Insel	rural (Wallis)	2,0	4,1
	urban (Noumea)	10,0	14,0
Rarotonga		5,6	8,5
Melanesier			
PNG Hochland	rural	0	0
	periurban	0	0
PNG Küste	rural	1,8	0
	periurban	4,7	7,0
Fiji	rural	2,1	2,1
	urban	5,9	10,3
Indier			
Fiji	rural	15,1	13,6
	urban	17,5	16,3

PNG: Papua Neu-Guinea

rumcholesterinspiegel ist sekundärer, d.h. symptomatischer Natur und kann sich je nach Behandlungsstand ändern (also auch normalisieren). Nach Ditschuneit 1971 gehört der Diabetes mellitus zu den häufigen Ursachen der *„sekundären Hyperlipoproteinämien"* bzw. *„symptomatischen Hyperlipidämien"*. „Beim gut eingestellten Diabetes mellitus sind die Blutfette in der Regel nicht erhöht ... " (Zitat aus Ditschuneit 1971). Ob Störungen im Lipidhaushalt zur Koronarsklerose führen, wird oft diskutiert (Schlierf 1976). Ein Beweis wurde bis heute nicht erbracht.

Diabetes mellitus von 1932–1972

Abbildung 14.1 zeigt übersichtlich das Verhalten der *standardisierten Sterbeziffern* von 1932 bis 1962 für den *Diabetes mellitus.* Vor dem zweiten Weltkrieg war die Zuckerkrankheit im Deutschen Reich stark verbreitet. Mit Kriegsbeginn 1939 gingen die Sterbefälle bis 1943 beachtlich zurück. Etwa ab 1943 gab es in Deutschland nur noch äußerst selten einen Diabetiker vom Typ II a, während der jugendliche Diabetiker vom Typ I, der sowieso selten vorkommt, geblieben war. Der extreme Rückgang an Zuckerkrankheiten setzte erst nach 1945 (bis ca. 1948) mit der eigentlichen Hungerzeit nach dem verlorenen Krieg ein. Gleichzeitig gingen auch die Hyper-

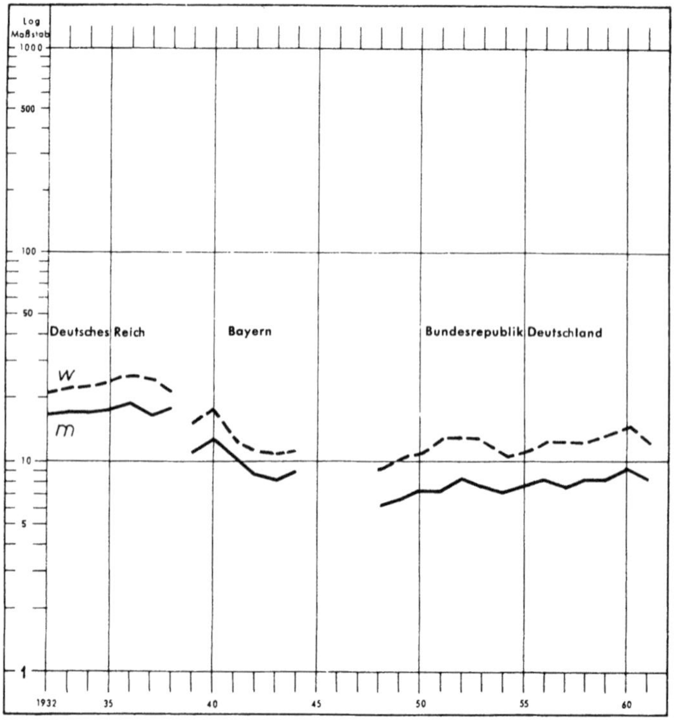

Abb. 14.1. Standardisierte Sterbeziffern an Diabetes mellitus 1932 bis 1961 nach dem Geschlecht (auf 100000 Einwohner des jeweiligen Geschlechts bei Altersgliederung 1950). (Aus Gesundheitswesen der BRD, Bd. I, 1963)

toniekrankheiten extrem stark zurück. 1947 (Tabelle 318) wurden im Durchschnitt ca. *974,7 kcal/Tag* zugeteilt. Während des ersten Weltkrieges waren die Lebens- und Ernährungsbedingungen ähnlich stark eingeschränkt (Ausführliches dazu s. Seite 322). Unter der schlechten Ernährung, die Zuteilung betrug 1943 im Durchschnitt *2050,4 kcal/Tag* (Tabelle 15.1, S. 316), kam es zum Schwinden von körperlichem *Übergewicht*, welches als auslösender Faktor für die Zuckerkrankheit von ausschlaggebender Bedeutung ist. Joslin hat einmal gesagt, er möchte den Zuckerkranken sehen, der 10% Untergewicht hat. Ähnliche Beobachtungen über den Krankheitsverlauf hatte man bereits während der Hungerzeit des ersten Weltkrieges 1914–1918 in Deutschland gemacht. Die Hungerzeit endete langsam nach der Währungsreform im Frühsommer 1948. Danach traten wieder gehäufte Sterbefälle infolge von Zuckerkrankheit, aber auch von Herzinfarkt oder Hypertonie auf. Der berichtete Verlauf kann anhand von standardisierten Sterbeziffern für die Zuckerkrankheit Tabelle 14.1 und die Herzkranzgefäße Abb. 14.1 entnommen werden.

Diabetes mellitus von 1973–1993

Die Spitze des Mortalitätsanstieges an *Diabetes mellitus* wurde etwa um *1973* (Abb. 14.3–14.6, Tabelle 14.1) registriert. Seither sinken die Sterbefälle wieder kontinuierlich ab. Aus bisher ungeklärten Gründen setzte eine *Remission im Rückgang der Sterbefälle* ab ca. 1988 ein. Möglicherweise ist eine Änderung des bis dahin relativ unbeeinflußten, von der Statistik erfaßten Grundpotentials an Menschen in Westdeutschland eingetreten, da sich nach dem Zusammenbruch der Sowjetunion und vieler östlicher Staaten, Menschen von dort und Flüchtlingsströme aus dem Balkanländern, Afrika, Asien usw. und später auch Deutsche aus den befreiten Ostgebieten (DDR) nach Westdeutschland begaben und möglicherweise die Statistik beeinflußt haben. Zunächst gibt es keine andere Erklärung. Die Zunahme an Sterbefällen könnte sich später auch in Form einer Zunahme an koronaren Todesfällen auswirken.

Abbildung 14.2 zeigt den Rückgang an standardisierten Sterbeziffern für *Krankheiten der Herzkranzgefäße.* Beide Abbildungen (14.1 und 14.2) beweisen, daß während der eingeschränkten Lebens- und Ernährungsverhältnisse des zweiten Weltkrieges ab ca. 1943 (Seite 286) in Deutschland nur noch äußerst selten Erkrankungen und Sterbefälle an Zuckerkrankheit, Herzinfarkt, Hypertonie usw. auftraten (eine Zeit an die sich der Autor dieses Buches persönlich gut erinnert). Diese Feststellung wird auch einige amerikanische Kollegen interessieren, die bisher am Rückgang der genannten Krankheiten während des Weltkrieges in Deutschland gezweifelt haben.

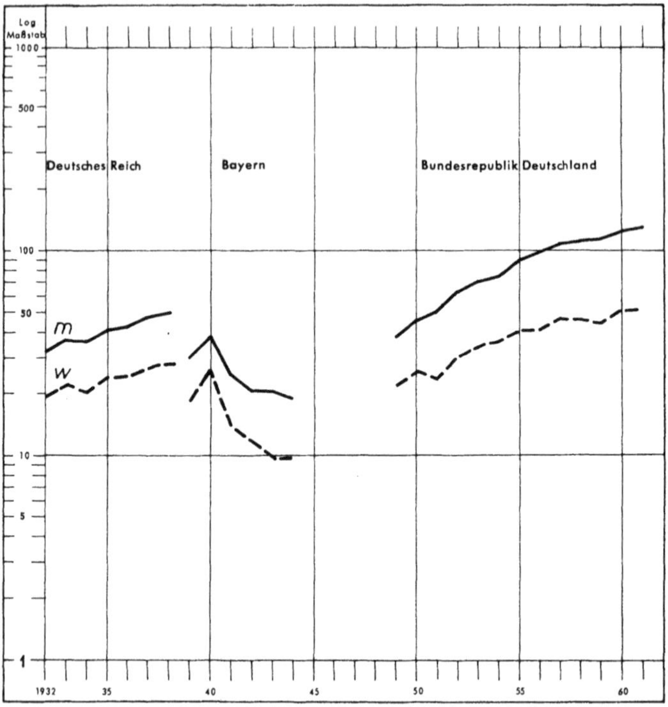

Abb. 14.2. Standardisierte Sterbeziffern an Krankheiten der Herzkranzgefäße 1932 bis 1961 nach dem Geschlecht (auf 100000 Einwohner des jeweiligen Geschlechts und Alters). (Nach 7. Rev./1958, ICD 420, aus Gesundheitswesen der BRD, Bd. I, 1963)

Abbildung 14.3 zeigt, daß die Sterbefälle an „ischämischen Herzkrankheiten" und ab 1968 der Myokardinfarkt in Westdeutschland ebenso ansteigen wie die Sterbeziffer am Diabetes mellitus in Abb. 14.4. Da es noch andere Risikofaktoren gibt, die auf die Koronarmortalität eingewirkt haben, kann in diesem Zusammenhang nur das Verhalten der Zuckerkrankheit als Risikofaktor für die Herzinfarktmortalität besprochen werden. Auf jeden Fall setzt nach 1973 infolge der modernen medizinischen Therapie wieder ein beachtlicher Rückgang der Sterbefällen an Zuckerkrankheiten ein. Auch wenn man den leichten Anstieg um 1988 einberechnet, sind nach Tabelle 14.1 die Sterbefälle pro 100000 Einwohner einer entsprechenden Alters-

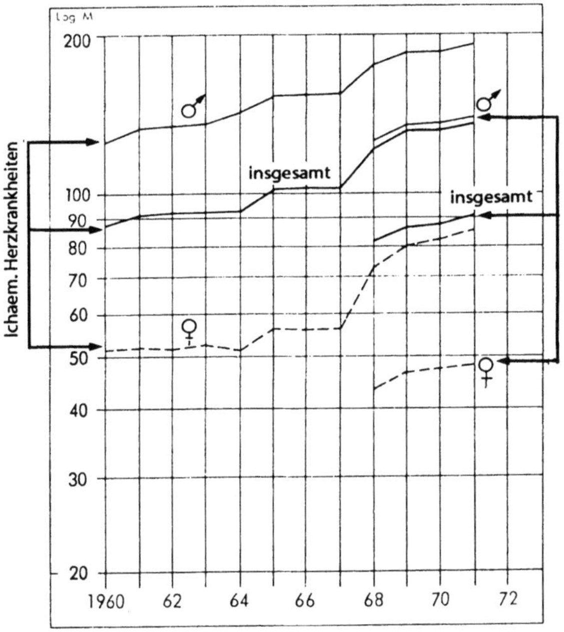

Abb. 14.3. Standardisierte Sterbeziffern an ischämischen Herzkrankheiten (ab 1968 Herzinfarkt gesondert nachweisbar)

klasse beachtlich zurückgegangen. In einzelnen Altersgruppen werden zwischen 1973 bis 1993 Rückgänge bis zu *57,1%* und *65,1%* erreicht. Der Rückgang zeichnet sich bereits 1994 ab (Anhang, Tabelle 9).

Zusammenfassung

Der Diabetes mellitus gilt als anerkannter Risikofaktor für die Koronarsklerose. Die rückläufige Sterblichkeit an Zuckerkrankheit in Westdeutschland (Tabelle 14.1) seit ca. 1973 legt nahe, daß mit der teilweisen Entschärfung dieses wichtigen Risikofaktors anteilig auch der Rückgang der Sterbefälle an Myokardinfarkten erklärbar ist.

Der Anstieg der Sterbefälle an *Diabetes mellitus* ab ca. 1988/1989 in der ehemaligen Bundesrepublik Deutschland ist zunächst völlig unklar.

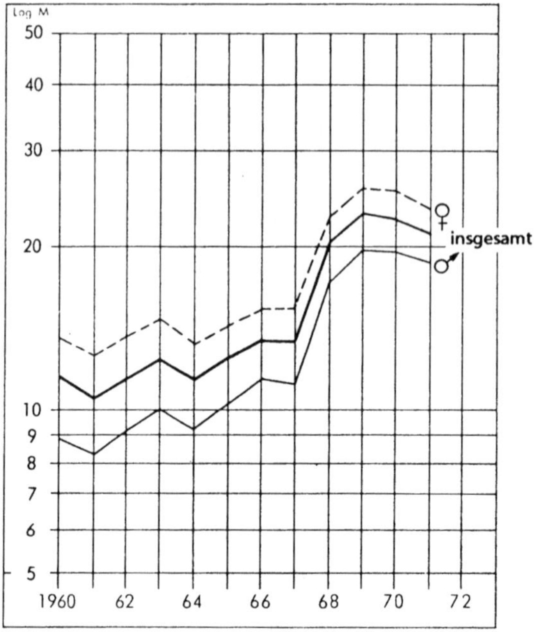

Abb. 14.4. Standardisierte Sterbeziffern an Diabetes mellitus

Sie könnte die Folge der *Öffnung der Grenzen* zwischen dem bis dahin von Rußland besetzten Ostdeutschland (DDR) nach Westdeutschland (BRD) sein. Bekanntlich sind von 1989–1995 ca. 1 Million Menschen (Quelle: IWH. Projektion, Stat. Bundesamt 1995) nach Westdeutschland gekommen, wahrscheinlich auch behandlungsbedürftige Diabetiker. Der Anteil an Sterbefällen an Diabetikern (Tabelle 14.12) lag in der ehem. *DDR* 1987 bereits doppelt so hoch (*36 pro 100000 Einwohner*) wie in der ehem. *BRD* (*18,5 pro 100000 Einwohner*). Möglicherweise hat sich diese „Völkerwanderung" auf die Statistik nachteilig ausgewirkt. Seit 1994 sind die Sterbefälle wieder rückläufig (Anhang, Tabelle 9).

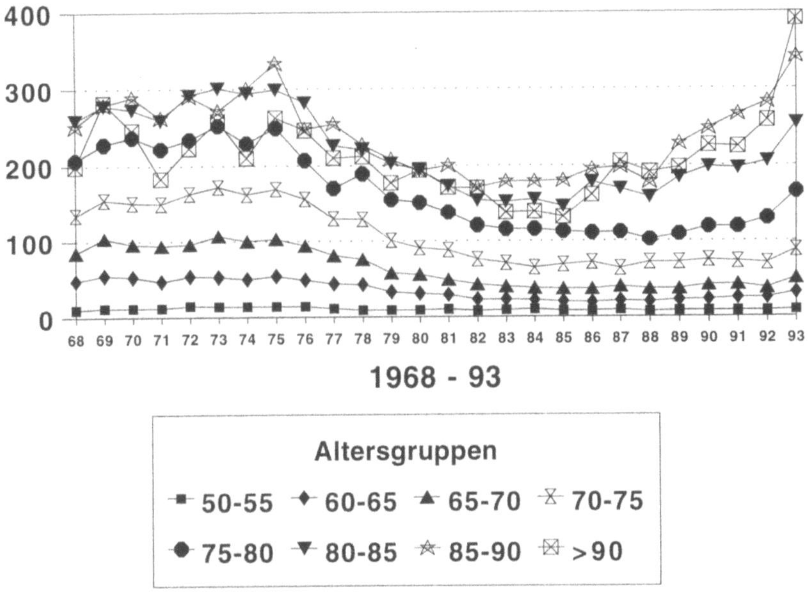

Abb. 14.5. Rückgang an Sterbefällen am Diabetes mellitus in der ehem. BRD seit 1975 bei Männern in allen Altersklassen. Warum sich Ende der 80er Jahre in gleicher Weise bei Männern und Frauen wieder eine Zunahme vollzieht, ist noch unklar, könnte jedoch am ersten mit der starken Auswanderung von Personen, insbesondere kranker Diabetiker, aus der ehemaligen DDR nach Westdeutschland erklärt werden, nachdem sich die Grenzen nach und nach öffneten. Jedenfalls ist 1994 bereits wieder ein deutlicher Abfall der Sterbefälle zu verzeichnen (vgl. Tabelle 9, Anhang)

Vorkommen von Diabetes mellitus in der Welt

Es ist bekannt, daß in den Völkern der Welt die Zuckerkrankheit je nach Verbreitung ein gewichtiger Faktor für die Häufigkeit von Koronarkrankheiten und -Todesfällen darstellt. Gerade bei dieser Krankheit tritt nach Declue et al. 1988 *„ein Übermaß an koronaren Arterienverkalkungen"* auf.

Gracey et al. (1991) bestätigt, daß der *nicht insulinabhängige Diabetes mellitus Typ II (NIDDM)* oft im höheren Alter und häufig zusammen mit Adipositas auftritt. In der Regel läuft er ohne Ketose ab und spricht auf Diätmaßnahmen und körperliche Bewegung gut an. Er kommt in be-

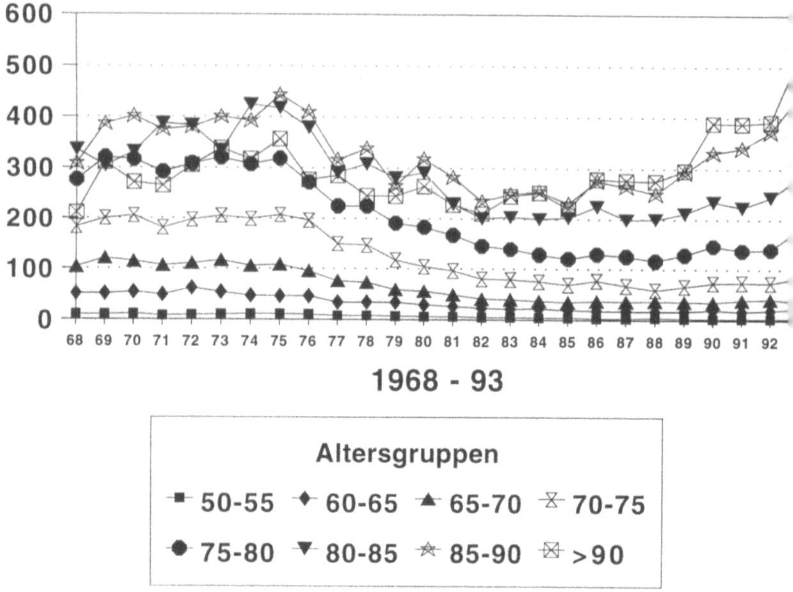

Abb. 14.6. Rückgang an Sterbefällen am Diabetes mellitus in der ehem. BRD seit 1975 bei Frauen in allen Altersklassen. Warum sich Ende der 80er Jahre in gleicher Weise bei Männern und Frauen wieder eine Zunahme vollzieht, ist noch unklar, könnte jedoch am ersten mit der starken Auswanderung von Personen, insbesondere kranker Diabetiker, aus der ehemaligen DDR nach Westdeutschland erklärt werden, nachdem sich die Grenzen nach und nach öffneten. Jedenfalls ist 1994 bereits wieder ein deutlicher Abfall der Sterbefälle zu verzeichnen (vgl. Tabelle 9, Anhang)

stimmten ethnischen Gruppen familiär gehäuft vor. In der Pathogenese scheinen die genetische Disposition, Hyperinsulinämie und/oder Insulinresistenz und eine Störung der Glukosetoleranz bedeutsam zu sein (Abb. 14.7).

Es ist wichtig, die unterschiedliche ethnische Verbreitung des Diabetes mellitus bei Ureinwohnern, Indianern, Schwarzen, der weißen Bevölkerung, bei Juden usw. in vielen Ländern der Welt genauer zu untersuchen, wozu dieses Buch aber keinen Raum bietet. Wir möchten lediglich kurz auf Tabelle 14.2 von Gracey et al. 1991 hinweisen, die besagt, daß der *Diabetes mellitus* als Risikokrankheit für die Koronarsklerose z. B. *extrem selten* in *Japan* (*1,0%*) *vorkommt*, in dem u. a. die geringe Herzinfarktquote gerne wegen des hohen Verzehrs an Vegetabilien verantwortlich gemacht

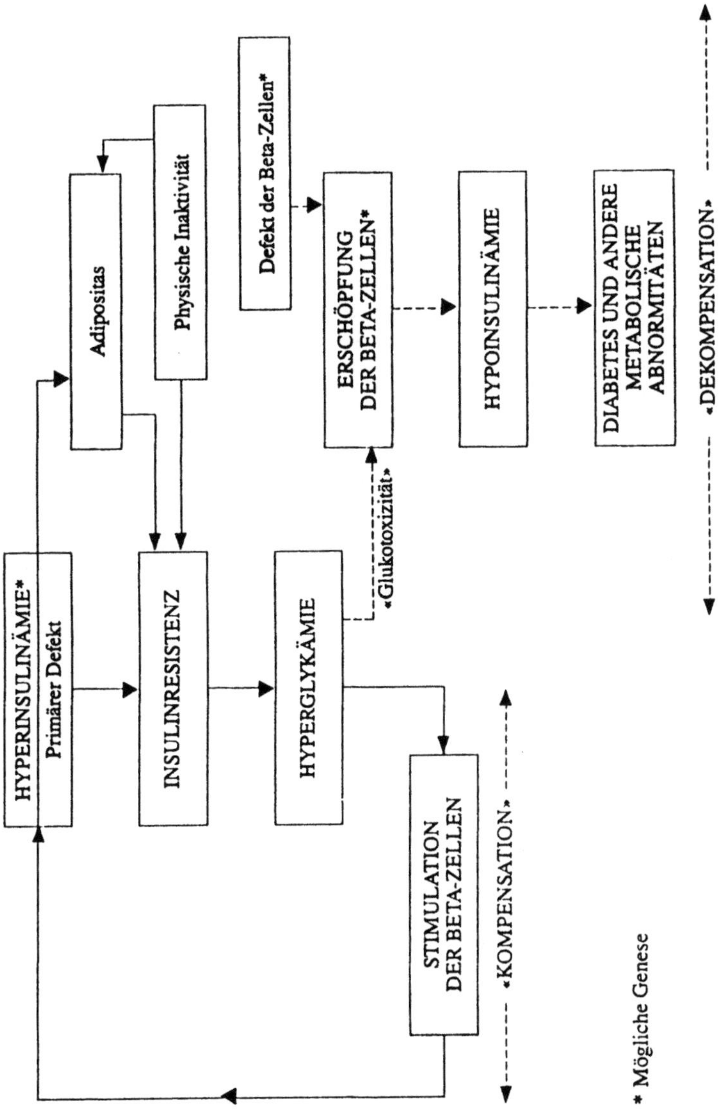

Abb. 14.7. Ein Modell der Pathogenese des „nicht-insulinabhängigen Diabetes mellitus" (NIDDM). (Aus Gracey 1991)

Tabelle 14.4. Sterbefälle und Sterbeziffern an Diabetes mellitus (vgl. mit Tabelle 14.1). (Aus Gesundheitswesen der BRD, Band 4, 1970)

Land	Geschlecht	1956	1957	1958	1959	1960	1961	1962	1963	1964	1965	1966	1967
Auf 100000 Einwohner													
Bundesrepublik Deutschland[a,b]	m	*8,8*	*8,3*	*8,9*	*9,0*	*9,8*	*9,4*	*10,2*	*11,1*	*10,3*	*11,3*	*12,9*	*12,6*
	w	*14,5*	*15,0*	*14,5*	*15,7*	*16,9*	*16,3*	*18,1*	*19,8*	*18,3*	*20,9*	*22,4*	*23,0*
	z	*11,8*	*11,9*	*11,8*	*12,5*	*13,6*	*13,1*	*14,4*	*15,7*	*14,5*	*16,3*	*17,9*	*18,1*
England und Wales	m	*5,2*	*4,7*	*5,3*	*5,0*	*5,4*	*6,0*	*5,9*	*6,0*	*6,1*	*6,3*	*6,5*	*6,4*
	w	*9,2*	*9,1*	*9,3*	*8,9*	*10,0*	*10,7*	*10,3*	*10,1*	*10,4*	*11,2*	*11,3*	*11,0*
	z	*7,3*	*7,0*	*7,4*	*7,0*	*7,8*	*8,4*	*8,2*	*8,1*	*8,3*	*8,8*	*8,9*	*8,7*
Frankreich	m	*9,3*	*9,0*	*9,0*	*8,6*	*8,8*	*9,4*	*10,8*	*11,6*	*12,0*	*13,2*	*13,2*	*13,9*
	w	*15,9*	*14,9*	*15,1*	*14,2*	*15,5*	*15,4*	*16,9*	*19,4*	*19,3*	*20,7*	*21,2*	*22,0*
	z	*12,7*	*12,1*	*12,1*	*11,5*	*12,2*	*12,5*	*13,9*	*15,6*	*15,7*	*17,0*	*17,3*	*18,0*
Italien	m	*9,0*	*9,5*	*8,3*	*9,4*	*9,8*	*10,2*	*11,9*	*12,6*	*12,1*	*13,0*	*13,0*	*14,4*
	w	*14,0*	*14,5*	*13,0*	*14,9*	*15,4*	*16,1*	*20,0*	*20,8*	*20,6*	*22,5*	*23,0*	*25,5*
	z	*11,6*	*12,0*	*10,7*	*12,2*	*12,6*	*13,2*	*16,1*	*16,8*	*16,4*	*17,8*	*18,1*	*20,1*
Schweden	m	*8,7*	*9,6*	*8,9*	*10,7*	*11,8*	*12,6*	*12,5*	*12,5*	*13,7*	*14,6*	*14,6*	*15,2*
	w	*11,6*	*13,1*	*12,9*	*14,6*	*15,6*	*16,2*	*16,5*	*17,5*	*18,3*	*19,9*	*20,2*	*21,9*
	z	*10,1*	*11,3*	*10,9*	*12,6*	*13,7*	*14,4*	*14,5*	*15,0*	*16,0*	*17,3*	*17,4*	*18,6*
Vereinigte Staaten von Amerika[c]	m	*12,8*	*12,9*	*13,1*	*13,0*	*13,8*	*13,5*	*14,1*	*14,2*	*14,1*	*14,3*	*14,8*	*14,7*
	w	*18,7*	*19,0*	*18,5*	*18,5*	*19,6*	*19,4*	*19,4*	*20,1*	*19,5*	*19,8*	*20,4*	*20,4*
	z	*15,8*	*16,0*	*15,8*	*15,8*	*16,7*	*16,4*	*16,8*	*17,2*	*16,8*	*17,1*	*17,7*	*17,6*
Japan	m	*2,6*	*2,9*	*2,7*	*2,8*	*3,2*	*3,3*	*3,8*	*3,8*	*4,5*	*5,1*	*5,6*	*6,1*
	w	*3,0*	*3,1*	*3,1*	*3,2*	*3,6*	*4,0*	*4,3*	*4,4*	*5,0*	*5,3*	*6,0*	*6,2*
	z	*2,8*	*3,0*	*2,9*	*3,0*	*3,4*	*3,7*	*4,0*	*4,1*	*4,7*	*5,2*	*5,8*	*6,2*

Standardisierte Sterbeziffern

Bundesrepublik	m	8,4	7,9	8,3	8,3	8,9	8,4	9,1	10,0	9,2	10,2	11,6	11,3
Deutschland[a,b]	w	12,9	13,0	12,3	13,0	13,5	12,7	13,8	14,6	13,2	14,6	15,2	15,2
	z	10,8	10.7	10,4	10,8	11,4	10,7	11,6	12,4	11,4	12,6	13,4	13,4
England	m	4,7	4,3	4,8	4,5	4,9	5,4	5,3	5,4	5,5	5,7	5,8	5,7
und Wales	w	6,8	6,7	6,6	6,2	6,9	7,3	6,9	6,7	6,8	7,3	7,4	7,0
	z	5,8	5,5	5,8	5,4	6,0	6,4	6,2	6,1	6,2	6,6	6,6	6,5
Frankreich	m	8,6	8,4	8,3	7,9	8,1	8,6	9,9	10,5	10,9	12,0	11,9	12,5
	w	11,3	10,4	10,3	9,5	10,4	10,2	11,1	12,6	12,5	13,5	13,5	14,1
	z	10,1	9,4	9,4	8,8	9,3	9,5	10,6	11,7	11,8	12,8	12,8	13,3
Italien	m	10,2	10,7	9,1	10,2	10,5	10,7	12,4	13,0	12,3	13,1	13,0	14,3
	w	14,6	14,6	12,8	14,5	14,5	14,7	18,2	18,5	18,2	19,6	19,5	21,4
	z	12,6	12,8	11,1	12,5	12,5	12,9	15,4	16,0	15,4	16,6	16,6	18,2
Schweden	m	7,5	8,2	7,6	9,0	9,7	10,2	10,0	10,0	10,8	11,4	11,4	11,7
	w	9,8	10,9	10,5	11,5	12,0	12,2	12,2	12,6	13,1	13,9	13,7	14,7
	z	8,7	9,6	9,1	10,4	11,0	11,3	11,2	11,4	12,0	12,8	12,7	13,4
Vereinigte Staaten	m	13,5	13,5	13,6	13,6	14,3	14,1	14,7	14,8	14,7	14,9	15,4	15,3
von Amerika[c]	w	19,0	19,2	18,4	18,3	19,4	19,1	19,0	19,5	18,8	18,8	19,2	19,0
	z	16,4	16,5	16,1	16,1	17,0	16,8	17,0	17,4	16,8	16,9	17,5	17,2
Japan	m	4,1	4,6	4,2	4,3	4,9	5,0	5,7	5,6	6,5	7,2	7,8	8,3
	w	4,4	4,6	4,5	4,6	5,1	5,6	6,0	6,0	6,8	7,2	8,0	8,2
	z	4,4	4,7	4,4	4,5	5,0	5,3	5,7	5,9	6,7	7,4	8,3	8,9

[a] Ab 1958 einschl. Saarland
[b] Ab 1960 einschl. Berlin (West)
[c] Bis 1959 nur weiße Bevölkerung, ab 1960 Gesamtbevölkerung

Tabelle 14.5. Sterbefälle und Sterbeziffern an Krankheiten der „Herzkranzgefäße“ (Nach 7. Rev./1958, ICD 420, Dtsch. Syst. 1958 Nr. 455). (Aus Gesundheitswesen der BRD, Band 4, 1970)

Land	Geschlecht	1956	1957	1958	1959	1960	1961	1962	1963	1964	1965	1966	1967
Auf 100000 Einwohner													
Bundesrepublik	m	*107,5*	*118,9*	*120,4*	*125,4*	*140,8*	*149,1*	*153,2*	*153,9*	*158,0*	*168,0*	*169,0*	*171,1*
Deutschland[a,b]	w	*50,2*	*56,1*	*56,1*	*56,9*	*66,1*	*69,3*	*70,2*	*72,6*	*73,0*	*81,2*	*82,9*	*85,1*
	z	*77,1*	*85,6*	*86,3*	*89,1*	*101,2*	*106,8*	*109,3*	*111,0*	*113,2*	*122,5*	*123,9*	*125,9*
England und	m	*218,1*	*220,9*	*239,5*	*238,5*	*256,1*	*261,3*	*276,8*	*288,3*	*282,4*	*298,2*	*297,3*	*296,3*
Wales	w	*120,4*	*122,6*	*136,8*	*139,3*	*149,7*	*156,9*	*165,7*	*173,7*	*169,2*	*180,1*	*183,2*	*183,2*
	z	*167,4*	*170,0*	*186,3*	*187,1*	*201,0*	*207,5*	*219,6*	*229,4*	*224,2*	*237,5*	*238,7*	*238,3*
Frankreich	m	*59,4*	*60,0*	*63,8*	*67,7*	*72,3*	*74,2*	*79,7*	*80,8*	*76,9*	*80,1*	*80,4*	*82,2*
	w	*35,6*	*36,8*	*40,4*	*43,3*	*44,6*	*47,1*	*50,2*	*50,4*	*48,2*	*51,8*	*51,6*	*53,8*
	z	*47,1*	*48,0*	*51,8*	*55,1*	*58,1*	*60,3*	*64,6*	*65,2*	*62,2*	*65,6*	*65,7*	*67,7*
Italien	m	*59,0*	*63,9*	*64,3*	*68,2*	*72,5*	*76,6*	*85,0*	*89,0*	*91,7*	*95,2*	*91,8*	*96,0*
	w	*32,6*	*35,1*	*34,9*	*35,7*	*37,9*	*39,0*	*45,2*	*45,4*	*45,4*	*50,2*	*48,4*	*49,5*
	z	*45,5*	*49,2*	*49,3*	*51,6*	*54,9*	*57,4*	*64,7*	*66,8*	*68,1*	*72,2*	*69,6*	*72,3*
Schweden	m	*165,8*	*179,3*	*175,6*	*182,0*	*213,1*	*223,9*	*237,2*	*237,8*	*256,0*	*267,5*	*272,5*	*288,9*
	w	*111,3*	*122,8*	*114,1*	*117,7*	*139,5*	*149,7*	*156,7*	*152,2*	*165,1*	*172,4*	*178,9*	*185,9*
	z	*138,5*	*151,0*	*144,8*	*149,8*	*176,2*	*186,7*	*196,8*	*194,9*	*210,5*	*219,9*	*225,7*	*237,3*
Vereinigte Staaten	m	*344,2*	*355,1*	*357,3*	*359,2*	*348,0*	*345,5*	*354,9*	*361,6*	*353,2*	*357,5*	*361,6*	*352,4*
von America[c]	w	*196,0*	*205,7*	*205,7*	*209,4*	*205,4*	*205,6*	*215,3*	*220,9*	*217,9*	*222,1*	*226,5*	*225,4*
	z	*269,2*	*279,5*	*280,5*	*283,3*	*275,6*	*274,4*	*283,9*	*290,0*	*284,3*	*288,6*	*292,7*	*287,8*
Japan	m	*16,5*	*18,5*	*20,2*	*22,9*	*26,0*	*26,4*	*28,8*	*29,0*	*30,8*	*34,1*	*34,3*	*36,5*
	w	*10,3*	*11,5*	*12,6*	*14,6*	*16,7*	*17,7*	*19,1*	*19,1*	*20,7*	*23,1*	*22,5*	*24,4*
	z	*13,3*	*14,9*	*16,4*	*18,7*	*21,3*	*22,0*	*23,9*	*24,0*	*25,7*	*28,5*	*28,3*	*30,3*

Standardisierte Sterbeziffern

Bundesrepublik	m	101,1	111,7	111,7	115,4	128,1	134,5	137,9	138,5	142,8	151,2	152,1	154,0
Deutschland[a,b]	w	44,2	48,2	47,1	46,1	52,2	52,9	51,9	53,0	52,1	56,1	56,4	56,2
	z	70,9	77,9	77,4	78,4	88,0	91,1	92,9	93,3	94,6	102,9	102,8	104,5
England und	m	200,6	201,0	216,3	214,6	230,5	234,0	249,1	259,5	253,6	268,4	267,6	266,6
Wales	w	84,3	84,6	92,3	91,9	98,8	101,3	106,0	111,1	106,0	111,7	113,6	111,8
	z	139,0	139,4	150,4	149,7	160,8	163,5	173,5	178,9	175,1	185,3	183,8	183,5
Frankreich	m	55,2	55,8	59,6	63,0	67,2	69,0	74,1	74,3	70,9	73,7	73,2	74,8
	w	24,2	24,7	26,9	28,1	28,6	29,6	31,7	31,2	29,8	32,1	31,5	32,8
	z	39,1	39,9	42,2	44,6	47,0	48,1	51,7	51,5	49,1	51,9	51,3	52,8
Italien	m	66,6	71,6	70,9	73,6	77,6	80,6	88,4	92,6	94,2	97,1	93,6	97,0
	w	32,2	34,4	33,6	33,6	34,5	34,9	39,7	39,1	38,8	42,2	39,7	40,1
	z	49,1	52,2	51,1	52,6	54,9	56,3	62,7	64,1	64,8	67,9	64,8	66,5
Schweden	m	139,3	147,0	142,6	145,6	166,2	173,2	180,3	180,7	190,9	198,0	201,7	213,8
	w	82,4	89,7	81,5	81,2	94,8	98,7	101,8	95,9	102,9	105,2	105,6	107,8
	z	109,4	116,2	110,1	112,3	128,6	133,6	139,8	134,5	144,2	147,3	146,7	151,9
Vereinigte Staaten	m	357,9	369,4	367,5	370,0	358,4	355,8	365,5	372,5	363,3	368,3	273,5	363,0
von Amerika[c]	w	184,3	189,3	184,2	186,4	182,8	180,5	187,3	187,7	183,4	184,3	183,4	180,3
	z	266,5	273,9	270,1	272,0	264,6	262,6	269,7	275,5	267,7	268,4	272,2	264,8
Japan	m	27,4	30,2	32,6	36,4	40,6	40,7	43,8	43,8	45,9	50,1	50,1	52,6
	w	15,8	17,3	18,5	21,0	23,5	24,5	26,0	25,4	27,2	29,8	28,4	30,3
	z	21,0	23,1	25,1	28,2	31,5	32,1	34,4	34,1	36,0	39,3	38,5	40,6

[a] Ab 1958 einschl. Saarland
[b] Ab 1960 einschl. Berlin (West)
[c] Bis 1959 nur weiße Bevölkerung, ab 1960 Gesamtbevölkerung

Tabelle 14.6. Sterbefälle und Sterbeziffern an Bluthochdruck (vgl. mit Tabelle 14.7). (Aus Gesundheitswesen der BRD, Band 4, 1970)

Land	Geschlecht	1956	1957	1958	1959	1960	1961	1962	1963	1964	1965	1966	1967
Auf 100000 Einwohner													
Bundesrepublik Deutschland[a,b]	m	*13,8*	*14,0*	*13,9*	*14,5*	*14,6*	*14,4*	*14,7*	*15,4*	*15,1*	*15,4*	*15,9*	*19,1*
	w	*21,5*	*21,6*	*21,8*	*21,8*	*23,7*	*23,2*	*22,4*	*24,4*	*24,1*	*26,0*	*26,1*	*31,9*
	z	*17,9*	*18,0*	*18,1*	*18,4*	*19,4*	*19,0*	*18,8*	*20,1*	*19,8*	*21,0*	*21,2*	*25,9*
England und Wales	m	*44,4*	*41,9*	*40,0*	*36,2*	*35,3*	*33,1*	*30,3*	*29,2*	*24,3*	*24,0*	*22,1*	*20,5*
	w	*48,6*	*46,4*	*46,9*	*43,7*	*42,3*	*42,4*	*38,7*	*37,6*	*31,2*	*30,2*	*28,7*	*25,7*
	z	*46,6*	*44,2*	*43,6*	*40,1*	*39,0*	*37,9*	*34,6*	*33,5*	*27,8*	*27,2*	*25,5*	*23,2*
Frankreich	m	*9,9*	*8,8*	*9,0*	*8,2*	*8,7*	*8,6*	*9,2*	*8,9*	*8,3*	*8,9*	*8,0*	*8,1*
	w	*10,7*	*10,4*	*12,1*	*10,9*	*11,7*	*11,0*	*11,9*	*11,8*	*10,8*	*11,2*	*10,6*	*10,8*
	z	*10,3*	*9,6*	*10,6*	*9,6*	*10,2*	*9,8*	*10,6*	*10,4*	*9,6*	*10,1*	*9,4*	*9,5*
Italien	m	*27,8*	*27,3*	*25,5*	*25,1*	*26,8*	*27,3*	*29,0*	*30,0*	*27,2*	*28,1*	*27,0*	*27,3*
	w	*35,7*	*34,3*	*32,6*	*33,1*	*35,2*	*34,9*	*38,6*	*39,5*	*37,0*	*38,8*	*37,1*	*38,5*
	z	*31,8*	*30,9*	*29,1*	*29,2*	*31,1*	*31,2*	*33,9*	*34,8*	*32,2*	*33,5*	*32,2*	*33,0*
Schweden	m	*23,3*	*25,3*	*24,1*	*21,8*	*24,7*	*25,1*	*27,5*	*22,3*	*25,7*	*22,3*	*19,8*	*18,9*
	w	*32,8*	*35,6*	*35,8*	*33,4*	*36,9*	*34,9*	*38,1*	*33,9*	*33,5*	*30,6*	*25,4*	*23,5*
	z	*28,0*	*30,5*	*30,0*	*27,7*	*30,8*	*30,0*	*32,8*	*29,5*	*29,6*	*26,5*	*22,6*	*21,2*
Vereinigte Staaten von Amerika[c]	*m*	*40,5*	*39,4*	*40,6*	*36,9*	*39,9*	*37,0*	*36,1*	*35,3*	*32,6*	*31,2*	*30,5*	*27,7*
	w	*48,3*	*47,4*	*50,1*	*45,3*	*48,1*	*45,3*	*44,2*	*42,8*	*39,8*	*37,4*	*36,4*	*33,6*
	z	*44,4*	*43,4*	*45,4*	*41,2*	*44,0*	*41,2*	*40,2*	*39,1*	*36,3*	*34,4*	*33,5*	*30,7*
Japan	m	*11,1*	*12,0*	*13,6*	*14,6*	*16,0*	*16,8*	*18,3*	*18,0*	*18,2*	*19,0*	*18,1*	*17,8*
	w	*11,8*	*12,5*	*13,7*	*14,4*	*16,3*	*17,3*	*18,6*	*18,3*	*19,2*	*19,6*	*19,0*	*18,8*
	z	*11,5*	*12,2*	*13,7*	*14,5*	*16,2*	*17,1*	*18,4*	*18,2*	*18,7*	*19,3*	*18,6*	*18,3*

Standardisierte Sterbeziffern

Bundesrepublik Deutschland[a,b]	m	13,0	13,0	12,8	13,2	13,2	12,8	13,1	13,7	13,4	13,7	14,1	17,0
	w	18,7	18,4	18,1	17,5	18,5	17,4	16,4	17,3	16,7	17,4	17,0	20,1
	z	16,1	15,9	15,6	15,4	15,9	15,2	14,8	15,5	15,1	15,7	15,5	18,6
England und Wales	m	39,1	36,8	35,3	31,9	31,1	29,0	26,7	25,9	21,5	21,4	19,9	18,5
	w	32,5	30,6	30,3	28,0	26,7	26,2	23,6	23,0	18,7	17,8	16,9	14,9
	z	35,4	33,6	32,7	29,7	28,8	27,5	25,3	24,1	20,0	19,6	18,1	16,4
Frankreich	m	9,0	7,8	8,0	7,3	7,6	7,5	8,1	7,8	7,4	7,8	7,1	7,1
	w	7,2	6,9	7,8	7,0	7,3	6,7	7,1	7,1	6,4	6,5	6,2	6,2
	z	7,9	7,3	7,9	7,1	7,5	7,1	7,6	7,3	6,9	7,1	6,5	6,6
Italien	m	30,2	29,5	27,0	26,1	27,6	27,5	29,0	29,4	26,2	26,9	25,4	25,4
	w	35,3	33,3	30,7	30,1	31,3	30,1	32,4	32,8	30,0	30,7	29,0	29,3
	z	33,4	31,5	29,0	28,6	29,5	28,9	30,9	31,3	28,2	28,9	27,3	27,4
Schweden	m	29,6	21,0	19,5	17,3	19,3	19,1	20,6	18,5	18,7	16,1	14,1	13,2
	w	25,6	27,1	26,5	24,1	25,8	23,7	25,2	22,0	21,0	18,7	15,2	13,7
	z	23,0	24,4	23,3	21,0	22,8	21,5	23,0	20,3	19,9	17,2	14,5	13.2
Vereinigte Staaten von Amerika[c]	m	39,7	39,0	40,3	36,5	39,9	37,0	36,1	35,3	32,6	31,2	30,5	27,7
	w	43,0	42,2	44,5	40,3	42,8	40,5	38,9	37,3	34,1	31,8	30,6	27,9
	z	41,8	40,8	42,6	38,7	41,4	38,9	37,4	36,4	33,4	31,3	30,5	27,6
Japan	m	20,1	21,2	23,7	25,0	26,7	27,5	29,6	28,6	28,5	29,5	27,5	26,7
	w	18,1	18,6	20,0	20,6	22,7	23,5	24,7	24,0	24,5	24,5	23,4	22,6
	z	18,9	19,6	21,7	22,5	24,6	25,4	26,9	26,2	26,4	26,6	25,3	24,3

[a] Ab 1958 einschl. Saarland
[b] Ab 1960 einschl. Berlin (West)
[c] Bis 1959 nur weiße Bevölkerung, ab 1960 Gesamtbevölkerung

ebenso bei den *Eskimos* (*1,9%*), bei denen man gerne einen Zusammenhang zwischen seltenem Koronartod und Verzehr von Fischöl (drei ω-Fettsäuren) herzustellen versucht, in *Indonesien* (*1,5%*) und in *Singapur* (*1,6%*) usw. König (1991) bestätigt, daß auch in diesen genannten Ländern der Myokardinfarkt selten vorkommt. Er schreibt hierzu: *„Asiatische Bevölkerungen, auch die hochindustrielalisierte Japans, weisen eine deutlich niedrigere Inzidenz am Myokardinfarkt auf als die westlichen Länder.“* Hierbei spielt die Seltenheit der Verbreitung von Zuckerkrankheit als Risikofaktor möglicherweise nur eine Einzelrolle unter anderen Risikofaktoren und genetischen Momenten, aber möglicherweise doch eine sehr bedeutsame. Japan hat die niedrigste Rate an *Myokardinfarkten* und an *Diabetes mellitus*, wie aus Tabelle 14.2 hervorgeht. Auf der anderen Seite leiden Japaner (vor allem in Nordjapan) vermehrt unter essentieller *Hypertonie.* Sie führt dort selten zum Herzinfarkt, aber vorwiegend zum *Schlaganfall*, eine der Haupttodesursachen in Japan neben dem Magenkrebs. Als ich in Japan tätig war und einen renomierten Pathologen nach diesem Phänomen befragte, zeigte er mir die angeborenen ungewöhnlich zarten Gehirngefäße der Japaner, die daran Schuld seien und bemerkte: „Ihr Europäer und Amerikaner habt *Bleirohre im Kopf.*“ Dies zeigt, daß genetische Anlagen von großem Einfluß sein können und wie vorsichtig man die unterschiedliche Rolle der Risikofaktoren einschätzen muß.

Risikofaktor Hypertonie

Wer als Arzt noch die trostlose Periode der medizinischen Hochdruckbehandlung (überwiegend mit kochsalzarmer Kost) um 1952–1959 erlebt hat, bevor durchgreifend wirksame Medikamente wie Diuretika, Betablocker und Kalziumantagonisten eingeführt waren, wird sich sicher noch an das schreckliche Schicksal vieler Hypertoniker erinnern, welches der jüngeren Ärztegeneration heute völlig unbekannt ist. Ihnen drohte häufig Tod durch *Schrumpfnieren* mit Erbrechen bis zum Tod, Tod durch *Herzinfarkt* oder *Schlaganfall* oder eine tödliche *Herzinsuffizienz*. Es gab

Abb. 14.8. Ab 1972, besonders in den jüngeren Altersklassen, pro 100000 Einwohner bei Männern bereits ab dem 70.–75. Lebensdezennium und darunter starker Rückgang an Sterbefällen infolge von Hypertonie und Hochdruckkrankheiten. In den hohen Altersgruppen nehmen die Sterbefälle bei den 85- bis 90jährigen erst etwa ab 1979/1980 ab. Bei den über 90jährigen steigen sie seit 1984 aus zunächst noch unklaren Gründen wieder an. Auch hier gilt, desto jünger die Altersgruppen, desto früher gehen die Sterbefälle zurück

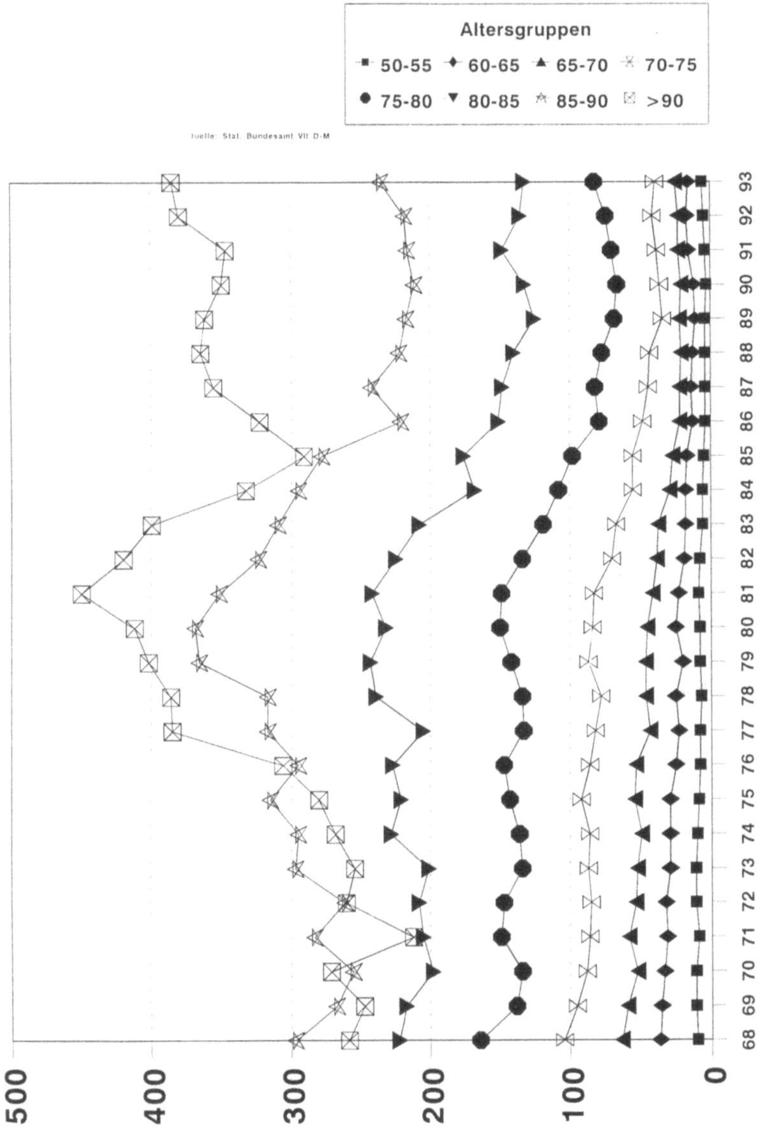
Altersgruppen
50-55
60-65
65-70
70-75
75-80
80-85
85-90
>90
Quelle: Stat. Bundesamt VII D-M
68 69 70 71 72 73 74 75 76 77 78 79 80 81 82 83 84 85 86 87 88 89 90 91 92 93
0
100
200
300
400
500

damals noch Erblindungen und Augenhintergrundsveränderungen vom Typ 3 und 4, von denen ich noch eine große Diapositivsammlung besitze.

Diese Krankheitsausgänge sind dank einer *hervorragenden Therapie* der *Hochdruckleiden* auf ein Minimum zurückgegangen. Nach einer Periode mit einem fast totalen Verschwinden der Hypertonieerkrankungen während der schlechten Ernährungsverhältnisse des zweiten Weltkrieges (näheres s. S. 302), begleitet vom Rückgang an Übergewicht und Fettsucht, erlangten viele ehemalige Hypertoniker nach 1948 wieder ihr altes Übergewicht zurück. Damit kehrte auch wieder die Bluthochdruckkrankheit als Risikofaktor für den Herzinfarkt zurück, die sich unter den schlechten Ernährungsbedingungen im Krieg *„auf Zeit"* verloren hatten (Abb. 14.8, 14.9, 14.10). Es gab im Krieg das Schlagwort, *daß die Hungerzeit den Hypertonikern und Diabetikern ein weiteres Lebensjahrzehnt geschenkt hätten.* Sofern die Hypertoniker nach 1948 nicht rasch wieder extrem abmagerten oder eine erfolgreiche Therapie mit Rauwolfiaalkaloiden, Guanethidin, Ganglienblockern etc. durchführten, drohte ihnen oft der oben geschilderte tödliche Ausgang. Mit dem Rückgang an Sterbefällen an Hypertonie in Westdeutschland, der langsam seit etwa 1968 begann, wurde ein wichtiger (Tabelle 14.7) Risikofaktor für die Koronarsklerose entschärft. *Der Rückgang erreichte in einzelnen Altersklassen von 1968* bis *1993 von 0–80 Jahren durchweg über 50% und Einzelfällen sogar 87,5%* (Tabelle 14.7).

Zur Rolle der Hypertonie als Risikofaktor

Der Rückgang an Sterbefällen an Hypertonie ist sicher kein Zeichen dafür, daß die Anlage dazu, und damit die *Hypertoniekrankheit* selbst, *seltener geworden wäre.* Nur ist die medizinische Therapie seit ca. 1968 so ungemein erfolgreich geworden, daß die Bluthochdruckkrankheit heute hervorragend behandelbar ist. Dadurch ist sie als Risikofaktor für den Myo-

Abb. 14.9. Ab 1968, besonders in den jüngeren Altersklassen, pro 100000 Einwohner bei Frauen ab dem 65.–70. Lebensdezennium und darunter starker Rückgang an Sterbefefällen infolge von Hypertonie und Hochdruckkrankheiten. In den hohen Altersgruppen nehmen die Sterbefälle bei den 70- bis 75jährigen erst etwa ab 1979/1980 ab, bei den über 90jährigen erst ab 1980. Aus zunächst noch unklaren Gründen steigen sie in den hohen Altersklassen ab 1990 wieder leicht an. Auch könnte als Erklärung die Öffnung der Grenzen zur alten DDR infrage kommen. Es gilt auch hier der Spruch, desto jünger die Altersgruppen, desto früher gehen die Sterbefälle zurück

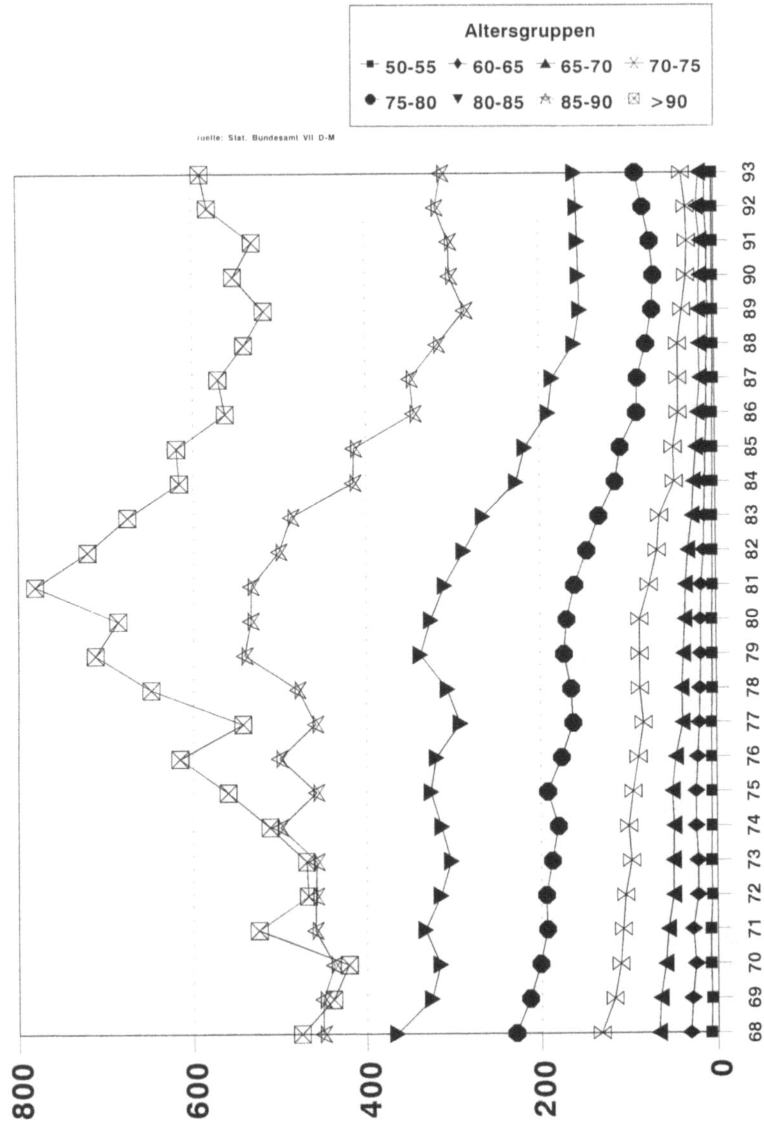
Altersgruppen
50-55
60-65
65-70
70-75
75-80
80-85
85-90
>90
uelle: Stat. Bundesamt VII D-M
800
600
400
200
0
68 69 70 71 72 73 74 75 76 77 78 79 80 81 82 83 84 85 86 87 88 89 90 91 92 93

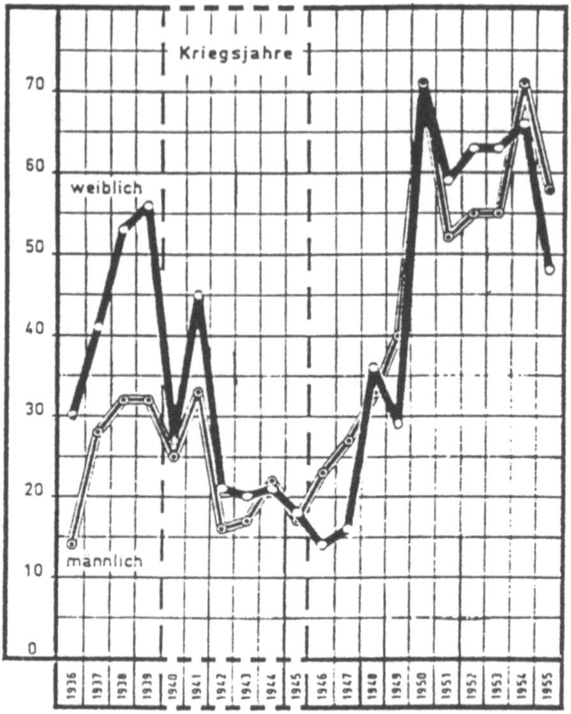

Abb. 14.10. Starker Abfall im Vorkommen von *essentieller Hypertonie* in der Medizinischen Universitätsklinik Bonn ab Kriegsbeginn 1939 bis etwa zur Währungsreform 1948. Mit dem Rückgang an körperlichem Übergewicht gehen unter der schlechten Ernährung die Hypertoniekrankheiten (und der Diabetes mellitus) drastisch zurück. In Ermanglung hochwertiger Geschmacksstoffe (Fette, Gewürze usw.) stieg der Kochsalzverbrauch (wie im 1. Weltkrieg) 1947 auf durchschnittlich ca. 33 g NaCl/Tag pro Person an. Trotzdem „verschwanden" die Hypertonien. Nach 1948 nahmen die Hypertoniefälle mit der gebesserten Ernährung und der Zunahme von Übergewicht wieder zu, während der Kochsalzkonsum wieder zurück ging. (Aus Holtmeier 1960)

kardinfarkt wesentlich entschärft worden. Das gleiche gilt, mit gewissen Einschränkungen, auch für den Diabetes mellitus.

Ihre große Rolle für die Entstehung der Koronarsklerose kann man der älteren Literatur namhafter *Pathologen* entnehmen, die noch vor 25 Jah-

Tabelle 14.7. Sterbefälle an Hypertonie und Hochdruckkrankheiten Pos.-Nr. 401 – 405 der ICD[a]. (Statistisches Bundesamt VII D – M)

Altersgruppen von . . . bis unter . . . Jahren	Geschlecht	1964/66	1968	Je 100000 Einwohner 1975	1979	1992	Zu- und Abnahme 1968 – 1992
Insgesamt	m	15,5	16,6	15,5	15,4	9,8	
	w	25,4	28,7	28,1	30,2	21,0	
	z	20,7	23,0	22,1	23,2	15,5	
unter 1[b]	m	–	–	–	–	–	
	w	0,0	0,2	–	–	0,3	
	z	0,0	0,1	–	–	0,1	
1 – 5	m	0,0	0,0	–	–	–	
	w	0,1	–	0,1	0,1	–	
	z	0,0	0,0	0,0	0,0	–	
5 – 10	m	0,0	0,0	0,0	0,1	–	
	w	–	0,1	0,2	0,1	0,1	
	z	0,0	0,1	0,1	0,1	0,0	
10 – 15	m	0,1	0,1	0,1	0,0	0,1	
	w	0,1	0,0	0,0	0,1	–	
	z	0,1	0,1	0,1	0,1	0,0	
15 – 20	m	0,1	0,2	0,1	0,1	0,1	
	w	0,1	0,3	0,0	0,0	–	
	z	0,1	0,3	0,1	0,1	0,0	
20 – 25	m	0,2	0,4	0,4	0,2	0,1	
	w	0,2	0,2	0,0	0,1	0,0	
	z	0,2	0,3	0,2	0,2	0,1	

Tabelle 14.7 (Fortsetzung)

Altersgruppen von ... bis unter ... Jahren	Geschlecht	1964/66	1968	Je 100000 Einwohner			Zu- und Abnahme 1968 – 1992
				1975	1979	1992	
25 – 30	m	0,4	0,6	0,5	0,3	0,1	
	w	0,3	0,3	0,3	0,3	0,2	
	z	0,4	0,5	0,4	0,3	0,2	
30 – 35	m	0,8	1,2	1,0	0,9	0,3	– 75,0%
	w	0,5	0,8	0,6	0,5	0,1	– 87,5%
	z	0,7	1,0	0,8	0,7	0,2	
35 – 40	m	1,5	2,3	1,4	0,7	0,6	– 74,0%
	w	1,1	1,5	1,4	0,7	0,7	– 53,4%
	z	1,3	1,9	1,4	0,7	0,6	
40 – 45	m	2,8	3,9	2,6	2,2	1,2	– 69,3%
	w	1,9	2,4	2,5	1,5	0,7	– 70,8%
	z	2,3	3,1	2,6	1,8	1,0	
45 – 50	m	5,9	7,0	6,0	5,8	2,6	– 62,9%
	w	3,4	4,5	4,2	3,3	1,3	– 71,2%
	z	4,4	5,5	5,1	4,6	2,0	
50 – 55	m	10,9	10,7	9,5	8,2	5,0	– 53,3%
	w	6,6	8,5	6,3	5,4	2,2	– 74,1%
	z	8,5	9,4	7,6	6,7	3,6	
55 – 60	m	20,4	21,9	19,4	14,2	9,5	– 56,7%
	w	14,3	14,9	11,2	10,4	4,1	– 72,5%
	z	17,0	17,9	14,5	11,9	6,8	

60 – 65	m	36,1	36,5	29,7	20,7	17,2	– 52,9%
	w	32,8	30,9	24,7	18,1	10,0	– 67,6%
	z	34,3	33,4	26,7	19,1	13,5	
65 – 70	m	63,3	63,7	54,1	46,7	22,8	– 64,3%
	w	64,0	67,4	51,6	38,3	20,5	– 69,6%
	z	63,7	65,9	52,6	41,6	21,5	
70 – 75	m	99,7	104,3	92,2	87,8	38,7	– 62,9%
	w	124,3	132,0	95,7	87,2	35,1	– 73,8%
	z	115,1	121,8	94,3	87,4	36,4	
75 – 80	m	158,5	164,4	143,1	142,6	79,1	– 51,9%
	w	223,6	229,2	192,4	173,4	86,2	– 62,4%
	z	199,1	206,3	175,6	162,4	– 83,9	
80 – 85	m	207,1	222,1	221,5	243,2	134,8	– 39,3%
	w	342,1	365,8	326,6	338,7	154,6	– 57,7%
	z	290,4	314,2	294,7	310,5	148,8	
85 – 90	m	241,8	297,3	315,7	366,5	216,0	– 27,3%
	w	411,9	451,6	458,7	541,5	310,5	– 31,2%
	z	347,9	396,0	414,8	493,8	285,9	
90 und älter	m		258,6	430,7	402,6	379,9	+ 31,9%
	w		476,8	560,9	712,8	567,4	+ 16,0%
	z		401,3	519,2	622,5	527,6	

[a] Internationale Klassifikation der Krankheiten
[b] Je 100000 Lebendgeborene

ren stets auf die bedeutsame ursächliche Verbindung zwischen *Hypertonie* und *Koronargefäßtod* verwiesen haben.

Als erster hat der Pathologe Aschoff mit Torhorst 1904 (zitiert nach Liebegott 1965) darauf verwiesen, daß die Pulmonalsklerose Folge der chronischen *Hypertension* im kleinen Kreislauf ist. Linzbach verwies 1944 (zitiert nach Liebegott 1965) auf die besondere Bedeutung der chronischen *Blutdruckerhöhung* für die Entwicklung von Ernährungsstörungen der Gefäßwand und damit für die Entstehung der Arteriosklerose hin. Der Hochdruck führt zu einem Dickenwachstum der Arterienwand sowohl der Intima als auch der Media. Diese Anpassung geht mit einer vermehrten Bildung von elastischen Fasern, einer Zunahme der glatten Muskulatur usw. einher. Wenn die kritische Schichtdicke der Gefäßwand überschritten wird, ist ihre optimale Ernährung nicht mehr möglich. Es folgt der Untergang der glatten Zellen der Media, ein Ersatz durch kollagene Fasern, also eine Mediasklerose. In der Intima führen Ernährungsstörungen ebenfalls zu Stoffwechselstörungen der Grundsubstanz und zum Intimaödem, dem Initialstadium der Arteriosklerose (Liebegott 1965). Einen ähnlichen Verlauf nehmen Druckstörungen auf die Gefäße, die durch körperliche Arbeit verursacht werden (Strümpel 1922), die eingangs (Seite 47) genannt wurden. Nach Stehbens 1994 ist die Atherosklerose im wesentlichen eine „Erkrankung haemodynamischen Ursprungs" (Seite 55).

Zwei Drittel aller plötzlichen Koronartodesfälle entfielen noch vor ca. 30 Jahren (Liebegott 1965) auf Hypertoniker. Wollheim (1963) und Mörl (1964) stellten fest: *„70% aller Infarktpatienten sind Hypertoniker, nach autoptischen Befunden sogar 93%*, (Kanther 1963). *Die hypertonische Koronarsklerose ist der Grund für das häufige Auftreten des Myokardinfarktes beim Hochdruckkranken.* „Wie an den Kranzarterien des Herzens sieht man beim Hypertoniker auch an den extrazerebralen Arterien des Gehirns eine bis in die Peripherie reichende Arteriosklerose" (Liebegott 1965). Die Meinung der Pathologen wird auch von namhaften Klinikern geteilt. Hauss et al. (1965) vermerken hierzu: *„Die Korrelation zwischen Hochdruck und Herzinfarkt wird von fast allen Autoren anerkannt. Die Angaben darüber, wie häufig dem Infarktereignis ein Hochdruck vorausgeht, schwankt zwischen 28% und 69%* " (Tabelle 14.8). „Bei etwa 50% der Herzinfarktpatienten ist vor Eintritt des Infarktes eine Hypertonie anzunehmen." Zu einem ähnlichen Ergebnis kommt Stehbens 1994 (Seite 55).

Diese Aussagen gelten vornehmlich für die in *Deutschland* weit verbreitete *essentielle Hypertonie* und *nicht für Völker*, die (genetisch bedingt), seltener an Bluthochdruckkrankheit leiden (vgl. Tabelle 14.6). In Japan gibt es bekanntlich viele Hypertoniker, aber wegen der angeborenen Zartheit der Gehirngefäße äquivalente Mengen an Schlaganfällen und nur sehr selten tödliche Herzinfarkte (Seite 298).

Tabelle 14.8. Prozentuales Vorkommen von Bluthochdruck bei Herzinfarktpatienten. (Nach Hauss und Junge Hülsing 1965)

Autor	Hochdruck in % der Infarktfälle
Bean	49,3
Conner und Holt	33,9
Fisher und Zuckerman	65,5
Howard	28,0
Levine und Brown	40,0
Master und Mitarbeiter	69,0
Parkinson und Bredford	49,0
Rathe (51)	63,0
Rosenbaum und Levine	57,0
Smith und Mitarbeiter	41,0
White and Bland	34,0

Risikofaktor Nikotinabusus

Rauchen ist neben der *genetischen Veranlagung* der *„Risikofaktor Nr. 1"* (US DHHS 1989) für die Genese der Arteriosklerose. In den USA schätzt man, daß in der Gruppe der über 65jährigen 21% der Infarkttoten auf das Konte der Raucher geht, und in der Gruppe der unter 65jährigen sogar 45% (vgl. mit den „klassischen Risikofaktoren" für die Artherosklerose, Seite 278).

Wie oben diskutiert, wird zur Entstehung der Arteriosklerose eine chronische Verletzung gefordert. Beim Rauchen führen wahrscheinlich die im Blut gelösten Stoffe des Tabaks zur chemischen Verletzung des Endothels, Krupski et al. (1987) konnten an Rauchern (Tabelle 14.9) einen Endothelschaden nachweisen, wobei bereits der Genuß von zwei Zigarren zu einer Verdoppelung der losgelösten Endothelzellen im Blutstrom führte (Davis et al. 1985). Der Surgeon General's Report (1990) über die Gefahren des Rauchens auf die Gesundheit stellt sehr anschaulich eine Zunahme der Infarktmortalität mit der Anzahl der gerauchten Zigaretten dar (Abb. 14.11 und Abb. 14.12). Das Infarktrisiko sinkt bei Exrauchern mit dem Abstand der Jahre erheblich ab (Tabelle 14.1) (Rosenberg et al. 1985).

Tabelle 14.9. Verbrauch an Tabakwaren in Deutschland (ehem. BRD) 1976–1989. (Aus Daten des Gesundheitswesens, 1991, Bd. 3, Schriftenreihe des Bundesministers für Gesundheit)

Erzeugnis	Einheit	Insgesamt				Einheit	Je potentiellen Verbraucher[a]			
		1976	1986	1988	1989		1976	1986	1988	1989
Zigaretten	Mill. St.	129401	117503	117807	120539 (–6,8%)	St.	2659	2260	2240	2283 (–14,1%)
Zigarillos	Mill. St.	2464	1531	812	1221 (–50,4%)	St.	51	30	15	23 (–54,9%)
Zigarren	Mill. St.			501					10	

[a] Personen im Alter von 15 Jahren und mehr

[b] Errechnet aus dem Jahresdurchschnitt der Bevölkerung. Den Angaben für 1987 und 1988 liegt die durch die Volkszählung vom 27. 5. 1987 ermittelte Einwohnerzahl zugrunde

Quelle: Bundesminister für Ernährung, Landwirtschaft und Forsten, Bonn

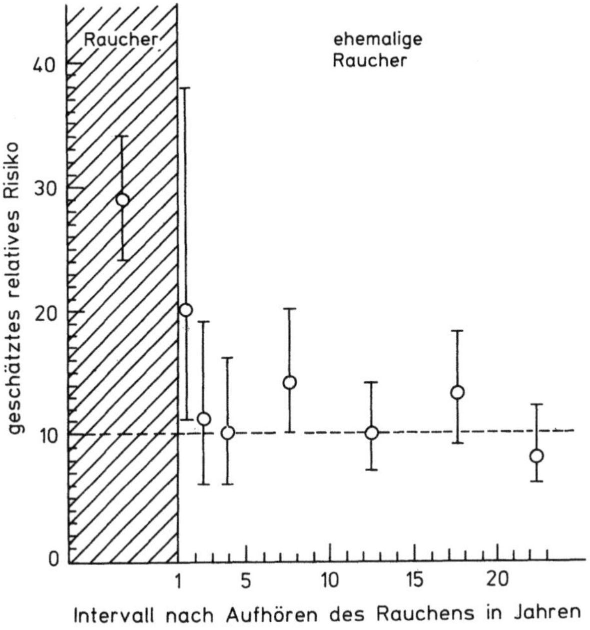

Abb. 14.11. Geschätztes relatives Risiko eines Myokardinfarktes, der noch nach dem Aufhören des Rauchens auftritt (unter 55 Jahren). Das relative Risiko von Nichtrauchern ist 1,0 (gestrichelte, horizontale Linie). (Aus Rosenberg 1985)

Zusammenfassung

Zusammenfassend läßt sich sagen, daß in Deutschland mit dem Rückgang der Sterbefälle an *Diabetes mellitus* (ab 1973) und an *Hypertonie* (ab 1968) zwei *klassische Risikokrankheiten* für die Entwicklung der Koronarsklerose und des tödlichen Herzinfarktes, der seit 1977–1979 im Schwinden begriffen ist (Tabelle 11.2) maßgeblich entschärft wurden. Da beim männlichen Geschlecht auch der *Zigarettenkonsum* seit Jahren, in Deutschland etwa um 14,1%, in den USA um 28%, als weiterer Risikofaktor (Tabelle 13.11) zurückgegangen ist, trägt auch dieser Umstand zum Rückgang der Koronarmortalität bei. Der beachtliche Rückgang an den drei wichtigsten Risikofaktoren für die Entstehung der Koronarsklerose trägt wesentlich dazu bei, den massiven Rückgang an Sterbefällen durch Myokardinfarkt seit 1977–1979 zu erklären. Zum Blutcholesterinspiegel

Tabelle 14.10. Gesundheitswesen (Internationale Übersichten)*. Sterbefälle nach ausgewählten Todesursachen

Todesursache	Bundesrepublik Deutschland 1987	Deutsche Demokratische Republik und Berlin (Ost) 1987	Frankreich 1986	Griechenland 1986	Großbritannien und Nordirland 1987	Irland 1986	Italien 1988
Je 100000 Einwohner							
Diabetes mellitus	18,5	36,0	12,3	10,2	14,5	8,2	31,3
Krankheiten des Kreislaufsystems darunter:	560,1	750,2	352,6	460,6	544,1	463,5	429,0
Hypertonie und Hochdruckkrankheiten	15,8	97,7	9,8	5,4	7,3	8,0	26,5
Akuter Myokardinfarkt	130,4	51,1	70,7	74,4	206,8	198,2	72,8
Sonstige ischämische Herzkrankheiten	93,4	140,3	27,2	23,7	106,2	50,3	48,4

Todesursache	Luxemburg 1988	Niederlande 1987	Portugal 1988	Sowjetunion 1987	Pos.-Nr. der ICD
Diabetes mellitus	12,8	24,4	21,3	3,9	250
Krankheiten des Kreislaufsystems darunter:	492,5	346,7	423,8	556,8	390–459
Hypertonie und Hochdruckkrankheiten	11,8	5,4	7,0	5,4	401–405
Akuter Myokardinfarkt	76,7	129,9	64,1	32,1	410
Sonstige ischämische Herzkrankheiten	73,8	34,4	21,2	274,4	411–414

Todesursache	Spanien 1986	Schweiz 1990	Ehem. Sowjetunion 1990	Ägypten 1987	Argentinien 1987	Kanada 1989	Mexiko 1986
Diabetes mellitus	22,0	20,6	6,3	8,6	17,4	14,8	29,1
Krankheiten des Kreislaufsystems darunter:	363,3	424,0	547,0	303,7	357,7	295,9	92,0
Hypertonie und Hochdruckkrankheiten	5,6						
Akuter Myokardinfarkt	60,9		34,2	0,2	54,6	94,7	19,1
Sonstige ischämische Herzkrankheiten	21,6	157,4 (410–414)	285,8 (410–414)	15,7 (410–414)	80,7 (410–414)	173,3 (410–414)	24,7 (410–414)

Todesursache	Vereinigten Staaten 1987	Japan 1988	Australien 1988	Pos.-Nr. der ICD
Diabetes mellitus	15,8	7,9	12,1	250
Krankheiten des Kreislaufsystems darunter:	397,9	249,6	333,2	390–459
Hypertonie und Hochdruckkrankheiten	12,9	8,4		401–405
Akuter Myokardinfarkt	104,2	25,9	130,5	410
Sonstige ischämische Herzkrankheiten	106,2	15,6	191,0 (410–414)	411–414 (410–414)

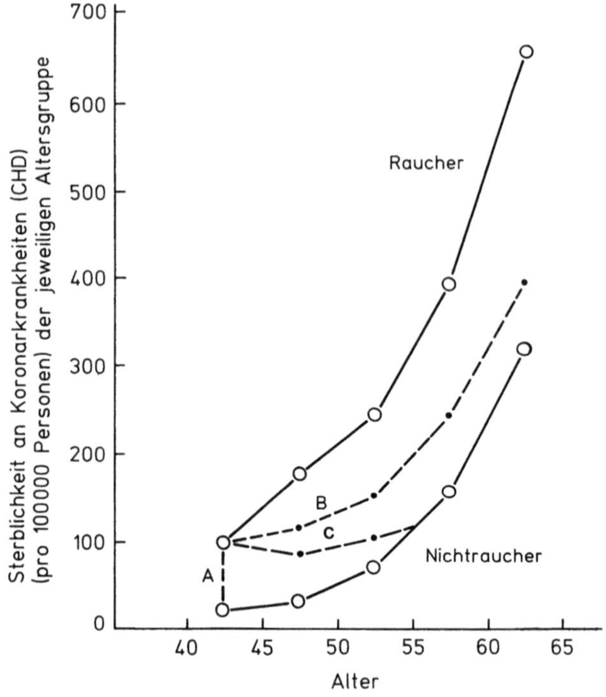

Abb. 14.12. Hypothetischer Effekt bezüglich der Gefahr des Auftretens der koronaren Herzkrankheit (CHD) nach Stoppen des Rauchens (**A** Gefahr ist rapid rückläufig, **B** irreversibel und **C** langsam rückläufig). Die Abbildung zeigt die Sterblichkeit an Koronarkrankheiten (CHD) für Männer in der Studie II für Krebsvorsorge der amerikanischen Krebsgesellschaft von 1982–1987 (ACS CPS-II, Am Cancer Soc, Cancer Prevention Study II). (Quelle: Unveröffentlichte Darstellung der American Cancer Society)

läßt sich in Westdeutschland lediglich eine negative Korrelation feststellen. Er stieg signifikant von 1984 bis 1989 an (Tabele 8.4), während die koronaren Todesfälle gleichzeitig zurückgingen.

Entwicklung in den letzten 50 Jahren

Vor dem zweiten Weltkrieg gab es in Deutschland viele *essentielle Hypertoniker und Diabetiker.* Unter den schlechten Lebens- und Ernährungsbedingungen des zweiten Weltkrieges, insbesondere in der Hungerzeit von

1945–1948 *gingen beide Krankheiten extrem zurück.* Gleichzeitig ging der *Myokardinfarkt* extrem zurück. Nach 1948 (Währungsumstellung und Ende der Hungerperiode) nahmen unter den gebesserten Ernährungsbedingungen, begleitet von einem Anstieg von Übergewicht, beide *Risikokrankheiten* für die Koronarsklerose *wieder stark zu.* Nach dem zweiten Weltkrieg wurden weltweit hochwirksame Therapeutika entwickelt, die zu einem *massiven Rückgang* der Sterbefälle an den *Risikokrankheiten* für die Koronarmortalität, Hypertonie und Diabetes mellitus, führten. Gleichzeitig ging der Risikofaktor *Nikotinabusus* stark zurück. Seither senken sich auch wieder deutlich die Todesfälle am Myokardinfarkt in Westdeutschland.

Der Rückgang der Sterbefälle am Koronarversagen wurde nicht etwa durch den Beschluß der Bevölkerung herbeigeführt, das Körpergewicht zu reduzieren oder sich künftig wieder gesünder zu ernähren und vernünftiger zu leben (ausgenommen der Tatsache, daß sich viele Männer entschlossen, weniger zu rauchen), sondern wurde fast *unerwartet auf dem Weg über die Entwicklung hochwirksamer Medikamente* und Therapiemaßnahmen gegen die Risikokrankheiten erreicht, die etwa ab 1968 in der Hypertoniebehandlung und ca. fünf Jahre später in der Therapie des Diabetes mellitus zu einem *drastischen Rückgang an Sterbefällen* an diesen beiden *Risikokrankheiten* führten. Nach einem notwendigen zeitlichen Vorlauf, in dem die Sterbefälle an diesen Risikokrankheiten zurückgingen, begann sich die erste Rückläufigkeit bei den tödlichen Koronarleiden bereits ab 1976 bemerkbar zu machen (Tabelle 10.5).

In diesem Konzept haben die unterschiedlichen genetischen Anlagen der einzelnen Menschen nicht immer eine ausreichende Würdigung gefunden. Wir wissen, daß es Fälle von tödlichem Koronarinfarkt bei Personen gibt, die normalgewichtig sind, nicht zu viel und nicht falsch essen, sich körperlich bewegen, keine Anzeichen eines Risikofaktors tragen und trotzdem einer Koronarsklerose erliegen.

Jede Risikokrankheit oder -Faktor kann, alleine für sich gesehen, die Koronarsklerose auslösen, und in seltenen Fällen vermögen dies möglicherweise auch eine ganze Reihe anderer Krankheitszustände, die sich schädigend auf die Gefäßwände der Koronarien auswirken und zur Ischämie der Herzkranzgefäße führen, die z. B. in der ICD-Systematik unter der Nr. 410–414 zusammengefaßt sind (Tabelle 11.1). Die Zukunft wird zeigen, ob die hier aufgezeigten Hypothesen weiterhin Bestand haben.

15 Rückgang von Risikokrankheiten und -faktoren in 2 Weltkriegen

Deutschland hat in zwei Weltkriegen (1914–1918 und 1939–1945) und den Hungerzeiten danach (bis 1948) die Folgen eines totalen Zusammenbruchs der Lebens- und Ernährungsverhältnisse erlebt, die u.a. mit einem massiven Rückgang an „Wohlstandskrankheiten" (ab ca. 1943) einhergingen. Die Verhältnisse besserten sich langsam wieder nach 1948 (nach der Währungsreform), als in Deutschland eine bessere Ernährung usw. einsetzte. Wir müssen uns mit den Auswirkungen kurz befassen, weil in den Hungerzeiten auch eine Senkung des Serumcholesterinspiegels von normalerweise (Erwachsenenalter) um 240 mg% auf Werte um $161 \pm 2{,}3$ bei Männern und $172 \pm 2{,}9$ mg% bei Frauen (vgl. Schettler 1955) eintrat (Tabelle 7.5), der von einigen Autoren mit dem Rückgang der Herzinfarktmortalität in Zusammenhang gebracht wird.

Die HMG-CoA-Reduktase steuert den Cholesterinspiegel auch unter Hungerzuständen

Unter Hungerzuständen reduziert sich die Aktivität des Schlüsselenzyms HMG-CoA-Reduktase (Löffler und Petrides 1990) dessen Position in Abb. 1.5 dargestellt ist, wodurch es zur Abnahme der Biosynthese von Cholesterin kommt, aber auch zur Einflußnahme auf die Isoprenoide, die bei Wachstum, Zelldifferenzierung, Proteinglykosilierung usw. eine Rolle spielen. Auch kann eine Änderung bei den Endprodukten des Cholesterins z.B. den Nebennierenrindensteroiden oder den Sexualhormonen auftreten. Sexuelle Impotenz bis hin zur Suizidgefahr treten gelegentlich bei Männern auf, die eine zu drastische Abmagerungskur durchführen. Die Änderungen sind multifaktoriell und lassen keine genaueren Rückschlüsse auf die Wirkung einzelner Stoffe zu. Es gilt jedoch wissenschaftlich als erwiesen, daß in Hungerzuständen ein Rückgang von Risikokrankheiten, die Atherosklerosegenese betreffend, zu beobachten ist wie z.B. bei der Hypertonie, dem Diabetes mellitus im zweiten Weltkrieg.

Verschlechterung der Ernährung im Weltkrieg

In Deutschland verschlechterte sich die Ernährung ab 1939 zunehmend. Man mußte anfangs noch nicht hungern (der schwere Hunger setzte erst nach dem verlorenen Krieg ab Mitte 1945 ein (Tabelle 15.2 und 15.3). Der Bürger bekam im Durchschnitt z. B. 1943 (Tabelle 15.1) noch um 2050 kcal täglich zu essen (Bedarf von weiblichen Leichtarbeitern ca. 2100 kcal und von männlichen ca. 2600 kcal/Tag). Im Krieg war die Benutzung von Automobilen durch die Zivilbevölkerung im allgemeinen verboten. Man mußte sich wieder körperlich bewegen. Die Nahrungsmittel, die man für Lebensmittelkarten (Abb. 15.1) bekam, reichten nicht aus. Dies offenbarte sich im Verschwinden von Übergewicht und Verbreitung von Untergewicht. Fettreiche Nahrungsmittel wie Butter, Speck usw. wurden extrem rar. Dafür nahm der Kochsalzkonsum (Tabelle 15.4) als Geschmacksstoff hohe Ausmaße zu. Er stieg 1945–1947 (berechnet nach Steuerzahlungen auf Speisesalz) bis auf ca. 32 g täglich pro Kopf (Holtmeier 1992) an. Trotz des Kochsalzanstieges ging die Anzahl an Bluthochdruckkrankheiten

Tabelle 15.1. Lebensmittelrationierung und Berechnung der Nährwertträger 1943 (5. 4. 43 – 2. 5. 43, 48. ZP) (aus Holtmeier 1986)

Nahrungsmittel	Total (g)	Protein (g)	Fett (g)	KH (g)	Kalorien (kcal)
Brot	321,00	26,96	3,210	154,72	802,5
Fleisch	50,00	10,08	4,135	0,00	83,5
Koch- u. Bratfett	30,00	0,12	27,948	0,04	261,6
Käse 30%	5,00	1,32	0,810	0,17	14,0
Magerquark	5,00	0,67	0,012	0,20	3,8
Milch 1,5%	157,00	5,25	2,512	7,37	76,9
Getreideprodukte	21,00	2,30	0,592	15,25	80,0
Zucker	32,00	0,00	0,000	31,93	126,0
Marmelade	25,00	0,15	0,025	17,50	68,0
Kartoffeln	500,00	10,25	0,550	92,50	435,0
Ei	5,00	0,64	0,560	0,03	8,3
Gemüse	211,00	3,67	0,506	13,29	71,7
Fisch	10,00	1,77	0,040	0,00	8,0
Hülsenfrüchte	0,00	0,00	0,000	0,00	0,0
Frischobst	21,00	0,16	0,060	2,41	10,9
Summe		63,38	40,962	335,45	2050,4
Kalorien		259,88	380,946	1375,38	
Nährwertrelation in %		12,88	18,894	68,21	

Tabelle 15.2. Lebensmittelrationierung und Berechnung der Nährwertträger 1945 (2. 4. 45 – 29. 4. 45, 74. ZP) (aus Holtmeier 1986)

Nahrungsmittel	Total (g)	Protein (g)	Fett (g)	KH (g)	Kalorien (kcal)
Brot	357,00	29,98	3,570	172,07	892,5
Fleisch	48,00	9,67	3,969	0,00	80,1
Koch- u. Bratfett	24,00	0,10	22,358	0,03	209,2
Käse 30%	12,00	3,16	1,944	0,42	33,6
Magerquark	0,00	0,00	0,000	0,00	0,0
Milch 1,5%	146,00	4,89	2,336	6,86	71,5
Getreideprodukte	14,00	1,53	0,394	10,16	53,3
Zucker	74,00	0,00	0,000	73,85	291,5
Marmelade	43,00	0,25	0,043	30,10	116,9
Kartoffeln	286,00	5,86	0,314	52,91	248,8
Ei	3,00	0,38	0,336	0,02	5,0
Gemüse	161,00	2,80	0,386	10,14	54,7
Fisch	11,00	1,94	0,044	0,00	8,8
Hülsenfrüchte	0,00	0,00	0,000	0,00	0,0
Frischobst	2,00	0,01	0,005	0,23	1,0
Summe		60,63	35,702	356,81	2067,3
Kalorien		248,60	332,034	1462,94	
Nährwertrelation in %		12,16	16,247	71,58	

(Abb. 10.8) extrem zurück. Zugleich schwand jedoch Übergewicht als auslösender Risikofaktor für die Hypertonie und Zuckerkrankheit. Parallel dazu gingen die Todesfälle am Herzinfarkt stark zurück, über welche vereinzelt bei jungen Piloten an der Front berichtet wurde, die zumeist stark geraucht hatten. Man kann ungefähr das Jahr *1943* als *Schnittpunkt* ausmachen, von dem an die Masse der ernährungsbeeinflußbaren Wohlstands- und Risikokrankheiten weitgehend verschwunden war (vgl. Abb. 14.1 und 14.2).

Schwächung des Immunsystems unter Hungerzuständen

Mit dem Hungern trat offenbar auch eine Schwächung des Immunsystems ein, in dessen Folge zahlreiche Infektionskrankheiten zunahmen, so die Tuberkulose (Abb. 15.2 und 15.3), aber auch rheumatische Krankheiten. Am Ende lag die Gesamtsterblichkeit nicht niedriger als zuvor (weil es damals noch keine Antibiotika u. a. hochwirksame Mittel gab), obwohl die Risikokrankheiten für die Atherosklerose stark rückläufig waren. Die Ein-

Tabelle 15.3. Lebensmittelrationierung und Berechnung der Nährwertträger 1947 (28. 4. 47 – 25. 5. 47, 101. ZP) (aus Holtmeier 1986)

Nahrungsmittel	Total (g)	Protein (g)	Fett (g)	KH (g)	Kalorien (kcal)
Brot	214,00	17,976	2,140	103,148	535,0
Fleisch	21,00	4,233	1,736	0,000	35,0
Koch- u. Bratfett	7,00	0,030	6,521	0,010	61,0
Käse 30%	4,00	1,056	0,648	0,140	11,2
Magerquark	0,00	0,000	0,000	0,000	0,0
Milch 1,5%	107,00	3,584	1,712	5,029	52,4
Getreideprodukte	21,00	2,305	0,592	15,250	80,0
Zucker	18,00	0,000	0,000	17,964	70,9
Marmelade	0,00	0,000	0,000	0,000	0,0
Kartoffeln	82,00	1,681	0,090	15,170	71,3
Ei	12,00	1,548	1,344	0,084	20,0
Gemüse	111,00	1,931	0,266	6,993	37,7
Fisch	0,00	0,000	0,000	0,000	0,0
Hülsenfrüchte	0,00	0,000	0,000	0,000	0,0
Frischobst	0,00	0,000	0,000	0,000	0,0
Vollmilchpulver	0,00	0,000	0,000	0,000	0,0
Trockengemüse	0,00	0,000	0,000	0,000	0,0
Eipulver	0,00	0,000	0,000	0,000	0,0
Trockenobst	0,00	0,000	0,000	0,000	0,0
Suppenerzeugnisse	0,00	0,000	0,000	0,000	0,0
Erdnußmasse	0,00	0,000	0,000	0,000	0,0
Summe		34,346	15,050	163,788	974,7
Kalorien		140,820	139,971	671,533	
Nährwertrelation in %		14,786	14,697	70,515	

schränkungen, welche die Menschen betrafen, waren stets *multifaktorieller Natur* und auch ihre Auswirkungen auf Krankheiten. Das Automobilfahren wurde verboten, weil Benzin für die Front benötigt wurde. Man mußte wieder Fahrrad fahren und sich körperlich bewegen. Es gab so gut wie keine Süßigkeiten, keine alkoholischen Getränke und keine Zigaretten mehr, also auch keinen Nikotinabusus. Man mußte sich mäßig ernähren, um hier nur einige wichtige Punkte zu nennen. Man mußte unfreiwillig über viele Jahre hinweg eine, man könnte fast sagen, extrem *„gesunde" Lebensweise und Ernährung* befolgen, während die erbabhängigen Risikokrankheiten wie Diabetes mellitus, essentielle Hypertonie, Gicht u.a. und die durch sie mit ausgelöste Koronarsklerose nebst Herzinfarkt weitgehend verschwanden.

Tabelle 15.4. Übersicht über den *Kochsalzverbrauch* (nicht Verzehr) in Deutschland (errechnet nach versteuertem Speisesalzverbrauch und Stat. Jahrbüchern)

1870	21,09	1905	21,36		1951	19,12
1871	21,64	1906	21,36		1952	18,82
1872	20,82	1907	21,64		1953	19,12
1873	21,36	1908	21,09		1954	17,89
1874	21,91	1909	21,36		1955	18,63
1875	21,36	1910	21,91		1956	17,04
1876	21,36	1911	20,82		1957	17,26
1877/78	21,36	1912	21,64		1958	16,21
1878/79	21,09	1913	22,19		1959	15,83
1879/80	21,09				1960	16,21
1880/81	21,09	1914	23,83		1961	15,83
1881/82	20,82	1915	24,31		1962	15,75
1882/83	21,36	1916	29,86	1. Weltkrieg	1963	16,38
1883/84	21,36	1917	37,26		1964	15,20
1884/85	21,09	1918	25,47		1965	15,12
1885/86	20,82				1966	15,17
1886/87	21,09	1919	27,67		1967	15,15
1887/88	20,82	1920	26,84		1968	15,56
1888/89	21,09	1921	26,01		1969	15,69
1889/90	20,27	1922	36,16		1970	15,80
1890/91	21,09	1923	27,12		1971	15,61
1891/92	21,09	1924	21,64		1972	15,23
1892/93	20,82	1925/26	26,82		1973	15,34
1893/94	20,82				1974	15,45
1894/95	21,09	1932/33	8,2		1975	15,42
1895/96	21,36	1933/34	19,36		1976	15,56
1896/97	21,36	1934/35	20.27		1977	15,83
1897/98	21,09	1935/36	20,00		1978	15,80
1899	21,64	1936/37	20,27		1979	16,30
1900	21,09	1937/38	20,27		1980	15,69
1901	20,82			Hungerzeit	1981	16,08
1902	21,36	1945/47	32,0	2. Weltkrieg	1982	16,08
					1983	15,78
1903	21,64	1948	18,57			
1904	20,54	1949	16,71			
		1950	18.08			

Quelle: Statistische Jahrbücher für das Deutsche Reich 1887, 1898, 1904, 1909, 1915, 1919, 1923, 1924/25, 1926, 1934, 1936, 1937, 1938
Statistisches Jahrbuch über Ernährung, Landwirtschaft und Forsten der Bundesrepublik Deutschland 1952 ff. (Aus Holtmeier 1986)

500 g Brot oder 375 g Mehl 24. 7. - 20. 8. 44 F 65
500 g Brot oder 375 g Mehl 24. 7. - 20. 8. 44 E 65
500 g Brot oder 375 g Mehl 24. 7. - 20. 8. 44 D 65
500 g Brot oder 375 g Mehl 24. 7. - 20. 8. 44 C 65

Besser und gesunder ist Vollkornbrot! Achtet auf die Gütemarke!

Reichsbrotkarte A für Jugendliche von 10 bis 20 Jahren

Jgd 65 I

Gültig vom 24.7. bis 20.8.1944

von 10 bis zu 20 Jahren

Landes-Ernährungsamt Württemberg

Name:

Wohnort:

Straße:

Nicht übertragbar! Ohne Namenseintragung ungültig!

50 g Brot R 24. 7. bis 20. 8. 44 65 (12 ×)

500 g Brot R 14. 8. – 20. 8. 44 IV b 65
500 g Brot R 7. 8. – 20. 8. 44 III b 65
500 g Brot R 31. 7. – 20. 8. 44 II c 65
500 g Brot R 14. 8. – 20. 8. 44 IV a 65
500 g Brot R 7. 8. – 20. 8. 44 III a 65
500 g Brot R 31. 7. – 20. 8. 44 II b 65
500 g Brot R 24. 7. – 20. 8. 44 I b 65
500 g Brot oder 375 g Mehl R 24. 7. – 20. 8. 44 B 65
500 g Brot oder 375 g Mehl R 24. 7. – 20. 8. 44 A 65
500 g Brot R 31. 7. – 20. 8. 44 II a 65
500 g Brot R 24. 7. – 20. 8. 44 I a 65

Abb. 15.1. Lebensmittelkarte

Erst als nach 1948 wieder langsam eine bessere, ja überreichliche, Ernährung und Übergewicht auftraten, welche die Risikokrankheiten Hypertonie und Zuckerkrankheit wieder „aktivierten“ und der Nikotinabusus wieder Einzug hielt, kehrte auch der tödliche Herzinfarkt zurück. In den 70er Jahren gelang es erstmals, die Zahl der Sterbefälle an Hypertonie, Diabetes mellitus usw. durch eine erfolgreiche Therapie mit modernen Medikamenten zum Rückzug zu bewegen, dem auch ein Rückgang der Todesfälle an Herzinfarkten folgte. Hierzu trug sicher auch der Rückgang des Nikotinabusus beim männlichen Geschlecht mit bei. Im Grunde

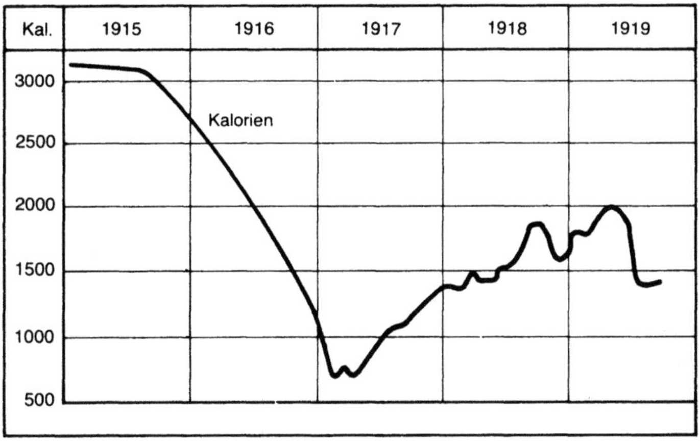

Abb. 15.2. Graphische Darstellung des drastischen Rückgangs in der Versorgung mit Kalorien im 1. Weltkrieg mit Tiefstand 1916/17. (Nach Rubner 1928) (Aus Holtmeier 1986)

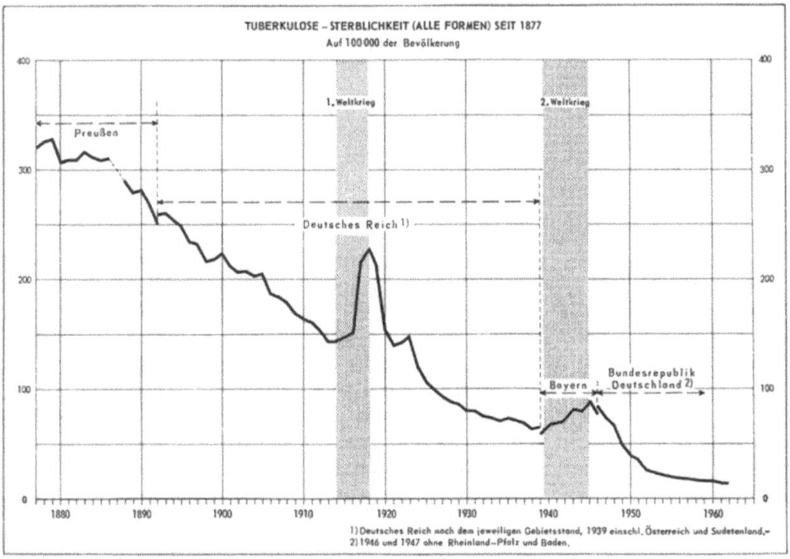

Abb. 15.3. Rückgang der Tuberkulose in Deutschland (Aus Gesundheitswesen 1963)

genommen wurde der Rückgang der Koronarsterblichkeit in neuerer Zeit durch die inzwischen etablierte moderne Pharmakotherapie eingeleitet. 30 Jahre zuvor wurde der Rückgang der „Wohlstandskrankheiten" im zweiten Weltkrieg auf natürlichem Weg über die Beschränkung von Lebensweise und Ernährung erreicht. Eine ursächliche Verbindung zum Cholesterin läßt sich aus diesen Vorgängen nicht ableiten.

Erbabhängige Krankheiten „ruhten" in Hungerzeiten

Hier soll auf das Buch *„Überlebensernährung"* (Holtmeier 1986) verwiesen werden, das sich auch mit der Hungerzeit im ersten Weltkrieg 1914–1918 befaßt. Spätestens, als 1917 die erste große Hungersnot (*„Steckrübenwinter"*) eintrat (Tabelle 15.5, Abb. 15.2), waren alle sog. „Risiko- und Wohlstandskrankheiten" weitgehend verschwunden. Als sich

Tabelle 15.5. Zuteilung an Nahrungsmitteln in den Hungerzeiten des 1. Weltkrieges (1914–1918) vergleichsweise in den Jahren 1916 und 1917 in g/Tag/Person. (Aus Holtmeier 1986)

Nahrungsmittel	Total (g)	Protein (g)	Fett (g)	KH (g)	Kalorien (kcal)
Winter 1916					
Brot	271,00	22,764	2,710	130,622	677,5
Fleisch	36,00	7,257	2,977	0,000	60,1
Koch- u. Bratfett	11,00	0.047	10,247	0,016	95,9
Käse 30%	0,00	0,000	0,000	0,000	0,0
Getreideprodukte	0,00	0,000	0,000	0,000	0,0
Zucker	26,00	0,000	0,000	25,948	102,4
Marmelade	0,00	0,000	0,000	0,000	0,0
Kartoffeln	357,00	7,318	0,392	66,045	310,5
Ei	4,00	0,516	0,448	0,028	6,6
Gemüse	0,00	0,000	0,000	0,000	0,0
Fisch	0,00	0,000	0,000	0,000	0,0
Hülsenfrüchte	0,00	0,000	0,000	0,000	0,0
Frischobst	0,00	0,000	0,000	0,000	0,0
Kohlrübe	0,00	0,000	0,000	0,000	0,0
Summe		37,903	16,775	222,659	1253,2
Kalorien		155,403	156,012	912,903	
Nährwertrelation in %		12,693	12,742	74,564	

der Wohlstand Mitte der 20er Jahre nach dem ersten Weltkrieg langsam wieder durchsetzte, kehrten diese Krankheiten allmählich wieder zurück.

Ähnliches geschah auch nach dem zweiten Weltkrieg. Die sogenannten Wohlstandskrankheiten blieben allerdings ab 1945 noch fast ein Jahrzehnt relativ selten. Erst nach 1948, dem Zeitpunkt der Währungsumstellung, dem Ende der Inflation und der langsamen Rückkehr des allgemeinen Wohlstandes, begleitet von einer überreichlichen Ernährung, mit zunehmendem Alkohol- und Nikotinkonsum sowie Bewegungsmangel, die zu einer weiten Verbreitung von Übergewicht und Fettsucht führten (Holtmeier 1964), kehrten auch wieder die „alten" Risikokrankheiten Hypertonie, Zuckerkrankheit u.a. zurück. Wie lange die Risikokrankheiten noch selten waren, mag folgende Begebenheit zeigen: Ich war Ende der 50er Jahre Vorlesungsassistent bei Prof Dr. Paul Martini (Direktor der Med. Univ. Klinik in Bonn) und sollte für die Studenten eine „essentielle Hypertonie" besorgen, die ich in der Woche, die mir zur Verfügung stand, in seiner großen Klinik nicht finden konnte. Als er mich auf dem Flur traf und fragte, ob ich endlich einen Bluthochdruckkranken für die Vorlesung gefunden hätte, mußte ich die Frage verneinen. Daraufhin klopfte mir Martini auf die Schulter und sagte: „Holtmeier: suchen Sie, suchen Sie; glauben Sie mir, die Krankheit gibt es." (Er kannte sie aus der Vorkriegszeit). Das war um 1958, ca. 13 Jahre nach Ende des zweiten Weltkrieges (1945) und ca. 10 Jahre nach dem Ende der Währungsreform 1948.

Statistiken reagieren träge

Aus dieser Geschichte kann man lernen, mit welchen zeitlichen Verzögerungen sich Krankheitszustände ändern und in den Statistiken niederschlagen. Sie lehrt uns, daß dem Rückgang an tödlichen Herzinfarkten in Deutschland seit ca. 1976–1979 (Tabelle 15.5) bereits eine längere Vorperiode des Rückganges an Risikokrankheiten und -faktoren (z.B. an Diabetes mellitus, Hypertonie und Nikotinabusus (bei Männern)) vorausgegangen sein muß (und auch ist).

Risikofaktoren sind unterschiedlich zu bewerten

Jeder Mensch trägt eine andere Erblast, der eine für eine essentielle Hypertonie, der andere für eine Zuckerkrankheit, für Gallensteine usw. Äußere Risikofaktoren können das Krankheitsbild des jeweils vorhandenen Gendefektes auslösen. Den meisten heute noch verbliebenen Krankheiten liegt ein genetischer Defekt zugrunde. So ist verständlich, daß nicht jeder Übergewichtige eine Hypertonie bekommt, sondern je nach Erblast der eine eine Zuckerkrankheit, der andere eine Hypertonie usw. und jene, welche die „richtigen“ Gene haben, überhaupt keine Krankheit. Deshalb ist es richtig, wenn in einem Rehabilitationsverfahren sinnvollerweise auf alle Faktoren gleichzeitig geachtet wird. *Übergewicht* (auch bedingt durch Bewegungsmangel) ist unverändert ein gefährlicher Faktor, der eine Zucker- und Bluthochdruckkrankheit auslösen kann. Übergewicht alleine, ohne krankmachende Erbanlage, ist nach gängiger Ansicht der Pathologen (S. 278), alleine kein Risikofaktor z. B. für die Entwicklung der Atherosklerose und ihre Folgekrankheiten. Es gibt viele übergewichtige Menschen, die bis in ihr hohes Alter gesund bleiben (sofern gewisse Grenzen von Übergewicht nicht überschritten werden). Die Framinghamstudie zeigt, daß Personen, die das 70te Lebensjahr ohne eine ernsthafte Krankheit erreicht haben, ihre Lebensgewohnheiten nicht mehr ändern sollten, weil ihre Lebenserwartungen nicht mehr verkürzt würden.

Die Erbanlagen sind wichtig

Man hat erst in den letzten Jahrzehnten, seitdem es möglich wurde, Gendefekte genauer zu definieren, die große Bedeutung von Erbanlagen für das Auftreten von Krankheiten besser einzuschätzen gelernt. Wer die Erbanlage für eine Zuckerkrankheit hat (die erbabhängig ist), löst dieses Leiden durch Übergewicht aus, aber nicht derjenige, der die Anlage nicht besitzt. Wer die Erbanlage zu einer Bluthochdruckkrankheit hat, aktiviert diese Krankheit durch Übergewicht, aber nicht der Gesunde. Wer keinen Gendefekt hat, reagiert weder auf eine erhöhte Kochsalzzufuhr noch unter Übergewicht mit einer Bluthochdruck- oder Zuckerkrankheit. Wer keine Erbanlage für eine Gicht besitzt, wird diese Krankheit niemals durch Fleischgenuß auslösen. Anders ist dies bei einer Erbanlage zur Gicht. Wenn man diese Zusammenhänge berücksichtigt, versteht man auch, warum jeder Mensch, je nach Erbanlage, mit einer anderen Krankheit auf Übergewicht reagiert und einige, die keine Krankheitsanlagen haben, überhaupt nicht krank werden.

Unterschiedliche Erblasten in den Völkern der Welt

Bei einigen Völkern kommen bestimmte Erbanlagen gehäuft vor, so z. B. bei den Engländern die Gicht, bei anderen die Anlage zur Zuckerkrankheit (Tabelle 14.2 und 14.3) oder Hypertonie. Es liegt nahe, in einem Volk nach dem vermehrten Auftreten z. B. einer Athero- und Koronarsklerose und ihrer Folgekrankheiten zu fahnden, wenn eine ihrer Genanlagen eine bekannte Risikokrankheit für die Atherosklerose darstellt, wie Diabetes mellitus, Hypertonie usw. Allerdings muß man hierbei große Vorsicht walten lassen, weil äußere Umstände, wie Einfluß von Hunger und Not oder der Zwang zur körperlichen Schwerstarbeit in einigen „Drittländern" der Welt (in Deutschland liegt der Anteil an Schwerstarbeitern unter 0,7%) die Genanlagen unterschiedlich aktivieren können. Das Beispiel Deutschland hat dies in den Hungerzeiten des Krieges bewiesen. Außerdem sind die unterschiedlich verbreiteten Erbanlagen zur Athero- bzw. Koronarsklerose selbst zu beachten. Die Feststellung einer Genanlage alleine reicht deshalb noch nicht aus, um zu einer sicheren Beurteilung zu gelangen.

Wer die richtigen Gene hat

Weil unter den Kriegsbedingungen fast alle Risikofaktoren entfielen, „ruhten" die Erbanlagen für viele Krankheiten solange, bis mit dem Wohlstand wieder eine fehlerhafte Lebens- und Ernährungsweise zurückkehrte. Die Erbanlagen für Krankheiten waren auch in den beiden Weltkriegen nie verschwunden. Sie „ruhten" nur und waren nicht „aktiviert". Man kann daraus schließen, daß die Lebensweise und Ernährung, gemessen an der Erbanlage des Einzelnen, eine sekundäre Rolle spielt. Denn wer die richtigen Gene hat, kann trotz aller „Sünden" auf dieser Welt 100 Jahre alt werden. Damit soll die Bedeutung einer *gesunden Lebensweise und Ernährung* jedoch keinesfalls in Frage gestellt werden, denn sie sind letztlich mit der *Schlüssel* zur Auflösung der krankmachenden Gene.

Multifaktorelle Ursachen in der Entstehung der Atherosklerose

Die Kriegserfahrungen zweier Weltkriege, 1914–1918 und 1939–1945, und die Hungerperioden danach haben uns die Wichtigkeit einer *gesunden Lebens- und Ernährungsweise* zweimal vor Augen geführt. Sie haben uns aber auch gezeigt, daß man unmöglich in einem einzelnen Faktor, z. B. *„Cholesterin"*, den allein verantwortlichen Verursacher z. B. der Koronarmortalität (ausgenommen bei der familiären Hypercholesterinämie) sehen darf, weil sich in Hungerzeiten unzählige Dinge gleichzeitig ändern und verändert werden.

Der eine Mensch erreicht ein hohes Alter ohne Zerebralsklerose, der andere stirbt mit 60 Jahren an den Folgen der Koronarsklerose, ein anderer bekommt vorzeitig als Raucher ein Raucherbein. Niemand weiß, in welchem Alter, an welcher Stelle und wie ausgeprägt ihn eine solche Veränderung trifft. Venen sind äußerst selten betroffen. Daher läßt sich auch nicht sagen: „Fleisch ist Schuld an dieser Entwicklung, aber Getreide nicht", um hier nur ein Beispiel zu erwähnen. Es handelt sich stets um multifaktorielle Einflüsse und Prozesse.

Viele Rehabilitationskliniken reden zwar unentwegt über „Cholesterin", üben mit ihren Programmen jedoch nichts anderes als die Anwendung von multifaktorell angelegten, präventiven Maßnahmen durch, deren Wirksamkeit zur Vorbeugung von Krankheiten der Krieg den Deutschen zweimal unfreiwillig und mit großem Erfolg demonstriert hat.

Man darf nicht nur den Cholesterinstoffwechsel sehen

In Anlehnung an amerikanische Verhältnisse wird heute auch in vielen unserer Rehabilitationskliniken zunächst der Cholesterinspiegel nebst vieler seiner Varianten (HDL, LDL-Cholesterin usw.) bestimmt und anschließend eine multifaktorielle Therapie (Tabelle 16.3) eingeleitet, bei welcher Bluthochdruck, Rauchen, Übergewicht, Bewegungsmangel usw. bekämpft und die Ernährung umgestellt werden. Die Änderung durch jede einzelne Maßnahme alleine könnte oft bereits ausreichen, daß Herzinfarktrisiko zu mindern (z. B. ein Rauchverbot). Trotzdem spricht man nur vom „Cholesterin". Man verordnet eine cholesterinfreie Kost, die per se unwirksam ist (S. 133) und ist sich nicht darüber im klaren, welche weiteren Wirkungen hierdurch ausgelöst werden (z. B. durch veänderte Zufuhr an Mineralien und Spurenelementen, Eiweißen, Kohlenhydraten usw.). Jede *cholesterinfreie Diät* ist automatisch eine *vegetabile Kost*, weil Cholesterin nur in tierischen Produkten vorkommt. Eine vorwiegend *kohlenhydratreiche Kost* löst auf physiologischem Wege eine symptomatische Absenkung des Serumcholesterinspiegels aus (S. 149). Wird in der *Rehabilitation* auch noch Sport getrieben, der ebenfalls symptomatisch das Blutcholesterin senkt und der Alltagsstreß gemindert, der Cholesterinanstiege bis 60 mg% auslösen kann, darf sich niemand wundern, wenn das Serumcholesterin (innerhalb des Normalbereichs) vorübergehend gesenkt wird, obwohl dem Vorgang praktisch keine Bedeutung zukommt.

Gesunde Ernährung

Selbstverständlich ist eine gesunde Ernährung und Lebensweise die Voraussetzung dafür, ein langes Leben in Gesundheit zu erlangen. Dazu gehört vor allem *„Maßhalten in allen Dingen des Lebens“* (Hippokrates 460–377 v. Chr.). Die Lebenserwartung hängt letztendlich von der Erbanlage des Einzelnen ab. Niemand sollte den Menschen eine ungesunde Lebensweise und Ernährung empfehlen. Aber die Ernährungsempfehlungen dürfen nicht sektiererhaft sein und von falschen Voraussetzungen ausgehen. Die Gefahren, aus welchen Gründen auch immer, derartige Empfehlungen abzugeben, sind zu allen Zeiten groß gewesen. In den vielen Jahren meiner wissenschaftlichen Tätigkeit habe ich erfahren, daß ein Satz Gültigkeit behalten hat: *„Man darf alles essen, aber alles in Maßen“*. Nur eine gemischte Ernährung, in der alle Nahrungsmittel in bestimmten Mengen (Tabelle 15.6) vorkommen, ist eine gesunde Ernährung.

Die Prinzipien einer gesunden Ernährung sind seit Jahrzehnten anerkannt. Für den Leichtarbeiter haben sich die sogenannten *Nährwertrelationen* bewährt, die besagen, daß von ca. 2600 kcal ca. *12,3%* der täglichen Kalorienzufuhr auf Eiweiß, *57,7%* auf Kohlenhydrate und etwa *30%* auf Fett entfallen sollten. Tabelle 15.6 versucht, diese Empfehlungen zu realisieren und in Form von praktischen Ratschlägen wiederzugeben. Tabelle 15.7 zeigt den *Wasserbedarf* des Menschen und Tabelle 15.8 den *Energiebedarf* in verschiedenen Altersgruppen. Normal- bzw. bis 10% Übergewicht und ausreichende körperliche Bewegung sind i. d. R. empfehlenswert. In Krankheitsfällen gelten spezifische Diätregeln. *Genußgifte* sind keine Nahrungsmittel. Da der Energiebedarf im höheren Alter stark abnimmt und deshalb möglicherweise unterhalb von 1600 kcal/Tag eine Mangelernährung auftreten kann, empfiehlt sich in einem oder anderen Fall eine zusätzliche Substitution mit Mineralstoffen, Spurenelementen und Vitaminen. Die Zufuhr an essentiellen Aminosäuren durch tierische Eiweißträger sollte im allgemeinen nicht beschnitten werden. Näheres kann den Empfehlungen der Deutschen Gesellschaft für Ernährung (DGE) und der Fachliteratur entnommen werden.

Cholesterin, Beweisführung und Korrelation

Wenn ein Forscher, oder wie im Falle des Cholesterins, eine ganze Forschergeneration seit Jahren zielgerichtet auf eine bestimmte wissenschaftliche Beweisführung bzw. Auslegung eines Themas „fixiert“ ist, wird ständig um Bestätigung der eigenen Hypothesen gekämpft. Oft sammeln sich im Laufe der Zeit eine Fülle von Studien, die diesem Zweck dienen, die

Tabelle 15.6. Versorgung verschiedener Bedarfsgruppen (Vorschläge nach Richtwerten von DGE, Geigy, Ketz, Randoin, London und eigene Empfehlungen)

Nahrungsmittel	Kleinst-kinder 1–3 Jahre		Klein-kinder 4–6 Jahre		Schul-kinder 7–9 Jahre		Schul-kinder 10–12 Jahre		Schul-kinder 13–14 Jahre		Jugend-liche 15–18 Jahre		Leicht-arbeiter ca. 70 kg KG	
	g/Wo	g/Tg	g/Wo	g/Tg	g/Wo	g/Tg	g/Wo	g/Tg	g/Wo	g/Tg	g/Wo	g/Tg	g/Wo	g/Tg
1. Fleisch und Fisch	140	20	210	30	350	50	560	80	560	80	560	80	560	80
2. Milchsorten	2800	400	3500	500	3500	500	3500	500	3500	500	3500	500	2100	300
3. Käse bis 45% F.i.T.	70	10	70	10	140	20	140	20	175	25	210	30	140	20
4. Magerquark	105	15	105	15	105	20	140	20	175	25	210	30	350	50
5. Ei ganz	70	10	70	10	70	10	105	15	175	25	175	25	105	15
6. Kochfette	–	–	–	–	21	3	35	5	35	5	35	5	35	5
7. Pflanzenöle	21	3	49	7	49	7	49	7	70	10	70	10	70	10
8. Butter oder Margarine	105	15	105	15	105	15	140	20	140	20	210	30	175	25
9. Brot (vorzugsweise Vollkorn)	560	80	700	100	1050	150	1400	200	1575	225	1750	250	1575	225
10. Getreideprodukte	350	50	420	60	280	40	280	40	280	40	350	50	350	50
11. Kartoffeln	560	80	1050	150	1225	175	1400	200	1750	250	1750	250	1750	250
12. Hülsenfrüchte	–	–	–	–	35	5	35	5	70	10	70	10	35	5
13. Sojaprodukte	–	–	–	–	–	–	35	5	70	10	70	10	35	5
14. Frischobst	700	100	1050	150	1400	200	2800	400	2800	400	2800	400	2800	400
15. Frischgemüse	700	100	1050	150	1400	200	2100	300	2100	300	2100	300	2100	300
16. Trockenobst	35	5	105	15	105	15	105	15	105	15	105	15	–	–
17. Nüsse	21	3	35	5	35	5	35	5	35	5	35	5	–	–
18. Schokolade	35	5	35	5	35	5	35	5	70	10	70	40	–	–
19. Zucker oder Honig	175	25	175	25	175	25	175	25	210	30	280	40	350	50
20. Konfitüre	–	–	70	10	70	10	70	10	105	15	105	15	105	15
zugeführte Kalorien	1220		1610		1850		2290		2570		2800		2400	
Kilojoule	5110		6750		7750		9600		10770		11730		10060	
Nährwertrelationen	13-33-54		13-32-55		14-32-54		14-32-54		14-31-55		14-32-54		14-28-58	

Nahrungsmittel	Schwangere 2200 + 300 kcal (10460 kJ)		Stillende 2200 + 500 kcal (11300 kJ)		Mittlerer Schwer-arbeiter ca. 3000 kcal (= 12600 kJ)		Schwer-arbeiter 3600 – 3800 kcal (= 15100 – 15900 kJ)		Schwerst-arbeiter 4000 – 4200 kcal (= 16800 – 17600 kJ)		Ältere Menschen ca. 2100 kcal (= 8800 kJ)	
	g/Wo	g/Tg	g/Wo	g/Tg	g/Wo	g/Tg	g/Wo	g/Tg	g/Wo	g/Tg	g/Wo	g/Tg
1. Fleisch und Fisch	700	100	700	100	560	80	700	100	840	120	560	80
2. Milchsorten	4200	600	4200	800	3500	500	3500	500	4900	700	1750	250
3. Käse bis 45% F.i.T.	140	20	140	20	210	30	210	30	210	30	140	20
4. Magerquark	350	50	350	50	350	50	350	50	350	50	350	50
5. Ei ganz	105	15	105	15	175	25	175	25	175	25	105	15
6. Kochfette	35	5	35	5	70	10	70	10	105	15	35	5
7. Pflanzenöle	35	5	35	5	70	10	70	10	70	10	49	7
8. Butter oder Margarine	140	20	140	20	210	30	350	50	350	50	140	20
9. Brot (vorzugsweise Vollkorn)	1575	225	1750	250	2100	300	2800	400	2800	400	1400	200
10. Getreideprodukte	280	40	280	40	350	50	350	50	420	60	280	40
11. Kartoffeln	1750	250	1750	250	2100	300	2450	350	2450	350	1400	200
12. Hülsenfrüchte	–	–	–	–	35	5	35	5	70	10	35	5
13. Sojaprodukte	–	–	–	–	35	5	35	5	70	10	35	5
14. Frischobst	2800	400	2800	400	2800	400	2800	400	3500	500	2100	300
15. Frischgemüse	2100	300	2100	300	2100	300	2100	300	2450	350	1750	250
16. Trockenobst	70	10	70	10	70	10	70	10	140	20	35	5
17. Nüsse	35	5	35	5	70	10	140	20	140	20	35	5
18. Schokolade	35	5	35	5	70	10	140	20	140	20	35	5
19. Zucker oder Honig	280	40	280	40	350	50	350	50	420	60	245	35
20. Konfitüre	105	15	105	15	105	15	105	15	140	20	105	15
zugeführte Kalorien	2540		2730		3050		3670		4120		2100	
Kilojoule	10640		11440		12780		15380		17260		8800	
Nährwertrelationen	15-30-55		15-30-55		13-32-55		13-34-53		13-34-53		14-30-50	

Tabelle 15.7. Wasserbilanz (durchschnittlicher täglicher Wasserumsatz für 70 kg Körpergewicht)

	Wasseraufnahme in Gramm				Wasserausscheidung in Gramm		
	Obligatorisch		Fakultativ		Obligatorisch		Fakultativ
Trinkflüssigkeit	650			Harn	700		
Nahrung	750		1000	Haut	500		1000
Oxydationswasser	350			Lunge	400		
				Fäzes	150		
Subtotal	1750		1000	Subtotal	1750		1000
Total		2750		Total		2750	

Wasserverlust unter tropischen Arbeitsbedingungen durch die Haut/Tag 8000 bis 10000 ccm
Wasserverlust durch Haut und Lunge/Tag bei:

Fieber, Bettruhe, leichtem Schwitzen 1500 ccm
Fieber, Bettruhe, Schweißausbrüchen 2000 ccm
(beachte Wasserverlust durch Stuhl und Urin)
Durchfällen, Erbrechen (messen!), evtl. mehrere Liter, hohe Kaliumverluste

Tabelle 15.8. Empfohlene tägliche Kalorienzufuhr für Personen verschiedenen Alters und Gewichts bei mittlerer Umgebungstemperatur von 20 °C und durchschnittlicher körperlicher Tätigkeit. Die Werte wurden auf 50 kcal gerundet. Die kalorischen Richtwerte sollten zwischen 35 und 55 Jahren um 5% je Dekade und zwischen 55 und 75 Jahren um 8%, über 75 Jahren um 10% reduziert werden. Weiterhin sollten Körpergewicht und Körperbau Beachtung finden. (Food and Nutrition Board, National Academy of Sciences – National Research Council, Washington, D.C., USA)

Wünschenswertes Gewicht in kg	Kalorische Richtwerte in kcal (kJ)		
	25 Jahre	45 Jahre	65 Jahre
Männer			
50	2300 (9660)	2050 (8610)	1750 (7350)
55	2450 (10290)	2200 (9240	1850 (7770)
60	2600 (10920)	2350 (9870)	1950 (8190)
65	2750 (11550)	2500 (10500)	2100 (8820)
70	2900 (12180)	2600 (10920)	2200 (9240)
75	3050 (12810)	2750 (11550)	2300 (9660)
80	3200 (13440)	2900 (12180)	2450 (10290)
85	3350 (14070)	3050 (12810)	2550 (10710)
Frauen			
40	1600 (6720)	1450 (6090)	1200 (5040)
45	1750 (7350)	1600 (6720)	1300 (5640)
50	1900 (7980)	1700 (7140)	1450 (6090)
55	2000 (8400)	1800 (7560)	1550 (6510)
58	2100 (8820)	1900 (7980)	1600 (6720)
60	2150 (9030)	1950 (8190)	1650 (6930)
65	2150 (9030)	2050 (8610)	1750 (7350)
70	2400 (10080)	2200 (9240)	1850 (7770)

Tabelle 15.9. Kalorienmengen (kcal bzw. kJ), die in einer Stunde bei Leicht- bis zur Schwerstarbeit benötigt werden. Nach diesen Angaben benötigt ein Schwerstarbeiter pro Stunde nur ca. 220 kcal (924 kJ) (= 1/2 l Bier). (Nach DGE = Deutsche Gesellschaft für Ernährung)

	Männer		Frauen	
	kcal	kJ	kcal	kJ
Leichtarbeiter	unter 75	unter 315	unter 60	unter 250
Mittelschwerarbeiter	75 – 140	315 – 630	60 – 120	250 – 500
Schwerarbeiter	150 – 200	630 – 840	über 120	über 500
Schwerstarbeiter	über 200	über 840		

häufig sogar mit statistischer Signifikanz abgesichert sind und trotzdem nur Korrelationen, aber keine Beweise darstellen. Es werden dann gelegentlich voreilige und falsche Rückschlüsse gezogen. Selbstverständlich darf man den hier ausgesprochenen Verdacht nicht verallgemeinern.

Bekanntlich beweist die Zunahme der Störche auf dem Kirchturm noch nicht die Zunahme der Babys im Dorf (= Korrelation). Das sieht selbst ein Laie ein. Schwieriger gestaltet sich die Situation im folgenden Fall, über welchen Blum (1992) berichtet.

In einer amerikanischen Studie wurde eine *statistisch signifikante Beziehung* zwischen dem *Bildungsgrad* und der Häufigkeit an *malignen Melanomen* festgestellt. Aus (allen) 50 Staaten der USA wurden 1,2 Mill. Personen in die Untersuchung einbezogen. Auf einem Fragebogen wurden in Abständen von 2 Jahren über einen Zeitraum von 6 Jahren 300 verschiedenartige Fakten über Einzelpersonen ermittelt. Innerhalb dieses Zeitraums entwickelte sich bei 2780 weißen Personen ein malignes Melanom. Zum Vergleich wurden nach der *Matching-Methode* (nach Alter, Geschlecht und Geographie der Herkunft geordnet) *8271 Personen ohne malignes Melanom* untersucht (Verhältnis von Fall- zur Kontrollgruppe = ca. 1 : 3). Beide Gruppen wurden in 7 Bildungsgrade eingestellt. Dabei ergab sich, daß mit zunehmendem Bildungsgrad das Risiko eines malignen Melanoms zunahm. Der *Befund* erwies sich für Männer mit $p = <0{,}001$ und für Frauen $p = 0{,}001$ *hoch signifikant*. Die Beziehung war bei Männern etwas deutlicher ausgeprägt als bei Frauen (95% Vertrauensintervall, niedrigste Bildungsgruppe = 1). Es zeigte sich, daß bei weißen Amerikanern eine bessere Ausbildung und bei diesen mit statistischer Signifikanz ein erhöhtes Vorkommen von malignen Melanomen nachweisbar war. Trotzdem wurde die Kausalität mit diesem Befund nicht geklärt. Die Publikation löste eine langwierige Diskussion aus, denn der normale Sachverstand sagt einem Menschen, daß kein Zusammenhang zwischen Melanom und Bildungsgrad bestehen kann (obwohl dies rein rechnerisch statistisch signifikant der Fall war). *Man hätte primär eine derartige Fragestellung gar nicht zur Untersuchung zulassen dürfen.*

Bevor wir uns im *Kap. 16* mit *Cholesterin und Interventionsstudien* befassen, sollte man über das Ergebnis der oben zitierten US-Studie nachdenken. Man muß zwangsläufig beim „Cholesterin" zu ähnlichen Erkenntnissen kommen, wenn man in diesem Buch die verschiedenen Kapitel über die Rolle von Cholesterin kritisch beurteilt. *Danach kann es, ursächlich betrachtet, überhaupt nicht möglich sein, daß eine Beschränkung der Nahrungscholesterinzufuhr bzw. eine Senkung des Blutcholesterinspiegels* (wie auch immer bewirkt) *einen Rückgang an gewöhnlichen tödlichen Myokardinfarkten auslösen kann* (ausgenommen hiervon sind koronare Todesfälle unter dem von der allgemeinen Atherosklerose abweichendem Erscheinungsbild der familiären genetisch bedingten Hypercholesterinämie, S. 83 ff.).

Man sollte deshalb besser a priori die Frage stellen, was von vornherein an den Interventionsstudien statistisch und vom Ansatz her falsch geplant war und wie die Studien zu derart zweifelhaften Deutungen der Ergebnisse gelangen konnten. Daß wir in dieser globalen (schlechten) Beurteilung der Interventionsstudien nicht alleine stehen, beweist die *Scandinavian Simvastatin Survival Study* (Lancet 1994), die feststellt, daß es bis 1994 *keiner Studie „mit einer lipidsenkenden Therapie"* (Zitat S. 1388 im Original) *gelungen sei, die „Gesamt- oder auch nur die Koronarmortalität"* während der Beobachtungsperiode *„zu verringern"*. Dies ist ihr nach unserer Ansicht ebenfalls nicht gelungen, sofern ursächlich nur auf den Faktor Cholesterin abgehoben wird.

Simvastatin- (1994) und Pravastatinstudie 1995

Außer der Simvastatinstudie 1994 ist von der *„Scotland Coronary Prevention Study Group"* im November 1995 eine Arbeit von Shepherd et al. publiziert worden, bei der ebenfalls einer der bekannten HMG-CoA-Reduktasehemmer, *Pravastatin*, Verwendung fand. Die Arbeit trägt den Titel: *„Praevention of Coronary Heart Disease with Pravastatin in Men with Hypercholesterolemia"*. Angriffspunkte von *Lovastatin*, *Pravastatin*, *Simvastatin* sind in etwa die gleichen. Sie hemmen die HMG-CoA-Reduktase *„oberhalb"* der *Mevalonsäure* (S. 18). Sie greifen primär nicht am Cholesterin selber an, sondern unzählige Stoffwechselstufen darüber (Abb. 1.9a). Die Therapieerfolge werden angeblich auf Änderungen im Cholesterinstoffwechsel zurückgeführt, obwohl sich alle Veränderungen innerhalb des physiologischen Normalbereichs bewegten. Wichtige Endstufen hinter der Mevalonsäure, die durch HMG-CoA-Reduktase-Hemmstoffe beeinflußt werden (S. 98 ff.), wie die Isoprenoide oder Endstufen hinter dem Cholesterin, wie Aldosteron, Cortison (Abb. 1.5, 1.9c, Tabelle 4.4) wurden nicht bestimmt. Dies wäre wichtig gewesen, da sich im Krankengut beider Studien Patienten mit gefährlichen *primären Risikofaktoren* für eine Koronarsklerose und einen Myokardinfarkt befanden. Die *Pravastatinstudie* (Tabelle 15.9) enthielt *16% Hypertoniker*, *44% Raucher* (Current smokers = Viel-Raucher), 34% ehemalige Raucher (Exsmokers). 79% hatten in der *Simvastatinstudie* bereits einen Herzinfarkt hinter sich. Die Studie enthielt (Abb. 16.8) *26% Hypertoniker*, *24% Raucher*, 50% Exraucher usw. *Nikotinabusus* erzeugt eine langanhaltende gesteigerte Katecholaminausschüttung, die als Risikofaktor für die Atherosklerose gilt und die über die Änderung der Cortisonsekretion mittels Anwendung von CSE-Hemmern beeinflußbar sein könnte (Abb. 1.9c). Eine verminderte *Aldosteronproduktion unter CSE-Hemmern* kann den Bluthochdruck senken und die Hypertonie als Risikofaktor (S. 298) entschärfen. Es ist erwiesen (S. 97 ff.), daß die HMG-CoA-Reduktasehemmer zahlreiche Endprodukte beeinträchtigen (Abb. 1.5) können. Deshalb hätte man diese messen müssen, bevor voreilige Rückschlüsse gezogen wurden. Ähnliche Wirkungen wie unter CSE-Hemmstoffen lösen Störungen des Enzyms *Mevalonatkinase* unmittelbar „hinter" der Mevalonsäure bei der *Mevalonazidurie* (Abb. 1.5) aus. Ein *Hauptleitsymptom* dieser Krankheit ist die „*Hypotonie*" (Tabelle 4.5, S. 99). Es werden zahlreiche Endstufen der Isoprenoidreihe und hinter dem Cholesterin unter der Mevalonazidurie verändert (Tabelle 4.4, S. 99). Die Studien über Pravastatin und Simvastatin beweisen nicht, daß die Therapieerfolge ursächlich auf Änderungen im Cholesterinstoffwechsel beruhen, obwohl die Befunde, wie dies das Beispiel „tödliche Melanome" (S. 332) gezeigt hat, mit einer statistischen Signifikanz einhergehen. Es wäre interessant zu erfahren, welche Veränderungen die Therapieerfolge herbeigeführt haben.

Tabelle 15.9. Base-Line Characteristics of the Randomized Subjects. According to Treatment Group*

Characteristic	Placebo (n = 3293)	Pravastatin (n = 3302)
Continuous variables		
Age – yr	55.1 ± 5.5	55.3 ± 5.5
Body-mass index[a]	26.0 ± 3.1	26.0 ± 3.2
Blood pressure – mmHg		
Systolic	136 ± 17	135 ± 18
Diastolic	84 ± 10	84 ± 11
Cholesterol – mg/dl		
Total	272 ± 22	272 ± 23
LDL	192 ± 17	192 ± 17
HDL	44 ± 10	44 ± 9
Triglycerides – mg/dl	164 ± 68	162 ± 70
Alcohol consumption – units/wk[b]	11 ± 13	12 ± 14
Categorical variables – no. of subjects (%)		
Angina[c]	174 (5)	164 (5)
Intermittent claudication[c]	96 (3)	97 (3)
Diabetes	35 (1)	41 (1)
Hypertension (self-reported)	506 (15)	531 (16)
Minor ECG abnormality	259 (8)	275 (8)
Smoking status		
Never smoked	705 (21)	717 (22)
Exsmoker	1127 (34)	1138 (34)
Current smoker (= Viel-Raucher)	1460 (44)	1445 (44)
Employment status		
Employed	2324 (71)	2330 (71)
Unemployed	459 (14)	430 (13)
Retired	338 (10)	330 (10)
Disabled	171 (5)	210 (6)

* Plus-minus values are means ± SD. To convert values for cholesterol to millimoles per liter, multiply by 0.026, and to convert values for triglycerides to millimoles per liter, multiply by 0.011

[a] The weight in kilograms divided by the square of the height in meters

[b] A unit was defined as 1 measure (60 ml) of liquor, 1 glass (170 ml) of wine, or a half pint (300 ml) of beer

[c] As indicated by positive responses on the Rose questionnaire

16 Cholesterin und Interventionsstudien

Es ist im Rahmen dieses Buches leider nicht möglich, alle Interventionsstudien, die in den letzten Jahren veröffentlicht wurden, zu besprechen.

Studien mit multiplen und einzelnen Risikofaktoren

In der im November 1994 in „The Lancet" publizierten Studie *„The Scandinavian-Simvastatin-Survival-Study (4 S)"* steht auf Seite 1388 der Satz: *„In keiner vorausgegangenen Studie konnte mit einer lipidsenkenden Therapie eine Verringerung der Gesamt- oder auch nur der Koronarmortalität während der geplanten Beobachtungsperiode nachgewiesen werden."*

Keiner einzigen Interventionsstudie mit Lipidsenkern ist es bisher überzeugend gelungen, Leben zu retten (Oliver 1988). Zwar konnte in einigen Fällen die Herzinfarktrate gesenkt werden, oft lag dabei aber die Gesamtmortalität der behandelten Gruppe höher als die der Kontrollgruppe. Die behandelte Gruppe starb häufiger an Krebs, aber auch an Unfällen und Selbstmord. Eine überzeugende Erklärung gibt es hierzu noch nicht. Geradezu vernichtend war ein Artikel von Strandberg et al. (1991), in dem er die Behandlungsgruppe einer finnischen Interventionsstudie (an 3490 Patienten mit Fibraten, 1974–1980) noch ca. 10 Jahre *nach* Abschluß der Studie (Mittinen 1985) verfolgte (Tabelle 16.1). Die damaligen Ergebnisse

Tabelle 16.1. Todesfälle während der Studie und nach Studienende (1974–1989)

Todesursache	Behandelte Gruppe	Kontrollgruppe
Herzinfarkte	34	18
Krebs	13	21
Unfälle (Verbrechen)	13	1
Verschiedenes	7	10
Insgesamt	67	46

wiesen bei Studienende (1980) eine deutliche Reduktion der Herzinfarktrate der behandelten Gruppe auf (46%). Nach Studienende wurden die Patienten nicht mehr behandelt und sich selber überlassen. Zehn Jahre nach Studienende sah die Sache aber schon ganz anders aus. In der 5jährigen Studienzeit und 10 Jahre nach Studienende (1974–1989) gab es insgesamt 67 Todesfälle in der Behandlungsgruppe und nur 46 Tote in der Kontrollgruppe. In der *Behandlungsgruppe* lag die Herzinfarktrate sogar fast doppelt so hoch wie in der Kontrollgruppe!! Die Ursache der hohen Anzahl von Todesfällen durch Unfälle, Selbstmorde und Gewalttätigkeiten in der Behandlungsgruppe (13 : 1), ließ sich nicht erklären. Ein Einfluß der Lipidsenker auf die psychische Verfassung der Patienten kann jedoch nicht mehr ausgeschlossen werden. Strandberg (1991) folgerte aufgrund dieser überraschenden Daten, daß die Indikation zur primären Prävention von Herzinfarkten mit Lipidsenkern neu überdacht werden müsse (Tabelle 16.2).

Tabelle 16.3 und 16.4 geben über einige Interventionsstudien nähere Auskunft.

Die *Mehrzahl* aller *Interventionsstudien* sind *multifaktorell* angelegt (Tabelle 16.3). Gleichzeitig werden eine Vielzahl von Maßnahmen eingeleitet wie Rauchverbot, Bekämpfung des Bluthochdrucks und von Übergewicht usw. Die Bekämpfung jeder Einzelmaßnahme kann bereits zu einer Minderung des Vorkommens von Koronarinfarkten führen. Während der beiden Weltkriege hat Deutschland in den Hunger- und Notjahren die Erfahrung gemacht, daß das Verschwinden aller Risikofaktoren zu einem Rückgang an allen Wohlstandskrankheiten und auch am Herzinfarkt geführt hat. Multifaktorell angelegte Studien sagen nichts über das Thema Cholesterin aus, weil stets verschiedene Faktoren für eine Wirkung in Frage kommen. Auch die *„Scandinavian Simvastatin Survival Study (4S)“ 1994* und die Pravastatinstudie 1995 sind unzweifelhaft *multifaktorell angelegt*, denn sie greift am Schlüsselenzym, der HMG-CoA-Reduktase an (Abb. 1.5) an und damit in die Biosynthese eines *Urstoffes des Stoffwechsels*, der *Mevalonsäure* (Seite 18), aus der sehr viele Endprodukte entstehen, die eine große Stoffwechselbedeutung haben. Die *Cholesterinbiosynthese*, die ebenfalls beeinträchtigt wird, ist mitsamt ihren Endprodukten im Steroid-Hormonhaushalt usw. (Abb. 1.9a–c) auf dem *„Mevalonsäureweg“* nur ein Bereich der möglichen Einflußnahme. Niemand kann deswegen sicher abschätzen, auf welche Weise Wirkungen zustande kommen.

Auch gibt es keine Studie, die einen Beweis für die alleinige präventive Wirkung einer *cholesterinarmen Diät* erbracht hätte, im Gegenteil ist erwiesen, daß eine solche Diät (Schettler 1955) unwirksam ist (Seite 133).

Schwandt (1990) hat hierzu ausgeführt: „Aus ethischen und finanziellen Gründen wurde (und wird) in der Tat keine präventive Studie durchge-

Tabelle 16.2. Wirkungen und Nebenwirkungen lipidsenkender Medikamente

	Wirkungen auf Lipide			Unerwünschte Wirkungen/Bemerkungen
	Cholesterin	Triglyzeride	HDL-Chol.	
Ionenaustauscher	↓ 10 – 30%	↑ 0 – 20%	↑ 0 – 10%	Häufig Magen-Darm-Störungen: Nausea, Flatulenz, Obstipation. Erhöhung der Transaminasen und der alkalischen Phosphate möglich; Verminderung fettlöslicher Vitamine, wenn eine hochdosierte Behandlung über lange Zeit erfolgt. Durch medikamentöse Interaktion kann es zur verminderten Resorption anderer Medikamente kommen.
Fibrate	↓ 10 – 20%	↓ 25 – 60%	↑ 0 – 30%	Selten milde Magen-Darm-Störungen: Nausea, Diarrhö; Myalgien, Impotenz und Erhöhung des Gallensteinrisikos. Erhöhung der Transaminasen, bzw. CK, Verminderung der alkalischen Phosphatase möglich. Medikamentöse Interaktion: Wirkungsverstärkung der koagulanzien vom Kumarin-Typ. Bei Niereninsuffizienz: Reduktion der Dosis.
Nikotinsäure-Derivate	↓ 15 – 25%	↓ 20 – 35%	↑ 15 – 20%	Flush zu Beginn der Behandlung, Pruritus, Schmerzen im Epigastrum, Erbrechen, Diarrhö. Erhöhung der Transaminasen und Harnsäure möglich. Verminderung der Glukosetoleranz.
Probucol	↓ 10 – 15%	0%	↓ 0 – 30%	Selten milde Magen-Darm-Störungen: Nausea, Flatulenz, Diarrhö. Myositis. Mäßige Eosinophilie möglich. QT-Verlängerung im Ei. Sehr lange biologische Halbwertszeit.
HMG-CoA Reduktase-Hemmer	↓ 25 – 35%	↓ 10 – 30%	↑ 0 – 15%	Sehr selten Magen-Darm-Störungen: Nausea, Unwohlsein im Abdomen. Erhöhung der Transaminasen, bzw. CK möglich (Myopathierisiko). Über medikamentöse Interaktionen ist zur Zeit noch wenig bekannt. Kombination mit Fibraten oder Nikotinsäure ist zu vermeiden. Hemmung der Steroidsynthese und der Hormonbildung (z. B. Impotenz bei Männern, S. 106, 114).

führt, die die Wirkung einer diätetischen Cholesterinreduktion auf die koronaren Herzkrankheiten untersucht. Eine Vielzahl epidemiologischer Daten läßt an diesen Zusammenhängen dennoch keinen Zweifel."

Die eine Aussage widerspricht der anderen.

Zur Framingham-Studie

Daß pauschal alle Cholesterinwerte über 200 mg/dl als erhöhtes Risiko eingestuft werden (vgl. S. 156, 162), entzieht sich jeder Logik. Der Nutzen einer Cholesterinsenkung im Grenzbereich von 250–350 mg/dl konnte bisher nicht überzeugend nachgewiesen werden. Oft lag die Gesamtmortalität der behandelten Gruppe über der der Kontrollgruppe. Eine vielfache Menge von Menschen weist hohe Cholesterinspiegel (250–350 mg/dl) auf (Abb. 8.2, S. 154) und stirbt nicht am Koronartod, während ein nicht unerheblicher Teil (10% der Herzinfarkte) trotz niedriger (Abb. 8.5) Cholesterinwerte (< 190 mg/dl) am Koronartod stirbt (Anderson 1987).

In einer Langzeitbeobachtung der Framingham-Studie erhob Anderson (1987) an 1045 Personen folgende Befunde:

- 9% der Koronartoten hatten ein Cholesterinwert *unter* 190 mg/dl.
- 31% der Koronartoten wiesen einen Cholesterinwert über 260 mg/dl auf.

Bidlack u. Smith werteten die Daten der Framingham-Studie unter anderen Gesichtspunkten aus: Die Population der Koronartoten wies einen mittleren Cholesterinspiegel von 240 mg/dl ±40, die der übrigen Population dagegen 220 mg/dl ±40. Anhand der Grafik sieht man, wie groß die Überlappung (Abb. 9.1) beider Gruppen ist. Setzt man die beiden Populationen auch noch in eine Größenrelation zueinander, so sieht man, daß weit mehr Menschen trotz hoher Cholesterinwerte (> 240 mg/dl) keinen Koronartod erleiden. Auch die Population der Koronartoten ergibt eine Gauß-Verteilungskurve, wobei überraschenderweise der mittlere Cholesterinwert nur bei ca. 240 mg/dl liegt und nicht sehr viel höher, wie man glauben möchte.

Interventionsstudien mit multiplen Risikofaktoren

Tabelle 16.3. Interventionsstudien mit multiplen Risikofaktoren. (Nach Cormick u. Skrabanek 1988). Der größte Unsicherheitsfaktor ergibt sich aus der Tatsache, daß unzählige Maßnahmen gleichzeitig gestartet wurden, wie Diät, gesunde Ernährung, Gewichtsabnahme, Rauchverbot, Bluthochdruckbekämpfung, körperliche Bewegung usw. und niemand weiß, wer was bewirkt hat

Studie	Stichprobengröße	Altersgruppe (Jahre)	Dauer (Jahre)	Intervention	KHK Todesfälle		Todesfälle Gesamt	
					I	K	I	K
WHO	60881	40–59	6	D, S, BP, E, W	428	450[a]	1325	1341[a]
Göteborg	30000	47–55	12	D, S, BP	462	461	1293	1318
MRFIT	12866	35–57	7	D, S, BP	115	124	265	260
Helsinki	1222	40–55	5	D, S, BP, E, W	4	1	10	5
Oslo	1232	40–49	5	D, S	6	13[a]	16	23[a]
Gesamt	106201		828000 Pers./Jahre		1015	1049	2909	2947

D Diät, *S* Rauchen, *BP* Blutdruck, *E* körperliches Training, *W* Gewichtsreduktion, *KHK* koronare Herzkrankheit

[a] Bereinigt um die Unterschiede der Stichprobengröße in den Interventions- (*I*) und Kontrollgruppen (*K*)

Interventionsstudien mit einzelnen Risikofaktoren

Interventionsstudien mit einzelnen Risikofaktoren sind in Tabelle 16.4 gezeigt. Die LRC-CPPT-Studie ist auf Gesunde nicht übertragbar, weil ihr überwiegend ein genetischer Defekt am Chromosom 19 mit LDL-Rezeptoren zugrunde liegt. Die WHO-Studie ergab unter Gabe des *Lipidsenkers Clofibrat* 54 Todesfälle und in der nichtbehandelten Gruppe nur 48 Tote infolge von Koronarleiden. Insgesamt starben in der mit Clofibrat behandelten Gruppe 162 Fälle, in der nicht behandelten 127. In der *Helsinki-Studie* starben unter insgesamt 4081 erfaßten Personen unter der Therapie mit dem *Lipidsenker Gemfibrozil* von 2951 behandelten Personen 6 Fälle (≙2,9%) und in der nichtbehandelten Gruppe von 2030 Personen 8 Fälle (≙3,9%), insgesamt eine sehr geringe Zahl an Todesfällen überhaupt. Die Differenz von 1%, also zwischen 3,9% und 2,9% zwischen den beiden Gruppen veranlaßte die Industrie zu der sagenhaften Werbeaussage, es

Tabelle 16.4. Interventionsstudien mit einzelnen Risikofaktoren. (Nach Cormick u. Skrabanek 1988). Im Gegensatz zu Tabelle 16.3 wurden hier als einzelne Risikofaktoren nur das Verhalten des Serumcholesterinspiegels unter der Gabe eines Lipidsenkers und das Verhalten von koronaren Todesfällen (z. B. in der WHO-, -LRC-CPPT- und Helsinki-Studie) untersucht oder der alleinige Einfluß des Rauchens usw.

Studie	Stichprobengröße	Altersgruppe (Jahre)	Dauer (Jahre)	KHK Todesfälle		Todesfälle Gesamt	
				I	K	I	K
Cholesterin							
WHO (Clofibrat)	15745	30–59	5,3	54	48	162	127
LRC-CPPT (Cholestyramin)	3806	33–59	7	32	44	68	71
Helsinki (Gemfibrozil)	4081	40–55	5	6	8	45	42
Gesamt			115176 M/Jahr	*92*	*100*	*275*	*240*
Rauchen							
Whitehall Staatsbeamte	1445	40–59	10	49	62	123	128
Hypertonie							
8 gemeindegebundene Studien	17314	–	153757 M/Jahr	[a]	[a]	784	887
MRC	9048 M 8306 F	– –	85572 Pers./Jahr	106	97	248	253

[a] Gruppenverhältnis = 0,92 (95%-Konfidenzintervall 0,78 – 1,08)
I Interventionsgruppe, *K* Kontrollgruppe

wären *„34% weniger an Herzinfarkten"* unter Gemfibrozil *gestorben*. Andere wählen die 8 Todesfälle als 100% und sprechen im Vergleich zu den 6 Todesfällen (wei Todesfälle Unterschied) unter der Gemfibrozilbehandlung von *25% weniger Todesfällen* an Herzkranzgefäßleiden.

Dies ist zwar ein Unterschied von 25%, bei einer Studiengröße von über 4000 Personen ist dies jedoch geradezu lächerlich. Die Gesamtmortalität der behandelten Gruppe lag im übrigen bei 45 Personen gegenüber 42 in der Placebogruppe. Ähnliche Zahlen finden sich auch in der LRCP-CPPT („coronary primary prevention trial" mit Cholestyramin), der WHO-Studie und der Honolulu-Heart-Studie (1985).

In der MRFIT-Studie („multiple risk faktor intervention trial") an über 12000 Patienten wurde die diätetische Therapie mit einem Rauchverbot kombiniert. Obwohl unwissenschaftlicherweise 2 Parameter gleichzeitig verändert wurden, lag kein Unterschied in der Gesamtmortalität beider Gruppen vor.

Stellt man nun noch die Kosten (1992 alte Bundesländer: 920 Mio. DM, Seite 213) dem vermeintlichen Nutzen gegenüber, so wird deutlich, welche wichtige finanzielle Ressourcen verschwendet werden und wieviele Menschenleben an anderen Stellen damit gerettet werden könnten.

Verschiedene Interventionsstudien

Skrabanek 1994 hat eine Reihe von Interventionsstudien kritisch beleuchtet und ist dabei zu den nachfolgenden Ergebnissen gelangt. Wir möchten ihn mit einigen wichtigen Sätzen zitieren:

„Die multifaktorielle Ätiologie der koronaren Herzkrankheit ist nur ein Symptom für unsere Unkenntnis. Wenn wir die Ursache der koronaren Herzkrankheit kennen würden, würden wir sie nicht multifaktoriell nennen. Natürlich spielen viele Faktoren mit, wenn eine bestimmte Person zu einer bestimmten Zeit an Tuberkulose erkrankt. Aber wir kämen nie auf die Idee, die Tuberkulose eine multifaktorielle Krankheit zu nennen, weil wir ganz einfach ihre Entstehung kennen. Ich habe 375 Risikofaktoren der koronaren Herzkrankheit gezählt, die auch alle veröffentlicht und begründet wurden" (vgl. Seite 219ff.).

„Es wird die Framingham-Studie als das bedeutendste Unternehmen der Epidemiologie gefeiert. Die Studie läuft seit 50 Jahren und hat über 100 Original-Veröffentlichungen hervorgebracht. In einer dieser Veröffentlichungen findet sich auch die nachfolgende Tabelle (16.5), die das Auftreten der koronaren Herzkrankheit im Zeitraum von 30 Jahren (1953–1983) zu den Serum-Cholesterinwerten von Männern und Frauen in Beziehung setzt. 90% der Leute in Framingham hatten Cholesterinwerte, die zwischen 200–265 mg/dl lagen. Die Zahlen geben das jährliche Neuauftreten von KHK-Erkrankungen wieder.

Diese Zahlen dieser Tabelle sind verblüffend, und man versteht, weshalb sie in einem der vielen Materialbände versteckt wurden. Sie besagen, daß bei Frauen wie Männern zwischen der Höhe des Serumcholesterins (200–265 mg) und dem Auftreten der koronaren Herzkrankheit keine Beziehung besteht. Ich muß es nochmals betonen: Diese Zahlen stammen aus der bedeutendsten Studie, die auf dem Gebiet der kardiovaskulären Epidemiologie durchgeführt wurde."

Tabelle 16.5. Framingham, 30-Jahre-Nachuntersuchungen, KHK-Erkrankungen

Serum-Cholesterin (mg/dl)	Alter in Jahren 55 – 64	Alter in Jahren 65 – 74
	Männer (per 1000)	
205 – 234	20	22
235 – 264	21	23
	Frauen (per 1000)	
205 – 234	8	11
235 – 264	7	13

Framing-Studie, NIH, 1987, Sect. 34

Die LRC-Studie

„Die Probanden erhielten über zehn Jahre täglich den Cholesterinsenker Cholestyramin und eine gleich große Kontrollgruppe ein Placebo. Insgesamt wurden über 11 Tonnen Cholestyramin geschluckt. Nach 20 Jahren waren in der Versuchsgruppe 30 KHK-Todesfälle festzustellen und in der Kontrollgruppe 38. Ein Unterschied, der ebenso wenig signifikant ist, wie die Differenz von drei Todesfällen in der Gesamtmortalität. Signifikant dagegen war der Anstieg der gastrointestinalen Krebsfälle in der Versuchsgruppe. Diese Studie wird als ein Markstein im Kampf gegen die koronare Herzkrankheit bezeichnet. Man kann es auch anders sehen. Für jeden der drei verhinderten Todesfälle wurden je 50 Millionen Dollar und fast vier Tonnen Cholestyramin aufgewandt (Tabelle 16.6).“

Tabelle 16.6. Todesfälle in der LRC-Studie

	Interventionsgr.	Kontrollgruppe	DIFF	SIGNIF.
KHK	30	38	8 (21%)	Nein
gastrointestinale Karzinome	8	1	7 (700%)	Ja
Gesamt	68	71	3 (4%)	Nein

Studien zur Primär- und Sekundärprävention

„Zu der nachfolgenden Tabelle (16.7) sind die bekanntesten Studien zur Primär- und Sekundärprävention der koronaren Herzkrankheit durch Cholesterinsenkung aufgeführt. Die hellen Punkte bezeichnen Studien zur Primärprävention und die dunklen Punkte die Studien zur Sekundärprävention. Aber diese Unterscheidungen spielen keine Rolle, weil sich die Ergebnisse beider Kategorien um die Mittellinie gruppieren. Sie besagt, daß Ergebnisse, die auf ihr liegen, keinen Beweis für den Nutzen einer

Tabelle 16.7. Studien zur CHD-Prävention durch Cholesterinsenkung

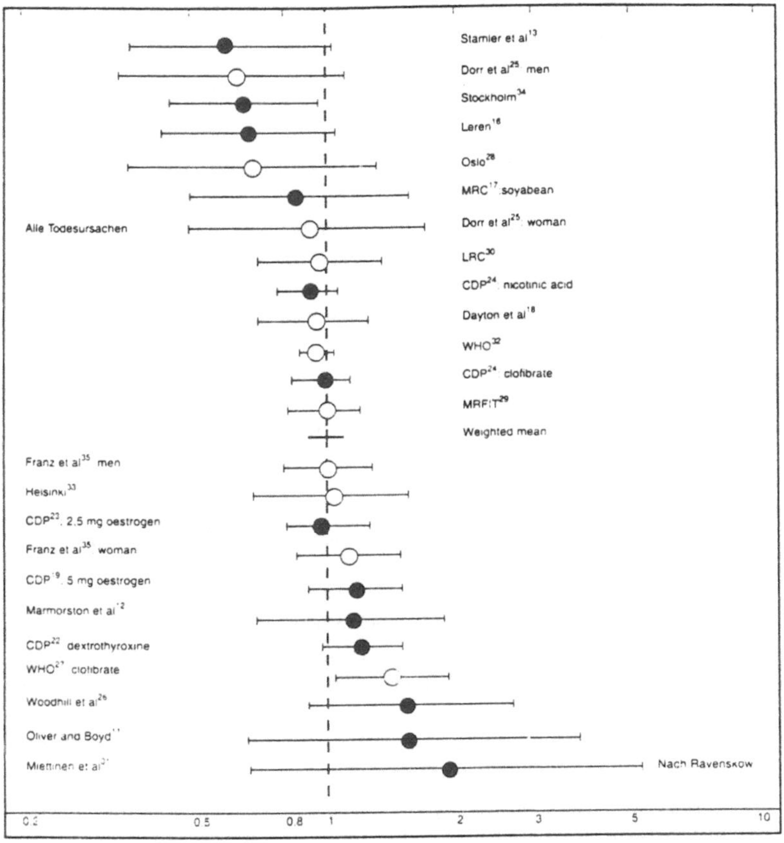

Cholesterinsenkung erbracht haben. Die Punkte auf der linken Seite der Null-Linie markieren also einen Nutzen und die Punkte auf der rechten Seite, daß es keinen Nutzen gegeben hat. Je kleiner die Studien waren, um so größer sind die Konfidenzintervalle, denn je kleiner die Studie, desto größer auch die Wahrscheinlichkeit eines Irrtums. Je größer die Abweichung in der einen oder anderen Richtung ist, um so weniger zuverlässig sind die Studien.

Die Ergebnisse der großen Studien mit den kleinsten Konfidenzintervallen liegen auf der Null-Linie, und das zeigt wunderschön, daß eine Cholesterinsenkung ganz einfach überhaupt keine Wirkung auf die Gesamtsterblichkeit hat."

Gesamtbewertung der Interventionsstudien nach Ravnskow (1992)

Borgers (1993) berichtet, daß die Ergebnisse einer jeden Interventionsstudie nicht darüber hinwegtäuschen dürften, daß in jeder Studie bestimmte Einzelergebnisse auf Grund teils unterschiedlicher Versuchsanordnungen und unter unterschiedlichen Bedingungen und Medikamenten gewonnen wurden. Ravnskov (1992) habe den bisher umfassendsten Versuch unternommen, die bisherigen Studien zusammenzufassen (Abb. 16.1). Die Darstellung zeige für die drei wichtigsten *Hauptendpunkte* einer Studie, die *Gesamt-, die Koronarmortalität und die nicht tödliche Herzkrankheiten,* in der Gesamtbewertung keine Wirkung, soweit diese die Gesamt- und Koronarmortalität beträfe. Für die *nicht tödlichen Herzerkrankungen* ergäbe sich eine Reduktion von *0,3%* (Abb. 16.2). Diese Bewertung sei so *pessimistisch*, daß sie einen *grundsätzlichen Zweifel* an der *„Cholesterintheorie"* erlaube. Näheres ist dem ausgezeichneten Buch von Borgers (1993), *„Cholesterin, das Scheitern eines Dogmas"*, zu entnehmen.

Interventionsstudien bei vorhandener Stenose der Koronargefäße

Es gibt Studien die z. B. unter einem HMG-CoA-Reduktasehemmer wie Simvastatin (z. B. „Multizentrische Anti-Atheroma Studie (MAAS)" 1994) behaupten, daß *die Progression einer diffusen und fokalen Koronarsklerose verlangsamt"* wurde, und ebenso viele, die derartige Effekte bestreiten.

Die Ausführungen von Kaltenbach 1990 erscheinen mir wichtig und sollen daher hier wiedergegeben werden:

„Der *„Wert einer diätetischen oder medikamentösen Lipidsenkung* wurden 1990 ... im British Heart Journal analysiert. Es wurde ... festgestellt, daß die *Gesamt-*

sterblichkeit ... nicht reduziert werden konnte. Es fand sich eine Reduktion der Koronarsterblichkeit, die nur ... bei einem einfachen *t*-Test mit einem Wert von 0,06 signifikant war, während andere Todesursachen auch bei Anwendung des zweiseitigen *t*-Tests hochsignifikant erhöht waren."

Kaltenbach verweist auf die laufende MAAS-Studie:

Die Studie wäre von einer *internationalen Ethikkommission* damit begründet worden, daß „der mögliche *Nutzen einer medikamentösen Lipidsenkung* bisher *nicht nachgewiesen*" werden konnte.

Kaltenbach (1990) hat mehr als 10000 Angiogramme durchgeführt und die Beziehungen zwischen Plasmalipidspiegel und Fortschreiten einer Koronarsklerose geprüft. Er kommt zu dem Schluß:

Es wurden „202 Patienten untersucht", bei denen mehrere Angiogramme vorlagen (es handelte sich insgesamt um 752 Angiogramme), bei denen sich *„zwischen angiographischem Fortschreiten der Koronarsklerose und Höhe des Plasmalipidspiegels keine Beziehungen erkennen"* ließen. „Erhöhte Cholesterinwerte können nicht als der entscheidende Risikofaktor angesehen werden."

Wichtig sind folgende Ausführungen:

„An menschlichen Leichenarterien hat die Arbeitsgruppe vom National Heart, Lung, and Blood Institute in Bethesda (s. Kargel et al. 1989) Untersuchungen vorgelegt, in denen die ... Zusammensetzung im Bereich arteriosklerotischer Gefäßverengungen quantitativ ausgemessen wurde. Es zeigte sich, daß die Menge an *Lipideinlagerungen mit 5% quantitativ gering ist.* Bei der für das Schicksal der Kranken entscheidenden Gefäßverengung handelt es sich also nur zum geringen Teil um die Folgen der Fetteinlagerungen. *95% der Einengung werden durch zelluläre Bestandteile ... erzeugt"* (vgl. Abb. 3.6, S. 53).

Wir haben bereits auf Seite 55 auf die Unterschiede der Lipideinlagerung bei der „gewöhnlichen" Atherosklerose und der hiervon zu unterscheidenden angeborenen Hyperlipidämie hingewiesen. *Insofern stellt sich bei allen Interventionsstudien die Frage, was eine Cholesterinsenkung überhaupt bewirkt haben kann oder soll!*

Studien mit CSE-Hemmstoffen

Allgemeines

Seit über 15 Jahren wird, *obwohl die Mortalität an Myokardinfarkten und an den ischämischen Herzkrankheiten usw. drastisch (bis zu 61,5 bei uns)*

Präventionsversuche	Dauer (Jahre)	Untersuchte Personen Intervention/ Kontroll-gruppe	Gesamtmortalität	
			Anzahl Intervention/ Kontroll-gruppe	Odds ratio
Oliver und Boyd	5	50/50	17/12	1.63
Marmorston et al.	5	285/147	71/32	1.19
Stamler et al.	5	156/119	37/40	0.61
Research committee	3	123/129		
Rose et al.	2	28/52		
Leren	5	206/206	41/56	0.67
MRC Soyabean	4	199/194	28/31	0.86
Daylon et al.	7	424/422	174/177	0.96
Coronary drug project, 5 mg oestrogen	1.5	1119/2789	91/193	1.19
Scottish-Society	5	350/367		
		288/305		
		62/62		
Newcastel	3.6	244/253		
		192/208		
		52/45		
Coronary drug project, dextrothyroxine	3	1083/2789	160/339	1.25
Coronary drug project, 2.5 mg oestrogen	4.7	1101/2789	219/525	1.07
Coronary drug project, nicotinic acid	6.2	1119/2789	273/709	0.95
Coronary drug project, clofibrate	6.2	1103/2789	281/709	1.00
Dorr et al.	2	548/546	17/27	0.62
		601/538	20/21	0.92
Woodhill et al.	5	221/237	39/28	1.60
Committee of Principal Investigators, clofibrate	5.3	5331/5296	128/87	1.47
Oslo Study Group	5	604/628	16/24	0.68
Multiple risk factor Intervention trial	7	6428/6438	265/260	1.02
Lipid Research Clinics	7.4	1906/1900	68/71	0.95
Miettinen et al.	5	612/610	10/5	2.01
WHO Collaborative Group	6	30489/26971	1325/1186	0.99
Helsinki heart study	5	2051/2030	45/42	1.06
Stockholm secondary prevention study	5	279/276	61/82	0.66
		219/233		
		60/53		
Frantz et al.	1.1	2197/2196	158/153	1.03
		2344/2320	111/95	1.16

Abb. 16.1. Tabellierung einer vermutlich vollständigen Zusammenstellung von Ernährungs-, Arzneimittel-, Sekundär- und Primärpräventionsstudien zum Cholesterinproblem. (Nach Ravnskow 1992)

Koronarmortalität		Häufigkeit nichttödlicher Herzerkrankungen		Durchschnittlicher Cholesterinwert (mmol/l)	Erreichte Cholesterinreduktion in %
Anzahl Intervention/ Kontrollgruppe	Odds ratio	Anzahl Intervention/ Kontrollgruppe	Odds ratio		
13/10	1.41	5/8	0.58	6.19	9.5
63/29	1.15				
20/24	0.85	26/24	1.17	6.76	8.3
5/4	2.60	3/7	0.77	6.81	8.8
37/50	0.68	24/31	0.74	7.70	13.9
25/25	0.97	20/26	0.72	7.07	13.5
41/50	0.80			6.06	12.7
67/133	1.27	56/76	1.88		
34/35	1.02	20/37	0.54	7.10	16
		27/37	0.73	6.71	11
23/38	0.61			6.37	10
2/6	0.26			7.02	15
119/274	1.13	78/175	1.16	6.50	12
162/410	1.00	94/242	0.98		
203/535	0.93	84/304	0.66	6.55	9.9
195/535	0.90	114/304	0.94	6.55	6.5
9/22	0.40	13/24	0.53	8.14	9.8
10/9	1.08	22/19	1.13	8.40	9.8
				7.31	4.3
36/34	1.05	131/174	0.74	6.47	8.5
6/14	0.44	13/22	0.61	7.54	9.1
115/124	0.93	162/156	1.04	6.19	2.9
30/38	0.78	125/149	0.82	7.28	9
4/1	4.01	7/5	1.40	7.46	6.3
428/398	0.95	499/475	0.93		1
14/19	0.73	42/65	0.63	7.02	9.9
47/73	0.56	25/27	0.91	6.64	13
39/34	1.15	30/40	0.75	5.46	13.8
22/20	1.09	40/27	1.47	5.46	13.8

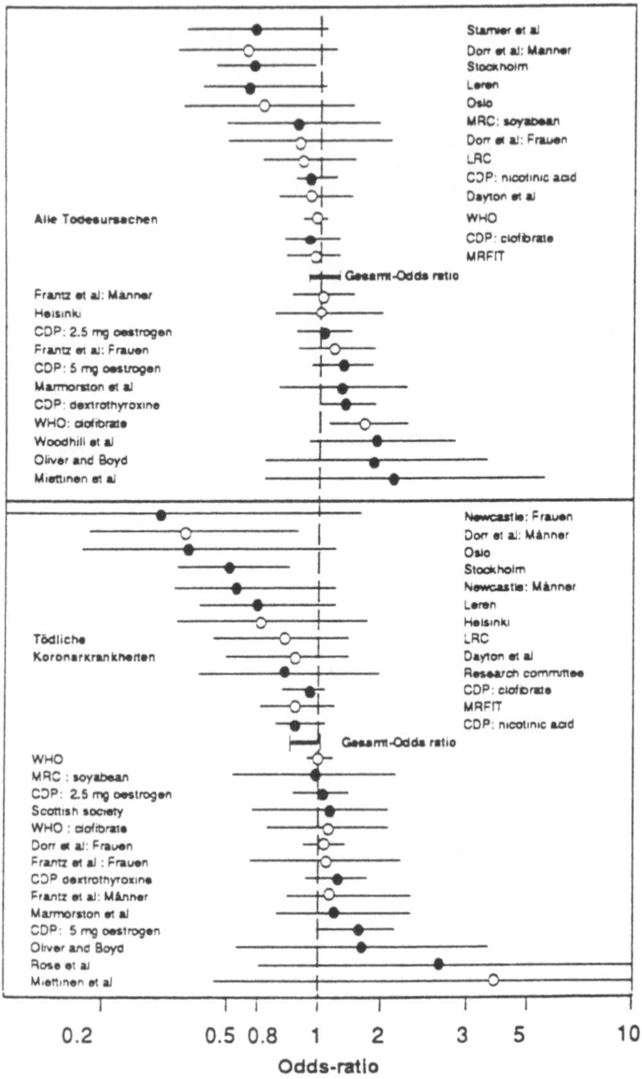
Stamler et al
Dorr et al: Männer
Stockholm
Leren
Oslo
MRC: soyabean
Dorr et al: Frauen
LRC
CDP: nicotinic acid
Dayton et al
Alle Todesursachen
WHO
CDP: clofibrate
MRFIT
Gesamt-Odds ratio
Frantz et al: Männer
Helsinki
CDP: 2.5 mg oestrogen
Frantz et al: Frauen
CDP: 5 mg oestrogen
Marmorston et al
CDP: dextrothyroxine
WHO: clofibrate
Woodhill et al
Oliver and Boyd
Miettinen et al
Newcastle: Frauen
Dorr et al: Männer
Oslo
Stockholm
Newcastle: Männer
Leren
Helsinki
Tödliche
Koronarkrankheiten
LRC
Dayton et al
Research committee
CDP: clofibrate
MRFIT
CDP: nicotinic acid
Gesamt-Odds ratio
WHO
MRC : soyabean
CDP: 2.5 mg oestrogen
Scottish society
WHO : clofibrate
Dorr et al: Frauen
Frantz et al : Frauen
CDP dextrothyroxine
Frantz et al: Männer
Marmorston et al
CDP: 5 mg oestrogen
Oliver and Boyd
Rose et al
Miettinen et al
0.2
0.5
0.8
1
2
3
5
10
Odds-ratio

Abb. 16.2

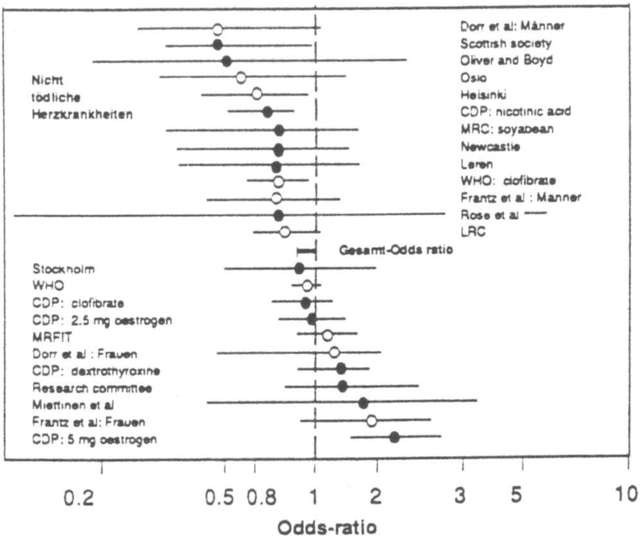

Odds ratios <1 bedeuten eine Senkung des Risikos gegenüber der Kontrollgruppe, Odds ratios >1 eine Erhöhung des Risikos. Das gewichtete (mit dem Umfang der Studie und ihrem Konfidenzintervall) Mittel der Studien zeigt nur für nicht tödlich koronare Ereignisse einen signifikant positiven Effekt der Intervention

* Odds ratio: Verhältnis von Ereignissen und Nicht-Ereignissen in der Behandlungsgruppe zu Ereignissen und Nicht-Ereignissen in der Kontrollgruppe

Abb. 16.2. Odds ratios* und 95%-Konfidenzintervalle der Studien aus Abb. 6 nach Hauptendpunkten. (Aus Borgers 1993)

rückläufig ist, lautstark der Erfolg einer lipidsenkenden Therapie angepriesen, obwohl bis heute *„in keiner... Studie... mit einer lipidsenkenden Therapie eine Verringerung der Gesamt- oder auch nur der Koronarmortalität... nachgewiesen werden konnte"* (Näheres s. 4S-Studie über Simvastatin 1994 und Seite 333). Dabei fällt auf, daß von den Anhängern der Cholesterinhypothese fast ausnahmslos verschwiegen wird, daß die Sterbeziffer seit 1977–1979 stark rückläufig sind (Tabelle 11.1 u. 2). *Einige behaupten sogar das Gegenteil.* Windler und Greten z. B. beschwören die großen Erfolge Scandinavian Simvastatin Survival Study (4S) mit den Worten, daß „der Kreis der Beweisführung für die Wirksamkeit der Behandlung von Fettstoffwechselstörungen ... geschlossen" sei und daß mit der Therapie ein *„neuer Meilenstein gesetzt"* wurde usw. Sie begründen dies u. a. mit der Feststellung, *daß „der enorme Anstieg der Mortalität an Herz- Kreislauf-Erkrankungen bei Männern und Frauen gleichermaßen, aber gerade auch die sehr hohe Mobidität*... die Prävention auf dem Gebiet der Herz- Kreislauferkrankungen... zu einer vordringlichen Aufgabe" mache.

Kein Kuhdorf, keine kleine oder größere Stadt wird nicht seit Jahren mit Pressemeldungen dieser oder ähnlicher Art über die Wirksamkeit der Behandlung des Cholesterinstoffwechsels versorgt. Da die Ärzte selbst nicht über die immensen Gelder verfügen, die solche Reklameaktionen benötigen, müssen sie wohl aus einer anderen Quelle stammen. Wieder einmal wird nachgewiesen, was man unter einem ansonsten „vernüftigen" Ärztestand in allen Ländern der Welt mit der *Macht der Reklame*, gleichgültig ob sie stimmt oder nicht stimmt, anrichten kann.

Zu den Simvastatin-Studien

1. Alle Medikamente, welche das Schlüsselenzym *HMG-CoA-Reduktase* hemmen (Lovastatin, Simvastatin, Pravastatin), haben folgende Eigenschaften:

a) Sie *hemmen nicht unmittelbar die Cholesterinbiosynthese*, sondern greifen primär an der *Mevalonsäure* (Seite 18, 98) an, wodurch der sogenannte *„Mevalonsäureweg"* (Abb. 1.5, Tabelle 1.5 a–c) beeinfluß wird.
b) Das Störungsbild der CSE-Hemmer kann an der *Mevalonazidurie* (Seite 97) exakt studiert werden.
c) Jede *Störung der Mevalonsäurebiosynthese* zieht eine Vielzahl möglicher Stoffwechselstörungen nach sich, die auf Seite 97 ff. beschrieben wurden und die sich nicht alleine auf die Cholesterinbiosynthese und ihre Endprodukte beschränken.
d) Alle CSE-Hemmstoffe besitzen damit *multifaktorielle Angriffspunkte* im Stoffwechsel. Sie wirken also nicht alleine auf den Cholesterinstoffwechsel ein.

2. Bisher haben alle Simvastatinstudien die folgenden Probleme, nämlich daß:

a) *die Substanz selber (Simvastatin) multifaktoriell angreift* und die Wirkungsweise nicht sicher abzuschätzen ist und daß
b) *das ausgewählte Krankengut heterogen ist und es sich häufig nicht um Gesunde handelt.*

Deswegen lassen sich die Ergebnisse *nur schwer auf Gesunde übertragen.* Derzeit kann man noch nicht sicher beurteilen, worauf die Wirkungen der Studien beruhen.

Die MAAS-Studie

Im September 1994 wurde in der Zeitschrift *„The Lancet"* die *„Multicentre Anti-Atheroma Study (MAAS)"* vorgestellt, auf die kurz eingegangen wird. Das ausgewählte Krankengut erfaßte, einschließlich der „Placebogruppe" *nur Personen,* bei denen bereits in relativ jungen Jahren *mindestens zwei Koronarstenosen* nachweisbar waren (die eigentliche Infarkthäufung tritt erst im höheren Alter ein, vgl. Tabelle 11.2). Außerdem befanden sich nach Tabelle 16.8 in der Simvastatingruppe der MAAS-Studie (etwa gleichviele gab es in der Placebogruppe):

27% Raucher, 67% mit Angina pectoris-Anfällen (Zeichen einer schweren Koronargefäßschädigung), 59% mit Gefäßerkrankungen (mit Stenosen von über 50%). *90%* erhielten „bei der Randomisierung" *antihypertensive Medikamente* (davon 41% *β*-Blocker, 49% Ca-Antagonisten) 17% ACE-Hemmer (Tabelle 3 der Originalarbeit), so daß eine Hypertension im Vorstadium zu vermuten ist, denn warum wären sonst derartige Präparate verabreicht worden.

Damit lag von vornherein ein *„Sonderkrankengut"* (vgl. mit 4S-Studie, S. 352) vor, dessen Behandlungsergebnisse nicht ohne weiteres auf Gesunde übertragbar sind und bei dem auf Grund von Erbanlagen oder verschiedenen anderen ursächlichen Einflüssen eine schwere Vorschädigung der Koronargefäße vorlag.

Insgesamt bekamen *sieben Patienten* in der *Placebogruppe* und *elf Patienten* in der mit *Simvastatin* behandelten Gruppe (also vier Patienten mehr) einen Myokardinfarkt. Unter den Myokardinfarkten befanden sich *in der Placebogruppe* drei Patienten mit einem *nicht tödlichen Herzinfarkt* und *neun in der mit Simvastatin* behandelten (also 6 Patienten mehr). Die Autoren räumen ein, daß die geringe Zahl an untersuchten Fällen keine signifikante Aussage zuließe.

Interessant ist, daß im Laufe der Simvastatintherapie sowohl *Stenosen* abnahmen als auch *in erheblichem Maße neu auftraten.*

Die behandelte Gruppe zeigt eine Abnahme der Stenose um 2,6%, die Placebogruppe eine Zunahme um 3,6%. *Während der Behandlung mit Simvastatin* trat unter 178 Patienten bei 41 eine *Zunahme der Stenosen* ein, innerhalb der Placebogruppe unter 167 bei 54 Patienten (Differenz: 13 Patienten mehr in der Placebogruppe). *Neue Verschlüsse* traten in der *Simvastatingruppe bei 8,* in der *Placebogruppe bei 18 Fällen* auf.

Die Vielfalt der Veränderungen an den Koronararterien und das Alter deuten stark auf eine *genetische Komponente* hin und macht es schwierig, weitreichendere Rückschlüsse aus diesen Befunden zu treffen und *auf Gesunde zu übertragen*. Man muß sich auch fragen, inwieweit sich einzelne Koronargefäße mit- bzw. untereinander zu vergleichen lassen (warum bessert sich das eine Gefäß auf die gleiche Behandlung, während sich das andere verschlechtert und sich gleichzeitig neue Stenosen unter der Simvastatinbehandlung entwickeln). In welche anderen Stoffwechselabläufe als nur in den Cholesterinstoffwechsel greift Simvastatin ein? Diese Frage stellt sich dringend aus dem Krankheitsbild der Mevalonazidurie (S. 97) und aus Abb. 1.5 und 1.9a–c. Schließlich enthält das *„gewöhnliche" Atherom* (Abb. 2.5) quantitativ *nur ca. 5% an Cholesterin* aber 95% an anderen Gewebebestandteilen. Daraus könnte man schließen, daß eine Minderung des sowieso sehr geringen Cholesterinanteils überhaupt keinen Effekt haben konnte. Die sich aus Abb. 1.5 und 1.9a–c ergebende *Vielfalt der Angriffspunkte* im Stoffwechsel durch Hemmung der HMG-CoA-Reduktase *durch Simvastatin* (Einfluß auf die DNA-Replikation, Wachstum, Zelldifferenzierung, Radikalfänger, Proteinglykosilierung, Cholesterin, Steroid- und Hormonsynthesehemmung (Cortison, Aldosteron, Androgene, Östrogene u.a.), läßt eine sichere Deutung der Befunde im Sinne eines Einflusses alleine auf den Cholesterinstoffwechsel derzeit nicht zu.

Wir haben bereits auf Seite 97 erwähnt, daß die *bisher geltende Lehrmeinung*, daß die CSE-Hemmer im wesentlichen nur die Biosynthese des Cholesterins veränderten, überholt ist, da (Hoffmann 1994) nachgewiesen werden konnte, daß ein Einfluß u.a. auf das Dolichol, das Ubichinon-10 und die farnesylierten Proteine stattfindet (Seite 99). Gram und Jespersen (1995) verwiesen auf Befunde, daß unter dem CSE-Hemmstoff Lovastatin z.B. auch eine Senkung des „Plasminogen-Aktivators-Inhibitor 1" eintritt, welcher die Überlebenschancen von Patienten mit ischämischer Herzkrankheit verlängern könnte.

Die „Scandinavian-Simvastatin-Survival-Study (4S)"

In den exakten Naturwissenschaften gilt der Grundsatz, daß das *Ergebnis* eines Versuches *nur für die Versuchsanordnung gilt, unter der es gewonnen wurde.* Verallgemeinerungen sind nicht zulässig. Diesen Grundsatz sollte man bei allen Interventionsstudien beherzigen, auch bei der *4S-Studie.* Wenn bei dieser Studie 79% Patienten herangezogen wurden, die bereits einen Myokardinfarkt hinter sich hatten und der Rest (21%) eindeutige Zeichen (Angina pectoris-Anfälle) einer schweren Koronarläsion zeigten, dürfen die Ergebnisse, die aus dieser Studie gewonnen wurden, später auch nur auf ein gleichartiges Krankengut mit den gleichen Voraussetzungen übertragen werden, d.h.: 79% Herzinfarktpatienten mit den gleichen

Erbanlagen für eine Koronarsklerose, den gleichen Vorschäden durch Nikotinabusus und Bluthochdruck und dem gleichen Vorkommen von Risikokrankheiten (Hypertonie, Diabetes mellitus, usw.).

Fragestellung der 4S-Studie. Die Arbeit sollte u.a. die Hypothese prüfen, ob *„eine Cholesterinsenkung“* mit Simvastatin *„die Überlebensrate von Patienten mit KHK verbessern kann“*. Außerdem sollten Beziehungen („Inzidenz“) zu „koronaren und anderen atherosklerotisch bedingten Ereignissen“ geprüft werden.

Es bestand eine schwere Vorschädigung der Koronargefäße der ausgewählten Probanden. Diese Studie unterscheidet sich gründlich von anderen Interventionsstudien, weil fast alle in die Studie eingebrachten *Personen eine schwere Vorschädigung der Koronargefäße aufwiesen. 79%* hatten bereits einen oder *mehrere Herzinfarkte* durchgemacht und *21%* hatten *infolge einer Koronarschädigung Angina pectoris-Anfälle. Bei den Patienten bestanden weiterhin zu einem hohen Teil* die *klassischen Risikofaktoren* für die Atherosklerose (Seite 47): *Hypertonie (26%), Diabetes mellitus (4–5%) und Nikotinabusus (24–27%).* Diese drei machen zusammen *54–58%* aus. Zudem waren 48–50% *Exraucher*, bei denen in einem Teil der Fälle eine bleibende Schädigung der Koronargefäße u.a. angenommen werden muß, zumal Nikotinabusus zur langanhaltenden Katecholaminausschüttung führt. Bei dem Krankengut muß in Anbetracht des Alters (im Durchschnitt 58,1–58,2 Jahre), in dem jedenfalls in Deutschland noch relativ wenig tödliche Myokardinfarkte auftreten (nach Tabelle 15.1 pro 100000 der Altersgruppe 152,9 bei Männern und 31,0 bei Frauen) von Anbeginn auch mit einem *genetischen Defekt* zur Entwicklung einer Koronarsklerose und eines *Myokardinfarktes* gerechnet werden, der offensichtlich nicht untersucht wurde.

Entsprechend den aufgezählten Diagnosen werden unter der Rubrik *„Andere Therapien“* folgende Therapeutika genannt: *B-Blocker (57%), Calcium-Antagonisten (30%), Nitratpräparate (33%), Thiazide (6%) usw.*

Es handelte sich somit in der *4S-Studie* nicht um Gesunde, sondern von vornherein um ein *„heterogenes Krankengut“*, dessen Stoffwechselreaktionen *nicht ohne weiteres auf Gesunde übertragen werden können* und welches auf unterschiedlichen Wegen (gemäß ihrer Vorgeschichte) zur Koronarsklerose und zum Myokardinfarkt geführt hat, so daß ein Ursprung kaum im Cholesterinstoffwechsel liegen dürfte. Es lagen im Krankengut eindeutig primäre *Risikokrankheiten* für die Atherosklerosegenese bzw. die Koronarsklerose vor wie *Hypertonie, Nikotinabusus und Diabetes mellitus.* Bei den beschriebenen Risikokrankheiten und -faktoren muß solang ein möglicher, ursächlicher Zusammenhang zwischen dem Cholesterinhaushalt (und seinen Fraktionen) sowie der Atherosklerosegenese (Seite 47) abgelehnt werden, wie nicht alle Endstufen des Mevalonsäureweges exakt untersucht wurden.

Dies dürfte jedoch *nicht dazu verleiten*, einen möglicherweise erfolgreichen *Rückgang an tödlichen Koronarereignissen* unter einer Simvastatintherapie *in der 4S-Studie (vor allem bei Männern) in Frage zu stellen.* Nur stellt sich die wichtige Frage, auf welchem Wege der Erfolg erzielt wurde. Daß der Erfolg nur über Einwirkung auf den Cholesterinstoffwechsel erzielt wurde, ist schon deswegen unwahrscheinlich, weil sich die unter Simvastatin geänderten Cholesterin- und LDL-Werte im Plasma (Tabelle 16.8) im Vergleich zu den (z. B. in Deutschland) unter standardisierten statistischen Erhebungen gewonnenen Werten an Gesunden durchweg im *Normalbereich* bewegten (Tabelle 8.4).

Während in der *Gemfibrozil-Studie* (Tabelle 16.4) auf *4081 gesunde Personen* (auf die Placebo- und Behandlungsgruppe) nur *14 tödliche Myokardinfarkte* entfielen, gab es bereits zu Beginn in der 4S-Studie (in der Placebo- und Behandlungsgruppe) unter *4444 koronarkranken Personen*, wie es aufgrund des Krankengutes zu erwarten war, insgesamt 3525 Personen (Tabelle 16.8), die zuvor mindestens einen Myokardinfarkt durchgemacht hatten (79%), also *251mal mehr Fälle* als sie im Vergleich zur Gemfibrozil-Studie unter Gesunden vorkamen.

Es kommt auch auf die statistische Darstellung an

Es wird mit Argumenten geworben wie: *„25% oder 42% weniger“ tödliche Herzinfarkte usw.* (in einer behandelten Gruppe), um einen Studienerfolg zu demonstrieren.

In der Gemfibrozil-Studie (Tabelle 16.4) erlitten unter *4081 Personen 6 Fälle* in der behandelten und *8* in der *Placebogruppe* einen tödlichen Herzinfarkt. Die Werbeaussage hieß *„25% weniger tödliche Herzinfarkte“* in der behandelten Gruppe (obwohl nur *zwei Personen weniger* gestorben waren), was mit Recht zu einer herben öffentlichen Kritik geführt hat. Betrachtet man die Sterbeverhältnisse innerhalb der Einzelgruppen, so starben 6 Personen unter 2051 (*0,29%*) und 8 Fälle unter 2030 (*0,39%*). Die Differenz beträgt *nur 0,1%.*

Die Pharmawerbung preist bei der Simvastatinstudie 1994 eine *Risikoverminderung* vor koronarer Herzkrankheit *von 42%* an. Tatsächlich betrug die *Differenz* zwischen der *Simvastatin-* und der *Nullgruppe*, wenn man sie auf die insgesamt untersuchten Fälle einer jeweiligen Gruppe berechnet (also auf 2223 Personen in der Placebo- und 2221 in der Therapiegruppe):

Tabelle 16.8. Ausgangsmerkmale der randomisierten Patienten

	Placebo (n = 2223)		Simvastatina (n = 2221)		Gesamtzahl (n = 4444)
Anzahl (%) der Patienten					
Männer	1803	(*81%*)	1814	(*82%*)	
Frauen	420	(*19%*)	407	(*18%*)	
Alter ≥ 60 Jahre	1126	(*51%*)	1156	(*52%*)	
Geeignete Diagnosen					Gesamtzahl Infarkte
Ausschließlich Angina pectoris	456	(*21%*)	462	(*21%*)	
Ausschließlich Infarkt	1385	(*62%*) } 79%	1399	(*63%*) } 79%	3525
Angina pectoris und Infarkt	381	(*17%*)	360	(*16%*)	
Zeit seit Erstdiagnose einer Angina pectoris oder eines Infarktes					
– 1 Jahr	589	(*26%*)	602	(*27%*)	
≥ 1 – 5 Jahre	961	(*43%*)	929	(*42%*)	
≥ 5 Jahre	673	(*30%*)	690	(*31%*)	
Größere EKG Q-Zacken	782	(*35%*)	724	(*33%*)	
Sekundäre Diagnosen					
Hypertonie	584	(*26%*)	570	(*26%*)	
Claudicatio	123	(*6%*)	130	(*6%*)	
Diabetes mellitus	96	(*4%*)	105	(*5%*)	
Vorausgegangene CABG oder Angioplastie	151	(*7%*)	189	(*9%*)	
Nichtraucher	562	(*25%*)	558	(*25%*)	
Ex-Raucher	1065	(*48%*)	1121	(*50%*)	
Raucher	596	(*27%*)	542	(*24%*)	

Tabelle 16.8 (Fortsetzung)

		Placebo (n = 2223)	Simvastatina (n = 2221)	Gesamtzahl (n = 4444)
Andere Therapien				
Aspirin		815 *(37%)*	822 *(37%)*	
Beta-Blocker		1266 *(57%)*	1258 *(57%)*	
Calcium-Antagonisten		668 *(30%)*	712 *(32%)*	
Isosorbidmono-/dinitrat		727 *(33%)*	684 *(31%)*	
Thiazide		138 *(6%)*	151 *(7%)*	
Warfarin		51 *(2%)*	29 *(1%)*	
Fischöl		293 *(13%)*	283 *(13%)*	
Mittelwerte (Standardabweichung vom Mittelwert)				
Alter (Jahre) Männer		58,1 *(7,2%)*	58,2 *(7,3%)*	
Alter (Jahre) Frauen		60,51 *(5,7%)*	60,5 *(6,4%)*	
Body-mass-Index (kg/m^2)		25,0 *(3,3%)*	26.0 *(3,4%)*	
Herzfrequenz		64,2 *(10,1%)*	63,8 (10,1%)	
Blutdruck (mmHg)				
Systolisch		139,1 *(19,6%)*	138,5 *(19,6%)*	
Diastolisch		83,7 *(9,5%)*	83,2 *(9,5%)*	
Cholesterin (mmol/l)				
Gesamt	260 mg%	6,75 *(0,66%)*	6,74 *(0,67%)*	260 mg%
HDL	46 mg%	1,19 *(0,29%)*	1,18 *(0,30%)*	45,6 mg%
LDL	187 mg%	4,87 *(0,65%)*	4,87 *(0,66%)*	187 mg%
Triglyceride (mmol/l)	132 mg%	1,51 *(0,52%)*	1,49 *(0,49%)*	130 mg%

CABG = Koronare Bypass-Operation; HDL = high density lipoprotein; LDL = low density lipoprotein

a) *in Tabelle 16.10 „Mortalität und Todesursachen" (4S-Studie 1994)*
beim eindeutigen akuten Myokardinfarkt (MI) = 1,4%
beim „wahrscheinlichen akuten Myokardinfarkt" (MI) = 0,0%
bei allen nicht kardiovaskulären Ursachen = 0,1%
bei allen Todesfällen = 3,3% usw.
b) *in Tabelle 16.9 „Patienten mit nichtletalen kardiovaskulären Ereignissen"*
beim „eindeutigen Myokardinfarkt" (MI) = 7,4%
beim eindeutigen oder wahrscheinlichen „akuten Myokardinfarkt" (MI) = 6,2%
bei allen „nicht KHK bedingten kardialen Ereignissen" = 0,0%
bei allen anderen „nicht kardiovaskulären Ereignissen" = 1,1% usw.

Genaue Daten bitten wir der Originalarbeit bzw. den Auszügen nach dem Original in Tabelle 16.9 und 16.10 zu entnehmen.

Verhalten der Frauen

Unter insgesamt *827 erfaßten Frauen* (Lancet S. 1385 u. 1387) entfielen *420* auf die Placebogruppe und *407* auf die Simvastatingruppe. Insgesamt starben nur *52* Frauen (*6,3%* von 827 Fällen). Davon starben in der Placebogruppe:

> *25 Personen* (*6,0%* von 420) in der *Placebogruppe, darunter 17 Fälle am Koronartod* (*4,0%* von 420).
> *Differenz: 2,0%*
>
> Davon starben in der Simvastatingruppe:
>
> *27 Personen* (*6,0%* von 407) in der *Simvastatingruppe* (1 Todesfall mehr als in der Placebogruppe), *darunter 13 Fälle am Koronartod* (*3,2%* von 407).
> *Differenz: 2,8%*

Die Differenz an Sterbefällen betrug absolut berechnet *4 Personen* unter den Koronarfällen, aber nur 2 unter allen Sterbefällen.

Die 4S-Studie bezeichnet die Erfolge als *„statistisch signifikant"* (*$p < 0{,}01$*), was möglicherweise anzuzweifeln ist.

Tabelle 16.9. Patienten mit nichtletalen kardiovaskulären Ereignissen während der Beobachtung (4S-Studie)

Ereignis	Anzahl % der Patienten*		
	Placebo (n = 2223)	Simvastatin (n = 2221)	Differenz
Schwerwiegende koronare Ereignisse			
Eindeutiger akuter MI	270 (12,1%)	164 (7,4%)	4,7%
Eindeutiger oder wahrscheinlicher akuter MI	418 (18,8%)	279 (12,6%)	6,2%
Stummer MI	110 (4,9%)	88 (4,0%)	0,9%
Reanimation nach Herzstillstand	0	1	
Akuter MI im Zusammenhang mit einer Intervention	25	12	13,.0%
Jegliche schwerwiegenden koronaren Ereignisse[a]	502 (22,6%)	353 (15,9%)	6,7%
Koronaroperation oder Angioplastie	383 (17,2%)	252 (11,3%)	5,9%
Nicht MI-bedingte akute KHK	331 (14,9%)	295 (13,3%)	1,6%
Akute, nicht KHK-bedingte, kardiale Ereignisse	109 (4,9%)	109 (4,9%)	0,0%
Zerebrovaskuläre Ereignisse			
Schlaganfall, nicht embolisch	33	16	
Schlaganfall, embolisch	16	13	
Schlaganfall, hämorrhagisch	2	0	
Schlaganfall, nicht klassifiziert	13	15	
Schlaganfall, im Zusammenhang mit einer Intervention	10	3	
Transiente ischämische Attacke	29	19	
Jegliche zerebrovaskulären Ereignisse[a]	95 (4,3%)	61 (2,7%)	1,6%
Andere kardiovaskuläre Ereignisse	33 (1,5%)	24 (1,1%)	0,4%

[a] Ein Patient mit 2 oder mehr Ereignissen unterschiedlicher Art wird mehr als einmal in einer Spalte, jedoch nur einmal in einer Zeile aufgeführt

Da die Befunde unter *Simvastatin* in der Gruppe der behandelten *Männer* wesentlich ausgeprägter sind als bei den Frauen, taucht die Frage auf, ob es *unterschiedliche Cholesterin- und LDL-Stoffwechselvorgänge zwischen den Geschlechtern gibt.* Es fällt schwer zu begreifen, warum z. B. ein oxidiertes LDL-Cholesterin vorwiegend Männer schädigen soll, aber

Tabelle 16.10. Mortalität und Todesursachen (4S-Studie 1994)

Todesursachen	Anzahl (%) der Patienten		
	Placebo (n = 2223)	Simvastatin (n = 2221)	Relatives Risiko (IC 95%)
Eindeutiger akuter MI	63 = 2,8%	30 = 1,4%	Differenz = 1,4%
Wahrscheinlicher akuter MI	5 = 0,2%	5 = 0,2%	Differenz = ∅
Nicht bestätigter akuter MI			
Sofortiger Tod	39 = 1,8%	29 = 1,3%	Differenz = 0,5%
Tod innerhalb von 1 Stunde[a]	24 = 1,1%	8 = 0,4%	Differenz = 0,7%
Tod innerhalb von 1 – 24 Stunden	15 = 0,7%	9 = 0,4%	Differenz = 0,3%
Tod >24 Stunden nach Beginn des Ereignisses	11 = 0,5%	10 = 0,4%	Differenz = 0,1%
Nicht beurkundeter Tod[b]	23 = 1,0%	13 = 0,6%	Differenz = 0,4%
Im Zusammenhang mit einem Eingriff[c]	9 = 0,4%	7 = 0,3%	Differenz = 0,1%
Alle koronaren Ursachen	189 (8,5%)	111 (5,0%)	Differenz = 3,5% 0·58 (0,46 – 0,73)
Zerebrovaskulär	12	14	
Andere kardiovaskuläre Ursachen	6	11	
Alle kardiovaskulären Ursachen	207 (9,3%)	136 (6,1%)	0·65 (0,52 – 0,80)
Krebs	35	33	
Selbstmord	4	5	
Trauma	3	1	
Andere	7	7	
Alle nicht kardiovaskulären Ursachen	49 *(2,2%)*	46 *(2,1%)*	Differenz = 0,1%
Alle Todesfälle	256 (11,5%)	182 (8,2%)	0·70 (0,58 – 0,85)

Relatives Risiko berechnet durch die Cox-Regressions-Analyse. MI = Myokardinfarkt

[a] Nach akutem Brustschmerz, Synkope, Lungenödem oder kardiogenem Schock

[b] Nichtkoronare Ursache unwahrscheinlich

[c] Koronartod innerhalb von 28 Tagen nach einem invasiven Verfahren

kaum Frauen, obwohl Frauen (physiologisch bedingt) insgesamt durchweg einen höheren Plasmacholesterinspiegel besitzen als Männer. Eine Antwort auf diese Frage steht noch aus.

Die Differenz von 189 (Placebogruppe) zu *111 Sterbefällen* in der Simvastatingruppe beträgt *42%*, wenn man 189 als 100% nimmt. Wer die Originalarbeit in „The Lancet“ (1994) sorgfältig liest, entdeckt in Tabelle 16.10 jeweils hinter „189“ in Klammern die Zahl (8,5) und hinter „111“ die Zahl (5,0), die den jeweiligen *Prozentsatz (%)* markieren, den wir in den Tabellen ausdrücklich gekennzeichnet haben. Unter Berücksichtigung dieser Angaben betrug die Differenz, berechnet auf die Ausgangswerte, zwischen der *Placebo- und Simvastatingruppe* nur *3,5%*.

Auch in der Simvastatinstudie fällt der Ausdruck *„koronare Herzkrankheit“* auf, auf den wir bereits vorher kritisch eingegangen sind. Dieser *Begriff existiert nicht* in der international seit 1893 gebräuchlichen und anerkannten *ICD-Systematik*.

Was ist eine „koronare Herzkrankheit“? Es handelt sich um eine (unklare) meistens klinisch genutzte Diagnose, die sich mit der Frage verbindet, ob ihr eine *primäre Krankheit* der Koronargefäße zugrundeliegt (z. B. Koronarsklerose) oder ob die Koronarerkrankung *sekundär als Folge* einer anderen Grundkrankheit auftritt z. B. Hypertonie, Infektions- (z. B. Chagas-)Krankheit (Brasilien), Rheuma, Ödeme usw. Selbstverständlich kann der tödliche Versagenszustand dieser Erkrankung unter dem Bild eines tödlichen Myokardinfarktes (ICD-Nr. 410) enden.

In der Simvastatinstudie wurde ganz offensichtlich ein Krankengut ausgewählt, bei dem überwiegend ein sekundär herbeigeführter Koronarschaden vorlag. Darauf deutet der hohe Anteil (Tabelle 16.8) von 26% an Hypertonikern, 27% an Rauchern, 48% an Exrauchern, 5% an Zuckerkranken, die zu den klassischen Risikofaktoren zählen, die auch ohne Cholesterinstoffwechselstörungen zur Koronarsklerose führen. Also kann man vermuten, daß Simvastatin vor allem bei den primären Risikokrankheiten und -Faktoren angegriffen haben muß. Es wird auf die Ausführungen von Stehbens 1994 (S. 55), Hort 1975, Liebegott 1965, Linzbach 1958, Meesen 1969 u. a. in diesem Buch (S. 288) verwiesen.

Wurden die Endprodukte des Mevalonsäureweges untersucht?

Die *Hypertonie* z. B. führt *primär* über hämodynamische Faktoren (Druckschaden) und nicht über den Cholesterinstoffwechsel zur Koronarsklerose. Sie könnte z. B. durch Senkung der Aldosteronausschüttung mittels *Simvastatin* (Wirkung wie „NaCl-Entzug“) gebessert werden. Der hohe Anteil von *26% an Hypertonikern in der Simvastatingruppe* (Tabelle 16.8) schränkt die Aussagemöglichkeit zum Thema „Cholesterin" ganz erheblich ein. Unter Simvastatin könnte die Ausschüttung des Endproduktes (Abb. 1.5, 1.8 b, c) *Aldosteron* der des Streßhormons *Cortison* u. a. „hinter" der *Mevalonsäure* beeinträchtigt sein. Dadurch könnte die Hypertoniekrankheit bzw. der spätere Hypertonieverlauf mit seinen fortschreitenden Gefäßwandveränderungen (Abb. 1.5, vgl. „geranylierte und farnesylierte Proteine") beeinflußt werden, was sich nur durch exakte Messungen am Kranken ausschließen ließe. Das ist aber nicht geschehen. Eine solche Wirkung könnte einen Teil der reduzierten „Koronarmortalität" in der 4S-Studie mit erklären.

Wenn die Autoren als Ziel der Studie definiert haben, daß ein *Zusammenhang* zwischen der *„koronaren Herzkrankheit (KHK)"*, was auch immer darunter zu verstehen ist, und dem Effekt einer *Cholesterinsenkung* erkundet werden sollte, hätte man berücksichtigen müssen, daß *über 50% der ausgewählten Personen in der Simvastatingruppe zu den klassischen Risikopatienten zählen, deren Grundleiden bzw. Risikofaktoren* bereits *primär* (und nicht erst über den Cholesterinstoffwechsel) eine Athero- bzw. Koronarsklerose auslösen können. Auch befaßt sich die Studie nicht mit den genetischen Anlagen zum Myokardinfarkt. Auch fand sich vor und während der gesamten Studie *kein pathologischer Plasmacholesterinspiegel* (Tabelle 16.8) und kein krankhafter LDL- bzw. HDL-Spiegel.

Zusammenfassung

Die 4S-Studie ist von der Zusammensetzung des Krankengutes und der Untersuchungsmethoden her nicht geeignet, *die „Hypothese" zu prüfen, ob alleine eine Cholesterinsenkung mit Simvastatin die Überlebensrate von Patienten mit KHK verbessern kann.*

Aussagen sind schwierig, weil in der Studie von vornherein eine *„Selektion"* im Krankengut vorgenommen wurde. Wie zu erwarten, senkte sich Gesamtcholesterin und LDL-Cholesterin, während das HDL-Cholesterin anstieg. Alle diese Bewegungen vollziehen sich jedoch innerhalb der Normalbereiche. Die Arbeit gibt keine Auskunft darüber, aus welchen Gründen Cholesterin überhaupt bzw. nur alleine von Einfluß sein könnte. Es wurde nicht festgestellt, welche Änderungen sich bei den Endprodukten der Biosynthese des Cholesterins und der Isoprenoide unter Simvastatin ergeben haben. Es wurden Kranke in die Studie einbezogen (über 50%), die ohne jede Störung im Lipid- bzw. Cholesterinhaushalt an primär die Athero- bzw. Koronarsklerose auslösenden *Risikokrankheiten und -Faktoren* litten, wie Hypertonie, Diabetes mellitus, Nikotinabusus. Erfolge der 4S-Studie könnten über die Hemmung der HMG-CoA-Reduktase und einiger wichtiger Endprodukte (Abb. 1.5 und 1.9b, c) mittels Simvastatin erzielt worden sein, welche in den pathophysiologischen Mechanismus dieser Risikokrankheiten eingreifen. Entsprechende Messungen wurden nicht publiziert. Es ist auch nicht gelungen, eine Abnahme der Gesamtmortalität nachzuweisen, sofern sich diese nicht ausschließlich als Folge der geänderten Koronarmortalität ergibt.

Die Arbeit zeigt *interessante Aspekte* auf. Möglicherweise gelingt es über die Hemmung der HMG-CoA-Reduktase und die Beeinträchtigung der im weiteren Stoffwechsel der Mevalonsäure auftretenden diversen Endprodukte z. B. in pathologische Stoffwechselbereiche der aufgezeigten Risikoleiden einzugreifen. Dadurch ergibt sich eine neue wichtige Fragestellung in der medizinischen Wissenschaft. *Diese zu klären ist jedoch nicht Aufgabe dieses Buches.*

Tabellenanhang

Auszug aus der ICD-Systematik

In Deutschland ist die Systematik unter der Bezeichnung „Internationale Klassifikation der Krankheiten (ICD) in der *achten Revision 1968* und der *neunten Revision 1979* im Verlag W. Kohlhammer, Stuttgart, erhältlich. Die *zehnte Revision* ist 1995 erschienen. Nachfolgend wird die *achte Revision* auszugsweise wiedergegeben.

Der Leser möge prüfen, bei welcher Todesursache ein *unmittelbarer ursächlicher Zusammenhang* zum *Cholesterinstoffwechsel* bestehen könnte.

Tabelle 1. *Die „ischämischen Herzkrankheiten" (ICD-Nr. 410–414) 1968* (achte Revision). In der dritten Zeile des ersten Absatzes im Originaltext ist vermerkt, daß in dieser Gruppe auch alle *Krankheiten „aus den Pos.-Nr. 427–429 angegeben" sind*, die deshalb hier mit wiedergegeben werden

410–414 Ischämische Herzkrankheiten

Die Pos.-Nrn. 410–414 *enthalten die hier aufgeführten Zustände auch*, wenn *zugleich eine Arteriosklerose, ein Bluthochdruck* (bösartiger) (gutartiger) *oder irgendeine Krankheit aus den Pos.-Nrn. 427–429 angegeben ist.*
Die vierstellige Unterteilung sollte folgendermaßen gebraucht werden:
.0 mit Angabe eines Bluthochdrucks (bösartiger) (gutartiger) (d.h. in Verbindung mit allen in den Pos.-Nrn. 400–404 aufgeführten Krankheiten)
.9 ohne Angabe eines Bluthochdrucks

410 Akuter Herzmuskelinfarkt

einschl. aller in den Pos.-Nrn. 411–413 aufgeführten Krankheiten mit der Angabe „akut" oder mit einer angegebenen Krankheitsdauer von 8 Wochen oder weniger
ausschl. aller hier aufgeführten Krankheiten mit der Angabe „chronisch" oder mit einer angegebenen Krankheitsdauer von mehr als 8 Wochen 412

410.0 *Mit Angabe eines Bluthochdruckes*

Herzinfarkt
Infarkt des(r):
Herzens

Koronar(-arterien)-
Ruptur
Thrombose

Tabelle 1 (Fortsetzung)

	Herzmuskels Kammer Koronar(-arterien)- Embolie	Verschluß Ruptur des: Herzens Herzmuskels
410.9	*Ohne Angabe eines Bluthochdruckes*	
	Herzinfarkt Infarkt des(r): Herzens Herzmuskels Kammer Koronar(-arterien)- Embolie	Koronar(-arterien)- Ruptur Thrombose Verschluß Ruptur des: Herzens Herzmuskels
411	Sonstige akute und subakute Formen von ischämischen Herzkrankheiten ausschl. in Verbindung mit akutem Herzmuskelinfarkt 410	
411.0	*Mit Angabe eines Bluthochdruckes*	
	Intermediäre Koronarsyndrome Koronar(-arterien)- Insuffizienz Schaden	Prä-Infarkt-Syndrom Rudimentärer Herzinfarkt Ruhe-Angina
411.9	*Ohne Angabe eines Bluthochdruckes*	
	Intermediäre Koronarsyndrome Koronar(-arterien)- Insuffizienz Schaden	Prä-Infarkt-Syndrom Rudimentärer Herzinfarkt Ruhe-Angina
412	Chronische ischämische Herzkrankheiten	
	einschl. aller in Pos.-Nr. 410 aufgeführten Krankheiten mit der Angabe „chronisch" oder mit einer angegebenen Krankheitsdauer von mehr als 8 Wochen ausschl. aller hier aufgeführten Krankheiten mit der Angabe „akut" oder mit einer angegebenen Krankheitsdauer von 8 Wochen oder weniger 410	
412.0	*Mit Angabe eines Bluthochdruckes*	
	Aneurysma des Herzens Arteriosklerotische Herzkrankheit Atheromatose des Herzens oder Herzmuskels	

Tabelle 1 (Fortsetzung)

	Ausgeheilter Herzinfarkt	
	Herzgefäß-	
	Arteriosklerose	
	Degeneration	
	Krankheit	
	Sklerose	
	Herzsklerose	
	Ischämische:	
	Degeneration des Herzens	
	oder des Herzmuskels	
	Herzkrankheit	
	Koronar(-arterien)-	
	Arteriosklerose	
	Atheromatose	
	Krankheit	
	Sklerose	
	Striktur	
	Postmyokardinfarkt-Syndrom	
412.9	*Ohne Angabe eines Bluthochdruckes*	
	Aneurysma des Herzens	
	Arteriosklerotische Herzkrankheit	
	Atheromatose des Herzens oder Herzmuskels	
	Ausgeheilter Herzinfarkt	
	Herzgefäß-	
	Arteriosklerose	
	Degeneration	
	Krankheit	
	Sklerose	
	Herzsklerose	
	Ischämische:	
	Degeneration des Herzens oder des Herzmuskels	
	Herzkrankheit	
	Koronar(-arterien)-	
	Arteriosklerose	
	Atheromatose	
	Krankheit	
	Sklerose	
	Striktur	
	Postmyokardinfarkt-Syndrom	
413	Angina pectoris	
	ausschl. in Verbindung mit akutem Herzmuskelinfarkt	410

Tabelle 1 (Fortsetzung)

413.0	*Mit Angabe eines Bluthochdruckes*
	Angina pectoris o.n.A. Angina-pectoris-Syndrom Arbeitsangina Kardiale Angina Stenokardie
413.9	*Ohne Angabe eines Bluthochdruckes*
	Angina pectoris o.n.A. Angina-pectoris-Syndrom Arbeitsangina Kardiale Angina Stenoskardie
414	Symptomlose ischämische Herzkrankheiten
	(diagnostiziert durch EKG)
427	Symptomatische Herzkrankheiten
	Für die unikausale Todesursachenstatistik gelten folgende Ausschlüsse: In Verbindung mit: bösartigem Bluthochdruck 400.1 gutartigem oder n.n. bez. Bluthochdruck 402 ischämischen Herzkrankheiten 410–414 rheumatischen Herzkrankheiten 391, 393–398
427.0	*Herzversagen mit Stauungserscheinungen*
	Herzwassersucht Kardiale (r, s): Anasarka Hydrops Ödem Rechtsherzversagen Stauungsherz- Leiden Versagen
427.1	*Linksherzversagen*
	ausschl.: Asthma cardiale bei Angina pectoris 413
	Akutes Lungenödem, Stauungslunge } mit Angabe eines jedes Zustandes in 429 oder 782.4 Asthma cardiale = Herzasthma Linksinsuffizienz Schwächen des linken (Herz-)Ventrikels

Tabelle 1 (Fortsetzung)

427.2	*Herzblock*

	Adams-Stokes' Symptomenkomplex
	Atrioventrikuläre Dissoziation
	Atrioventrikulärer Herzblock (AV-Block):
	  partieller
	  totaler
	Interferenzdissoziation
	Intraventrikulärer Herzblock:
	  Arborisationsblock
	  Ast- und Verzweigungsblock
	  Linksschenkelblock
	  Rechtsschenkelblock
	Sekundenherztod
	Sinuaurikulärer Herzblock:
	  Sinusvorhofblock:
	  Typ I
	  Typ II
	Wenckebach' Periodik

427.9	*Sonstige Herzrhythmusstörungen*

	Allorhythmie
	Arrhythmia absoluta
	Arrhythmie (respiratorische)
	Bradykardie
	Extrasystolie
	Galopprhythmus
	Herzflimmern
	Herzfunktionsstörungen o.n.A.
	Herzrhythmusstörungen o.n.A.
	Kammerflattern
	Kammerflimmern
	Paroxysmale Tachykardie
	= anfallsweises Herzjagen
	Pulsus:
	  alternans
	  bigeminus
	Sinusarrhythmie
	Ventrikelflimmern
	Vorhofflattern
	Vorhofflimmern

428	Sonstige Herzmuskelkrankheiten
	Für die unikausale Todesursachenstatistik gelten folgende Ausschlüsse: In Verbindung mit: Arteriosklerose 412 bösartigem Bluthochdruck 400.1 gutartigem oder n.n. bez. Bluthochdruck 402 ischämischen Herzkrankheiten 410–414 rheumatischen Herzkrankheiten 391, 393–398

Tabelle 1 (Fortsetzung)

428	Atrophie	
	Degeneration:	des Herzens oder Herzmuskels
	braune	
	fettige	
	kalkige	
	muskuläre	
	pigmentierte	
	wandständige	
	sonstige, die anderweitig nicht einzuordnen ist	
	Glykogeninfiltration	
	Insuffizienz	
	Schwäche	
	Verkalkung	
	Herzmuskel-	
	Degeneration	
	Krankheit	
	Insuffizienz:	
	kardiale	
	myokardiale	
	Kardiale Ossifikation	
	Myodegeneratio cordis	
	Myokarditis:	
	chronische (interstitielle)	
	fibroide	
	senile	
	o.n.A.	
	Senile Herzkrankheit	
429	Mangelhaft bezeichnete Herzkrankheiten	
	Für die unikausale Todesursachenstatistik gelten folgende Ausschlüsse:	
	In Verbindung mit:	
	bösartigem Bluthochdruck	400.1
	gutartigem oder n.n. bez. Bluthochdruck	402
	ischämischen Herzkrankheiten	410–414
	rheumatischen Herzkrankheiten	391, 393–398
	allen in Pos.-Nr. 519.1 aufgeführten Krankheiten	427.1
	Herz-	
	Dekompensation	
	Dilatation	
	Hypertrophie	

Tabelle 1 (Fortsetzung)

	Herzentzündung = Karditis Herzerweiterung
429	Herzkrankheit o.n.A.
	Morbus cordis o.n.A. Organische Herzkrankheit Pankarditis, chronische oder o.n.A. Ventrikuläre Dilatation Sonstige Herzkrankheiten, die anderweitig nicht einzuordnen sind

Tabelle 2. Der „akute Myokardinfarkt" (ICD-Nr. 410) nach der Internationale Klassifikation der Krankheiten (ICD), Kohlhammer 1968
a) Achte Revision 1968 (Seite 283) gültig bis zur neunten Revision 1979. Der Leser möge prüfen, bei welcher Todesursache ein *unmittelbarer ursächlicher Zusammenhang* zum *Cholesterinstoffwechsel* bestehen könnte.

410	Akuter Herzmuskelinfarkt einschl. aller in den Pos.-Nrn. 411 – 413 aufgeführten Krankheiten mit der Angabe „akut" oder mit einer angegebenen Krankheitsdauer von 8 Wochen oder weniger ausschl. aller hier aufgeführten Krankheiten mit der Angabe „chronisch" oder mit einer angegebenen Krankheitsdauer von mehr als 8 Wochen	
410.0	*Mit Angabe eines Bluthochdruckes*	
	Herzinfarkt Infarkt des(r): Herzens Herzmuskels Kammer Koronar(-arterien)- Embolie	Koronar(-arterien)- Ruptur Thrombose Verschluß Ruptur des: Herzens Herzmuskels
410.9	*Ohne Angabe eines Bluthochdruckes*	
	Herzinfarkt Infarkt des(r): Herzens Herzmuskels Kammer Koronar(-arterien)- Embolie	Koronar(-arterien)- Ruptur Thrombose Verschluß Ruptur des: Herzens Herzmuskels

Tabelle 2 (Fortsetzung)

411	Sonstige akute und subakute Formen von ischämischen Herzkrankheiten ausschl. in Verbindung mit akutem Herzmuskelinfarkt	410
411.0	*Mit Angabe eines Bluthochdruckes* Intermediäre Koronarsyndrome Koronar(-arterien)- Insuffizienz Schaden	Prä-Infarkt-Syndrom Rudimentärer Herzinfarkt Ruhe-Angina
411.9	*Ohne Angabe eines Bluthochdruckes* Intermediäre Koronarsyndrome Koronar(-arterien)- Insuffizienz Schaden	Prä-Infarkt-Syndrom Rudimentärer Herzinfarkt Ruhe-Angina
412	Chronische ischämische Herzkrankheiten einschl. aller in Pos.-Nr. 410 aufgeführten Krankheiten mit der Angabe „chronisch" oder mit einer angegebenen Krankheitsdauer von mehr als 8 Wochen ausschl. aller hier aufgeführten Krankheiten mit der Angabe „akut" oder mit einer angegebenen Krankheitsdauer von 8 Wochen oder weniger	410

Tabelle 3a. „Ischämischen Herzkrankheiten" (ICD 410–414), neunte Revision 1979 (aus „Internationale Klassifikation der Krankheiten (ICD)" Kohlhammer 1993) gültig bis 1994. Der Leser möge prüfen, bei welcher Todesursache ein *unmittelbarer ursächlicher Zusammenhang* zum *Cholesterinstoffwechsel* bestehen könnte.

410–414	Ischämische Herzkrankheiten Einschl.: Mit Angabe einer Hypertonie (Zustände in 401–405) Falls gewünscht, kann das Vorliegen einer Hypertonie zusätzlich kodiert werden
410	Akuter Myokardinfarkt Akuter Herzinfarkt Akuter Herzmuskelinfarkt Infarkt des(r): Herzens Herzmuskels Kammer

Tabelle 3a (Fortsetzung)

	Koronar-(arterien)-: Embolie Ruptur Thrombose Verschluß Ruptur des: Herzens Herzmuskels Subendokardialinfarkt Jeder Zustand in 414–414.3 mit Angabe akut oder einer Krankheitsdauer von 8 Wochen oder weniger
411	Sonstige akute oder subakute Formen von ischämischen Herzkrankheiten
	Dressler-Syndrom Drohender Myokardinfarkt Intermediäres Koronarsyndrom Koronar-: Insuffizienz (akute) Schaden Myokardinfarkt-Spätsyndrom Postinfarkt-Syndrom Präinfarkt-Syndrom Prämyokardinfarkt-Syndrom
412	Alter Myokardinfarkt
	Ausgeheilter Herzinfarkt Defektheilung nach Myokardinfarkt, durch EKG oder sonstige spezielle Untersuchung diagnostiziert, jedoch ohne vorhandene Symptome
413	Angina pectoris
	Angina-pectoris-Syndrom Stenokardie
414.–	Sonstige Formen von chronischen ischämischen Herzkrankheiten ausschl.: Kardiovaskuläre Arteriosklerose, Degeneration, Krankheit oder Sklerose 429.2
414.0	*Koronararteriesklerose*
	Arteriosklerotische Herzkrankheit Atherosklerose der Herzkranzgefäße Kardiosklerose

Tabelle 3a (Fortsetzung)

	Koronar-(arterien)-: Atheromatose Sklerose Koronare Herzkrankheit
414.1	*Herzwandaneurysma*
	Aneurysma cardiale
414.8	*Sonstige Formen von chronischen ischämischen Herzkrankheiten*
	Ischämie des Myokard (chronische) Jeder Zustand in 410 mit Angabe chronisch oder einer Krankheitsdauer von mehr als 8 Wochen
414.9	*N.n. bez. Formen von chronischen ischämischen Herzkrankheiten*
	Ischämische Herzkrankheit o.n.A.

Tabelle 3b. Hypertonie und Hochdruckkrankheiten

401–405	Hypertonie und Hochdruckkrankheiten	
	Ausschl.: Als Komplikation der Schwangerschaft, bei Entbindung oder im Wochenbett	642.–
	Mit Beteiligung der Koronargefäße	410–414
	Die folgende vierstellige Unterteilung ist bei den Schlüssel-Nrn. 401–405 anzuwenden: .0 Bei der Angabe „maligne" .1 Bei der Angabe „benigne" .9 Ohne Angabe „maligne" oder „benigne"	
401.–	Essentielle Hypertonie	
	(Siehe voranstehende vierstellige Unterteilung) einschl.: Arterielle Hypertonie Bluthochdruck Genuine Hypertonie Hochdruck Hypertension Hypertonus Idiopathische } Hypertonie Primäre } Hypertonie ausschl.: Mit der Beteiligung der Gefäße des:	
	Auges	362.1
	Gehirns	430–438

Tabelle 3b (Fortsetzung)

402.–	Hypertensive Herzkrankheit
	(Siehe voranstehende vierstellige Unterteilung) einschl.: Hypertonieherzigkeit Hypertonikerherz Jeder Zustand in 428, 429.0–429.3, 429.8, 429.9 infolge Hypertonie
403.–	Renale Hypertonie
	(Siehe voranstehende vierstellige Unterteilung) einschl.: Arterioläre Nephritis Arteriosklerose der Niere Arteriosklerotische Nephritis (chronische) (interstitielle) Hypertonische(r): Nephropathie Nierenschaden Nephrogene(r): Hochdruck Hypertonie Nephrosklerose Jeder Zustand in 585, 586 oder 587 mit jedem Zustand in 401
404.–	Hypertonie mit Herz- und Nierenkrankheit
	(Siehe voranstehende vierstellige Unterteilung) einschl.: Jeder Zustand in 402 mit jedem Zustand in 403 Krankheit: kardiorenale kardiovaskuläre renale
405.–	Sekundäre Hypertonie
	(Siehe voranstehende vierstellige Unterteilung) ausschl.: Mit Beteiligung der Gefäße des: Auges 362.1 Gehirns 430–438

Tabelle 4. „Akuter Myokardinfarkt" ICD 410
b) Neunte Revision 1979 (Seite 311) gültig bis 1994. Der Leser möge prüfen, bei welcher Todesursache ein *unmittelbarer ursächlicher Zusammenhang* zum *Cholesterinstoffwechsel* bestehen könnte.

410	Akuter Myokardinfarkt

	Akuter Herzinfarkt
	Akuter Herzmuskelinfarkt
	Infarkt des(r):
	  Herzens
	  Herzmuskels
	  Kammer
	Koronar-(arterien)-:
	  Embolie
	  Ruptur
	  Thrombose
	  Verschluß
	Ruptur des:
	  Herzens
	  Herzmuskels
	Subendokardialinfarkt
	Jeder Zustand in 414.1 – 414.9 mit Angabe akut oder einer Krankheitsdauer von 8 Wochen oder weniger

414.1	*Herzwandaneurysma*
	Aneurysma cardiale
414.8	*Sonstige Formen von chronischen ischämischen Herzkrankheiten*
	Ischämie des Myokard (chronische) Jeder Zustand in 410 mit Angabe chronisch oder einer Krankheitsdauer von mehr als 8 Wochen
414.9	*N.n. bez. Formen von chronischen ischämischen Herzkrankheiten*
	Ischämische Herzkrankheit o.n.A.

Tabelle 5. „Cardiovascular Diseases" ICD 390–459 (achte Revision/1968) „Kardiovasculäre Krankheiten" gültig bis 1978. Der Leser möge prüfen, bei welcher Todesursache ein *unmittelbarer ursächlicher Zusammenhang* zum *Cholesterinstoffwechsel* bestehen könnte.

VII. Krankheiten des Kreislaufsystems (deutsche ICD-Bezeichnung)

390–392 Akutes rheumatisches Fieber

390 Akute Polyarthritis (akutes rheumatisches Fieber) ohne Angabe einer Herzbeteiligung

Arthritis, rheumatische, akute und subakute
Gelenkrheumatismus, akuter und subakuter
Polyarthritis rheumatica acuta
Rheumatisches Fieber (akut und subakut)
Rheumatismus, fieberhafter (akut oder subakut)
Viszerale Manifestationen des akuten rheumatischen Fiebers (d.h. rheumatische Bauchfell-, Brust- bzw. Rippenfell- und Hirnhautentzündung, wenn sie im Rahmen eines eindeutigen rheumatischen Fiebers auftreten)

391 Akute Polyarthritis (akutes rheumatisches Fieber) mit Angabe einer Herzbeteiligung

Diese Pos.-Nr. schließt chronische Herzkrankheiten rheumatischen Ursprungs (Pos.-Nr. 393–398) aus, sofern nicht angegeben ist, daß ein rheumatisches Fieber noch besteht oder daß Beweise für das Wiederaufflackern oder die Aktivität eines rheumatischen Prozesses vorliegen
Beim Fehlen dieser Angaben oder in denjenigen Fällen, in denen Zweifel über die Aktivität des rheumatischen Prozesses zur Zeit des Todes bestehen, ist nach den Signierregeln zu verfahren (s. „Grundsätzliche Hinweise zur Todesursachen-Signierung", Abschnitt VI)

391.0 *Akute rheumatische Perikarditis*

Akute Perikarditis (rheumatische)
Rheumatische Perikarditis (akute) (mit Erguß) (mit Pneumonie)
Jeder Zustand in Pos.-Nr. 390 mit Angabe einer Perikarditis

391.1 *Akute rheumatische Endokarditis*

Rheumatische:
  Endokarditis, aktive oder akute
  Herzklappenentzündung, aktive oder akute
Jeder Zustand in Pos.-Nr. 390 mit Angabe einer Endokarditis oder Herzklappenentzündung

Tabelle 5 (Fortsetzung)

391.2	*Akute rheumatische Myokarditis*
	Rheumatische Myokarditis, aktive oder akute Jeder Zustand in Pos.-Nr. 390 mit Angabe einer Myokarditis
391.9	*Sonstige akute rheumatische Herzkrankheiten*
	Rheumatische: Herzkrankheiten (aktive) (akute) Karditis (aktive) (akute) Pankarditis (aktive) (akute) Jeder Zustand in Pos.-Nr. 390 mit anderer oder n.n. bez. Herzbeteiligung (Krankheiten in den Pos.-Nrn. 427.0, 427.1, 429) oder mit mehreren Arten von Herzbeteiligung
392	Chorea minor (Veitstanz)
	ausschl.: Huntington' Chorea 331.0
392.0	*Mit Angabe einer Herzbeteiligung*
	Chorea: minor rheumatische Sydenham' o.n.A. } Mit Angabe einer Herzbeteiligung jeglicher Art wie sie in Pos.-Nr. 391 angegeben ist
392.9	*Ohne Angabe einer Herzbeteiligung*
	Chorea: minor rheumatische Sydenham' o.n.A. } Ohne Angabe einer Herzbeteiligung jeglicher Art wie sie in Pos.-Nr. 391 angegeben ist
393–398	Chronische, rheumatische Herzkrankheiten
393	Krankheiten des Herzbeutels
	Chronische: Mediastinoperikarditis Myoperikarditis Perikarditis Herzbeutelverklebung Herzbeutelverwachsung } mit der Angabe „rheumatisch“ oder o.n.A.

Tabelle 5 (Fortsetzung)

394	Krankheiten (Fehler) der Mitralklappe		
	einschl. der aufgeführten Zustände mit Krankheiten (Fehlern) der Pulmonal- oder Trikuspidalklappen		
394.0	*Mit Angabe „rheumatisch"*		
	Mitral(klappen)- Entzündung Erkrankung Fehler Insuffizienz Sklerose Stenose Vitium	(chronische(r, s)	
394.9	*Ohne Angabe „rheumatisch"*		
	ausschl. wenn angegeben ist, daß die aufgeführten Krankheiten durch eine Arteriosklerose oder einen Bluthochdruck entstanden sind oder wenn sie als nichtrheumatisch bezeichnet sind		424.0
	Mitral(klappen)- Entzündung Erkrankung Fehler Insuffizienz Sklerose Stenose Vitium	(chronische(r, s)	
395	Krankheiten (Fehler) der Aortenklappe		
395.0	*Mit Angabe „rheumatisch"*		
	Aorten(klappen)- Entzündung Erkrankung Fehler Insuffizienz Stenose Vitium	(chronische(r, s))	
395.9	*Ohne Angabe „rheumatisch"*		
	ausschl. wenn angegeben ist, daß die aufgeführten Krankheiten		

Tabelle 5 (Fortsetzung)

	durch eine Arteriosklerose oder einen Bluthochdruck entstanden sind oder wenn sie als nichtrheumatisch bezeichnet sind	424.0
	Aorten(klappen)- Entzündung Erkrankung Fehler Insuffizienz Stenose Vitium } (chronische(r, s))	
396	Krankheiten (Fehler) der Mitral- und Aortenklappe	
	einschl. der in Pos.-Nr. 394 aufgeführten Krankheiten in Verbindung mit allen in Pos.-Nr. 395 aufgeführten Krankheiten	
396.0	*Mit Angabe „rheumatisch"*	
	Mitral- und Aorten(klappen)- Entzündung Erkrankung Fehler Insuffizienz Sklerose Stenose Vitium	
396.9	*Ohne Angabe „rheumatisch"*	
	ausschl. wenn angegeben ist, daß die aufgeführten Krankheiten durch eine Arteriosklerose oder durch einen Bluthochdruck entstanden sind oder wenn sie als nichtrheumatisch bezeichnet sind	424.0
	Mitral- und Aorten(klappen)- Entzündung Erkrankung Fehler Insuffizienz Sklerose Stenose Vitium } (chronische(r, s))	
397	Krankheiten sonstiger Teile des Endokards	
	ausschl. der aufgeführten Krankheiten der Trikuspidalklappen, wenn sie als nichtrheumatisch bezeichnet sind	429.9

Tabelle 5 (Fortsetzung)

Für die unikausale Todesursachenstatistik gelten außerdem noch folgende Ausschlüsse:

In Verbindung mit:

- Krankheiten (Fehler) der Aortenklappe 395
- Krankheiten (Fehler) der Mitralklappe 394
- Krankheiten (Fehler) der Mitral- und Aortenklappe 396

Aneurysma Degeneration Endokarditis (chronische) Entzündung (chronische) Erkrankung Fehler Insuffizienz (chronische) Stenose (chronische) Vitium	der Pulmonalklappen mit der Angabe „rheumatisch der Trikuspidalklappen n.n. bez. Herzklappen mit der Angabe „rheumatisch“

398 Sonstige, als rheumatisch bezeichnete Herzkrankheiten

Rheumatische:

- Degeneration des Herzmuskels
- Herzkrankheit (chronische) (inaktive)
- Karditis, chronische oder inaktive
- Myokaditis (chronische)

400–404 Bluthochdruck

Die Pos.-Nrn. 400–404 sind auch dann zu verwenden, wenn zugleich eine Arteriosklerose angegeben ist; in Verbindung mit ischämischen Herzkrankheiten (z. B. Herzinfarkt) ist jedoch die Einordnung in die Pos.-Nrn. 410–414 mit der 4. Stelle .0 vorzunehmen

400 Bösartiger Bluthochdruck

einschl. jede in den Pos.-Nrn. 401–404 aufgeführte Krankheit, die als bösartig oder maligne bezeichnet ist

400.0 *Ohne Angabe einer Organschädigung*

400.1 *Mit Angabe einer Herzkrankheit*

Jede in den Pos.-Nrn. 427–429 aufgeführte Krankheit mit Angabe eines bösartigen Bluthochdruckes

400.2 *Mit Angabe einer Hirngefäßkrankheit*

Jede in den Pos.-Nrn. 430–438 aufgeführte Krankheit mit Angabe eines bösartigen Bluthochdruckes

Tabelle 5 (Fortsetzung)

400.3	*Mit Angabe einer Nierenkrankheit*	
	Blasser Hochdruck Bösartige (maligne) Nephrosklerose Jede in den Pos.-Nrn. 580–584, 593.2 und 792 aufgeführte Krankheit mit Angabe eines bösartigen Bluthochdruckes	
400.9	*Mit multipler Organschädigung*	
	Bei gemeinsamer Angabe von Krankheiten, die in die Pos.-Nrn. 400.1, 400.2 und/oder 400.3 fallen würden	
401	Essentieller gutartiger Bluthochdruck	
	ausschl.: Pulmonaler Bluthochdruck	426
	Für die unikausale Todesursachenstatistik gelten außerdem noch folgende Ausschlüsse: In Verbindung mit:	
	Hirngefäßkrankheiten	.0 in 430–438
	mangelhaft bez. Herzkrankheiten	402
	Nephritis und nephrotischem Syndrom	580–583
	sonstigen Herzmuskelkrankheiten	402
	symptomatischen Herzkrankheiten	402
	n.n. bez. Nephrosklerose	403
	Wenn als Grundleiden für die in Pos.-Nr. 424 aufgeführten Krankheiten angegeben	424
	Blutdrucksteigerung, Bluthochdruck, Hochdruck, Hypertension, Hypertonie } (gutartig), (essentiell), (labil), (primär), o.n.A.	
402	Bluthochdruck mit Angabe einer Herzkrankheit	
	Für die unikausale Todesursachenstatistik gelten folgende Ausschlüsse: In Verbindung mit:	
	Bluthochdruck mit Angabe einer Nierenkrankheit	404
	n.n. bez. Nephrosklerose	404
	Jede in den Pos.-Nr. 427–429 aufgeführte Krankheit in Verbindung mit jeder in Pos.-Nr. 401 aufgeführten Krankheit	
403	Bluthochdruck mit Angabe einer Nierenkrankheit	
	ausschl.: Kimmelstiel-Wilson' Syndrom bei Diabetes mellitus	250

Tabelle 5 (Fortsetzung)

	Maligne Nephrosklerose	400.3
	Für die unikausale Todesursachenstatistik gelten außerdem noch folgende Ausschlüsse:	
	In Verbindung mit:	
	Bluthochdruck mit Angabe einer Herzkrankheit	
	wie in Pos.-Nr. 402 angegeben	404
	mangelhaft bzw. Herzkrankheiten	404
	sonstigen Herzmuskelkrankheiten	404
	symptomatischen Herzkrankheiten	404
	Arteriolosklerose der Niere	
	Arteriosklerose der Niere	
	Arteriosklerotische:	
	Bright' Krankheit (chronische)	
	Nephritis (chronische) (interstitielle)	
403	Nephrosklerose (mit):	
	arteriolosklerotische	
	arteriosklerotische	
	benigne	
	Bluthochdruck, ausgen. bösartiger	
	gutartige	
	o.n.A.	
	Schrumpfniere:	
	arteriolosklerotische	
	arteriosklerotische	
	genuine	
	primäre	
	rote	
	Jede in Pos.-Nr. 584 aufgeführte Krankheit in Verbindung mit jeder in Pos.-Nr. 401 aufgeführten Krankheit	
404	Bluthochdruck mit Angabe einer Herz- und Nierenkrankheit	
	Jede in Pos.-Nr. 402 aufgeführte Krankheit in Verbindung mit jeder in Pos.-Nr. 403 aufgeführten Krankheit	
410–411	Ischämische Herzkrankheiten	
	Die Pos.-Nrn. 410–414 enthalten die hier aufgeführten Zustände auch, wenn zugleich eine Arteriosklerose, ein Bluthochdruck (bösartiger) (gutartiger) oder irgendeine Krankheit aus den Pos.-Nrn. 427–429 angegeben ist.	
	Die vierstellige Unterteilung sollte folgendermaßen gebraucht werden:	

Tabelle 5 (Fortsetzung)

	.0 mit Angabe eines Bluthochdruckes (bösartiger) (gutartiger) (d.h. in Verbindung mit allen in den Pos.-Nrn. 400–404 aufgeführten Krankheiten) .9 ohne Angabe eines Bluthochdrucks
410	Akuter Herzmuskelinfarkt
	einschl. aller in den Pos.-Nrn. 411–413 aufgeführten Krankheiten mit der Angabe „akut" oder mit einer angegebenen Krankheitsdauer von 8 Wochen oder weniger ausschl. alle hier aufgeführten Krankheiten mit der Angabe „chronisch" oder mit einer angegebenen Krankheitsdauer von mehr als 8 Wochen 412
410.0	*Mit Angabe eines Bluthochdruckes*

	Herzinfarkt
	Infarkt des(r):
	  Herzens
	  Herzmuskels
	  Kammer
	Koronar(-arterien)-
	  Embolie
	Koronar(-arterien)-
	  Ruptur
	  Thrombose
	  Verschluß
	Ruptur des:
	  Herzens
	  Herzmuskels

410.9	*Ohne Angabe eines Bluthochdruckes*

	Herzinfarkt
	Infarkt des(r):
	  Herzens
	  Herzmuskels
	  Kammer
	Koronar(-arterien)-
	  Embolie
	Koronar(-arterien)-
	  Ruptur
	  Thrombose
	  Verschluß
	Ruptur des:
	  Herzens
	  Herzmuskels

411	Sonstige akute und subakute Formen von ischämischen Herzkrankheiten
	ausschl. in Verbindung mit akutem Herzmuskelinfarkt 410
411.0	*Mit Angabe eines Bluthochdruckes*

	Intermediäre Koronarsyndrome
	Koronar(-arterien)-
	  Insuffizienz
	  Schaden
	Prä-Infarkt-Syndrom
	Rudimentärer Herzinfarkt
	Ruhe-Angina

Tabelle 5 (Fortsetzung)

411.9 *Ohne Angaben eines Bluthochdruckes*

Intermediäre Koronarsyndrome
Koronar(-arterien)-
  Insuffizienz
  Schaden
Prä-Infarkt-Syndrom
Rudimentärer Herzinfarkt
Ruhe-Angina

412 Chronische ischämische Herzkrankheiten

einschl. aller in Pos.-Nr. 410 aufgeführten Krankheiten mit der Angabe „chronisch" oder mit einer angegebenen Krankheitsdauer von mehr als 8 Wochen
ausschl. aller hier aufgeführten Krankheiten mit der Angabe „akut" oder mit einer angegebenen Krankheitsdauer von 8 Wochen oder weniger 410

412.0 *Mit Angabe eines Bluthochdruckes*

Aneurysma des Herzens
Arteriosklerotische Herzkrankheit
Atheromatose des Herzens oder Herzmuskels
Ausgeheilter Herzinfarkt
Herzgefäß-
  Arteriosklerose
  Degeneration
  Krankheit
  Sklerose
Herzsklerose
Ischämische:
  Degeneration des Herzens oder des Herzmuskels
  Herzkrankheit
Koronar(-arterien)-
  Ateriosklerose
  Atheromatose
  Krankheit
  Sklerose
  Striktur
Postmyokardinfarkt-Syndrom

412.9 *Ohne Angabe eines Bluthochdruckes*

Aneurysma des Herzens
Arteriosklerotische Herzkrankheit
Atheromatose des Herzens oder Herzmuskels
Ausgeheilter Herzinfarkt

Tabelle 5 (Fortsetzung)

	Herzgefäß-	
	Arteriosklerose	
	Degeneration	
	Krankheit	
	Sklerose	
	Herzsklerose	
	Ischämische:	
	Degeneration des Herzens oder des Herzmuskels	
	Herzkrankheit	
	Koronar(-arterien)-	
	Arteriosklerose	
	Atheromatose	
	Krankheit	
	Sklerose	
	Striktur	
	Postmyokardinfarkt-Syndrom	
413	Angina pectoris	
	ausschl. in Verbindung mit akutem Herzmuskelinfarkt	410
413.0	*Mit Angabe eines Bluthochdruckes*	
	Angina pectoris o.n.A.	
	Angina-pectoris-Syndrom	
	Arbeitsangina	
	Kardiale Angina	
	Stenokardie	
413.9	*Ohne Angabe eines Bluthochdruckes*	
	Angina pectoris o.n.A.	
	Angina-pectoris-Syndrom	
	Arbeitsangina	
	Kardiale Angina	
	Stenokadie	
414	Symptomlose ischämische Herzkrankheiten	
	(diagnostiziert durch EKG)	
420–429	Sonstige Formen von Herzkrankheiten	
420	Akute Perikarditis	
	ausschl.: Akute Perikarditis n.n. bez. Ursache	391.0

Tabelle 5 (Fortsetzung)

	Herzbeutelblutung (Hämoperikardium) Herzbeutelwassersucht (Hydroperikardium) Mediastinoperikarditis Myoperikarditis Perikarditis Pleuroperikarditis Pneumoperikarditis } akute, mit der Angabe „nichtrheumatisch“ Perikarditis: durch Pneumokokken eitrige infektiöse suppurative Pyoperikardium	
421	Akute und subakute Endokarditis	
	ausschl.: Akute Endokarditis mit der Angabe „rheumatisch“	391.1
421.0	*Akute und subakute bakterielle Endokarditis*	
	Endokarditis: bakterielle eitrige infektiöse lenta maligna septica toxische ulcerosa } (akute) (subakute) (chronische) Embolisch-mykotisches Aneurysma	
421.9	*Sonstige Formen der akuten Endokarditis*	
	Endokarditis Myo-Endokarditis Peri-Endokarditis } akute oder subakute	
422	Akute Myokarditis	
	ausschl.: Akute Myokarditis mit der Angabe „rheumatisch“	391.2
	Akute oder subakute (interstitielle) Myokarditis Septische Myokarditis Toxische Myokarditis	

Tabelle 5 (Fortsetzung)

<table>
<tr><td>423</td><td>Chronische, nichtrheumatische Krankheiten des Perikards (Herzbeutels)

ausschl.: Herzbeutelverwachsung
Mediastinoperikarditis, chronische
Myoperikarditis, cronische
Perikarditis, chronische
} n.n. bez. Ursache 393

Herzbeutelverwachsung
Mediastinoperikarditis, chronische
Myoperikarditis, chronische
Perikarditis, chronische
} mit der Angabe nichtrheumatisch
Hämoperikardium o.n.A.
Hydroperikardium o.n.A.
Pericarditis constrictiva o.n.A.
Perikarditis o.n.A.</td></tr>
<tr><td>424</td><td>Chronische Krankheiten der Herzinnenhaut

Die hier aufgeführten Krankheiten sind nur dann in diese Pos.-Nr. einzuordnen, wenn angegeben ist, daß sie von einem (gutartigen) Bluthochdruck oder von einer Arteriosklerose herrühren
Wenn mehr als eine Herzklappe angegeben ist, so ist die Einordnung in der Reihenfolge: Mitralklappe, Aortenklappe, sonstige Herzklappen vorzunehmen</td></tr>
<tr><td>424.0</td><td>Chronische, nichtrheumatische Krankheiten (Fehler) der Mitralklappe

ausschl.: Chronische Mitralklappenkrankheiten n.n. bez. Ursache 394.9

Degeneration
Endokarditis
Entzündung
Erkrankung
Fehler
Insuffizienz
Sklerose
Stenose
Vitium
} der Mitralklappe { mit der Angabe, daß die Erkrankung von einer Arteriosklerose oder einem Bluthochdruck herrührt</td></tr>
<tr><td>424.1</td><td>Chronische, nichtrheumatische Krankheiten (Fehler) der Aortenklappe

ausschl.: Chronische Aortenklappenkrankheiten n.n. bez. Ursache 395.9</td></tr>
</table>

Tabelle 5 (Fortsetzung)

Degeneration Endokarditis Entzündung Erkrankung Fehler Insuffizienz Sklerose Stenose Vitium	der Aortenklappe	mit der Angabe, daß die Erkrankung von einer Arteriosklerose oder einem Bluthochdruck herrührt

424.9 *Chronische Krankheiten sonstiger Teile des Endokards*

ausschl.: Chronische Trikuspidalklappenkrankheiten n.n. bez. Ursache 397

Degeneration Endokarditis Entzündung Erkrankung Fehler Insuffizienz Sklerose Stenose Vitium	der Pulmonalklappe n.n. bez. Herzklappen	mit der Angabe, daß die Erkrankung von einer Arteriosklerose oder einem Bluthochdruck herrührt
	der Trikuspidalklappe mit der Angabe „nichtrheumatisch“	

425 Myokardiopathie

Endomyokardiale Fibrose
Hypertrophische obstruktive Myokardiopathie (familiäre)
Ungeklärte afrikanische Myokardiopathie (Becker' Krankheit)

426 Pulmonale Herzkrankheiten

Für die unikausale Todesursachenstatistik darf diese Pos.-Nr. nicht verwendet werden, wenn die ursächliche Lungenkrankheit bekannt ist, ausgen. bei kyphoskoliotischen Herzkrankheiten
Ayerza' Syndrom
Cardiopathia nigra
Cor pulmonale
Kyphoskoliotische Herzkrankheiten
Pulmonale(r):
- Arteriosklerose
- Bluthochdruck (primärer) (idiopathischer)
- Endarteriitis obliterans
- Herzkrankheit o.n.A.

Tabelle 5 (Fortsetzung)

427	Symptomatische Herzkrankheiten	
	Für die unikausale Todesursachenstatistik gelten folgende Ausschlüsse: In Verbindung mit:	
	bösartigem Bluthochdruck	400.1
	gutartigem oder n.n. bez. Bluthochdruck	402
	ischämischen Herzkrankheiten	410–414
	rheumatischen Herzkrankheiten	391, 393–398
427.0	*Herzversagen mit Stauungserscheinungen*	
	Herzwassersucht Kardiale(r, s): Anasarka Hydrops Ödem Rechtsherzversagen Stauungsherz- Leiden Versagen	
427.1	*Linksherzversagen*	
	ausschl.: Asthma cardiale bei Angina pectoris	413
	Akutes Lungenödem, Stauungslunge } mit Angabe eines jeden Zustandes in 429 oder 782.4 Asthma cardiale = Herzasthma Linksinsuffizienz Schwäche des linken (Herz-) Ventrikels	
427.2	*Herzblock*	
	Adams-Stokes' Symptomenkomplex Atrioventrikuläre Dissoziation Atrioventrikulärer Herzblock (AV-Block): partieller totaler Interferenzdissoziation Intraventrikulärer Herzblock: Arborisationsblock Ast- und Verzweigungsblock Linksschenkelblock Rechtsschenkelblock Sekundenherztod Sinuarikulärer Herzblock: Sinusvorhofblock: Typ I Typ II Wenckebach-Periodik	

Tabelle 5 (Fortsetzung)

427.9	*Sonstige Herzrhythmusstörungen*	
	Allorhythmie	Kammerflimmern
	Arrhythmia absoluta	Paroxysmale Tachykardie
	Arrhythmie (respiratorische)	= anfallsweises Herzjagen
	Bradykardie	Pulsus:
	Extrasystolie	alternans
	Galopprhythmus	bigeminus
	Herzflimmern	Sinusarrhythmie
	Herzfunktionsstörungen o.n.A.	Ventrikelflimmern
	Herzrhythmusstörungen o.n.A.	Vorhofflattern
	Kammerflattern	Vorhofflimmern
428	Sonstige Herzmuskelkrankheiten	
	Für die unikausale Todesursachenstatistik gelten folgende Ausschlüsse: In Verbindung mit:	
	Arteriosklerose	412
	bösartigem Bluthochdruck	400.1
	gutartigem oder n.n. bez. Bluthochdruck	402
	ischämischen Herzkrankheiten	410–414
	rheumatischen Herzkrankheiten	391, 393–398
428	Atrophie	
	Degeneration: braune fettige kalkige muskuläre pigmentierte wandständige sonstige, die anderweitig nicht einzuordnen ist Glykogeninfiltration Insuffizienz Schwäche Verkalkung	des Herzens oder Herzmuskels

Tabelle 5 (Fortsetzung)

	Herzmuskel-	
	Degeneration	
	Krankheit	
	Insuffizienz:	
	kardiale	
	myokardiale	
	Kardiale Ossifikation	
	Myodegeneratio cordis	
	Myokarditis:	
	chronische (interstitielle)	
	fibroide	
	senile	
	o.n.A.	
	Senile Herzkrankheit	
429	Mangelhaft bezeichnete Herzkrankheiten	
	Für die unikausale Todesursachenstatistik gelten folgende Ausschlüsse:	
	In Verbindung mit:	
	bösartigem Bluthochdruck	400.1
	gutartigem oder n.n. bez. Bluthochdruck	402
	ischämischen Herzkrankheiten	410–414
	rheumatischen Herzkrankheiten	391, 393–398
	allen in Pos.-Nr. 519.1 aufgeführten Krankheiten	427.1
	Herz-	
	Dekompensation	
	Dilatation	
	Hypertrophie	
	Herzentzündung = Karditis	
	Herzerweiterung	
429	Herzkrankheit o.n.A.	
	Morbus cordis o.n.A.	
	Organische Herzkrankheit	
	Pankarditis, chronische oder o.n.A.	
	Ventrikuläre Dilatation	
	Sonstige Herzkrankheiten, die anderweitig nicht einzuordnen sind	
430–438	Hirngefäßkrankheiten	
	Die hier aufgeführten Krankheitsbezeichnungen sind auch bei gleichzeitiger Angabe einer Arteriosklerose oder eines Bluthochdruckes (gutartig) in diese Pos.-Nr. einzuordnen; bei Angabe eines	

Tabelle 5 (Fortsetzung)

	bösartigen Bluthochdruckes sind sie der Pos.-Nr. 400.2 zuzuordnen	
430	Subarachnoidalblutung	
	ausschl.: Mit Angabe eines bösartigem Bluthochdruckes	400.2
430.0	*Mit Angabe eines Bluthochdruckes (gutartig)*	
	Blutung: meningeale subarachnoidale Hirnhautblutung Ruptur eines (angeborenen) zerebralen Aneurysmas	
430.9	*Ohne Angabe eines Bluthochdruckes*	
	Blutung: meningeale subarachnoidale Hirnhautblutung Ruptur eines (angeborenen) zerebralen Aneurysmas	
431	Gehirnblutung	
	ausschl.: Mit Angabe eines bösartigem Bluthochdruckes	400.2
431.0	*Mit Angabe eines Bluthochdruckes (gutartig)*	
	Apoplexie, hämorrhagische Blutung, Hämorrhagie: apoplektische basiläre bulbäre capsula interna extradurale nicht traumatische in der Brücke intrakranielle kortikale	Blutung, Hämorrhagie: subdurale subkortikale ventrikuläre zerebellare Brückenblutung Hämatom, subdurales, nicht durch eine Verletzung hervorgerufen Hirnblutung Kugelblutung im Gehirn Massenblutung im Gehirn Ruptur von Gehirnarterien

Tabelle 5 (Fortsetzung)

431.9 *Ohne Angabe eines Bluthochdruckes*

Apoplexie, hämorrhagische
Blutung, Hämorrhagie:
  apoplektische
  basiläre
  bulbuläre
  capsula interna
  extradurale,
    nicht traumatische
  in der Brücke
  intrakranielle
  kortikale

Blutung, Hämorrhagie:
  subdurale
  subkortikale
  ventrikuläre
  zerebellare
  Brückenblutung
Hämatom, subdurales
nicht
  durch eine Veletzung
    hervorgerufen
Hirnblutung
Kugelblutung im Gehirn
Massenblutung im Gehirn
Ruptur von Gehirnarterien

432 Verschluß der präzerebralen Arterien

ausschl.: Mit Angabe eines bösartigen Bluthochdruckes 400.2

432.0 *Mit Angabe eins Bluthochdruckes (gurartig)*

Embolie, Thrombose, Verschluß der:
  Arteria basilaris
  Arteria carotis (communis) (interna)
  Arteria vertebralis

432.9 *Ohne Angabe eines Bluthochdrucks*

Embolie, Thrombose, Verschluß der:
  Arteria basilaris
  Arteria carotis (communis) (interna)
  Arteria vertebralis

433 Gehirnthrombose

ausschl.: Mit Angabe eines bösartigen Bluthochdruckes 400.2

433.0 *Mit Angabe eines Bluthochdruckes (gutartig)*

Thrombose, thrombotische:
  Apolexie
  Enzephalomalazie
  = Gehirnerweichung
  Gehirn-
  intrakranielle

Thrombose, thrombotische:
  Paralyse
  zerebrale
Zerebrale(r):
  Arterienverschluß o.n.A.
  Infarkt o.n.A.

Tabelle 5 (Fortsetzung)

433.9 *Ohne Angabe eines Bluthochdruckes*

Thrombose, thrombotische:
- Apolexie
- Enzephalomalazie
- = Gehirnerweichung
- Gehirn-
- intrakranielle

Thrombose, thrombotische:
- Paralyse
- zerebrale

Zerebrale(r):
- Arterienverschluß o.n.A.
- Infarkt o.n.A.

434 Gehirnembolie

ausschl.: Mit Angabe eines bösartigen Bluthochdruckes 400.2

434.0 *Mit Angabe eines Bluthochdruckes (gutartig)*

Embolie, embolische:
- Apoplexie
- Enzephalomalazie
- = Gehirnerweichung
- Gehirn-

Embolie, embolische:
- Hemiplegie
- intrakranielle
- Paralyse

434.9 *Ohne Angabe eines Bluthochdruckes*

Embolie, embolische:
- Apoplexie
- Enzephalomalazie
- = Gehirnerweichung
- Gehirn-

Embolie, embolische:
- Hemiplegie
- intrakranielle
- Paralyse

435 Flüchtige zerebrale Ischämie

ausschl.: Mit Angabe eines bösartigem Bluthochdruckes 400.2

435.0 *Mit Angabe eines Bluthochdruckes (gutartig)*

Arteria basilaris-Syndrom
Arteria vertebralis-Syndrom
Intermittierende zerebrale Ischämie
Spasmen der Gehirnarterien

435.9 *Ohne Angabe eines Bluthochdruckes*

Arteria basilaris-Syndrom
Arteria vertebralis-Syndrom
Intermittierende zerebrale Ischämie
Spasmen der Gehirnarterien

Tabelle 5 (Fortsetzung)

436	Akute, aber mangelhaft bezeichnete Hirngefäßkrankheiten	
	einschl.: Mit Angabe einer Arteriosklerose	
	ausschl.: Mit Angabe eines bösartigen Bluthochdruckes	400.2
436.0	*Mit Angabe eines Bluthochdruckes (gutartig)*	
	Apoplexie, apoplektische(r): Anfall bulbäre Hemiplegie Insult zerebrale	Apoplexie, apoplektische(r): o.n.A. Apoplektiforme Krämpfe Gehirnschlag Insult (paralytischer) Schlaganfall
436.9	*Ohne Angabe eines Bluthochdruckes*	
	Apoplexie, apoplektische(r): Anfall bulbäre Hemiplegie Insult zerebrale	Apoplexie, apoplektische(r): o.n.A. Apoplektiforme Krämpfe Gehirnschlag Insult (paralytischer) Schlaganfall
437	Generalisierte ischämische Hirngefäßkrankheiten	
	ausschl.: Mit Angabe eines bösartigen Bluthochdruckes	400.2
	Für die unikausale Todesursachenstatistik gelten außerdem noch folgende Ausschlüsse: In Verbindung mit:	
	Gehirnblutung und -infarkt (Jede in den Pos.-Nrn. 430) bis 434 aufgeführte Krankheit)	430–434
	Wenn als Grundleiden für die in Pos.-Nr. 342 (Paralysis) agitans) aufgeführten Krankheiten angegeben	342
437.0	*Mit Angabe eines Bluthochdruckes (gutartig)*	
	Arteriosklerotisches Zerebralaneurysma Atheromatose der Hirnarterien Zerebrale: Arteriosklerose Endangiitis obliterans Endarteriitis Ischämie o.n.A. Thrombangiitis obliterans	

Tabelle 5 (Fortsetzung)

	Zerebrovaskuläre: Degeneration Insuffizienz Sklerose
437.9	*Ohne Angabe eines Bluthochdruckes*
	Arteriosklerotisches Zerebralaneurysma Atheromatose der Hirnarterien Zerebrale: Arteriosklerose Endangiitis obliterans Endarteriitis Ischämie o.n.A. Thrombangiitis obliterans Zerebrovaskuläre: Degeneration Insuffizienz Sklerose
438	Sonstige und mangelhaft bezeichnete Hirngefäßkrankheiten
	einschl.: Hemiplegie mit der Angabe, da sie von einem Bluthochdruck oder einer Arteriosklerose herrührt ausschl.: Eitrige Thrombosen des Rückenmarks 322 Hemiplegie (alt oder lange bestehend) unbekannten Ursprungs oder o.n.A. 344 Mit Angabe eines bösartigen Bluthochdruckes 400.2 Thrombose (eitrige) des intrakraniellen Venensinus 321
438.0	*Mit Angabe eines Bluthochdruckes (gutartig)*
	Enzephalomalazie o.n.A. Gehirnerweichung o.n.A. Gehirnnekrose o.n.A. Hemiplegie aufgrund einer Arteriosklerose oder eines Bluthochdruckes Kleinhirnerweichung o.n.A. Nichteitrige Thrombose des: intrakraniellen Venensinus Rückenmarks Zerebrale(s): Arteriitis Erweichung o.n.A. Hemiplegie

Tabelle 5 (Fortsetzung)

	Hyperämie Monoplegie Nekrose Ödem Paralyse Parese Zerebrospinale Erweichung
438.9	*Ohne Angabe eines Bluthochdruckes*
	Enzephalomalazie o.n.A. Gehirnerweichung o.n.A. Gehirnnekrose o.n.A. Hemiplegie aufgrund einer Arteriosklerose Kleinhirnerweichung o.n.A. Nichteitrige Thrombose des: intrakraniellen Venensinus Rückenmarks Zerebrale(s): Arteriitis Erweichung o.n.A. Hemiplegie Hyperämie Monoplegie Nekrose Ödem Paralyse Parese Zerebrospinale Erweichung
440–448	Krankheiten der Arterien, Arteriolen und Kapillaren
440	Arteriosklerose
	einschl. folgender Krankheitsbezeichnungen:
	Altersarteriosklerose Aortendegeneration Aortensklerose Arterienverkalkung Arteriosklerose: allgemeine senile o.n.A. Arteriosklerotische Gefäßkrankheit Atheromatose Degeneration: arterielle arteriovaskuläre vaskuläre Endarteriitis: deformans obliterans senile Schlagaderverkalkung

Tabelle 5 (Fortsetzung)

	Für die unikausale Todesursachenstatistik gelten folgende Ausschlüsse:	
	In Verbindung mit:	
	Bluthochdruck	400–404
	Gangrän, anderweitig nicht einzuordnen	445.0
	Hirngefäßkrankheiten	430–438
	ischämischen Herzkrankheiten	410–414
	sonstigen Herzmuskelkrankheiten	412
	Wenn als Grundleiden für folgende Krankheiten angegeben:	
	chronische Krankheiten der Herzinnenhaut	424
	Paralysis agitans	342
	n.n. bez. Nephrosklerose	403
	sonstige Krankheiten der Arterien ausgen. Gangrän (jede Krankheit in den Pos.-Nrn. 441–444, 446)	441–444, 446
	Und in Verbindung mit den Bezeichnungen:	
	Nephritis (chronische) (interstitielle) und Bright' Krankheit (chronische) in den Pos.-Nrn. 582 und 583	403
440.0	*Der Aorta*	
440.1	*Der Nierenarterie*	
	ausschl.: Arteriosklerose der Nierenarteriolen	403
440.2	*Der Extremitätenarterien*	
	Mönckeberg' Syndrom	
440.3	*Sonstiger näher bez. Arterien*	
	ausschl.: Hirnarterien	437
	Koronararterien	412
	Lungenarterien	426
440.9	*Allgemeine und n.n. bez. Arteriosklerose*	
	Arteriosklerose o.n.A.	
441	Aortenaneurysma (nicht syphilitisches) (nicht luisches)	
	einschl. der aufgeführten Zustände, bei denen angegeben ist, daß sie aufgrund eines Bluthochdruckes oder einer Arteriosklerose entstanden sind	

Tabelle 5 (Fortsetzung)

441.0	*Aneurysma dissecans (jeder Sitz)*	
441.1	*Aneurysma der Brustaorta*	
	Aneurysma / Erweiterung / Hyaline Nekrose / Ruptur } der Aorta thoracica	
441.2	*Aneurysma der Bauchaorta*	
	Aneurysma / Erweiterung / Hyaline Nekrose / Ruptur } der Aorta abdominalis	
441.9	*Sonstige Sitze*	
	Aneurysma / Erweiterung / Hyaline Nekrose / Ruptur } der Aorta o.n.A.	
442	Sonstige Aneurysmen	
	ausschl.: Aneurysma der Aorta	441
	Aneurysma der Koronararterien	412
	Aneurysma des Herzens	412
	Arteriosklerotisches Zerebralaneurysma	437
	Arteriovenöses Aneurysma	747.6, 747.8
	Ruptur eines zerebralen Aneurysmas	430
	Aneurysma:	
	cirsoideum	
	falsches	
	serpentinum	
	spurium	
	varicosum	
	o.n.A.	
	Krampfaderaneurysma	
	Rankenaneurysma	
443	Sonstige periphere Gefäßkrankheiten	

Tabelle 5 (Fortsetzung)

443.0	*Raynaud' Syndrom*	
	Morbus Raynaud Raynaud' Gangrän Raynaud' Krankheit Symmetrische Extremitätengangrän Symmetrische Gangrän	
443.1	*Thrombangiitis obliterans*	
	Buerger' Krankheit Buerger' Syndrom Endangiitis obliterans Endarteriitis obliterans v. Winiwarter-Buerger' Syndrom	
443.2	*Frostbeulen*	
	ausschl.: Frostschäden	E 901, N 991.0 – N 991.3
	Fußerfrierungen durch feuchte Kälte	E 901, N 991.4
	Perniones	
443.8	*Sonstige periphere Gefäßkrankheiten*	
	ausschl.: Spasmen der Gehirnarterien	435
	Akroparästhesie: einfache (Schultze') vasomotorische (Nothnagel') o.n.A. Akrozyanose	Erythrocyanosis: crurum crurum puellarum puellarum o.n.A. Erythromelalgie (Erythrothermalgie)
443.9	*N. n. bez. periphere Gefäßkrankheiten*	
	Claudicatio intermittens Intermittierendes Hinken Periphere Gefäßkrankheit o.n.A. Spasmen der Arterien	
444	Arterielle Embolie und Thrombose	
	ausschl.: Im Wochenbett	671, 673.9, 677.9
444.0	*Bauchaorta*	
	Aortenbifurkations-Syndrom Aortengabelthrombose Leriche' Syndrom	

Tabelle 5 (Fortsetzung)

	Embolie (septische) Infarkt: embolischer thrombotischer Thrombose Verschluß	der Aorta abdominalis
444.1	*Sonstiger Abschnitt der Aorta*	
	Embolie (septische) Infarkt: embolischer thrombotischer Thrombose Verschluß	der Aorta (thoracica)
444.2	*Mesenterialarterien*	
	Embolie (septische) Infarkt: embolischer thrombotischer Thrombose Verschluß	der Mesenterialarterien
	Infarkt: Darm Dickdarm Kolon Mesenterialinfarkt o.n.A.	
444.3	*Nierenarterien*	
	Embolie (septische) Infarkt: embolischer thrombotischer Thrombose Verschluß	der Nierenarterien
444.4	*Arterien der Extremitäten*	
	Embolie (septische) Infarkt: embolischer thrombotischer Thrombose Verschluß	der peripheren Arterien

Tabelle 5 (Fortsetzung)

444.9	*Sonstige und n.n. bez. Arterien*	
	ausschl.: Aa. basilaris, carotis, vertebralis	432
	Gehirnarterien	433, 434
	Koronararterien	410
	Lungenarterien	450
	Netzhautarterien	377.0
	Embolie (septische) Infarkt: embolischer thrombotischer Thrombose Verschluß } sonstiger und n.n. bez. Arterien	
445	Gangrän	
	ausschl.: Diabetische Gangrän	250
	Gasbrandgangrän	039.0
	Gangrän bestimmter Lokalisation (s. Alphabet-Verzeichnis)	
445.0	*Arteriosklerotische Gangrän*	
	Brand (feuchter) (trockener) Gangrän (feuchte) (trockene) Gangränöse(r): Dekubitus Dermatitis Zellgewebsentzündung Zellulitis Gewebstod (feuchter) (trockener) Hautgangrän (feuchte) (trockene): fortschreitende o.n.A. Mumifikation (feuchte) (trockene) Nekrose (feuchte) (trockene) Phagedänische Ulzera (feuchte) (trockene) } mit der Angabe „arteriosklerotisch“	
445.9	*Gangrän, anderweitig nicht einzuordnen*	
	Alle in 445.0 aufgeführten Zustände ohne Angabe „arteriosklerotisch“	
446	Polyarteriitis nodosa und verwandte Zustände	
	ausschl.: Disseminierter Erythematodes	734.1
	Lupus erythematodes	695.4
	Lupus vulgaris	017.0

Tabelle 5 (Fortsetzung)

446.0	*Polyarteriitis nodosa*	
	Arteriitis: hyperergische nodosa	Kussmaul-Meier' Syndrom Panarteriitis Periarteriitis nodosa
446.1	*Hypersensivitäts-Angiitis*	
	Allergische Angiitis Gefäßentzündung durch Überempfindlichkeit Goodpasture' Syndrom	
446.2	*Wegener' Granulomatosis*	
	Granuloma gangraenescens (nasi) Malignes Granulom des Gesichtes Riesenzellgranuloarteriitis Wegener' Syndrom Wegener-Klinger-Churg' Syndrom	
446.3	*Arteriitis temporalis*	
	Horton-Magath-Brown' Syndrom Polymyalgia arteritica Riesenzellenarteriitis (Gilmour)	
446.4	*Thrombotische Mikroangiopathie*	
	Moschcowitz' Syndrom Purpura: thrombohämolytische-thrombopenische thrombotisch-thrombozytopenische	
446.9	*Sonstige*	
	Aortenbogen-Syndrom Arteriitis brachiocephalica Pulslos-Krankheit = pulseless disease Syndrom der umgekehrten Isthmusstenose Takayasu' Syndrom Thromboarteriitis obliterans subclavio-carotica	
447	Sonstige Krankheiten der Arterien und Arteriolen	
	ausschl.: Arteriitis, Endarteriitis:	
	Aortenbogen	446.9
	deformans	440

Tabelle 5 (Fortsetzung)

	koronare	412
	obliterans	440
	senile	440
	zerebrale	438
	Aortitis, nichtsyphilitische (nichtluische) Arteriitis:	
	Aorta, nichtsyphilitische (nichtluische) o.n.A.	
	Endarteriitis o.n.A.	
448	Krankheiten der Kapillargefäße	
	ausschl.: Purpura	287
	Erhöhte Durchlässigkeit der Kapillargefäße	
	Kapillar-	
	Blutung	
	Brüchigkeit	
	Degeneration	
	Thrombose	
	Teleangiektasien:	
	hämorrhagische	
	hereditäre (Osler' Syndrom)	
450–458	Krankheiten der Venen und Lymphgefäße sowie sonstige Krankheiten des Kreislaufsystems	
450	Lungenembolie und -infarkt	
	ausschl.: Bei Entbindung und im Wochenbett	673.9
	In der Schwangerschaft	634.9
	Septische bei Entbindung und im Wochenbett	670
	Embolische Lungenentzündung	
	Lungen-(Arterien, Venen)-	
	Apoplexie	
	Embolie	
	Infarkt	
	Thrombose	
451	Phlebitis und Thrombophlebitis	
	ausschl.: Im Wochenbett	671, 677.9
	In der Schwangerschaft	634.9
451.0	*Der unteren Extremitäten*	
	Endophlebitis, Periphlebitis, Phlebitis, eitrige, Thrombophlebitis, Venenentzündung } jeden Sitzes in den unteren Extremitäten	

Tabelle 5 (Fortsetzung)

451.9	*Sonstigen und n.n. bez. Sitzes*	
	ausschl.: Gehirnvenensinus:	321
	nichteitriger	438
	Im Wochenbett	671, 677.9
	In der Schwangerschaft	634.9
	Pfortader	572
	Rückenmark. nichteitrige	438
	Endophlebitis Periphlebitis Phlebitis, eitrige Thrombophlebitis Venenentzündung } sonstigen und n.n. bez. Sitzes, ausgen. untere Extremitäten, Pfortader und intrakranieller Venensinus	
452	Pfortaderthrombose	
	Pfortader- Thrombose Verschluß	
453	Sonstige venöse Embolien und Thrombosen	
	ausschl.: Thrombosen und Embolie (in, bei):	
	Gehirn	433, 434
	Gehirnvenensinus:	321
	nichteitrige	438
	Koronarvenen	410
	Lungenvenen	450
	Mesenterialvenen	444.0
	Pfortader	452
	Rückenmark, nichteitrige	438
	Schwangerschaft	634.9
	Wochenbett	671, 673.9, 677.9
	Embolie der Venen, sonstiger Sitz Thrombophlebitis migrans Thrombose der Venen, sonstiger Sitz Thrombose o.n.A.	
454	Krampfadern der unteren Extremitäten	
454.0	*Mit Angabe eines Geschwürs*	
	Ulcus cruris (untere Extremitäten, jeder Teil) Alle in 454.9 aufgeführten Zustände mit Angabe eines Geschwürs	

Tabelle 5 (Fortsetzung)

454.9	*Ohne Angabe eines Geschwürs*	
	Krampfadern (ruptierte) Phlebektasie Varizen } der unteren Extremitäten (jeder Teil) oder n.n. bez. Sitzes	
455	Hämorrhoiden	
	Hämorrhoiden (innere, äußere: blutende eingeklemmte thrombosierte ulzerierte vorgefallene o.n.A. Krampfader, Varizen des: Afters Mastdarms Ruptur eines Varixknotens im: After Mastdarm	
456	Krampfadern sonstigen Sitzes	
456.0	*Der Speiseröhre*	
	Oesophagus, Speiseröhre: Krampfadern (mit Geschwür) (ruptiert) Phlebektasien Varizen	
456.1	*Des Skrotums*	
	Krampfadernbruch Varikozele	
456.9	*Sonstigen Sitzes*	
	Krampfadern sonstigen Sitzes, die anderweitig nicht einzuordnen sind	
457	Nichtinfektiöse Krankheiten der Lymphgefäße	
	ausschl.: Akute Lymphadenitis	683
	Chronische Lymphadenitis	289.1
	Chylozele der Tunica vaginalis	607.9
	Chylozele durch Filarien	125

Tabelle 5 (Fortsetzung)

	Elephantiasis (nicht durch Filarien):	
	angeborene	757.2
	der Vulva	629.9
	Lymphadenitis des Mesenteriums	289.2
	Lymphadenitis o.n.A.	289.3
	Lymphangitis mit Zellulitis	682
	Chylozele (nicht durch Filarien)	
	Elephantiasis (nicht durch Filarien)	
	Lymphangiektasie (Lymphgefäßerweiterung)	
	Lymphangitis (chronische) (subakute)	
	Obliteration der Lymphgefäße	
458	Sonstige Krankheiten des Kreislaufsystems	
458.0	*Blutunterdruck*	
	Hypotonie	
458.9	Sonstige und n.n. bez. Krankheiten des Kreislaufsystems	
	ausschl.: Blutung (Hämorrhagie) der Neugeborenen	778.2
	Blutgefäßzerreißung o.n.A.	
	Blutung (Hämorrhagie):	
	innere o.n.A.	
	intraabdominale o.n.A.	
	peritoneale o.n.A.	
	subkutane o.n.A.	
	o.n.A.	
	Kollateralkreislauf (venöser), jeder Sitz	
	Phlebosklerose (Venensklerose)	

Ps.: Die neunte Revision der internationalen ICD Systematik ist am *1. 1. 1979* in Kraft getreten. Sie unterscheidet sich von der achten Revision 1968 im wesentlichen jedenfalls nicht hinsichtlich der Fülle der Angaben

Annahme der neunten Revision

Die XXIX. Vollversammlung der Weltgesundheitsorganisation nahm im Mai 1976 in Genf die folgende Entschließung unter Berücksichtigung des Handbuchs der Internationalen Klassifikation der Krankheiten (Entschließung WHA29.34) (18) an.

Die XXIX. Vollversammlung der Weltgesundheitsorganisation, nach Prüfung des Berichts der Internationalen Konferenz *zur neunten Revision der Internationalen Klassifikation der Krankheiten,*

1. *billigt* die von der Konferenz zur neunten Revision der Internationalen Klassifikation der Krankheiten empfohlene Systematik der dreistelligen und fakul-

tativen vierstelligen Schlüssel-Nummern, die am 1. Januar 1979 in Kraft treten wird;

2. *billigt* die Auswahlregeln, die von der Konferenz für die Auswahl einer einzigen Ursache für Morbiditätsstatistiken empfohlen wurden;

3. *billigt* die Empfehlungen der Konferenz für die Statistiken der Perinatalsterblichkeit und der Müttersterblichkeit einschließlich der Einführung einer besonderen Bescheinigung über den Perinaltod, soweit dies möglich ist;

4. *ersucht* den Generaldirektor, eine Neuausgabe des Handbuchs der Internationalen Klassifikation der Krankheiten, Verletzungen und Todesursachen zu besorgen.

Die Vollversammlung nahm eine weitere Entschließung zu den Aktivitäten im Zusammenhang mit der Internationalen Klassifikation der Krankheiten (Entschließung WHA29.35) (19) an.

Die XXIX. Vollversammlung der Weltgesundheitsorganisation, nach Kenntnisnahme der Empfehlungen der Internationalen Konferenz zur neunten Revision der Internationalen Klassifikation der Krankheiten,

1. *billigt* zu Testzwecken die Veröffentlichung der zusätzlichen Klassifikationen der Behinderungen und der Verfahren in der Medizin als Ergänzungen und nicht als integralen Bestandteil der Internationalen Klassifikation der Krankheiten;

2. *befürwortet* die Empfehlungen der Konferenz, die Entwicklungsländer in ihrem Bemühen zu unterstützen, das System der Sammlung von Morbiditäts- und Mortalitätsstatistiken durch Laien oder paramedizinisches Personal einzuführen oder auszubauen;

3. *befürwortet* den Antrag, der dem Generaldirektor von Executive Board mit Entschließung EB57.R34 (20) unterbreitet wurde, er möge die Möglichkeiten prüfen, eine Internationale Nomenklatur der Krankheiten als Verbesserung zur zehnten Revision der Internationalen Klassifikation der Krankheiten vorzubereiten

Tabelle 6. Sterbefälle an akutem Myokardinfarkt Pos.-Nr. 410 der ICD* (Angaben nach Statistischem Bundesamt, Wiesbaden)

Altersgruppen von...bis unter... Jahren	Geschlecht	1968**	1969	1970	1971	1972	1973	1974	1975	1976	1977	1978	1979**	1980	1981
		je 100000 Einwohner													
Insgesamt	m	137,8	145,1	148,6	154,4	156,1	154,4	155,7	161,3	166,6	162,3	168,8	169,9	174,9	173,0
	w	64,4	69,6	71,8	75,3	77,5	78,3	81,2	86,2	89,6	88,0	93,5	97,9	101,7	102,8
	z	99,2	105,5	108,3	113,1	115,0	114,7	116,8	122,0	126,3	123,4	129,4	132,2	136,7	136,4
unter 1[1]	m	0,2	–	–	–	–	–	0,3	0,3	–	–	–	–	–	–
	w	0,2	–	–	0,3	–	–	–	–	–	–	–	–	–	–
	z	0,2	–	–	0,1	–	–	0,2	0,2	–	–	–	–	–	–
1–5	m	0,0	0,0	–	–	–	–	–	–	–	–	–	–	–	–
	w	–	–	–	–	–	–	–	–	–	–	–	–	–	–
	z	0,0	0,0	–	–	–	–	–	–	–	–	–	–	–	–
5–10	m	–	–	–	–	0,0	–	–	–	–	–	–	–	–	–
	w	–	0,1	–	–	–	–	–	–	–	–	–	–	–	–
	z	–	0,0	–	–	0,0	–	–	–	–	–	–	–	–	–
10–15	m	0,0	–	–	–	–	0,1	–	–	–	–	–	–	–	–
	w	–	–	–	0,0	–	–	–	–	–	–	–	–	–	–
	z	0,0	–	–	0,0	–	0,0	–	–	–	–	–	–	–	–
15–20	m	0,1	0,3	0,1	0,0	0,5	0,1	0,1	0,2	–	0,2	0,2	0,1	0,3	0,1
	w	0,1	0,1	0,1	0,1	0,2	0,0	–	–	0,1	0,1	0,0	–	0,0	–
	z	0,1	0,2	0,1	0,0	0,4	0,1	0,0	0,1	0,1	0,1	0,1	0,0	0,2	0,1
20–25	m	0,9	0,4	0,8	0,9	0,6	0,8	0,4	0,6	0,5	0,5	0,7	0,6	0,5	0,4
	w	0,3	0,3	0,1	0,2	0,2	0,3	0,2	0,2	0,1	0,3	0,4	0,3	0,1	0,1
	z	0,6	0,3	0,5	0,5	0,4	0,5	0,3	0,4	0,3	0,4	0,5	0,4	0,3	0,3

25–30	m	2,6	2,5	2,4	3,4	2,3	2,1	1,7	1,5	1,6	2,0	1,7	1,7	2,0	1,4
	w	0,8	0,5	0,4	0,7	0,5	0,6	0,6	0,6	0,5	0,1	0,5	0,4	0,3	0,3
	z	1,7	1,6	1,4	2,1	1,4	1,4	1,2	1,1	1,1	1,1	1,1	1,1	1,2	0,9
30–35	m	6,5	5,3	6,4	5,9	5,5	5,8	5,4	6,1	6,2	6,1	6,6	5,4	4,9	5,4
	w	1,6	1,1	1,3	0,9	1,0	1,0	1,7	1,6	1,1	1,1	1,0	0,8	0,8	0,9
	z	4,2	3,3	4,0	3,5	3,4	3,5	3,6	3,9	3,7	3,7	3,9	3,2	2,9	3,2
35–40	m	21,1	19,3	18,7	19,4	17,5	16,9	15,7	16,1	15,2	15,6	17,0	15,7	15,5	18,3
	w	2,5	3,0	2,8	2,5	3,2	2,8	2,0	2,3	2,6	2,4	2,7	2,5	2,1	2,7
	z	12,1	11,5	11,1	11,3	10,7	10,2	9,1	9,5	9,2	9,3	10,1	9,4	9,0	10,7
40–45	m	49,9	48,4	49,8	52,5	49,9	47,4	46,5	46,8	43,9	38,9	43,4	39,6	40,9	38,9
	w	6,5	7,1	7,9	7,0	7,2	7,1	7,5	6,5	7,1	7,2	6,3	6,4	6,0	5,7
	z	26,6	27,0	28,7	30,1	29,2	28,0	27,7	27,4	26,1	23,6	25,4	23,5	24,0	22,8
45–50	m	90,0	95,5	106,2	105,3	106,9	100,6	99,2	98,1	102,6	96,8	99,8	91,4	87,5	83,6
	w	14,4	15,0	17,1	15,7	14,0	15,6	17,5	15,3	14,1	15,4	16,1	14,1	13,9	13,4
	z	46,6	49,0	55,0	54,6	55,4	54,9	56,6	56,1	58,5	56,7	58,8	53,6	51,5	49,3
50–55	m	172,1	178,9	168,1	185,0	184,1	175,3	181,8	185,1	182,1	176,2	181,5	176,0	176,0	176,9
	w	27,8	30,8	30,2	27,2	28,0	28,3	28,7	28,7	28,6	27,0	28,0	28,5	25,2	28,1
	z	88,2	92,7	87,9	93,1	93,1	89,7	92,6	94,5	94,3	92,5	97,7	98,1	98,5	101,9
55–60	m	278,4	285,6	290,6	314,6	316,3	310,0	292,6	285,3	294,9	280,6	295,1	301,7	306,2	292,2
	w	51,2	57,8	55,0	56,0	59,9	57,1	52,6	52,3	52,9	49,1	55,4	57,0	54,2	55,9
	z	147,6	153,8	153,8	163,8	166,1	161,4	151,3	147,9	151,9	143,7	153,4	157,0	158,0	155,1
60–65	m	447,7	471,7	468,8	477,7	481,9	474,5	470,0	479,5	482,3	464,9	482,3	475,0	466,6	458,1
	w	110,7	123,1	120,2	120,9	118,5	110,6	112,1	113,9	114,1	111,3	114,4	112,0	111,4	108,9
	z	257,3	272,6	267,9	270,0	269,1	260,3	258,2	262,0	262,3	252,8	260,7	256,1	252,4	247,3
65–70	m	649,5	676,8	671,2	709,9	719,2	705,0	695,8	733,7	742,4	706,0	713,8	704,5	744,8	736,9
	w	203,4	216,5	218,4	231,7	224,0	219,1	220,1	224,5	227,3	218,0	220,1	224,0	224,8	222,5
	z	392,1	412,1	411,6	434,6	431,9	420,6	414,3	429,0	431,5	410,0	413,0	410,5	425,3	419,6

Tabelle 6 (Fortsetzung)

Altersgruppen von...bis unter... Jahren	Geschlecht	1968**	1969	1970	1971	1972	1973	1974	1975	1976	1977	1978	1979**	1980	1981
70–75	m	797,3	886,0	922,9	932,2	938,3	936,2	951,5	971,2	1011,4	978,5	1013,1	1014,3	1048,2	1025,1
	w	338,9	342,8	355,9	366,7	370,1	375,7	380,0	393,3	399,1	368,8	387,6	398,7	401,1	387,5
	z	507,9	544,9	570,4	584,7	591,7	596,3	606,1	622,1	639,9	606,1	627,8	631,5	642,0	622,1
75–80	m	919,7	1016,8	1020,8	1071,4	1110,8	1118,1	1169,7	1162,9	1200,2	1187,8	1234,5	1288,3	1329,5	1312,1
	w	459,1	489,5	498,2	523,4	525,0	515,0	531,6	561,5	571,6	555,7	567,1	594,2	614,0	626,1
	z	622,2	672,3	676,6	707,9	720,8	716,6	746,6	767,1	789,8	777,9	803,7	841,5	869,4	869,2
80–85	m	938,3	992,1	1048,2	1092,0	1142,5	1201,0	1210,3	1306,4	1338,4	1346,6	1372,4	1427,3	1455,8	1466,1
	w	536,3	563,3	593,5	598,8	640,6	657,8	673,7	724,8	734,1	711,5	767,4	774,8	806,5	792,9
	z	680,8	713,8	750,0	764,5	805,1	831,1	840,4	901,2	913,9	898,4	945,0	967,5	1001,1	997,7
85–90	m	840,6	958,0	963,6	1050,7	1117,7	1122,0	1194,4	1262,0	1346,4	1309,8	1387,8	1416,7	1499,6	1529,0
	w	507,7	623,9	574,5	639,7	693,9	704,6	751,7	771,7	841,0	829,8	876,0	913,7	980,3	959,9
	z	627,8	742,0	711,2	780,7	835,6	840,5	891,7	922,2	991,8	969,0	1019,8	1050,8	1117,9	1107,0
90 und ält,	m	748,4	735,9	840,9	858,5	909,5	959,8	1048,4	991,3	1169,0	1090,9	1193,8	1227,8	1177,7	1327,3
	w	487,2	487,4	545,2	555,0	609,4	656,7	596,4	725,4	740,4	824,2	803,1	851,1	881,8	943,2
	z	577,6	571,5	648,3	659,5	711,2	757,9	744,6	810,7	874,4	905,7	920,0	960,8	966,1	1050,3

Die Angaben beziehen sich auf das frühere Bundesgebiet einschl. Berlin-West

[1] Je 100000 Lebendgeborene

* Internationale Klassifikation der Krankheiten

** 1968 ist das Jahr der *8ten Revision* der ICD Systematik. Bis 1978 wurden keine Änderungen in der Statistik vorgenommen

*** 1979 ist das Jahr der *9ten* und *letzten Revision* der ICD Systematik. Bis z. Zt. wurden keine Änderungen in der Statistik vorgenommen

Tabelle 6 (Fortsetzung)

Altersgruppen von...bis unter... Jahren	Geschlecht	1982	1983	1984	1985	1986	1987	1988	1989	1990	1991	1992	1993	1994	Prozentuale Zu- (+) bzw. Abnahme (−) der Sterbefälle zwischen 1979–1994	Prozentuale Zu- (+) bzw. Abnahme (−) der Sterbefälle zwischen 1978–1994
		je 100000 Einwohner														
Insgesamt	m	168,6	167,3	162,8	164,7	159,1	156,8	148,1	143,7	136,8	131,0	124,9	121,3	116,1	−31,7%	
	w	102,8	104,6	103,8	106,7	106,1	106,3	103,2	103,3	98,9	96,2	91,7	90,4	87,8	−10,3%	
	z	134,3	134,6	132,0	134,4	131,5	130,6	124,8	122,8	117,2	113,0	107,8	105,5	101,7	−23,1%	
unter 1[1]	m	–	–	–	–	–	–	–	–	–	–	–	–	–		
	w	–	–	–	–	–	–	–	–	–	–	–	–			
	z	–	–	–	–	–	–	–	–	–	–	–	–			
1–5	m	–	–	–	–	–	–	–	–	–	–	–	–			
	w	–	–	–	–	–	–	–	–	–	–	–	–			
	z	–	–	–	–	–	–	–	–	–	–	–	–			
5–10	m	–	–	–	–	–	–	–	–	–	–	–	–			
	w	–	–	–	–	–	–	–	–	–	–	–	–			
	z	–	–	–	–	–	–	–	–	–	–	–	–			
10–15	m	–	–	–	–	–	–	–	–	–	–	–	–			
	w	–	–	–	–	–	–	–	–	–	–	–	–			
	z	–	–	–	–	–	–	–	–	–	–	–	–			
15–20	m	0,2	0,2	0,1	0,1	0,3	0,1	0,1	0,2	0,2	0,2	0,1	0,4	0,1		
	w	0,1	–	–	0,1	–	0,0	–	0,1	–	–	–	0,1	0,2		
	z	0,2	0,1	0,1	0,1	0,2	0,1	0,1	0,1	0,1	0,1	0,0	0,2	0,1		

Tabelle 6 (Fortsetzung)

Altersgruppen von...bis unter... Jahren	Geschlecht	1982	1983	1984	1985	1986	1987	1988	1989	1990	1991	1992	1993	1994	Prozentuale Zu- (+) bzw. Abnahme (−) der Sterbefälle zwischen 1979–1994	Prozentuale Zu- (+) bzw. Abnahme (−) der Sterbefälle zwischen 1978–1994
		je 100000 Einwohner														
20–25	m	0,6	0,5	0,3	0,4	0,4	0,3	0,4	0,4	0,3	0,5	0,5	0,6	0,8		
	w	0,1	0,3	0,2	0,1	0,2	0,1	0,1	0,0	0,3	0,1	0,1	0,1	0,1		
	z	0,4	0,4	0,3	0,3	0,3	0,2	0,2	0,2	0,3	0,3	0,3	0,4	0,2		
25–30	m	1,1	1,4	1,5	1,3	1,7	1,4	1,3	1,3	1,2	1,0	1,0	0,9	0,8		
	w	0,2	0,4	0,4	0,3	0,4	0,2	0,2	0,2	0,4	0,4	0,1	0,2	0,3		
	z	0,7	0,9	0,9	0,8	1,1	0,8	0,8	0,8	0,8	0,7	0,6	0,6	0,6		
30–35	m	4,5	5,4	4,7	4,1	3,7	4,2	4,0	3,7	4,3	3,1	3,5	3,3	3,6	−33,3%	−45,5%
	w	1,2	0,7	0,8	1,1	1,0	1,1	0,9	0,6	0,6	0,4	0,7	0,7	0,8	−0,0%	−20,0%
	z	2,9	3,1	2,8	2,6	2,4	2,6	2,5	2,2	2,5	1,8	2,1	2,0	2,3		
35–40	m	14,3	14,3	12,9	14,5	13,7	12,1	10,6	10,9	9,3	10,2	10,4	9,5	9,5	−39,5%	−44,1%
	w	3,3	2,1	2,1	2,1	2,6	1,6	2,0	1,6	2,2	1,6	1,9	2,0	1,6	−36,0%	−40,8%
	z	8,9	8,4	7,6	8,4	8,3	6,9	6,4	6,3	5,8	6,0	6,3	5,9	5,7		
40–45	m	36,1	33,9	33,7	32,3	32,3	28,8	27,4	26,0	25,1	24,0	24,7	23,3	21,7	−45,2%	−50,0%
	w	6,3	5,6	5,0	5,3	5,4	4,1	4,8	5,0	4,5	4,2	3,4	5,2	4,1	−35,9%	−35,0%
	z	21,6	20,1	19,7	19,1	19,1	16,8	16,4	15,7	15,1	14,4	14,3	14,4	13,1		
45–50	m	80,0	74,6	67,6	69,4	62,8	60,0	53,2	52,0	48,6	49,2	47,6	48,1	41,1	−55,0%	−58,8%
	w	12,6	12,0	10,6	10,8	10,3	9,9	9,2	7,7	9,1	8,5	8,3	8,3	7,7	−45,4%	−52,2%
	z	47,0	44,0	39,7	40,6	37,0	35,7	31,9	30,4	29,4	29,4	28,4	28,7	24,8		

55–60	m	275,7	265,4	250,6	257,0	235,4	226,2	209,6	193,7	177,8	167,6	157,4	138,3	137,5	−54,4%	−53,4%
	w	51,6	51,1	46,9	50,6	43,1	47,1	43,3	39,4	37,7	35,2	31,9	30,1	29,7	−47,9%	−46,4%
	z	148,2	146,8	141,2	149,1	136,7	136,0	126,2	116,4	107,9	101,6	94,9	84,5	83,9		
60–65	m	446,4	434,7	438,2	418,1	385,8	369,9	344,1	333,6	316,6	303,5	292,5	273,2	261,2	−45,1%	−45,9%
	w	103,0	102,0	102,3	104,0	95,4	92,7	85,1	83,4	77,8	78,6	74,6	73,2	68,4	−38,9%	−40,3%
	z	239,1	233,8	235,3	229,4	213,6	209,3	198,3	197,1	189,7	186,2	180,1	170,7	162,5		
65–70	m	709,5	692,4	649,3	631,9	588,4	569,9	535,2	532,4	503,3	469,0	437,9	421,5	398,4	−43,5%	−44,2%
	w	221,4	212,4	198,1	188,0	184,5	173,9	165,2	169,0	157,6	150,1	139,6	134,3	131,2	−41,4%	−40,4%
	z	407,2	394,2	368,8	356,2	337,5	324,9	306,4	307,6	290,8	275,7	260,6	257,8	248,3		
70–75	m	998,5	976,9	953,2	942,4	924,3	907,2	856,9	791,9	741,0	697,0	661,0	620,9	631,3	−37,8%	
	w	387,4	378,3	356,0	361,6	359,3	340,5	327,3	314,3	275,0	264,9	251,0	243,9	240,0	−39,8%	
	z	610,9	596,0	572,0	570,1	561,4	543,7	516,3	485,0	442,3	420,2	398,6	379,6	381,0		
75–80	m	1292,9	1299,9	1269,2	1286,3	1238,7	1222,0	1173,1	1145,6	1125,4	1073,6	1036,9	1077,4	885,1	−31,3%	
	w	609,5	608,0	602,7	584,4	576,6	571,6	541,6	538,8	518,5	496,8	468,6	481,7	430,1	−27,6%	
	z	849,1	847,4	829,7	819,7	796,2	788,4	751,5	739,8	718,9	686,4	654,6	676,0	579,2		
80–85	m	1466,2	1512,8	1442,4	1478,3	1512,2	1476,3	1439,7	1446,6	1389,6	1379,5	1294,3	1312,8	1288,8	−9,7%	
	w	791,0	811,9	809,2	825,8	817,9	831,1	810,4	805,6	772,1	766,2	728,1	712,6	682,6	−11,9%	
	z	998,6	1029,0	1006,5	1029,4	1032,8	1030,1	1002,2	998,2	955,3	946,6	894,3	888,8	860,2		
85–90	m	1552,0	1549,4	1517,4	1607,0	1640,0	1607,6	1528,3	1582,2	1555,6	1532,0	1511,9	1506,8	1489,3	+4,9%	
	w	947,2	991,5	979,7	1024,9	1002,4	1014,5	1018,1	1038,9	1024,8	989,0	966,8	943,3	954,6	+4,3%	
	z	1100,9	1132,3	1115,7	1173,7	1167,5	1170,5	1153,4	1183,7	1166,7	1133,1	1110,0	1089,1	1081,9		
90 und ält.	m	1348,0	1164,7	1283,8	1379,4	1357,9	1716,1	1542,6	1664,2	1609,6	1521,0	1509,1	1583,1	1474,8	+16,8%	
	w	941,1	1003,9	961,9	1006,2	1077,7	1109,5	1087,6	1109,1	1114,5	1099,1	1130,9	1134,8	1164,8	+26,9%	
	z	1052,8	1046,7	1044,9	1099,3	1145,8	1236,1	1181,9	1224,1	1218,4	1189,2	1212,8	1233,9	1233,6		

* Internationale Klassifikation der Krankheiten

[1] Je 100000 Lebendgeborene

Tabelle 7. Sterbefälle an ischämischen Herzkrankheiten (Ischaemic heart diseases) Pos.-Nr. 410-414 der ICD* (Angaben nach Statistischem Bundesamt, Wiesbaden)

Altersgruppen von...bis unter... Jahren	Geschlecht	1968**	1969	1970	1971	1972	1973	1974	1975	1976	1977	1978	1979**	1980	1981
		je 100000 Einwohner													
Insgesamt	m	201,5	213,2	214,7	224,9	229,0	233,3	237,1	248,9	259,2	253,7	262,3	240,0	246,1	248,1
	w	117,0	131,6	137,1	147,1	155,8	162,7	171,1	184,8	195,3	192,9	202,1	170,8	177,6	183,0
	z	157,1	170,5	174,0	184,3	190,8	196,5	202,7	215,4	225,7	221,8	230,8	203,8	210,4	214,1
unter 1[1]	m	0,2	–	–	–	–	–	0,3	0,3	–	–	–	–	–	–
	w	0,2	0,2	–	0,3	–	–	–	–	–	–	–	–	–	–
	z	0,2	0,1	–	0,1	–	–	0,2	0,2	–	–	–	–	–	–
1 – 5	m	0,1	0,2	–	–	–	–	–	–	0,1	–	–	–	–	–
	w	–	–	0,1	0,1	–	–	0,1	–	0,1	–	–	–	–	–
	z	0,0	0,1	0,0	0,0	–	–	0,0	–	0,1	–	–	–	–	–
5 – 10	m	–	–	–	–	0,0	–	–	–	–	–	–	–	–	–
	w	–	0,1	–	–	–	–	–	–	–	–	–	–	–	–
	z	–	0,1	–	–	0,0	–	–	–	–	–	–	–	–	–
10 – 15	m	0,0	–	–	0,0	–	0,1	–	–	–	–	–	–	–	–
	w	–	–	0,0	0,0	–	–	–	0,0	–	–	–	–	–	–
	z	0,0	–	0,0	0,0	–	0,0	–	0,0	–	–	–	–	–	–
15 – 20	m	0,1	0,3	0,1	0,0	0,6	0,2	0,1	0,2	–	0,2	0,2	0,2	0,3	0,2
	w	0,1	0,1	0,2	0,1	0,3	0,0	–	–	0,1	0,1	0,1	0,0	0,1	0,0
	z	0,1	0,2	0,1	0,0	0,5	0,1	0,0	0,1	0,1	0,2	0,1	0,1	0,2	0,1
20 – 25	m	0,9	0,5	0,9	1,0	0,7	0,9	0,5	0,7	0,5	0,5	0,8	0,7	0,6	0,5
	w	0,3	0,3	0,2	0,3	0,2	0,3	0,3	0,2	0,1	0,3	0,5	0,3	0,2	0,1
	z	0,6	0,4	0,5	0,6	0,5	0,6	0,4	0,4	0,3	0,4	0,7	0,5	0,4	0,3
25 – 30	m	2,7	2,8	2,8	3,9	2,6	2,4	2,0	1,8	2,2	2,4	2,0	1,9	2,2	1,7

30 – 35	m	7,3	6,0	7,0	6,4	6,3	6,5	6,0	6,7	7,1	6,7	7,2	5,9	5,5	6,2
	w	1,6	1,1	1,4	0,9	1,2	1,1	2,0	1,8	1,1	1,4	1,2	0,9	1,0	1,1
	z	4,6	3,7	4,3	3,8	3,9	4,0	4,1	4,3	4,2	4,1	4,3	3,5	3,3	3,8
35 – 40	m	23,7	21,3	21,2	20,8	19,7	18,3	17,3	17,8	16,9	18,1	18,8	17,6	17,8	20,6
	w	2,9	3,4	2,9	3,2	3,6	3,3	2,7	3,0	3,1	2,8	3,1	3,3	2,8	3,3
	z	13,7	12,7	12,4	12,4	12,0	11,2	10,3	10,7	10,3	10,7	11,2	10,7	10,5	12,2
40 – 45	m	56,5	54,1	55,0	57,5	55,4	53,0	52,1	52,5	49,5	43,6	49,3	44,5	46,3	44,8
	w	7,7	8,0	9,0	7,6	8,6	8,8	8,6	7,7	8,2	8,2	7,2	7,7	6,8	6,3
	z	30,3	30,2	31,8	33,0	32,7	31,7	31,1	30,9	29,5	26,5	28,9	26,6	27,2	26,1
45 – 50	m	105,2	107,2	117,5	117,8	119,6	116,3	112,3	112,6	117,8	110,8	114,4	105,3	100,3	96,2
	w	16,1	17,3	19,4	17,7	16,3	18,8	20,1	18,2	17,0	18,3	19,2	16,2	16,3	16,2
	z	53,6	55,3	61,2	61,2	62,4	63,9	64,3	64,7	67,6	65,3	67,7	61,7	59,3	57,1
50 – 55	m	205,3	205,6	193,3	210,6	209,1	202,5	209,4	215,0	213,9	209,1	213,2	204,6	204,0	209,9
	w	34,2	35,8	35,8	31,8	33,7	34,1	35,2	35,7	35,7	33,1	35,8	35,0	31,1	33,3
	z	105,8	106,8	101,7	106,4	106,9	104,4	107,9	111,1	112,0	110,4	116,4	115,0	115,1	120,9
55 – 60	m	339,9	341,6	341,0	366,3	373,1	368,9	355,1	344,9	351,1	339,7	361,2	359,0	368,4	354,2
	w	63,7	71,0	67,9	68,2	73,1	73,5	69,0	67,2	68,2	64,1	69,4	70,9	69,3	71,7
	z	180,9	185,0	182,4	192,5	197,4	195,3	186,6	181,1	183,9	176,8	188,6	188,6	192,6	190,3
60 – 65	m	575,9	589,3	575,6	585,7	586,1	587,0	584,6	605,9	609,5	596,1	619,4	580,8	573,7	570,3
	w	146,5	159,5	154,6	155,9	156,1	149,4	151,5	152,4	155,3	152,8	154,2	145,9	143,3	146,0
	z	333,4	343,8	333,0	335,6	334,3	329,4	328,3	336,1	338,1	330,2	339,3	318,5	314,2	314,2
65 – 70	m	875,7	914,0	884,5	927,4	937,6	932,5	927,0	982,6	992,7	952,2	959,5	915,2	945,8	940,5
	w	292,0	309,2	306,5	321,8	319,9	317,7	318,8	329,5	332,6	317,5	323,9	303,4	301,4	302,2
	z	538,9	566,2	553,1	578,8	579,3	572,6	567,1	591,7	594,2	567,1	572,3	540,8	549,9	546,8
70 – 75	m	1177,7	1297,0	1307,3	1342,6	1365,3	1388,8	1406,7	1441,2	1516,0	1471,0	1498,0	1397,4	1428,1	1423,3
	w	537,5	561,8	570,0	596,3	611,6	616,9	634,6	658,4	681,2	629,1	635,7	586,5	584,2	574,7
	z	773,5	835,4	848,9	884,1	905,6	920,7	940,1	968,3	1009,5	956,7	966,9	893,2	898,5	887,0

Tabelle 7 (Fortsetzung)

Altersgruppen von...bis unter... Jahren	Geschlecht	1968**	1969	1970	1971	1972	1973	1974	1975	1976	1977	1978	1979**	1980	1981
		je 100000 Einwohner													
75 – 80	m	1580,3	1734,4	1744,5	1823,7	1911,5	1968,5	2042,2	2087,0	2173,7	2089,4	2169,0	1950,8	2002,0	2020,1
	w	877,3	977,8	988,4	1044,7	1076,7	1108,2	1137,7	1200,5	1219,3	1175,5	1188,6	997,5	1029,3	1051,0
	z	1126,3	1240,2	1246,5	1307,0	1355,7	1395,8	1442,4	1503,5	1550,7	1496,8	1536,2	1337,2	1376,4	1394,5
80 – 85	m	2039,6	2256,8	2311,6	2494,9	2598,7	2809,7	2852,9	3029,5	3129,5	3088,2	3101,3	2629,5	2642,1	2716,8
	w	1384,7	1557,4	1651,2	1741,7	1846,3	1917,8	1961,3	2121,6	2158,9	2090,0	2124,0	1619,2	1658,3	1657,7
	z	1620,1	1803,0	1878,6	1994,7	2092,8	2202,4	2238,0	2397,0	2447,7	2383,8	2410,9	1917,6	1953,2	1979,8
85 – 90	m	2521,9	3116,3	3063,8	3396,7	3504,4	3776,0	3967,1	4233,7	4356,3	4262,3	4319,7	3289,2	3431,6	3531,2
	w	1950,5	2395,1	2474,3	2708,3	2892,0	3012,2	3154,2	3353,5	3600,7	3436,5	3470,5	2470,4	2565,0	2580,7
	z	2156,6	2650,1	2681,5	2944,5	3096,6	3260,9	3411,3	3623,7	3826,2	3675,9	3709,2	2693,5	2794,6	2826,4
90 und ält.	m	3076,0	3962,5	3892,7	4421,1	4479,8	4954,7	5138,6	5320,8	5920,2	5616,7	5647,9	3809,1	3964,8	4045,1
	w	2479,4	3156,1	3442,0	3735,3	4040,2	4251,7	4484,4	4817,8	5033,6	5085,2	5302,9	3316,6	3404,2	3535,4
	z	2685,8	3429,0	3599,1	3971,5	4189,4	4486,3	4698,9	4979,2	5310,7	5247,6	5406,1	3460,0	3563,9	3677,5

Die Angaben beziehen sich auf das frühere Bundesgebiet einschl. Berlin-West

[1] Je 100000 Lebendgeborene

* Internationale Klassifikation der Krankheiten

** 1968 ist das Jahr der *8ten Revision* der ICD Systematik. Bis 1978 wurden keine Änderungen in der Statistik vorgenommen

*** 1979 ist das Jahr der *9ten Revision* der ICD Systematik

Tabelle 7 (Fortsetzung)

Altersgruppen von...bis unter... Jahren	Geschlecht	1982	1983	1984	1985	1986	1987	1988	1989	1990	1991	1992	1993	Prozentuale Zu- (+) bzw. Abnahme (−) der Sterbefälle zwischen 1979−1993
		je 100000 Einwohner												
Insgesamt	m	246,0	248,3	249,3	254,9	243,1	243,1	235,2	227,4	223,8	217,5	212,1	211,4	−00,0%
	w	185,0	193,5	197,4	208,0	202,9	206,6	207,5	206,8	210,2	203,9	203,2	206,8	−
	z	214,2	219,7	222,2	230,4	222,1	224,1	220,8	216,7	216,8	210,5	207,5	209,0	−
unter 1[1]	m	−	−	−	−	−	−	−	−	−	−	−	−	−
	w	−	−	−	−	−	−	−	−	−	−	−	−	−
	z	−	−	−	−	−	−	−	−	−	−	−	−	−
1−5	m	−	−	−	−	−	−	−	−	−	−	−	−	−
	w	−	−	−	−	−	−	−	−	−	−	−	−	−
	z	−	−	−	−	−	−	−	−	−	−	−	−	−
5−10	m	−	−	−	−	−	−	−	−	−	−	−	−	−
	w	−	−	−	−	−	−	−	−	−	−	−	−	−
	z	−	−	−	−	−	−	−	−	−	−	−	−	−
10−15	m	−	−	−	−	−	−	−	−	−	−	−	−	−
	w	−	−	−	−	−	−	−	−	−	−	−	−	−
	z	−	−	−	−	−	−	−	−	−	−	−	−	−
15−20	m	0,2	0,2	0,1	0,2	0,3	0,1	0,2	0,2	0,2	0,2	0,1	0,4	−
	w	0,1	−	−	0,1	0,0	0,0	−	0,1	−	−	−	0,3	−
	z	0,2	0,1	0,1	0,2	0,2	0,1	0,1	0,1	0,1	0,1	0,0	0,3	−
20−25	m	0,6	0,7	0,4	0,5	0,5	0,3	0,4	0,5	0,5	0,5	0,6	0,7	−
	w	0,1	0,3	0,3	0,1	0,3	0,1	0,2	0,1	0,3	0,2	0,2	0,1	−
	z	0,4	0,5	0,4	0,3	0,4	0,2	0,3	0,3	0,4	0,4	0,4	0,4	−

Tabelle 7 (Fortsetzung)

Altersgruppen von...bis unter... Jahren	Geschlecht	1982	1983	1984	1985	1986	1987	1988	1989	1990	1991	1992	1993	Prozentuale Zu- (+) bzw. Abnahme (−) der Sterbefälle zwischen 1979 – 1993
		je 100000 Einwohner												
25 – 30	m	1,4	1,7	1,6	1,4	2,0	1,7	1,5	1,5	1,4	1,1	1,2	1,0	–
	w	0,4	0,5	0,4	0,4	0,5	0,3	0,3	0,3	0,6	0,6	0,2	0,4	–
	z	0,9	1,1	1,0	0,9	1,3	1,0	0,9	0,9	1,0	0,9	0,7	0,7	–
30 – 35	m	5,2	6,2	5,6	4,6	4,3	4,6	4,8	4,4	4,6	3,4	3,8	3,5	–
	w	1,5	0,7	0,9	1,2	1,1	1,1	1,2	0,7	0,7	0,6	0,7	0,8	–
	z	3,4	3,5	3,3	3,0	2,8	2,9	3,0	2,6	2,7	2,0	2,3	2,2	–
35 – 40	m	16,5	16,0	14,9	16,5	15,8	14,0	12,7	12,8	10,8	12,0	12,0	10,6	– 39,8%
	w	3,8	2,4	2,3	2,3	3,1	2,0	2,6	1,8	2,8	2,0	2,2	2,4	– 27,3%
	z	10,3	9,4	8,7	9,6	9,6	8,1	7,7	7,4	6,9	7,1	7,2	6,6	–
40 – 45	m	41,2	38,9	39,2	37,8	37,5	33,9	32,3	30,2	30,6	28,7	29,2	28,1	– 36,9%
	w	7,2	6,9	5,7	6,1	6,5	5,0	5,8	6,0	5,4	4,9	4,3	5,7	–
	z	24,7	23,3	22,8	22,3	22,3	19,9	19,4	18,4	18,3	17,1	17,0	17,1	– 26,0%
45 – 50	m	93,4	88,5	81,5	81,4	73,5	71,7	65,3	62,1	61,1	61,7	57,4	60,3	– 49,7%
	w	13,9	14,1	12,5	13,0	12,7	12,0	11,1	9,7	11,3	10,5	10,7	11,1	– 31,5%
	z	54,5	52,1	47,6	47,8	43,6	42,7	38,9	36,6	36,9	36,8	34,6	36,3	–
50 – 55	m	195,2	194,8	175,6	174,9	159,6	147,6	135,3	122,6	113,9	113,9	107,1	105,6	– 48,4
	w	33,5	33,9	29,6	31,9	27,3	27,1	22,3	21,6	20,8	22,4	19,8	19,4	– 44,6
	z	114,6	114,8	103,1	103,9	94,0	88,5	79,9	73,0	68,2	69,0	64,3	63,4	–
55 – 60	m	340,6	335,8	316,5	325,7	296,5	291,2	274,8	250,3	235,1	226,6	212,4	192,6	– 46,5%
	w	67,0	66,9	64,1	68,2	57,2	62,1	59,9	54,6	51,4	48,4	45,5	43,3	– 38,9%
	z	184,9	186,9	181,0	191,0	173,7	175,8	167,1	152,4	143,4	137,8	129,3	118,3	–

60 – 65	m	568,1	557,0	572,8	549,6	510,8	494,8	464,3	446,0	436,1	425,2	416,5	400,6	– 31,0%
	w	135,6	137,2	142,5	142,3	130,7	132,4	121,2	114,8	114,7	116,0	108,6	110,4	– 24,3%
	z	307,0	303,5	312,9	305,0	285,5	284,8	271,3	265,3	265,4	263,9	257,7	251,8	–
65 – 70	m	936,2	941,3	892,0	868,6	795,5	788,8	765,8	758,0	725,1	693,0	668,2	649,7	– 29,0%
	w	310,1	305,4	289,3	277,2	261,0	257,3	251,5	250,3	241,7	234,8	222,0	216,7	– 28,6%
	z	548,5	546,3	517,4	501,3	463,5	460,0	447,7	444,0	428,1	415,2	402,9	403,0	–
70 – 75	m	1405,0	1387,5	1397,5	1398,2	1344,3	1316,9	1288,6	1188,0	1139,1	1086,7	1072,1	1027,2	– 26,5%
	w	577,7	578,9	555,0	570,5	555,2	540,1	536,3	504,8	466,5	439,6	436,9	426,9	– 27,2%
	z	880,2	873,0	859,8	868,2	837,4	818,6	804,9	749,0	708,0	672,1	665,6	643,0	–
75 – 80	m	2011,2	2034,8	2067,4	2093,2	1986,5	1973,1	1925,3	1864,8	1866,0	1833,2	1812,9	1936,4	+ 1,4%
	w	1034,2	1049,3	1054,0	1041,4	1010,9	1001,6	983,8	951,0	953,0	919,0	908,3	968,5	+ 1,1%
	z	1376,8	1390,3	1399,0	1394,0	1334,5	1325,4	1296,8	1253,7	1254,4	1219,4	1204,4	1284,2	–
80 – 85	m	2698,4	2781,5	2768,1	2850,1	2833,7	2771,4	2725,4	2693,7	2726,8	2682,3	2610,6	2668,9	+ 1,5%
	w	1644,9	1730,0	1740,8	1807,8	1721,1	1732,3	1725,1	1686,6	1711,1	1666,0	1640,6	1636,7	+ 1,1%
	z	1968,8	2055,7	2060,8	2133,1	2065,5	2052,8	2030,0	1989,2	2012,5	1964,9	1925,4	1939,7	–
85 – 90	m	3546,9	3608,9	3661,1	3934,5	3700,9	3749,6	3652,5	3668,1	3797,3	3683,8	3688,6	3762,3	+ 14,3%
	w	2541,0	2599,7	2647,8	2795,3	2654,3	2663,8	2662,9	2734,0	2811,2	2701,2	2711,7	2745,2	+ 11,1%
	z	2796,7	2854,3	2904,0	3086,5	2925,3	2949,5	2925,4	2982,9	3074,7	2961,9	2968,3	3008,4	–
90 und ält.	m	3939,5	3778,6	4009,9	4368,9	4080,5	5213,3	4719,7	4992,5	5093,1	5059,7	4904,4	5076,7	+ 33,0%
	w	3388,0	3633,0	3616,6	3936,6	3789,6	3944,0	3926,6	4049,0	4355,6	4176,2	4330,8	4412,4	+ 31,8%
	z	3538,4	3671,7	3718,0	4044,4	3860,3	4209,0	4090,9	4244,6	4510,3	4364,8	4455,0	4559,4	–

Die Angaben beziehen sich auf das frühere Bundesgebiet einschl. Berlin-West

[1] Je 100000 Lebendgeborene

* Internationale Klassifikation der Krankheiten

** 1968 ist das Jahr der *8teh Revision* der ICD Systematik. Bis 1978 wurden keine Änderungen in der Statistik vorgenommen

*** 1979 ist das Jahr der *9ten Revision* der ICD Systematik

Tabelle 8. Sterbefälle an Hypertonie und Hochdruckkrankheiten Pos.-Nr. 401 – 405 der ICD* (Angaben nach Statistischem Bundesamt, Wiesbaden)

Altersgruppen von...bis unter... Jahren	Geschlecht	1968	1969	1970	1971	1972	1973	1974	1975	1976	1977	1978	1979	1980	1981
		je 100000 Einwohner													
Insgesamt	m	16,6	15,4	14,5	14,8	14,8	14,3	14,5	15,5	14,8	13,9	14,4	15,4	15,5	15,6
	w	28,7	27,2	26,2	27,0	26,1	25,9	27,2	28,1	28,0	26,1	27,9	30,2	30,3	29,9
	z	23,0	21,6	20,6	21,2	20,7	20,3	21,1	22,1	21,7	20,3	21,5	23,2	23,3	23,1
unter 1[1]	m	–	–	–	–	–	–	–	–	–	–	–	–	–	–
	w	0,2	–	–	–	–	–	–	–	0,3	–	–	–	–	–
	z	0,1	–	–	–	–	–	–	–	0,2	–	–	–	–	–
1 – 5	m	0,0	–	–	0,1	0,2	0,1	0,1	–	–	0,2	–	–	0,1	0,1
	w	–	–	–	–	–	–	0,1	0,1	–	–	0,1	0,1	–	0,1
	z	0,0	–	–	0,0	0,1	0,0	0,1	0,0	–	0,1	0,0	0,0	0,0	0,1
5 – 10	m	0,0	0,1	–	0,0	0,1	–	0,1	0,0	–	–	0,0	0,1	–	0,1
	w	0,1	0,0	–	–	0,0	0,0	0,0	0,2	0,0	–	0,1	0,1	–	–
	z	0,1	0,1	–	0,0	0,1	0,0	0,1	0,1	0,0	–	0,1	0,1	–	0,0
10 – 15	m	0,1	–	–	0,0	0,0	0,0	0,0	0,1	0,0	0,0	–	0,0	–	–
	w	0,0	0,1	0,0	0,0	0,0	–	–	0,0	0,2	0,2	0,0	0,1	0,0	0,0
	z	0,1	0,1	0,0	0,0	0,0	0,0	0,0	0,1	0,1	0,1	0,0	0,1	0,0	0,0
15 – 20	m	0,2	–	0,2	0,2	0,1	0,0	0,0	0,1	0,1	0,0	0,1	0,1	0,0	0,1
	w	0,3	–	0,1	–	0,0	–	0,1	0,0	0,2	0,0	0,2	0,0	0,2	0,1
	z	0,3	–	0,1	0,1	0,1	0,0	0,1	0,1	0,2	0,0	0,1	0,1	0,1	0,1
20 – 25	m	0,4	0,6	0,7	0,4	0,4	0,3	0,3	0,4	0,1	0,1	0,2	0,2	0,0	–
	w	0,2	0,3	0,1	0,4	0,3	0,0	0,2	0,0	0,0	0,1	0,2	0,1	0,1	0,1
	z	0,3	0,4	0,4	0,4	0,3	0,2	0,3	0,2	0,1	0,1	0,2	0,2	0,1	0,1

25 – 30	m	0,6	0,6	0,9	0,5	0,6	0,4	0,2	0,5	0,2	0,0	0,2	0,3	0,3	0,2
	w	0,3	0,6	0,5	0,4	0,4	0,2	0,4	0,3	0,3	0,2	0,4	0,3	0,3	0,1
	z	0,5	0,6	0,7	0,5	0,5	0,3	0,3	0,4	0,3	0,1	0,3	0,3	0,3	0,2
30 – 35	m	1,2	1,1	1,2	1,1	0,5	0,8	0,6	1,0	0,7	0,5	0,5	0,9	0,5	0,5
	w	0,8	0,6	0,7	0,7	0,7	0,5	1,0	0,6	0,8	0,6	0,5	0,5	0,4	0,4
	z	1,0	0,9	1,0	0,9	0,6	0,7	0,8	0,8	0,8	0,6	0,5	0,7	0,5	0,4
35 – 40	m	2,3	2,1	2,2	1,8	2,1	1,7	1,8	1,4	1,5	1,1	1,2	0,7	0,8	0,9
	w	1,5	1,8	1,5	2,0	1,5	0,9	1,3	1,4	1,1	0,7	0,7	0,7	0,7	0,8
	z	1,9	2,0	1,9	1,9	1,8	1,3	1,6	1,4	1,3	0,9	1,0	0,7	0,7	0,9
40 – 45	m	3,9	3,9	3,3	4,5	3,9	3,6	3,9	2,6	2,8	2,8	2,1	2,2	2,1	2,3
	w	2,4	3,2	2,4	3,1	1,7	2,6	2,8	2,5	2,7	2,0	1,7	1,5	1,6	1,2
	z	3,1	3,5	2,9	3,8	2,8	3,1	3,4	2,6	2,7	2,4	1,9	1,8	1,9	1,8
45 – 50	m	7,0	6,9	6,6	6,5	6,1	5,3	5,5	6,0	4,8	4,5	5,1	5,8	4,1	4,9
	w	4,5	5,0	5,0	3,8	4,5	3,9	4,0	4,2	3,4	4,1	4,1	3,3	3,8	3,0
	z	5,5	5,8	5,7	5,0	5,2	4,5	4,7	5,1	4,1	4,3	4,6	4,6	3,9	3,9
50 – 55	m	10,7	11,8	11,3	9,2	11,5	11,1	10,0	9,5	8,7	8,2	7,5	8,2	8,4	9,1
	w	8,5	7,6	8,1	8,7	5,8	7,1	6,7	6,3	6,3	6,1	4,7	5,4	5,4	4,3
	z	9,4	9,3	9,4	8,9	8,2	8,8	8,1	7,6	7,3	7,0	5,9	6,7	6,8	6,7
55 – 60	m	21,9	21,3	18,1	18,2	19,5	17,5	16,2	19,4	14,4	13,6	12,2	14,2	14,9	14,1
	w	14,9	14,5	13,0	13,8	12,6	11,7	11,8	11,2	11,3	8,9	10,2	10,4	8,7	8,3
	z	17,9	17,4	15,1	15,6	15,5	14,1	13,6	14,5	12,5	10,8	11,0	11,9	11,3	10,7
60 – 65	m	36,5	35,6	33,3	31,6	32,4	29,6	29,0	29,7	25,3	23,4	25,1	20,7	25,1	23,7
	w	30,9	29,2	25,2	28,2	22,8	22,2	24,6	24,7	22,2	20,6	19,5	18,1	18,2	17,0
	z	33,4	32,0	28,6	29,6	26,8	25,3	26,4	26,7	23,5	21,7	21,7	19,1	20,9	19,7
65 – 70	m	63,7	59,7	52,3	58,0	53,2	52,1	49,8	54,1	53,4	43,8	46,1	46,7	45,1	41,7
	w	67,4	65,0	59,0	56,4	50,7	50,7	49,8	51,6	47,6	39,6	40,7	38,3	36,3	35,7
	z	65,9	62,8	56,1	56,2	51,7	51,3	49,8	52,6	49,9	41,3	42,8	41,6	39,7	38,0

Tabelle 8 (Fortsetzung)

Altersgruppen von...bis unter... Jahren	Geschlecht	1968	1969	1970	1971	1972	1973	1974	1975	1976	1977	1978	1979	1980	1981
		je 100000 Einwohner													
70 – 75	m	104,3	95,4	88,5	86,4	85,7	87,7	86,5	92,2	86,6	82,0	78,7	87,8	84,9	83,3
	w	132,0	117,3	111,5	107,1	104,7	97,8	100,0	95,7	89,8	83,4	87,6	87,2	86,1	75,9
	z	121,8	109,2	102,8	99,1	97,3	93,9	94,7	94,3	88,5	82,8	84,2	87,4	85,7	78,6
75 – 80	m	164,4	138,9	134,3	149,7	147,1	134,0	136,6	143,1	147,5	133,1	134,5	142,6	150,8	149,7
	w	229,2	213,1	201,7	193,7	194,0	187,1	180,5	192,4	176,8	163,5	165,3	173,4	170,5	161,4
	z	206,3	187,4	178,7	178,9	178,3	169,3	165,7	175,6	166,6	152,8	154,4	162,4	163,5	157,2
80 – 85	m	222,1	217,6	198,4	205,9	208,3	201,0	228,3	221,5	227,3	205,1	239,7	243,2	232,5	242,5
	w	365,8	326,4	316,1	333,3	315,2	303,5	314,3	326,6	320,0	292,8	307,8	338,7	326,3	310,6
	z	314,2	288,2	275,5	290,5	280,2	270,8	287,6	294,7	292,4	267,0	287,8	310,5	298,2	289,9
85 – 90	m	297,3	257,5	255,6	283,5	261,7	297,3	295,7	315,7	295,0	317,7	317,1	366,5	369,2	352,8
	w	451,6	451,4	438,0	460,6	459,9	458,5	500,8	458,7	501,2	459,4	480,3	541,5	534,4	534,9
	z	396,0	382,8	373,9	399,8	393,6	406,0	436,0	414,8	439,7	418,3	434,4	493,8	490,6	487,8
90 und ält.	m	258,6	247,9	271,8	212,0	260,3	254,8	268,6	430,7	306,3	385,0	386,2	402,6	412,6	450,3
	w	476,8	439,8	421,0	525,8	489,6	470,9	512,8	560,9	615,3	543,2	648,2	712,8	686,9	781,2
	z	401,3	347,9	369,0	417,7	411,8	398,8	432,8	519,2	518,8	494,9	569,8	622,5	608,8	688,9

* Internationale Klassifikation der Krankheiten
[1] je 100000 Lebendgeborene

Tabelle 8. (Fortsetzung)

Altersgruppen von...bis unter... Jahren	Geschlecht	1982	1983	1984	1985	1986	1987	1988	1989	1990	1991	1992	1993	1994
		je 100000 Einwohner												
Insgesamt	m	14,1	13,2	11,7	11,5	9,8	9,9	9,5	8,7	8,7	9,6	9,8	9,9	
	w	28,1	27,0	23,6	23,7	21,0	21,3	19,6	18,5	19,1	19,4	21,0	21,5	
	z	21,4	20,4	17,9	17,8	15,7	15,8	14,8	13,8	4,1	14,6	15,6	15,8	
unter 1[1]	m	–	–	–	–	–	–	–	–	0,3	–	–	0,3	
	w	–	–	–	–	–	–	–	0,3	–	–	0,3	0,3	
	z	–	–	–	–	–	–	–	0,1	0,1	–	0,1	0,3	
1–5	m	0,2	–	–	–	–	–	–	–	0,1	–	–	–	
	w	–	–	–	–	–	–	–	–	0,1	–	–	0,1	
	z	0,1	–	–	–	–	–	–	–	0,1	–	–	0,0	
5–10	m	0,1	0,1	–	–	–	–	–	–	–	–	–	–	
	w	–	–	–	–	–	–	0,1	–	–	0,1	0,1	–	
	z	0,0	0,0	–	–	–	–	0,0	–	–	0,0	0,0	–	
10–15	m	0,1	0,1	–	0,1	–	–	–	–	–	–	0,1	0,1	
	w	–	–	0,1	–	–	–	–	–	–	–	–	–	
	z	0,1	0,1	0,0	0,0	–	–	–	–	–	–	0,0	0,0	
15–20	m	0,0	–	–	–	0,1	–	–	–	0,1	–	0,1	–	
	w	–	0,0	0,2	–	–	0,0	0,1	–	0,1	0,1	–	–	
	z	0,0	0,0	0,1	–	0,0	0,0	0,0	–	0,1	0,0	0,0	–	
20–25	m	0,0	0,2	–	–	0,1	0,1	–	–	–	0,1	0,1	0,2	
	w	0,1	0,0	0,0	0,0	0,0	–	0,1	0,0	0,1	–	0,0	0,0	
	z	0,1	0,1	0,0	0,0	0,1	0,0	0,1	0,0	0,0	0,1	0,1	0,1	

Tabelle 8. (Fortsetzung)

Altersgruppen von...bis unter... Jahren	Geschlecht	1982	1983	1984	1985	1986	1987	1988	1989	1990	1991	1992	1993	1994
		je 100000 Einwohner												
25 – 30	m	0,1	0,1	0,2	0,2	0,1	0,2	0,1	0,1	0,1	0,1	0,1	0,2	
	w	0,2	0,1	0,1	0,1	0,1	0,1	0,1	0,1	0,1	0,1	0,2	0,1	
	z	0,2	0,1	0,2	0,2	0,1	0,2	0,1	0,1	0,1	0,1	0,2	0,1	
30 – 35	m	0,6	0,4	0,2	0,3	0,2	0,4	0,3	0,2	0,3	0,3	0,3	0,2	
	w	0,4	0,1	0,3	0,1	0,2	0,4	0,1	0,3	0,1	0,2	0,1	0,2	
	z	0,5	0,3	0,2	0,2	0,2	0,4	0,2	0,2	0,2	0,3	0,2	0,2	
35 – 40	m	1,3	0,8	0,5	0,8	0,9	0,4	0,6	0,6	0,5	0,8	0,6	0,9	
	w	0,4	0,9	0,2	0,5	0,3	0,4	0,4	0,2	0,1	0,4	0,7	0,3	
	z	0,8	0,9	0,3	0,6	0,6	0,4	0,5	0,4	0,3	0,6	0,6	0,6	
40 – 45	m	2,0	1,8	2,0	1,4	0,9	1,2	0,9	1,0	1,0	1,5	1,2	1,4	
	w	1,2	1,4	0,7	1,1	0,5	0,5	0,7	0,3	0,6	0,5	0,7	1,2	
	z	1,7	1,6	1,4	1,2	0,7	0,9	0,8	0,6	0,8	1,0	1,0	1,3	
45 – 50	m	3,2	3,3	3,3	3,3	2,9	2,4	2,1	1,9	2,0	2,2	2,7	1,9	
	w	1,9	1,9	2,2	1,2	1,0	1,2	1,1	1,4	0,8	1,1	1,3	1,4	
	z	2,6	2,6	2,7	2,3	2,0	1,8	1,6	1,7	1,4	1,7	2,0	1,7	
50 – 55	m	8,2	6,4	6,2	5,0	4,5	4,5	4,8	4,2	3,4	4,3	5,0	5,9	
	w	4,2	4,5	3,3	3,1	3,3	2,5	2,4	2,2	2,3	2,0	2,2	2,4	
	z	6,2	5,4	4,7	4,0	3,9	3,5	3,7	3,2	2,9	3,2	3,6	4,2	
55 – 60	m	12,1	11,1	9,2	10,4	9,5	8,1	8,2	8,5	8,2	8,0	9,8	8,3	
	w	7,6	6,4	5,5	5,4	6,8	5,4	5,6	4,3	4,2	4,4	4,2	5,0	
	z	9,6	8,5	7,2	7,8	8,1	6,8	6,9	6,4	6,2	6,2	7,0	6,7	

60–65	m	19,5	18,4	18,5	17,2	13,5	14,3	13,7	11,2	12,8	16,0	17,3	16,0
	w	14,3	13,0	12,1	11,1	9,7	10,4	7,9	7,3	7,9	8,2	10,0	9,8
	z	16,3	15,1	14,6	13,5	11,2	12,0	10,4	9,1	10,2	11,9	13,5	12,8
65–70	m	38,6	37,3	29,0	27,5	22,4	22,6	21,0	21,8	21,0	23,8	23,2	24,9
	w	31,9	27,6	25,6	22,5	20,4	17,4	18,3	17,9	17,5	16,3	20,3	17,7
	z	34,4	31,3	26,9	24,4	21,2	19,4	19,3	19,4	18,9	19,3	21,5	20,8
70–75	m	70,5	67,1	55,1	55,0	48,1	44,0	43,6	34,2	36,0	38,6	41,1	39,9
	w	67,5	64,2	47,4	48,6	42,4	42,4	37,0	32,8	31,6	32,8	37,1	35,9
	z	68,6	65,3	50,2	50,9	44,5	43,0	39,4	33,3	33,2	34,9	38,5	37,3
75–80	m	134,8	119,7	108,3	98,8	79,5	82,2	77,8	68,6	66,5	70,6	74,0	82,2
	w	147,5	133,7	114,4	108,1	89,7	88,0	78,8	71,5	69,1	73,3	81,2	89,1
	z	143,1	128,8	112,3	104,9	86,4	86,1	78,5	70,5	68,2	72,4	78,8	86,9
80–85	m	225,5	208,4	168,5	176,3	151,9	148,1	140,0	125,4	132,9	148,6	135,4	132,8
	w	288,1	266,6	227,5	217,5	190,1	185,3	160,0	153,6	154,3	155,3	156,2	159,8
	z	268,8	248,6	209,1	204,6	178,2	173,8	153,9	145,2	147,9	153,3	150,1	151,9
85–90	m	324,3	310,2	295,7	278,0	221,5	242,4	222,4	217,7	211,0	216,2	218,4	235,3
	w	502,0	488,3	415,9	414,7	345,4	349,3	317,6	285,3	302,7	303,6	318,8	311,4
	z	456,8	443,4	385,5	379,7	313,3	321,1	292,3	267,3	278,2	280,4	292,4	291,7
90 und ält.	m	420,4	400,6	333,6	291,3	323,7	356,8	365,7	362,3	350,4	347,9	380,8	385,0
	w	721,4	675,0	616,8	619,7	563,0	571,6	541,0	516,9	553,9	531,7	582,8	590,3
	z	639,3	602,0	543,8	537,7	504,8	526,7	504,7	484,9	511,2	492,5	539,1	544,9

* Internationale Klassifikation der Krankheiten

[1] je 100000 Lebendgeborene

Tabelle 9. Sterbefälle an Diabetes mellitus Pos.-Nr. 250 der ICD* (Angaben nach dem Statistischen Bundesamt, Wiesbaden)

Altersgruppen von...bis unter... Jahren	Geschlecht	1968	1969	1970	1971	1972	1973	1974	1975	1976	1977	1978	1979	1980	1981
		je 100000 Einwohner													
Insgesamt	m	20,2	22,9	22,8	21,6	23,4	24,7	23,6	25,3	23,1	19,8	19,7	16,6	15,7	14,4
	w	34,5	40,4	40,4	37,9	40,9	44,0	42,7	44,7	41,1	33,7	34,6	29,6	28,3	26,5
	z	27,7	32,0	32,1	30,1	32,6	34,8	33,5	35,5	32,5	27,1	27,5	23,4	22,3	20,7
unter 1[1]	m	–	0,2	0,7	0,7	0,8	1,5	0,3	1,3	0,3	0,7	0,3	–	–	0,6
	w	0,4	–	0,5	0,5	0,3	–	0,7	1,0	0,7	0,4	0,7	–	0,3	0,3
	z	0,2	0,1	0,6	0,6	0,6	0,8	0,5	1,2	0,5	0,5	0,5	–	0,2	0,5
1 – 5	m	0,1	0,3	0,4	0,1	0,1	0,1	0,1	–	0,1	–	0,1	–	–	0,1
	w	0,2	0,1	0,2	0,1	0,1	–	0,1	0,2	0,1	0,1	0,1	0,4	0,1	–
	z	0,2	0,2	0,3	0,1	0,1	0,0	0,1	0,1	0,1	0,0	0,1	0,2	0,0	0,0
5 – 10	m	0,2	0,2	0,0	0,2	0,1	0,1	0,0	–	–	–	0,0	0,1	–	0,1
	w	0,1	0,3	0,1	0,0	0,1	0,1	0,0	0,0	0,1	0,0	–	0,2	–	0,1
	z	0,2	0,2	0,1	0,1	0,1	0,1	0,0	0,0	0,1	0,0	0,0	0,1	–	0,1
10 – 15	m	0,3	0,6	0,1	0,1	0,0	0,1	0,1	0,2	0,2	0,1	0,2	0,0	–	0,0
	w	0,3	0,3	0,3	0,2	0,1	0,0	0,2	0,2	0,2	0,1	0,1	0,1	–	0,1
	z	0,3	0,5	0,2	0,1	0.1	0.1	0.1	0.2	0,2	0,1	0,1	0,1	–	0,1
15 – 20	m	0,3	0,2	0,6	0,2	0,4	0,2	0,3	0,1	0,3	0,2	0,3	0,2	0,2	0,1
	w	0,4	0,5	0,3	0,5	0,4	0,4	0,4	0,2	0,2	0,2	0,3	0,1	0,3	0,1
	z	0,4	0,3	0,4	0,4	0,4	0,3	0,4	0,2	0,3	0,2	0,3	0,1	0,2	0,1
20 – 25	m	0,7	0,4	0,6	0,5	0,4	0,5	0,5	0,6	0,4	0,4	0,6	0,3	0,5	0,2
	w	0,6	0,5	0,3	0,3	0,6	0,7	0,5	0,2	0,7	0,4	0,3	0,3	0,5	0,4
	z	0,7	0,4	0,5	0,4	0,5	0,6	0,5	0,4	0,5	0,4	0,5	0,3	0,5	0,3

25–30	m	1,0	1,2	0,9	1,1	0,7	0,7	0,8	0,9	0,8	0,6	0,4	0,9	0,6	0,8
	w	0,5	0,8	0,6	0,5	0,5	0,5	0,5	0,6	0,5	0,8	0,6	0,7	0,6	0,8
	z	0,8	1,0	0,8	0,8	0,6	0,6	0,7	0,7	0,6	0,7	0,5	0,8	0,6	0,8
30–35	m	1,2	1,7	2,0	1,3	1,5	1,2	1,3	2,0	1,3	1,8	0,9	1,3	1,2	1,5
	w	0,8	0,9	0,9	1,1	1,0	1,0	0,9	0,9	0,8	0,8	0,6	0,8	0,7	0,7
	z	1,0	1,3	1,5	1,2	1,3	1,1	1,1	1,5	1,1	1,3	0,8	1,0	1,0	1,1
35–40	m	2,2	2,9	2,2	2,7	3,2	3,2	2,8	3,2	2,7	2,3	2,7	2,5	2,1	1,5
	w	1,3	1,7	1,6	1,5	1,5	1,4	1,0	1,0	1,3	1,2	1,1	0,9	1,3	1,0
	z	1,8	2,3	1,9	2,2	2,4	2,3	1,9	2,2	2,0	1,8	1,9	1,7	1,7	1,3
40–45	m	2,7	3,9	4,6	4,4	4,5	4,3	4,0	5,7	4,8	3,5	3,7	4,0	3,7	3,4
	w	2,1	2,4	2,6	2,6	2,2	2,9	2,0	2,4	2,4	2,2	1,9	1,8	1,6	1,4
	z	2,4	3,1	3,6	3,5	3,4	3,6	3,0	4,1	3,6	2,9	2,8	3,0	2,7	2,4
45–50	m	6,7	6,4	8,7	6,5	6,0	7,3	6,4	7,0	7,0	6,3	7,0	6,6	6,5	5,1
	w	4,3	5,3	5,5	5,7	5,1	3,5	4,0	4,8	4,9	3,2	4,4	3,5	3,2	3,0
	z	5,3	5,8	6,9	6,0	5,5	5,3	5,2	5,9	6,0	4,8	5,7	5,1	4,9	4,1
50–55	m	10,8	12,9	12,7	11,8	15,0	14,8	14,6	14,3	13,8	11,2	9,5	8,9	8,8	8,8
	w	10,5	10,0	11,7	8,1	9,9	10,4	11,0	10,9	9,8	8,5	8,1	6,8	5,4	5,6
	z	10,6	11,2	12,1	9,6	12,1	12,2	12,5	12,3	11,5	9,7	8,7	7,8	7,0	7,2
55–60	m	25,1	25,6	24,7	25,4	28,4	28,3	26,9	31,5	27,6	23,7	22,3	18,0	15,1	14,5
	w	20,5	24,3	21,1	20,4	22,0	25,4	23,4	21,2	22,0	16,3	17,5	14,3	12,2	11,5
	z	22,4	24,8	22,6	22,5	24,7	26,6	24,8	25,4	24,3	19,3	19,5	15,8	13,4	12,8
60–65	m	48,8	55,9	53,7	47,0	54,6	53,4	50,5	54,6	49,3	44,5	43,0	33,1	30,9	26,5
	w	51,0	61,0	54,4	49,8	52,5	54,5	47,7	46,9	45,2	34,3	34,9	29,8	26,8	23,9
	z	50,1	58,8	54,1	48,6	53,4	54,0	48,8	50,0	46,8	38,4	38,2	31,1	28,5	25,0
65–70	m	84,9	104,1	96,7	94,5	95,1	107,0	100,9	103,3	94,6	81,8	76,7	58,0	56,3	49,6
	w	103,8	120,5	114,6	106,4	110,3	116,7	105,3	106,1	95,6	76,4	73,0	59,5	51,6	46,4
	z	95,8	113,5	107,0	101,4	103,9	112,6	103,5	105,0	95,2	78,5	74,4	58,9	53,4	47,6
70–75	m	135,5	155,1	151,8	150,4	163,1	172,3	162,0	168,9	156,9	130,8	128,0	101,7	91,4	88,1
	w	183,8	200,4	205,3	181,3	197,6	205,6	199,4	207,7	186,4	149,8	146,1	117,6	104,4	96,8
	z	166,0	183,5	185,0	169,4	184,2	192,5	184,6	192,3	174,8	142,4	139,1	111,6	99,6	93,6

Tabelle 9 (Fortsetzung)

Altersgruppen von...bis unter... Jahren	Geschlecht	1968	1969	1970	1971	1972	1973	1974	1975	1976	1977	1978	1979	1980	1981
		je 100000 Einwohner													
75 – 80	m	207,8	228,5	237,0	222,8	234,7	252,3	229,8	243,9	207,3	170,3	183,7	155,8	151,8	138,0
	w	276,9	320,8	316,7	292,2	308,5	320,3	307,3	318,1	272,4	225,6	225,1	191,0	183,7	167,5
	z	252,4	288,8	289,5	268,8	283,8	297,6	281,2	292,7	249,8	206,1	210,4	178,5	172,3	157,1
80 – 85	m	259,4	278,4	273,1	259,1	292,3	301,6	294,1	289,7	282,8	226,0	221,5	203,7	194,7	173,3
	w	335,5	384,0	391,4	367,9	393,7	434,1	424,9	417,9	375,9	291,6	308,0	261,6	241,9	230,3
	z	308,1	346,9	350,7	331,4	360,5	391,8	384,2	379,0	348,2	272,3	282,6	244,5	227,8	213,0
85 – 90	m	251,1	279,8	289,1	262,2	290,8	271,4	300,5	334,0	247,0	254,0	254,0	227,9	208,9	193,9
	w	308,3	386,5	401,3	375,9	380,5	400,4	392,5	443,8	409,7	316,1	338,7	285,8	318,7	282,9
	z	287,6	348,8	361,8	336,9	350,6	358,4	363,4	410,1	361,1	298,1	314,9	270,0	289,6	259,9
90 und ält.	m	199,8	282,8	246,5	163,4	223,1	258,2	210,3	262,9	246,9	210,9	212,2	177,0	194,0	171,2
	w	211,5	311,1	271,6	266,5	305,6	338,3	317,2	356,0	277,1	285,0	245,4	245,0	264,5	228,2
	z	207,4	301,5	262,9	231,0	277,6	311,5	282,1	326,1	267,7	262,4	235,5	225,2	244,4	212,3

[1] Je 100000 Lebendgeborene

* Internationale Klassifikation der Krankheiten

Betrifft alte Bundesländer einschl. West Berlin

Tabelle 9. (Fortsetzung)

Altersgruppen von ... bis unter ... Jahren	Geschlecht	1982	1983	1984	1985	1986	1987	1988	1989	1990	1991	1992	1993	1994
		je 100000 Einwohner												
Insgesamt	m	12,8	12,6	12,3	12,3	13,0	12,9	12,6	13,6	14,7	14,6	15,0	18,5	17,7
	w	23,3	23,7	23,3	22,6	25,2	23,7	23,2	25,8	29,0	28,1	29,4	35,3	32,9
	z	18,3	18,4	18,0	17,7	19,4	18,6	18,1	19,9	22,1	21,5	22,4	27,1	25,5
unter 1 [1]	m	0,3	–	–	0,3	–	–	–	–	–	–	–	–	–
	w	–	–	–	–	–	–	–	–	–	–	–	–	–
	z	0,2	–	–	0,2	–	–	–	–	–	–	–	–	–
1 – 5	m	0,2	0,1	–	0,1	0,1	–	0,1	–	–	–	–	–	–
	w	–	–	0,1	–	0,1	–	0,1	–	0,2	0,1	0,1	0,1	–
	z	0,1	0,0	0,0	0,0	0,1	–	0,1	–	0,1	0,0	0,0	0,0	–
5 – 10	m	0,1	–	–	–	–	–	–	–	–	–	–	–	–
	w	–	–	–	0,1	–	–	–	–	0,1	0,1	–	–	–
	z	0,1	–	–	0,0	–	–	–	–	0,0	0,0	–	–	–
10 – 15	m	0,1	0,1	0,1	–	–	–	0,1	0,2	0,1	0,1	–	0,1	0,1
	w	0,0	–	0,2	–	–	–	–	0,1	0,1	0,1	–	0,1	–
	z	0,1	0,1	0,1	–	–	–	0,0	0,2	0,1	0,1	–	0,1	0,0
15 – 20	m	0,2	0,1	0,1	0,1	0,1	0,1	–	0,1	–	0,2	0,1	0,1	–
	w	0,1	0,2	0,1	0,1	0,1	0,1	0,3	0,2	0,2	0,1	0,1	0,1	0,1
	z	0,2	0,1	0,1	0,1	0,1	0,1	0,1	0,1	0,1	0,2	0,1	0,1	0,0
20 – 25	m	0,3	0,3	0,2	0,1	0,3	0,2	0,3	0,1	0,3	0,2	0,3	0,2	0,2
	w	0,4	0,3	0,1	0,2	0,2	0,1	0,3	0,2	0,2	0,3	0,1	0,1	0,3
	z	0,3	0,3	0,2	0,2	0,2	0,1	0,3	0,2	0,3	0,3	0,2	0,2	0,3

Tabelle 9. (Fortsetzung)

Altersgruppen von...bis unter... Jahren	Geschlecht	1982	1983	1984	1985	1986	1987	1988	1989	1990	1991	1992	1993	1994
		je 100000 Einwohner												
25 – 30	m	0,8	0,6	0,3	0,4	0,6	0,5	0,5	0,5	0,6	0,5	0,3	0,5	0,3
	w	0,7	0,6	0,4	0,5	0,5	0,3	0,4	0,5	0,4	0,2	0,3	0,2	0,3
	z	0,7	0,6	0,4	0,5	0,6	0,4	0,4	0,5	0,5	0,3	0,3	0,4	0,3
30 – 35	m	1,1	1,3	0,9	1,4	1,0	0,9	0,9	1,1	1,0	0,8	0,8	0,8	1,2
	w	0,8	0,4	0,9	0,7	0,3	0,4	0,7	0,7	0,6	0,6	0,4	0,8	0,4
	z	1,0	0,8	0,9	1,0	0,6	0,6	0,8	0,9	0,8	0,7	0,6	0,8	0,8
35 – 40	m	2,0	1,9	1,1	1,5	2,0	1,7	2,0	1,9	1,7	2,3	2,1	2,4	1,6
	w	0,9	0,7	0,8	0,9	0,5	0,6	0,6	1,2	1,1	1,0	0,7	0,9	1,0
	z	1,4	1,3	1,0	1,2	1,2	1,1	1,3	1,6	1,4	1,7	1,4	1,7	1,3
40 – 45	m	3,5	3,3	3,0	2,7	2,8	2,8	2,3	2,3	3,2	2,0	2,4	2,9	2,8
	w	1,3	1,3	1,0	0,9	1,5	1,2	1,4	1,0	1,4	1,4	1,5	1,6	1,6
	z	2,4	2,3	2,0	1,8	2,2	2,0	1,8	1,6	2,3	1,7	2,0	2,3	2,2
45 – 50	m	5,0	5,5	4,3	4,7	4,0	4,5	3,7	4,8	4,7	4,7	5,2	5,4	4,6
	w	2,9	2,4	2,1	2,3	1,8	1,5	1,5	2,0	2,2	1,6	2,1	2,3	1,9
	z	4,0	4,0	3,2	3,6	2,9	3,0	2,6	3,4	3,5	3,2	3,7	3,9	3,3
50 – 55	m	8,1	9,1	10,3	8,2	8,4	9,1	7,7	7,9	8,1	8,2	8,2	9,2	8,9
	w	4,7	5,3	4,3	4,8	4,4	3,3	3,9	4,0	3,3	3,6	3,0	3,8	3,7
	z	6,4	7,2	7,3	6,5	6,4	6,2	5,9	6,0	5,7	6,0	5,7	6,6	6,3
55 – 60	m	11,0	11,3	10,6	11,7	12,7	11,9	14,0	15,5	17,3	14,8	15,1	16,1	15,7
	w	9,5	9,3	8,1	7,1	8,4	7,7	7,1	9,8	9,6	9,1	8,0	9,2	7,7
	z	10,2	10,2	9,2	9,3	10,5	9,8	10,6	12,6	13,5	12,0	11,6	12,7	11,8

60 – 65	m	22,9	23,2	21,9	19,9	20,0	19,1	21,7	20,8	22,2	23,3	25,1	32,5	31,8
	w	21,3	20,3	22,0	19,5	18,3	16,9	16,6	16,7	20,2	17,0	19,7	23,4	20,5
	z	21,9	21,5	22,0	19,7	19,0	17,8	18,8	18,5	21,2	20,0	22,3	27,8	26,1
65 – 70	m	42,8	40,1	38,1	37,8	37,5	40,5	37,3	37,6	42,3	43,5	38,1	51,4	49,1
	w	41,0	40,6	37,6	35,6	37,4	36,4	35,9	39,8	41,1	37,5	38,2	40,8	35,6
	z	41,7	40,4	37,8	36,5	37,4	37,9	36,4	39,0	41,6	39,9	38,2	45,4	41,5
70 – 75	m	76,0	71,6	65,4	69,6	72,9	64,4	72,6	72,6	75,0	73,5	71,8	88,9	85,1
	w	80,0	79,8	75,5	69,2	77,3	67,5	59,6	66,8	73,5	74,2	73,0	83,8	85,6
	z	78,5	76,8	71,9	69,4	75,7	66,4	64,3	68.9	74,0	74,0	72,6	85,6	85,4
75 – 80	m	121,3	116,0	116,7	113,9	111,9	112,6	102,2	109,6	119,2	119,0	130,7	165,2	158,9
	w	145,8	139,0	128,4	120,5	129,8	125,3	116,4	128,9	146,4	137,4	139,6	180,9	143,8
	z	137,2	131,0	124,4	118,3	123,8	121,1	111,7	122,5	137,4	131,3	136,7	175,8	148,7
80 – 85	m	154,1	152,9	155,9	148,3	178,3	169,3	158,4	184,3	198,2	196,0	205,4	254,7	230,9
	w	201,8	204,9	200,0	203,1	225,2	199,9	200,7	212,4	235,0	224,9	244,2	283,4	263,7
	z	187,2	188,8	186,3	186,0	210,6	190,5	187,8	203,9	224,1	216,4	232,8	275,0	254,1
85 – 90	m	171,8	179,8	178,7	180,9	195,2	198,1	179,3	228,5	246,7	266,6	282,4	342,0	328,2
	w	235,4	249,9	254,2	231,4	275,5	264,1	250,9	292,3	331,9	340,8	372,1	443,6	423,6
	z	219,2	232,2	235,1	218,5	254,7	246,7	231,9	275,3	309,2	321,1	348,6	417,3	399,1
90 und ält.	m	170,7	138,5	139,2	132,8	161,9	205,7	191,3	197,0	226,6	224,2	258,6	391,4	374,8
	w	210,2	245,6	252,6	221,5	279,0	276,9	275,2	296,1	389,0	388,6	392,0	523,6	531,7
	z	199,4	217,1	223,3	199,4	250,5	262,0	257,8	275,5	354,3	353,5	363,1	494,3	436,9

[1] Je 100000 Lebendgeborene

* Internationale Klassifikation der Krankheiten

Tabelle 10. Standardisierte Sterbeziffer je 100000 Einwohner nach Todesursachen, Geschlecht. Standardisiert auf den Bevölkerungsaufbau 1987 (Angaben nach Statistischem Bundesamt, Wiesbaden)

Pos.-Nr. der ICD/9	Todesursache	1992			1993		
		Deutschland	Früheres Bundesgebiet	Neue Länder und Berlin-Ost	Deutschland	Früheres Bundesgebiet	Neue Länder und Berlin-Ost
Männer							
001–139	Infektiöse und parasitäre Krankheiten	10,4	11,8	4,6	11,0	12,5	4,0
042–044	dar.: HIV-Infektionen	3,9	4,8	0,2	4,3	5,3	0,2
140–208	Bösartige Neubildungen	269,1	268,2	272,5	268,0	264,9	281,4
151	dar.: des Magens	21,5	20,3	27,4	20,8	19,7	26,1
153	des Dickdarmes	22,5	23,3	18,8	22,0	22,8	18,4
154	des Mastdarmes	11,5	10,6	15,4	11,2	10,1	16,5
155, 156	der Leber, Gallenblase und Gallengänge	10,2	9,9	11,7	10,4	10,3	10,8
157	der Bauchspeicheldrüse	12,6	12,6	12,3	12,4	12,4	12,4
162	der Luftröhre, Bronchien und Lunge	69,6	68,8	72,9	69,8	68,1	77,4
175	der Brustdrüse	0,3	0,3	0,3	0,3	0,4	0,1
185	der Prostata	29,1	30,1	24,3	29,3	29,7	27,7
188, 189	der Harnblase, Niere und sonstigen Harnorganen	20,7	19,7	25,4	20,9	19,8	26,1
200–208	des lymphatischen und hämatopoetischen Gewebes	17,9	18,3	16,0	18,2	18,3	17,5
250	Diabetes mellitus	16,1	14,6	22,8	19,7	18,1	27,7
290–389	Psychiatrische Krankheiten, Krankheiten des Nervensystems und der Sinnesorgane	32,7	32,3	33,2	32,8	32,4	33,8
390–459	Krankheiten des Kreislaufsystems	458,1	429,1	595,4	457,8	431,3	587,7
410	dar.: Akuter Myokardinfarkt	126,7	121,6	149,6	126,8	118,9	163,5
411–414	sonstige ischämische Herzkrankheiten	95,1	84,0	148,5	98,1	87,4	152,2
428–429	Herzinsuffizienz und mangelhaft bezeichnete Krankheiten des Herzens	52,6	53,9	45,7	52,0	54,1	41,1
430–438	Krankheiten des zerebrovaskulären Systems	96,4	87,7	138,1	94,6	87,0	132,6
460–519	Krankheiten der Atmungsorgane	71,4	69,4	80,4	72,8	71,8	77,4
480–486	dar.: Pneumonie	17,9	17,6	19,1	17,8	18,0	16,5

520 – 579	Krankheiten der Verdauungsorgane	54,7	48,0	83,1	53,9	47,7	81,0
571	dar.: Chronische Leberkrankheit und -zirrhose	31,5	26,7	51,7	31,3	26,7	51,2
580 – 629	Krankheiten der Harn- und Geschlechtsorgane	10,5	9,7	14,4	10,4	9,8	13,4
740 – 759	Kongenitale Anomalien	3,8	3,7	3,8	3,5	3,5	3,5
760 – 779	Bestimmte Affektionen, die ihren Ursprung in der Perinatalzeit haben	3,0	3,0	3,3	2,8	2,7	3,3
780 – 799	Symptome und schlecht bezeichnete Affektionen	24,2	25,5	18,2	23,9	25,1	17,8
800 – 999	Verletzungen und Vergiftungen	69,4	61,0	106,4	66,3	58,4	101,9
820	dar.: Oberschenkelhalsbruch	3,9	3,6	5,4	3,8	3,5	5,5
960 – 989	Vergiftungen und toxische Wirkungen	6,7	5,7	11,0	5,5	4,7	9,1
001 – 999	Zusammen	1035,5	988,8	1247,9	1036,4	992,2	1243,5
E 800 – E 949	Unfälle	40,8	34,9	66,6	38,7	33,3	62,4
E 810 – E 825	dar.: Kraftfahrzeugunfälle innerhalb und außerhalb des Verkehrs	20,0	16,6	34,7	19,0	16,4	30,3
E 880 – E 888	Unfälle durch Sturz	10,8	9,5	16,4	10,4	9,1	15,9
E 950 – E 959	Selbstmord und Selbstbeschädigung	23,6	21,8	31,1	22,4	20,8	29,9
E 960 – E 999	Sonstige Gewalteinwirkungen	5,1	4,3	8,7	5,3	4,3	9,5
Frauen							
001 – 139	Infektiöse und parasitäre Krankheiten	7,1	8,0	3,1	7,3	8,2	3,2
042 – 044	dar.: HIV-Infektionen	0,4	0,5	–	0,6	0,7	0,1
140 – 208	Bösartige Neubildungen	249,6	250,0	246,9	249,4	248,9	250,5
151	dar.: des Magens	19,0	18,2	22,3	18,5	17,6	22,3
153	des Dickdarmes	29,5	30,6	24,3	28,8	29,9	23,9
154	des Mastdarmes	11,4	10,3	16,5	11,4	10,2	16,4
155, 156	der Leber, Gallenblase und Gallengänge	14,1	12,8	19,4	13,5	12,3	19,1
157	der Bauchspeicheldrüse	13,9	14,1	12,9	13,9	14,1	12,7
162	der Luftröhre, Bronchien und Lunge	17,7	18,7	13,7	18,7	19,4	15,5
174	der Brustdrüse	43,4	44,8	37,9	44,0	45,1	39,0
188, 189	der Harnblasae, Niere und sonstigen Harnorganen	11,7	11,3	13,2	11,7	11,2	14,0
200 – 208	des lymphatischen und hämatopoetischen Gewebes	17,7	18,2	15,3	18,2	18,7	16,1

Tabelle 10 (Fortsetzung)

Pos.-Nr. der ICD/9	Todesursache	1992			1993		
		Deutschland	Früheres Bundesgebiet	Neue Länder und Berlin-Ost	Deutschland	Früheres Bundesgebiet	Neue Länder und Berlin-Ost
250	Diabetes mellitus	30,7	27,7	43,7	36,9	33,2	53,2
290 – 389	Psychiatrische Krankheiten, Krankheiten des Nervensystems und der Sinnesorgane	25,9	27,4	18,5	26,5	28,3	17,8
390 – 459	Krankheiten des Kreislaufsystems	567,3	526,2	751,1	564,2	530,8	717,8
410	dar.: Akuter Myokardinfarkt	89,5	87,3	98,1	90,1	86,5	106,0
411 – 414	sonstige ischämische Herzkrankheiten	119,3	99,9	207,5	122,4	103,5	211,1
428 – 429	Herzinsuffizienz und mangelhaft bezeichnete Krankheiten des Herzenz	92,0	97,2	66,5	90,9	97,0	60,8
430 – 438	Krankheiten des zerebrovaskulären Systems	152,5	137,5	220,4	149,9	136,6	211,8
460 – 519	Krankheiten der Atmungsorgane	49,5	48,5	53,3	52,8	53,7	48,7
480 – 486	dar.: Pneumonie	19,8	19,6	19,9	20,2	20,7	17,6
466, 490, 491	Bronchitis	10,0	9,0	14,3	10,2	9,3	14,2
493	Asthma	6,3	6,6	5,3	6,6	6,9	5,3
520 – 579	Krankheiten der Verdauungsorgane	45,8	43,1	56,8	46,0	43,8	54,8
571	dar.: Chronische Leberkrankheit und -zirrhose	16,0	15,0	20,0	16,3	15,3	20,2
580 – 629	Krankheiten der Harn- und Geschlechtsorgane	12,1	11,9	13,0	11,9	11,8	12,2
630 – 676	Komplikationen der Schwangerschaft, bei Entbindungen und im Wochenbett	0,1	0,1	0,1	0,1	0,1	0,1
740 – 759	Kongenitale Anomalien	2,9	2,9	2,9	3,0	3,0	3,0
760 – 779	Bestimmte Affektionen, die ihren Ursprung in der Perinatalzeit haben	2,0	2,0	2,3	1,8	1,8	2,3
780 – 799	Symptome und schlecht bezeichnete Affektionen	24,2	25,8	16,6	24,1	25,8	15,5

800 – 999	Verletzungen und Vergiftungen	40,4	36,2	58,8	37,6	34,0	53,6
820	dar.: Oberschenkelhalsbruch	10,5	9,3	16,0	9,8	8,7	14,6
960 – 989	Vergiftungen und toxische Wirkungen	4,5	3,6	8,3	3,4	2,9	5,5
001 – 999	Zusammen	1076,6	1029,2	1283,8	1081,1	1043,6	1249,8
E 800 – E 949	Unfälle	27,8	24,7	41,1	26,0	23,3	38,4
E 810 – E 825	dar.: Kraftfahrzeugunfälle innerhalb und außerhalb des Verkehrs	7,0	6,1	10,4	6,5	5,8	9,3
E 880 – E 888	Unfälle durch Sturz	16,3	14,7	23,5	15,3	13,7	22,8
E 950 – E 959	Selbstmord und Selbstbeschädigung	9,9	9,1	13,3	8,9	8,4	11,3
E 960 – E 999	Sonstige Gewalteinwirkungen	2,7	2,3	4,4	2,6	2,3	3,9

Quelle: Wirtschaft und Statistik 12/1994

Besonderheiten, die bei der Betrachtung von *standardisierten Sterbeziffern* auftreten, bitten wir *Seite 236* zu entnehmen. Standardisierte Sterbeziffern sind von großer Genauigkeit, geben jedoch *nur die Sterbeziffern* pro 100000 Einwohner *pro Jahr* (*und nicht nach Altersgruppen*) wieder

Literatur

Agner E, Hansen PF (1983) Fasting serum cholesterol and triglycerides in a ten-year prospective Study in old age. Acta Med Scand 214:33–41

Ahrens EH (1985) The diet-heart question in 1985: has it really been settled? Lancet 1:1085–1087

Alpers DH, Ray EC, Stenson WF (1988) Manual of nutritional therapeutics. Little, Brown, Bosten

Altura BT, Brust M, Bloom S, Barbour RL,Stempak JG, Altura BM et al (1990) Magnesium dietary intake modulates blood lipid levels and atherogenesis. Proc Natl Acad Sci (USA) 87(5):1840–1844

American Heart Association Position Statement (1986) Diagnosis and treatment of primary hyperlipidemia in childhood. Circulation 78:521–525

Anitschkow, N. (1913) Über die Veränderungen der Kaninchenaorta bei experimenteller Cholesterinsteatose. Beitr path Anat allg Pathl 56:379–404

Anitschkow N (1922) Über die experimentelle Atherosklerose der Aorta beim Meerschweinchen. Beitr path Anat allg Pathol 70:265–281

Anitschkow N (1924) Zur Ätiologie der Atherosklerose. Arch path Anat 249: 73–82

Anitschkow N (1925) Das Wesen und die Entstehung der Atherosklerose. Ergbn inn Med und Kinderheilk 28:1–46

Anitschkow N (1928) Über die Rückbildungsvorgänge bei experimenteller Atherosklerose. Verh Dtsch path Gesellsch 23:473–478

Anitschkow N, Chalatow S (1912) Über experimentelle Cholesterinsteatose und ihre Bedeutung für die Entstehung einiger pathologischer Prozesse. Zentralbl allg Pathol pathol Anat 24:1–9

Apfelbaum M (1994) Wer keine angeborene Cholesterinkrankheit hat, sollte sich nicht um seinen Cholesterinspiegel kümmern. Jatros Kardiologie 3:10–12

Armstrong NL, Emory DW (1971) Morphology and distribution of diet induced atherosclerosis in Rhesus monkeys. Arch Pathol 92:395–401

Assmann G (1982) Lipidstoffwechsel und Atherosklerose. Schattauer, Stuttgart

Assmann G (1980) Polyensäurereiche Diät nur für Stoffwechselkranke. Ärztl Prax 28:985–986

Assmann G (1990) Nationale Cholesterininitative. Dtsch Ärztebl 87:991–1010

Assmann G zit in Ärztezeitung (1990) Die Nationale Cholesterin Initiative, die deutsche Kampagne zur Prävention der Atherosklerose und ihre Folgekrankheiten (24.4.1990) 75:14

Assmann G, Schulte H (1993) Ergebnisse der Prospektiven Cardiovaskulären Münster (PROCAM) Studie. Dtsch Ärztebl 90/42:1866–1871

Barndt R, Blankenhorn DH, Crawford DW, Brooks SH (1977) Regression and progression of early femoral atherosclerosis in treated hyperlipoproteinemic patients. Ann Intern Med 86 (2):139

Beneke FW (1862) Cholesterin im Pflanzenreich aufgefunden. Ann Chem 122:249–255

Beneke FW (1866) Über das Cholesterin. Arch Verein Wiss Heilkd 2:432–446

Beneke FW (1876) Zur Cholesterinfrage. Arch path Anat 66:126–128

Bhakdi S, Suttorp N, Seeger W, Fussle R, Tranum-Jensen J (1984) Molekulare Grundlage für die Pathogenität des Staphylokokkus- Aureus-Alpha-Toxins. Immun Infekt 12:279–285

Berns MA, de Vries JH, Katan MB (1988) Determinants of the increase of serum cholesterol with age: A longitudinal study. Int J Epidemiol 17/4:789–796

Bidlack WR, Smith CH (1988) Nutritional requirements of the aged, Crit Rev Food Scien Nutr 27/3:189–218

Bidlack WR (1990) Nutritional Requirements of the Elderly. In: Morley JE, Glick Z, Rubenstein Z, Hrsg (1990) Geriatric Nutrition, Raven Press, Ltd New York

Bierman EL (1991) Atherosclerosis and other forms of arteriosclerosis. In: Wilson JD (ed) Harrison's principles of internal medicine. (12 th edn). Mc Graw-Hill, New York, pp 992–1001

Blum KU (1992) Häufigkeit maligner Melanome korreliert mit dem Bildungsgrad. Top Medizin 6:9–10

Bonanome A, Scott M, Grundy M (1988) Effect of dietary acid on plasma cholesterol and lipoprotein levels. N Engl J Med 318:1244–1248

Bondjers G, Bjorkerud S (1975) Transfer of Cholesterol in vitro between normal arterial smooth muscle tissue an serum lipoproteins of normo-lipidemic rabbits. Atherosclerosis 22/3:379–387

Borgers D (1993) Cholesterin, das Scheitern eines Dogmas, Edition Sigma. Bohn, Berlin

Borgers D, Berger M (1995) Cholesterin, Risiko für Prävention und Gesundheitspolitik. Blackwell, Berlin

Broitman SA, Vitale JJ, Vavrousek-Jakuba E, Gottlieb LS (1977) Polyunsaturated fat, choleserol and large bowel tumorigenesis. Cancer 40/5:2455–2463

Brown MS, Dana SE, Goldstein JL (1974) Regulation of 3-hydroxy 3-methylglutaryl coenzym. A reduktase acitivity in cultured human fibroblasts. J Biol Chem 249:789–796

Brown MS, Faust JR, Goldstein JL, Kanedo I, Endo A (1978) Induction of 3-hydroxy 3-methylglutaryl coenzym. A Reductase acitivity in cultured human fibroblasts incubated with compactin (ML-236 B), a competitive inhibitor of the reduktase. J Biol 253:1121–1128

Brown MS, Goldstein JL (1980) Multivalent feedback regulation of HMG-CoA-Reductase, a control mechanism coordination isoprenoid synthesis and cell growth. J Lipid Res 21:505–517

Brown MS, Goldstein JL (1984) How LDL receptors influence cholesterol and atherosclerosis. Sci Amer 251:58–66

Brown M, Goldstein JL (1985) Arteriosklerose und Cholesterin, die Rolle der LDL-Rezeptoren. Spektrum der Wissenschaft 1:96–106

Brown M, Goldstein JL (1986) A receptor-mediated pathway for cholesterol homeostasis. Science 232:34–47

Brown M, Goldstein JL (1991) The hyperlipoproteinemias and other disorders of lipid metabolism. In: Wilson JD (ed) Harrison's principles of internal medicine. (12 edn). Aufl Mc Graw-Hill, New York, pp 1814–1825

Buddecke E (1985) Grundriß der Biochemie (7. Auflg). de Gruyter, Berlin

Buddecke E (1989) Grundriß der Biochemie (8. Auflg). de Gruyter, Berlin

Bundesministerium für Jugend, Familie und Gesundheit (Hrsg) (1963, 1965, 1970, 1974) Das Gesundheitswesen der Bundesrepublik Deutschland (Bde 1, 2, 4, 5). Kohlhammer, Stuttgart

Bundesministerium für Jugend, Familie und Gesundheit (Hrsg) (1980, 1983, 1985, 1987, 1989) Daten des Gesundheitswesens, Bd 151, 152, 154, 157, 159, Kohlhammer, Stuttgart

Bundesministerium für Gesundheit (Hrsg) (1991) Daten des Gesundheitswesens (Bd 3). Nomos, Baden Baden

Bundesministerium für Forschung und Technologie (Hrsg) (1991) Die Nationale Verzehrstudie, Materialien zur Gesundheitsforschung, Bd 18

Bürger M (1957) Altern und Krankheit (3. Aufl). Thieme, Stuttgart

Carson DD, Lennarz WJ (1981) Relationsship of dolichol synthesis to glycoprotein synthesis during embryonic development. J Biol Chem 256:4679–4686

Chang TY, Limanek JS (1980) Regulation of cytosolic acetoacetyl coenzyme-A thiolase, 3-hydroxy-3-methylglutaryl coenzym-A synthetase and mevalonate kinase by low density lipoprotein and by 25-hydroxycholesterol in chinese hamster ovary cells. J Biol Chem: 7787–7795

Charlatow S (1912) Über das Verhalten der Leber gegenüber den verschiedenen Arten von Speisefett. Arch path Anat 207:452–469

Chen HW, Heiniger HJ, Kandutsch AA (1975) Relationsship between sterol synthesis and DNA synthesis in phytohemagglutinin- stimulates mouse lymphocytes. Proc Natl Acad Sci USA 72:1950–1954

Chen HW, Heiniger HJ, Kandutsch AA (1978) Alteration of 8 6 Rb+influx and efflux following depletion of membrane sterol in L-cells. J Biol Chem 253:3180–3185

Chen HW, Kandutsch AA, Waymouth C (1974) Inhibition of cell growth by oxygenates derivatives of cholesterol. Nature 251:419–421

Chen HW (1979) Enhanced sterol synthesis in concanavalin-A-stimulated lymphocytes: correlation with phospholipid synthesis and DNA synthesis. J Cell Physiol 100/1:147–157

Chevreul ME (1816) Recherches chimiques sur les corps gras, et particulierement sur leurs combinaisons avec les alcalis. Ann chim Cinquieme Memoire. 95:5–50, bes. 7–10, 1815. Sixieme Memoire. Ann chim et phys 2:339–372, bes. 346

Ciba-Geigy AG (1952 bis 1978) Wissenschaftliche Tabellen (Dokumenta Geigy) Selbstverlag, Basel

Committee of principal investigators (1978) A cooperative trial in the prevention of ischemic heart disease using clofibrate. Br Heart J 40:1069–1118

Consensus Development Panel (1985) Lowering blood cholesterol to prevent heart disease. JAMA 253/14:2080–2086

Coronary Heart Disease (1988) In: The Surgeon General's Report on Nutrition and health. DHHS Publication No. 88–50210, pp 83–138

Dahlen G, Ericson C, de Faire U, Iselius L, Lundmann T (1983), Genetic and environmental determinants of cholesterol and HDL-cholesterol concentrations in blood. Int J Epidemiol 12/1:32–35

Davis JW, Shelton L, Eigenberg DA (1985) Effects of tobacco and non tabacco cigarette smoking on endothelium and platelets. Clin Pharmacol and Ther 37/5:529–533

Declue TJ, Malone AW, Root AW (1988) Coronary artery disease in diabetic adolescents. Clin Pediatr 27:587–590

Deutsche Gesellschaft für Ernährung (DGE) (1975) Nahrungsaufnahme und Leistungsbereitschaft. Umschau, Frankfurt a.M.

Deutsche Gesellschaft für Ernährung (DGE) (1991) Empfehlungen für die Nährstoffzufuhr. 5. Überarbeitung, Umschau, Frankfurt a.M.

Deutsche Gesellschaft für Ernährung (DGE) (1985, 1992) Ernährungsbericht 1985, 1992. Umschau, Frankfurt a.M.

Dietschy JM, Wilson JD (1970a) Regulation of cholesterol metabolism (First of the three parts). N Engl J Med 282:1128–1138

Dietschy JM, Wilson JD (1970b) Regulation of cholesterol metabolismen (Second of the three parts). N Engl J Med 282:1179–1183

Dietschy JM, Wilson JD (1970c) Regulation of cholesterol metabolismen (Third of the three parts). N Engl J Med 282:1241–1249

Dietschy JM (1984) Regulation of cholesterol metabolism in man and in other species. Klin Wschr 62:338–345

Dietschy JM, Spady DK, Stange EF (1984) Quantitative importance of different organs for cholesterol and low-density-lipoprotein degradation. Biochem Soc Transactions 11:639–641

Ditschuneit H (1971) Krankheiten des Lipoid–und Fettstoffwechsels (Lipoidosen) in "Innere Medizin", (Kühn HA (Hrsgb). Springer, Berlin Heidelberg New York Tokyo

Doerr W (1985) Pathologisch-anatomische Definition in Arteriosklerose, Schettler G, Gross R (Hrsg) Deutscher Ärzteverlag, Köln

Doree C, Gardner JA (1909) The origin and destiny of cholesterol in the animal organism. Part VI.: The excretion of cholesterol by the cat. Proc Roy Soc of London Ser 81:505–515

Dörle M, Sperling R (1924) Über den Einfluß von Cholesterin auf Blut und Körpergewicht. Klin. Wochenschr 3:1530–1532

Dugdale AE (1987) Serum cholesterol and mortality rates. Lancet 17:155–156

Dummer R (1995) Prävention und Behandlung von Hauttumoren. Deutsches Ärzteblatt 92:906–907

Ellis GW, Gardner JA (1909) The origin and destiny of cholesterol in the animal organism, part VIII. On the cholesterol content of the liver of rabbits under various diets and during inanition. Proc Roy Soc London, Ser 81:505–515

European Atherosclerosis Society (1987) Strategies for the prevention of coronary heart disease: A policy state-ment for the European Atherosclerosis Society. Eur Heart J. 8:77–88

Faber WM (1982) In: Morley JE, Glick Z, Rubenstein LZ (eds) Geriatric nutrition, A comprehensive review. Raven Press, New York, p. 280

Family Heart Study Group (1994) British family heart study its design and method and prevalence of cardiovascular risk factor. Brit J Gen Pract 44: 62–67

Family Heart Study Group (1994) Randomised controlled trial evaluating cardiovascular screening and intervention in general practica: pricipal results of British family heart study, Brit Med J 308:313–320

Farbenfabriken vorm. Friedr Bayer u. Co. in Elberfeld, Verfahren zur Darstellung von zur Injektion geeigneten Cholesterinpräparaten vom 11. Juni 1910, Kaiserliches Patentamt, Patentschrift Nr. 236080

Farias RN, Bloj B, Morero RD, Sineriz F, Trucco RE (1975) Regulation of allosteic membrane-bound enzymes through changes in membrane lipid composition. Biochim Biophys Acta 415/2:231–251

Faust JR, Goldstein JL, Brown MS (1979a) Synthesis of ubiquinone and Cholesterol in human fibroblasts: Regulation of a branched pathway. Arch. Biochem. Biophys. 192:86–99

Faust JR, Goldstein JL, Brown MS (1979b) Squalene synthetase activity in human fibroblasts: Regulation via the low density lipoprotein receptor. Proc Natl Acad Sci 76:5018–5022

Faust JR, Goldstein JL, Brown MS (1980) Synthesis of 2-isopentenyl tRNA from mevalonate in cultured human fibroblasts. J Biol Chem 255:6546–6548

Fischbach E (1967) Grundriß der Physiologie und Physiologischen Chemie (10te Auflg). Müller u. Steinicke, München

Fischbach E (1963) Grundriß der Pathophysiologie (2te Auflg). Müller u. Steinicke, München

Flint A (1862) Stercorin and cholesteraemia. New York Med Journ 44:749–754

Flynn MA, Nolph GB, Flynn TC, Kahrs R, Krause G (1979) Effect of dietary egg on human serum cholesterol and triglycerides. Am J Clin Nutrition 32/5: 1051–1057

Fogelman AM, Shechter I, Seager J, Hokom M, Child JS, Edwards PA (1980) Malondialdehyde alteration of low density lipoprotein leads to cholesterol accumulation in human monocytemacrophages. Proc Natl Acad SCI (USA) 77/4:2214–2218

Folkers K, Langsjoen P, Richardson P, Xia LJ, Ye CQ and Tamagawa H (1990) Lovastatin decreases coenzym Q levels in human. Proc Natl Acad Sci (USA) 87:8931–8934

Forette B, Tortrat D, Wolmark Y (1989) Cholesterol as risk factor for mortality in elderly women. Lancet 1/22:868–870

Frankel EN, Kanner J, German JB, Parks E, Kinsella JE (1993) Inhibition of oxidation of human low density lipoprotein by phenolic substances in red wine. Lancet 341:454–457

Fredrickson DS, Levy RI, Lees RS (1967) Fat transport in lipoproteins an integrated approach to mechanisms and disorders. N Engl J Med 276:148–156

Fredrickson DS, Levy RI (1973) The dietary management of hyperlipoproteinemia: A Handbook for Pysicians and dieticiants. Washington D.C., Government Printing Office

Frick MH, Elo O, Haapa K (1987) Helsinki Heart Study: Primary Prevention trial with Gemfibrozil in middle aged men with Hyperlipidaemia. New Engl J Med 317:1237–1245

Fogelmann AM, Saeger J, Edwards PA, Hokom M, Popjak G (1977) Cholesterol biosynthesis in human lymphocytes, monocytes and granulocytes. Biochem Biophys Res Commun 76:167–173

Forth W, Henschler D, Rummel W (1987) Pharmakologie und Toxikologie. (5. Aufl) Wissenschaftsverlag, Mannheim

Frost H (1974) Arterielle Verschlußkrankheiten, Kurzmonographien Sandoz (Bd 10). Selbstverlag, Basel

Geigy AG (1952–1978) Wissenschaftliche Tabellen (Dokumenta Geigy). Selbstverlag, Basel

Gey KF, Puska P, Jordan P, Moser UK (1991) Inverse correlation between plasma vitamin E and mortality from ischaemic heart disease in cross-cultural epidemiology. Am J Clin Nutr 53:326S–334S

Gibbins RL, Rücy M, Brimpla P (1993) Effectiveness of programm for reducing cardiovascular risk for men in one general practice. Brit Med J 306:1652–1656

Glomset JA (1968) The plasma lecithin: cholesterol acetyltransferase reaction. J Lipid Res 9:155, 1968

Goldstein JL, Dana SE, Brown MS (1974) Esterification of low density lipoprotein cholesterol in human fibroblasts and its absence in homozygous familial hypercholesterolemia. Proc Nattl Acad Sci (USA) 71:4288–4292

Goldstein JL, Ho YK, Basu SK, Brown MS (1979) Binding site on macrophages that mediates uptake and degradation of acetylated low density lipoprotein, producing massive cholesterol deposition. Proc Natl Acad Sci (USA) 76/1:333–337

Goldstein JL, Basu SK, Brown MS (1983a) Receptor-mediated endocytosis of low-density lipoprotein in cultured cells. Methods Enzym 98:241–257

Goldstein JL, Basu SK, Brown MS (1983b) Assay of cholesterol ester formation in cultured cells. Methods Enzym. 98:257–260

Goldstein JL, Brown MS (1984) Progress in understanding the LDL receptor and HMG CoA reduktase, two membrane proteins that regulate the plasma cholesterol. J Lipid Res 25:1450–1461

Goldstein JL u. Brown MS (1987) Regulation of low density lipoprotein receptors: implications for pathogenesis and therapy of hypercholesterolemia and atherosclerosis. Circulation 76/3:504–507

Goldstein JL, Brown MS (1990) Regulation of mevalonate pathway. Nature 343:425–430

Gordon T, Castelli WP, Hjortland MC, Kannel WB, Dawber TR (1977) High density lipoprotein as a protective factor against coronary heart disease. The Framingham Study. Am J Med 62/5:707–714

Gräb C (1994) Todesursachen im Überblick, Wirtschaft und Statistik 12: 1034–1041

Gracey M, Kretchmer N (1991) Nicht-insulinabhängiger Diabetes mellitus und Urbanisierung bestimmter Bevölkerungsgruppen. Ann Nestle 49:98–107

Gram J und Jespersen J (1995) Cholesterol-lowering, simvastatin, and coronary heart disease, The Lancet 345:592

Green FAC (1789) Zerlegung eines Gallensteines. In: Beiträge zu den chemischen Annalen von Lorenz Crell. Müllersche Buchhandlung, Helmstädt, S 19–26

Green FAC (1794) Systematisches Handbuch der gesamten Chemie (2. Teil). Die botanische und zoologische Chemie. Waisenhaus Buchhandlung, Halle, S 365–366, S 445–448

Grimm A (1910) Theoretische Betrachtungen über Cholestearin bei Schwarzwasserfieber als Heilmittel, mit praktischem Versuch. Dtsch med Wochenschr 36:175–176

Grundy SM, Vega GL (1985) Influence of mevinolin on metabolism of low density lipoproteins in primary moderate hypercholesterolemia. J Lipid Res 26: 1464–1475

Grundy SM (1988) HMG CoA reductase inhibitors for treatment of hypercholesterolemia. N Engl J Med 319:24–33

Habenicht AJR, Salbach P, Janßen-Timmen U (1994) Interactions between lipoproteins and the arterial wall. In: Principles and treatment of lipoprotein disorders, (eds) Schettler G, Habenicht AJR. Handb Exp Pharm 109: 139–174

Hamperl H (1950) Lehrbuch der Allgemeinen Pathologie und der pathologischen Anatomie (18. u. 19. Auflg). Springer, Berlin Göttingen Heidelberg, S 317

Hansen AE, Stewart RA, Hughes G, Soderkjelm L (1963) Role of linolic acid in infant nutrition. Pediatrics 31:171

Hardegger E, Ruzicka L, Tagmann E (1943) Untersuchungen über Organextrakte. Zu den Kenntnissen über unverseifbare Lipoide aus arteriosklerotischen Aorten. Helv Chim Acta 26:2205–2221

Haslewood GAD (1967) Bile Salts. Methuen & Co, London

Hauss WH, Junge-Hülsing G (1965) Hochdruck und Myokardinfarkt. In: Hochdruckforschung, von Heilmeyer L, Holtmeier HJ (Hrsg) Thieme, Stuttgart, S 125–136

Heiniger HJ, Kandutsch AA, Chen HW (1976) Depletion of L-cell sterol depresses endocytosis. Nature 263:515–517

Heiniger HJ, Brunner KT, Cerottini JC (1978) Depletion of L-cell sterol depresses endocytosis. Proc Natl Acad Sci (USA) 75:5683–5687

Heiniger HJ (1981) Cholesterol and its biosynthesis in normal and malignant lymphocytes. Cancer Res 41/9:3792–3794.

Heiniger HJ, Brunner KT, Cerottini JC (1978) Cholesterol is a critical cellular component for T-lymphocyte cytotoxicity. Proc Nat Acad Sciences (USA) 75/11:5683–5687

Hepner G, Fried R, Jeor S, Fasetti L, Morin R (1979) Hypercholesterolemic effect of yoghurt and milk. Am J Clin Nutr 32/1:19–24

Herxheimer G (1919) Schmaus Grundriß der Pathologischen Anatomie, (13. und 14. Auflg). von Bergmann, Wiesbaden, S 425

Hessler JR, Morel DW, Lewis LJ, Chilsolm GM (1983) Lipoprotein oxidation and lipoprotein induced cytotoxicity. Arteriosklerosis 3:215

Hoffmann GF (1994) Die Mevalonazidurie. Thieme, Stuttgart

Hoffmeister H, Mensink GBM, Grimm J (1991) Zusammenhang zwischen Herz-Kreislaufmortalität und Risikofaktoren in der Hessenstudie. Bundesgesundheitsblatt 34:95–100

Holtmeier HJ (1965) Gefäßsystem und Hochdruck in Hochdruckforschung. Heilmeyer L, Holtmeier HJ (Hrsg). Thieme, Stuttgart, S 97

Holtmeier HJ (1978) Der Schwindel mit dem Cholesterin in der Butter. Med Tribune 13:33–42

Holtmeier HJ (1983) Die große Wende in der bisherigen Bewertung der Risikofaktoren für den Tod an Herzkranzgefäßkrankheiten. Dtsch Milchwirtsch 29:965–969

Holtmeier HJ (1983) Risikofaktoren und Koronarsterblichkeit. Ist das ein Irrtum? Der Kassenarzt 48:34–49

Holtmeier HJ (1986) Diät bei Übergewicht und gesunde Ernährung (8. Aufl) Thieme), Stuttgart

Holtmeier HJ (1986) Überlebensernährung. Nymphenburger Verlagshandl, München

Holtmeier HJ (1988) Cholesterin, Zur Physiologie und Pathophysiologie des Cholesterinstoffwechsels. Cardiol Angiol Bull 4:73–85

Holtmeier HJ (1988) Gesunde Ernährung aus ärztlicher Sicht. Cardiol Angiol Bull 1:9–21

Holtmeier HJ (1990) Gesunde Ernährung von Kindern und Jugendlichen, unter Berücksichtigung des Cholesterinstoffwechsels (3. Aufl). Springer, Berlin Heidelberg New York London Tokyo

Holtmeier HJ (1990) Kochsalzbelastung in der Bundesrepublik Deutschland und Hypertonie. Cardiol Angiol Bull 2:23–34

Holtmeier HJ (1990) Zur Entwicklung der Koronarsterblichkeit in der Bundesrepublik Deutschland. Cardiol Angiol Bull 2:23–25

Holtmeier HJ (1991) Was ist eine vernünftige Ernährung? Z Kardiol 80 (Suppl 9):41–47

Holtmeier HJ (1992) Cholesterin, Glauben und Wissen. Biol Med 21/5:327–340

Holtmeier HJ (1992) Ernährungsrichtlinien für ältere Menschen. Der Praktische Arzt (Österr Z Allgemeinmedizin) 658/46:79–115

Holtmeier HJ (1992) Hrsg. Die Bedeutung von Natrium und Chlorid für den Menschen. Springer, Berlin Heidelberg New York Tokyo. Symposienband der Ges für Mineralstoffe und Spurenelemente, Hannover

Holtmeier HJ (1993) Cholesterin, Glauben und Wissen. Österreich Z Allgemeinmed 47:159–187

Holtmeier HJ, Holtmeier W (1991) Ernährung des alternden Menschen (6. Aufl). Wissenschaftliche Verlagsgesellschaft, Stuttgart

Holtmeier HJ, Immig H (1994) Cholesterin, eine Legende vergeht. Marseille Verlag, München

Hort W, Nauth HF (1975) Die Risikofaktoren der koronaren Herzkrankheit aus pathologisch-anatomischer Sicht in Koronarinsuffizienz (Hrsg) Holtmeier HJ, Siegenthaler W, Thieme, Stuttgart, S 5–16

Humphries GMK, Mc Connnell HM (1979) Potent immunosuppression by oxidized cholesterol. J Immunol 122/1:121–126

Hunninghake DB, Stein EA, Dujovne CA et al (1993) The efficacy of intensive dietary therapy alone or combined with Lovostatin in outpatients with hypercholesterolemia. New Engl J Med 328:1213–1219

Huth K, Kluthe R (1986) Lehrbuch der Ernährungstherapie. Thieme, Stuttgart

Ignatowski A (1909) Über die Wirkung des tierischen Eiweißes auf die Aorta und die parenchymatösen Organe der Kaninchen. Arch path Anat 198:248–270

Immich H (1994) Butter und Gesamtcholesterin. In: „Cholesterin – eine Legende vergeht". Marseille Verlag, München

Ip SHC, Abraham J, Cooper RA. (1980) Enhancement of blastogenesis in cholesterol-enriched lymphocytes. J Immunol (1980) 124/1:87–93

Imai H, Werthessen NT, Taylor CB, Lee KT (1976) Angiotoxicity and Arteriosclerosis due to contaminantes of USP-grade cholesterol. Arch Pathol Lab Med 100:565–572

Imai H, Werthessen NT, Subramanyam V, LeQuesne PW, Soloway AH, Kanasawa M (1980) Angiotoxicity of oxygenated sterols and possible precursors. Science 207:651–653

Imperial Cancer Research Fund OXCHECK Study Group (1994). Effectiveness of health checks conducted by nurses in primary care: results of the OXCHECK study after one jear. Brit Med J 308:308–312

Isles CG, Hole DJ, Gillis CR, Hawthorne VM, Lever AF (1989) Plasma cholesterol coronary heart disease and cancer in the Renfrew and Paisley survey. Br Med J 289 (6678):920–924

Iso H, Jacobs DR, Wentworth D (1989) Serum cholesterol levels and six year mortality from stroke in 350 977 men screened for MRFIT. N Engl J Med 320:904–910

James MJ, Kandutsch AA (1979) Interrelationship between dolichol and sterol synthesis in mammalian cell cultures. J Biol Chem 254:8442–8446

Kalinowski SS, Tanaka RD, and Mosley ST (1991) Effects of long- term administration of HMG CoA reduktase inhibitors on cholesterol synthesis in lens. Exp Eye Res 53:179–186

Kaltenbach M (1989) Kardiologie-Information (2. Aufl) Steinkopff, Darmstadt, S 46

Kaltenbach M (1990) Serumcholesterin und Koronarsklerose, Vortrag 25. 10. 1990 auf Internatl. Cholesterinsymposion, Hiltonhotel, München (s. schriftliches Manuskript)

Kaltenbach M (1992) Serumcholesterin und Koronarsklerose. Fortschritte in der Medizin. Urban u. Vogel, München

Kandutsch AA, Packie RM (1970) Comparison of the effects of some C27, C21 and C19-steroids upon hepatic sterol synthesis and hydroxymethylglutaryl-CoA reduktase activity. Arch Biochem Biophys 140:122–130

Kandutsch AA, Chen HW (1973) Inhibition of sterol synthesis in cultured mouse cells by 7 β-hydroxycholesterol and 7-Ketocholesterol. J Biol Chem 249: 6075–6061

Kandutsch AA, Chen HW (1975) Regulation of sterol synthesis in cultured cells by oxygenated derivatives of cholesterol. J Cell Physiol 85:415–424

Kandutsch AA, Chen HW (1977) Consequences of blocked sterol synthesis in cultured cells. DNA synthesis and membrane composition. J Biol Chem 252: 409–415

Kandutsch AA, Chen HW, Heiniger HJ (1978) Biological activity of some oxygenated sterols. Science 201:498–501

Kannel WB (1982) Der Abwärtstrend in der kardiovaskulären Letalität. Jama 10: 573–577

Kannel WB (1986) Nutritional contributors to cardiovascular disease in the elderly. J Am Geriatr Soc 34/1:27–36

Kannel WB (1987) Metabolic risk factors for coronary heart disease in women: perspective from the Framingham Study. Amer Heart J 114/2:413–419

Kasper H (1985) Ernährungsmedizin und Diätetik. Urban und Schwarzenberg, München

Kaunitz H (1970) Unorthodoxe Überlegungen über Arteriosklerose. Wien klin Wochenschr 82:825–828

Kasper H (1985) Ernährungsmedizin und Diätetik. Urban und Schwarzenberg, München

Keller W, Wiskott A (1984) In: Lehrbuch der Kinderheilkunde (5. Aufl) (Hrsg) Betke K, Künzer W. Thieme, Stuttgart

Keys A, Michelson O, Miller EW, Chapman CB (1950) The relation in man between cholesterol levels in the diet and in the blood. Science (Lancaster, Pa) 112:79

Keys A, Anderson JT, Grande F (1965) Serum cholesterol responses to change in the diet. Metabolism 14:747–758

Klepzig H (1993) Routinemäßige Cholesterinsenkung. Zeit zum Umdenken? Deutsche Apothekerzeitung 133, 2:101–105

Klinke R, Silbernagel S (1994) Lehrbuch der Physiologie. Thieme, Stuttgart

Klose G, Schwabe U (1991) Lipidsenkende Mittel. In: Schwabe U, Paffrath D (Hrsg) Arzneiverordnungsreport, S. 273 und 1992, S. 270. Fischer, Stuttgart

König W (1994) Fribinogen in „Risikofaktor Fibrinogen", Boehringer Mannheim GmbH 3–6. Selbstverlag, Basel

Kos WL, Loria RM, Snodgrass MJ, Cohen D, Thorpe TG, Kaplan AM (1979) Inhibition of host resistance by nutritional hypercholesteremia. Infect Immun 26/2:658–667

Kragel AH, Reddy SG, Wittes JT, Roberts WC (1989) Morphometric analysis of the composition of atherosclerotic plaques in four major epicardial coronary arteries in acute myocardial infarktion and in sudden coronary death. Circulation 80:1747–1756

Kreuzer J, Jahn L, von Hodenberg E (1994) Gentherapie am Beispiel des homozygoten Low-Density-Lipoprotein Rezeptordefektes. Deutsches Ärzteblatt 91/4: 163–164

Kritchevsky D (1985) In: Morley JE, Glick Z, Rubenstein LZ Geriatric Nutrition, A Comprehensive Review. Raven Press, New York, p 280

Kromhout D, Nissinen A, Menotti A, Bloemberg B, Pekkanen J, Giampaoli S (1990) Total and HDL cholesterol and their correlates in elderly men in Finland, Italy and the Netherlands. Am J Epidemiol 131:855–863

Krumholz HML, Seeman TE, Merrill SS et al (1994) Lack of association between cholesterol and coronary heart disease mortality an morbidity and all-cause mortality in persons older than 70 jears. JAMA 2:1335

Krupski WC, Olive GC, Weber CA, Rapp JH (1987) Comparative effects of hypertension and nicotine on injury-induced myointimal thikening. Surgery 102/2: 409–415

Kruse W, Oster P, Schlierf G (1985) Spektrum Lipidsenker. Aesopus, Zug

Kwiterovich P (1987) Disorders of lipid and lipoprotein metabolism. In: Rudolp AM, Hoffman JIE (eds) Pediatrics (18th edn). Appleton & Lange, Norwalk (CT), p 303

Lang K (1979) Biochemie der Ernährung (4. Aufl). Steinkopff, Darmstadt

Lang F (1987) Pathophysiologie u. Pathobiochemie (3. Aufl). Enke, Stuttgart, S. 270

Law MR, Wald NJ, Wu T, Hackshaw A, Bailey A (1994) Systematic underestimation of association between serum cholesterol concentration and ischämic heart disease in observational studies: data from the BUPA study. Brit Med J 308: 363–366

Lehninger AL (1977) Biochemie (2. Aufl) (3. berichtigter Nachdruck 1985) VCH, Weinheim

Lehr HA, Hübner C, Finckh B, Nolte D, Angermüller S, Kohlschütter A, Messmer K (1991 a) Role of leukotrienes in leukocyte adhesion following systemic administration of oxidatively modified human low density lipoprotein in hamsters. J Clin Invest 88:9–14

Lehr HA, Hübner C, Nolte D, Kohlschütter A, Messmer K (1991 b) Dietary fish oil blocks the microcirculatory manifestitations of ischemia reperfusion injury in striated muscle in hamsters. Proc Natl Acad Sci USA 88:6726–6730

Lehr HA, Hübner C, Nolte D, Finckh B, Beisiegel U, Kohlschütter A, Messmer K (1991 c) Oxidatively modified human low density lipoprotein stimulates leukocyte adherence to the microvascular endothelium in vivo. Res Exp Med 191:85–90

Leupold D, Bogendörfer L (1922) Die Bedeutung des Cholesterins bei Infektionen. Dtsch. Arch klin Med 140:28–38

Liebegott G (1965) Die Gefäßveränderungen beim Hochdruck in Hochdruckforschung, Heilmeyer L, Holtmeier HJ (Hrsg). Thieme Stuttgart, S 102–114

Linzbach AJ (1958) Die Bedeutung der Gefäßwandfaktoren für die Entstehung der Arteriosklerose. Verh Dtsch Ges für Path, S 24

Lipid Research Clinics Population Studies Data Book. (1987) In: Alpers DH, Clouse RE, Stenson WF (eds) Manual of nutritional thera-peutics (2nd edn) Little Brown, Boston, S 355 ff

Lipid Research clinics program: The lipid research clinics coronary primary prevention trial results II. The relationship of reduction in incidence of coronary heart disease to cholesterol lowering. JAMA 251:365–374 (1984)

Ludes B, Staedel C, Jacqmin D, Cremel G, Hubert P, Bollack C, Beck JP (1990) Increased immunogenicity of human renal carcinoma cells following treatment with cholesterol derivates. Europ Urol 17/2:166–172

Lynen F (1972) Cholesterol und Arteriosklerose. Naturw Rdsch 25:382–387

Mabuchi H, Haba T, Tatami R, Miyamoto S and Sakai Y (1981) Effects of an inhibitor of 3-hydroxy-3-methylglutaryl coenzym A reduktase on serum lipoproteins and ubiquinone-10 levels in patients with familial hypercholesterolemia. N Engl J Med 305:478–482

Mabuchi H, Sakai T, Sakai Y et al (1983) Reduction of serum cholesterol in heterozygous patients with familial hypercholes-terolemia. Additive effects of compactin and cholestyramine. N Engl J Med 308:609–613

Malinow RM (1984) Atherosclerosis: Progression, regression and resolution. Am Heart J 108/6:1523–1537

Maschlanka C (1985) Einflüsse auf den Cholesterinspiegel und Beziehungen zu Herz-Kreislaufkrankheiten. Dipl Arbeit Univ Hohenheim (Stuttgart)

McCormick J, Skrabanek P (1988) Coronary heart disease is not preventable by population interventions. Lancet 2:839–841. Deutsche Ausgabe: Koronare Herzkrankheit kann durch Interventionsmaßnahmen in der Bevölkerung nicht verhindert werden. Lancet 3:39–42 (1989)

Mc Namara DJ (1982) Diet and hyperlipidemia: a justifiable debate. Arch Intern Med 142:1121–1124

Mc Namara DJ (1987) Heterogenity of cholesterol homeostasis in man. J Clin Invest 79(6):1729–1739

Mc Namara DJ (1990) Akademische Ernährungsempfehlungen sind für das praktische Leben zwecklos (Symposion Deutscher Kassenarztverband) (Notabene medici, notamed Bad Homburg)

Meade CJ, Mertin J (1978) Fatty acids and immunity. Adv Lipid Res 16:127–165

Meesen H (1969) Pathologie des Herzinfarktes in „Herzinfarkt und Schock“, von Heilmeyer L, Holtmeier HJ (Hrsg). Thieme, Stuttgart, S 11

Miettinen TA, Huttunen JK, Naukkarinen V, Strandberg T, Mattila S, Kumlin T, Sarna S (1985) Multifactorial primary prevention of cardiovascular diseases in middle aged men. JAMA 254/15:2097–2102

Minsker DH, Mac Donald JS, Robertson RT and Bokelman DL (1983) Mevalonate supplementation in pregnant rats suppresses the teratogenicity of mevinolinic acid, an inhibitor of 3-hydroxy-3-methylgluaryl-coenzym A reduktase. Teratology 28:449–456

Mitchell JRA (1990) Interventionsstudien. Schweiz Med Wschr 120:359 (zit. aus Immig H 1994)

Mol MJTM, Erkelens DW, Gevers Leuven JA, Schouten JA and Stalenhoef AFH (1986) Effects of Synvinolin (MK-733) on plasma lipids in familial hypercholesterolaemia. Lancet II 936–939

Morel DR, DiCorleto PE, Chisolm GM (1984) Endothelial and smooth muscle cells alter low density lipoprotein in vitro by free radical oxidation. Atherosclerosis 4/4:357–364
Morley JE, Glick Z, Rubenstein LZ (1990) Geriatric nutrition, A comprehensive review. Raven Press, New York, p 49
MSD (Merck, Sharp, Dohme) (1994) „Diasatz mit Studiendesign und Ergebnissen" zur Scandinavian Simvastatin Survival Study (4S). Eigenverlag, München
MSD (Merck, Sharp, Dohme) (1994) Fachinformation zu Zocor, Oktober 1994. Selbstverlag, München
Müller K (1983) Über Cholesterinämie. Arch exper Path Pharmakol 1:213–247
Multiple risk factor intervention trial risk factor changes and mortality results. Multiple risk factor intervention trial research group. (MRFIT). JAMA 248/12:1465–1477 (1982)
Mutschler E (1981) Arzneimittelwirkungen (4. Aufl) Wiss Verlagsges, Stuttgart
Mutschler E (1991) Arzneimittelwirkungen (6. Aufl) Wiss Verlagsges, Stuttgart
Nationale Verzehrstudie (1991) Bundesministerium für Forschung und Technologie, Bonn, (Hrsg), Materialien zur Gesundheitsforschung, Bd 18
Netter FH (1969, 1989) Ciba collection of medical illustrations, published by Ciba Division, 556 Morris Av., Summit N.Y. (USA)
Neuhausen Th (1977) Das Cholesterin, Vorstellungen über seine Rolle im Körper. Kölner medizinhistorische Beiträge (Bd 6) Inst f Geschichte der Medizin, Universität Köln, Kohlhauer, Feuchtwangen
Newman TB (1994) Der Nutzen einer Cholesterinsenkung ist ein theoretisches Modell, das von der Praxis nicht bestätigt wird, Jatros Kardiologie (Suppl) 3:13–15
Oh SY, Miller LT (1985) Effect of dietary egg on variability of plasma cholesterol levels and lipoprotein cholesterol. Am J Clin Nutr 42:421–431
Oliver MF (1981) Serum cholesterol. The knave of hearts and the joker. Lancet 2:1090–1095
Oliver MF (1986) Prevention of coronary heart disease-propaganda, promises, problems and prospects. Circulation 73:1–9
Oliver MF (1987) Dietary fat and coronary heart disease: there is much more to learn. Cardiology 74:22–27
Oliver MF (1988) Reducing cholesterol does not reduce mortality. JACC 12:814–817
Oliver MF (1990) Lipide und koronare Herzkrankheit, Consens oder Nonconsens Symposion, München 25. 10. 1990
Oliver MF (1991) Cholesterol and Coronary disease-outstanding questions. Z Kardiol 80 (Suppl 9):57–62
Oliver M (1992) Doubts about preventing coronary heart disease. BMJ 304: 393–394
Olsson AG (1983) Subclinical atherosclerosis in asymptomatic hyperlipidemic humans and its reversibility (John C Higgins Memorial Lecture. Beaverton, Oregon, October 25)
Pace E, Esfahani J (1987) The effects of cholesterol depletion on cellular morphology. Anat Rec 219(2):135–143

Parker TS, McNamara DJ, Brown CD et al (1984) Plasma mevalonate as a measure of cholesterol synthesis in man. J Clin Invest 74:795–804

Passmore R, Eastwood MA (1986) Davidson and Passmorehuman nutrition and dietetics (8th edn) Churchill Livingstone, New York

Patsch J R (1994) An Introduction to the biochemistry and biology of blood lipids and lipoproteins in principles and treatment of lipoprotein disorders, Schettler G, Habenicht AJR (eds) Springer, Berlin Heidelberg New York Tokyo

Plenert W, Heine W (1966) „Normalwerte", Untersuchungsergebnisse beim gesunden Menschen unter besonderer Berücksichtigung des Kindesalters. VEB Verlag Volk und Gesundheit, Berlin

Porter NW, Yamanaka W, Carlson SD, Flynn MA (1977) Effect of dietary eggs on serum cholesterol an triglyceride of human males. Am J Clin Nutr 30/4: 490–495

Quesney-Huneeus V, Galik HA, Siperstein MD, Erickson SK, Spencer TA, Nelson JA (1983) The dual role of mevalonate in the cell cycle. J Biol Chem 258: 378–385

Quinn MT, Parthasarathy S, Steinberg D (1985) Endothelial cell-derived chemotactic activity for mouse peritoneal macrophages and the effects of modified forms of low density lipoprotein. Proc Natl Acad Sci (USA) 82/17:5949–5953

Quinn MT, Parthasarathy S, Fong LG, Steinberg D (1987) Oxidatively modified low density lipoproteins: a potential role in recruitment and retention of monocyte/macrophages during atherogenesis. Proc Natl Acad Sci (USA) 84/9: 2995–2298

Ramm B, Hofmann G (1987) Biomathematik und medizinische Statistik (3. Aufl) S 121 ff. Enke, Stuttgart

Ramsey LE, Yeo WW, Jackson PR (1991) Dietary reduction of serum cholesterol concentration: time to think again. Brit Med J 303:953–957

Ramsey LE, Yeo WW, Jackson PR (1994) Effective diets are unpalatable (letter). Brit Med L 308:1038–1039

Ransom F (1901) Saponin und sein Gegengift. Dtsch med Wochenschr 27:194–196

Reblin T, Rath M, Niendorf A, Wolf K, Krebber J, Beisiegel U, Greten H (1990) Lipoprotein (a) (Lp(a)): ein neuer Risikofaktor für die Atherosklerose

Reihnèr E, Rudling M, Stahlberg D et al (1990) Influence of pravastatin, a specific inhibitor of HMG CoA Reduktase, on hepatic metabolism of cholesterol. N Eng J Med 323:224–228

Rein H, Schneider M (1960) Einführung in die Physiologie des Menschen (14. Aufl) Springer, Berlin Heidelberg New York

Reisert, PM (1968) „Der Stoffwechsel". In: Lehrbuch der speziellen pathologischen Physiologie, von L. Heilmeyer (Hrsg) Fischer, Stuttgart, S 631

Riede UN, Wehner H (Hrsg) (1986) Allgemeine und spezielle Pathologie, Thieme, Stuttgart

Riesen WR (1992) In: Thomas L (Hrsg) (1992) Labor und Diagnostik (4. Auflg) Med Verlagsges, Marburg, S 200

Robertson TB, Burnett TC (1912) The influence of digitonin upon the growth of carcinoma. Proc Soc Exper: Biol Med 10:143–145

Robertson I, Phillips A, Mant D et al (1992) Motivational effect of cholesterol measurement in general practice health checks. Brit J General Practice 42: 469–472

Rosenberg SA (1992) Die veränderte Zelle. Goldmann München

Rosenberg L, Kaufman DW, Helmrich SP, Shapiro S (1985) The risk of myocardial infarction after quitting smoking in men under 55 years of age. N Eng J Med 313/24:1511–1514

Rosenberg L, Palmer JR, Shapiro S (1990) Decline in therisk of myocardial infarction among women: a separate case for treatment? N Eng J Med 322:213–217

Ross R, Glomset JA (1976) The pathogenesis of atherosclerosis (second of two parts). N Eng J Med 295/8:420–425

Ross R (1993) The pathogenesis of atherosclerosis: a perspective for the 1990s. Nature 362:801–809

Rossouw JE, Jooste PL, Chalton DO et al (1993) Community-based intervention: the coronary risk factor study (CORIS). Int J Epidem 22:428–438

Sabine JR (1977) Cholesterol. Dekker, New York

Salisbury JH (1863) Experiments connected with the discovery of cholesterine and seroline, as secretions, in health, of the salivary, tear, mammary, and sudorific glands. Amer J med Sc 45:289–305

Samuel P, Mc Namara DJ, Shapiro J (1983) The role of diet in the etiology and treatment of atherosclerosis. Ann Rev Med 34:179–194

Schatzkin A, Hoover RN, Taylor PR, Ziegler RG, Carter CL, Larson DB, Licitra LM (1987) Serum cholesterol and cancer in the Nhanes I epidemiologc follow up study. Lancet 8/2 (8554):298–301

Schettler G (1955) Lipidosen in Handbuch der Inneren Medizin (4. Aufl) Bd VII/2, v. Bergmann G, Frey W, Schwiegk H (Hrsg) Springer, Berlin Göttingen Heidelberg

Schettler G (1974) Das Arterioskleroseproblem. Dtsch Ärztebl 74:735–742

Schettler G, Weizel A (Hrsg) (1974) Atherosclerosis III. (Internat Symposion, Heidelberg). Springer, Berlin Heidelberg New York Tokyo

Schettler G (1990) „Nationale Cholesterin-Initiative“ Deutsches Ärzteblatt 87: 846–847

Schettler G (1993) Rotwein und Herzinfarkt: eine protektive Wirkung? Deutsch Ärzteblatt 90, 31/32 1438

Schimert G, Schimmel W, Schwalb H, Eberl J (1960) Die Koronarerkrankungen. Handbuch der Inneren Medizin, (4. Aufl) Bd IX/3. Springer, Berlin Göttingen Heidelberg

Schlierf G (1976) Sekundäre Hyperlipoproteinämien, Hyperlipidämie bei Diabetes mellitus in Fettstoffwechsel. Schettler G, Greten H, Schlierf G, Seidel D (Hrsg). Springer, Berlin Heidelberg New York, S 361–374

Schlierf G, Oster P, Mordasini R (1982) Diagnostik und Therapie der Fettstoffwechselstörungen, Thieme, Stuttgart

Schmidt RF, Thews G (1990) Einführung in die Physiologie des Menschen (24. Aufl) Springer, Berlin Heidelberg New York Tokyo

Schulte FJ, Spranger J (1988) Lehrbuch der Kinderheilkunde (26. Aufl). Fischer, Stuttgart

Schwabe U, Paffrath D (1991) Arzneiverordnungsreport 91. Fischer, Stuttgart
Schwabe U, Paffrath D (1993) Arzneiverordnungsreport 92. Fischer, Stuttgart
Schwandt P, Richter WO (1992) Fettstoffwechselstörungen. Wiss Verlagsges, Stuttgart
Shepherd J, Cobbe MS, Ford I, Christopher PHD, Isles CG, Lorimer AR, Macfarlane PW, McKillop JH, Packard CJ (1995) Prevention of coronary heart disease with Pravastatin in men with Hypercholesterolemia. New England J Med 333, 30:1301–1306
Shinitzky M, Shaharabani E, Skornick Y (1988) Possible correlation between tumor invasiveness and low serum cholesterol. Cancer Detection and Prevention 11 (3–6):157–161
Siegel D, Kuller L, Lazarus NB, Black D, Feigal D, Hughes G, Schoenberger JA, Hulley SB (1987) Predictors of cardiovascular events and mortality in the Systolic Hypertension in the Elderly Program pilot projekt. Am J Epidemiol 126/3:385–399
Silbernagel S, Despopoulos A (1983) Taschenatlas der Physiologie. (2. Aufl) Thieme, Stuttgart
Silbernagel S, Despopoulos A (1991) Taschenatlas der Physiologie. (4. Aufl) Thieme, Stuttgart
Simvastatin Study s. unter The Lancet (1994)
Sinensky M (1978) Defective regulation of cholesterol biosynthesis and plasma membrane fluidity in a Chinese hamster ovary cell mutant. Proc Natl Acad Sci USA 75:1247–1249
Sinensky M, Beck LA, Leonhard S, Evans R (1990) Differential inhibitory effects of lovastatin on protein isoprenylation and sterol synthesis. J Biol Chem 265:1937–1941
Singer SJ, Nicolson GL (1972) The fluid mosaic model of the structure of membranes. Science 175:720–731
Skrabanek P (1994) Eine Cholesterinsenkung hat keine Wirkung auf die Gesamtsterblichkeit, Jatros Kardiologie (Suppl) 3:16–19
Slater G, Mead J, Dhopeshwarkar G, Robinson S, Alfin-Slater RB (1976) Plasma cholesterol and triglycerides in men with added eggs in the diet. Nutr Rep Int 14:249–260
Sleeswijk A, de Outerdom E, (1953/54) Demographic Yearbook der Vereinten Nationen, zit. aus Holtmeier HJ (1988) Gesunde Ernährung aus ärztlicher Sicht, Cardiol Bull 1:12
Sokolov EI (1990) Theorien über die Entwicklung einer Atherosklerose. Top Medizin 4 12:69
Sperling H (1955) Die Ernährung in Physiologie und Volkswirtschaft. Dunker und Humbold, Berlin
Statistisches Bundesamt, Wiesbaden (1963, 1965, 1970, 1974) In: Das Gesundheitswesen der Bundesrepublik Deutschland (Bde 1, 2, 4, 5). Kohlhammer, Stuttgart
Statistisches Bundesamt, Wiesbaden (1978) Mitteilung für die Presse: 1977 erstmals weniger Herzinfarkttote. Bericht 141/78

Statistisches Bundesamt, Wiesbaden, Todesursachenstatistik, Pers. Mitteilungen (1991, 1992, 1993)

Statistisches Bundesamt, Wiesbaden (1968) Internationale Klassifikation der Krankheiten (ICD) 8. Rev (1968) 9. Rev. (1979) (Bd I), Systematisches Verzeichnis. Kohlhammer, Stuttgart.

Statistisches Bundesamt, Wiesbaden (1995) IWH-Projektion, zitiert aus „Die Welt" 28. 11. 1995:12

Statistisches Jahrbuch über Ernährung, Landwirtschaft und Forsten (1988) Bundesminister für Ernährung, Landwirtschaft und Forsten (Hrsg) Bonn. Landwirtschaftsver Münster, Hiltrup

Stehbens WE (1989) Diet and Atherogenesis. Nutr Rev 47:1–12

Stehbens WE (1990) The epidemiological relationship of hypercholesterolemia, hypertension, diabetes mellitus and obesity to coronary heart disease and atherogenesis. J Clin Epidemiol 43:733–741

Stehbens WE (1994) Es ist nicht plausibel, daß das Cholesterin die Ursache der Arteriosklerose sein soll. Jatros Kardiologie (Suppl) 3:7–9

Steinberg D (1987) Lipoproteins and the pathogenesis of atherosclerosis, Circulation 76/3:508–514

Steinberg D (1989) Refsum disease. In: Scriver CR, Beaudet AL, Sly WS, Valle D (eds) The metabolic basis of inherited disease. Mc Graw Hill, New York, pp 1511–1550

Steinbrecher UP, Parthasarathy S, Leake DS, Witztum JL, Steinberg D (1984) Modification of low density lipoprotein by endothelial cells involves lipid peroxidation and degregation of low density lipoprotein phospholipids. Proc Natl Acad Sci (USA) 81/12:3883–3887

Steiniger U, von Mühlendahl KE (1991) Pädiatrische Notfälle. Fischer, Jena

Strandberg TE, Salomaa VV, Naukkarinen VA, Vanhanen HT, Sarna JS, Miettinen TA (1991) Long term mortality after 5-year multifactorial primary prevention of cardiovascular diseases in middle-aged men. JAMA 4, 266/9: 1225–1229

Streuli RA (1983) Die pathophysiologische Bedeutung oxidierter Sterole. Huber, Bern

Strümpell A (1922) Lehrbuch der speziellen Pathologie und Therapie der Inneren Krankheiten (24. Auflg). Vogel, Leipzig

Stryer L (1990) Biochemie. Spektrum der Wissenschaft, Heidelberg

Stuckey NW (1910) Über die Veränderungen der Kaninchenaorta bei der reichlichen tierischen Kost. Zentralbl allg Path Anat 21:668

Stuckey NW (1910) Über die Veränderungen der Kaninchenaorta unter der Wirkung reichlicher tierischer Nahrung. In: Diss. Universität St. Petersburg

Surani MAH, Kimber SJ and Osborn JC (1983) Mevalonate reverses the developmental arrest of preimplantation mouse embryos by Compactin, an inhibitor of HMG CoA reduktase. J Embryol exp Morph 75:205–223

Surgeon General's Report (1990) The health benefits of smoking cessation; US Department of Health and Human Services, DHHS No. CDC 90–8416

Taylor CB, Peng SK, Werthessen NT, Tham P, Lee KT (1979) Spontaneously occurring angiotoxic derivatives of cholesterol. Am J Clin Nutr 32:40–57

Thannhauser SJ (1950) Lipidoses. Oxford Univ Press, Oxford

Thannhauser SJ, Magendantz H (1938) The different clinical groups of xanthomatous diseases. Ann Int Med 11:1662

The Lancet (1994) Articles: "Effect of simvastatin on coronary atheroma: the Multicenter Anti-Atheroma Study (MAAS). The Lancet 344:633–639

The Lancet (1994) Articles: Randomised trial of cholesterol lowering in 4444 patients with corornary heart disease: The Scandinavian Simvastatin Survival Study (4S). The Lancet 344:1383–1389.

Thiery J (1995) Fortschritte auf dem Gebiet der Arterioskleroseforschung. Klinik und Forschung 1, 1:35–37

Thomas L (Hrsg) (1992) Labor und Diagnostik (4. Auflg). Med Verlagsges, Marburg

van Deenen LLM, de Gier J (1964) Chemical composition and metabolismen of lipids in red cells of various animal species. In: Bishop C, Surgenor DM (eds) The red blood cell, Academic Press, New York, pp 243–307

Virchow R (1857) Über die Erkenntnisse von Cholesterin. Arch path Anat 12:101–104

Vogel J (1943) Icones histologicae pathologicae, Erläuterungstafeln zur pathologischen Histologie, Tafel 11, Fig. 1, S. 52; Tafel 22, Fig. 7. S. 101–102. Voß, Leipzig

Vogelberg KH, Gries FA, Jahnke K (1977) Diabetes mellitus und Hyperlipoproteinämie in Handbuch der Inneren Medizin (7. Bd) (Teil 2B), Schwiegk H (Hrsg). Springer, Berlin Heidelberg New York

Webb DR, Nowowiejski I (1981) Control of Suppressor cell activation via endogenous prostaglandin, Cell Immunol 63/2:321–328

Weizel A, Liersch M (1976) Cholesterin, Chemie, Physiologie und Pathophysiologie in Handbuch der Inneren Medizin (7. Bd) (Teil 4) von Schwiegk H (Hrsg). Springer, Berlin Heidelberg New York, S 37–96

Wilson JD (1991) Hormones and hormone action in Harrison's principles of internal medicine, Wilson JD, Braunwald E, Isselbacher KJ , Petersdorf RG, Martin JB, Fauci AS, Root RK (eds), Vol 2 (12 th edn). McGraw-Hill, New York, p 1647

Windaus A (1903) Über Cholesterin. Habilitationschrift, Universität Freiburg, Freiburg i. Br.

Windaus A (1908) Untersuchungen über Cholesterin. Arch Pharm 246:117–149

Windaus A (1919) Die Konstitution des Cholesterins. Nachr Kgl Ges Wiss Göttingen. Math Phys Kl 237–254

Windaus A (1932) Über die Konstitution des Cholesterins und der Gallensäuren. Z Physiol Chem 210:268–281

Windler E, Greten H (1995) Cholesterinsenkung reduziert Herzinfarktrate und Gesamtmortalität. Deutsch Ärzteblatt 92/16:B 868

Wollheim E (1965) Hämodynamik und Organdurchblutung beim Hochdruck in Hochdruckforschung von Heilmeyer L, Holtmeier HJ (Hrsg) Thieme, Stuttgart, S 136–152

Wollheim E, Zissler J (1960) Krankheiten der Gefäße und Arteriosklerose, Morphologie und Pathogenese in Handbuch der Inneren Medizin (4. Aufl) (Bd 9) v. Bergmann G, Frey W, Schwiegk H (Hrsg), Springer, Berlin Göttingen Heidelberg

Worm N (1990) Das Cholesterin-Kompendium, TR Verlagsunion GmbH, München

Yamamoto A, Sudo H, Endo A (1980) Therapeutic effects of ML- 236B in primary hypercholesterolemia. Atherosclerosis 35:259–266

Yano K, Reed DM, MacLean CJ (1989) Serum cholesterol and hemorrhagic stroke in the Honolulu Heart Program. Stroke 20:1460–1465

Sachverzeichnis

Springer-Verlag und Umwelt

Als internationaler wissenschaftlicher Verlag sind wir uns unserer besonderen Verpflichtung der Umwelt gegenüber bewußt und beziehen umweltorientierte Grundsätze in Unternehmensentscheidungen mit ein.

Von unseren Geschäftspartnern (Druckereien, Papierfabriken, Verpackungsherstellern usw.) verlangen wir, daß sie sowohl beim Herstellungsprozeß selbst als auch beim Einsatz der zur Verwendung kommenden Materialien ökologische Gesichtspunkte berücksichtigen.

Das für dieses Buch verwendete Papier ist aus chlorfrei bzw. chlorarm hergestelltem Zellstoff gefertigt und im pH-Wert neutral.

MIX
Papier aus verantwortungsvollen Quellen
Paper from responsible sources
FSC® C105338
FSC
www.fsc.org

If you have any concerns about our products,
you can contact us on
ProductSafety@springernature.com

In case Publisher is established outside the EU,
the EU authorized representative is:
Springer Nature Customer Service Center GmbH
Europaplatz 3, 69115 Heidelberg, Germany

Printed by Libri Plureos GmbH
in Hamburg, Germany